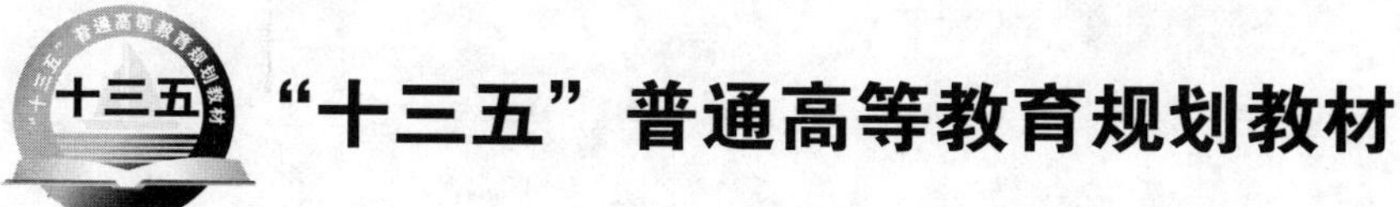

运筹学

（第三版）

编著　施泉生

主审　李仲飞

中国电力出版社
CHINA ELECTRIC POWER PRESS

内 容 提 要

本书为“十三五”普通高等教育规划教材。

本书在前二版的基础上，吸收了许多同行和广大读者的意见，对部分内容做了调整和修改。除原有的线性规划及单纯形法、线性规划的对偶问题、运输问题、多目标线性规划、整数规划、非线性规划、动态规划、存储论、图与网络、网络计划技术、决策分析、对策论、排队论、层次分析法等运筹学的基本内容以外，增加了模拟与预测等内容，其他章节删除了一些实际工作中不常用的内容，也适当增加了新内容。

在保证运筹学理论体系完整的前提下，本书论述力求深入浅出，文字通俗易懂，配有多媒体电子教案，并设有运筹学精品课程网站。每章后面都附有小结和习题，不仅适用于课堂教学，也便于读者自学时参考。

本书可作为高等院校经济管理本科专业以及相关专业的研究生教材和参考书，也可以作为各级管理人员、工程技术人员及高层决策人员的培训教材和自学参考书；特别有利于那些注重应用的企业管理人员、MEM 和 MBA 学员、工程硕士的学习，从而为企业决策人员与管理人员掌握与应用运筹学方法提供一个途径。

图书在版编目(CIP)数据

运筹学/施泉生编著. —3 版 .—北京：中国电力出版社，2016.2（2019.7 重印）

“十三五”普通高等教育规划教材

ISBN 978-7-5123-8425-5

Ⅰ. ①运… Ⅱ. ①施… Ⅲ. ①运筹学-高等学校-教材 Ⅳ. ①O22

中国版本图书馆 CIP 数据核字（2015）第 243240 号

中国电力出版社出版、发行

（北京市东城区北京站西街 19 号 100005 http://www.cepp.sgcc.com.cn）

北京雁林吉兆印刷有限公司印刷

各地新华书店经售

*

2004 年 7 月第一版

2016 年 2 月第三版 2019 年 7 月北京第十一次印刷

787 毫米×1092 毫米 16 开本 24.25 印张 592 千字

定价：**49.00** 元

前　言

运筹学（第二版）自2009年出版以来，受到各方面的普遍关注，全国几十所高校选用了本教材作为经济管理类专业运筹学课程的本科教材，也被一些国内著名的大学，如西安交通大学等作为研究生入学考试的指定参考书。运筹学（第二版）获得2007-2009年度电力行业精品教材（中国电力企业联合会），2011年获得上海市优秀教材二等奖。

在此期间，我们对运筹学课程进行了全面的建设，并于2013年获得上海市精品课程称号（网址：http：//jpkc. shiep. edu. cn/？courseid＝20055304）。运筹学教学团队分别于2005年、2013年二次获得上海市教学成果二等奖。该教学团队于2009年获得第二届上海市级教学团队称号，其中施泉生教授于2008年获得第四届上海高校教学名师奖、2010年度国务院政府特殊津贴；以运筹学教学团队为主要成员的"电力能源优化决策研究"团队获得了2011-2013年度上海市"教育先锋号"荣誉称号（2014）和"2014年度上海市五四青年集体奖章"(2015)。

这次修订的主导思想是：教材中的内容都是运筹学的基础知识，所以全书的内容没有做大的变动，在文字表达和内容阐述方面力求简明正确。本书的修订增加了第14章模拟与预测，其他章节删除了一些实际工作中不常用的内容，也适当增加了新内容，使之更适用于研究生教学，特别是工程管理专业硕士（MEM）的教学。

在本书修订过程中，中山大学特聘教授、"长江学者"、博士生导师李仲飞教授，西安交通大学博士生导师郭菊娥教授，中国远洋集团集装箱运输公司副总经理陈翔高级经济师对本书提出了许多宝贵的意见，并得到了赵文会教授、孙波副教授的帮助，在此一并致以衷心的感谢。

本书是在作者多年为经济、管理类专业学生讲授运筹学教学经验的基础上编写而成，本书第三版的修订也是上海市高等教育内涵建设项目（085工程）成果之一。本书可作为高等院校经济管理本科专业以及相关专业的研究生教材和参考书，也可以作为各级管理人员、工程技术人员及高层决策人员的培训教材和自学参考书。特别有利于那些注重应用的企业管理人员、MEM和MBA学员、工程硕士的学习，从而为企业决策人员与管理人员掌握与应用运筹学方法提供了一个途径。本书配套的在线课程（MOOC）已于2016年上线，网址为http：//shiep. fanya. chao xing. com。

限于编者水平，书中难免有疏漏和不妥之处，恳请各方面专家、学者及广大读者批评指正。作者的电子邮箱：shiqs@126. com。

编者

2015年12月

第一版前言

运筹学是运用科学的数量方法研究各种系统的优化途径和方案，进而对人力、物力和财力进行合理筹划和运用，寻找管理及决策最优化的综合性学科，它是管理科学、经济科学和现代化管理方法的重要组成部分，也是高等院校经济管理类专业的一门重要专业基础课。本教材基于运筹学的理论体系，考虑到经济管理类专业的特点，选编了线性规划及单纯形法、线性规划的对偶问题、运输问题、多目标线性规划、整数规划、非线性规划、动态规划、存储论、图与网络、网络计划技术、决策分析、对策论、排队论等运筹学的基本内容。在本书的编写过程中，试图以各种实际问题为背景引出运筹学各分支的基本概念和模型，在保证运筹学理论体系完整的前提下，避免了繁琐而枯燥的理论推导。编写本书的指导思想是以线性规划与网络理论为重点，突出以方法为主，注重实际应用，以较大的篇幅着重介绍了经济管理类比较实用的模型和方法，配以大量的实例和案例，讲清其原理和步骤，并给出计算结果以经济解释，做到理论联系实际。为方便编写程序和上机计算，还详细介绍了目前常用的软件，如 Microsoft Excel Solver、LINDO 等，还在附录中详细介绍了 MATLAB 及其优化工具箱。同时，还注意培养学生建立数学模型、求解模型以及分析解答结果，并以大型作业的形式，提高学生进行经济评估的能力。

本书论述力求深入浅出，文字通俗易懂，配有多媒体电子教案，并设有运筹学学习辅导园地，网址 http：//www. shiep. edu. cn。与本书配套的教改项目《开发工商管理专业学生利用信息技术进行优化决策潜能的改革与实践》主题网获上海市 2005 年优秀教学成果二等奖，网址 http：//gwxy. web. shiep. edu. cn/project. htm。每章后面都附有习题和答案及复习思考题，方便读者自学时参考。

本书由施泉生编著，中山大学特聘教授、博士生导师李仲飞教授担任主审，西安交通大学博士生导师郭菊娥教授、中远集运资讯发展部总经理陈翔高级经济师对本书提出了宝贵的意见，复旦大学的王雨雷提供了大部分的习题答案，顾群音提供了附录二的内容，徐幼成给予了很大的帮助，在此一并致以衷心的感谢。

特别感谢国际系统研究联合会（IFSR）主席、中国科学院数学与系统科学研究院系统科学研究所顾基发教授在作者成长道路上倾注的大量心血，给予的多方指导和帮助。

本书是在作者多年为经济管理类专业学生讲授运筹学教学经验的基础上编写而成，适用于高等院校经济、管理专业本科教材及相关专业使用，也可供各类经济管理工作者和科研人员参考。

限于编者水平，书中难免有疏漏和不妥之处，恳请各方面专家、学者及广大读者批评指正。作者的电子邮箱：shiqs@126. com 或 shiqs0921@126. com。

编　者

2004 年 5 月

第二版前言

为贯彻落实教育部《关于进一步加强高等学校本科教学工作的若干意见》和《教育部关于以就业为导向深化高等职业教育改革的若干意见》的精神，加强教材建设，确保教材质量，中国电力教育协会组织制订了普通高等教育“十一五”教材规划。该规划强调适应不同层次、不同类型院校，满足学科发展和人才培养的需求，坚持专业基础课教材与教学急需的专业教材并重、新编与修订相结合。本书为修订教材。

本书第一版自2004年出版以来，受到各方面的普遍关注，全国几十所高校选用了本书作为经济管理类专业运筹学课程的本科教材，也被一些国内著名的大学，如西安交通大学等作为研究生入学考试的指定参考书。四年多来，得到了全国许多同行和读者的热情支持，收到很多诚挚、中肯的意见，在这次修订过程中充分地考虑了这些建议。

在这期间，我们对运筹学课程进行了全面的建设，目前已成为上海市重点课程，并设有运筹学精品课程网站（http：//jpkc. shiep. edu. cn/ssc/ycx/）。与本书配套的教改项目《开发工商管理专业学生利用信息技术进行优化决策潜能的改革与实践》获得上海市2005年教学成果二等奖（http：//gwxy. web. shiep. edu. cn/project. htm）；该教学研究团队成为学校的“十佳”优秀教学研究团队，其中一名教师成为上海市高校教学名师。

这次修订的主导思想是：书中的内容都是运筹学的基础知识，所以全书的内容没有做大的变动，在文字表达和内容阐述方面力求简明正确。个别的章节给予了重写，如运输问题一章更加符合目前主流教材的思路。其他章节也适当增加了新内容，如网络技术增加了网络的时间优化和资源优化，决策分析增加了层次分析法，增加WinQSB软件的应用以及运筹学实验教学内容。

本书在第一版的基础上，吸收了许多同行和广大读者的意见，做了部分内容的调整和修改。除原有的线性规划及单纯形法、线性规划的对偶问题、运输问题、多目标线性规划、整数规划、非线性规划、动态规划、存储论、图与网络、网络计划技术、决策分析、对策论、排队论等运筹学的基本内容以外，增加了层次分析法，网络技术的时间和资源优化等内容，增加了WinQSB软件的应用以及运筹学实验教学内容。

在本书修订过程中中山大学特聘教授、博士生导师李仲飞教授、西安交通大学博士生导师郭菊娥教授、中国远洋集团集装箱运输公司副总经理陈翔高级经济师对本书提出了许多宝贵的意见，并得到了杨慧敏、赵文会两位老师的帮助，在此一并致以衷心的感谢。

本书是在作者多年为经济管理类专业学生讲授运筹学教学经验的基础上编写而成，也是上海市本科教育高地——电力经济与管理和上海市教委（第五期）重点学科——现代电力企业管理（J51302）的成果之一。本书可作为高等院校经济管理本科专业以及相关专业的研究生教材和参考书，也可以作为各级管理人员、工程技术人员及高层决策人员的培训教材和自学参考书。特别有利于那些注重应用的企业管理人员、MBA学员、工程硕士的学习，从而为企业决策人员与管理人员掌握与应用运筹学方法提供了一个途径。

限于编者水平，书中难免有疏漏和不妥之处，恳请各方面专家、学者及广大读者批评指正。作者的电子邮箱：shiqs@126.com或shiqs0921@126.com。

编者

2008年11月

目　　录

绪　　论

0.1 概　　述

0.1.1 什么是运筹学

由于运筹学（Operations Research，OR）研究的广泛性和复杂性，至今其没有形成一个统一的定义。下面给出运筹学的几种定义：

(1) 运筹学是一种科学决策的方法。

(2) 运筹学是依据给定目标和条件从众多方案中选择最优方案的最优化技术。

(3) 运筹学是一种寻求在给定资源条件下，如何设计和运行一个系统的科学决策的方法。

0.1.2 运筹学研究的特点

1. 科学性

(1) 运筹学研究是在科学方法论的指导下通过一系列规范化步骤进行的。

(2) 运筹学研究是广泛利用多种学科的科学技术知识进行的研究，其不仅仅涉及数学，还要涉及经济科学、系统科学、工程物理科学等其他学科。

2. 实践性

运筹学以实际问题为分析对象，通过鉴别问题的性质、系统的目标以及系统内主要变量之间的关系，利用数学方法达到对系统进行最优化的目的。更为重要的是，用运筹学分析获得的结果要能被实践检验，并被用来指导实际系统的运行。

3. 系统性

运筹学用系统的观点来分析一个组织（或系统），它着眼于整个系统而不是一个局部，通过协调各组成部分之间的关系和利害冲突，使整个系统达到最优状态。

4. 综合性

运筹学研究是一种综合性的研究，涉及问题的方方面面，要应用多学科的知识，因此，需要一个由各方面的专家组成的小组来完成。

0.2 运 筹 学 模 型

运筹学研究的模型主要是抽象模型——数学模型。数学模型的基本特点是用一些数学关系（如数学方程、逻辑关系等）来描述被研究对象的实际关系（如技术关系、物理定律、外部环境等）。一般模型有以下四种分类：

(1) 按呈现和表达的方式，其可以分成实物模型、符号模型和计算机模型。

实物模型：规模缩小和放大的由实物制成的模型，如建筑模型、飞机模型、原子模型等。

符号模型：用数学符号表示的模型。

计算机模型：这类模型表现为可以在计算机上执行的由计算机语言表达的程序。

(2) 按描述方法的特点，其可以分成描述性模型、规范化模型和启发式模型。

描述性模型：这类模型仅仅描述实际发生的具体过程而不探讨过程背后的原因。许多统计模型、模拟模型和排队模型都是这类描述性模型。

规范化模型：这类模型使用规范化的方法，对影响系统的内在规律进行探索，并详细描述系统的变量、目标和约束。大部分最优化模型属于这类模型。

启发式模型：这类模型是一种经验模型，主要由一些直观的经验和规则构成。

(3) 按模型变量和参数性质，其可以分成确定性模型和随机性模型。

确定性模型：这类模型的变量和参数都是确定的，如线性规划、整数规划、网络规划等模型。

随机性模型：这类模型的变量和参数都是随机的，如排队模型、决策模型和对策模型等。

(4) 按模型是否考虑时间因素，其还可以分成静态模型和动态模型。

静态模型：这类模型只反映某一个固定时间点的系统状态，变量、参数与时间无关。

动态模型：这类模型反映一段时间内系统变化的状态，变量、参数与时间有关，如动态规划模型等。

运筹学模型的一个显著特点是它们大部分为最优化模型。一般来说，运筹学模型都有一个目标函数和一系列的约束条件，模型的目标是在满足约束条件的前提下使目标函数最大化或最小化。

0.3 运筹学分析的主要步骤

运筹学分析的主要步骤如图 0.1 所示。从真实系统提炼问题并描述，构建模型并不断修改，使模型能最好地描述真实系统。基于数据准备，对模型进行求解和检验，若发现结果不能解释真实系统中的现象，需要对问题的描述和模型进行修改，直到达到要求后，对结果进行分析和实施。

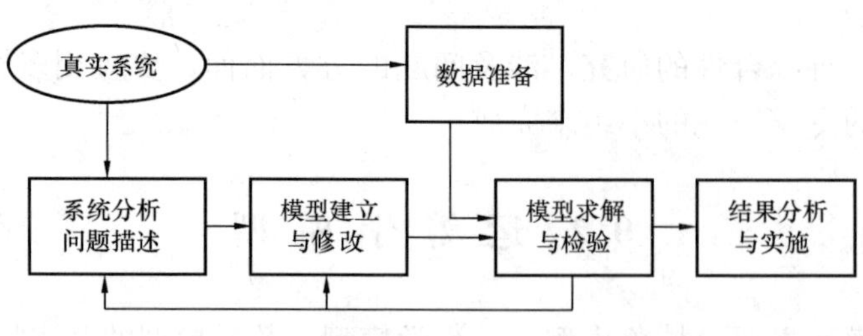

图 0.1 运筹学分析的主要步骤

0.4 运筹学包含的主要分支

运筹学发展至今形成很多方面和分支，就运筹数学来讲可分确定性的和随机性的。确定性的有线性规划、整数规划、非线性规划、多目标规划、动态规划、图与网络、存储论等。

随机性的有排队论，随机规划，对策论，决策分析，维修、更新、可靠性和质量管理，搜索论，模拟等。

1998年，中国运筹学会提出运筹学学科分类意见，在一级学科“运筹学”下设15个二级学科：它的基础学科分支有规划理论、随机运筹理论、组合与网络优化理论、决策理论；它与其他学科的交叉分支有计算运筹学、工程技术运筹学、管理运筹学；它的应用学科分支有工业运筹学、农业运筹学、金融市场保险运筹学、交通运输运筹学、公用事业运筹学、军事运筹学、资源生态环境运筹学、生命科学运筹学。并在各二级学科下，再列出40多个三级学科。

有人曾对美国各个运筹学分支应用情况作了一些统计，虽然绝对数随着不同年代和不同人的不同统计方法而有所差别，但是其相对排序还是清晰的，按应用多少排序如下：统计、模拟、网络规划、线性规划、排队论、非线性规划、动态规划和对策论。在中国，随机抽样调查结果基本相同。不过，近年来对策论应用开始增多。

0.5　运筹学的历史和发展

0.5.1　朴素的运筹思想

1. 都江堰水利工程

都江堰由战国时期（大约公元前250年）川西太守李冰父子主持修建。其目标是：利用岷江上游的水资源灌溉川西平原，追求的效益还有防洪与航运。其总体构思是系统思想的杰出运用。都江堰由三大工程及120多项配套工程组成，即

（1）“鱼嘴”岷江分水工程：将岷江水有控制地引入内江。

（2）“飞沙堰”分洪排沙工程：将泥沙排入外江。

（3）“宝瓶口”引水工程：除沙后的江水引入水网干道。

它们巧妙结合，完整而严密，相得益彰。两千多年来，这项工程一直发挥着巨大的效益，是我国最成功的水利工程之一。

2. 丁谓的皇宫修复工程

北宋年间，丁谓负责修复火毁的开封皇宫。他的施工方案是：先将皇宫前的一条大街挖成一条大沟，将大沟与汴水相通；使用挖出的土就地制砖，令与汴水相连形成的河道，承担繁重的运输任务。修复工程完成后，实施大沟排水，并将原废墟物回填，修复成原来的大街。丁谓将取材、生产、运输及废墟物的处理利用“一沟三用”的方法巧妙地解决了。

3. 田忌赛马

齐王要与大臣田忌赛马，双方各出上、中、下马各一匹，对局三次，每次胜负1000金。田忌在其好友、著名的军事谋略家孙膑的指导下，以表0.1所列安排，最终净胜一局，赢得1000金。

表0.1　　田忌赛马对局表

齐　王	上	中	下
田　忌	下	上	中

0.5.2 早期的(军事)运筹学

1. 特拉法加尔(Trafalgar)海战和纳尔森(Nelson)秘诀

19世纪中叶,法国拿破仑统帅大军要与英国争夺海上霸主地位,而实施这一战略的关键是消灭英国的舰队。英国海军统帅、海军中将纳尔森亲自制定了周密的战术方案。

1805年10月21日,这场海上大战爆发了。一方是由英国纳尔森亲自统帅的地中海舰队,由27艘战舰组成;另外一方是由费伦纽夫(Villenuve)率领的法国-西班牙联合舰队,共有33艘战舰。特拉法加尔大海战的概况是:费伦纽夫率领的法国-西班牙联合舰队采用常规的一字横列,以利炮火充分展开,而纳尔森的战术使费伦纽夫大出意外。英国的舰队分成两个纵列:前卫上风纵列由12艘战舰组成,由纳尔森亲自指挥,拦腰将法国-西班牙联合舰队切为两段;后卫下风纵列由英国海军中将科林伍德(Collingwood)指挥,由15艘战舰组成。在一场海战后,法国-西班牙联合舰队以惨败告终,其司令费伦纽夫连同12艘战舰被俘,8艘战舰沉没,仅13艘战舰逃走,人员伤亡7000人;而英国战舰没有沉没,人员伤亡1663人,但是,作为统帅的纳尔森阵亡。

秘密备忘录中的纳尔森秘诀:预期参加战斗的英国舰队40艘,法国-西班牙联合舰队46艘。预计联合舰队的战斗队形一字横列。英国舰队的战斗队形与任务:分成两个主纵列及一个小纵列。主纵列1:16艘,由纳尔森亲自指挥,拦腰将法国-西班牙联合舰队切为两段,并攻击联合舰队的中间部分。主纵列2:16艘,由英国海军中将科林伍德指挥,从联合舰队后半部再切断,分割并攻击后部12艘。小纵列:8艘,在中心部分附近攻击其先头部分的3~4艘。

2. 兰彻斯特(F. W. Lanchester)作战分析

兰彻斯特方程:设两军对抗中一方有 x 个战斗单位(战舰、战车、战机、步兵单位等),另外一方有 y 个战斗单位。基本假设:每一方战斗单位的损失率与对方战斗单位的数量成正比。于是,双方战斗损失的微分方程为 $\frac{\mathrm{d}y}{\mathrm{d}t}=-ax$,$\frac{\mathrm{d}x}{\mathrm{d}t}=-by$。其中,$a>0$ 与 $b>0$,表示双方的平均战斗力。因此,可以得到

$$ax^2=by^2$$

上式称为兰彻斯特 N^2 定律。

用兰彻斯特 N^2 定律可以对"纳尔森秘诀"进行分析:整体战斗实力。设双方单个战斗单位的战斗力相同,则有英国舰队 $40^2=1600$,联合舰队 $46^2=2116$。此时,联合舰队占优势,设想联合舰队全歼英国舰队后,联合舰队还有 $\sqrt{516}=23$ 艘。将联合舰队拦腰切断,$23+23=46$,是将联合舰队实力减弱的最小分割法。此时,联合舰队的实力为 $23^2+23^2=1058$,而英国舰队的实力为 $(16+16)^2+8^2=1088$,已略占有优势。在英国舰队两个主纵列共32艘,攻击联合舰队的后一半23艘,此时,英国舰队实力 $(16+16)^2=32^2=1064$,而联合舰队的实力为 $23^2=529$,英国舰队已占有优势。在全歼联合舰队后部后,英国舰队两个主纵列还可以保留 $\sqrt{(1064-529)}=\sqrt{516}=23$ 艘,再和小纵列中舰队联合与联合舰队前部作战还占有优势,即在最坏情况下,"纳尔森秘诀"也可以使英国舰队获得胜利,如图0.2所示。

3. 鲍德西(Bawdsey)雷达站的研究

1935年,英国科学家 R. Watson -Wart 发明了雷达。丘吉尔命令在英国东海岸的

Bawdsey 建立了一个秘密雷达站。当时，德国已拥有一支强大的空军，起飞 17min 即到达英国本土。在如此短的时间内，如何预警和拦截成为一大难题。1939 年，由曼彻斯特大学物理学家、英国战斗机司令部顾问、战后获得诺贝尔奖的 P. M. S. Blackett 为首，组织了一个小组，代号“Blackett马戏团”。这个小组包括 3 名心理学家、2 名数学家、2 名应用数学家、1 名天文物理学家、1 名普通物理学家、1 名海军军官、1 名陆军军官、1 名测量员。研究的问题是：设计将雷达信息传送到指挥系统和武器系统的最佳方式；雷达与武器的最佳配置；对探测、信息传递、作战指挥、战斗机与武器的协调，做了系统的研究，并获得成功。“Blackett 马戏团”在秘密报告中使用了“Operational Research”，即“运筹学”。

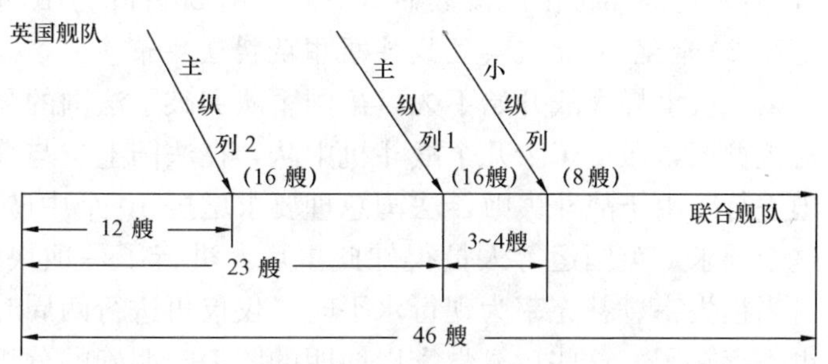

图 0.2　“纳尔森秘诀”分析实例

4. 大西洋反潜战

1942 年，美国大西洋舰队反潜战官员 W. D. Baker 舰长请求成立反潜战运筹组，麻省理工学院的物理学家 P. W. Morse 被请来担任计划与监督。Morse 出色的工作之一是协助英国打破了德国对英吉利海峡的封锁。1941～1942 年，德国潜艇严密封锁了英吉利海峡，企图切断英国的“生命线”。海军几次反封锁，均不成功。应英国要求，美国派 Morse 率领一个小组去协助。Morse 经过多方实地考察，最后提出了两条重要建议：①将反潜攻击由反潜艇投掷水雷，改为飞机投掷深水炸弹，起爆深度由 100m 左右改为 25m 左右，即当潜艇刚下潜时攻击效果最佳（结果效率提高 4～7 倍）；②运送物资的船队及护航舰队编队，由小规模多批次，改为加大规模、减少批次，这样损失率将减少（由 25%下降到 10%）。丘吉尔采纳了 Morse 的建议，最终成功地打破封锁，并重创了德国潜艇。Morse 同时获得英国和美国的最高勋章。

5. 20 世纪 40 年代战斗机搜索潜艇

战斗机搜索潜艇，效果的衡量指标称为扫率

$$扫率=\frac{AS}{TN}$$

式中　A——侦察到的潜艇次数；

T——侦察所用时间（h）；

S——飞机侦察负责的面积（海里^2）；

N——可能有的潜艇数。

此公式中 N 很难估计，但是利用此公式记录的反潜作战效果的起伏波动，可以得知双方战术和装备的变化，这在战争中起很大的作用。

6. 20 世纪 40 年代军用物资运输

美国参加第二次世界大战较晚，但是早期的欧洲军用物资都是从美国用商船通过大西洋运往欧洲，但发现在公海里受到德军飞机的轰炸，后在商船上装备了高射炮，但发现打落飞机很少，是否没有达到目的？我们知道在商船上装备高射炮的目标是“打击敌人，保护自己”，后发现商船被击沉没数显著下降（由 25%降为 10%），达到了目标。

7. 20 世纪 40 年代英国战斗机中队援法决策

第二次世界大战开始不久，德国军队突破了法国的马奇诺防线，法军节节败退。英国为了对抗德国，派遣了十几个战斗机中队，在法国上空与德国军队作战，并且指挥、维护均在法国进行。由于战斗失败，法国总理要求增援 10 个中队，已出任英国首相的丘吉尔决定同意这个要求。英国运筹人员得知此事后，进行了一项快速研究，其结果表明：在当时情况下，当损失率、补充率为现行水平时，仅仅再进行两周时间左右，英国的援法战斗机就连一架也不存在了。这些运筹学家以简明的图表、明确的分析结果说服了丘吉尔，丘吉尔最终决定：不仅不再增加新的战斗机中队，而且还将在法国的英国战斗机中队大部分撤回英国本土，以本土为基地，继续对抗德国，局面有了很大的改观。

0.5.3 现代的（军事）运筹学

1. 美国的曼哈顿原子弹工程（20 世纪 50 年代初）

20 世纪 40 年代后期 50 年代初，美国由物理学家奥本海默主持了曼哈顿原子弹工程。美国动用了全国 1/3 的电力，集中了 15 000 名各种专业的科学家和工程技术人员进行合作。奥本海默在执行计划的过程中，从总体出发，将研究项目层层分解，组织相应的小组来负责各项课题的研究工作。他很重视各课题间联系，随时进行协调使全部课题组合起来达到整个计划最优结构。

2. 海湾战争中的作战模拟（1990 年 8 月）

《The Commanders》一书描述了美国最高当局如何策划入侵巴拿马和如何策划海湾战争。书中透露美国国防部长切尼在海湾战争准备阶段曾因拿不准美国在这场战争付出多大代价和费用而困扰。在海湾战争爆发前，美国采用作战方案评价模型（CEM）和相关的支持模型制定战争计划。CEM 由美国研究分析公司（RAC）与陆军概念分析局在 1980 年合作开发，应用于北大西洋公约组织与华沙条约集团之间的战区级战役仿真。CEM 的特征是全自主运行，确定型，装甲旅级战斗分辨率。过程由战区司令官决策控制，新一轮仿真准备时间为数月，在 CRAYII 巨型计算机上运行一次仿真时间不超过 2h。1990 年 8 月，美国陆军概念分析局用 CEM 为“沙漠盾牌”行动提供分析支持，包括战略步骤，部队、人力、弹药需求，以及评估防空与战区导弹防御和联军的潜力。从 1990 年 8 月中旬到地面战争结束，CEM 共运行了 500 个回合。美军投入“沙漠盾牌”和“沙漠风暴”行动应用另一计算机仿真模型为 C^3I SIM 模型，它为美军空中行动提供头 24h 的损耗分析。1991 年 12 月 9～11 日，在美国海军分析中心支持了美国军事运筹学会“分析海湾战争教训的研讨会”。美国军事运筹学会主席 Vernon M. Bettencourt. JR 指出：海湾战争的遗产，将继续对国防系统分析和美国军事运筹学会的活动产生影响。国防系统分析模型如何表达直接影响战斗力的电子战、战场探测器、情报汇集以及通信、指挥和控制，仍然是薄弱环节；人的因素影响，如士气、突击、领导能力和疲劳，也有待更好的表达。

0.5.4 运筹学的发展

美国前运筹学会主席邦迪（S. Bonder）曾提出运筹学可以分成三大方面：运筹数学、运筹应用及运筹理论，并强调发展后两者。从整体来讲，这三个方面应协调发展，才能解决经济、技术、社会、心理、生态和政治等综合因素交叉在一起的复杂系统。也就是要从运筹学进展到系统分析，并与未来学紧密结合以解决人类所面临的困境。解决问题的过程是决策者和分析者发挥其创造性的过程，这也就是进入 20 世纪 70 年代以来人们越来越对人机对话的算法感兴趣的原因。在 20 世纪 80 年代一些重要的与运筹学有关的国际会议中，大多数人认为决策支持系统（Decision Support System，DSS）是使运筹学发展的一个好机会。总之，运筹学仍在不断发展，新的思想、观点和方法层出不穷。

20 世纪 80 年代到 90 年代对于运筹学有两个重要进展必须提到：

一个是软运筹学（Soft OR）的崛起，以切克兰特（P. Checkland）的软系统方法论和罗森海特（J. Rosenhead）的问题结构法等为代表的一批新的方法论出现，一直到 1989 年罗森海特编的书，由于囊括了一批与软运筹学有关的论文，后来被称为软运筹学的圣经。顺便指出美国运筹学界总体讲不太愿意提软运筹学，前不久英国运筹学界和国际上，包括美国部分学者还批评了美国运筹学杂志不太愿意发表软运筹学方面的文章。不过后来美国运筹学杂志表示接受这个批评。

另一个是软计算（Soft Computing）的崛起，它允许不太精确、不确定性、部分真理和近似等。软计算可以以比较低的代价提供一定程度的可用解。软计算与过去计算方法的不同之处在于吸取了人的智慧和判断［各种启发式（Heuristic）方法、模糊逻辑（Fuzzy Logic）］，生物方面的知识［遗传算法（Geneticalgorithm）、进化规划（Evolutionary Programming）、蚁群算法（Ant Colony Optimization，ACO）、人工神经网络（Artificial Neural Network）］，物理方面的知识［模拟退火法（Simulated Annealing，SA）］。扎德（L. Zadeh）在 1991 年指出人工神经网络、模糊逻辑及遗传算法与传统计算模式的区别，将它们命名为软计算。近年来，文献中将混沌理论、模拟退火算法和概率推理（Probabilistic Reasoning）等也归入软计算，在运筹学中更关心它们在优化问题中的应用，因此为区别于比较好的有解析表达式时用的优化方法而称之为软优化。

近 20 年来，信息科学、生命科学等现代高科技对人类社会产生了巨大影响，运筹学从中起了一定的作用。例如，将全局最优化、图论、神经网络等运筹学理论及方法应用于分子生物信息学中的 DNA 与蛋白质序列比较、芯片测试、生物进化分析、蛋白质结构预测等问题的研究；在金融管理方面，将优化及决策分析方法应用于金融风险控制与管理、资产评估与定价分析模型等；在网络管理上，利用随机过程方法研究排队网络的数量指标分析；在供应链管理问题中，利用随机动态规划模型研究多重决策最优策略的计算方法等。运筹学作为一门年轻的学科，现有的分支、理论和方法还远远满足不了描述复杂的管理运动过程和规律的需要。可以预期，管理科学的发展必将为运筹学的进一步发展开辟更加广阔的领域。而运筹学的发展必将进一步研究和解决管理学中越来越多的问题，并对其他学科产生一定的影响。

第 1 章　线性规划及单纯形法

线性规划（Linear Programming，LP）是运筹学的一个重要分支。1939 年，苏联数学家康脱洛维奇研究并发表了《生产组织与计划的数学方法》一书，首次提出线性规划问题，以后美国学者希奇柯克（F. L. Hitchcock，1941）和柯普曼（T. C. Koopman，1947）又独立地提出了运输问题。特别是美国学者丹捷格（G. B. Dantzig，1947）提出了单纯形算法（Simpler）之后，线性规划在理论上趋向成熟，1963 年 Dantzig 写成了《Linear Programming and Extension》一书。1979 年，苏联年轻的科学家 Khachian 提出了多项式算法——"椭球法"，1984 年印度的科学家 N. Karmarkar 提出了一个新的多项式算法——"投影梯度法"，也称 Karmarkar 算法，使得线性规划问题无论在理论上还是算法上都取得了重大的进展。从数学上讲，线性规划是研究线性不等式组的理论，或者说是研究线性方程组非负解的理论，也可以说是研究（高维空间中）凸多面体的理论，是线性代数的应用和发展。

1.1　线性规划基本概念

1.1.1　问题的提出——生产计划问题

在研究生产计划问题时，一般有下列两种提法：

(1) 如何合理地使用有限的人力、物力和资金，收到最好的经济效益。

(2) 如何合理地使用有限的人力、物力和资金，达到以最经济的方式，完成生产计划的要求。

【例 1.1】　生产计划问题（资源利用问题）。

胜利家具厂生产桌子和椅子两种家具，桌子售价 50 元/张，椅子售价 30 元/张，生产桌子和椅子都需要木工和油漆工两种工种。生产一张桌子需要木工 4h，油漆工 2h；生产一张椅子需要木工 3h，油漆工 1h。该厂每个月可用木工工时为 120h，油漆工工时为 50h。问该厂如何组织生产才能使每月的销售收入最大。

解　将一个实际问题转化为线性规划模型有以下几个步骤：

(1) 确定决策变量（Decision Variable）：x_1＝生产桌子数量，x_2＝生产椅子数量。

(2) 确定目标函数（Objective Function）：家具厂的目标是销售收入最大

$$\max S = 50x_1 + 30x_2$$

(3) 确定约束条件（Constraint Conditions）

$$4x_1 + 3x_2 \leqslant 120 \text{（木工工时限制）}$$

$$2x_1 + x_2 \leqslant 50 \text{（油漆工工时限制）}$$

(4) 变量非负限制（Nonnegative Constraint）：

一般情况，决策变量只取正值（非负值），即 $x_1 \geqslant 0$，$x_2 \geqslant 0$。

数学模型

$$\max S = 50x_1 + 30x_2$$
$$\text{s. t. } \begin{cases} 4x_1 + 3x_2 \leqslant 120 \\ 2x_1 + x_2 \leqslant 50 \\ x_1, x_2 \geqslant 0 \end{cases}$$

1.1.2　线性规划问题的数学模型

线性规划数学模型一般由决策变量、约束条件、目标函数三部分组成。

【例 1.2】　营养配餐问题。

假定一个成年人每天需要从食物中获得 3000kJ 的热量、55g 的蛋白质和 800mg 的钙。如果市场上只有四种食品可供选择，它们每千克所含的热量、营养成分和市场价格见表 1.1。问如何选择才能在满足营养的前提下使购买食品的费用最小。

表 1.1　四种食品所含的热量、营养成分和市场价格

序　号	食品名称	热量（kJ）	蛋白质（g）	钙（mg）	价格（元）
1	猪　肉	1000	50	400	14
2	鸡　蛋	800	60	200	6
3	大　米	900	20	300	3
4	白　菜	200	10	500	2

解　设 x_j 为第 j 种食品每天的购入量，则配餐问题的线性规划模型为

$$\min Z = 14x_1 + 6x_2 + 3x_3 + 2x_4$$
$$\text{s. t. } \begin{cases} 1000x_1 + 800x_2 + 900x_3 + 200x_4 \geqslant 3000 \\ 50x_1 + 60x_2 + 20x_3 + 10x_4 \geqslant 55 \\ 400x_1 + 200x_2 + 300x_3 + 500x_4 \geqslant 800 \\ x_1, x_2, x_3, x_4 \geqslant 0 \end{cases}$$

其他典型问题：

（1）合理下料问题。

（2）运输问题。

（3）生产的组织与计划问题。

（4）投资证券组合问题。

（5）分派问题。

（6）生产工艺优化问题等。

1.1.3　用于成功决策的实例

（1）美国航空公司关于哪一架飞机用于哪一航班和哪些机组人员被安排于哪一架飞机的决策。

（2）美国国防部关于如何从现有的一些基地向海湾运送海湾战争所需要的人员和物资的决策。

（3）Chessie 道路系统关于购买和修理价值 40 亿美元货运汽车的决策。

（4）魁北克水利部门关于用哪几个水库的水发电来满足每天电力需求的决策。

（5）农场信贷系统联邦土地银行关于如何支付到期债券和应发售多少新债券，以获取资

金来维持发展的决策。

（6）北美长途运输公司关于每周如何调度数千辆货车的决策。

（7）埃克森炼油厂关于调节冶炼能力适应关于无铅燃料生产的法律更改的决策。

1.1.4 线性规划问题的一般形式

$$
\begin{aligned}
&\max(\min)S = c_1x_1 + c_2x_2 + \cdots + c_nx_n \\
&\text{s.t.}\quad a_{11}x_1 + a_{12}x_2 + \cdots + a_{1n}x_n \leqslant (=, \geqslant) b_1 \\
&\qquad a_{21}x_1 + a_{22}x_2 + \cdots + a_{2n}x_n \leqslant (=, \geqslant) b_2 \\
&\qquad \cdots \\
&\qquad a_{m1}x_1 + a_{m2}x_2 + \cdots + a_{mn}x_n \leqslant (=, \geqslant) b_m \\
&\qquad x_1, x_2, \cdots, x_n \geqslant 0
\end{aligned}
$$

1.1.5 线性规划问题隐含的假定

（1）比例性假定：决策变量的变化所引起的目标函数的改变量和决策变量的改变量成比例；同样，每个决策变量的变化所引起的约束方程左端值的改变量和该变量的改变量成比例。

（2）可加性假定：每个决策变量对目标函数和约束方程的影响是独立于其他变量的；目标函数值是每个决策变量对目标函数贡献的总和。

（3）连续性假定：线性规划问题中的决策变量应取连续值。

（4）确定性假定：线性规划问题中的所有参数都是确定的参数。线性规划问题不包含随机因素。

1.1.6 线性规划问题的标准形式

线性规划问题的标准形式（1）

$$
\begin{aligned}
&\max S = c_1x_1 + c_2x_2 + \cdots + c_nx_n \\
&\text{s.t.}\quad a_{11}x_1 + a_{12}x_2 + \cdots + a_{1n}x_n = b_1 \\
&\qquad a_{21}x_1 + a_{22}x_2 + \cdots + a_{2n}x_n = b_2 \\
&\qquad \cdots \\
&\qquad a_{m1}x_1 + a_{m2}x_2 + \cdots + a_{mn}x_n = b_m \\
&\qquad x_1, x_2, \cdots, x_n \geqslant 0
\end{aligned}
$$

式中，$b_i \geqslant 0$，$i=1, 2, \cdots, m$。

线性规划问题的标准形式（2）

$$
\begin{aligned}
&\max S = \sum_{j=1}^{n} c_j x_j \\
&\text{s.t.}\quad \sum_{j=1}^{n} a_{ij} x_j = b_i, \ i = 1,2,\cdots,m \\
&\qquad x_j \geqslant 0, j = 1,2,\cdots,n
\end{aligned}
$$

线性规划问题的标准形式（3）

$$
\begin{aligned}
&\max S = CX \\
&\text{s.t.}\quad AX = b \\
&\qquad X \geqslant 0
\end{aligned}
$$

1.1.7 如何将一般线性规划问题化为标准形式

（1）若目标函数是求最小值 $\min Z=CX$，令 $S=-Z$，则

$$\max S = -CX$$

(2) 若约束条件是不等式：

1) 若约束条件是"≤"不等式，则

$$\sum_{j=1}^{n} a_{ij} x_j + y_i = b_i$$

式中：$y_i \geqslant 0$ 是非负的松弛变量（Slack Variable）。

2) 若约束条件是"≥"不等式，则

$$\sum_{j=1}^{n} a_{ij} x_j - z_i = b_i$$

式中：$z_i \geqslant 0$ 是非负的松弛变量，也称剩余变量（Surplus Variable）。

(3) 若约束条件右面的某一常数项 $b_i < 0$，这时只要在 b_i 相对应的约束方程两边乘上 -1。

(4) 若变量 x_j 无非负限制，引进两个非负变量 x'_j、$x''_j \geqslant 0$，令 $x_j = x'_j - x''_j$。

按以上方法任何形式的线性规划问题总可以化成标准形式。

【例 1.3】 将下列线性规划问题化成标准形式

$$\begin{aligned} \min Z &= -x_1 + 2x_2 - 3x_3 \\ \text{s.t.}\quad & x_1 + x_2 + x_3 \leqslant 7 \\ & x_1 - x_2 + x_3 \geqslant 2 \\ & -3x_1 + x_2 + 2x_3 = 5 \\ & x_1, x_2 \geqslant 0, x_3 \text{ 无非负限制} \end{aligned}$$

解　令 $x_3 = x'_3 - x''_3$，$S = -Z$，则

$$\begin{aligned} \max S &= x_1 - 2x_2 + 3x'_3 - 3x''_3 \\ \text{s.t.}\quad & x_1 + x_2 + x'_3 - x''_3 + x_4 = 7 \\ & x_1 - x_2 + x'_3 - x''_3 - x_5 = 2 \\ & -3x_1 + x_2 + 2x'_3 - 2x''_3 = 5 \\ & x_1, x_2, x'_3, x''_3, x_4, x_5 \geqslant 0 \end{aligned}$$

1.2 线性规划问题的解

1.2.1 （二维）线性规划问题的图解法（Graphical Solution）

定义 1.1　可行解　满足约束条件的变量值，称为可行解（Feasible Solutions）。

定义 1.2　可行域　可行解的全体组成问题的解集合，也称为可行域（Feasible Region）。

定义 1.3　最优解　使目标函数取得最优值的可行解，称为最优解（Optimum Solutions）。

[例 1.1] 的数学模型

$$\begin{aligned} \max S &= 50x_1 + 30x_2 \\ \text{s.t.}\quad & 4x_1 + 3x_2 \leqslant 120 \\ & 2x_1 + x_2 \leqslant 50 \\ & x_1, x_2 \geqslant 0 \end{aligned}$$

同时满足：$2x_1+x_2\leqslant50$，$4x_1+3x_2\leqslant120$，$x_1\geqslant0$，$x_2\geqslant0$ 的区域称为可行域。可行域是由约束条件（见图 1.1）围成的区域，该区域内的每一点都是可行解，它的全体组成问题的解集合。该问题的可行域是由 O，Q_1，Q_2，Q_3 作为顶点的凸多边形，如图 1.2 所示。

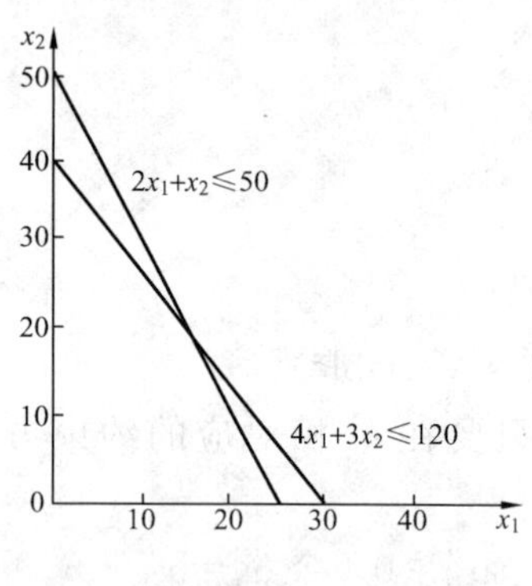

图 1.1　［例 1.1］的约束条件

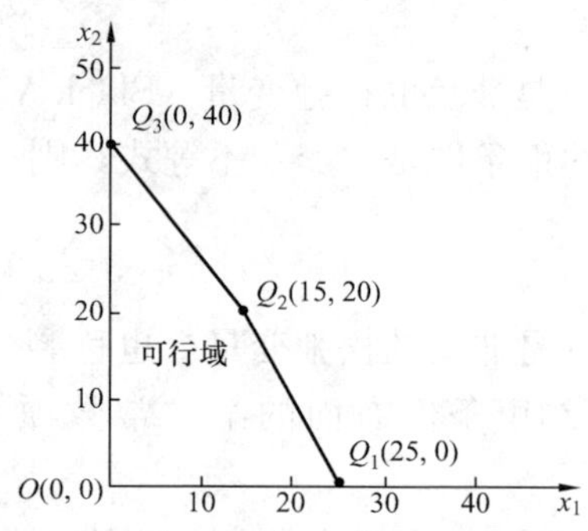

图 1.2　［例 1.1］的可行域

目标函数是以 S 作为参数的一组平行线：$x_2=\dfrac{S}{30}-\dfrac{5}{3}x_1$，当 S 值不断增加时，该直线沿着其法线方向向右上方移动。当该直线移到 Q_2 点时，S（目标函数）值达到最大：$\max S=50\times15+30\times20=1350$，此时最优解 $x_1=15$，$x_2=20$，如图 1.3 所示。

两个重要结论：

(1) 满足约束条件的可行域一般都构成凸多边形。这一事实可以推广到更多变量的场合。

(2) 最优解必定能在凸多边形的某一个顶点上取得。

这一事实也可以推广到更多变量的场合。

1. 解的讨论

(1) 唯一最优解。如［例 1.1］的情况。

(2) 无穷多组最优解（Multiple Optimal Solutions）。如［例 1.1］的目标函数由原来的 $\max S=50x_1+30x_2$ 变成 $\max S=40x_1+30x_2$，约束条件不变，则目标函数是同约束条件 $4x_1+3x_2\leqslant120$ 平行的直线 $x_2=\dfrac{S}{30}-\dfrac{4}{3}x_1$。当 S 的值增加时，目标函数同约束条件 $4x_1+3x_2\leqslant120$ 重合，Q_2 与 Q_3 之间都是最优解，如图 1.4 所示。

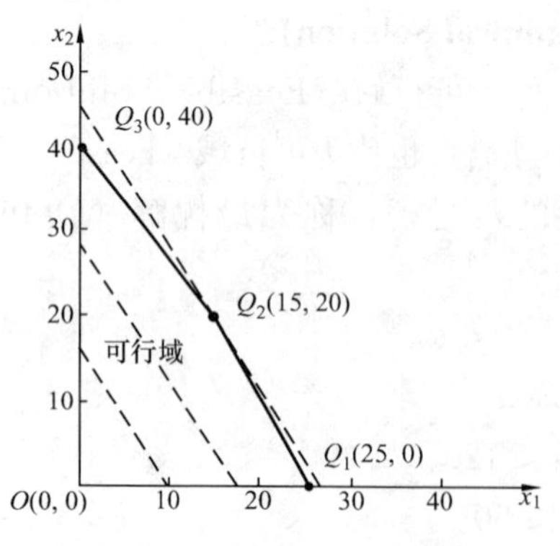

图 1.3　［例 1.1］的最优解

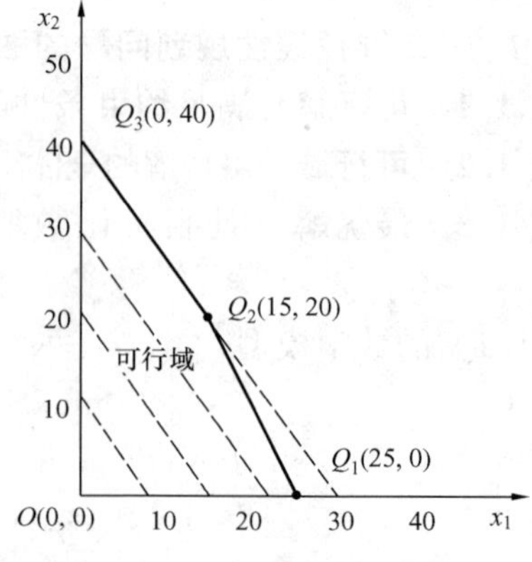

图 1.4　无穷多组最优解的情况

（3）无界解（Unbounded Solution）。

【例 1.4】　求解 $\max S = x_1 + x_2$

$$
\begin{aligned}
\text{s.t.}\quad & -2x_1 + x_2 \leqslant 40 \\
& x_1 - x_2 \leqslant 20 \\
& x_1, x_2 \geqslant 0
\end{aligned}
$$

解　该可行域无界，目标函数值可增加到无穷大，称这种情况为无界解或无最优解，如图 1.5 所示。

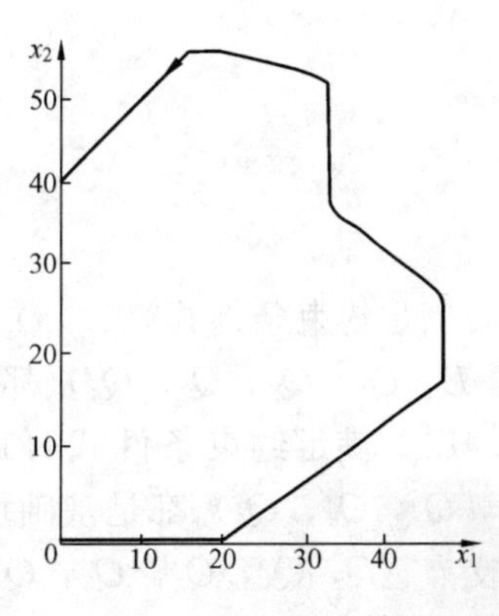

图 1.5　无界解的情况

（4）无可行解。

【例 1.5】　求解 $\max S = 2x_1 + 3x_2$

$$
\begin{aligned}
\text{s.t.}\quad & x_1 + 2x_2 \leqslant 8 \\
& x_1 \leqslant 4 \\
& x_2 \leqslant 3 \\
& -2x_1 + x_2 \geqslant 4 \\
& x_1, x_2 \geqslant 0
\end{aligned}
$$

解　该问题的可行域是空集，从而没有可行解。

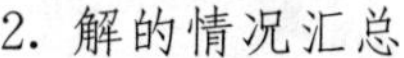

2. 解的情况汇总

（1）有可行解：

1）有唯一最优解。

2）有无穷多最优解。

3）无最优解。

（2）无可行解。

1.2.2　线性规划问题解的概念

线性规划标准形式的矩阵形式

$$\max S = CX \tag{1.1}$$

$$\text{s.t.}\quad AX = b \tag{1.2}$$

$$X \geqslant 0 \tag{1.3}$$

1. 解、可行解、最优解

（1）满足约束条件式（1.2）的 X，称为线性规划问题的解。

（2）满足约束条件式（1.2）与式（1.3）的 X，称为线性规划问题的可行解。

（3）满足目标函数式（1.1）的可行解 X，称为线性规划问题的最优解。

2. 基、基向量、基变量

（1）设 $r(A)=m$，并且 B 是 A 的 m 阶非奇异子矩阵[$\det(B)\neq 0$]，则称矩阵 B 为线性规划问题的一个基。

（2）矩阵 $B=(P_1, P_2, \cdots, P_m)$，其列向量 P_j 称为对应基 B 的基向量。

（3）与基向量 P_j 相对应的变量 x_j 就称为基变量，其余的就称为非基变量。

3. 基础解、基础可行解、可行基

（1）对于某一特定的基 B，非基变量取 0 值的解，称为基础解。

（2）满足非负约束条件的基础解，称为基础可行解（Basic Feasible Solutions）。

（3）与基础可行解对应的基，称为可行基。

为了理解基础解、基础可行解、最优解的概念，用下列例子说明。

【例 1.6】

$$\max S=2x_1+3x_2 \tag{1.4}$$

$$\text{s.t.}\quad -2x_1+3x_2\leqslant 6 \tag{1.4a}$$

$$3x_1-2x_2\leqslant 6 \tag{1.4b}$$

$$x_1+x_2\leqslant 4 \tag{1.4c}$$

$$x_1,\ x_2\geqslant 0 \tag{1.5}$$

满足约束条件式（1.4a）、式（1.4b）、式（1.4c）且与坐标系 x_1，$x_2=0$ 的交点（O，A，B，Q_1，Q_2，Q_3，Q_4）都是基础解。注意：点（4，0）、（0，4）不满足式（1.4a）、式（1.4b）。满足约束条件式（1.4a）、式（1.4b）、式（1.4c），且满足式(1.5)的交点（O，Q_1，Q_2，Q_3，Q_4）都是基础可行解。注意：点 A、B 不满足 x_1，$x_2\geqslant 0$，且满足式（1.5）的交点（O，Q_1，Q_2，Q_3，Q_4）都是基础可行解，如图 1.6。

点（O，Q_1，Q_2，Q_3，Q_4）刚好是可行域的顶点，如图 1.7 所示。

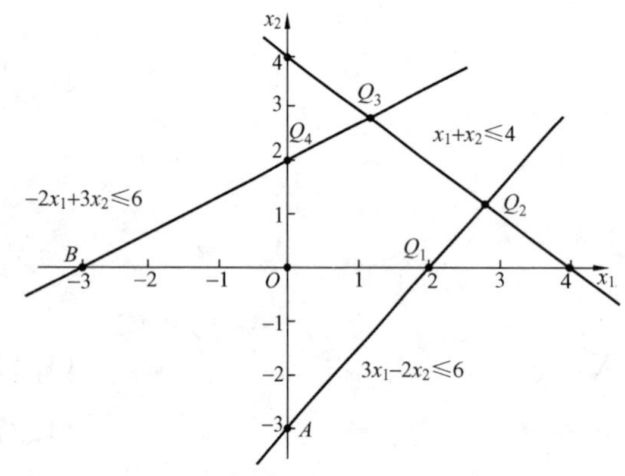

图 1.6 基础可行解的情形

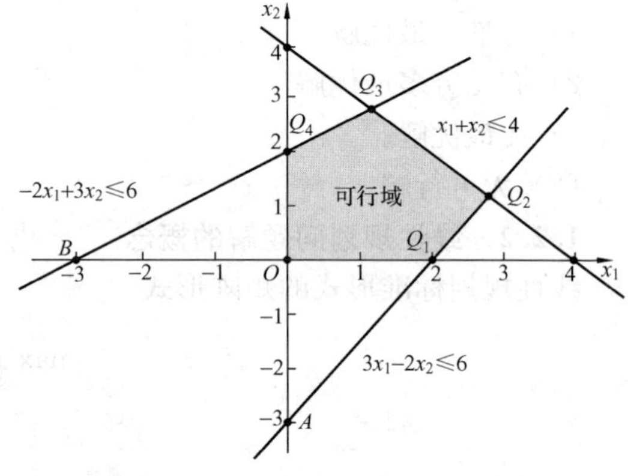

图 1.7 问题的可行域

本问题解的情况：

基础解：点（O，A，B，Q_1，Q_2，Q_3，Q_4）。

可行解：由点（O，Q_1，Q_2，Q_3，Q_4）围成的区域。

基础可行解：点（O，Q_1，Q_2，Q_3，Q_4）。

最优解：点 Q_3。

线性规划问题解的集合之间的关系如图 1.8 所示。

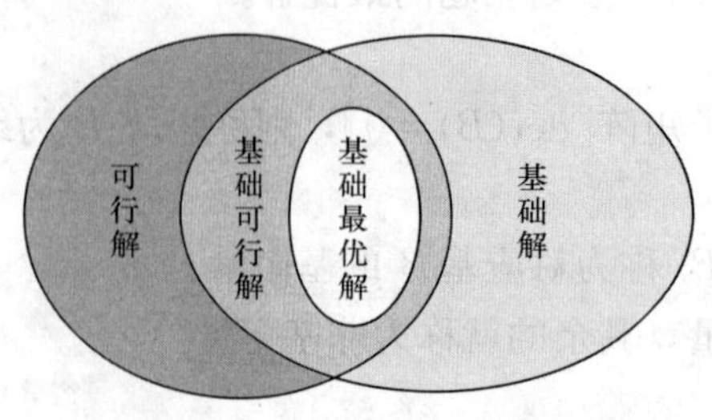

图 1.8 线性规划问题解的集合

1.2.3 线性规划解的性质（几何意义）

定义 1.4 凸集（Convex Set） 设 D 是 n

维线性空间 R^n 的一个点集，若 D 中的任意两点 $x^{(1)}$、$x^{(2)}$ 的连线上的一切点 x 仍在 D 中，则称 D 为凸集，即若 D 中的任意两点 $x^{(1)}$，$x^{(2)} \in D$，存在 $0<\alpha<1$，使得 $x=\alpha x^{(1)}+(1-\alpha)x^{(2)} \in D$，则称 D 为凸集。

定义 1.5　凸组合（Convex Combination）　设 $x^{(1)}$，$x^{(2)}$，…，$x^{(k)}$ 是 n 维线性空间 R^n 中的 k 个点，若存在数 u_1，u_2，…，u_k，且 $0<u_i<1$（$i=1$，2，…，k），$\sum_{i=1}^{n} u_i=1$，使得 $x=u_1x^{(1)}+u_2x^{(2)}+\cdots+u_kx^{(k)}$ 成立，则称 x 为 $x^{(1)},x^{(2)},\cdots,x^{(k)}$ 的凸组合。

定义 1.6　顶点（Extreme Point）　设 D 是凸集，若 D 中的点 x 不能成为 D 中任何线段上的内点，则称 x 为凸集 D 的顶点，即若 D 中的任意两点 $x^{(1)}$、$x^{(2)}$，不存在数 α（$0<\alpha<1$）使得 $x=\alpha x^{(1)}+(1-\alpha)x^{(2)}$ 成立，则称 x 为凸集 D 的一个顶点。

1.2.4　线性规划的基本定理

定理 1.1　线性规划问题的可行解集是凸集，即连接线性规划问题任意两个可行解的线段上的点仍然是可行解。

定理 1.2　线性规划问题的可行解 x 为基础可行解的充分必要条件是 x 的非零分量所对应的系数矩阵 A 的列向量是线性无关的。

定理 1.3　线性规划问题的可行解集 D 中的点 x 是顶点的充分必要条件是 x 是基础可行解。

推论 1　可行解集 D 中的顶点个数是有限的。

推论 2　若可行解集 D 是有界的凸集，则 D 中任意一点 x，都可表示成 D 的顶点的凸组合。

定理 1.4　若可行解集 D 有界，则线性规划问题的最优解，必定在 D 的顶点上达到。

说明 1　若可行解集 D 无界，则线性规划问题可能有最优解，也可能无最优解。若有最优解，也必在顶点上达到。

说明 2　有时目标函数也可能在多个顶点上达到最优值，这些顶点的凸组合也是最优值（有无穷多最优解）。

1.3　线性规划的单纯形方法

单纯形方法（Simplex Method）基本思路：

（1）从可行域中某个基础可行解（一个顶点）开始（称为初始基础可行解）。

（2）如可能，从可行域中求出具有更优目标函数值的另一个基础可行解（另一个顶点），以改进初始解。

（3）继续寻找更优的基础可行解，进一步改进目标函数值。当某一个基础可行解不能再改善时，该解就是最优解。

1.3.1　消去法（Gaussian Elimination）

【例 1.7】　一个企业需要同一种原材料生产甲、乙两种产品，它们的单位产品所需要的原材料的数量及所耗费的加工时间各不相同，从而获得的利润也不相同，见表 1.2 所列。那么，该企业应如何安排生产计划，才能使获得的利润达到最大。

表 1.2 **产品所需要的原材料数量、耗费加工时间、利润**

产品/资源	甲	乙	可利用的资源总量
原材料（t）	2	3	100
加工时间（h）	4	2	120
单位利润（×100元）	6	4	

解 问题的数学模型为

$$\begin{aligned} &\max S = 6x_1 + 4x_2 \\ &\text{s. t.}\quad 2x_1 + 3x_2 \leqslant 100 \\ &\qquad\quad 4x_1 + 2x_2 \leqslant 120 \\ &\qquad\qquad x_1, x_2 \geqslant 0 \end{aligned}$$

引进松弛变量 x_3，$x_4 \geqslant 0$，数学模型的标准形式为

$$\begin{aligned} &\max S = 6x_1 + 4x_2 \\ &\text{s. t.}\quad 2x_1 + 3x_2 + x_3 = 100 \\ &\qquad\quad 4x_1 + 2x_2 + x_4 = 120 \\ &\qquad\qquad x_1, x_2, x_3, x_4 \geqslant 0 \end{aligned}$$

约束条件的增广矩阵为

$$(\boldsymbol{Ab}) = \begin{pmatrix} 2 & 3 & 1 & 0 & 100 \\ 4 & 2 & 0 & 1 & 120 \end{pmatrix}$$

显然 r（$\boldsymbol{A}$）$=r$（$\boldsymbol{Ab}$）$=2<4$，该问题有无穷多组解。令

$$\boldsymbol{A} = (P_1, P_2, P_3, P_4) = \begin{bmatrix} 2 & 3 & 1 & 0 \\ 4 & 2 & 0 & 1 \end{bmatrix}$$

$$\boldsymbol{X} = (x_1, x_2, x_3, x_4)^{\mathrm{T}}$$

$$\boldsymbol{B} = (P_3, P_4) = \begin{bmatrix} 1 & 0 \\ 0 & 1 \end{bmatrix}，P_3，P_4 \text{ 线性无关}$$

则 x_3，x_4 是基变量（Basic Variable），x_1，x_2 是非基变量（Nonbasic Variable）。用非基变量表示方程

$$\left.\begin{aligned} x_3 &= 100 - 2x_1 - 3x_2 \\ x_4 &= 120 - 4x_1 - 2x_2 \\ S &= 6x_1 + 4x_2 \end{aligned}\right\} \tag{1.6}$$

式（1.6）称为消去系统；若 $b=$（100，120）$^{\mathrm{T}} \geqslant 0$，则称为正消去系统。令非基变量（$x_1$，$x_2$）$^{\mathrm{T}}=$（0，0）^{T}，得基础可行解：$x^{(1)}=$（0，0，100，120）^{T}，$S_1=0$。其经济含义为：不生产产品甲、乙，利润为零。再分析：$S=6x_1+4x_2$（分别增加单位产品甲、乙，目标函数分别增加 6、4，即利润分别增加 600 元、400 元）。增加单位产品对目标函数的贡献，这就是检验数的概念。增加单位产品甲（x_1）比乙对目标函数的贡献大（检验数最大）。把非

基变量 x_1 换成基变量，称 x_1 为进基变量，而把基变量 x_4 换成非基变量，称 x_4 为出基变量。(在选择出基变量时，一定要保证消去系统为正消去系统，也称为最小比值原则)，确定了进基变量 x_1，出基变量 x_4 以后，得到新的消去系统

$$\left.\begin{aligned} x_3 &= 40 - 2x_2 + \frac{1}{2}x_4 \\ x_1 &= 30 - \frac{1}{2}x_2 - \frac{1}{4}x_4 \\ S &= 180 + x_2 - \frac{3}{2}x_4 \end{aligned}\right\} \tag{1.7}$$

令新的非基变量 $(x_2, x_4) = (0, 0)^T$，得到新的基础可行解 $x^{(2)} = (30, 0, 40, 0)^T$，$S_2 = 180$。其经济含义：生产甲产品 30 个，获得利润 18 000 元。

这个方案比前方案好，但是否是最优？再分析：$S = 180 + x_2 - \frac{3}{2}x_4$，非基变量 x_2 系数仍为正数，确定 x_2 为进基变量。在保证常数项非负的情况下，确定 x_3 为出基变量，得到新的消去系统

$$\left.\begin{aligned} x_1 &= 20 + \frac{1}{4}x_3 - \frac{3}{8}x_4 \\ x_2 &= 20 - \frac{1}{2}x_3 + \frac{1}{4}x_4 \\ S &= 200 - \frac{1}{2}x_3 - \frac{5}{4}x_4 \end{aligned}\right\} \tag{1.8}$$

令新的非基变量 $(x_3, x_4)^T = (0, 0)^T$，得到新的基础可行解：$x^{(3)} = (20, 20, 0, 0)^T$，$S_3 = 200$。其经济含义：分别生产甲、乙产品各 20 个，可获得利润 20 000 元。

再分析：$S = 200 - \frac{1}{2}x_3 - \frac{5}{4}x_4$ 目标函数中的非基变量的系数无正数，$s_3 = 200$ 是最优值，$x^{(3)} = (20, 20, 0, 0)^T$ 是最优解。该企业分别生产甲、乙产品各 20 个，可获得最大利润 20 000 元。

1.3.2 已知初始可行基求最优解

线性规划标准型的矩阵形式 (3)

$$\max S = CX \tag{1.9}$$

$$\text{s.t.} \quad AX = b \tag{1.10}$$

$$X \geqslant 0 \tag{1.11}$$

其中

$$A = \begin{pmatrix} a_{11} & a_{12} & \cdots & a_{1n} \\ a_{21} & a_{22} & \cdots & a_{2n} \\ & \cdots & & \\ a_{m1} & a_{m2} & \cdots & a_{mn} \end{pmatrix}, b = \begin{pmatrix} b_1 \\ b_2 \\ \vdots \\ b_n \end{pmatrix}$$

$$C = \begin{pmatrix} c_1 \\ c_2 \\ \vdots \\ c_n \end{pmatrix}, X = \begin{pmatrix} x_1 \\ x_2 \\ \vdots \\ x_n \end{pmatrix}, 0 = \begin{pmatrix} 0 \\ 0 \\ \vdots \\ 0 \end{pmatrix}$$

并且 $r(A)=m<n$。

1. 最优解判别定理

不妨假设 $A=(B,N)$（B 为一个基），相应的有 $X^{\mathrm{T}}=(X_{\mathrm{B}},X_{\mathrm{N}})$，$C=(C_{\mathrm{B}},C_{\mathrm{N}})$，由式(1.9)、式(1.10) 得 $S=(C_{\mathrm{B}},C_{\mathrm{N}})(X_{\mathrm{B}},X_{\mathrm{N}})^{\mathrm{T}}=C_{\mathrm{B}}X_{\mathrm{B}}+C_{\mathrm{N}}X_{\mathrm{N}}$，$(B,N)(X_{\mathrm{B}},X_{\mathrm{N}})^{\mathrm{T}}=BX_{\mathrm{B}}+NX_{\mathrm{N}}=b$，因为 B 为一个基，$\det(B)\neq 0$ 有 $X_{\mathrm{B}}=B^{-1}b-B^{-1}NX_{\mathrm{N}}$，$S=C_{\mathrm{B}}B^{-1}b+(C_{\mathrm{N}}-C_{\mathrm{B}}B^{-1}N)X_{\mathrm{N}}$，令非基变量 $X_{\mathrm{N}}=0$，则 $X^{\mathrm{T}}=(X_{\mathrm{B}},X_{\mathrm{N}})=(B^{-1}b,0)$ 为基础解，其目标函数值为 $S=C_{\mathrm{B}}B^{-1}b$，只要 $X_{\mathrm{B}}=B^{-1}b\geqslant 0$，$X^{\mathrm{T}}=(B^{-1}b,\ 0)\geqslant 0$，$X$ 为基础可行解，B 就是可行基。另外，若满足 $C_{\mathrm{N}}-C_{\mathrm{B}}B^{-1}N\leqslant 0$，则对任意的 $X\geqslant 0$，有 $S=CX\leqslant C_{\mathrm{B}}B^{-1}b$，即对应可行基 B 的可行解 X 为最优解。

定理 1.5（最优解判别准则） 对于可行基 B，若 $C-C_{\mathrm{B}}B^{-1}A\leqslant 0$，则对应于基 B 的基础可行解 X 就是基础最优解，此时的可行基就是最优基。$C-C_{\mathrm{B}}B^{-1}A$ 为检验数。由于基变量的检验数 $C_{\mathrm{B}}-C_{\mathrm{B}}B^{-1}B=0$，所以 $C-C_{\mathrm{B}}B^{-1}A=(0,\ C_{\mathrm{N}}-C_{\mathrm{B}}B^{-1}N)\leqslant 0$。

2. 单纯形解题步骤（已知初始可行基的情况）

(1) 作对应 B 的单纯形表 $T(B)$，见表 1.3。

表 1.3　单纯形表格式

C		C_{B}	C_{N}		RHS
X		基变量 X_{B}	非基变量 X_{N}		
			X_{N1}	X_{s}	
C_{B}	X_{B}	I	$B^{-1}N1$	B^{-1}	$B^{-1}b$
σ		0	$C_{\mathrm{N1}}-C_{\mathrm{B}}B^{-1}N1$	$-C_{\mathrm{B}}B^{-1}$	$-C_{\mathrm{B}}B^{-1}b$

(2) 判别：

1）若检验数全小于等于零，则基 B 所对应的基础可行解 X 就是最优解，终止。

2）若存在检验数大于零，但所对应的进基变量 x_{s} 的系数向量 P_{s} 小于等于零，则原问题无最优解，终止。

3）若存在检验数大于零，且对应的常数项大于零，则需要换基迭代。

(3) 换基迭代：

1）确定进基变量（Incoming Basic Variable）x_{s}，其中 $\max(\sigma_j\mid\sigma_j>0)=\sigma_{\mathrm{s}}$。

2）确定出基变量（Outgoing Basic Variable）x_r，根据最小比值原则：

$\min\left\{\dfrac{b_{i0}}{a_{is}}\middle| a_{is}>0,\ 1\leqslant i\leqslant m\right\}=\dfrac{b_{r0}}{a_{rs}}$，$(1\leqslant r\leqslant m)$，$a_{rs}$ 为主元，x_r 为出基变量。

3）对单纯形表 $T(B)$ 进行初等行变换（主元运算）得到新的单纯形表。

经过上述有限次的换基迭代，就可得到原问题的最优解，或判定无最优解。

3. 表格单纯形方法（Simplex Method in Tabular Form）

上述单纯形方法可以在表格上表示出来，下面用例子来说明。

【例 1.8】 用单纯形方法求下列问题

$$\max S=6x_1+4x_2$$
$$\text{s.t.}\quad 2x_1+3x_2+x_3=100$$

$$4x_1 + 2x_2 + x_4 = 120$$
$$x_1, x_2, x_3, x_4 \geqslant 0$$

解　用表格单纯形方法表示，见表 1.4。基变量 x_3、x_4，非基变量 x_1、x_2，根据性质，基变量 x_3、x_4 的检验数为 0，只要计算非基变量 x_1、x_2 的检验数，$\sigma = C_N - C_B B^{-1} N$，$\sigma_j = c_j - C_B P_j$，$\sigma_1 = 6 - 0 \times 2 - 0 \times 4 = 6$，$\sigma_2 = 4 - 0 \times 3 - 0 \times 2 = 4$，选择最大检验数为进基变量 x_1，计算基变量 x_3、x_4 比值 θ 分别为（50，30），其最小比值 30 所对应的基变量 x_4 为出基变量，其主元为（4），进行主元运算，得到新的基变量 x_3、x_1，非基变量 x_2、x_4，重新计算非基变量 x_2、x_4 的检验数，重复上述过程，直到所有的检验数全为非正，即得到最优解，或者判断无最优解为止。

表 1.4　　**［例 1.8］的单纯形表**

c_j		6	4	0	0	b	θ
c_B	x_B	x_1	x_2	x_3	x_4		
0	x_3	2	3	①	0	100	$\frac{100}{2}$
0	x_4	(4)	2	0	①	120	$\frac{120}{4}$
σ_j		6	4	0	0	$S=0$	
0	x_3	0	(2)	①	$-\frac{1}{2}$	40	$\frac{40}{2}$
6	x_1	①	$\frac{1}{2}$	0	$\frac{1}{4}$	30	$30\Big/\left(\frac{1}{2}\right)$
σ_j		0	1	0	$-\frac{3}{2}$	$S=180$	
4	x_2	0	①	$\frac{1}{2}$	$-\frac{1}{4}$	20	
6	x_1	①	0	$-\frac{1}{4}$	$\frac{3}{8}$	20	
σ_j		0	0	$-\frac{1}{2}$	$-\frac{5}{4}$	$S=200$	

由表 1.4 得到最优解为　$x_1 = 20$，$x_2 = 20$，$S = 200$。

【例 1.9】　用单纯形法求下列问题

$$\max S = 4x_1 + 3x_2$$
$$\text{s.t.}\quad 2x_1 + 3x_2 + x_3 = 6$$
$$-3x_1 + 2x_2 + x_4 = 3$$
$$2x_2 + x_5 = 5$$
$$2x_1 + x_2 + x_6 = 4$$
$$x_1, x_2, x_3, x_4, x_5, x_6 \geqslant 0$$

解　用表格单纯形方法表示（见表 1.5），得到最优解 $x_1 = \frac{3}{2}, x_2 = 1, x_3 = 0, x_4 = \frac{11}{2}$，

$x_5 = 3, S = 9$。

表 1.5　　[例 1.9] 单纯形表

c_j		4	3	0	0	0	0	b	θ
c_B	x_B	x_1	x_2	x_3	x_4	x_5	x_6		
0	x_3	2	3	①	0	0	0	6	$\frac{6}{2}$
0	x_4	−3	2	0	①	0	0	3	—
0	x_5	0	2	0	0	①	0	5	—
0	x_6	(2)	1	0	0	0	①	4	$\frac{4}{2}$
σ_j		4	3	0	0	0	0	S=0	
0	x_3	0	(2)	①	0	0	−1	2	$\frac{2}{2}$
0	x_4	0	$\frac{7}{2}$	0	①	0	3/2	9	$9/\left(\frac{7}{2}\right)$
0	x_5	0	2	0	0	①	0	5	5/2
4	x_1	①	$\frac{1}{2}$	0	0	0	$\frac{1}{2}$	2	$2/\left(\frac{1}{2}\right)$
σ_j		0	1	0	0	0	−2	S=8	
3	x_2	0	①	$\frac{1}{2}$	0	0	$-\frac{1}{2}$	1	
0	x_4	0	0	$-\frac{7}{4}$	①	0	$\frac{13}{4}$	$\frac{11}{2}$	
0	x_5	0	0	−1	0	①	1	3	
4	x_1	①	0	$-\frac{1}{4}$	0	0	$\frac{3}{4}$	$\frac{3}{2}$	
σ_j		0	0	$-\frac{1}{2}$	0	0	$-\frac{3}{2}$	S=9	

【例 1.10】　用单纯形方法求下列问题

$$\max S = 3x_1 + 2x_2 + 5x_3$$

$$\text{s. t.}\quad x_1 + 2x_2 + x_3 + x_4 = 430$$

$$3x_1 + 2x_3 + x_5 = 460$$

$$x_1 + 4x_2 + x_6 = 420$$

$$x_1, x_2, x_3, x_4, x_5, x_6 \geqslant 0$$

解　用表格单纯形方法表示（见表 1.6），得到最优解 $x_1 = 0$，$x_2 = 100$，$x_3 = 230$，$x_4 = 0, x_5 = 0$，$x_6 = 20$，$S = 1350$。

表 1.6　**［例 1.10］单纯形表**

c_j		3	2	5	0	0	0	b	θ
c_B	x_B	x_1	x_2	x_3	x_4	x_5	x_6		
0	x_4	1	2	1	①	0	0	430	$\frac{430}{1}$
0	x_5	3	0	(2)	0	①	0	460	$\frac{460}{2}$
0	x_6	1	4	0	0	0	①	420	—
σ_j		3	2	5	0	0	0	$S=0$	
0	x_4	$-\frac{1}{2}$	(2)	0	①	$-\frac{1}{2}$	0	200	$\frac{200}{2}$
5	x_3	$\frac{3}{2}$	0	①	0	$\frac{1}{2}$	0	230	—
0	x_6	1	4	0	0	0	①	420	$\frac{420}{4}$
σ_j		$-\frac{9}{2}$	2	0	0	$-\frac{5}{2}$	0	$S=1150$	
2	x_2	$-\frac{1}{4}$	①	0	$\frac{1}{2}$	$-\frac{1}{4}$	0	100	
5	x_3	$\frac{3}{2}$	0	①	0	$\frac{1}{2}$	0	230	
0	x_6	2	0	0	-2	1	①	20	
σ_j		-4	0	0	-1	-2	0	$S=1350$	

【例 1.11】　用单纯形方法求数学模型标准型

$$\max S = 10x_1 + 3x_2 + 4x_3 - x_4 + x_5$$
$$\text{s. t.}\quad 3x_1 + 6x_2 + 2x_3 + x_4 = 19$$
$$9x_1 + 3x_2 + x_3 + x_5 = 9$$
$$x_1, x_2, x_3, x_4, x_5 \geqslant 0$$

解　用表格单纯形方法表示（见表 1.7），得到最优解 $x_1=0$，$x_2=0$，$x_3=9$，$x_4=1$，$x_5=0$，$S=35$。

表 1.7　**［例 1.11］单纯形表**

c_j		10	3	4	-1	1	b	θ
c_B	x_B	x_1	x_2	x_3	x_4	x_5		
-1	x_4	3	6	2	①	0	19	$\frac{19}{6}$
1	x_5	9	(3)	1	0	①	9	$\frac{9}{3}$
σ_j		4	6	5	0	0	$S=-10$	
-1	x_4	-15	0	0	①	-2	1	—
3	x_2	3	①	$\frac{1}{3}$	0	$\frac{1}{3}$	3	$3\Big/\left(\frac{1}{3}\right)$
σ_j		-14	0	3	0	-2	$S=8$	
-1	x_4	-15	0	0	①	-2	1	
4	x_3	9	3	①	0	1	9	
σ_j		-41	-9	0	0	-5	$S=35$	

如［例 1.1］生产计划问题（资源利用问题）的数学模型的标准型

$$\max S = 50x_1 + 30x_2$$
$$\text{s.t.}\quad 4x_1 + 3x_2 + x_3 = 120$$
$$2x_1 + x_2 + x_4 = 50$$
$$x_1, x_2, x_3, x_4 \geqslant 0$$

用表格单纯形方法表示（见表 1.8），得到最优解 $x_1=15$，$x_2=20$，$x_3=0$，$x_4=0$，$S=1350$，其单纯形方法的几何上的对应关系如图 1.9 所示。

表 1.8　　［例 1.1］单纯形表

c_j		50	30	0	0	b	θ
c_B	x_B	x_1	x_2	x_3	x_4		
0	x_3	4	3	①	0	120	$\frac{120}{4}$
0	x_4	(2)	1	0	①	50	$\frac{50}{2}$
σ_j		50	30	0	0	$S=0$	
0	x_3	0	(1)	①	-2	20	$\frac{20}{1}$
50	x_1	①	$\frac{1}{2}$	0	$\frac{1}{2}$	25	$25\Big/\left(\frac{1}{2}\right)$
σ_j		0	5	0	-25	$S=1250$	
30	x_2	0	①	1	-2	20	
50	x_1	①	0	$-\frac{1}{2}$	$\frac{3}{2}$	15	
σ_j		0	0	-5	-15	$S=1350$	

【例 1.12】　求解线性规划问题

$$\min Z = x_1 - x_2$$
$$\text{s.t.}\quad -x_1 + x_2 \leqslant 2$$
$$2x_1 - x_2 \leqslant 2$$
$$x_1, x_2 \geqslant 0$$

解　化标准型

$$\max S = -x_1 + x_2$$
$$\text{s.t.}\quad -x_1 + x_2 + x_3 = 2$$
$$2x_1 - x_2 + x_4 = 2$$
$$x_1, x_2, x_3, x_4 \geqslant 0$$

用表格单纯形方法表示，见表 1.9。

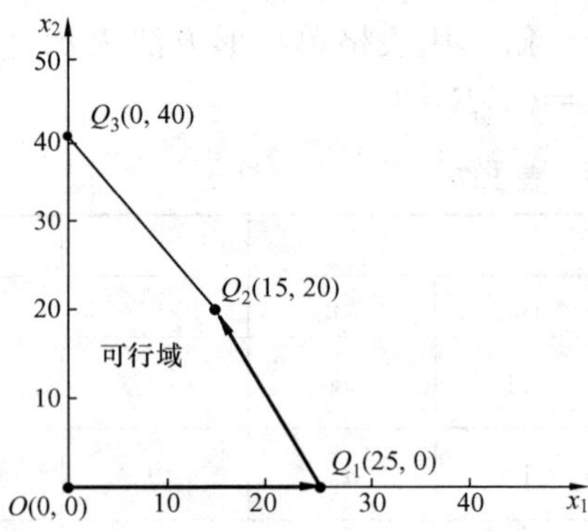

图 1.9　［例 1.1］单纯形表的几何表示

表 1.9　　［例 1.12］单纯形表

c_j		-1	1	0	0	b	θ
c_B	x_B	x_1	x_2	x_3	x_4		
0	x_3	-1	(1)	①	0	2	$\frac{2}{1}$
0	x_4	2	-1	0	①	2	—

续表

c_j		-1	1	0	0	b	θ
c_B	x_B	x_1	x_2	x_3	x_4		
σ_j		-1	1	0	0	$S=0$	
1	x_2	-1	①	1	0	2	—
0	x_4	1	0	1	①	4	$\frac{4}{1}$
σ_j		0	0	-1	0	$S=2$	
1	x_2	0	①	2	1	6	
-1	x_1	①	0	1	1	4	
σ_j		0	0	-1	0	$S=2$	

因为检验数全小于等于零，得最优解 $X_1=(0, 2, 0, 4)^T$，$S=2$，$Z=-2$。注意：虽然所有检验数全小于等于零，但非基变量 x_1 对应的检验数等于 0，且 $a_{21}=1>0$，x_1 进基，其最优值不变。因为检验数全小于等于零，得另一个最优解 $X_2=(4, 6, 0, 0)^T$，$S=2$，$Z=-2$，根据解的性质，最优解 $X_1=(0, 2)^T$，$X_2=(4, 6)^T$ 连线上的点仍是最优解，即

$$X=\alpha(0,2)^T+(1-\alpha)(4,6)^T(0\leqslant\alpha\leqslant1)$$

本题有无穷多组最优解。

【例 1.13】　求解线性规划问题

$$\begin{aligned}\max S &= 2x_1+x_2\\ \text{s.t.}\quad x_1-x_2 &\geqslant -5\\ 2x_1-5x_2 &\leqslant 10\\ x_1,x_2 &\geqslant 0\end{aligned}$$

解　化标准型

$$\begin{aligned}\max S &= 2x_1+x_2\\ \text{s.t.}\quad -x_1+x_2+x_3 &= 5\\ 2x_1-5x_2+x_4 &= 10\\ x_1,x_2,x_3,x_4 &\geqslant 0\end{aligned}$$

用表格单纯形方法表示见表 1.10。

表 1.10　　**［例 1.13］单纯形表**

c_j		2	1	0	0	b	θ
c_B	x_B	x_1	x_2	x_3	x_4		
0	x_3	-1	1	①	0	5	—
0	x_4	(2)	-5	0	①	10	$\frac{10}{2}$
σ_j		2	1	0	0	$S=0$	
0	x_3	-1	1	①	0	5	—
2	x_1	①	$-\frac{5}{2}$	0	$\frac{1}{2}$	5	
σ_j						$S=0$	
0	x_3	0	$-\frac{3}{2}$	①	$\frac{1}{2}$	10	
2	x_1	①	$-\frac{5}{2}$	0	$\frac{1}{2}$	5	
σ_j		0	6	0	-1	$S=10$	

因 $\sigma_2=6>0$，但非基变量 x_2 所对应的系数向量 $B_2^{-1}P_2=\left(-\frac{3}{2},\ -\frac{5}{2}\right)^T<0$，所以原问题无最优解。

1.3.3　无初始可行基求最优解

对无初始可行基问题求最优解的常用的方法是人工变量法（Artificial Variable Method）。人工变量法最常用的有大 M 法和两阶段法。

1. 大 M 法（Big M Simplex Method）

大 M 法是一种惩罚方法，是处理人工变量的一种简便方法。

在通过人工变量构造初始基本变量以后，假定人工变量在目标函数中的系数为 M（M 为任意大的正数）作为对基变量中存在人工变量的惩罚，迫使人工变量成为非基变量，即取值为零，原问题才能达到最优。下面用例子来说明。

【例 1.14】　用大 M 法求下列问题

$$
\begin{aligned}
\min z &= -3x_1+x_2+x_3\\
\text{s. t.}\quad & x_1-2x_2+x_3\leqslant 11\\
&-4x_1+x_2+2x_3\geqslant 3\\
&-2x_1+x_3=1\\
&x_1,x_2,x_3\geqslant 0
\end{aligned}
$$

解　将问题化成标准形式，并加入人工变量 x_6、x_7，有

$$
\begin{aligned}
\max S &= 3x_1-x_2-x_3-Mx_6-Mx_7\\
\text{s. t.}\quad & x_1-2x_2+x_3+x_4=11\\
&-4x_1+x_2+2x_3-x_5+x_6=3\\
&-2x_1+x_3+x_7=1\\
&x_1,x_2,x_3,x_4,x_5,x_6,x_7\geqslant 0\\
&M\text{ 是任意大的正数}
\end{aligned}
$$

其中，x_6、x_7 为人工变量。初始基本可行解 $X^{(0)}=(0,\ 0,\ 0,\ 11,\ 0,\ 3,\ 1)^T$，用单纯形方法得到最优解 $X^{(3)}=(4,\ 1,\ 9,\ 0,\ 0,\ 0,\ 0)^T$，其最优值 $S=2$，$Z=-2$，见表 1.11。

表 1.11　　［例 1.14］单纯形表

c_j		3	−1	−1	0	0	$-M$	$-M$	b	θ
c_B	x_B	x_1	x_2	x_3	x_4	x_5	x_6	x_7		
0	x_4	1	−2	1	①	0	0	0	11	$\frac{11}{1}$
$-M$	x_6	−4	1	2	0	−1	①	0	3	$\frac{3}{2}$
$-M$	x_7	−2	0	(1)	0	0	0	①	1	$\frac{1}{1}$
σ_j		$3-6M$	$M-1$	$3M-1$	0	$-M$	0	0	$S=-4M$	
0	x_4	3	−2	0	①	0	0	−1	10	—

续表

c_j		3	-1	-1	0	0	$-M$	$-M$	b	θ
c_B	x_B	x_1	x_2	x_3	x_4	x_5	x_6	x_7		
$-M$	x_6	0	(1)	0	0	-1	①	-1	1	$\frac{1}{1}$
-1	x_3	-2	0	①	0	0	0	1	1	—
σ_j		1	$M-1$	0	0	$-M$	0	$1-3M$	$S=-M-1$	
0	x_4	3	0	0	①	-2	2	-5	12	
-1	x_2	0	①	0	0	-1	1	-2	1	
-1	x_3	-2	0	①	0	0	0	1	1	
σ_j		1	0	0	0	-1	$1-M$	$-M-1$	$S=-2$	
3	x_1	①	0	0	$\frac{1}{3}$	$-\frac{2}{3}$	$\frac{2}{3}$	$-\frac{5}{3}$	4	
-1	x_2	0	①	0	0	-1	1	-2	1	
-1	x_3	0	0	①	$\frac{2}{3}$	$-\frac{4}{3}$	$\frac{4}{3}$	$-\frac{7}{3}$	9	
σ_j		0	0	0	$-\frac{1}{3}$	$-\frac{1}{3}$	$\frac{1}{3}-M$	$\frac{2}{3}-M$	$S=2$	

【例 1.15】　用大 M 法求下列问题

$$
\begin{aligned}
\max S &= 6x_1+4x_2\\
\text{s.t.}\quad & 2x_1+3x_2\leqslant 100\\
& 4x_1+2x_2\leqslant 120\\
& x_1=14\\
& x_2\geqslant 22\\
& x_1,x_2\geqslant 0
\end{aligned}
$$

解　将问题化成标准形式

$$
\begin{aligned}
\max S &= 6x_1+4x_2\\
\text{s.t.}\quad & 2x_1+3x_2+x_3=100\\
& 4x_1+2x_2+x_4=120\\
& x_1=14\\
& x_2-x_5=22\\
& x_1,x_2,x_3,x_4,x_5\geqslant 0
\end{aligned}
$$

引入人工变量，$x_6\geqslant 0,x_7\geqslant 0$，得

$$
\begin{aligned}
\max S &= 6x_1+4x_2-Mx_6-Mx_7\\
\text{s.t.}\quad & 2x_1+3x_2+x_3=100\\
& 4x_1+2x_2+x_4=120\\
& x_1+x_6=14\\
& x_2-x_5+x_7=22
\end{aligned}
$$

$$x_1,x_2,x_3,x_4,x_5,x_6,x_7 \geqslant 0$$

初始基本可行解 $X^{(0)}=(0,\ 0,\ 100,\ 120,\ 0,\ 14,\ 22)^{\mathrm{T}}$，进行计算得到新的基本可行解 $X^{(3)}=(14,\ 24,\ 0,\ 16,\ 2,\ 0,\ 0)^{\mathrm{T}}$，为最优解，最优值 $S=180$，见表 1.12。

表 1.12　　　　[例 1.15] 单纯形表

c_j		6	4	0	0	0	$-M$	$-M$	b	θ
c_B	x_B	x_1	x_2	x_3	x_4	x_5	x_6	x_7		
0	x_3	2	3	1	0	0	0	0	100	$\frac{100}{2}$
0	x_4	4	2	0	1	0	0	0	120	$\frac{120}{4}$
$-M$	x_6	(1)	0	0	0	0	1	0	14	$\frac{14}{1}$
$-M$	x_7	0	1	0	0	-1	0	1	22	—
σ_j		$6+M$	$4+M$	0	0	$-M$	0	0	$S=-36M$	
0	x_3	0	3	1	0	0	-2	0	72	$\frac{72}{3}$
0	x_4	0	2	0	1	0	-4	0	64	$\frac{64}{2}$
6	x_1	1	0	0	0	0	1	0	14	—
$-M$	x_7	0	(1)	0	0	-1	0	1	22	$\frac{22}{1}$
σ_j		0	$4+M$	0	0	$-M$	$-M-6$	0	$S=84-22M$	
0	x_3	0	0	1	0	(3)	-2	-3	6	$\frac{6}{3}$
0	x_4	0	0	0	1	2	-4	-2	20	$\frac{20}{2}$
6	x_1	1	0	0	0	0	1	0	14	—
4	x_2	0	1	0	0	-1	0	1	22	—
σ_j		0	0	0	0	4	$-M-6$	$-M-4$	$S=172$	
0	x_5	0	0	$\frac{1}{3}$	0	1	$-\frac{2}{3}$	-1	2	
0	x_4	0	0	$-\frac{2}{3}$	1	0	$-\frac{8}{3}$	0	16	
6	x_1	1	0	0	0	0	1	0	14	
4	x_2	0	1	$\frac{1}{3}$	0	0	$-\frac{2}{3}$	0	24	
σ_j		0	0	$-\frac{4}{3}$	0	0	$-\frac{10}{3}-M$	$-M$	$S=180$	

【例 1.16】　用大 M 法求下列问题

$$\max S = x_1 + x_2$$
$$\text{s.t.}\quad x_1 - x_2 \geqslant 0$$
$$3x_1 - x_2 \leqslant -3$$
$$x_1, x_2 \geqslant 0$$

解　将问题化成标准形式

$$\max S = x_1 + x_2$$
$$\text{s.t.}\quad -x_1 + x_2 + x_3 = 0$$
$$-3x_1 + x_2 - x_4 = 3$$
$$x_1, x_2, x_3, x_4 \geqslant 0$$

引入人工变量，$x_5 \geqslant 0$，得

$$\max S = x_1 + x_2 - Mx_5$$
$$\text{s.t.}\quad -x_1 + x_2 + x_3 = 0$$
$$-3x_1 + x_2 - x_4 + x_5 = 3$$
$$x_1, x_2, x_3, x_4, x_5 \geqslant 0$$

计算检验数全小于零，但 $X^{(1)} = (0, 0, 0, 0, 3)^{\mathrm{T}}$ 人工变量不等于零，原问题无可行解，见表 1.13。

表 1.13　　**［例 1.16］单纯形表**

c_j		1	1	0	0	$-M$	b	θ
c_B	x_B	x_1	x_2	x_3	x_4	x_5		
0	x_3	-1	1	1	0	0	0	$\frac{0}{1}$
$-M$	x_5	-3	1	0	-1	1	3	$\frac{3}{1}$
σ_j		$1-3M$	$1+M$	0	$-M$	0	$S=-3M$	
1	x_2	-1	1	1	0	0	0	
$-M$	x_5	-2	0	-1	-1	1	3	
σ_j		$2-2M$	0	$-1-M$	$-M$	0	$S=-3M$	

2. 两阶段法（Two-Phase Simplex Method）

第一阶段：引进人工变量，构造辅助问题，用单纯形法求解，得到原问题可行基。

第二阶段：在第一阶段得到可行基对应的单纯形表上，去掉人工变量所在的行和列，再用单纯形法求解，得到原问题的最优解，或判断无最优解。

【例 1.17】　用两阶段法求下列数学模型

$$\min z = -3x_1 + x_2 + x_3$$
$$\text{s.t.}\quad x_1 - 2x_2 + x_3 \leqslant 11$$
$$-4x_1 + x_2 + 2x_3 \geqslant 3$$
$$-2x_1 + x_3 = 1$$
$$x_1, x_2, x_3 \geqslant 0$$

解　在引入人工变量 $x_6, x_7 \geqslant 0$ 以后，问题的线性规划数学模型标准型为

$$\max S = 3x_1 - x_2 - x_3$$

$$\text{s. t.}\quad x_1-2x_2+x_3+x_4=11$$
$$-4x_1+x_2+2x_3-x_5+x_6=3$$
$$-2x_1+x_3+x_7=1$$
$$x_j\geqslant 0$$

第一阶段：构造辅助线性规划问题

$$\max w=-x_6-x_7$$
$$\text{s. t.}\quad x_1-2x_2+x_3+x_4=11$$
$$-4x_1+x_2+2x_3-x_5+x_6=3$$
$$-2x_1+x_3+x_7=1$$

第一阶段求得最优解 $w=0$，$X^*=(0,1,1,12,0,0,0)^{\mathrm{T}}$ 是原问题的基础可行解，见表 1.14。

表 1.14　　［例 1.17］单纯形表（一）

c_j		0	0	0	0	0	−1	−1	b	θ
c_B	x_B	x_1	x_2	x_3	x_4	x_5	x_6	x_7		
0	x_4	1	−2	1	1	0	0	0	11	$\frac{11}{1}$
−1	x_6	−4	1	2	0	−1	1	0	3	$\frac{3}{2}$
−1	x_7	−2	0	(1)	0	0	0	1	1	$\frac{1}{1}$
σ_j		−6	1	3	0	−1	0	0	$w=-4$	
0	x_4	3	−2	0	1	0	0	−1	10	—
−1	x_6	0	(1)	0	0	−1	1	−2	1	$\frac{1}{1}$
0	x_3	−2	0	1	0	0	0	1	1	—
σ_j		0	1	0	0	−1	0	−3	$w=-1$	
0	x_4	3	0	0	1	−2	2	−5	12	
0	x_2	0	1	0	0	−1	1	−2	1	
0	x_3	−2	0	1	0	0	0	1	1	
σ_j		0	0	0	0	0	−1	−1	$w=0$	

第二阶段：第一阶段最优表中去掉人工变量所在的行和列，目标函数的系数填入原问题的系数，继续求解，见表 1.15。

计算检验数全部小于零，最优解 $X^*=(4,1,9,0,0,0,0)^{\mathrm{T}}$；检验数全为非正，得到原问题最优解 $X^*=(4,1,9,0,0)^{\mathrm{T}}$，最优值 $\min z=-2$。

表 1.15　　［例 1.17］单纯形表（二）

c_j		3	−1	−1	0	0	b	θ
c_B	x_B	x_1	x_2	x_3	x_4	x_5		
0	x_4	(3)	0	0	1	−2	12	$\frac{12}{3}$

续表

c_j		3	-1	-1	0	0	b	θ
c_B	x_B	x_1	x_2	x_3	x_4	x_5		
-1	x_2	0	1	0	0	-1	1	—
-1	x_3	-2	0	1	0	0	1	—
σ_j		1	0	0	0	-1	$S=-2$	
3	x_1	1	0	0	$\frac{1}{3}$	$-\frac{2}{3}$	4	
-1	x_2	0	1	0	0	-1	1	
-1	x_3	0	0	1	$\frac{2}{3}$	$-\frac{4}{3}$	9	
σ_j		0	0	0	$-\frac{1}{3}$	$-\frac{1}{3}$	$S=2$	

本 章 小 结

线性规划模型是一种数学模型，由三部分组成，即决策变量、目标函数和约束条件。决策变量是管理者可以控制的活动。目标函数是对管理者所要达到目标的抽象描述，它是决策变量的线性函数。而约束条件则是管理者作决策所必须面临的条件限制，它是关于决策变量的线性等式或不等式。

对于仅仅含有两个变量的线性规划问题可以借助图解法进行求解，而单纯形法则是求解线性规划的一般方法。对于规模较小的线性规划问题可以通过手工计算来求解，而对于大型问题则通常需借助相关软件求解，如 Lindo、WinQSB、Excel 等。附录一中主要介绍了如何运用 WinQSB 求解线性规划问题。

习 题 1

一、计算题

1.1　用图解法求解下列线性规划问题，并指出各问题是否具有唯一最优解、无穷多最优解、无界解或无可行解。

(1) $\min z = 6x_1 + 4x_2$

$$\text{s.t.}\quad \begin{cases} 2x_1 + x_2 \geqslant 1 \\ 3x_1 + 4x_2 \geqslant 1.5 \\ x_1, x_2 \geqslant 0 \end{cases}$$

(2) $\max z = 4x_1 + 8x_2$

$$\text{s.t.}\quad \begin{cases} 2x_1 + 2x_2 \leqslant 10 \\ -x_1 + x_2 \geqslant 8 \\ x_1, x_2 \geqslant 0 \end{cases}$$

(3) $\max z = x_1 + x_2$

$$\text{s.t.}\quad \begin{aligned} 8x_1 + 6x_2 &\geqslant 24 \\ 4x_1 + 6x_2 &\geqslant -12 \\ 2x_2 &\geqslant 4 \\ x_1, x_2 &\geqslant 0 \end{aligned}$$

（4）$\max z = 3x_1 - 2x_2$

$$\text{s.t.}\quad \begin{aligned} x_1 + x_2 &\leqslant 1 \\ 2x_1 + 2x_2 &\geqslant 4 \\ x_1, x_2 &\geqslant 0 \end{aligned}$$

（5）$\max z = 3x_1 + 9x_2$

$$\text{s.t.}\quad \begin{aligned} x_1 + 3x_2 &\leqslant 22 \\ -x_1 + x_2 &\leqslant 4 \\ x_2 &\leqslant 6 \\ 2x_1 - 5x_2 &\leqslant 0 \\ x_1, x_2 &\geqslant 0 \end{aligned}$$

（6）$\max z = 3x_1 + 4x_2$

$$\text{s.t.}\quad \begin{aligned} -x_1 + 2x_2 &\leqslant 8 \\ x_1 + 2x_2 &\leqslant 12 \\ 2x_1 + x_2 &\leqslant 16 \\ x_1, x_2 &\geqslant 0 \end{aligned}$$

1.2 在下列线性规划问题中，找出所有基本解，指出哪些是基本可行解并分别代入目标函数，比较找出最优解。

（1）$\max z = 3x_1 + 5x_2$

$$\text{s.t.}\quad \begin{aligned} x_1 + x_3 &= 4 \\ 2x_2 + x_4 &= 12 \\ 3x_1 + 2x_2 + x_5 &= 18 \\ x_j &\geqslant 0 (j = 1, \cdots, 5) \end{aligned}$$

（2）$\min z = 4x_1 + 12x_2 + 18x_3$

$$\text{s.t.}\quad \begin{aligned} x_1 + 3x_3 - x_4 &= 3 \\ 2x_2 + 2x_3 - x_5 &= 5 \\ x_j &\geqslant 0 (j = 1, \cdots, 5) \end{aligned}$$

1.3 分别用图解法和单纯形法求解下列线性规划问题，并对照指出单纯形法迭代的每一步相当于图解法可行域中的哪一个顶点。

（1）$\max z = 10x_1 + 5x_2$

$$\text{s.t.}\quad \begin{aligned} 3x_1 + 4x_2 &\leqslant 9 \\ 5x_1 + 2x_2 &\leqslant 8 \\ x_1, x_2 &\geqslant 0 \end{aligned}$$

（2）$\max z = 100x_1 + 200x_2$

$$\text{s.t.}\quad \begin{aligned} x_1 + x_2 &\leqslant 500 \\ x_1 &\leqslant 200 \end{aligned}$$

$$2x_1+6x_2\leqslant 1200$$
$$x_1,x_2\geqslant 0$$

1.4 分别用大 M 法和两阶段法求解下列线性规划问题，并指出问题的解属于哪一类。

(1) $\max z=4x_1+5x_2+x_3$

$$\text{s.t.}\quad \begin{cases} 3x_1+2x_2+x_3\geqslant 18 \\ 2x_1+x_2\leqslant 4 \\ x_1+x_2-x_3=5 \\ x_j\geqslant 0(j=1,2,3) \end{cases}$$

(2) $\max z=2x_1+x_2+x_3$

$$\text{s.t.}\quad \begin{cases} 4x_1+2x_2+2x_3\geqslant 4 \\ 2x_1+4x_2\leqslant 20 \\ 4x_1+8x_2+2x_3\leqslant 16 \\ x_j\geqslant 0(j=1,2,3) \end{cases}$$

(3) $\max z=x_1+x_2$

$$\text{s.t.}\quad \begin{cases} 8x_1+6x_2\geqslant 24 \\ 4x_1+6x_2\geqslant -12 \\ 2x_2\geqslant 4 \\ x_1,x_2\geqslant 0 \end{cases}$$

(4) $\max z=x_1+2x_2+3x_3-x_4$

$$\text{s.t.}\quad \begin{cases} x_1+2x_2+3x_3=15 \\ 2x_1+x_2+5x_3=20 \\ x_1+2x_2+x_3+x_4=10 \\ x_j\geqslant 0(j=1,\cdots,4) \end{cases}$$

(5) $\max z=4x_1+6x_2$

$$\text{s.t.}\quad \begin{cases} 2x_1+4x_2\leqslant 180 \\ 3x_1+2x_2\leqslant 150 \\ x_1+x_2=57 \\ x_2\geqslant 22 \\ x_1,x_2\geqslant 0 \end{cases}$$

(6) $\max z=5x_1+3x_2+6x_3$

$$\text{s.t.}\quad \begin{cases} x_1+2x_2+x_3\leqslant 18 \\ 2x_1+x_2+3x_3\leqslant 16 \\ x_1+x_2+x_3=10 \\ x_1,x_2\geqslant 0,x_3\ \text{无约束} \end{cases}$$

1.5 线性规划问题 $\max z=CX$，$AX=b$，$X\geqslant 0$，如 X^* 是该问题的最优解，又 $\lambda>0$ 为某一常数，分别讨论下列情况时最优解的变化。

(1) 目标函数变为 $\max z=\lambda CX$。

(2) 目标函数变为 $\max z=(C+\lambda)X$。

（3）目标函数变为 $\max z=\dfrac{C}{\lambda}X$，约束条件变为 $AX=\lambda b$。

1.6 表 1.16 中给出某求极大化问题的单纯形表，问表中 a_1, a_2, c_1, c_2, d 为何值时以及表中变量属于哪一种类型时有：

（1）表中解为唯一最优解。

（2）表中解为无穷多最优解之一。

（3）表中解为退化的可行解。

（4）下一步迭代将以 x_1 替换基变量 x_5。

（5）该线性规划问题具有无界解。

（6）该线性规划问题无可行解。

表 1.16　某求极大化问题的单纯形表

x_B	c_B	x_1	x_2	x_3	x_4	x_5
x_3	d	4	a_1	1	0	0
x_4	2	−1	−5	0	1	0
x_5	3	a_2	−3	0	0	1
σ_j		c_1	c_2	0	0	0

1.7 战斗机是一种重要的作战工具，但要使战斗机发挥作用必须有足够的驾驶员。因此生产出来的战斗机除一部分直接用于战斗外，需抽一部分用于培训驾驶员。已知每年生产的战斗机数量为 $a_j(j=1,\cdots,n)$，又每架战斗机每年能培训出 k 名驾驶员，问应如何分配每年生产出来的战斗机，使在 n 年内生产出来的战斗机为空防做出最大贡献？

1.8 某石油管道公司希望知道，在图 1.10 所示的管道网络中可以流过的最大流量是多少及怎样输送，弧上数字是容量限制。请建立此问题的线性规划模型，不必求解。

1.9 某昼夜服务的公交线路每天各时间区段内所需司机和乘务人员数见表 1.17。设司机和乘务人员分别在各时间区段一开始时上班，并连续工作 8h，问该公交线路至少配备多少名司机和乘务人员？列出此问题的线性规划模型。

表 1.17　某公交线路每天各时间区段所需人数

班 次	时 间	所需人数
1	6：00～10：00	60
2	10：00～14：00	70
3	14：00～18：00	60
4	18：00～22：00	50
5	22：00～2：00	20
6	2：00～6：00	30

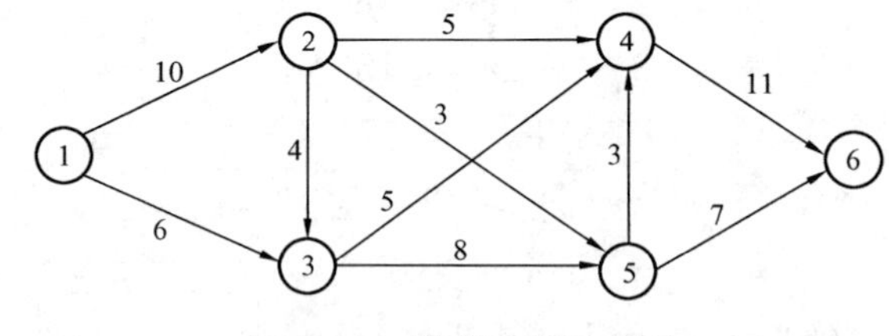

图 1.10　管道网络示意图

1.10 某班有男生 30 人，女生 20 人，周日去植树。根据经验，一天男生平均每人挖坑 20 个，或栽树 30 棵，或给 25 棵树浇水；女生平均每人挖坑 10 个，或栽树 20 棵，或给 15 棵树浇水。问应怎样安排，才能使植树（包括挖坑、栽树、浇水）最多？请建立此问题的线性规划模型，不必求解。

1.11 某糖果厂用原料 A、B、C 加工成三种不同牌号的糖果甲、乙、丙。已知各种牌号糖果中 A、B、C 含量，原料成本，各种原料的每月限制用量，三种牌号糖果的单位加工费及售价见表 1.18。问该厂每月应生产这三种牌号糖果各多少千克，使该厂获利最大？试建立此问题的线性规划的数学模型。

表 1.18　糖果的有关资料

项　目	甲	乙	丙	原料成本（元/kg）	每月限量（kg）
A	≥60%	≥15%		2.00	2000
B				1.50	2500
C	≤20%	≤60%	≤50%	1.00	1200
加工费（元/kg）	0.50	0.40	0.30	—	—
售　价	3.40	2.85	2.25		

1.12　某商店制定 7～12 月进货售货计划，已知商店仓库容量不得超过 500 件，6 月底已存货 200 件，以后每月初进货一次。假设各月份此商品买进售出单价见表 1.19，问各月进货售货各多少，才能使总收入最多？请建立此问题的线性规划模型，不必求解。

表 1.19　商品 7～12 月买进售出单价

月　份	7	8	9	10	11	12
买进单价（元/件）	28	24	25	27	23	23
售出单价（元/件）	29	24	26	28	22	25

1.13　某农场有 100 公顷土地及 15 000 元资金可用于发展生产。农场需劳动力为秋冬季 3500 人日，春夏季 4000 人日，如劳动力本身用不了时可外出干活，春夏季收入为 2.1 元/人日，秋冬季收入为 1.8 元/人日。该农场种植三种作物：大豆、玉米、小麦，并饲养奶牛和鸡。种作物时不需要专门投资，而饲养动物时每头奶牛投资 400 元，每只鸡投资 3 元。养奶牛时每头需拨出 1.5 公顷土地种饲草，并占用人工秋冬季为 100 人日，春夏季为 50 人日，年净收入 400 元/头（奶牛）。养鸡时不占土地，需人工为每只鸡秋冬季需 0.6 人日，春夏季为 0.3 人日，年净收入为 2 元/只（鸡）。农场现有鸡舍允许最多养 3000 只鸡，牛栏允许最多养 32 头奶牛。三种作物每年需要的人工及收入情况见表 1.20。试决定该农场的经营方案，使年净收入为最大。请建立此问题的线性规划模型，不需求解。

表 1.20　三种作物每年需要的人工及收入情况

项　目	大　豆	玉　米	麦　子
秋冬季需人日数	20	35	10
春夏季需人日数	50	75	40
年净收入（元/公顷）	175	300	120

1.14　某厂接到生产 A、B 两种产品的合同，产品 A 需 200 件，产品 B 需 300 件。这两种产品的生产都经过毛坯制造与机械加工两个工艺阶段。在毛坯制造阶段，产品 A 每件需要 2h，产品 B 每件需要 4h。机械加工阶段又分粗加工和精加工两道工序，每件产品 A 需粗加工 4h，精加工 10h；每件产品 B 需粗加工 7h，精加工 12h。若毛坯生产阶段能力为 1700h，粗加工设备拥有能力为 1000h，精加工设备拥有能力为 3000h。又加工费用在毛坯、粗加工、精加工时分别为 3、3、2 元/h。此外，在粗加工阶段允许设备可进行 500h 的加班生产，但加班生产时间内每小时增加额外成本 4.5 元。试根据以上资料，为该厂制订一个成本最低的生产计划。

1.15　对某厂Ⅰ、Ⅱ、Ⅲ三种产品下一年各季度的合同预订数见表 1.21。该三种产品 1 季度初无库存，要求在 4 季度末各库存 150 件。已知该厂每季度生产工时为 15 000h，生产Ⅰ、Ⅱ、Ⅲ产品每件分别需时 2、4、3h。因更换工艺装备，产品Ⅰ在 2 季度无法生产。规定当产品不能按期交货时，产品Ⅰ、Ⅱ每件每迟交一个季度赔偿 20 元，产品Ⅲ赔偿 10 元；又生产出来产品不在本季度交货的，每件每季度的库存费用为 5 元。问：该厂应如何安排生产，使总的赔偿加库存的费用为最小（要求建立数学模型，不需求解）？

表 1.21 三种产品下一年各季度的合同预订数

产品	季度			
	1	2	3	4
Ⅰ	1500	1000	2000	1200
Ⅱ	1500	1500	1200	1500
Ⅲ	1000	2000	1500	2500

1.16 某公司有三项工作需分别招收技工和力工来完成。第一项工作可由 1 个技工单独完成，或由 1 个技工和 2 个力工组成的小组来完成。第二项工作可由 1 个技工或 1 个力工单独去完成。第三项工作可由 5 个力工组成的小组完成，或由 1 个技工领着 3 个力工来完成。已知技工和力工每周工资分别为 100 元和 80 元，他们每周都工作 48h，但他们每人实际的有效工作小时数分别为 42h 和 36h。为完成这三项工作任务，该公司需要每周总有效工作小时数为：第一项工作 10 000h。第二项工作 20 000h，第三项工作 30 000h；又能招收到的工人数为技工不超过 400 人，力工不超过 800 人。试建立数学模型，确定招收技工和力工各多少人，使总的工资支出为最少（建立数学模型，不需求解）。

二、复习思考题

1.17 试述线性规划数学模型的结构及各要素的特征。

1.18 求解线性规划问题时可能出现哪几种结果，哪些结果反映建模时有错误。

1.19 什么是线性规划问题的标准形式，如何将一个非标准型的线性规划问题转化为标准形式？

1.20 试述线性规划问题的可行解、基解、基可行解、最优解的概念以及上述解之间的相互关系。

1.21 试述单纯形法的计算步骤，如何在单纯形表上去判别问题是具有唯一最优解、无穷多最优解、无界解或无可行解。

1.22 如果线性规划的标准形式变换为求目标函数的极小化 $\min Z$，则用单纯形法计算时如何判别问题已得到最优解。

1.23 在确定初始可行基时，什么情况下要在约束条件中增添人工变量，在目标函数中人工变量前的系数为 $-M$ 的经济意义是什么？

1.24 什么是单纯形法计算的两阶段法，为什么要将计算分两个阶段进行，以及如何根据第一阶段的计算结果来判定第二阶段的计算是否需继续进行？

1.25 简述退化的含义及处理退化的勃兰特规则。

1.26 举例说明生产和生活中应用线性规划方面，并对如何应用进行必要描述。

1.27 判断下列说法是否正确（正确的在括号中打“√”，错误的在括号中打“×”）。

（1）图解法同单纯形法虽然求解的形式不同，但从几何上理解，两者是一致的。（　　）

（2）线性规划模型中增加一个约束条件，可行域的范围一般将缩小，减少一个约束条件，可行域的范围一般将扩大。（　　）

（3）线性规划问题的每一个基解对应可行域的一个顶点。（　）

（4）如线性规划问题存在最优解，则最优解一定对应可行域边界上的一个点。（　）

（5）对取值无约束的变量 x_j，通常令 $x_j = x'_j - x''_j$，其中 $x'_j \geqslant 0, x''_j \geqslant 0$，在用单纯形法求得的最优解中有可能同时出现 $x'_j > 0, x''_j > 0$。（　）

（6）用单纯形法求解标准形式的线性规划问题时，与大于 0 对应的变量都可以被选作换入变量。（　）

（7）单纯形法计算中，如不按最小比值原则选取换出变量，则在下一个解中至少有一个基变量的值为负。（　）

（8）单纯形法计算中，选取最大正检验数对应的变量为换入变量，将使目标函数值得到最快的增长。（　）

（9）一旦一个人工变量在迭代中变为非基变量后，该变量及相应列的数字可以从单纯形表中删除，而不影响计算结果。（　）

（10）线性规划问题的任一可行解都可以用全部基可行解的线性组合表示。（　）

（11）若 X'、X'' 分别是某一线性规划问题的最优解，则它们的线性组合也是该线性规划问题的最优解。（　）

第2章　线性规划的对偶理论

2.1　线性规划的对偶问题

【例2.1】　给出的生产计划问题的数学模型为

$$
\left.\begin{aligned}
&\max S = 50x_1 + 30x_2 \\
&\text{s. t.}\quad 4x_1 + 3x_2 \leqslant 120 \\
&\qquad\quad 2x_1 + x_2 \leqslant 50 \\
&\qquad\quad x_1, x_2 \geqslant 0
\end{aligned}\right\} \tag{2.1}
$$

如果换一个角度，考虑另外一种经营问题。假如有一个企业家有一批等待加工的订单，有意利用该家具厂的木工和油漆工资源来加工他的产品。因此，他要同家具厂谈判付给该厂每个工时的价格。问题可以构造一个数学模型来研究如何既使家具厂觉得有利可图肯把资源出租给他，又使自己付的租金最少。假设 y_1、y_2 分别表示每个木工和油漆工工时的租金，则所付租金最小的目标函数可表示为 $\min z = 120y_1 + 50y_2$，目标函数中的系数120、50分别表示可供出租的木工和油漆工工时数。该企业家所付租金不能太低，否则家具厂的管理者觉得无利可图而不肯出租给他。因此，他付的租金应不低于家具厂利用这些资源所能得到的利益，即

$$
\begin{aligned}
4y_1 + 2y_2 &\geqslant 50 \\
3y_1 + y_2 &\geqslant 30 \\
y_1, y_2 &\geqslant 0
\end{aligned}
$$

因此，得到另外一个数学模型

$$
\left.\begin{aligned}
&\min Z = 120y_1 + 50y_2 \\
&\text{s. t.}\quad 4y_1 + 2y_2 \geqslant 50 \\
&\qquad\quad 3y_1 + y_2 \geqslant 30 \\
&\qquad\quad y_1, y_2 \geqslant 0
\end{aligned}\right\} \tag{2.2}
$$

模型式（2.1）和模型式（2.2）既有区别又有联系。联系在于它们都是关于家具厂的模型并且使用相同的数据，区别在于模型反映的实质内容是不同的。模型式（2.1）是站在家具厂经营者立场追求销售收入最大，模型式（2.2）则站在家具厂对手的立场追求所付的租金最少。

如果模型式（2.1）称为原问题，则模型式（2.2）称为对偶问题（Duality Programming）。

对偶问题的意义　任何线性规划问题都有对偶问题，而且都有相应的意义，如对[例1.2]的营养配餐问题，其线性规划模型为

$$\left.\begin{aligned} \min Z &= 14x_1+6x_2+3x_3+2x_4 \\ \text{s.t.}\quad & 1000x_1+800x_2+900x_3+200x_4 \geqslant 3000 \\ & 50x_1+60x_2+20x_3+10x_4 \geqslant 55 \\ & 400x_1+200x_2+300x_3+500x_4 \geqslant 800 \\ & x_1,x_2,x_3,x_4 \geqslant 0 \end{aligned}\right\} \tag{2.3}$$

该问题的对偶问题为

$$\left.\begin{aligned} \max S &= 3000y_1+55y_2+800y_3 \\ \text{s.t.}\quad & 1000y_1+50y_2+400y_3 \leqslant 14 \\ & 800y_1+60y_2+200y_3 \leqslant 6 \\ & 900y_1+20y_2+300y_3 \leqslant 3 \\ & 200y_1+10y_2+500y_3 \leqslant 2 \\ & y_1,y_2,y_3 \geqslant 0 \end{aligned}\right\} \tag{2.4}$$

该问题的对偶问题式（2.4）经济意义可解释为：市场上有一厂商生产三种可代替食品中热量、蛋白质和钙的营养素，该厂商希望这些产品既有市场竞争力，又能带来最大利润，因此需要构造一个模型来研究定价问题。以上模型的变量为各营养素单位营养量的价格，目标函数反映厂商利润最大的目标，约束条件反映市场的竞争条件，即用于购买与某种食品营养价值相同的营养素的价格应小于该食品的市场价格。

线性规划的对偶关系

$$\left.\begin{aligned} \max S &= Cx \\ \text{s.t.}\quad & Ax \leqslant b \\ & x \geqslant 0 \end{aligned}\right\} \tag{2.5}$$

$$\left.\begin{aligned} \min Z &= yb \\ \text{s.t.}\quad & yA \geqslant C \\ & y \geqslant 0 \end{aligned}\right\} \tag{2.6}$$

式（2.5）、式（2.6）称作互为对偶问题。其中一个称为原问题，另一个称为它的对偶问题。

【例2.2】　写出下列线性规划问题的对偶问题

$$\begin{aligned} \min Z &= 12x_1+8x_2+16x_3+12x_4 \\ \text{s.t.}\quad & 2x_1+x_2+4x_3 \geqslant 2 \\ & 2x_1+2x_2+4x_4 \geqslant 3 \\ & x_1,x_2,x_3,x_4 \geqslant 0 \end{aligned}$$

解　对原问题的每个约束条件定义一个对偶变量 y_1、y_2，则其对偶问题为

$$\begin{aligned} \max S &= 2y_1+3y_2 \\ \text{s.t.}\quad & 2y_1+2y_2 \leqslant 12 \\ & y_1+2y_2 \leqslant 8 \\ & 4y_1 \leqslant 16 \\ & 4y_2 \leqslant 12 \end{aligned}$$

$$y_1, y_2 \geqslant 0$$

【例 2.3】 写出下列线性规划问题的对偶问题

$$\max S = 10x_1 + x_2 + 2x_3$$
$$\text{s.t.} \quad x_1 + x_2 + 2x_3 \leqslant 10$$
$$4x_1 + 2x_2 - x_3 \leqslant 20$$
$$x_1, x_2, x_3 \geqslant 0$$

解 对原问题的每个约束条件定义一个对偶变量 y_1、y_2，则其对偶问题为

$$\min Z = 10y_1 + 20y_2$$
$$\text{s.t.} \quad y_1 + 4y_2 \geqslant 10$$
$$y_1 + 2y_2 \geqslant 1$$
$$2y_1 - y_2 \geqslant 2$$
$$y_1, y_2 \geqslant 0$$

【例 2.4】 写出下列线性规划问题的对偶问题

$$\min Z = x_1 + 2x_2 + 3x_3$$
$$\text{s.t.} \quad 2x_1 + 3x_2 + 5x_3 \geqslant 2$$
$$3x_1 + x_2 + 7x_3 \leqslant 3$$
$$x_1, x_2, x_3 \geqslant 0$$

解 用-1乘以第二个约束方程两边，得

$$\min Z = x_1 + 2x_2 + 3x_3$$
$$\text{s.t.} \quad 2x_1 + 3x_2 + 5x_3 \geqslant 2$$
$$-3x_1 - x_2 - 7x_3 \geqslant -3$$
$$x_1, x_2, x_3 \geqslant 0$$

然后对原问题的每个约束条件定义一个对偶变量 y_1、y_2，则其对偶问题为

$$\max S = 2y_1 - 3y_2$$
$$\text{s.t.} \quad 2y_1 - 3y_2 \leqslant 1$$
$$3y_1 - y_2 \leqslant 2$$
$$5y_1 - 7y_2 \leqslant 3$$
$$y_1, y_2 \geqslant 0$$

【例 2.5】 写出下列线性规划问题的对偶问题

$$\min Z = 2x_1 + 3x_2 - 5x_3$$
$$\text{s.t.} \quad x_1 + x_2 - x_3 \geqslant 5$$
$$2x_1 + x_3 = 4$$
$$x_1, x_2, x_3 \geqslant 0$$

解 将原问题的约束方程写成不等式约束形式

$$\min Z = 2x_1 + 3x_2 - 5x_3$$
$$\text{s.t.} \quad x_1 + x_2 - x_3 \geqslant 5$$
$$2x_1 + x_3 \geqslant 4$$
$$-2x_1 - x_3 \geqslant -4$$
$$x_1, x_2, x_3 \geqslant 0$$

引入对偶变量 y_1、y'_2、y''_2，写出对偶问题为

$$\max S = 5y_1 + 4y'_2 - 4y''_2$$
$$\text{s. t.}\quad y_1 + 2y'_2 - 2y''_2 \leqslant 2$$
$$y_1 \leqslant 3$$
$$-y_1 + y'_2 - y''_2 \leqslant -5$$
$$y_1, y'_2, y''_2 \geqslant 0$$

令 $y_2 = y'_2 - y''_2$，得到

$$\max S = 5y_1 + 4y_2$$
$$\text{s. t.}\quad y_1 + 2y_2 \leqslant 2$$
$$y_1 \leqslant 3$$
$$-y_1 + y_2 \leqslant -5$$
$$y_1 \geqslant 0, y_2 \text{ 无非负约束}$$

此类问题称为非对称型对偶问题，相应前面的问题称为对称型对偶问题。

对偶规则（Dual Rule）如下：

（1）对每个原问题约束条件，规定一个（非负的）对偶变量。

（2）将原问题的目标函数的系数作为对偶问题的右端常数。

（3）将原问题的右端常数作为对偶问题的目标函数的系数。

（4）将原问题的系数矩阵转置后作为对偶问题的系数矩阵。

（5）将最优化方向改变。

（6）若原问题中有等式约束，则与之对应的对偶变量无非负限制。

（7）根据对偶规划的对称性，若原问题某个变量无非负限制，则与之对应的对偶约束为等式约束。

（8）如果原问题（max）中约束条件是"⩾"，则与之对应的对偶变量⩽0。

（9）如果原问题（max）中约束条件是"⩽"，则与之对应的对偶变量⩾0。

（10）如果原问题（min）中约束条件是"⩾"，则与之对应的对偶变量⩾0。

（11）如果原问题（min）中约束条件是"⩽"，则与之对应的对偶变量⩽0。

（12）如果原问题（max）中变量是"⩽0"，则与之对应的对偶问题的约束条件是"⩽"。

（13）如果原问题（max）中变量是"⩾0"，则与之对应的对偶问题的约束条件是"⩾"。

（14）如果原问题（min）中变量是"⩽0"，则与之对应的对偶问题的约束条件是"⩾"。

（15）如果原问题（min）中变量是"⩾0"，则与之对应的对偶问题的约束条件是"⩽"。

【例 2.6】　写出下列线性规划问题的对偶问题

$$\min Z = 3x_1 - 2x_2 + x_3$$
$$\text{s. t.}\quad x_1 + 2x_2 = 1$$
$$2x_2 - x_3 \leqslant -2$$
$$2x_1 + x_3 \geqslant 3$$

$$x_1 - 2x_2 + 3x_3 \geqslant 4$$
$$x_1, x_2 \geqslant 0, x_3 \text{ 无非负限制}$$

解 综合运用对偶原则得到

$$\max S = y_1 - 2y_2 + 3y_3 + 4y_4$$
$$\text{s. t.} \quad y_1 + 2y_3 + y_4 \leqslant 3$$
$$2y_1 + 2y_2 - 2y_4 \leqslant -2$$
$$-y_2 + y_3 + 3y_4 = 1$$
$$y_2 \leqslant 0, y_3, y_4 \geqslant 0, y_1 \text{ 无非负约束}$$

2.2 对偶问题的基本定理

定理 2.1 对称性定理 对偶问题的对偶就是原问题。

定理 2.2 弱对偶定理 对于式（2.5）、式（2.6）给出的互为对偶问题中的任意可行解 $x^{(0)}$、$y^{(0)}$，都有

$$cx^{(0)} \leqslant y^{(0)}b$$

推理 1 对偶问题中，任意一个可行解，都产生了另一个问题的目标函数的界。

推理 2 若原问题和对偶问题都有可行解，则它们都有最优解。

推理 3 若互为对偶问题中任意一个有可行解，但无最优解，则另一个就无可行解。

定理 2.3 最优准则 若原问题的某一个可行解与对偶问题的某一可行解的目标函数值相等，则它们分别是原问题与对偶问题的最优解。

定理 2.4 对偶定理 若原问题有最优解，则对偶问题也有最优解，且最优值相等。

推理 4 式（2.6）给出的对偶问题的最优解为式（2.5）给出的原问题最优表中相应的松弛变量检验数的相反数。

若将式（2.5）、式（2.6）写成标准形式

$$\left.\begin{aligned} &\max S = Cx \\ &\text{s. t.} \quad Ax + x^{(S)} = b \\ &\qquad x, x^{(S)} \geqslant 0 \end{aligned}\right\} \tag{2.7}$$

$$\left.\begin{aligned} &\min Z = yb \\ &\text{s. t.} \quad yA - y^{(S)} = C \\ &\qquad y, y^{(S)} \geqslant 0 \end{aligned}\right\} \tag{2.8}$$

其中，$x^{(S)}$、$y^{(S)}$ 分别是相应的松弛变量。

定理 2.5 互补松弛性 对于互为对偶问题的式（2.7）、式（2.8）中的任意可行解 $x^{(0)}$、$y^{(0)}$，那么，$y^{(0)}x^{(S)}=0$，$y^{(S)}x^{(0)}=0$，当且仅当 $x^{(0)}$ 和 $y^{(0)}$ 为最优解。

推理 5 对于原问题式（2.7）单纯形表的检验数行对应其对偶问题式（2.8）的一个基解。

综上所述，原问题与对偶问题解的对应关系见表 2.1。

表 2.1　原问题与对偶问题解的对应关系

问题与解的状态		对偶问题		
		有最优解	无　界	无可行解
原问题	有最优解	一　定	不可能	不可能
	无　界	不可能	不可能	可　能
	无可行解	不可能	可　能	可　能

【例 2.7】　已知线性规划问题

$$\max S = x_1 + x_2$$
$$\text{s.t.}\ -x_1 + x_2 + x_3 \leqslant 2$$
$$-2x_1 + x_2 - x_3 \leqslant 1$$
$$x_1, x_2, x_3 \geqslant 0$$

试用对偶理论证明上述线性规划问题无最优解。

证　首先看到该问题存在可行解，例如 $x=(0, 0, 0)$；而它的对偶问题为

$$\min Z = 2y_1 + y_2$$
$$\text{s.t.}\ -y_1 - 2y_2 \geqslant 1$$
$$y_1 + y_2 \geqslant 1$$
$$y_1 - y_2 \geqslant 0$$
$$y_1, y_2 \geqslant 0$$

由第一约束条件可知对偶问题无可行解，故原问题无最优解。

【例 2.8】　已知线性规划问题

$$\min Z = 2x_1 + 3x_2 + 5x_3 + 2x_4 + 3x_5$$
$$\text{s.t.}\ x_1 + x_2 + 2x_3 + x_4 + 3x_5 \geqslant 4$$
$$2x_1 - x_2 + 4x_3 + x_4 + x_5 \geqslant 3$$
$$x_1, x_2, x_3, x_4, x_5 \geqslant 0$$

已知其对偶问题的最优解为 $y_1^*=4/5$，$y_2^*=3/5$，$S=5$。试用对偶理论找出原问题的最优解。

解　先写出它的对偶问题

$$\max S = 4y_1 + 3y_2$$
$$\text{s.t.}\ y_1 + 2y_2 \leqslant 2 \quad (1)$$
$$y_1 - y_2 \leqslant 3 \quad (2)$$
$$2y_1 + 4y_2 \leqslant 5 \quad (3)$$
$$y_1 + y_2 \leqslant 2 \quad (4)$$
$$3y_1 + y_2 \leqslant 3 \quad (5)$$
$$y_1, y_2 \geqslant 0$$

将 $y_1^*=4/5$，$y_2^*=3/5$ 代入约束条件，式（2）～式（4）为严格不等式成立；由互补松弛性得 $x_2^*=x_3^*=x_4^*=0$。因 y_1，$y_2 \geqslant 0$，原问题的两个约束条件应取等式，故有

$$x_1^* + 3x_5^* = 4$$
$$2x_1^* + x_5^* = 3$$

求解后得到 $x_1^*=1$，$x_5^*=1$；故原问题的最优解为

$$X^* = (1, 0, 0, 0, 1)^T, Z^* = 5$$

2.3 对偶解的经济解释

如果将线性规划的约束看成广义资源约束，右边项则代表某种资源的可用量。对偶解的经济含义是资源的单位改变量引起目标函数值的改变量，通常称为影子价格。影子价格表明对偶解是对系统内部资源的客观估计，又表明它是一种虚拟的价格而不是真实价格。

影子价格（Shadow Price）的特征：

（1）影子价格是对系统资源的最优估计，只有系统达到最优状态时才可能赋予资源这种价值，因此也称为最优价格。

（2）影子价格的取值与系统的价值取向有关，并受系统状态变化的影响。系统内部资源数量和价格的变化，是一种动态的价格体系。

（3）对偶解——影子价格的大小客观反映了资源在系统内的稀缺程度。如果某资源在系统内供大于求，尽管它有市场价格，但它的影子价格等于零。增加这种资源的供应不会引起系统目标的任何变化。如果某资源是稀缺资源，其影子价格必然大于零。影子价格越高，这种资源在系统中越稀缺。

（4）影子价格是一种边际价值，它与经济学中边际成本的概念相同，因而在经济管理中有十分重要的价值。企业管理者可以根据资源在企业内部影子价格的大小决定企业的经营策略。

【例 2.9】 某企业生产 A、B 两种产品。A 产品需要消耗 2 个单位原料和 1h 人工；B 产品需要消耗 3 个单位原料和 2h 人工；A 产品销售价格 23 元，B 产品销售价格 40 元。该企业每天可利用生产原料 25 单位和 15 个人工。每单位原料的采购成本为 5 元，每小时人工工资为 10 元。问该企业如何生产才能使销售利润最大。

解 模型一：

目标函数系数直接使用计算好的销售利润，成本数据不直接反映在模型中。模型为

$$\max S = 3x_1 + 5x_2$$
$$\text{s.t.}\quad 2x_1 + 3x_2 \leqslant 25$$
$$x_1 + 2x_2 \leqslant 15$$
$$x_1, x_2 \geqslant 0$$

最优解 $X=(5, 5)^T$，最优值 $S=40$，对偶解 $Y=(1, 1)^T$。

模型二：

目标函数系数使用未经过处理的数据，成本数据直接反映在模型中。模型为

$$\max S = 23x_1 + 40x_2 - 5x_3 - 10x_4$$
$$\text{s.t.}\quad 2x_1 + 3x_2 - x_3 = 0$$
$$x_1 + 2x_2 - x_4 = 0$$
$$x_3 \leqslant 25$$

$$x_4 \leqslant 15$$
$$x_1, x_2, x_3, x_4 \geqslant 0$$

最优解 $X=(5,5,25,15)^{\mathrm{T}}$，最优值 $S=40$，对偶解 $Y=(6,11,1,1)^{\mathrm{T}}$。

一般来讲，如果模型显性地处理所有资源的成本计算（如模型二），则对偶解与影子价格相等，可以按以下原则考虑企业的经营策略：

（1）如果某资源的影子价格高于市场价格，表明该资源在系统内有获利能力，应买入该资源。

（2）如果某资源的影子价格低于市场价格，表明该资源在系统内无获利能力，应卖出该资源。

（3）如果某资源的影子价格等于市场价格，表明该资源在系统内处于平衡状态，既不用买入，也不必卖出该资源。

一般来讲，如果模型隐性地处理所有资源的成本计算（如模型一），则影子价格应等于对偶解与资源的成本之和，可以按以下原则考虑企业的经营策略：

（1）如果某资源对偶解大于零，表明该资源在系统内有获利能力，应买入该资源。

（2）如果某资源对偶解小于零，表明该资源在系统内无获利能力，应卖出该资源。

（3）如果某资源的对偶解等于零，表明该资源在系统内处于平衡状态，既不用买入，也不必卖出。

2.4　对偶单纯形法（Dual Simplex Method）

为了便于区别，将前面所述的单纯形法称为原始单纯形法。

原始单纯形法的基本思路：在换基迭代过程中，始终保持基变量值非负，逐步使检验数变成非正，最后求得最优解或判断无最优解。

对偶单纯形法的基本思路：在换基迭代过程中，始终保持检验数非正，逐步使基变量值变成非负，最后求得最优解或判断无最优解。

对偶单纯形法计算步骤：

（1）根据线性规划问题，列出单纯形表。检查 b 列的数字，若都为非负，检验数都为非正，则已得到最优解，停止计算。若检查 b 列的数字时，至少还有一个负分量，检验数保持非正，那么进行如下计算。

（2）确定出基变量。按 $\min\{(B^{-1}b) \mid (B^{-1}b)<0\}=(B^{-1}b)_i$，对应的基变量 x_i 为出基变量。

（3）确定进基变量。在单纯形表中检查 x_i 所在行的各系数 a_{ij}（$j=1, 2, \cdots, n$）。若所有的 $a_{ij} \geqslant 0$，则无可行解，停止计算。若存在 $a_{ij}<0$（$j=1, 2, \cdots, n$），计算 $\theta=\min\left\{\dfrac{c_j-z_j}{a_{lj}} \middle| a_{ij}<0,\right\}=\dfrac{c_k-z_k}{\mathrm{a}_{lk}}$，按 θ 规则所对应的列的非基变量，x_1 为进基变量，这样才能保持得到的对偶问题的解仍是可行解。

（4）以 a_{lk} 为主元，按原单纯形表中进行迭代计算，得到新的计算表。

重复上述步骤（1）～（4）。

【例 2.10】　用对偶单纯形法解下列线性规划问题

$$\min Z = x_1 + 4x_2 + 3x_4$$
$$\text{s.t.}\quad x_1 + 2x_2 - x_3 + x_4 \geqslant 3$$

$$-2x_1-x_2+4x_3+x_4\geqslant 2$$
$$x_1,x_2,x_3,x_4\geqslant 0$$

解 此题可用人工变量方法求解，但也可用对偶单纯形法。先化成标准型后，约束条件两边同时乘−1得

$$\max S=-x_1-4x_2-3x_4$$
$$\text{s. t.}\quad -x_1-2x_2+x_3-x_4+x_5=-3$$
$$2x_1+x_2-4x_3-x_4+x_6=-2$$
$$x_1,x_2,x_3,x_4,x_5,x_6\geqslant 0$$

列出对偶单纯形表格，见表2.2。

表2.2 ［例2.10］对偶单纯形表（一）

c_j		−1	−4	0	−3	0	0	b
c_B	x_B	x_1	x_2	x_3	x_4	x_5	x_6	
0	x_5	(−1)	−2	1	−1	1	0	−3
0	x_6	2	1	−4	−1	0	1	−2
σ_j		−1	−4	0	−3	0	0	$S=0$

计算检验数（方法与原始单纯形法相同）全为非正，称为对偶可行；而常数项全是负数，称为原始不可行。取常数项是负数且最小者，确定出基变量 x_5，用出基变量 x_5 行的所有负数分别去除对应的负的检验数（$\sigma_j\leqslant 0$），其最小值对应的变量为进基变量 x_1，它们的交叉元素为主元（−1）（见表2.2），进行主元运算得到表2.3。

表2.3 ［例2.10］对偶单纯形表（二）

c_j		−1	−4	0	−3	0	0	b
c_B	x_B	x_1	x_2	x_3	x_4	x_5	x_6	
−1	x_1	1	2	−1	1	−1	0	3
0	x_6	0	−3	(−2)	−3	2	1	−8
σ_j		0	−2	−1	−2	−1	0	$S=-3$

确定出基变量 x_6，确定进基变量 x_3，主元为（−2），进行主元运算：第二行乘 $\left(-\frac{1}{2}\right)$，第一行加第二行，得到表2.4。

表2.4 ［例2.10］对偶单纯形表（三）

c_j		−1	−4	0	−3	0	0	b
c_B	x_B	x_1	x_2	x_3	x_4	x_5	x_6	
−1	x_1	1	$\frac{7}{2}$	0	$\frac{5}{2}$	−2	$-\frac{1}{2}$	7
0	x_3	0	$\frac{3}{2}$	1	$\frac{3}{2}$	−1	$-\frac{1}{2}$	4
σ_j		0	$-\frac{1}{2}$	0	$-\frac{1}{2}$	−2	$-\frac{1}{2}$	$S=-7$

计算检验数，其数值全为非正。但此时常数 b 已全大于零，得到最优解为（7，0，4，0），最优值 $S=-7$，$Z=7$。

【例2.11】 用对偶单纯形法解下列线性规划问题

$$\min Z=x_1+2x_2$$

$$\text{s.t.}\quad -x_1+2x_2-x_3\geqslant 1$$
$$-x_1-2x_2+x_3\geqslant 6$$
$$x_1,x_2,x_3\geqslant 0$$

解　将原问题化成

$$\max S=-x_1-2x_2$$
$$\text{s.t.}\quad x_1-2x_2+x_3+x_4=-1$$
$$x_1+2x_2-x_3+x_5=-6$$
$$x_1,x_2,x_3,x_4,x_5\geqslant 0$$

列出对偶单纯形表格，见表 2.5。

表 2.5　　［例 2.11］对偶单纯形表（一）

c_j		-1	-2	0	0	0	b
c_B	x_B	x_1	x_2	x_3	x_4	x_5	
0	x_4	1	(-2)	1	1	0	-1
0	x_5	1	2	-1	0	1	-6
σ_j		-1	-2	0	0	0	$S=0$

常数项最小的变量 x_5 为出基变量，按比值原则无法比较。其常数项次最小的变量 x_4 为出基变量，按比值原则 x_2 为进基变量，主元为（-2），进行主元运算得到表 2.6。

表 2.6　　［例 2.11］对偶单纯形表（二）

c_j		-1	-2	0	0	0	b
c_B	x_B	x_1	x_2	x_3	x_4	x_5	
-2	x_2	$-\frac{1}{2}$	1	$-\frac{1}{2}$	$-\frac{1}{2}$	0	$\frac{1}{2}$
0	x_5	2	0	0	1	1	-7
σ_j		-2	0	-1	-1	0	$S=-1$

再计算检验数：已经全小于零，但常数项为负数的行元素全大于零，故原问题无可行解。

2.5　灵敏度分析（Sensitivity Analysis）

【例 2.12】　某工厂用甲、乙两种原料生产 A、B、C、D 四种产品，每种产品的利润、现有的原料数及每种产品消耗原料定量见表 2.7。试求：

（1）怎样组织生产，才能使总利润最大？

（2）若 A、C 产品的利润产生波动，波动范围多大，其最优基不变？

（3）若想增加甲种原料，增加多少时，原最优基不变？

表 2.7　　产品有关参数表

产品（万件）/原料（kg）	A	B	C	D	提供量
甲	3	2	10	4	18
乙	0	0	2	$\frac{1}{2}$	3
利润（万元/万件）	9	8	50	19	

(4) 若考虑要生产产品 E，且生产 1 万件 E 产品要消耗甲原料 3kg，消耗乙原料 1kg。那么，E 产品的每万件利润是多少时有利于投产？

(5) 假设该工厂又增加了用电不超过 8kW·h 的限制，而生产 A、B、C、D 四种产品各 1 万件分别消耗电 4、3、5、2kW·h，此约束是否改变了原最优决策方案？

解　(1) 设生产 A、B、C、D 产品各 x_1、x_2、x_3、x_4 万件，数学模型为

$$\max S = 9x_1 + 8x_2 + 50x_3 + 19x_4$$

$$\text{s.t.}\quad 3x_1 + 2x_2 + 10x_3 + 4x_4 \leqslant 18$$

$$2x_3 + \frac{1}{2}x_4 \leqslant 3$$

$$x_1, x_2, x_3, x_4 \geqslant 0$$

化成标准型

$$\max S = 9x_1 + 8x_2 + 50x_3 + 19x_4$$

$$\text{s.t.}\quad 3x_1 + 2x_2 + 10x_3 + 4x_4 + x_5 = 18$$

$$2x_3 + \frac{1}{2}x_4 + x_6 = 3$$

$$x_1, x_2, x_3, x_4, x_5, x_6 \geqslant 0$$

其初始基为 $B_1 = (P_5, P_6)$，列出单纯形表格，并进行计算得到表 2.8。

表 2.8　　**[例 2.12] 单纯形表 (一)**

c_j		9	8	50	19	0	0	b
c_B	x_B	x_1	x_2	x_3	x_4	x_5	x_6	
0	x_5	3	2	10	4	1	0	18
0	x_6	0	0	(2)	$\frac{1}{2}$	0	1	3
σ_j		9	8	50	19	0	0	$S=0$
0	x_5	(3)	2	0	$\frac{3}{2}$	1	-5	3
50	x_3	0	0	1	$\frac{1}{4}$	0	$\frac{1}{2}$	$\frac{3}{2}$
σ_j		9	8	0	$\frac{13}{2}$	0	-25	$S=75$
9	x_1	1	$\left(\frac{2}{3}\right)$	0	$\frac{1}{2}$	$\frac{1}{3}$	$-\frac{5}{3}$	1
50	x_3	0	0	1	$\frac{1}{4}$	0	$\frac{1}{2}$	$\frac{3}{2}$
σ_j		0	2	0	2	-3	-10	$S=84$
8	x_2	$\frac{3}{2}$	1	0	$\left(\frac{3}{4}\right)$	$\frac{1}{2}$	$-\frac{5}{2}$	$\frac{3}{2}$
50	x_3	0	0	1	$\frac{1}{4}$	0	$\frac{1}{2}$	$\frac{3}{2}$
σ_j		-3	0	0	$\frac{1}{2}$	-4	-5	$S=87$
19	x_4	2	$\frac{4}{3}$	0	1	$\frac{2}{3}$	$-\frac{10}{3}$	2
50	x_3	$-\frac{1}{2}$	$-\frac{1}{3}$	1	0	$-\frac{1}{6}$	$\frac{4}{3}$	1
σ_j		-4	$-\frac{2}{3}$	0	0	$-\frac{13}{3}$	$-\frac{10}{3}$	$S=88$

其最优基 $\boldsymbol{B}_5=(P_4,P_3)$，最优解为（0，0，1，2），$S=88$。最优决策方案：生产 C 产品 1 万件，D 产品 2 万件，最大利润为 88 万元。

（2）在初始表中 P_4、P_3 的位置为基矩阵

$$\boldsymbol{B}_5=(P_4,P_3)=\begin{bmatrix}4 & 10\\ \frac{1}{2} & 2\end{bmatrix}$$

而在最优表所对应初始表中的松弛变量的位置即为 B^{-1}，而最优表中系数矩阵即为 $B^{-1}A$，见表 2.9。

表 2.9　　［例 2.12］单纯形表（二）

c_j		9	8	50	19	0	0	b	
c_B	x_B	x_1	x_2	x_3	x_4	x_5	x_6		
0	x_5	3	2	10	4	**1**	**0**	18	初始表
0	x_6	0	0	2	$\frac{1}{2}$	**0**	**1**	3	
σ_j		9	8	50	19	0	0	$S=0$	
19	x_4	2	$\frac{4}{3}$	0	1	$\frac{2}{3}$	$-\frac{10}{3}$	2	最优表
50	x_3	$-\frac{1}{2}$	$-\frac{1}{3}$	1	0	$-\frac{1}{6}$	$\frac{4}{3}$	1	
σ_j		-4	$-\frac{2}{3}$	0	0	$-\frac{13}{3}$	$-\frac{10}{3}$	$S=88$	

$$\boldsymbol{B}^{-1}=\begin{bmatrix}\frac{2}{3} & -\frac{10}{3}\\ -\frac{1}{6} & \frac{4}{3}\end{bmatrix}$$

$$\boldsymbol{B}^{-1}\boldsymbol{A}=\begin{bmatrix}2 & \frac{4}{3} & 0 & 1 & \frac{2}{3} & -\frac{10}{3}\\ -\frac{1}{2} & -\frac{1}{3} & 1 & 0 & -\frac{1}{6} & \frac{4}{3}\end{bmatrix}$$

$$c_B=(c_4,c_3)=(19,50),\ c=(9,8,50,19,0,0)^{\mathrm{T}}。$$

1）当目标函数的 $c_1=9$ 有波动，设波动为 $c_1=9+\Delta c_1$，其他 c_B 不变，$c=(9+\Delta c_1,8,50,19,0,0)^{\mathrm{T}}$，得到检验数的变化为 $\sigma=\left(-4+\Delta c_1,-\frac{2}{3},0,0,-\frac{13}{3},-\frac{10}{3}\right)$，见表 2.10。

表 2.10　　［例 2.12］单纯形表（三）

c_j		$9+\Delta c_1$	8	50	19	0	0	b
c_B	x_B	x_1	x_2	x_3	x_4	x_5	x_6	
19	x_4	(2)	$\frac{4}{3}$	0	1	$\frac{2}{3}$	$-\frac{10}{3}$	2
50	x_3	$-\frac{1}{2}$	$-\frac{1}{3}$	1	0	$-\frac{1}{6}$	$\frac{4}{3}$	1
σ_j		$-4+\Delta c_1$	$-\frac{2}{3}$	0	0	$-\frac{13}{3}$	$-\frac{10}{3}$	88

仅当 $-4+\Delta c_1<0$ 时，即 $\Delta c_1<4$，原最优解不变，最优利润值还是 88 万元。说明每万

件 A 产品的利润不超过 13 万元时，原最优决策方案不变。当 $\Delta c_1>4$ 时，即每万件 A 产品的利润超过 13 万元时，B 已经不是最优基，继续进行最优化。

当 $\Delta c_1>4$ 时，即 $-4+\Delta c_1>0$，x_1 进基，x_4 出基，进行主元运算：第一行 $\times\left(\frac{1}{2}\right)$，然后第二行加上第一行 $\times\left(\frac{1}{2}\right)$。重新计算检验数，为了保证 B 为最优，必须满足 $6-2\Delta c_1\leqslant 0$，$4-\Delta c_1\leqslant 0$，$-9-\Delta c_1\leqslant 0$，$5\Delta c_1-30\leqslant 0$，得到 $4\leqslant\Delta c_1\leqslant 6$；当 $4\leqslant\Delta c_1\leqslant 6$ 时，即每万件 A 产品的利润在 13 万～15 万元之间，得到新的最优基（P_1，P_3），最优决策方案为 $\left(1,0,\frac{3}{2},0\right)$，最优利润为 $84+\Delta c_1$，最大利润在 88～90 之间，见表 2.11。

表 2.11　　[例 2.12] 单纯形表（四）

c_j		$9+\Delta c_1$	8	50	19	0	0	b
c_B	x_B	x_1	x_2	x_3	x_4	x_5	x_6	
$9+\Delta c_1$	x_1	1	$\frac{2}{3}$	0	$\frac{1}{2}$	$\frac{1}{3}$	$-\frac{5}{3}$	1
50	x_3	0	0	1	$\frac{1}{4}$	0	$\frac{1}{2}$	$\frac{3}{2}$
σ_j		0	$2-\frac{2}{3}\Delta c_1$	0	$2-\frac{1}{2}\Delta c_1$	$-3-\frac{1}{3}\Delta c_1$	$\frac{5}{3}\Delta c_1-10$	$S=84+\Delta c_1$

2）当目标函数的 $c_3=50$ 有波动，设波动为 $c_3=50+\Delta c_3$，其他系数不变 $c_B=c_B$，原最优表见表 2.12。为保证最优，满足所有检验数小于零，得到 $\Delta c_3-8\leqslant 0$，$\Delta c_3-2\leqslant 0$，$\Delta c_3-26\leqslant 0$，$-10-4\Delta c_3\leqslant 0$，解得 $-\frac{5}{2}\leqslant\Delta c_3\leqslant 2$，即 C 产品的利润在 47.5 万～52 万元之间，原最优决策方案不变，最优利润在 85.5 万～90 万元之间。同理可以讨论 $\Delta c_3<-\frac{5}{2}$ 时，只要 x_6 进基变量，或 $\Delta c_3>2$ 时，只要 x_2 进基变量，见表 2.12。

表 2.12　　[例 2.12] 单纯形表（五）

c_j		9	8	$50+\Delta c_3$	19	0	0	b
c_B	x_B	x_1	x_2	x_3	x_4	x_5	x_6	
19	x_4	2	$\frac{4}{3}$	0	1	$\frac{2}{3}$	$-\frac{10}{3}$	2
$50+\Delta c_3$	x_3	$-\frac{1}{2}$	$-\frac{1}{3}$	1	0	$-\frac{1}{6}$	$\frac{4}{3}$	1
σ_j		$\frac{1}{2}\Delta c_3-4$	$\frac{1}{3}\Delta c_3-\frac{2}{3}$	0	0	$\frac{1}{6}\Delta c_3-\frac{13}{3}$	$\frac{-4}{3}\Delta c_3-\frac{10}{3}$	$S=88+\Delta c_3$

（3）当增加甲种原料供应量时，b_1 发生了变化，设 $b_1=18+\Delta b_1$，$b=(18+\Delta b_1,3)$，有

$$B^{-1}b=\begin{bmatrix}\frac{2}{3} & -\frac{10}{3}\\ -\frac{1}{6} & \frac{4}{3}\end{bmatrix}\begin{bmatrix}18+\Delta b_1\\ 3\end{bmatrix}=\begin{bmatrix}2+\frac{2}{3}\Delta b_1\\ 1-\frac{1}{6}\Delta b_1\end{bmatrix}$$

满足 $2+\frac{2}{3}\Delta b_1\geqslant 0$，$1-\frac{1}{6}\Delta b_1\geqslant 0$，得到 $-3\leqslant\Delta b_1\leqslant 6$，即 $15\leqslant b_1\leqslant 24$，原最优基不变，但最优解与目标函数最优值都是 Δb_1 的函数 $X=\left(0,0,1-\frac{1}{6}\Delta b_1,2+\frac{2}{3}\Delta b_1\right)^{\mathrm{T}}$，$S=88+\frac{13}{3}\Delta b_1$（万元），当 $\Delta b_1>6$，$\Delta b_1<-3$ 时，原最优基改变了。下面讨论 $\Delta b_1>6$ 情形。原问题最优基，见表 2.13。

表 2.13　　　　［例 2.12］单纯形表（六）

c_j		9	8	50	19	0	0	b
c_B	x_B	x_1	x_2	x_3	x_4	x_5	x_6	
19	x_4	2	$\frac{4}{3}$	0	1	$\frac{2}{3}$	$-\frac{10}{3}$	2
50	x_3	$-\frac{1}{2}$	$-\frac{1}{3}$	1	0	$-\frac{1}{6}$	$\frac{4}{3}$	1
σ_j		-4	$-\frac{2}{3}$	0	0	$-\frac{13}{3}$	$-\frac{10}{3}$	$S=88$

用 $B^{-1}b=\begin{bmatrix}2+\frac{2}{3}\Delta b_1\\ 1-\frac{1}{6}\Delta b_1\end{bmatrix}$ 代替常数项，因为 $\Delta b_1>6$，则 $1-\frac{1}{6}\Delta b_1<0$，原始不可行，但是对偶可行，用对偶单纯形法求解，见表 2.14。

表 2.14　　　　［例 2.12］单纯形表（七）

c_j		9	8	50	19	0	0	b
c_B	x_B	x_1	x_2	x_3	x_4	x_5	x_6	
19	x_4	2	$\frac{4}{3}$	0	1	$\frac{2}{3}$	$-\frac{10}{3}$	$2+\frac{2}{3}\Delta b_1$
50	x_3	$-\frac{1}{2}$	$-\frac{1}{3}$	1	0	$-\frac{1}{6}$	$\frac{4}{3}$	$1-\frac{1}{6}\Delta b_1$
σ_j		-4	$-\frac{2}{3}$	0	0	$-\frac{13}{3}$	$-\frac{10}{3}$	$S=88+\frac{13}{3}\Delta b_1$

用对偶单纯形法求解，第二行×（-3），第一行加上第二行×$\left(-\frac{4}{3}\right)$，见表 2.15。

表 2.15 ［例 2.12］单纯形表（八）

c_j		9	8	50	19	0	0	b
c_B	x_B	x_1	x_2	x_3	x_4	x_5	x_6	
19	x_4	0	0	4	1	0	2	6
8	x_2	$\frac{3}{2}$	1	-3	0	$\frac{1}{2}$	-4	$\frac{1}{2}\Delta b_1-3$
σ_j		-3	0	-2	0	-4	-6	$S=90+4\Delta b_1$

当$-3+\frac{1}{2}\Delta b_1\geqslant 0$，即$\Delta b_1>6$时，新的最优基$B=(P_4, P_2)$，最优解为$\left(0, -3+\frac{1}{2}\Delta b_1, 0, 6\right)$，最大利润为$90+4\Delta b_1$（万元）。

（4）增加变量：设生产 E 产品 x_7 万件，每万件利润是 c_7 万元，则模型为

$$\max S = 9x_1+8x_2+50x_3+19x_4+c_7x_7$$

$$\text{s.t.}\quad 3x_1+2x_2+10x_3+4x_4+x_5+3x_7=18$$

$$2x_3+\frac{1}{2}x_4+x_6+x_7=3$$

$$x_1, x_2, x_3, x_4, x_5, x_6, x_7\geqslant 0$$

$$A=(P_1, P_2, P_3, P_4, P_5, P_6, P_7),\text{其中 } P_7=(3,1)^{\mathrm{T}}$$

原最优解为（0，0，1，2，0，0），则$X=(0, 0, 1, 2, 0, 0, 0)^{\mathrm{T}}$一定是原问题的可行解，但不一定是原问题的最优解。

若要生产 E，在原最优表中增加非基变量 x_7，其中

$$P'_7=B^{-1}P_7=\begin{bmatrix}\frac{2}{3} & -\frac{10}{3}\\ -\frac{1}{10} & \frac{4}{3}\end{bmatrix}\begin{bmatrix}3\\1\end{bmatrix}=\begin{bmatrix}-\frac{4}{3}\\ \frac{5}{6}\end{bmatrix}$$

相应的检验数$=-\frac{49}{3}+c_7>0$时，才有利于生产。令$c_7=17$，相应的检验数$=\frac{2}{3}$，插入原最优表，继续求解，见表 2.16。

表 2.16 ［例 2.12］单纯形表（九）

c_j		9	8	50	19	0	0	17	b
c_B	x_B	x_1	x_2	x_3	x_4	x_5	x_6	x_7	
19	x_4	2	$\frac{4}{3}$	0	1	$\frac{2}{3}$	$-\frac{10}{3}$	$-\frac{4}{3}$	2
50	x_3	$-\frac{1}{2}$	$-\frac{1}{3}$	1	0	$-\frac{1}{6}$	$\frac{4}{3}$	$\frac{5}{6}$	1
σ_j		-4	$-\frac{2}{3}$	0	0	$-\frac{13}{3}$	$-\frac{10}{3}$	$\frac{2}{3}$	$S=88$

第二行$\times\frac{6}{5}$，第一行加上第二行$\times\frac{4}{3}$，见表 2.17。

表 2.17　[例 2.12] 单纯形表（十）

c_j		9	8	50	19	0	0	17	b
c_B	x_B	x_1	x_2	x_3	x_4	x_5	x_6	x_7	
19	x_4	$\frac{6}{5}$	$\frac{4}{5}$	$\frac{8}{5}$	1	$\frac{2}{5}$	$-\frac{6}{5}$	0	$\frac{18}{5}$
17	x_7	$-\frac{3}{5}$	$-\frac{2}{5}$	$\frac{6}{5}$	0	$-\frac{1}{5}$	$\frac{8}{5}$	1	$\frac{6}{5}$
σ_j		$-\frac{18}{5}$	$-\frac{2}{5}$	$-\frac{4}{5}$	0	$-\frac{21}{5}$	$-\frac{22}{5}$	0	$S=88\frac{4}{5}$

得到新的最优解$\left(0,\ 0,\ 0,\ \frac{18}{5},\ 0,\ 0,\ \frac{6}{5}\right)$，最优值 $88\left(\frac{4}{5}\right)$。最优方案生产 D 产品$\frac{18}{5}$（万件），E 产品$\frac{6}{5}$（万件），利润达到 88.8（万元）。

（5）只需在模型中增加新的约束条件 $4x_1+3x_2+5x_3+2x_4\leqslant 8$，标准化后有 $4x_1+3x_2+5x_3+2x_4+x_7=8$，加入模型中，见表 2.18。

表 2.18　[例 2.12] 单纯形表（十一）

c_j		9	8	50	19	0	0	0	b
c_B	x_B	x_1	x_2	x_3	x_4	x_5	x_6	x_7	
19	x_4	2	$\frac{4}{3}$	0	1	$\frac{2}{3}$	$-\frac{10}{3}$	0	2
50	x_3	$-\frac{1}{2}$	$-\frac{1}{3}$	1	0	$-\frac{1}{6}$	$\frac{4}{3}$	0	1
0	x_7	4	3	5	2	0	0	1	8
σ_j		-4	$-\frac{2}{3}$	0	0	$-\frac{13}{3}$	$-\frac{10}{3}$	0	$S=88$

x_4，x_3，x_7 是基变量，使增加一行元素（5）、（2）变为零，见表 2.19。

表 2.19　[例 2.12] 单纯形表（十二）

c_j		9	8	50	19	0	0	0	b
c_B	x_B	x_1	x_2	x_3	x_4	x_5	x_6	x_7	
19	x_4	2	$\frac{4}{3}$	0	1	$\frac{2}{3}$	$-\frac{10}{3}$	0	2
50	x_3	$-\frac{1}{2}$	$-\frac{1}{3}$	1	0	$-\frac{1}{6}$	$\frac{4}{3}$	0	1
0	x_7	$\frac{5}{2}$	2	0	0	$-\frac{1}{2}$	0	1	-1
σ_j									

利用对偶单纯形法，x_7 出基，x_5 进基，$-\frac{1}{2}$为主元。

第三行×(−2)，第一行加上第三行×$\left(-\frac{2}{3}\right)$，第二行加上第三行×$\frac{1}{6}$，计算检验数得最优表，见表 2.20。

表 2.20　　　　［例 2.12］单纯形表（十三）

c_j		9	8	50	19	0	0	0	b
c_B	x_B	x_1	x_2	x_3	x_4	x_5	x_6	x_7	
19	x_4	$\frac{16}{3}$	4	0	1	0	$-\frac{10}{3}$	$\frac{4}{3}$	$\frac{2}{3}$
50	x_3	$-\frac{4}{3}$	-1	1	0	0	$\frac{4}{3}$	$-\frac{1}{3}$	$\frac{4}{3}$
0	x_5	-5	-4	0	0	1	0	-2	2
σ_j		$-\frac{77}{3}$	-18	0	0	0	$-\frac{10}{3}$	$-\frac{26}{3}$	$S=79.5$

增加用电约束后，最优生产方案：生产$\frac{4}{3}$万件 C 产品，$\frac{2}{3}$万件 D 产品，总利润为 79.5 万元。

2.6　线性规划案例

案例 1　电力网络布局优化一（线性潮流估计模型）

1. 模型所需数据

（1）现有电力网络结构，包括走向、长度、输送容量的限制。

（2）可能的电力网络建设路径，即哪些节点间允许架设新线路，包括新增的电源和负荷节点。

（3）规划水平年各电源点发电能力及各负荷点负荷水平。

（4）现有线路年平均损耗系数，新建线路投资效益系数加损耗系数等经济指标。

规划以原有及新建线路输电功率为规划变量，以全网年计算费用最小为目标函数，即

$$\min Z = \sum_{i=1}^{n-1}\sum_{j=i+1}^{n}[L_{ij}(P_{0ij}+P_{0ji})l_{ij}+G_{ij}(P_{ij}+P_{ji})l'_{ij}]$$

式中　n——网络节点总数；

P_{0ij}、P_{0ji}——现有线路输电功率（MW）；

P_{ij}、P_{ji}——新建线路输电功率（MW）；

l_{ij}、l'_{ij}——原有及新建线路长度（km）；

L_{ij}——原有线路的损耗系数[万元/(MW・km・年)]；

G_{ij}——新建线路的投资乘以效益系数再加损耗系数[万元/(MW・km・年)]。

2. 约束条件

（1）各节点功率平衡

$$A_i = \sum_{j=1}^{n}(P_{0ij}-P_{0ji}+P_{ij}-P_{ji}),\ i=1,2,\cdots,n_1,\ i\neq j$$

$$D_k = \sum_{j=1}^{n}(-P_{0kj}+P_{0jk}-P_{kj}+P_{jk}),\ k=1,2,\cdots,n_2,\ i\neq j$$

$$\sum_{i=1}^{n_1} A_i = \sum_{k=1}^{n_2} D_k$$

式中　A_i——电源点 i 的发电功率；

D_k——负荷点 k 的负荷功率；

n_1——电源点数；

n_2——负荷点数。

（2）线路通过能力的限制

$$P_{0ij} + P_{0ji} \leqslant M_{ij}$$

式中　M_{ij}——线路 ij 的通过能力。

（3）其他约束

$$P_{0ij}, P_{0ji}, P_{ij}, P_{ji} \geqslant 0,\ P_{0ij} \times P_{0ji} = 0,\ P_{ij} \times P_{ji} = 0$$

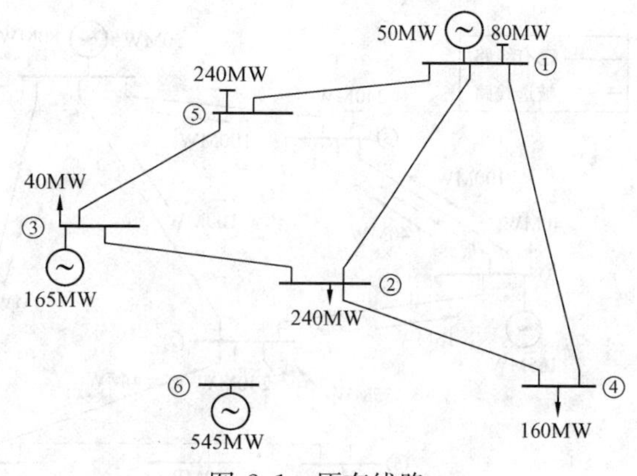

图 2.1　原有线路

如果解出最优分配 $P_{ij} = P_{ji} = 0$，则说明 ij 线路不必架设。

【例 2.13】　规划目的是寻找节点 6 新电厂接入系统最优方案。各节点容量与负荷见表 2.21。原有线路如图 2.1 所示，待选线路如图 2.2 所示。

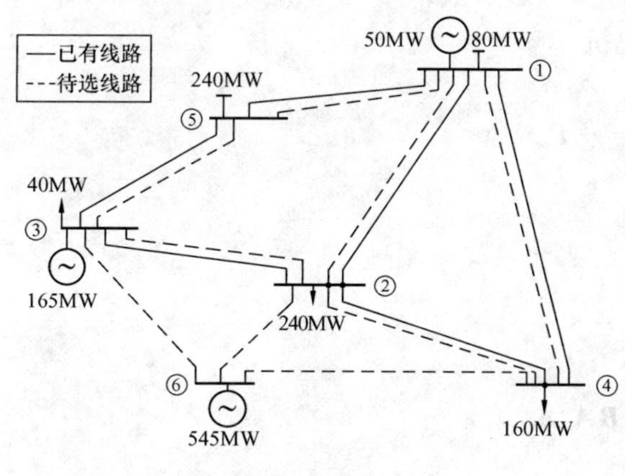

图 2.2　待选线路

表 2.21　节点容量与负荷

节　点	发电容量（MW）	负荷（MW）
1	50	80
2	—	240
3	165	40
4	—	160
5	—	240
6	545（新电厂）	0

解　线性规划优化结果见表 2.22，被选线路如图 2.3 所示。

表 2.22　线性规划优化结果

	新建线路			原有线路					
节点 i	2	3	4	1	1	1	2	2	3
节点 j	6	5	6	2	4	5	3	4	5
通过功率 P（MW）	−355	40	−190	−100	−30	100	15	0	100

案例 2　电力网络布局优化二（直流潮流法模型）

1. 模型所需数据

（1）规划水平年电源位置、容量及输出功率。

（2）规划水平年负荷及其分布。

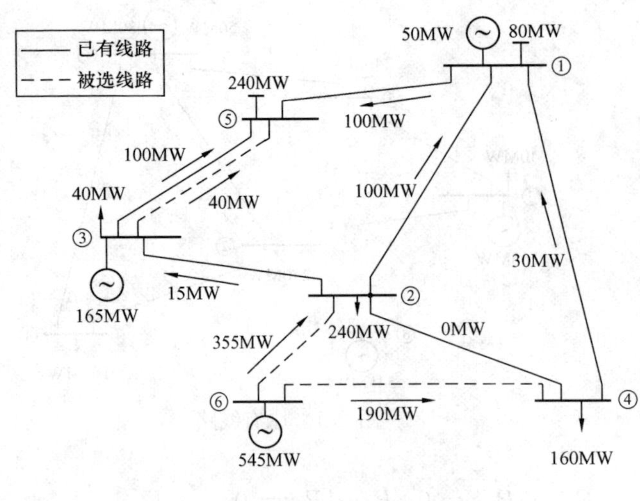

图 2.3　被选线路

（3）现有电力网结构，主干线走向、长度、电压等级及电抗值。

（4）可能修建新线的上列参数及投资。

（5）各线路在正常运行条件下及系统“$N-1$”事故状态下的输送容量限制值。

在上列条件下，该法首先求出正常运行下输电网络需要架设的线路路径和回路数，然后进行“$N-1$”的安全检验，求出“$N-1$”事故情况下需要增加的线路。

2. 直流潮流法的基本方程

计算时假设：

（1）各节点电压幅值相等，标幺值为 1.0。

（2）线路两端电压相角差较小，其正弦值等于弧度值。

（3）忽略无功。

（4）忽略线路的电阻及电容，只考虑其电抗。

直流潮流方程

$$\boldsymbol{B}_n\boldsymbol{\delta}_n=-\boldsymbol{P}_{ne}$$

式中　$\boldsymbol{P}_{ne}$——节点注入有功功率列向量；

$\boldsymbol{\delta}_n$——节点电压相角列向量；

$\boldsymbol{B}_n$——节点电纳矩阵；

n——节点数。

各支路潮流分布

$$\boldsymbol{P}_{le}=\boldsymbol{B}_l\boldsymbol{A}^{\mathrm{T}}\boldsymbol{\delta}_n$$

式中　$\boldsymbol{P}_{le}$——各支路上功率列向量；

$\boldsymbol{B}_l$——支路电纳矩阵；

$\boldsymbol{A}$——节点—支路关联矩阵。

直流潮流法线性规划模型为

$$\min Z=C^{\mathrm{T}}\Delta B_l$$
$$\text{s.t.}\quad |\delta_{l0}+A^{\mathrm{T}}S\Delta B_l|\leqslant\delta_l^*$$
$$\Delta B_l\geqslant 0$$

式中　C——各支路增加单位电纳投资；

δ_{l0}——各支路原始相角差；

δ_l^*——各支路允许相角差；

ΔB_l——各支路电纳增量。

【例 2.14】　规划目的是寻找节点 6 新电厂在正常运行及“$N-1$”事故状态下接入系统的最优方案。各节点容量与负荷见表 2.23，各线路数据见表 2.24。

表 2.23　节点容量与负荷

节　点	发电容量（MW）	负荷（MW）	节　点	发电容量（MW）	负荷（MW）
1	50	80	4	—	160
2	—	240	5	—	240
3	165	40	6	545（新电厂）	0

表 2.24　各线路数据

节点 i	节点 j	电抗 X（Ω）	输送容量（MW）		长度（km）	投资（万元）
			正常	$N-1$		
1	2	0.4	100	120	40	200
1	4	0.6	80	96	60	300
1	5	0.2	100	120	20	100
2	3	0.2	100	120	20	100
2	4	0.4	100	120	40	200
3	5	0.2	100	120	20	100
6	2	0.3	100	120	30	150
6	4	0.3	100	120	30	150
6	5	0.6	79	95	60	350

解　线性规划正常运行优化结果见表 2.25，"$N-1$"事故下优化结果见表 2.26。

表 2.25　正常运行优化结果

计算顺序	节点 i	节点 j	最大架线比 DB_j/B_j	增架线回数	总回数
1	6	4	2.015	1	1
2	6	4	1.462	1	2
3	6	2	1.674	1	1
4	6	2	1.027	1	2
5	6	2	0.939	1	3
6	3	5	0.493	1	2
7	6	2	0.365	1	4

表 2.26　"$N-1$"事故下优化结果

计算顺序	节点 i	节点 j	最大架线比 DB_j/B_j	增架线回数	总回数
1	6	4	1.875	1	3
2	3	5	0.513	1	3

正常运行下增架线路如图 2.4 所示，"$N-1$"事故状态下增架线路如图 2.5 所示。

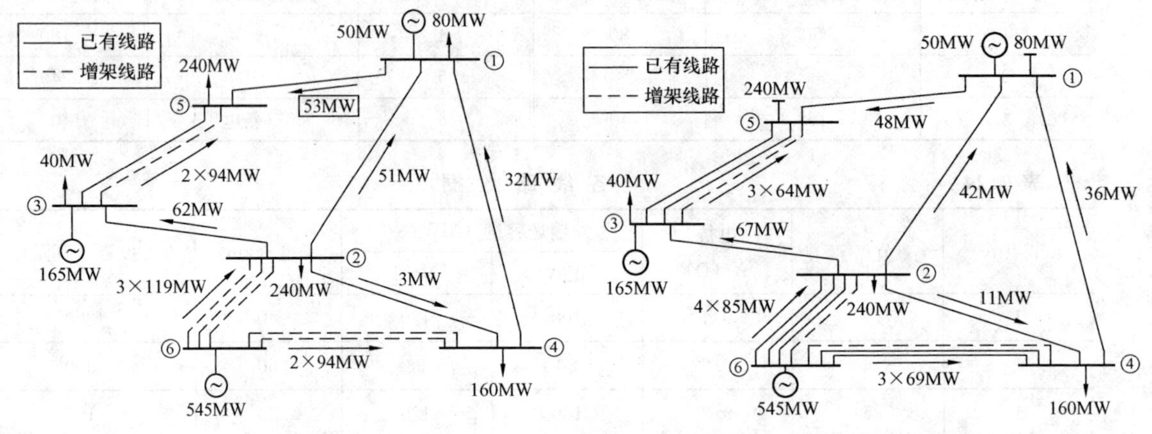

图 2.4　正常运行下增架线路　　　　图 2.5　"N－1"事故状态下增架线路

2.7　用 Microsoft Excel Solver 求解线性规划问题

为了通过 Excel Solver 来求解数学规划，首先安装 Excel 中的"规划求解"功能。方法是插入源安装光盘，打开 Excel，选定"工具"、"加载宏"、"规划求解"来安装"规划求解"功能。

【例 2.15】　AB 公司在一周内只生产两种产品：产品 A，产品 B。产品 A 的价格是每吨 25 美元，产品 B 的价格是每吨 10 美元。管理部门必须决定每种产品各生产多少吨，才能使收益最好。产品 A 和产品 B 是由多种材料混合而成。可供这一周使用的三种原料数量如下：原料 1，12 000t；原料 2，4000t；原料 3，6000t。产品 A 由 60％的原料 1 和 40％的原料 2 组成。产品 B 由 50％的原料 1，10％的原料 2 和 40％的原料 3 组成。假设产品 A 和产品 B 各生产 x_1、x_2，则数学模型为

$$
\begin{aligned}
\max S &= 25x_1 + 10x_2 \\
\text{s.t.}\quad & 0.6x_1 + 0.5x_2 \leqslant 12\,000 \\
& 0.4x_1 + 0.1x_2 \leqslant 4000 \\
& 0.4x_2 \leqslant 6000 \\
& x_1, x_2 \geqslant 0
\end{aligned}
$$

解　将问题输入电子数据表：C_5、C_6 分别对应于变量 x_1、x_2，目标函数系数在 B_5、B_6 单元表示，目标函数值在 C_3 单元被计算出来（运用公式，目标函数值$=B_5\times C_5+B_6\times C_6$），注意决策变量值被初始化为 1，这样通过程序计算得到一个结果，但是可使用其他任何一个初始变量值，如图 2.6 所示。约束条件被表示在第 9～11 行，B 列写明了可用资源量，C 列注明了每种资源在当前解的情况下各自的使用量。利用这个电子表，通过改变 C_5 和 C_6 单元的值来寻找 C_3 单元的最大值，同时确保 C_9、C_{10} 和 C_{11} 的单元格的值相应地不超过 B_9、B_{10}

和 B_{11} 的值。具体步骤：

（1）选定“工具”弹出下拉菜单，双击“规划求解”，弹出参数表，如图 2.7 所示。

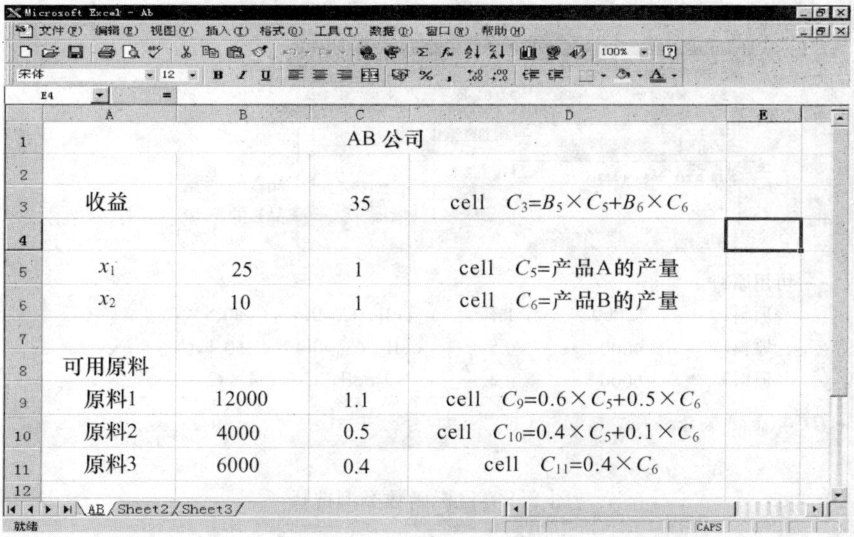

	A	B	C	D
1			AB 公司	
2				
3	收益		35	cell $C_3=B_5\times C_5+B_6\times C_6$
4				
5	x_1	25	1	cell C_5=产品A的产量
6	x_2	10	1	cell C_6=产品B的产量
7				
8	可用原料			
9	原料1	12000	1.1	cell $C_9=0.6\times C_5+0.5\times C_6$
10	原料2	4000	0.5	cell $C_{10}=0.4\times C_5+0.1\times C_6$
11	原料3	6000	0.4	cell $C_{11}=0.4\times C_6$
12				

图 2.6　问题的电子数据表

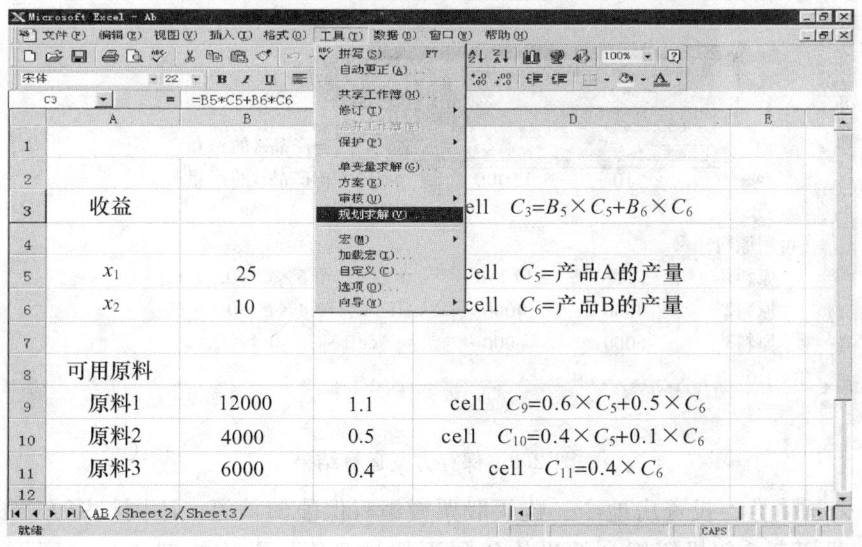

图 2.7　“规划求解”参数表

（2）选定目标函数类型，输入约束条件，并求解，如图 2.8 所示。

（3）保存方案运算结果，如图 2.9 所示。

（4）报告可以提供两种有用报告中任何一种：求解结果报告和灵敏度分析报告，分别如图 2.10 和图 2.11 所示。

【例 2.16】　某人有一笔 50 万元的资金可用于长期投资，可供选择的投资机会包括购

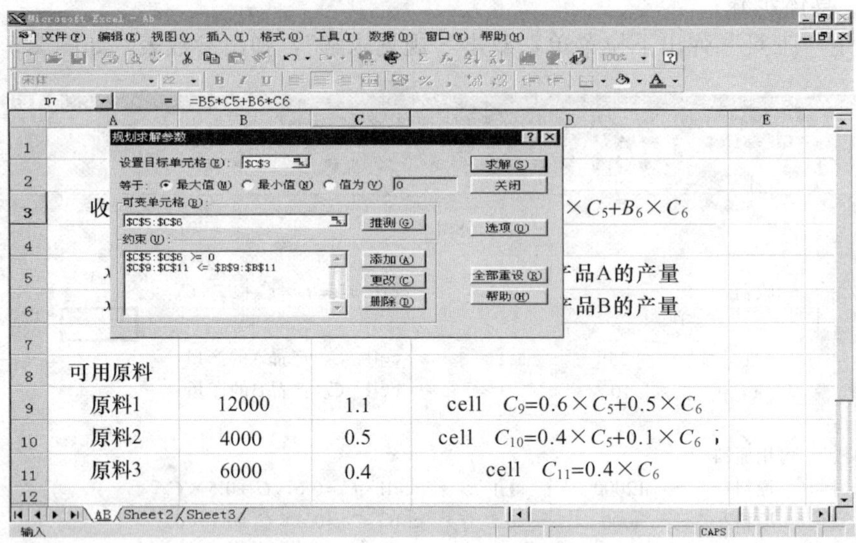

图 2.8 目标函数类型选择

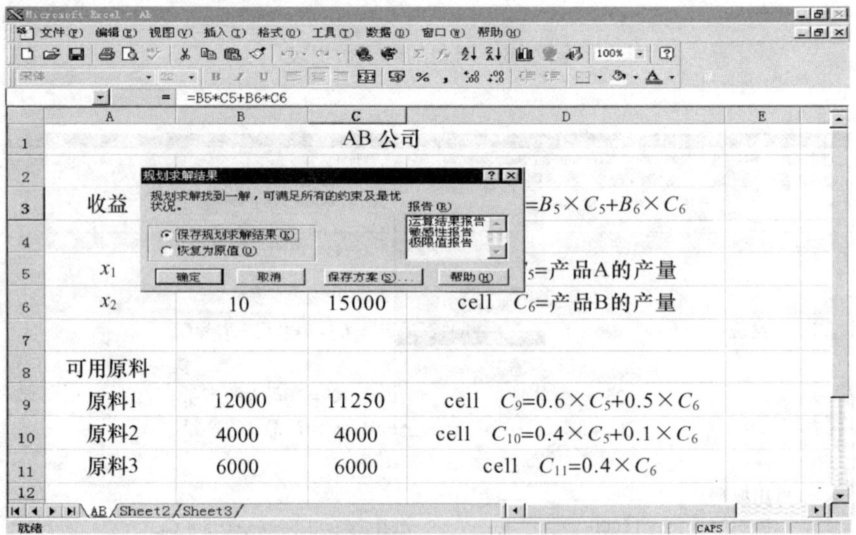

图 2.9 保存方案运算结果

买国库券、公司债券、投资房地产、购买股票或银行保值储蓄等。不同投资方式的具体参数见表 2.27。投资者希望投资组合的平均年限不超过 5 年，平均的期望收益率不低于 13%，风险系数不超过 4，收益的增长潜力不低于 10%。问在满足上述要求的前提下投资者该如何选择投资组合使平均年收益率最高。

表 2.27 不同投资方式的具体参数

序 号	投资方式	投资期限（年）	年收益率（%）	风险系数	增长潜力（%）
1	国库券	3	11	1	0
2	公司债券	10	15	3	15

续表

序　号	投资方式	投资期限（年）	年收益率（%）	风险系数	增长潜力（%）
3	房地产	6	25	8	30
4	股　票	2	20	6	20
5	短期存款	1	10	1	5
6	长期储蓄	5	12	2	10
7	现金存款	0	3	0	0

Microsoft Excel - Ab

C3　=B5*C5+B6*C6

	A	B	C	D
1			AB 公司	
2				
3	收益		306250	cell $C_3=B_5\times C_5+B_6\times C_6$
4				
5	x_1	25	6250	cell C_5=产品A的产量
6	x_2	10	15000	cell C_6=产品B的产量
7				
8	可用原料			
9	原料1	12000	11250	cell $C_9=0.6\times C_5+0.5\times C_6$
10	原料2	4000	4000	cell $C_{10}=0.4\times C_5+0.1\times C_6$
11	原料3	6000	6000	cell $C_{11}=0.4\times C_6$
12				

运算结果报告 1 / AB / Sheet2 / Sheet3

图 2.10　求解结果报告

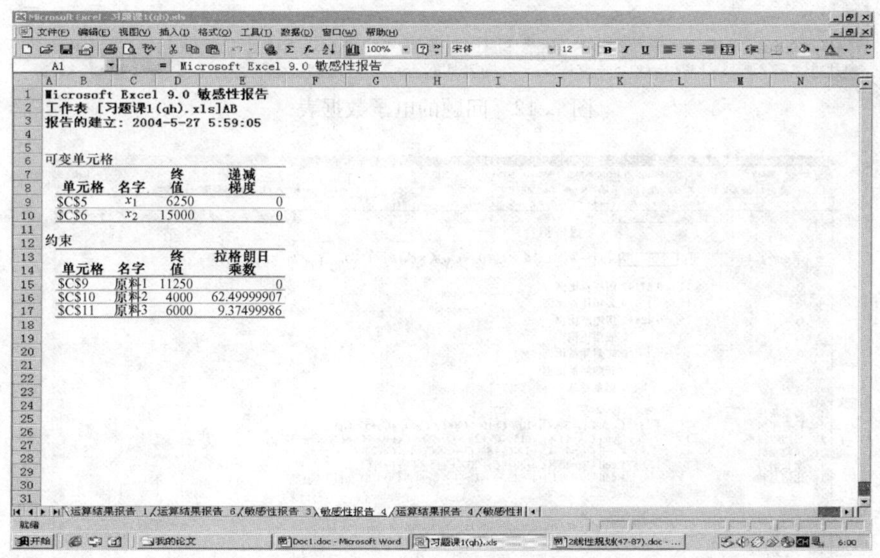

Microsoft Excel 9.0 敏感性报告
工作表 [习题课1(qh).xls]AB
报告的建立：2004-5-27 5:59:05

可变单元格

单元格	名字	终值	递减梯度
C5	x_1	6250	0
C6	x_2	15000	0

约束

单元格	名字	终值	拉格朗日乘数
C9	原料1	11250	0
C10	原料2	4000	62.49999907
C11	原料3	6000	9.37499986

图 2.11　灵敏度分析报告

解　设 x_i 为第 i 种投资方式在总投资额中的比例，则模型为

$$
\begin{aligned}
\max S = 11x_1 + 15x_2 + 25x_3 + 20x_4 + 10x_5 + 12x_6 + 3x_7 \\
\text{s.t.} \quad 3x_1 + 10x_2 + 6x_3 + 2x_4 + x_5 + 5x_6 \leqslant 5 \\
11x_1 + 15x_2 + 25x_3 + 20x_4 + 10x_5 + 12x_6 + 3x_7 \geqslant 13 \\
x_1 + 3x_2 + 8x_3 + 6x_4 + x_5 + 2x_6 \leqslant 4 \\
15x_2 + 30x_3 + 20x_4 + 5x_5 + 10x_6 \geqslant 10 \\
x_1 + x_2 + x_3 + x_4 + x_5 + x_6 + x_7 = 1 \\
x_1, x_2, x_3, x_4, x_5, x_6, x_7 \geqslant 0
\end{aligned}
$$

模型的目标函数反映的是平均收益率最大，前 4 个约束分别是对投资年限、平均收益率、风险系数和增长潜力的限制，最后一个约束是全部投资比例的总和必须等于 1。通过计算得到最优解 $x_1=0.571\,43$，$x_3=0.428\,57$，平均年收益率为 17%，即投资国库券0.571 43×50＝29（万元），投资房地产 0.428 57×50＝21（万元），投资年限 4.285 71 年，平均年收益率 17%，风险系数 4，增长潜力 12.857 1%。问题的电子数据表、求解结果报告和灵敏度分析报告分别如图 2.12～图 2.14 所示。

Microsoft Excel - 线性规划习题课11.xls

	A	B	C	D
1				投资组合
2				
3	平均收益率		17	cell $C_3=B_5\times C_5+B_6\times C_6+B_7\times C_7+B_8\times C_8+B_9\times C_9+B_{10}\times C_{10}+B_{11}\times C_{11}$
4				
5	x_1	11	0.57143	国库券比例
6	x_2	15	0	公司债券比例
7	x_3	25	0.42857	房地产比例
8	x_4	20	0	股票比例
9	x_5	10	0	短期储蓄比例
10	x_6	12	0	长期储蓄比例
11	x_7	3	0	现金存款
12				
13	约束条件			
14	投资年限	5	4.28571	cell $C_{14}=3\times C_5+10\times C_6+6\times C_7+2\times C_8+1\times C_9+5\times C_{10}$
15	平均收益率	13	17	cell $C_{15}=11\times C_5+15\times C_6+25\times C_7+20\times C_8+10\times C_9+12\times C_{10}+3\times C_{11}$
16	风险系数	4	4	cell $C_{16}=1\times C_5+3\times C_6+8\times C_7+6\times C_8+1\times C_9+2\times C_{10}$
17	增长潜力	10	12.8571	cell $C_{17}=15\times C_6+30\times C_7+20\times C_8+5\times C_9+10\times C_{10}$
18	比例总和	1	1	cell $C_3=1\times C_5+1\times C_6+1\times C_7+1\times C_8+1\times C_9+1\times C_{10}+1\times C_{11}$

图 2.12 问题的电子数据表

Microsoft Excel - 习题课1(gh).xls

C3 = $B_5\times C_5+B_6\times C_6+B_7\times C_7+B_8\times C_8+B_9\times C_9+B_{10}\times C_{10}+B_{11}\times C_{11}$

	A	B	C	D
1				投资组合
2				
3	平均收益率		17	cell $C_3=B_5\times C_5+B_6\times C_6+B_7\times C_7+B_8\times C_8+B_9\times C_9+B_{10}\times C_{10}+B_{11}\times C_{11}$
4				
5	x_1	11	0.57143	国库券比例
6	x_2	15	0	公司债券比例
7	x_3	25	0.42587	房地产比例
8	x_4	20	0	股票比例
9	x_5	10	0	短期储蓄比例
10	x_6	12	0	长期储蓄比例
11	x_7	3	0	现金存款
12				
13	约束条件			
14	投资年限	5	4.28571	cell $C_{14}=3\times C_5+10\times C_6+6\times C_7+2\times C_8+1\times C_9+5\times C_{10}$
15	平均收益率	13	17	cell $C_{15}=11\times C_5+15\times C_6+25\times C_7+20\times C_8+10\times C_9+12\times C_{10}+3\times C_{11}$
16	风险系数	4	4	cell $C_{16}=1\times C_5+3\times C_6+8\times C_7+6\times C_8+1\times C_9+2\times C_{10}$
17	增长潜力	10	12.8571	cell $C_{17}=15\times C_6+30\times C_7+20\times C_8+5\times C_9+10\times C_{10}$
18	比例总和	1	1	cell $C_3=1\times C_5+1\times C_6+1\times C_7+1\times C_8+1\times C_9+1\times C_{10}+1\times C_{11}$

图 2.13 求解结果报告

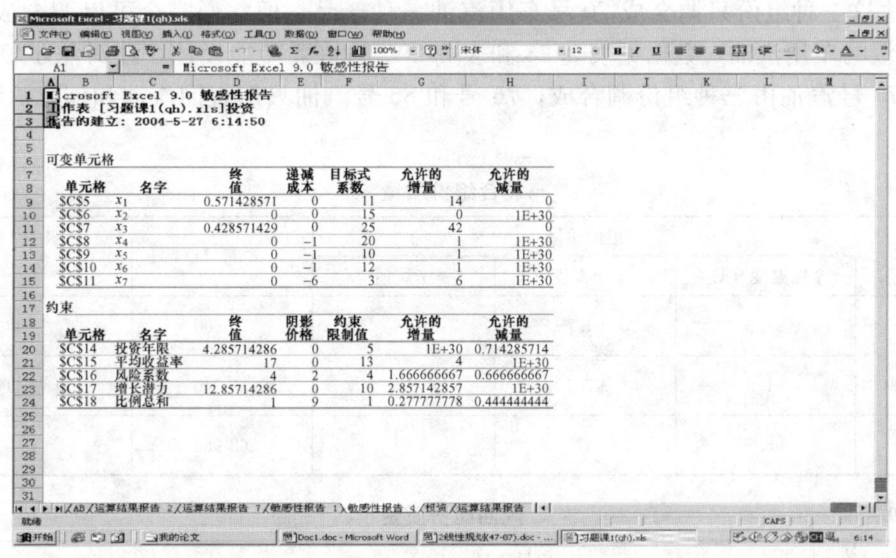

Microsoft Excel 9.0 敏感性报告
工作表 [习题课1(qh).xls]投资
报告的建立：2004-5-27 6:14:50

可变单元格

单元格	名字	终值	递减成本	目标式系数	允许的增量	允许的减量
\$C\$5	x_1	0.571428571	0	11	14	0
\$C\$6	x_2	0	0	15	0	1E+30
\$C\$7	x_3	0.428571429	0	25	42	0
\$C\$8	x_4	0	−1	20	1	1E+30
\$C\$9	x_5	0	−1	10	1	1E+30
\$C\$10	x_6	0	−1	12	1	1E+30
\$C\$11	x_7	0	−6	3	6	1E+30

约束

单元格	名字	终值	阴影价格	约束限制值	允许的增量	允许的减量
\$C\$14	投资年限	4.285714286	0	5	1E+30	0.714285714
\$C\$15	平均收益率	17	0	13	4	1E+30
\$C\$16	风险系数	4	2	4	1.666666667	0.666666667
\$C\$17	增长潜力	12.85714286	0	10	2.857142857	1E+30
\$C\$18	比例总和	1	9	1	0.277777778	0.444444444

图 2.14　灵敏度分析报告

如［例 1.2］营养配餐问题的线性规划模型为

$$\min Z = 14x_1 + 6x_2 + 3x_3 + 2x_4$$

$$\text{s.t.}\quad \begin{cases} 1000x_1 + 800x_2 + 900x_3 + 200x_4 \geqslant 3000 \\ 50x_1 + 60x_2 + 20x_3 + 10x_4 \geqslant 55 \\ 400x_1 + 200x_2 + 300x_3 + 500x_4 \geqslant 800 \\ x_1, x_2, x_3, x_4 \geqslant 0 \end{cases}$$

用 Excel Solver 求解结果如图 2.15 所示，即每天购买 3.33kg 大米，总费用为 10 元。

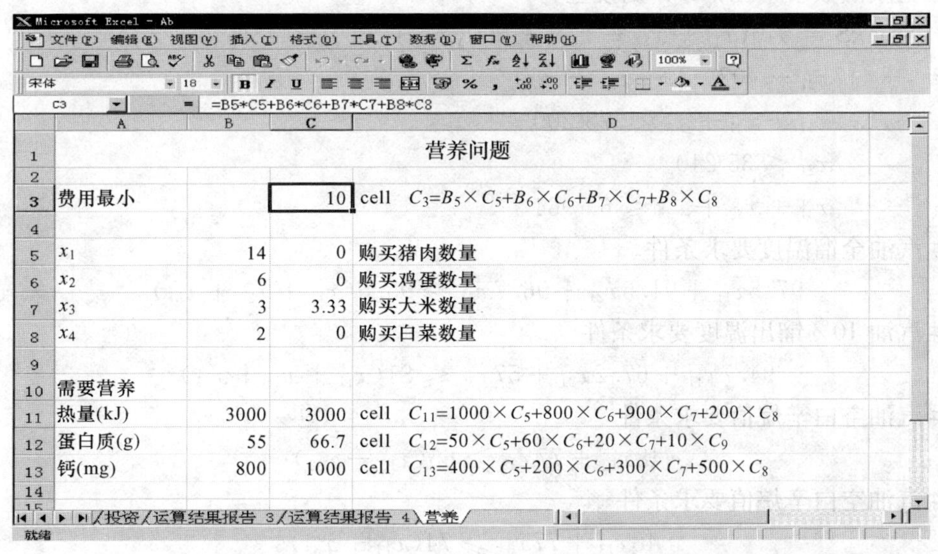

C3 = =B5*C5+B6*C6+B7*C7+B8*C8

	A	B	C	D
1				营养问题
2				
3	费用最小		10	cell $C_3=B_5\times C_5+B_6\times C_6+B_7\times C_7+B_8\times C_8$
4				
5	x_1	14	0	购买猪肉数量
6	x_2	6	0	购买鸡蛋数量
7	x_3	3	3.33	购买大米数量
8	x_4	2	0	购买白菜数量
9				
10	需要营养			
11	热量(kJ)	3000	3000	cell $C_{11}=1000\times C_5+800\times C_6+900\times C_7+200\times C_8$
12	蛋白质(g)	55	66.7	cell $C_{12}=50\times C_5+60\times C_6+20\times C_7+10\times C_9$
13	钙(mg)	800	1000	cell $C_{13}=400\times C_5+200\times C_6+300\times C_7+500\times C_8$

图 2.15　求解结果

【**例 2.17**】　某炼油厂可供车用汽油调合的组份有三种：直馏汽油、热裂化汽油和催化汽油。过去这三种组份只调合成 70 号车用汽油一种产品，但它们完全可以调合成 76 号和 85 号更高级的车用汽油，数据见表 2.28 和表 2.29。现在希望能设计一种调合方案，使纯收入更高（70 号汽油由三种组份调合成，76 号和 85 号汽油只用直馏汽油和催化汽油调合而成）。

表 2.28　　调合组份质量

组　份	组份质量			产量（t）	成本（元/t）
	全馏温度（℃）	10%馏出温度（℃）	辛烷值		
直馏汽油	97.8	94.7	48	75 200	443
热裂化汽油	91.5	67.2	64	35 240	417
催化汽油	96.7	57	77	62 964	402

表 2.29　　汽油组份质量

指　　标	组份质量			价格（元/t）
	全馏温度（℃）	10%馏出温度（℃）	辛烷值	
70 号汽油	≥95.5	≤81	不控制	540
76 号汽油	不控制	不控制	≥65	600
85 号汽油	不控制	不控制	≥74	680

解　设 x_{11}、x_{12}、x_{13} 分别为调合 70＃、76＃、85＃汽油的直馏汽油数（单位：t），x_{21} 为调合 70＃汽油的热裂化汽油数（单位：t），x_{31}、x_{32}、x_{33} 分别为调合 70＃、76＃、85＃汽油的催化汽油数（单位：t），则模型为

$$\max S = 540(x_{11}+x_{21}+x_{31})+600(x_{12}+x_{32})-443(x_{11}+x_{12}+x_{13})$$
$$-417x_{21}-402(x_{31}+x_{32}+x_{33})$$
$$\text{s.t.}\quad x_{11}+x_{21}+x_{31}\leqslant 75\,200$$
$$x_{21}\leqslant 35\,240$$
$$x_{31}+x_{32}+x_{33}\leqslant 62\,964$$

70＃汽油全馏温度要求条件

$$97.8x_{11}+91.5x_{21}+96.7x_{31}\geqslant 95.5(x_{11}+x_{21}+x_{31})$$

70＃汽油 10%馏出温度要求条件

$$94.7x_{11}+67.2x_{21}+57x_{31}\leqslant 81(x_{11}+x_{21}+x_{31})$$

76＃汽油空白辛烷值要求条件

$$48x_{12}+77x_{32}\geqslant 65(x_{12}+x_{32})$$

85＃汽油空白辛烷值要求条件

$$48x_{13}+77x_{33}\geqslant 74(x_{13}+x_{33})$$
$$x_{ij}\geqslant 0$$

最优解：(55 368.7，16 586.2，3245，35 240，11 343，23 497，28 123)，最优值：2711.45万元。求解结果如图 2.16 所示。

Microsoft Excel - 线性规划习题课1

C2　=B3*C3+B4*C4+B5*C5+B6*C6+B7*C7+B8*C8+B9*C9

	A	B	C
1			最优调合问题
2	最大收入		27114550
3	x_{11}	97	55368.71
4	x_{12}	157	16586.27
5	x_{13}	237	3245.016
6	x_{21}	123	35240
7	x_{31}	138	11343.31
8	x_{32}	198	23497.22
9	x_{33}	278	28123.47
10	约束条件		
11	产量约束		
12	直馏汽油	75200	75200
13	裂化汽油	35240	35240
14	催化汽油	62964	62964
15	70#全馏温度	9736417.5	9736417
16	70#馏出温度	8258113.27	8258113
17	76#辛烷值	2605427.1	2605427
18	85#辛烷值	2321268.2	2321268

图 2.16　求解结果

2.8　用 LINDO 求解线性规划问题并分析其输出

LINDO 是被广泛使用的用来求解各类数学规划问题的软件包。现在使用 LINDO 来求解［例 2.12］。［例 2.12］的数学模型为

$$\max S = 25x_1 + 10x_2$$

$$\text{s.t.}\quad 0.6x_1 + 0.5x_2 \leqslant 12\,000$$

$$0.4x_1 + 0.1x_2 \leqslant 4000$$

$$0.4x_2 \leqslant 6000$$

$$x_1, x_2 \geqslant 0$$

首先安装 LINDO。启动 LINDO，选择 EDIT 便得到全屏编辑屏幕，逐行输入题目，如图 2.17 所示。

选择“Solver”求解，如图 2.18 所示。

得到结果输出报告，如图 2.19 所示。

输出的第一部分是 LP OPTIMUM FOUND AT STEP　2。

因单纯形法通过二次迭代被得到最优解，接下来输出的是目标函数值及构成最优解的决策变量：

OBJECTIVE FUNCTION VALUE

1　　306 250.0

VARIABLE	VALUE	REDUCED COST
x_1	6 250.000 000	0.000 000
x_2	15 000.000 000	0.000 000

输出的下一部分列出了约束条件，对每一约束都列出了松弛量、剩余量和对偶价格：

ROW　　SLACK OR SURPLUS　　DUAL PRICES

图 2.17 LINDO 全屏编辑屏幕

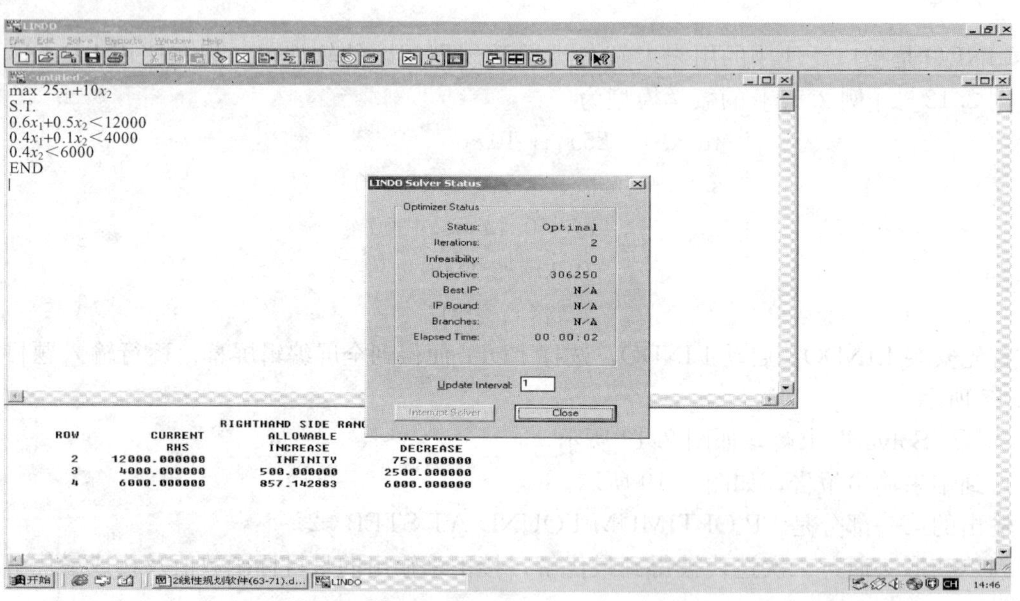

图 2.18 选择“Solver”求解

2	750.000 000	0.000 000
3	0.000 000	62.500 000
4	0.000 000	9.375 000

迭代次数：NO. ITERATIONS＝2

输出的最后一部分给出了这样的信息：

RANGES IN WHICH THE BASIS IS UNCHANGED:

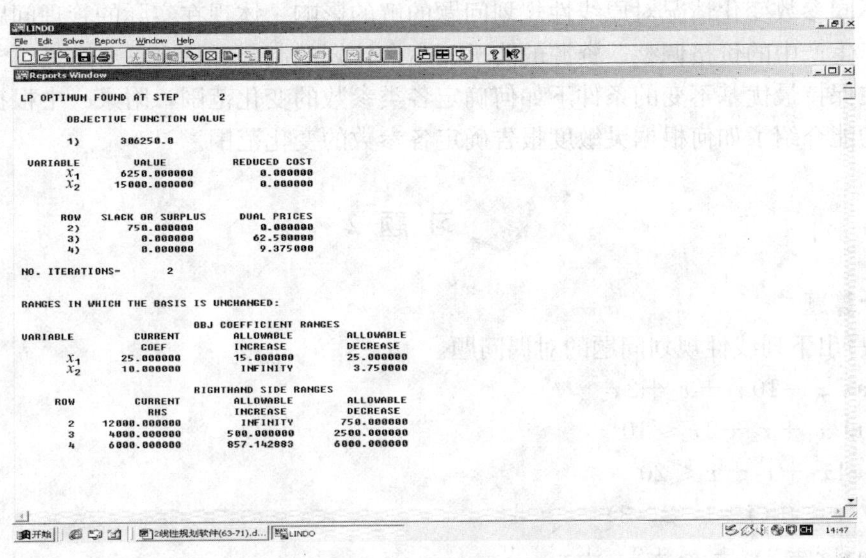

图 2.19　结果输出报告

OBJ COEFFICIENT RANGES

VARIABLE	RRENT COEF	ALLOWABLE INCREASE	ALLOWABLE DECREASE
x_1	25.000 000	15.000 000	25.000 000
x_2	10.000 000	INFINITY	3.750 000

RIGHTHAND SIDE RANGES

ROW	CURRENT RHS	ALLOWABLE INCREASE	ALLOWABLE DECREASE
2	12 000.000 000	INFINITY	750.000 000
3	4 000.000 000	500.000 000	2500.000 000
4	6 000.000 000	857.142 883	6000.000 000

第一组给出目标函数系数的范围。

右边项的范围指明了对偶价格在多大范围内是有效的。

第 3、4 行都未起约束作用，输出的范围提供了目前对偶价格的适用范围。

本 章 小 结

本章先后介绍了线性规划的对偶理论和灵敏度分析，它们都是对线性规划理论的进一步讨论。对偶理论揭示了线性规划问题具有对偶性，原问题与对偶问题之间存在密切关系。从其中一个问题的表达式可以直接写出其对偶问题的表达式。确定其中一个问题的解的信息，便可以推知其对偶问题解的情况。基于这种关系，可以利用对偶单纯形法解决线性规划问题。

线性规划的模型参数往往是在建模时对实际情况进行粗略估计，如果这种估计与实际值差距过大，那么通过模型计算得到的最优解是否有效就值得思考。通过灵敏度分析可以考察线性规划不同参数变化情况对原线性规划问题的解的影响。体现在实际的管理问题中，灵敏度分析对于生产中的价格调整、资源的购进、生产计划的制定等具有重要意义。本章从理论上分析了在保持最优基不变的条件下如何确定各类参数的变化范围，附录一中根据 WinQSB 规划求解功能介绍了如何根据灵敏度报告确定各参数的变化范围。

习 题 2

一、计算题

2.1 写出下列线性规划问题的对偶问题。

（1）$\max z=10x_1+x_2+2x_3$

$$\begin{aligned} \text{s. t. } & x_1+x_2+2x_3\leqslant 10 \\ & 4x_1+x_2+x_3\leqslant 20 \\ & x_j\geqslant 0\ (j=1,\ 2,\ 3) \end{aligned}$$

（2）$\max z=2x_1+x_2+3x_3+x_4$

$$\begin{aligned} \text{s. t. } & x_1+x_2+x_3+x_4\leqslant 5 \\ & 2x_1-x_2+3x_3=-4 \\ & x_1-x_3+x_4\geqslant 1 \\ & x_1,\ x_3\geqslant 0,\ x_2,\ x_4 \text{ 无约束} \end{aligned}$$

（3）$\min z=3x_1+2x_2-3x_3+4x_4$

$$\begin{aligned} \text{s. t. } & x_1-2x_2+3x_3+4x_4\leqslant 3 \\ & x_2+3x_3+4x_4\geqslant -5 \\ & 2x_1-3x_2-7x_3-4x_4=2 \\ & x_1\geqslant 0,\ x_4\leqslant 0,\ x_2,\ x_3 \text{ 无约束} \end{aligned}$$

（4）$\min z=-5x_1-6x_2-7x_3$

$$\begin{aligned} \text{s. t. } & -x_1+5x_2-3x_3\geqslant 15 \\ & -5x_1-6x_2+10x_3\leqslant 20 \\ & x_1-x_2-x_3=-5 \\ & x_1\leqslant 0,\ x_2\geqslant 0,\ x_3 \text{ 无约束} \end{aligned}$$

2.2 已知线性规划问题 $\max z=CX$，$AX=b$，$X\geqslant 0$，请分别说明发生下列情况时，其对偶问题的解的变化。

（1）问题的第 k 个约束条件乘上常数 λ（$\lambda\neq 0$）。

（2）将第 k 个约束条件乘上常数 λ（$\lambda\neq 0$）后加到第 r 个约束条件上。

（3）目标函数改变为 $\max z=\lambda CX$（$\lambda\neq 0$）。

（4）模型中全部 x_1 用 $3x'_1$ 代换。

2.3 已知线性规划问题

$$\begin{aligned} \min z &= 8x_1+6x_2+3x_3+6x_4 \\ \text{s. t. } & x_1+2x_2+x_4\geqslant 3 \\ & 3x_1+x_2+x_3+x_4\geqslant 6 \\ & x_3+x_4=2 \end{aligned}$$

$$x_1 + x_3 \geqslant 2$$
$$x_j \geqslant 0(j = 1,2,3,4)$$

试完成：

(1) 写出其对偶问题。

(2) 已知原问题最优解为 $x^* = (1, 1, 2, 0)^{\mathrm{T}}$，试根据对偶理论，直接求出对偶问题的最优解。

2.4　已知线性规划问题 $\max z=2x_1+x_2+5x_3+6x_4$　对偶变量

$$\begin{aligned} \text{s.t.}\quad & 2x_1+x_3+x_4\leqslant 8 \qquad y_1 \\ & 2x_1+2x_2+x_3+2x_4\leqslant 12 \qquad y_2 \\ & x_j\geqslant 0\ (j=1,\ 2,\ 3,\ 4) \end{aligned}$$

其对偶问题的最优解 $y_1^*=4$，$y_2^*=1$，试根据对偶问题的性质，求出原问题的最优解。

2.5　考虑线性规划问题

$$\begin{aligned} \max z=\ & 2x_1+4x_2+3x_3 \\ \text{s.t.}\quad & 3x_1+4x_2+2x_3\leqslant 60 \\ & 2x_1+x_2+2x_3\leqslant 40 \\ & x_1+3x_2+2x_3\leqslant 80 \\ & x_j\geqslant 0\ (j=1,\ 2,\ 3) \end{aligned}$$

试完成：

(1) 写出其对偶问题。

(2) 用单纯形法求解原问题，列出每步迭代计算得到的原问题的解与互补的对偶问题的解。

(3) 用对偶单纯形法求解其对偶问题，并列出每步迭代计算得到的对偶问题解及与其互补的对偶问题的解。

(4) 比较 (2) 和 (3) 的计算结果。

2.6　已知线性规划问题

$$\begin{aligned} \max z=\ & 10x_1+5x_2 \\ \text{s.t.}\quad & 3x_1+4x_2\leqslant 9 \\ & 5x_1+2x_2\leqslant 8 \\ & x_j\geqslant 0\ (j=1,\ 2) \end{aligned}$$

用单纯形法求得最终表见表 2.30。

表 2.30　　　　**最　终　表**

	x_1	x_2	x_3	x_4	b
x_2	0	1	$\frac{5}{14}$	$-\frac{3}{14}$	$\frac{3}{2}$
x_1	1	0	$-\frac{1}{7}$	$\frac{2}{7}$	1
$\sigma_j=c_j-Z_j$	0	0	$-\frac{5}{14}$	$-\frac{25}{14}$	

试用灵敏度分析的方法分别判断：

(1) 目标函数系数 c_1 或 c_2 分别在什么范围内变动，上述最优解不变。

（2）约束条件右端项 b_1、b_2，当一个保持不变时，另一个在什么范围内变化，上述最优基保持不变。

（3）问题的目标函数变为 $\max z=12x_1+4x_2$ 时上述最优解的变化。

（4）约束条件右端项由 $\begin{pmatrix}9\\8\end{pmatrix}$ 变为 $\begin{pmatrix}11\\19\end{pmatrix}$ 时上述最优解的变化。

2.7 线性规划问题为

$$\max z=-5x_1+5x_2+13x_3$$
$$\text{s.t.}\quad -x_1+x_2+3x_3\leqslant 20 \qquad (1)$$
$$12x_1+4x_2+10x_3\leqslant 90 \qquad (2)$$
$$x_j\geqslant 0\ (j=1,\ 2,\ 3)$$

先用单纯形法求解，然后分析下列各种条件下，最优解分别有什么变化？

（1）约束条件（1）的右端常数由 20 变为 30。

（2）约束条件（2）的右端常数由 90 变为 70。

（3）目标函数中 x_3 的系数由 13 变为 8。

（4）x_1 的系数列向量由 $(-1,\ 12)^{\mathrm{T}}$ 变为 $(0,\ 5)^{\mathrm{T}}$。

（5）增加一个约束条件（3）$2x_1+3x_2+5x_3\leqslant 50$。

（6）将原约束条件（2）改变为 $10x_1+5x_2+10x_3\leqslant 100$。

2.8 用单纯形法求解某线性规划问题得到最终单纯形表见表 2.31。

表 2.31 最终单纯形表

c_j	基变量	50	40	10	60	S
		x_1	x_2	x_3	x_4	
a	c	0	1	$\frac{1}{2}$	1	6
b	d	1	0	$\frac{1}{4}$	2	4
$\sigma_j=c_j-Z_j$		0	0	e	f	g

试完成：

（1）给出 a，b，c，d，e，f，g 的值或表达式。

（2）指出原问题是求目标函数的最大值还是最小值。

（3）用 $a+\Delta a$，$b+\Delta b$ 分别代替 a 和 b，仍然保持表 2.31 是最优单纯形表，求 Δa，Δb 满足的范围。

2.9 某文教用品厂用原材料白坯纸生产原稿纸、日记本和练习本三种产品。该厂现有工人 100 人，每月白坯纸供应量为 30 000kg。已知工人的劳动生产率为：每人每月可生产原稿纸 30 捆，或日记本 30 打，或练习本 30 箱。已知原材料消耗为：每捆原稿纸用白坯纸 $\frac{10}{3}$ kg，每打日记本用白坯纸 $\frac{40}{3}$ kg，每箱练习本用白坯纸 $\frac{80}{3}$ kg。又知每生产一捆原稿纸可获利 2 元，生产一打日记本获利 3 元，生产一箱练习本获利 1 元。试确定：

（1）现有生产条件下获利最大的方案。

（2）如白坯纸的供应数量不变，当工人数不足时可招收临时工，临时工工资支出为每人每月40元，则该厂要不要招收临时工？如要的话，招多少临时工最合适？

2.10　某厂生产甲、乙两种产品，需要A、B两种原料，生产消耗等参数见表2.32（表中的消耗系数单位为kg/件）。试完成：

表2.32　**产品参数**

产品原料	甲	乙	可用量（kg）	原料成本（元/kg）
A	2	4	160	1.0
B	3	2	180	2.0
销售价（元）	13	16		

（1）请构造数学模型使该厂利润最大，并求解。

（2）原料A、B的影子价格各为多少。

（3）现有新产品丙，每件消耗3kg原料A和4kg原料B，问该产品的销售价格至少为多少时才值得投产。

（4）工厂可在市场上买到原料A。工厂是否应该购买该原料以扩大生产？在保持原问题最优基的不变的情况下，最多应购入多少？可增加多少利润？

2.11　某厂生产A、B两种产品需要同种原料，所需原料、工时和利润等参数见表2.33。试完成：

表2.33　**产品参数表**

单位产品	A	B	可用量（kg）
原料（kg）	1	2	200
工时（h）	2	1	300
利润（万元）	4	3	

（1）请构造一数学模型使该厂总利润最大，并求解。

（2）如果原料和工时的限制分别为300kg和900h，又如何安排生产？

（3）如果生产中除原料和工时外，尚考虑水的用量，设A、B两产品的单位产品分别需要水4t和2t，水的总用量限制在400t以内，又应如何安排生产？

二、复习思考题

2.12　试从经济上解释对偶问题及对偶变量的含义。

2.13　根据原问题同对偶问题之间的对应关系，分别找出两个问题变量之间、解以及检验数之间的对应关系。

2.14　什么是资源的影子价格，同相应的市场价格之间有何区别，以及研究影子价格的意义。

2.15　试述对偶单纯形法的计算步骤、优点及应用上的局限性。

2.16　将a_{ij}、b、c的变化分别直接反映到最终单纯形表中，表中原问题和对偶问题的解各自将会出现什么变化，有多少种不同情况以及如何去处理。

2.17　判断下列说法是否正确（正确的在括号中打“√”，错误的在括号中打“×”）。

（1）任何线性规划问题存在并具有唯一的对偶问题。　（　）

（2）对偶问题的对偶问题一定是原问题。（ ）

（3）根据对偶问题的性质，当原问题为无界解时，其对偶问题无可行解；反之，当对偶问题无可行解时，其原问题具有无界解。（ ）

（4）若某种资源的影子价格等于 k，在其他条件不变的情况下，当该种资源增加 5 个单位时，相应的目标函数值将增大 $5k$。（ ）

（5）应用对偶单纯形法计算时，若单纯形表中某一基变量 $x_i<0$，又 x_i 所在行的元素全部大于或等于零，则可以判断其对偶问题具有无界解。（ ）

（6）若线性规划问题中的 b_i、c 值同时发生变化，反映到最终单纯形表中，不会出现原问题与对偶问题均为非可行解的情况。（ ）

（7）在线性规划问题的最优解中，如某一变量 x_j 为非基变量，则在原来问题中，无论改变它在目标函数中的系数 c_j 或在各约束中的相应系数 a_{ij}，反映到最终单纯形表中，除该列数字有变化外，将不会引起其他列数字的变化。（ ）

第3章 运 输 问 题

在实际工作中，经常会遇到大宗物资的调运问题，如煤炭、钢材、粮食、木材等物资，在全国有若干个生产基地（产地），根据已有的交通网，应如何制定调运方案，将这些物资运到各销售地点（销地），而使总运费最省。这就是运输问题（Transportation Problem），它本质上是线性规划问题，由于其约束条件的特殊性，产生了特殊的解法。

3.1 平衡的运输问题

3.1.1 问题的提出

从 m 个产地 A_1，A_2，…，A_m 向 n 个销地 B_1，B_2，…，B_n 运送某种货物。A_i 地的产量为 a_i，B_j 地的销量为 b_j。由 A_i 地运往 B_j 地单位货物的运费为 C_{ij}，由 A_i 地运往 B_j 地货物的运量为 x_{ij}。问如何调配才能使运费最省？当产地的产量总和 $\sum_{i=1}^{m}a_i$ 和销地的销量总和 $\sum_{j=1}^{n}b_j$ 相等时，则称此运输问题为平衡的运输问题；否则称此运输问题为非平衡运输问题。若没有特别说明，均假定运输问题为平衡的运输问题。

运输问题的数学模型

$$\min Z = \sum_{i=1}^{m}\sum_{j=1}^{n}c_{ij}x_{ij}$$

$$\text{s.t.}\quad \sum_{j=1}^{n}x_{ij} = a_i(i = 1,2,\cdots,m)$$

$$\sum_{i=1}^{m}x_{ij} = b_j(j = 1,2,\cdots,n)$$

$$x_{ij} \geqslant 0(i = 1,2\cdots m;j = 1,2,\cdots,n)$$

其中 $a_i \geqslant 0$，$b_j \geqslant 0$，$c_{ij} \geqslant 0$，有 $m\times n$ 个变量，$m+n$ 个约束方程，并且 $\sum_{i=1}^{m}a_i = \sum_{j=1}^{n}b_j$ 成立。运输问题可以用图表形式表示，见表3.1。

表3.1 运输问题的图表

	B_1	B_2	…	B_n	产量
A_1	(C_{11})	(C_{12})	…	(C_{1n})	a_1
A_2	(C_{21})	(C_{22})	…	(C_{2n})	a_2
…	…	…	…	…	…
A_m	(C_{m1})	(C_{m2})	…	(C_{mn})	a_m
销量	b_1	b_2	…	b_n	总 量

运输问题是典型的线性规划问题，由于形式特殊，且 $\sum_{i=1}^{m}a_i = \sum_{j=1}^{n}b_j$ 成立，其 $m+n$ 个约

束方程并不是独立的。实际上最多有 $m+n-1$ 个是独立的，即约束方程系数矩阵的秩$\leqslant m+n-1$。下面介绍一种比较简便的表上作业法求解运输问题。

3.1.2　运输问题的求解

表上作业法（Tabular Method）是单纯形法在求解运输问题时的一种简化方法，其实质是单纯形法。表上作业法的计算步骤如下：

（1）找出初始基可行解（也称初始调运方案），即在 $m\times n$ 的产销平衡表上给出 $m+n-1$数字格。

（2）求各非基变量的检验数，即在表上计算空格的检验数，判断是否达到最优解。如已是最优解，则停止计算，否则转到下一步。

（3）确定进基变量和出基变量，找出新的基可行解。在表上用闭回路法进行调整。

（4）重复（2）、（3）直到得到最优解为止。

以上运算都可以在表上完成，下面通过例子说明表上作业法。

（一）确定初始方案

【例 3.1】 某公司生产某种产品，有三个加工厂，每天的产量分别为 4、6、3t。该公司将这些产品分别运往四个销售点，各销售点每天的销量分别为 2、4、3、4t。已知各工厂运往各销售点单位产品的运价见表 3.2。问该公司如何安排调运方案，才能使总运费最省。

表 3.2　　［例 3.1］运输问题表（一）

	B_1	B_2	B_3	B_4	产量
A_1	(6)	(5)	(3)	(4)	4
A_2	(4)	(4)	(7)	(5)	6
A_3	(7)	(6)	(5)	(8)	3
销量	2	4	3	4	13

解　确定初始方案，有三种方法：

（1）西北角法（Northwest Corner Rule）。该方法的基本思想是优先从运价表的西北角的变量赋值，当行或列分配完毕后，再在表中余下部分的西北角赋值，以此类推，按序逐个确定供销关系，一直到得到初始方案为止。

1）从表的西北角（左上方）开始，填入 a_1 与 b_1 较小的值（运量），$b_1=2$，即从 A_1 运给 $B_1$2t，B_1 已经满足，划去 b_1 列，并将 $a'_1=4-2=2$，见表 3.3。

2）从（A_1，B_1）格开始，向较大方向移动一格（或向右，或向下），此时向右移动一格（A_1，B_2），B_2 需要 4t，而 A_1 只剩余 2t，即从 A_1 运给 B_2 只有 2t，A_1 的产量已全部运完，划去 A_1 行，并把 b_2 改成 $b'_2=4-2=2$，见表 3.3。

表 3.3　　［例 3.1］运输问题表（二）

	B_1	B_2	B_3	B_4	产量
A_1	(6) 2	(5) 2	(3)	(4)	4
A_2	(4)	(4)	(7)	(5)	6
A_3	(7)	(6)	(5)	(8)	3
销量	2	4	3	4	13

3）继续进行，直到把所有运量分配完，得到初始调运方案，见表 3.4。

表 3.4 [例 3.1] 运输问题表 (三)

	B_1	B_2	B_3	B_4	产量
A_1	(6) 2	(5) 2	(3)	(4)	4
A_2	(4)	(4) 2	(7) 3	(5) 1	6
A_3	(7)	(6)	(5)	(8) 3	3
销量	2	4	3	4	13

4) 得到初始方案为 $x_{11}=2$，$x_{12}=2$，$x_{22}=2$，$x_{23}=3$，$x_{24}=1$，$x_{34}=3$，总运费$=6\times2+5\times2+4\times2+7\times3+5\times1+8\times3=80$(元)。

(2) 最小元素法(the Least Cost Rule)。该方法的基本思想是就近供应，即最小运价 C_{ij} 对应的变量 x_{ij} 优先赋值 $x_{ij}=\min\{a_i,\ b_j\}$，然后在剩下的运价中取最小运价对应的变量赋值并满足约束，依次下去，直到最后得到一个初始基本可行解。

1) 从表 3.2 中的最小元素格(A_1，B_3)的(3)开始，即 A_1 优先满足 B_3 的 3 个单位，B_3 已经满足，划去 B_3 列。

2) 再从最小元素格(A_1，B_4)(4)开始，即剩余的 A_1 优先满足 B_4 的 1 个单位，A_1 已经满足，划去 A_1 行(当最小元素格出现多个时，原则上可任意取其中的一个)。

3) 再从未划去的最小元素格(A_2，B_1)(4)开始，即 A_2 优先满足 B_1 的 2 个单位，B_1 已经满足，划去 B_1 列。

4) 再从未划去的最小元素格(A_2，B_2)(4)开始，即 A_2 优先满足 B_2 的 4 个单位，B_2、A_2 已经满足，划去 B_2 列 A_2 行(此时出现退化现象，必须在划去的 B_2 列或 A_2 行的任一空格处添上一个“0”，以保证有 $m+n-1$ 个数字格)。

5) 最后 A_3 满足 B_4 的 3 个单位，得到初始方案，见表 3.5。

表 3.5 [例 3.1] 运输问题表(四)

	B_1	B_2	B_3	B_4	产量
A_1	(6)	(5)	(3)3	(4)1	4
A_2	(4)2	(4)4	(7)	(5)	6
A_3	(7)	(6)0	(5)	(8)3	3
销量	2	4	3	4	13

6)得到初始方案：$x_{13}=3$，$x_{14}=1$，$x_{21}=2$，$x_{22}=4$，$x_{34}=3$，总运费$=3\times3+4\times1+4\times2+4\times4+8\times3=61$(元)。

(3) 伏格尔法(Vogel's Approximation Method，VAM)。该方法的基本思想是一产地的产品不能按最小运费就近供应，就考虑次小运费，这就产生一个差额。差额越大，说明不能按最小运费调运时，运费增加越多。因此对差额最大处，就应该用最小运费调运。

所以伏格尔法是每次从当前运价表上，计算各行和各列中最小运价与次小运价之差额(也称行差额 h_i，列差额 k_j)。从行或列差额中选出最大者，选择它所在行或列中的最小元素格来确定运输关系，直到求出初始方案。仍以表 3.2 为例计算行或列的差额，其中第一、三列差额 k_j 为最大(2)，任选一列(如选第一列)中最小运费所在的行(第二行)，即 A_2 优先满足 B_1 的(2)个单位，B_1 已经满足，划去 B_1 列，见表 3.6。

表 3.6 [例 3.1] 运输问题表(五)

	B_1	B_2	B_3	B_4	产量	h_i
A_1	(6)	(5)	(3)	(4)	4	1
A_2	(4)2	(4)	(7)	(5)	6	0
A_3	(7)	(6)	(5)	(8)	3	1
销量	2	4	3	4	13	
k_j	2	1	2	1	1	·

重新计算行或列差额，其中第三列差额 k_j 为最大(2)，选其最小运费(3)所在格(A_1，B_3)确定运输关系，见表 3.7。

表 3.7 [例 3.1] 运输问题表(六)

	B_1	B_2	B_3	B_4	产量	h_i
A_1	(6)	(5)	(3)3	(4)	4	1
A_2	(4)2	(4)	(7)	(5)	6	1
A_3	(7)	(6)	(5)	(8)	3	1
销量	2	4	3	4	13	
k_j	—	1	2	1	1	

重复上述过程，得到初始调运方案，得表 3.8。

表 3.8 [例 3.1] 运输问题表(七)

	B_1	B_2	B_3	B_4	产量	h_i
A_1	(6)	(5)	(3)3	(4)1	4	—
A_2	(4)2	(4)1	(7)	(5)3	6	1
A_3	(7)	(6)3	(5)	(8)	3	—
销量	2	4	3	4	13	
k_j	—	1	—	3	1	

伏格尔法初始方案如下：$x_{13}=3$，$x_{14}=1$，$x_{21}=2$，$x_{22}=1$，$x_{24}=3$，$x_{32}=3$，总运费$=3\times3+4\times1+4\times2+4\times1+5\times3+6\times3=58$(元)。

伏格尔法给出的初始方案比其他方法更接近最优解。

(二) 求最优方案

判别的方法是计算空格(非基变量)的检验数。因运输问题的目标函数是要求实现最小化，故当所有的检验数$\geqslant0$ 时，为最优解。下面介绍两种计算空格(非基变量)检验数的方法。

仍以[例 3.1]为例说明求最优方案的方法。

1. 闭回路(Close Circular)

在初始调运方案的计算表中，从任意空格出发，沿着纵向或横向行进，遇到适当填有数据的方格可以 90°转弯，继续行进，总能回到起始空格。这个封闭的曲线称为闭回路。

可以证明：每个空格对应着唯一的闭回路。如[例 3.1]中用西北角法得到的表 3.4 中

(A_2, B_1)的闭回路为$(A_2, B_1)\to(A_2, B_2)\to(A_1, B_2)\to(A_1, B_1)\to(A_2, B_1)$；$(A_3, B_1)$的闭回路为$(A_3, B_1)\to(A_3, B_4)\to(A_2, B_4)\to(A_2, B_2)\to(A_1, B_2)\to(A_1, B_1)\to(A_3, B_1)$。

2. 求检验数

要判断一个调运方案是否已是最优，就要判断方案所对应的基础可行解是否最优。在单纯形法中，根据非基变量(空格)的检验数来判别的。若检验数中没有负值(运输问题的目标函数是最小，与线性规划的标准形式刚好相反)，则已求得最优调运方案。

如何根据初始调运表求得检验数?

(1) 闭回路法(Close Circular Adjust Method)。将[例 3.1]中用西北角法得到表 3.4 作为初始方案，计算检验数(检验数的计算只与拐角点的奇偶性有关，而与闭回路的旋转方向无关)。闭回路从非基变量(空格)为起始点，以基变量为其他顶点，依次进行标号，最后回到该空格点，则非基变量(空格)x_{ij}的检验数为第奇数次拐角点运价之和减去第偶数次拐角点运价之和。也即从起点开始，分别在顶点上交替标上代数符号＋、－、＋、…、－，以这些符号分别乘以相应的运价，其代数和就是这个非基变量的检验数。

如空格x_{21}的检验数＝4－6＋5－4＝－1，空格x_{14}的检验数＝4－5＋4－5＋＝－2，空格x_{31}的检验数＝7－6＋5－4＋5－8＝－1，可以得到检验数都为负值，见表 3.9，原方案不是最优解。

表 3.9 **[例 3.1] 运输问题表(八)**

	B_1	B_2	B_3	B_4	产量
A_1	(6)2	(5)2	(3)[－5]	(4)[－2]	4
A_2	(4)[－1]	(4)2	(7)3	(5)1	6
A_3	(7)[－1]	(6)[－1]	(5)[－5]	(8)3	3
销量	2	4	3	4	13

(2) 位势法($u-v$ Method)。对初始调运方案，定义一组新的变量(相应于线性规划中的对偶变量)u_i 和 v_j $(i=1, 2, \cdots, m;\ j=1, 2, \cdots, n)$，它有这样的性质，对于基变量 x_{ij} 有 $u_i+v_j=c_{ij}$，称 u_i 与 v_j 为相应的各行与各列的位势。在[例 3.1]的表 3.4 中可以得到如下方程：$u_1+v_1=6$，$u_1+v_2=5$，$u_2+v_2=4$，$u_2+v_3=7$，$u_2+v_4=5$，$u_3+v_4=8$，方程中有七个变量，但只有六个方程，所以一定有一个自由变量，不妨假定 u_1 为自由变量，所以令 $u_1=0$，得到表 3.10。

表 3.10 **[例 3.1] 运输问题表(九)**

	B_1	B_2	B_3	B_4	u_i
A_1	(6)2	(5)2	(3)	(4)	0
A_2	(4)	(4)2	(7)3	(5)1	－1
A_3	(7)	(6)	(5)	(8)3	2
v_j	6	5	8	6	

而对空格(非基变量)的检验数$=c_{ij}-(u_i+v_j)$，得到表 3.11，与闭合回路法相同。

表 3.11　　　　[例 3.1] 运输问题表（十）

	B_1	B_2	B_3	B_4	u_i
A_1	(6)2	(5)2	(3)[−5]	(4)[−2]	0
A_2	(4)[−1]	(4)2	(7)3	(5)1	−1
A_3	(7)[−1]	(6)[−1]	(5)[−5]	(8)3	2
v_j	6	5	8	6	

3. 调整方案

从一个方案调整到最优方案的过程，就是单纯形法迭代的过程。选择检验数（一般取最小）为负值的空格（非基变量）所对应的变量为进基变量，在进基变量的回路中，比较偶数拐角点的运量，选择一个具有最小运量的基变量作为出基变量（相应于单纯形法中最小比值），并调整运量 $\theta=\min$（偶数拐角点的运量 x_{ij}）$=x_{kj}$。在表 3.11 中，选择检验数最小的格（A_1，B_3）（如出现多个最小值时，可以任意选一个）进行调整，相应的闭回路为（A_1，B_3）→（A_1，B_2）→（A_2，B_2）→（A_2，B_3）→（A_1，B_3）；其偶数拐角点的运量分别是（A_1，B_2）点的 2 和（A_2，B_3）点的 3，所以最小运量 $\theta=\min(2, 3)=2$，在相应的闭回路上，对奇数点运量加上 θ，偶数点的运量减去 θ，而表中其余点处的运量不变，这样就得到新的基可行解。其中取得 θ 值的 x_{kl} 就变为 0 并擦掉，也就是说 x_{kl} 为出基变量（若在闭回路上有多个偶点处的运量等于 θ，则可任取其中一个作为出基变量，其他几个点的值调整后变为 0，但应填入，说明这些变量还在基内，这时就出现了退化现象）。在表 3.11 中得到新的调整方案见表 3.12，总运费$=6\times2+3\times2+4\times4+7\times1+5\times1+8\times3=70$（元）。而原方案运费为 80 元，继续求检验数见表 3.12。

表 3.12　　　　[例 3.1] 运输问题表（十一）

	B_1	B_2	B_3	B_4	u_i
A_1	(6)2	(5)[5]	(3)2	(4)[3]	0
A_2	(4)[−6]	(4)4	(7)1	(5)1	4
A_3	(7)[−6]	(6)[−1]	(5)[−5]	(8)3	7
v_j	6	0	3	1	

选择检验数最小的格（A_2，B_1）点继续调整运量，其闭回路为（A_2，B_1）→（A_1，B_1）→（A_1，B_3）→（A_2，B_3）→（A_2，B_1），偶数拐角点的运量分别为 $x_{11}=2$，$x_{23}=1$，$\theta=\min(2, 1)=1$，得到调整方案，总运费为$=6\times1+3\times3+4\times1+4\times4+5\times1+8\times3=64$（元），继续计算检验数，见表 3.13。

表 3.13　　　　[例 3.1] 运输问题表（十二）

	B_1	B_2	B_3	B_4	u_i
A_1	(6)1	(5)[−1]	(3)3	(4)[−3]	0
A_2	(4)1	(4)4	(7)[6]	(5)1	−2
A_3	(7)[0]	(6)[−1]	(5)[1]	(8)3	1
v_j	6	6	3	7	

选择检验数最小的格（A_2，B_4）点继续调整运量。最小运量$=1$，得到新的调运方案[此时出现退化现象，为保证基可行解的个数有 $m+n-1$ 个数字格，在空格（A_2，B_4）处添上一个“0”，视为基变量]，总运费$=3\times3+4\times1+4\times2+4\times4+8\times3=61$（元），继续计算检验数，见表 3.14。

表 3.14 [例 3.1] 运输问题表(十三)

	B_1	B_2	B_3	B_4	u_i
A_1	(6)[3]	(5)[2]	(3)3	(4)1	0
A_2	(4)2	(4)4	(7)[3]	(5)0	1
A_3	(7)[0]	(6)[−1]	(5)[−2]	(8)3	4
v_j	3	3	3	4	

选择检验数最小的空格(A_3，B_3)点继续调整运量。最小运量=3，得到新的调运方案，总运费=4×4+4×2+4×4+5×3=55(元)，继续计算检验数，见表 3.15。

表 3.15 [例 3.1] 运输问题表(十四)

	B_1	B_2	B_3	B_4	u_i
A_1	(6)[3]	(5)[2]	(3)0	(4)4	0
A_2	(4)2	(4)4	(7)[3]	(5)0	1
A_3	(7)[2]	(6)[1]	(5)3	(8)[2]	2
v_j	3	3	3	4	

继续计算检验数：空格的检验数全为非负，此时是最优解(表 3.15)。该方案为最优调运方案：$x_{21}=2$，$x_{22}=4$，$x_{14}=4$，$x_{33}=3$，最小运费 55 元。

【例 3.2】 某石油公司设有四个炼油厂，它们生产普通汽油，并为七个销售区服务，生产和需求情况见表 3.16 和表 3.17。

表 3.16 石油公司生产情况

炼油厂	1	2	3	4
日产量（万 L）a_i	35	25	15	40

表 3.17 石油公司需求情况

销售区	1	2	3	4	5	6	7
日最大销售量（万 L）b_j	25	20	10	25	10	15	10

从炼油厂运往第 j 个销售区汽油平均运费（单位：角/L）见表 3.18，应如何调运使运费最省。

表 3.18 [例 3.2] 运输价格表

	1	2	3	4	5	6	7
1	(6)	(5)	(2)	(6)	(3)	(6)	(3)
2	(3)	(7)	(5)	(8)	(6)	(9)	(2)
3	(4)	(8)	(6)	(5)	(5)	(8)	(5)
4	(7)	(4)	(4)	(7)	(4)	(7)	(4)

解 此问题为平衡问题，用最小元素法求初始方案，见表 3.19。

表 3.19 [例 3.2] 运输问题表（一）

	1	2	3	4	5	6	7	a_i
1	(6)	(5)	(2) 10	(6) 15	(3) 10	(6)	(3)	35
2	(3) 15	(7)	(5)	(8)	(6)	(9)	(2) 10	25
3	(4) 10	(8)	(6)	(5) 5	(5)	(8)	(5)	15
4	(7)	(4) 20	(4)	(7) 5	(4)	(7) 15	(4)	40
b_j	25	20	10	25	10	15	10	

用位势法计算检验数，得到表3.20。

表3.20 ［例3.2］运输问题表（二）

	1	2	3	4	5	6	7	u_i
1	(6) [1]	(5) [2]	(2) 10	(6) 15	(3) 10	(6) [0]	(3) [−1]	0
2	(3) 15	(7) [6]	(5) [5]	(8) [4]	(6) [5]	(9) [5]	(2) 10	−2
3	(4) 10	(8) [6]	(6) [5]	(5) 5	(5) [3]	(8) [3]	(5) [2]	−1
4	(7) [1]	(4) 20	(4) [1]	(7) 5	(4) [0]	(7) 15	(4) [−1]	1
v_j	5	3	2	6	3	6	4	

选择检验数最小的空格(1，7)点来调整运量。(1，7)闭回路：(1，7)→(1，4)→(3，4)→(3，1)→(2，1)→(2，7)→(1，7)，运量＝min(偶数拐角点的运量)＝min(15，10，10)＝10，所以调整运量＝10，再计算检验数，全为非负，见表3.21，最优调运方案见表3.22，最小运费＝480 000元。

表3.21 ［例3.2］运输问题表（三）

	1	2	3	4	5	6	7	u_i
1	(6) [2]	(5) [2]	(2) 10	(6) 5	(3) 10	(6) [0]	(3) 10	0
2	(3) 25	(7) [5]	(5) [4]	(8) [3]	(6) [4]	(9) [4]	(2) [0]	−1
3	(4) [1]	(8) [6]	(6) [5]	(5) 15	(5) [3]	(8) [3]	(5) [3]	−1
4	(7) [2]	(4) 20	(4) [1]	(7) 5	(4) [0]	(7) 15	(4) [0]	1
v_j	4	3	2	6	3	6	3	

表3.22 ［例3.2］运输问题表（四）

	1	2	3	4	5	6	7	a_i
1			10	5	10		10	35
2	25							25
3				15			0	15
4		20		5		15		40
b_j	25	20	10	25	10	15	10	

当迭代到运输问题的最优解时，如果有非基变量的检验数等于0，则说明该运输问题有多重(无穷多)最优解。在表3.21有非基变量(4，5)、(2，7)、(4，7)、(1，6)的检验数为0，则有无穷多组解，另外一个解见表3.23。

表3.23 ［例3.2］运输问题表（五）

	1	2	3	4	5	6	7	a_i
1			10		10	5	10	35
2	25							25
3				15			0	15
4		20		10		10		40
b_j	25	20	10	25	10	15	10	

3.2　非平衡调运及其他问题

当供应量大于需求量时，就在初始表上加一列，可以认为增加一个销售点，其销售量等于供应量与需求量之差。这个销售点认为是一个仓库（虚拟的销售区），其销售量为库存量。

当供应量小于需求量时，就在初始表上加一行，可以认为增加一个生产点，其产量等于需求量与供应量之差。这个生产点可以认为是一个虚拟的生产单位，其产量实际为缺货量。

无论增加行还是列，都增加了变量，假定增加的变量所对应的运费为零。

经过上述处理后，任何非平衡问题都可以化成平衡问题。

【例 3.3】 某石油公司设有四个炼油厂，它们生产普通汽油，并为七个销售区服务，需求变化情况见表 3.24 和表 3.25，从炼油厂运往第 j 个销售区的汽油平均运费（单位：角/L）见表 3.18，问应如何调运，使运费最省。

表 3.24　　四个炼油厂生产情况

炼油厂	1	2	3	4
日产量（万 L）a_i	35	25	15	40

表 3.25　　四个炼油厂需求变化情况

销售区	1	2	3	4	5	6	7
日最大销售量（万 L）b_j	25	30	15	35	10	20	15

解　现在变成供应小于需求的问题，增加一个生产点 5，其产量为 35，则问题变成了一个平衡问题，见表 3.26。

表 3.26　　［例 3.3］运输问题表（一）

	1	2	3	4	5	6	7	a_i
1	(6)	(5)	(2)	(6)	(3)	(6)	(3)	35
2	(3)	(7)	(5)	(8)	(6)	(9)	(2)	25
3	(4)	(8)	(6)	(5)	(5)	(8)	(5)	15
4	(7)	(4)	(4)	(7)	(4)	(7)	(4)	40
5	(0)	(0)	(0)	(0)	(0)	(0)	(0)	35
b_j	25	30	15	35	10	20	15	150

用最小元素法求初始方案，见表 3.27。

表 3.27　　［例 3.3］运输问题表（二）

	1	2	3	4	5	6	7	a_i
1	(6)	(5)	(2) 15	(6) 10	(3) 10	(6)	(3)	35
2	(3) 10	(7)	(5)	(8)	(6)	(9)	(2) 15	25
3	(4) 15	(8)	(6)	(5)	(5)	(8)	(5)	15
4	(7)	(4) 30	(4)	(7) 10	(4)	(7)	(4)	40
5	(0)	(0)	(0)	(0) 15	(0)	(0) 20	(0)	35
b_j	25	30	15	35	10	20	15	150

用位势法求检验数，见表3.28。

表3.28 ［例3.3］运输问题表（三）

	1	2	3	4	5	6	7	u_i
1	(6)［1］	(5)［2］	(2) 15	(6) 10	(3) 10	(6)［0］	(3)［−1］	0
2	(3) 10	(7)［6］	(5)［5］	(8)［4］	(6)［5］	(9)［5］	(2) 15	−2
3	(4) 15	(8)［6］	(6)［5］	(5) 0	(5)［3］	(8)［3］	(5)［2］	−1
4	(7)［1］	(4) 30	(4)［1］	(7) 10	(4)［0］	(7)［0］	(4)［0］	1
5	(0)［1］	(0)［3］	(0)［4］	(0) 15	(0)［3］	(0) 20	(0)［2］	−6
v_j	5	3	2	6	3	6	4	

在（1，7）位置调整运量＝10，得到新的调运方案，重新计算检验数，见表3.29。

表3.29 ［例3.3］运输问题表（四）

	1	2	3	4	5	6	7	u_i
1	(6)［2］	(5)［3］	(2) 15	(6)［1］	(3) 10	(6)［1］	(3) 10	0
2	(3) 20	(7)［6］	(5)［4］	(8)［4］	(6)［4］	(9)［5］	(2) 5	−1
3	(4) 5	(8)［6］	(6)［4］	(5) 10	(5)［2］	(8)［3］	(5)［2］	0
4	(7)［1］	(4) 30	(4)［0］	(7) 10	(4)［−1］	(7)［0］	(4)［−1］	2
5	(0)［1］	(0)［3］	(0)［3］	(0) 15	(0)［2］	(0) 20	(0)［2］	−5
v_j	4	2	2	5	3	5	3	

在（4，5）位置调整运量＝5，得到新的调运方案，重新计算检验数，见表3.30。

表3.30 ［例3.3］运输问题表（五）

	1	2	3	4	5	6	7	u_i
1	(6)［2］	(5)［2］	(2) 15	(6)［0］	(3) 5	(6)［0］	(3) 15	0
2	(3) 25	(7)［5］	(5)［4］	(8)［3］	(6)［4］	(9)［4］	(2) 0	−1
3	(4)［1］	(8)［6］	(6)［5］	(5) 15	(5)［3］	(8)［3］	(5)［3］	−1
4	(7)［2］	(4) 30	(4)［1］	(7) 5	(4) 5	(7)［0］	(4)［0］	0
5	(0)［2］	(0)［3］	(0)［4］	(0) 15	(0)［3］	(0) 20	(0)［3］	−6
v_j	4	3	2	6	3	6	3	

计算检验数全为非负，得到最优方案见表3.31。最小运费＝4 150 000（角）或415 000（元）。

表3.31 ［例3.3］运输问题表（六）

	1	2	3	4	5	6	7	a_i
1			15		5		15	35
2	25							25
3				15				15
4		30		5	5			40
5				15		20		35
b_j	25	30	15	35	10	20	15	

销售区4、6分别缺货15万L、20万L。因在表3.30中，非基变量（1，4）、（1，6）、

(4，6)、(4，7) 检验数为 0，本问题有无穷多组解。

【例 3.4】 某印刷厂收到了印刷五批标准规格的广告单的订货。五批所需数量分别为 12 000、18 000、25 000、30 000、20 000 张。现有三台印刷机，每天分别可印刷 60 000、80 000、50 000 张。在各台印刷机上印刷每批订货的每千张的费用见表 3.32 (单位元/千张) 如何分配印刷机的印刷任务，使印刷费用最低。

表 3.32　印刷厂印刷每批订货的费用　(元/千张)

订货批号 / 印刷机号	1	2	3	4	5
1	(340)	(380)	(320)	(290)	(310)
2	(280)	(325)	(335)	(250)	(340)
3	(240)	(250)	(310)	(330)	(290)

解 供大于求的问题，增加一列，其单位费用为零，广告单的单位改成千张，见表 3.33。

表 3.33　[例 3.4] 运输问题表 (一)

	1	2	3	4	5	6	a_i
1	(340)	(380)	(320)	(290)	(310)	(0)	60
2	(280)	(325)	(335)	(250)	(340)	(0)	80
3	(240)	(250)	(310)	(330)	(290)	(0)	50
b_j	12	18	25	30	20	85	190

用最小元素方法，得到初始方案表 3.34，总费用＝27 680 000 (元)。

表 3.34　[例 3.4] 运输问题表 (二)

	1	2	3	4	5	6	a_i
1	[90]	[120]	25	[40]	[10]	35	60
2	[30]	[65]	[15]	30	[40]	50	80
3	12	18	0	[90]	20	[10]	50
b_j	12	18	25	30	20	85	190

计算检验数，全为非负，已经得到最优方案。

【例 3.5】 有四项任务要分配给四个人去完成，每人一项。各人完成工作所需时间见表 3.35。请用求解运输问题方法安排工作，才能使完成工作的总时间最短。

表 3.35　各人完成工作所需时间

人员 / 工作	B_1	B_2	B_3	B_4
A_1	(3)	(14)	(10)	(5)
A_2	(10)	(4)	(12)	(10)
A_3	(9)	(14)	(15)	(13)
A_4	(7)	(8)	(11)	(9)

解 设 x_{ij} 表示 A_i 工作是否指派 B_j 去做，并约定：

$$x_{ij}=1 \qquad A_i \text{ 工作指派 } B_j \text{ 去做}$$

$$x_{ij}=0 \qquad A_i \text{ 工作不指派 } B_j \text{ 去做}$$

于是得到指派问题数学模型，它与运输问题相似，所以可用运输问题方法求解。

指派问题的数学模型

$$\min Z = \sum_{i=1}^{m}\sum_{j=1}^{n} c_{ij}x_{ij}$$

$$\text{s. t.} \quad \sum_{j=1}^{n} x_{ij} = 1 \quad (i = 1,2,\cdots,m)$$

$$\sum_{i=1}^{m} x_{ij} = 1 \quad (j = 1,2,\cdots,n)$$

$$x_{ij} = 0 \text{ 或 } 1 \quad (i = 1,2,\cdots,m; j = 1,2,\cdots,n)$$

用最小元素法求解（此问题会出现退化现象，必须在解题过程中在同时划去行和列时须在适当位置添上“0”，以保证有 $m+n-1$ 个数字格）。

得到初始方案见表 3.36，总时间＝3×1＋4×1＋15×1＋9×1＝31（h），继续调整分配，得到新的分配方案见表 3.37，总时间＝9×1＋4×1＋5×1＋11×1＝29（h）。计算检验数，全为非负，表 3.37 已是最优方案。即最优分配方案为：B_1-A_3，B_2-A_2，B_3-A_4，B_4-A_1，总时间＝29h。

表 3.36 [例 3.5] 分配任务计算表（一）

工作＼人员	B_1	B_2	B_3	B_4	工作量
A_1	1	[15]	[3]	0	1
A_2	[2]	1	0	[0]	1
A_3	[−2]	[7]	1	[1]	1
A_4	[0]	[5]	0	1	1
承担量	1	1	1	1	4

表 3.37 [例 3.5] 分配任务计算表（二）

工作＼人员	B_1	B_2	B_3	B_4	u_i
A_1	0	[13]	[1]	1	0
A_2	[4]	1	0	[2]	3
A_3	1	[7]	0	[2]	6
A_4	[2]	[5]	1	[2]	2
v_j	3	1	9	5	

指派问题或称分配问题另外有专门的解法，详见第五章。

【例 3.6】 某服装总公司在 A_1、A_2 和 A_3 3 个服装厂生产同一类服装。公司要在 5 个不同地区设专卖商店。由于不同地区人们的消费水平及运输费用不同，财会部门经调查提供了有关 3 个工厂根据自己的产量计划建商店的数目、5 个地区的需求量及年利润预算报告见表 3.38，应该如何选择专卖商店地址，使年利润最大。

表 3.38 需求量及年利润预算报告

	B_1	B_2	B_3	B_4	B_5	设店数
A_1	(7)	(9)	(5)	(3)	(6)	7
A_2	(6)	(4)	(6)	(7)	(5)	9
A_3	(8)	(6)	(2)	(5)	(7)	11
需求量	4	6	4	8	5	27

解 将 c_{ij} 转换成 $-c_{ij}$，问题由求利润最大变成求最小费用，见表3.39。

表3.39 **［例3.6］问题的计算表（一）**

	B_1	B_2	B_3	B_4	B_5	设店数
A_1	(−7)	(−9)	(−5)	(−3)	(−6)	7
A_2	(−6)	(−4)	(−6)	(−7)	(−5)	9
A_3	(−8)	(−6)	(−2)	(−5)	(−7)	11
需求量	4	6	4	8	5	27

用最小元素法，得到初始方案表3.40。计算检验数，调整调运方案。

表3.40 **［例3.6］问题的计算表（二）**

	B_1	B_2	B_3	B_4	B_5	设店数	u_i
A_1	[4]	6	1	[3]	[4]	7	0
A_2	[6]	[6]	1	8	[6]	9	−1
A_3	4	[0]	2	[−2]	5	11	3
需求量	4	6	4	8	5	27	
v_j	−11	−9	−5	−6	−10		

得到新方案。计算检验数，全为非负，得到最优方案见表3.41。最大利润=196（百万元）。

表3.41 **［例3.6］问题的计算表（三）**

	B_1	B_2	B_3	B_4	B_5	设店数	u_i
A_1	[2]	6	1	[3]	[2]	7	0
A_2	[4]	[6]	3	6	[4]	9	−1
A_3	4	[2]	[2]	2	5	11	1
需求量	4	6	4	8	5	27	
v_j	−9	−9	−5	−6	−8		

当某个生产点 A_i 由于某种原因不能向某个销售点 B_j 供应产品时，设相应的运费 c_{ij} 为 M（M 充分地大），然后进行求最优解。在最优解中，若相应的 x_{ij} 取0值，则该最优解为原问题的最优解；否则，原问题无解（其原理与线性规划中大 M 法类似）。

【例3.7】 罐头厂有3个分厂，向3个地区供应其产品，数据见表3.42。其中第2分厂不能向C地供应产品。问如何调配，使利润最大。

表3.42 **罐头厂生产供应情况**

	A	B	C	供应量（万盒）
1	1	7	2	10
2	4	1	—	50
3	1	3	4	10
需求量（万盒）	40	10	20	70

解 设第2分厂运往C地费用为一个充分大的数M，即$c_{23}=M$，利润最大化问题变成费用最小问题，见表3.43。

表3.43 **[例3.7] 问题的计算表（一）**

	A	B	C	供应量（万盒）
1	(−1)	(−7)	(−2)	10
2	(−4)	(−1)	(M)	50
3	(−1)	(−3)	(−4)	10
需求量（万盒）	40	10	20	70

用最小元素法，确定初始方案。计算检验数：(1，C）为负，而且最小，见表3.44。

表3.44 **[例3.7] 问题的计算表（二）**

	A	B	C	供应量（万盒）	u_i
1	[9]	10	[$4-M$]	10	0
2	40	0	10	50	6
3	[$M+7$]	[$M+2$]	10	10	$-M+2$
需求量（万盒）	40	10	20	70	
v_j	−10	−7	$M-6$		

在（1，C）位置调整供应量＝10，得到新方案。计算检验数，全为非负，得到最优方案见表3.45，最大利润＝230（万元）。

表3.45 **[例3.7] 问题的计算表（三）**

	A	B	C	供应量（万盒）	u_i
1	[9]	0	10	10	0
2	40	10	[$M-4$]	50	6
3	[11]	[6]	10	10	−2
需求量（万盒）	40	10	20	70	
v_j	−10	−7	−2		

3.3 转 运 问 题

运输问题中，一般假定产地只输出，销地只输入，在有的运输问题中，产地可以输入，销地可以输出。

在运输问题中还会遇到：由一产地直接到销地A的路程比经过其他产地和销地，甚至中转地到A的路程远。

在转运问题中的假设：

(1) 产地兼中转地的输出量超过输入量。比如设运到各产地的输入量都为Q(Q是大于a_i总和的一个数)，则产地i的输出量为a_i+Q。

（2）各销地的输入量超过输出量。比如设各销地的输出量为Q，则销地j的输出量为b_j+Q。

【例3.8】 已知从产地A_1、A_2到销地B_1、B_2、B_3的直接运价表，生产地之间的运价表，销地之间的运价表见表3.46～表3.48，要制定运费最小的转运方案。

表3.46 **直接运价表**

	B_1	B_2	B_3	供应量
A_1	(16)	(10)	(8)	80
A_2	(12)	(8)	(13)	40
需要量	30	35	55	120

表3.47 **生产地之间的运价表**

	A_1	A_2
A_1	(0)	(5)
A_2	(5)	(0)

表3.48 **销地之间的运价表**

	B_1	B_2	B_3
B_1	(0)	(4)	(5)
B_2	(4)	(0)	(6)
B_3	(5)	(6)	(0)

解 由于产地的总产量=120，可以令$Q=150$，得到表3.49。

表3.49 **[例3.8] 问题的计算表（一）**

	A_1	A_2	B_1	B_2	B_3	供应量
A_1	(0)	(5)	(16)	(10)	(8)	230
A_2	(5)	(0)	(12)	(8)	(13)	190
B_1	(16)	(12)	(0)	(4)	(5)	150
B_2	(10)	(8)	(4)	(0)	(6)	150
B_3	(8)	(13)	(5)	(6)	(0)	150
需要量	150	150	180	185	205	870

用最小元素法，得到初始方案。计算检验数，(B_3，B_1)为负且最小，见表3.50。

表3.50 **[例3.8] 问题的计算表（二）**

	A_1	A_2	B_1	B_2	B_3	u_i
A_1	150	[1]	25	[−2]	55	0
A_2	[9]	150	5	35	[9]	−4
B_1	[32]	[24]	150	[8]	[13]	−16
B_2	[22]	[16]	[0]	150	[10]	−12
B_3	[16]	[17]	[−3]	[2]	150	−8
v_j	0	4	16	12	8	

在（B_3，B_1）调整运量＝25，寻找闭回路。得到新的运输方案，计算检验数，全为非负，得到最优化方案表 3.51。

表 3.51 ［例 3.8］问题的计算表（三）

	A_1	A_2	B_1	B_2	B_3	u_i
A_1	150	[4]	[3]	[1]	80	0
A_2	[6]	150	5	35	[6]	−1
B_1	[29]	[0]	150	[8]	[10]	−13
B_2	[19]	[16]	[0]	150	[7]	−9
B_3	[16]	[20]	25	[5]	125	−8
v_j	0	1	13	9	8	

最优调运方案：

生产地	销地	发货量
A_1	B_3	80
A_2	B_1	5
A_2	B_2	35
B_3	B_1	25

总运费＝1105（元）。如果不考虑转运方式，直接调运最优方案总费用＝1130（元）

3.4 运输问题的悖论

在运输问题中，有一种在若干个产、销地的运价不变的情况下，当调运量增加，总运费反而会下降的奇怪现象。这就是运输问题的悖论。

有一位调度员上月做了一个最优调度见表 3.52（检验数全为非负）。

表 3.52 上月的最优调度方案

	B_1	B_2	B_3	B_4	B_5	a_i	u_i
A_1	(14) [13]	(15) [21]	(6) 7	(13) [15]	(14) [14]	7	−15
A_2	(16) 4	(9) 6	(22) [1]	(13) 8	(16) [1]	18	0
A_3	(8) [2]	(5) [6]	(11) 5	(4) [1]	(5) 1	6	−10
A_4	(12) [1]	(4) 5	(18) [2]	(9) [1]	(10) 10	15	−5
b_j	4	11	12	8	11	46	
v_j	16	9	21	13	15		

总运费＝6×7＋16×4＋9×6＋13×8＋11×5＋5×1＋4×5＋10×10＝444（千元），总运量＝46kt。（根据检验数全为非负，本方案为最优方案）。这个月在运价不变的前提下，A_1，A_3 的产量增加了 5kt，销地 B_2 的销售量增加了 10kt，其余的产、销地不变，则最优表见表 3.53。

总运费＝6×12＋16×4＋9×6＋13×8＋5×11＋4×15＝409（千元）（比上月减少 35 千元），总运量＝56（kt）（比上月增加 10kt）。

表 3.53　　悖论问题的计算表（一）

	B_1	B_2	B_3	B_4	B_5	a_i
A_1			7+5			7+5
A_2	4	6		8		18
A_3					6+5	6+5
A_4		5+10				15
b_j	4	11+10	12	8	11	46+10

为什么会出现这种现象？因为在原最优表中存在这样闭回路：

空格（A_1，B_2）存在闭回路（A_1，B_2）→（A_1，B_3）→（A_3，B_3）→（A_3，B_5）→（A_4，B_5）→（A_4，B_2）有如下特征：

（1）空格处的行列位势和为负数，即 $u_1+v_2=-15+9=-6$。

（2）这条路有奇数个数字格（7，5，1，10，5）被偶数条横线和竖线（三横三竖共 6 条）依次交错的连接着。

（3）第偶数位数字格的运价减去奇数位数字格运价之代数和为负，即 $C_{13}-C_{33}+C_{35}-C_{45}+C_{42}=6-11+5-10+4=-6$。

（4）第奇数位数字格最小运输量为正。最小运输量＝min（x_{33}，x_{45}）＝5。

满足上述条件的回路称为负费用路。调整运量 5kt，减小运费 30 千元。总运量＝51kt，总运费＝414 千元，见表 3.54。

表 3.54　　悖论问题的计算表（二）

	B_1	B_2	B_3	B_4	B_5	a_i	u_i
A_1			(6) 12			7+5	−15
A_2	(16) 4	(9) 6		(13) 8		18	0
A_3					(5) 6	6	−10
A_4		(4) 10			(10) 5	15	−5
b_j	4	11+5	12	8	11	46	
v_j	16	9	21	13	15		

存在另外一条负费用路（A_3，B_2）→（A_3，B_5）→（A_4，B_5）→（A_4，B_2），

负费用 $C_{35}-C_{45}+C_{42}=5-10+4=-1$，最小调整运量＝5，$u_3+v_2=-10+9=-1$。

总运量＝56kt，总运费＝6×12＋16×4＋9×6＋13×8＋5×11＋4×15＝409（千元），见表 3.55。

表 3.55　　悖论问题的计算表（三）

	B_1	B_2	B_3	B_4	B_5	a_i
A_1			(6) 12			7+5
A_2	(16) 4	(9) 6		(13) 8		18
A_3					(5) 11	6+5
A_4		(4) 10+5				15
b_j	4	11+10	12	8	11	46

本章小结

运输问题是特殊类型的线性规划问题，具有许多重要的应用。

运输问题考虑从生产地运送货物到目的地。每一个生产地都有一个固定的供应量，每一个目的地都有一个固定的需求量。其中一个基本的假设就是从每一个生产地到每一个目的地的运送成本和运送数量成正比。描述一个运输问题需要一个包含运输成本、供应量、需求量的参数表。表上作业法是求解产销平衡运输问题的一般方法，当产销不平衡时，可以通过引入虚拟的生产地或者虚拟的销售地将其转化为产销平衡问题。

在实际应用中，有很多特征并不完全符合运输问题的模型，使用 WinQSB 可以很好地描述并方便地解决问题，见附录一。

习题 3

一、计算题

3.1 求解表 3.56 所示的运输问题，分别用最小元素法、西北角法和伏格尔法给出初始基可行解。

表 3.56 运 输 问 题

	B_1	B_2	B_3	B_4	供应量
A_1	(10)	(6)	(7)	(12)	4
A_2	(16)	(10)	(5)	(9)	9
A_3	(5)	(4)	(10)	(10)	5
需要量	5	3	4	6	18

3.2 由产地 A_1、A_2 发向销地 B_1、B_2 的单位费用表 3.57，产地允许存储，销地允许缺货，存储和缺货的单位运费也列入表中。求最优调运方案，使总费用最省。

表 3.57 产地发向销地单位费用和存储、缺货的单位运费

	B_1	B_2	供应量	存储费/件
A_1	8	5	400	3
A_2	6	9	300	4
需要量	200	350		
缺货费（元/件）	2	5		

3.3 对于表 3.58 的运输问题，试求：

（1）若要总运费最少，该方案是否为最优方案？

（2）若产地 Z 的供应量改为 100，求最优方案。

表 3.58 运 输 问 题

	A	B	供应量
X	100 (6)	(4)	100
Y	30 (5)	50 (8)	80
Z	(2)	60 (7)	60
需要量	130	110	240

3.4 某利润最大的运输问题，其单位利润见表 3.59，试求：

(1) 求最优运输方案，该最优方案有何特征？

(2) 当 A_1 的供应量和 B_3 的需求量各增加 2 时，结果又怎样？

表 3.59 运输问题的单位利润

	B_1	B_2	B_3	B_4	供应量
A_1	(6)	(7)	(5)	(8)	8
A_2	(4)	(5)	(10)	(8)	9
A_3	(2)	(9)	(7)	(3)	7
需要量	8	6	5	5	24

3.5 某玩具公司分别生产三种新型玩具，每月可供量分别为 1000、2000、2000 件，它们分别被送到甲、乙、丙三个百货商店销售。已知每月百货商店各类玩具预期销售量均为 1500 件，由于经营方面原因，各商店销售不同玩具的盈利额不同，见表 3.60。又知丙百货商店要求至少供应 C 玩具 1000 件，而拒绝进 A 玩具。求满足上述条件下使总盈利额最大的供销分配方案。

表 3.60 销售玩具盈利额

	甲	乙	丙	可供量
A	5	4	—	1000
B	16	8	9	2000
C	12	10	11	2000

3.6 目前，城市大学能存储 200 个文件在硬盘上，100 个文件在计算机存储器上，300 个文件在磁带上。用户想存储 300 个字处理文件，100 个源程序文件，100 个数据文件。每月，一个典型的字处理文件被访问 8 次，一个典型的源程序文件被访问 4 次，一个典型的数据文件被访问 2 次。当某文件被访问时，重新找到该文件所需的时间取决于文件类型和存储介质，见表 3.61。

表 3.61 某文件被访问时，找到该文件所需的时间 (min)

	处理文件	源程序文件	数据文件
硬 盘	5	4	4
存储器	2	1	1
磁 带	10	8	6

如果目标是极小化每月用户访问所需文件所花的时间，请构造一个运输问题的模型来决定文件应该怎么存放并求解。

3.7 已知下列五名运动员各种姿势的游泳成绩（各为50m）见表3.62，试用运输问题的方法来决定如何从中选拔一个参加200m混合泳的接力队，使预期比赛成绩为最好。

表3.62 运动员各种姿势的游泳成绩 (min)

泳姿＼运动员	赵	钱	张	王	周
仰 泳	37.7	32.9	33.8	37.0	35.4
蛙 泳	43.4	33.1	42.2	34.7	41.8
蝶 泳	33.3	28.5	38.9	30.4	33.6
自由泳	29.2	26.4	29.6	28.5	31.1

3.8 求总运费最小的运输问题，其中某一步的运输图见表3.63。

表3.63 运 输 问 题

	B_1	B_2	B_3	供应量
A_1	3 (3)	(5)	(7)	3
A_2	2 (4)	4 (2)	(4)	6
A_3	(5)	1 (6)	5 (3)	d
需要量	a	b	c	e

（1）写出 a，b，c，d，e 的值，并求出最优运输方案。

（2）A_3 到 B_1 的单位运费满足什么条件时，表3.63中的运输方案为最优方案。

3.9 某一实际的运输问题可以叙述如下：有 n 个地区需要某种物资，需要量分别为 $b_j(j=1,\cdots,n)$。这些物资均由某公司分设在 m 个地区的工厂供应，各工厂的产量分别为 $a_i(i=1,\cdots,m)$，已知从 i 地区的工厂至第 j 个需求地区的单位物资的运价为 c_{ij}，又 $\sum_{i=1}^{m} a_i = \sum_{j=1}^{n} b_j$，试阐述其对偶问题并解释对偶变量的经济意义。

3.10 为确保飞行安全，飞机上的发动机每半年必须强迫更换进行大修。某维修厂估计某种型号战斗机从下一个半年算起的今后三年内每半年发动机的更换需要量分别为100，70，80，120，150，140。更换发动机时可以换上新的，也可以用经过大修的旧的发动机。已知每台新发动机的购置费为10万元，而旧发动机的维修有两种方式：①快修，每台2万元，半年交货（即本期拆下来送修的下批即可用上）；②慢修，每台1万元，但需一年交货（即本期拆下来送修的需下下批才能用上）。设该厂新接受该项发动机更换维修任务，又知这种型号战斗机三年后将退役，退役后这种发动机将报废。问在今后三年的每半年内，该厂为满足维修需要各新购、送去快修和慢修的发动机数各是多少，才能使总的维修费用为最省？（将此问题归结为运输问题，只列出产销平衡表与单位运价表，不求数值解）

3.11 甲、乙两个煤矿分别生产煤500万t，供应A、B、C三个电厂发电需要，各电厂用量分别为300、300、400万t。已知煤矿之间、煤矿与电厂之间以及各电厂之间相互距离（单位：km）见表3.64～表3.66。煤可以直接运达，也可经转运抵达，试确定从煤矿到各电厂间煤的最优调运方案（最小总吨公里数）。

表 3.64 煤 矿 间 距 离

从\到	甲	乙
甲	0	120
乙	100	0

表 3.65 煤矿与电厂间距离

从\到	A	B	C
甲	150	120	80
乙	60	160	40

表 3.66 电 厂 间 距 离

从\到	A	B	C
A	0	70	100
B	50	0	120
C	100	150	0

二、复习思考题

3.12 试述运输问题数学模型的特征，为什么模型的 $m+n$ 个约束中最多只有 $m+n-1$ 个是独立的。

3.13 试述用最小元素法确定运输问题的初始基可行解的基本思路和基本步骤。

3.14 为什么用伏格尔法给出的运输问题的初始基可行解，较之用最小元素法给出的更接近于最优解？

3.15 试述用闭回路法计算检验数的原理和经济意义，如何从任一空格出发去寻找一条闭回路。

3.16 概述用位势法求检验数的原理和步骤。

3.17 试述表上作业法计算中出现退化的含义及处理退化的方法。

3.18 如何把一个产销不平衡的运输问题（含产大于销和销大于产）转化为产销平衡的运输问题？

3.19 一般线性规划问题应具备什么特征才可以转化并列出运输问题的数学模型，从而能用表上作业法求解？

3.20 判断下列说法是否正确（正确的在括号中打"√"，错误的在括号中打"×"）。

(1) 运输问题是一种特殊的线性规划模型，因而求解结果也可能出现下列四种情况之一：有唯一最优解，有无穷多最优解，无界解，无可行解。（ ）

(2) 表上作业法实质上就是求解运输问题的单纯形法。（ ）

(3) 按最小元素法（或伏格尔法）给出的初始基可行解，从每一空格出发可以找出且仅能找出唯一的闭回路。（ ）

(4) 如果运输问题单位运价表的某一行（或某一列）元素分别加上一个常数 k，调运方案将不会发生变化。（ ）

(5) 如果运输问题单位运价表的某一行（或某一列）元素分别乘上一个常数 k，调运方案将不会发生变化。（ ）

(6) 当所有产地产量和销地的销量均为整数值时，运输问题的最优解也为整数。（ ）

第4章 多目标线性规划

同时考虑多个决策目标时，称为多目标规划（Multi-Objective Programming）问题。

从线性规划问题可看出：

（1）线性规划只研究在满足一定条件下，单一目标函数取得最优解。而在企业管理中，经常遇到多目标决策问题，如拟订生产计划时，不仅考虑总产值，同时要考虑利润、产品质量和设备利用率等。这些指标之间的重要程度（即优先顺序）也不相同，有些目标之间往往相互发生矛盾。

（2）线性规划致力于某个目标函数的最优解。这个最优解若是超过了实际的需要，很可能是以过分地消耗约束条件中的某些资源作为代价。

（3）线性规划把各个约束条件重要性都不分主次地等同看待，这也不符合实际情况。

（4）求解线性规划问题，首先要求约束条件必须相容。约束条件中，如果由于人力、设备等资源条件的限制，使约束条件之间出现了矛盾，就得不到问题的可行解。但生产还得继续进行，这将给人们进一步应用线性规划方法带来困难。

（5）为了弥补线性规划问题的局限性，解决有限资源和计划指标之间的矛盾，在线性规划基础上，建立目标规划方法，从而使一些线性规划无法解决的问题得到满意的解答。

4.1 多目标规划问题

4.1.1 多目标规划问题的提出

实际问题中，可能会同时考虑几个方面都达到最优，如产量最高、成本最低、质量最好、利润最大、环境达标、运输满足等。多目标规划能更好地兼顾统筹处理多种目标的关系，求得更切合实际要求的解。多目标规划可根据实际情况，分主次和轻重缓急来考虑问题。

下面给出的问题都属于多目标规划问题：

问题一：一个企业需要同一种原材料生产甲、乙两种产品，它们的单位产品所需要的原材料数量及所耗费的加工时间各不相同，从而获得的利润也不相同，见表4.1。那么，该企业应如何安排生产计划，才能使获得的利润达到最大？

表4.1　　单位产品所需要的原材料、加工时间和利润

资源 \ 产品	甲	乙	可利用的资源总量
原材料钢（t）	2	3	100
加工时间（h）	4	2	120
单位利润（百元）	6	4	

如何安排生产，使利润达到最大。用单纯形法求得最优解＝(20，20)，最优值＝200（百元）。问题是该厂提出如下目标：①利润达到280百元；②钢材不超过100t，工时不超过120h。该如何安排生产？

问题二： 某车间有A、B两条设备相同的生产线，生产同一种产品。A生产线每小时可制造2件产品，B生产线每小时可制造1.5件产品。如果每周正常工作时数为45h，要求制定完成下列目标的生产计划：①生产量达到210件/周；②A生产线加班时间限制在15h内；③充分利用工时指标，并依A、B产量的比例确定重要性。

问题三： 某电器公司经营唱机和录音机均由车间A、B流水作业组装，数据见表4.2。要求按以下目标制订月生产计划：

（1）库存费用不超过4600元。

（2）每月销售唱机不少于80台。

（3）不使A、B车间停工（权数由生产费用确定）。

（4）A车间加班时间限制在20h内。

（5）每月销售录音机为100台。

（6）两车间加班时数总和要尽可能小（权数由生产费用确定）。

表4.2　电器公司生产情况

项目品种	工时消耗（h/台）		库存费用［元/（台·月）］	利润（元/台）
	A	B		
唱机	2	1	50	250
录音机	1	3	30	150
总工时（h/月）	180	200		
生产费用（元/h）	100	50		

多目标规划问题应先将目标等级化：将目标按重要性的程度不同依次分成一级目标、二级目标……最次要的目标放在次要的等级中。

目标优先级做如下约定：

（1）对于同一个目标而言，若有几个决策方案都能使其达到，可认为这些方案对于这个目标而言都是最优方案；若达不到，则与目标差距越小的越好。

（2）不同级别的目标的重要性是不可比的，即较高级别的目标没有达到而造成的损失，任何较低级别的目标上的收获都弥补不了。所以在判断最优方案时，首先从较高级别的目标达到的程度来决策，然后再进行其次级目标的判断。

（3）同一级别的目标可以是多个，各自的重要程度可用数量（权数）来描述。因此，同一级别的目标中任何一个的损失可由其余目标的适当收获来弥补。

4.1.2　多目标规划解的概念

（1）若多目标规划问题解能使所有目标都达到，就称该解为多目标规划最优解。

（2）若解只能满足部分目标，就称该解为多目标规划的次优解。

（3）若找不到满足任何一个目标的解，就称该问题为无解。

对于问题一，若该厂提出如下目标：①利润达到 280 百元；②钢材不超过 100t，工时不超过 120h。问如何安排生产？又设超过 1t 钢材与工时超过 5h 的损失相同。

现有四个方案进行比较优劣，见表 4.3。

表 4.3 四个方案的情况

方 案 编 号	利润（百元）	钢（t）	工时（h）
1	290	110	130
2	280	100	115
3	285	95	190
4	270	90	120

目标：①利润达到 280 百元；②钢材不超过 100t，工时不超过 120h。

对于目标①，只有方案 4 没有完成。排除方案 4。

对于目标②，只有方案 2 达到了，因此方案 2 是最优。

方案 1 与方案 3 都达到了目标①，但没达到目标②。

方案 1 与目标②的差距：工时损失＝（110－100）×5＋（130－120）×1＝60（h）。

方案 3 与目标②的差距：工时损失＝0×5＋（190－120）×1＝70（h）。

所以，方案 1 优于方案 3。

最后结果：各方案从优到劣的顺序为方案 2、方案 1、方案 3、方案 4。

又另有三个方案进行比较优劣，见表 4.4。

对于目标①，三个方案都没有完成，但方案 3 离目标最远，方案 3 最差。

方案 1 与目标②的差距：工时损失＝（108－100）×5＋（130－120）×1＝50（h）。

方案 2 与目标②的差距：工时损失＝0×5＋（160－120）×1＝40（h）。

所以方案 2 优于方案 1。

最后结果：各方案从优到劣的顺序为方案 2、方案 1、方案 3。

表 4.4 三个方案的情况

方 案 编 号	利润（百元）	钢（t）	工时（h）
1	270	108	130
2	270	80	160
3	260	80	120

4.1.3 多目标规划问题的数学模型

（1）多目标的处理。为了将不同级别的目标的重要性用数量表示，引进 P_1，P_2，…表示一级目标，二级目标，……；规定 $P_1 \geqslant P_2 \geqslant P_3 \geqslant \cdots$ 称 P_1，P_2，…为级别系数（$P_i \geqslant P_j$ 表示 P_i 比 P_j 重要）。

（2）约束方程的处理。差异变量（Deviation Variable）按以下方式标记：

决策变量 x 超过目标值 b 的部分记 d^+；

决策变量 x 不足目标值 b 的部分记 d^-；

$d^+ \geqslant 0, d^- \geqslant 0$，且 $x - d^+ + d^- = b$。

（3）多目标的综合：

1）若决策目标中规定 $x \leqslant b$，当 $d^+ = 0$ 时，目标才算达到。

2）若决策目标中规定 $x \geqslant b$，当 $d^- = 0$ 时，目标才算达到。

3）若决策目标中规定 $x = b$，当 $d^+ = d^- = 0$ 时，目标才算达到。

按上述处理，可得多目标规划问题的数学模型。

（1）问题一的数学模型：

引进级别系数：

P_1：利润达到 280 百元；

P_2：钢材不超过 100t，工时不超过 120h；其权数之比 5∶1。

数学模型为

$$\min Z = P_1 d_1^- + P_2(5d_2^+ + d_3^+)$$

$$\text{s.t.}\ \ 6x_1 + 4x_2 + d_1^- - d_1^+ = 280$$

$$2x_1 + 3x_2 + d_2^- - d_2^+ = 100$$

$$4x_1 + 2x_2 + d_3^- - d_3^+ = 120$$

$$x_1, x_2, d_i^-, d_i^+ \geqslant 0 (i = 1,2,3)$$

（2）问题二的数学模型：

设 A、B 生产线每周工作时间为 x_1，x_2，A、B 的产量比例 2∶1.5=4∶3，则模型为

$$\min Z = P_1 d_1^- + P_2 d_2^+ + 4P_3 d_3^- + 3P_3 d_4^-$$

$$\text{s.t.}\ \ 2x_1 + 1.5x_2 + d_1^- - d_1^+ = 210 (\text{生产量达到 210 件 / 周})$$

$$x_1 + d_2^- - d_2^+ = 60 (\text{A 生产线加班时间限制在 15h 内})$$

$$x_1 + d_3^- - d_3^+ = 45 (\text{充分利用 A 的工时指标})$$

$$x_2 + d_4^- - d_4^+ = 45 (\text{充分利用 B 的工时指标})$$

$$x_1, x_2, d_i^-, d_i^+ \geqslant 0 (i = 1,2,3,4)$$

（3）问题三的数学模型：

设每月生产唱机、录音机 x_1、x_2 台，且 A、B 生产费用之比为 100∶50=2∶1，则模型为

$$\min Z = P_1 d_1^+ + P_2 d_2^- + 2P_3 d_4^- + P_3 d_5^- + P_4 d_{41}^+ + P_5 d_3^- + P_5 d_3^+ + 2P_6 d_4^+ + P_6 d_5^+$$

$$\text{s.t.}\ \ 50x_1 + 30x_2 + d_1^- - d_1^+ = 4600 (\text{库存费用不超过 4600 元})$$

$$x_1 + d_2^- - d_2^+ = 80 (\text{每月销售唱机不少于 80 台})$$

$$x_2 + d_3^- - d_3^+ = 100 (\text{每月销售录音机为 100 台})$$

$$2x_1 + x_2 + d_4^- - d_4^+ = 180 (\text{不使 A 车间停工})$$

$$x_1 + 3x_2 + d_5^- - d_5^+ = 200 (\text{不使 B 车间停工})$$

$$d_4^+ + d_{41}^- - d_{41}^+ = 20 (\text{A 车间加班时间限制在 20h 内})$$

$$x_1, x_2, d_i^-, d_i^+, d_{41}^-, d_{41}^+ \geqslant 0 (i = 1,2,3,4,5)$$

4.2 多目标规划问题的求解

4.2.1 多目标规划问题的图解法

【例 4.1】 求解多目标规划问题

$$\min Z = d_1^+$$

$$\text{s.t.} \quad x_1 + 2x_2 + d_1^- - d_1^+ = 10$$

$$x_1 + 2x_2 \leqslant 6$$

$$x_1 + x_2 \leqslant 4$$

$$x_1, x_2, d_1^-, d_1^+ \geqslant 0$$

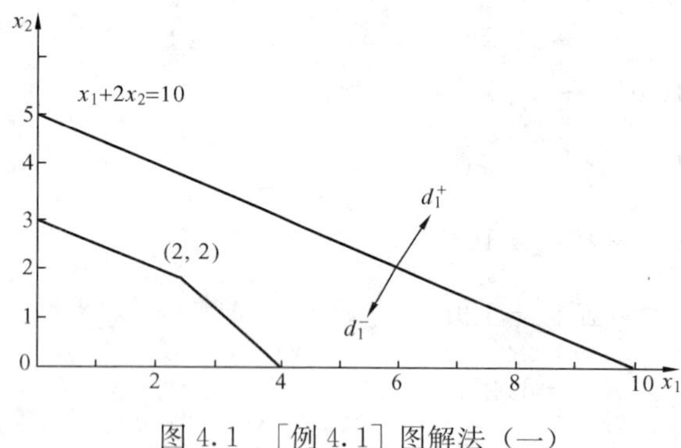

图 4.1 [例 4.1] 图解法(一)

解 画出可行域,如图 4.1 所示。

当 $\min S = d_1^+$ 达到时,$d_1^+ = 0$;

$d_1^- = 4$ 时,有无穷多解,点(0,3)和点(2,2)连线上的点都是最优解,如图 4.2 所示。

$d_1^- = 6$ 时,有无穷多解,点(4,0)和点(0,2)连线上的点都是最优解,如图 4.3 所示。

实际上,在可行域内都达到最优解。

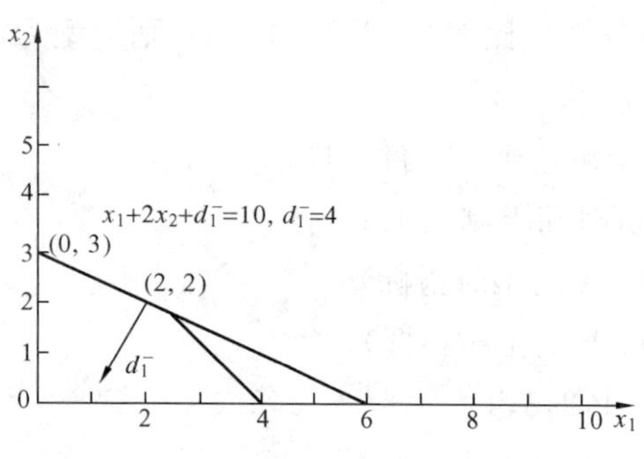

图 4.2 [例 4.1] 图解法(二)

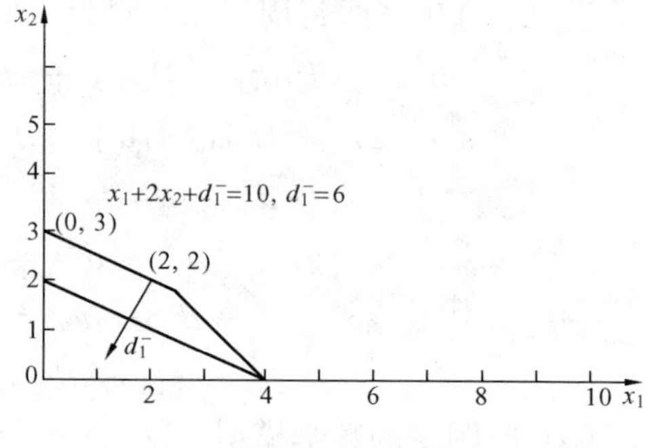

图 4.3 [例 4.1] 图解法(三)

【例 4.2】 求解多目标规划问题

$$\min Z = P_1 d_1^- + P_2 d_2^+ + 5P_3 d_3^- + P_3 d_1^+$$

$$\text{s.t.} \quad x_1 + x_2 + d_1^- - d_1^+ = 40$$

$$x_1 + x_2 + d_2^- - d_2^+ = 50$$

$$x_1 + d_3^- = 30$$

$$x_2 + d_4^- = 30$$

$$x_1, x_2, d_i^-, d_i^+ \geqslant 0 (i = 1,2,3,4)$$

解 区域如图 4.4 所示。当 $d_1^-=0$ 达到时，区域如图 4.5 所示的阴影部分；当 $d_2^+=0$ 达到时，区域如图 4.6 所示的阴影部分；当 $d_3^-=0$ 达到时，区域如图 4.7 所示的线段 AB；当 $d_1^+=0$ 达到时，区域如图 4.8 所示的点 P，它是唯一的最优解 P=（30，10），此时，$d_2^-=10$；$d_4^-=20$。

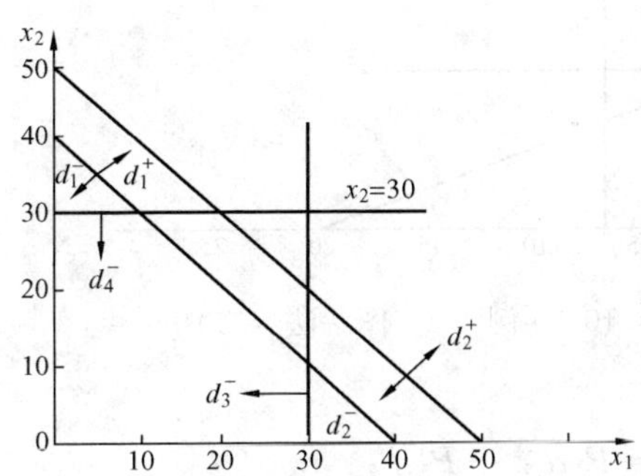

图 4.4 ［例 4.2］图解法（一）

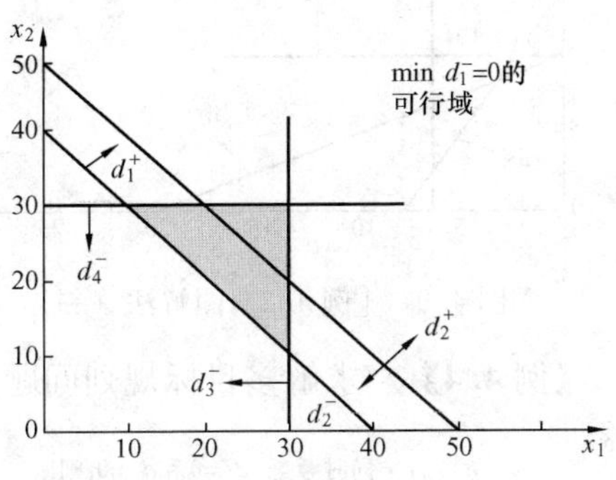

图 4.5 ［例 4.2］图解法（二）

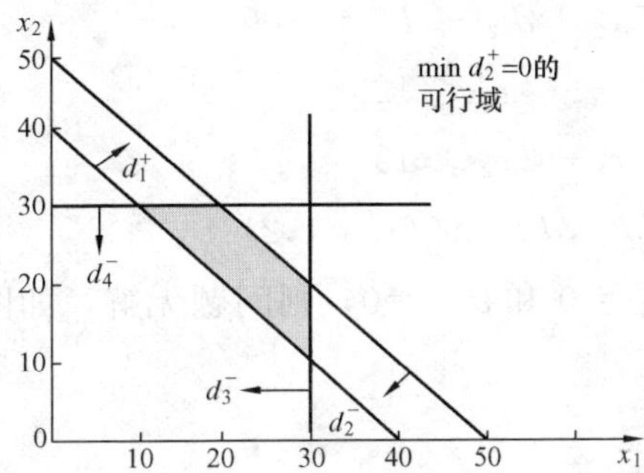

图 4.6 ［例 4.2］图解法（三）

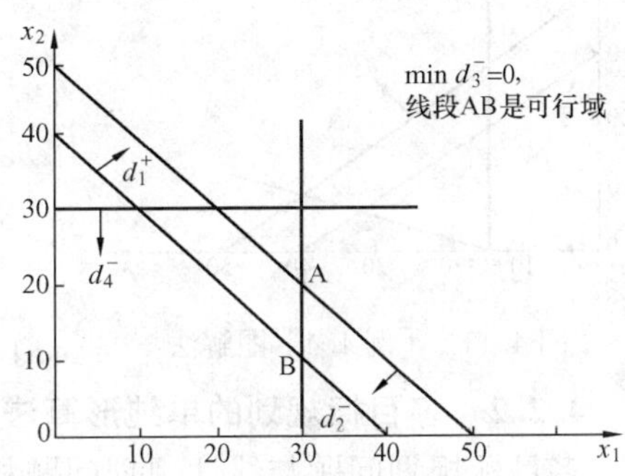

图 4.7 ［例 4.2］图解法（四）

【例 4.3】 求解多目标规划问题

$$\min Z = P_1 d_1^- + P_2 d_2^+ + P_3 d_3^- + P_3 d_4^-$$

$$\text{s.t.}\quad 5x_1 + 10x_2 + d_1^- - d_1^+ = 100$$

$$2x_1 + x_2 + d_2^- - d_2^+ = 14$$

$$x_1 + d_3^- - d_3^+ = 6$$

$$x_2 + d_4^- - d_4^+ = 10$$

$$x_1, x_2, d_i^-, d_i^+ \geqslant 0 (i = 1,2,3,4)$$

解 对于目标 P_1 与目标 P_2 很容易达到。目标 P_3 的两个指标不能同时满足，否则无解。又因为 P_3 中的两个目标同样重要，要讨论：

(1) $\min d_3^- \neq 0, \min d_4^- = 0$，原问题(2,10)是次优解，如图 4.9 所示。

(2) $\min d_3^- = 0, \min d_4^- \neq 0$，原问题无解，如图 4.10 所示。

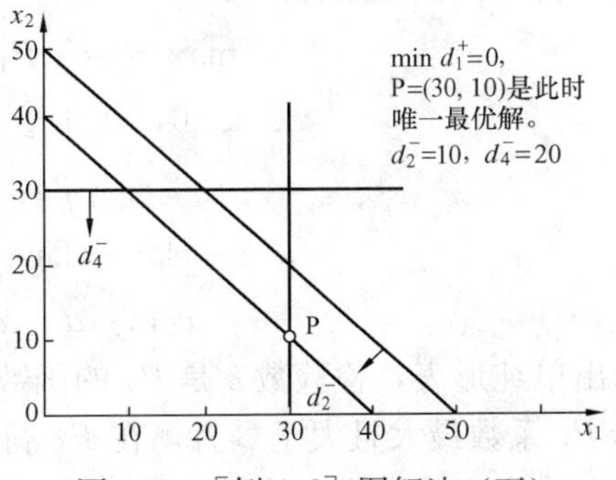

图 4.8 ［例 4.2］图解法（五）

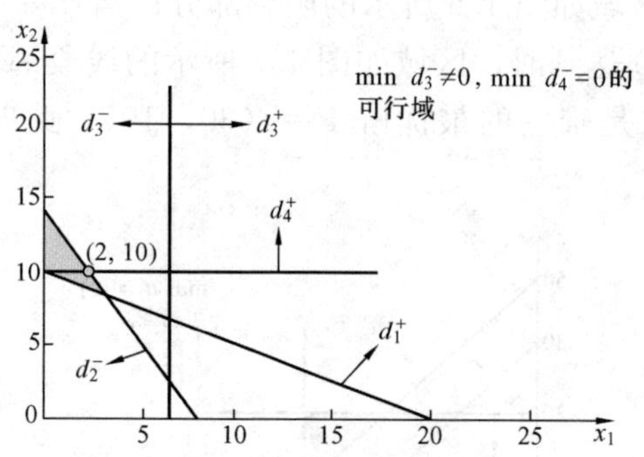

图 4.9　[例 4.3] 图解法（一）

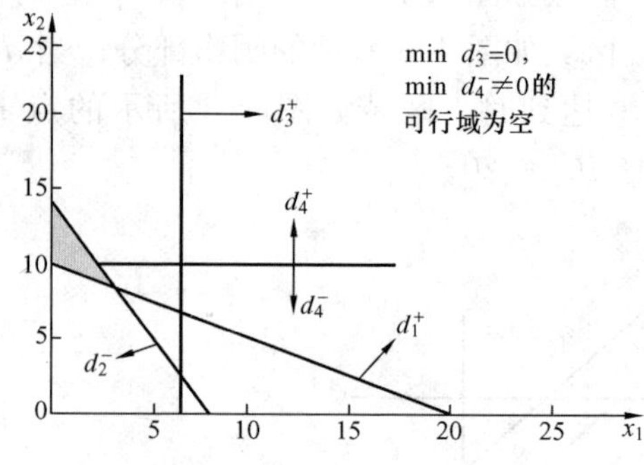

图 4.10　[例 4.3] 图解法（二）

【例 4.4】　求解多目标规划问题

$$\min Z = P_1 d_1^- + P_1 d_2^-$$

$$\text{s.t.} \quad x_1 + d_1^- - d_1^+ = 15$$

$$4x_1 + 5x_2 + d_2^- - d_2^+ = 200$$

$$3x_1 + 4x_2 \leqslant 120$$

$$x_1 - 2x_2 \geqslant 15$$

$$x_1, x_2, d_i^-, d_i^+ \geqslant 0 (i = 1,2)$$

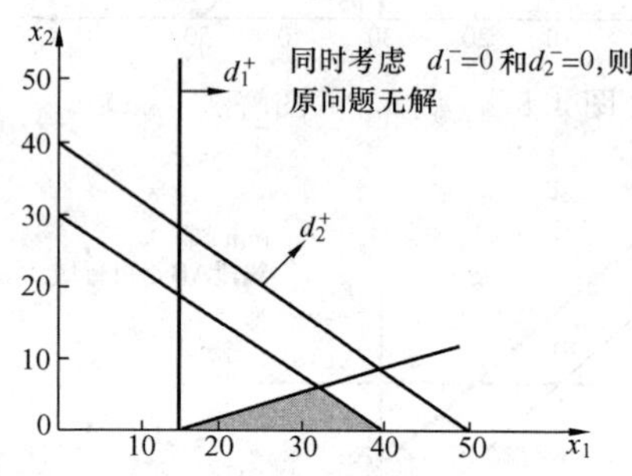

图 4.11　[例 4.4] 图解法

解　同时考虑 $d_1^-=0$ 和 $d_2^-=0$，则问题无解，如图 4.11 所示。

4.2.2　多目标规划的单纯形算法

多目标规划问题与线性规划问题相似，可用单纯形算法求解。

注意：在比较检验数大小时，要先比较较高级别的系数，再比较较低级别系数。

【例 4.5】　问题一的数学模型为

$$\min Z = P_1 d_1^- + P_2(5d_2^+ + d_3^+)$$

$$\text{s.t.} \quad 6x_1 + 4x_2 + d_1^- - d_1^+ = 280$$

$$2x_1 + 3x_2 + d_2^- - d_2^+ = 100$$

$$4x_1 + 2x_2 + d_3^- - d_3^+ = 120$$

$$x_1, x_2, d_i^-, d_i^+ \geqslant 0 (i = 1,2,3)$$

解　目标函数化成标准形

$$\max S = -P_1 d_1^- - P_2(5d_2^+ + d_3^+)$$

$$\text{s.t.} \quad 6x_1 + 4x_2 + d_1^- - d_1^+ = 280$$

$$2x_1 + 3x_2 + d_2^- - d_2^+ = 100$$

$$4x_1 + 2x_2 + d_3^- - d_3^+ = 120$$

$$x_1, x_2, d_i^-, d_i^+ \geqslant 0 (i = 1,2,3)$$

列出单纯形表，检验数 σ 是 P_j 的函数。计算方法同单纯形法，在选择入基变量时应首先选择 P_1 系数最大且大于零者，在 P_1 满足的前提下，再考虑 P_2，再用最小比值法选择出基变量，确定主元并进行换基迭代，得到下一个基可行解。重复上述过程，直到得到最优解或次优解或判断无解，过程见表 4.5～表 4.8。

表 4.5　　问题的单纯形表（一）

c		0	0	0	$-P_1$	$-5P_2$	0	$-P_2$	0	b
c_B	x_B	x_1	x_2	d_1^+	d_1^-	d_2^+	d_2^-	d_3^+	d_3^-	
$-P_1$	d_1^-	6	4	-1	1	0	0	0	0	280
0	d_2^-	2	3	0	0	-1	1	0	0	100
0	d_3^-	(4)	2	0	0	0	0	-1	1	120
σ	P_1	6	4	-1	0	0	0	0	0	
	P_2	0	0	0	0	-5	0	-1	0	

表 4.6　　问题的单纯形表（二）

c		0	0	0	$-P_1$	$-5P_2$	0	$-P_2$	0	b
c_B	x_B	x_1	x_2	d_1^+	d_1^-	d_2^+	d_2^-	d_3^+	d_3^-	
$-P_1$	d_1^-	0	1	-1	1	0	0	$\frac{3}{2}$	$-\frac{3}{2}$	100
0	d_2^-	0	(2)	0	0	-1	1	$\frac{1}{2}$	$-\frac{1}{2}$	40
0	x_1	1	$\frac{1}{2}$	0	0	0	0	$-\frac{1}{4}$	$\frac{1}{4}$	30
σ	P_1	0	1	-1	0	0	0	$\frac{3}{2}$	$-\frac{3}{2}$	
	P_2	0	0	0	0	-5	0	-1	0	

表 4.7　　问题的单纯形表（三）

c		0	0	0	$-P_1$	$-5P_2$	0	$-P_2$	0	b
c_B	x_B	x_1	x_2	d_1^+	d_1^-	d_2^+	d_2^-	d_3^+	d_3^-	
$-P_1$	d_1^-	0	0	-1	1	$\frac{1}{2}$	$-\frac{1}{2}$	$\left(\frac{5}{4}\right)$	$-\frac{5}{4}$	80
0	x_2	0	1	0	0	$-\frac{1}{2}$	$\frac{1}{2}$	$\frac{1}{4}$	$-\frac{1}{4}$	20
0	x_1	1	0	0	0	$\frac{1}{4}$	$-\frac{1}{4}$	$-\frac{3}{8}$	$\frac{3}{8}$	20
σ	P_1	0	0	-1	0	$\frac{1}{2}$	$-\frac{1}{2}$	$\frac{5}{4}$	$-\frac{5}{4}$	
	P_2	0	0	0	0	-5	0	-1	0	

表 4.8 问题的单纯形表(四)

c		0	0	0	$-P_1$	$-5P_2$	0	$-P_2$	0	b
c_B	x_B	x_1	x_2	d_1^+	d_1^-	d_2^+	d_2^-	d_3^+	d_3^-	
$-P_2$	d_3^+	0	0	$-\frac{4}{5}$	$\frac{4}{5}$	$\frac{2}{5}$	$-\frac{2}{5}$	1	-1	64
0	x_2	0	1	$\frac{1}{5}$	$-\frac{1}{5}$	$-\frac{3}{5}$	$\frac{3}{5}$	0	0	4
0	x_1	1	0	$-\frac{3}{10}$	$\frac{3}{10}$	$\frac{2}{5}$	$-\frac{2}{5}$	0	0	44
σ	P_1	0	0	0	-1	0	0	0	0	
	P_2	0	0	$-\frac{4}{5}$	$\frac{4}{5}$	$-\frac{23}{5}$	$-\frac{2}{5}$	0	-1	

最后变量 d_1^- 的检验数为 $-P_1+\frac{4}{5}P_2$。由于假定 $P_1 \geqslant P_2$,所以此检验数也小于零。该问题的最优方案为生产 A 产品 44 个单位,B 产品 4 个单位,利润为 280 百元。此时,原料正好用了 100t,工时比原计划超了 64h。

【例 4.6】 设某工厂生产的两种产品,都要经过两道工序,有关资料见表 4.9。假如工序 1、2 都允许加班,使得利润不少于 1000 元作为目标。又以第 1、2 工序的加班工时之和尽可能在 160h 之内为第一目标,产品乙必须严格控制在 70kg 之内为第二目标,该厂的利润越高越好为第三目标,尽量减少工序 1、2 加班工时为第四目标。试问在上述条件下,该厂应如何生产?

表 4.9 某工厂的有关资料

	甲	乙	能提供的工时(h)		甲	乙	能提供的工时(h)
工序 1	2	1	100	产量上界(kg)	不限	70	
工序 2	1	1	80	利润(元/kg)	6	4	

解 设 x_1、x_2 为甲、乙两种产品的生产公斤数,d_1^-、d_1^+ 分别为低于或超过利润 1000 元的偏差,d_2^-、d_2^+ 分别为第 1 道工序剩余和加班的工时数,d_3^-、d_3^+ 分别为第 2 道工序剩余和加班的工时数,d_4^-、d_4^+ 为加班工时之和低于或超过 160h。由于产品 x_2 必须严格控制在 70kg 之内为第二目标,则可取 d_5^- 为实际公斤数不到 70kg 的偏差,且 $d_5^+=0$。数学模型为

$$
\begin{aligned}
\min S = {} & P_1 d_4^+ + P_2 d_5^- + P_3 d_1^- + P_4(d_2^+ + d_3^+) \\
\text{s.t.}\ & 6x_1 + 4x_2 + d_1^- - d_1^+ = 1000 \\
& 2x_1 + x_2 + d_2^- - d_2^+ = 100 \\
& x_1 + x_2 + d_3^- - d_3^+ = 80 \\
& d_2^+ + d_3^+ + d_4^- - d_4^+ = 160 \\
& x_2 + d_5^- = 70 \\
& x_1, x_2, d_i^-, d_i^+, d_5^- \geqslant 0 (i=1,2,3,4)
\end{aligned}
$$

目标函数化成标准形

$$
\begin{aligned}
&\max Z = -P_1 d_4^+ - P_2 d_5^- - P_3 d_1^- - P_4(d_2^+ + d_3^+)\\
&\text{s.t.}\quad 6x_1 + 4x_2 + d_1^- - d_1^+ = 1000\\
&\qquad 2x_1 + x_2 + d_2^- - d_2^+ = 100\\
&\qquad x_1 + x_2 + d_3^- - d_3^+ = 80\\
&\qquad d_2^+ + d_3^+ + d_4^- - d_4^+ = 160\\
&\qquad x_2 + d_5^- = 70\\
&\qquad x_1, x_2, d_i^-, d_i^+, d_5^- \geqslant 0 (i = 1,2,3,4)
\end{aligned}
$$

单纯形解题过程见表 4.10～表 4.14。

表 4.10　　问题的单纯形表（一）

c		0	0	$-P_3$	0	0	$-P_4$	0	$-P_4$	0	$-P_1$	$-P_2$	b
c_B	x_B	x_1	x_2	d_1^-	d_1^+	d_2^-	d_2^+	d_3^-	d_3^+	d_4^-	d_4^+	d_5^-	
$-P_3$	d_1^-	6	4	1	−1	0	0	0	0	0	0	0	1000
0	d_2^-	2	1	0	0	1	−1	0	0	0	0	0	100
0	d_3^-	1	1	0	0	0	0	1	−1	0	0	0	80
0	d_4^-	0	0	0	0	0	1	0	1	1	−1	0	160
$-P_2$	d_5^-	0	1	0	0	0	0	0	0	0	0	1	70
σ	P_4	0	0	0	0	0	−1	0	−1	0	0	0	0
	P_3	6	4	0	−1	0	0	0	0	0	0	0	1000
	P_2	0	1	0	0	0	0	0	0	0	0	0	70
	P_1	0	0	0	0	0	0	0	0	0	−1	0	0

表 4.11　　问题的单纯形表（二）

c		0	0	$-P_3$	0	0	$-P_4$	0	$-P_4$	0	$-P_1$	$-P_2$	b
c_B	x_B	x_1	x_2	d_1^-	d_1^+	d_2^-	d_2^+	d_3^-	d_3^+	d_4^-	d_4^+	d_5^-	
$-P_3$	d_1^-	6	0	1	−1	0	0	0	0	0	0	−4	720
0	d_2^-	2	0	0	0	1	−1	0	0	0	0	−1	30
0	d_3^-	1	0	0	0	0	0	1	−1	0	0	−1	10
0	d_4^-	0	0	0	0	0	1	0	1	1	−1	0	160
0	x_2	0	1	0	0	0	0	0	0	0	0	1	70
σ	P_4	0	0	0	0	0	−1	0	−1	0	0	0	0
	P_3	6	0	0	−1	0	0	0	0	0	0	−4	720
	P_2	0	0	0	0	0	0	0	0	0	0	−1	0
	P_1	0	0	0	0	0	0	0	0	0	−1	0	0

表 4.12 问题的单纯形表（三）

c		0	0	$-P_3$	0	0	$-P_4$	0	$-P_4$	0	$-P_1$	$-P_2$	b
c_B	x_B	x_1	x_2	d_1^-	d_1^+	d_2^-	d_2^+	d_3^-	d_3^+	d_4^-	d_4^+	d_5^-	
$-P_3$	d_1^-	0	0	1	-1	0	0	-6	6	0	0	2	660
0	d_2^-	0	0	0	0	1	-1	-2	2	0	0	1	10
0	x_1	1	0	0	0	0	0	1	-1	0	0	-1	10
0	d_4^-	0	0	0	0	0	1	0	1	1	-1	0	160
0	x_2	0	1	0	0	0	0	0	0	0	0	1	70
σ	P_4	0	0	0	0	0	-1	0	-1	0	0	0	0
	P_3	0	0	0	-1	0	0	-6	6	0	0	2	660
	P_2	0	0	0	0	0	0	0	0	0	0	-1	0
	P_1	0	0	0	0	0	0	0	0	0	-1	0	0

表 4.13 问题的单纯形表（四）

c		0	0	$-P_3$	0	0	$-P_4$	0	$-P_4$	0	$-P_1$	$-P_2$	b
c_B	x_B	x_1	x_2	d_1^-	d_1^+	d_2^-	d_2^+	d_3^-	d_3^+	d_4^-	d_4^+	d_5^-	
$-P_3$	d_1^-	0	0	1	-1	-3	3	0	0	0	0	-1	630
$-P_4$	d_3^+	0	0	0	0	$\frac{1}{2}$	$-\frac{1}{2}$	-1	1	0	0	$\frac{1}{2}$	5
0	x_1	1	0	0	0	$\frac{1}{2}$	$-\frac{1}{2}$	-1	0	0	0	$-\frac{1}{2}$	15
0	d_4^-	0	0	0	0	$-\frac{1}{2}$	$\frac{3}{2}$	1	0	1	-1	$-\frac{1}{2}$	155
0	x_2	0	1	0	0	0	0	0	0	0	0	1	70
σ	P_4	0	0	0	0	$\frac{1}{2}$	$-\frac{3}{2}$	-1	0	0	0	$\frac{1}{2}$	5
	P_3	0	0	0	-1	-3	3	0	0	0	0	-1	630
	P_2	0	0	0	0	0	0	0	0	0	0	-1	0
	P_1	0	0	0	0	0	0	0	0	0	-1	0	0

表 4.14 问题的单纯形表（五）

c		0	0	$-P_3$	0	0	$-P_4$	0	$-P_4$	0	$-P_1$	$-P_2$	b
c_B	x_B	x_1	x_2	d_1^-	d_1^+	d_2^-	d_2^+	d_3^-	d_3^+	d_4^-	d_4^+	d_5^-	
$-P_3$	d_1^-	0	0	1	-1	-2	0	-2	0	-2	2	0	320
$-P_4$	d_3^+	0	0	0	0	$\frac{1}{3}$	0	$-\frac{2}{3}$	1	$\frac{1}{3}$	$-\frac{1}{3}$	$\frac{1}{3}$	57
0	x_1	1	0	0	0	$\frac{1}{3}$	0	$-\frac{2}{3}$	0	$\frac{1}{3}$	$-\frac{1}{3}$	$-\frac{2}{3}$	$\frac{200}{3}$
$-P_4$	d_2^+	0	0	0	0	$-\frac{1}{3}$	1	$\frac{2}{3}$	0	$\frac{2}{3}$	$-\frac{2}{3}$	$-\frac{1}{3}$	103
0	x_2	0	1	0	0	0	0	0	0	0	0	1	70

续表

c		0	0	$-P_3$	0	0	$-P_4$	0	$-P_4$	0	$-P_1$	$-P_2$	b
c_B	x_B	x_1	x_2	d_1^-	d_1^+	d_2^-	d_2^+	d_3^-	d_3^+	d_4^-	d_4^+	d_5^-	
σ	P_4	0	0	0	0	0	0	0	0	1	-1	0	160
	P_3	0	0	0	-1	-2	0	-2	0	-2	2	0	320
	P_2	0	0	0	0	0	0	0	0	0	0	-1	0
	P_1	0	0	0	0	0	0	0	0	0	-1	0	0

到目前为止，d_4^- 的检验数 $-2P_3+P_4$，由于 $P_3 \geqslant P_4$，也已经小于零，而 d_4^+ 的检验数 $2P_3-P_4$ 虽然大于零，但已经不能再进行下去，否则会破坏已经满足的条件。该题的解为 $x_1=\frac{200}{3}$，$x_2=70$，$d_1^-=320$，$d_2^+=\frac{310}{3}$，$d_3^+=\frac{170}{3}$，$d_4^+=d_4^-=d_5^-=0$，即该厂生产方案：生产产品甲 $\frac{200}{3}$kg，产品乙 70kg，第 1 道工序加班 $\frac{310}{3}$ 工时，第 2 道工序加班 $\frac{170}{3}$ 工时，才能获利 $1000-d_1^-=1000-320=680$（元）。

4.3　多目标规划实例

某经济区准备筹集资金，在下个计划期内投资建设轻工业、重工业和新技术产业三种新项目。这些项目能否如期建成有一定风险。在建成投产后，其收入与投资额有关。经过分析研究，各项目的建设方案不能如期投入的风险因子及投产后可以增加的经济收入的资金收益率百分数见表 4.15。根据该地区情况，决策部门提出如下：用于轻工业的投资额不超过总资金的 35%，用于新技术产业的投资额至少占总资金的 15%，用于重工业的投资额不超过总资金的 50%，并且首先有考虑总风险因子不超过 0.2，其次考虑总收益率至少要达到 22%，然后再考虑各项投资的总和不能超过总资金额。现在要确定对不同行业的各投资方案所占的比例。

表 4.15　投资建设方案有关参数

项目种类	建设方案	风险因子 r_i	资金收益率 g_i（%）
轻工业	1	0.2	20
	2	0.2	20
	3	0.3	12
	4	0.3	16
新技术产业	5	0.4	30
	6	0.2	16
	7	0.5	30
重工业	8	0.7	20
	9	0.6	4
	10	0.4	30
	11	0.1	15

设 x_j 为第 j 方案投资占总资金的比例，若总资金数为 100%，则轻工业的投资额不超过总资金的 35%，可表示为

$$x_1+x_2+x_3+x_4 \leqslant 0.35$$

用于新技术产业的投资额至少占总资金的 15%，可表示为

$$x_5+x_6+x_7 \geqslant 0.15$$

用于重工业的投资额不超过总资金的 50%，可表示为

$$x_8+x_9+x_{10}+x_{11} \leqslant 0.5$$

第一项：优先因子为 P_1 约束条件 $\sum_{j=1}^{11} r_j x_j + d_1^- - d_1^+ = 0.2$；

第二项：优先因子为 P_2 约束条件 $\sum_{j=1}^{11} g_j x_j + d_2^- - d_2^+ = 0.22$；

第三项：优先因子为 P_3 约束条件 $\sum_{j=1}^{11} x_j + d_3^- - d_3^+ = 1$。

目标函数 $\min Z = P_1 d_1^+ + P_2 d_2^- + P_3 d_3^+$。

本章小结

多目标规划是一类特殊的线性规划。建立多目标规划的数学模型时，需要确定期望目标值、各个目标的优先等级、权数等，并且对于每一个目标都要引入一对正负偏差变量来表示实际值与期望目标值之间的偏差，当然前面几个系数的确定都具有一定的主观性和模糊性，可以用专家评定法给予量化。多目标规划的数学模型结构与线性规划的数学模型结构没有本质的区别，所以对于仅含有两个自变量的问题可以用图解法进行求解，而单纯形法则是求解多目标规划问题的一般方法，当然也可以借助 Lindo、WinQSB、Excel 等求解，附录一中对 WinQSB 求解目标规划给予了详细说明。

习题 4

一、计算题

4.1 分别用图解法和单纯形法求解下述目标规划问题：

(1) $\min Z = P_1(d_1^+ + d_2^+) + P_2 d_3^-$

$$\begin{aligned} \text{s. t.}\quad & -x_1 + x_2 + d_1^- - d_1^+ = 1 \\ & -0.5x_1 + x_2 + d_2^- - d_2^+ = 2 \\ & 3x_1 + 3x_2 + d_3^- - d_3^+ = 50 \\ & x_1, x_2 \geqslant 0; d_i^-, d_i^+ \geqslant 0 (i = 1,2,3) \end{aligned}$$

(2) $\min Z = P_1(2d_1^+ + 3d_2^+) + P_2 d_3^- + P_3 d_4^+$

$$\begin{aligned} \text{s. t.}\quad & x_1 + x_2 + d_1^- - d_1^+ = 10 \\ & x_1 + d_2^- - d_2^+ = 4 \\ & 5x_1 + 3x_2 + d_3^- - d_3^+ = 56 \\ & x_1 + x_2 + d_4^- - d_4^+ = 12 \\ & x_1, x_2 \geqslant 0; d_i^-, d_i^+ \geqslant 0 (i = 1,\cdots,4) \end{aligned}$$

4.2 考虑下述目标规划问题

$$\min Z = P_1(d_1^+ + d_2^+) + 2P_2 d_4^- + P_2 d_3^- + P_3 d_1^-$$

$$\begin{aligned} \text{s. t.}\quad & x_1 + d_1^- - d_1^+ = 20 \\ & x_2 + d_2^- - d_2^+ = 35 \end{aligned}$$

$$-5x_1+3x_2+d_3^- -d_3^+ =220$$
$$x_1-x_2+d_4^- -d_4^+ =60$$
$$x_1,x_2\geqslant 0;d_i^-,d_i^+\geqslant 0(i=1,\cdots,4)$$

试完成：

(1) 求满意解。

(2) 当第二个约束右端项由35改为75时，求解的变化。

(3) 若增加一个新的目标约束 $-4x_1+x_2+d_5^- -d_5^+ =8$，该目标要求尽量达到目标值，并列为第一优先级考虑，求解的变化。

(4) 若增加一个新的变量 x_3，其系数列向量为 $(0,1,1,-1)^{\mathrm{T}}$，则满意解如何变化？

4.3 一个小型的无线电广播台考虑如何最好地来安排音乐、新闻和商业节目时间。依据法律，该台每天允许广播12h，其中商业节目用以赢利，每小时可收入250美元，新闻节目每小时需支出40美元，音乐节目每播一小时费用为17.50美元。法律规定，正常情况下商业节目只能占广播时间的20%，每小时至少安排5min新闻节目。问每天的广播节目该如何安排？优先级如下：

P_1：满足法律规定要求；

P_2：每天的纯收入最大。

试建立该问题的目标规划模型。

4.4 某企业生产两种产品，产品Ⅰ售出后每件可获利10元，产品Ⅱ售出后每件可获利8元。生产每件产品Ⅰ需3h的装配时间，每件产品Ⅱ需2h装配时间，可用的装配时间共计为每周120h，但允许加班。在加班时间内生产两种产品时，每件的获利分别降低1元。加班时间限定每周不超过40h。企业希望总获利最大。试凭自己的经验确定优先结构，并建立该问题的目标规划模型。

4.5 某厂生产A、B两种型号的微型计算机产品。每种型号的微型计算机均需要经过两道工序Ⅰ、Ⅱ。已知每台微型计算机所需要的加工时间、销售利润及工厂每周最大加工能力的数据见表4.16。

表4.16　某厂的有关资料

	A	B	每周最大加工能力（h）
Ⅰ	4	6	150
Ⅱ	3	2	70
利润（元/台）	300	450	

工厂经营目标的期望值及优先级如下：

P_1：每周总利润不得低于10 000元；

P_2：应合同要求，A型机每周至少生产10台，B型机每周至少生产15台；

P_3：由于条件限制且希望充分利用工厂的生产能力，工序Ⅰ的每周生产时间必须恰好为150h，工序Ⅱ的每周生产时间可适当超过其最大加工能力（允许加班）。试建立此问题的目标规划模型。

二、复习思考题

4.6 试述目标规划的数学模型同一般线性规划数学模型的相同和异同之点。

4.7 通过实例解释下列概念：

(1) 正负偏差变量。

(2) 绝对约束与目标约束。

(3) 优先因子与权系数。

4.8 为什么求解目标规划时要提出满意解的概念，它同最优解有什么区别?

4.9 试述求解目标规划单纯形法与求解线性规划的单纯形法的相同及异同点。

4.10 判断下列说法是否正确（正确的在括号中打“√”，错误的在括号中打“×”)。

(1) 线性规划问题是目标规划问题的一种特殊形式。　　(　　)

(2) 正偏差变量应取正值，负偏差变量应取负值。　　(　　)

(3) 目标规划模型中，应同时包含系统约束（绝对约束）与目标约束。　　(　　)

第5章 整 数 规 划

整数规划（Integer Programming）是一类要求变量取整数值的数学规划，可分成线性和非线性两类；根据变量的取值性质，又可以分为全整数规划（Pure Integer Programming）、混合整数规划（Mixed Integer Programming）、0-1 整数规划（0-1 Integer Programming）等。1959 年柯莫瑞（R. E. Gomory）提出了解线性整数规划的割平面法后，整数规划逐步形成为一个独立的分支。但是，就实际应用而言，它还是数学规划中一个较弱的分支。目前对于大规模的线性整数规划和非线性整数规划问题，还没有好的求解办法。本章仅仅讨论线性整数规划。

5.1 整 数 规 划 概 述

5.1.1 整数规划模型

【例 5.1】 一名登山队员做登山准备，他需要携带的物品有食品、氧气、冰镐、绳索、帐篷、照相机和通信设备，每种物品的重要性系数和质量见表 5.1，假定登山队员可携带最大质量为 25kg。试给出整数规划模型。

表 5.1　　物品的重要性系数和质量

序 号	1	2	3	4	5	6	7
物 品	食品	氧气	冰镐	绳索	帐篷	照相机	通信设备
质量（kg）	5	5	2	6	12	2	4
重要性系数	20	15	18	14	8	4	10

解 如果令 $x_i=1$ 表示登山队员携带物品 i，$x_i=0$ 表示登山队员不携带物品 i，则问题表示成 0-1 规划，其模型为

$$\max Z = 20x_1 + 15x_2 + 18x_3 + 14x_4 + 8x_5 + 4x_6 + 10x_7$$

$$\text{s. t.}\quad 5x_1 + 5x_2 + 2x_3 + 6x_4 + 12x_5 + 2x_6 + 4x_7 \leqslant 25$$

$$x_i = 1 \text{ 或 } x_i = 0 (i = 1,2,\cdots,7)$$

【例 5.2】 背包问题（Knapsack Problem）。

一个旅行者，为了准备旅行的必须用品，要在背包内装一些最有用的东西，但有个限制，最多只能装 b（单位：kg）的物品，而每件物品只能整个携带，这样旅行者给每件物品规定了一个"价值"，以表示其有用的程度。如果共有 n 件物品，第 j 件物品 a_j（单位：kg），其价值为 c_j。问题变成：在携带的物品总重量不超过 b 的条件下，携带哪些物品，可使总价值最大的模型？

解 如果令 $x_j=1$ 表示携带物品 j，$x_j=0$ 表示不携带物品 j，则问题表示成 0-1 规划

$$\max Z = \sum_{j=1}^{n} c_j x_j$$

$$\text{s. t.} \quad \sum_{j=1}^{n} a_j x_j \leqslant b$$
$$x_j = 0 \text{ 或 } 1$$

【例 5.3】 工厂选址问题（Plant Location）。

某地区有 m 座煤矿，i 矿每年产量为 a_i（单位：t），现有火力发电厂一个，每年用煤 b_0（单位：t），每年运行的固定费用（包括折旧费，但不包括煤的运费）为 h_0（单位：元）。现规划新建一个发电厂，m 座煤矿每年开采的原煤将全部供应这两个电厂发电用。现有 n 个备选的厂址。若在 j 备选厂址建电厂，每年运行的固定费用为 h_j（单位：元），每吨原煤从 i 矿送到 j 备选厂址的运费为 c_{ij}（$i=1$，2，…，m；$j=1$，2，…，n）。每吨原煤从 i 矿送到原有电厂的运费为 c_{i0}（$i=1$，2，…，m）。试问：应将新厂厂址选在何处，m 座煤矿开采的原煤应如何分配给两个电厂，才能使每年的总运费（电厂运行的固定费用和原煤运费之和）为最小？

解 新建电厂每年用煤量为 $b = \sum_{i=1}^{m} a_i - b_0$。

令决策变量 $y_j=1$，j 备选厂址被选中；$y_j=0$，j 备选厂址没有被选中。为了方便，原电厂称为 0 电厂，在 j 备选厂址建的新厂为 j 电厂。设 x_{ij} 为每年从 i 矿运到 j 厂原煤数量（$i=1$，2，…，m；$j=1$，2，…，n），于是，每年总费用为

$$z = \sum_{i=1}^{m}\sum_{j=1}^{n} c_{ij} x_{ij} + \sum_{j=1}^{n} h_j y_j + h_0$$

若 j 备选厂址未被选中，即 $y_j=0$，那么 j 厂根本不存在，这时 x_{ij} 应全为零，故有下列约束条件

$$\sum_{j=1}^{n} x_{ij} = a_i (i = 1,2,\cdots,m)$$
$$\sum_{i=1}^{m} x_{i0} = b_0$$
$$\sum_{i=1}^{m} x_{ij} = b y_j (j = 1,2,\cdots,n)$$
$$x_{ij} \geqslant 0 (i = 1,2,\cdots,m; j = 1,2,\cdots,n)$$

又因为现在只要新建一座电厂，还有下列约束条件

$$\sum_{j=1}^{n} y_j = 1$$

于是上述选址问题的数学模型可以归纳为整数规划模型

$$\min z = \sum_{i=1}^{m}\sum_{j=0}^{n} c_{ij} x_{ij} + \sum_{j=1}^{n} h_j y_j + h_0$$
$$\text{s. t.} \quad \sum_{j=1}^{n} x_{ij} = a_i (i = 1,2,\cdots,m)$$
$$\sum_{i=1}^{m} x_{i0} = b_0$$
$$\sum_{i=1}^{m} x_{ij} = b y_j (j = 1,2,\cdots,n)$$
$$\sum_{j=1}^{n} y_j = 1$$

$$x_{ij} \geqslant 0(i = 1,2,\cdots,m;j = 1,2,\cdots,n)$$

$$y_j = 0,1(j = 1,2,\cdots,n)$$

线性整数规划（IP）的一般数学模型为

$$\max(\min)Z = \sum_{j=1}^{n} c_j x_j$$

$$\text{s. t.} \sum_{j=1}^{n} a_{ij} x_j \leqslant b_i (i = 1,2,\cdots,m)$$

$x_j \geqslant 0$ 且部分或全部是整数

5.1.2　解法概述

当人们开始接触整数规划问题时，常会有如下两种初始想法：

(1) 因为可行方案数目有限，因此经过一一比较后，总能求出最好方案。例如，背包问题充其量有 2^{n-1} 种方式；连线问题充其量有 n！种方式。实际上这种方法是不可行的。设想计算机每秒能比较 1 000 000 个方式，那么要比较完 20！（大于 2×10^{18}）种方式，大约需要 800 年；比较完 2^{60} 种方式，大约需要 360 世纪。

(2) 先放弃变量的整数性要求，解一个线性规划问题，然后用“四舍五入”法取整数解。这种方法，只有在变量的取值很大时，才有成功的可能性，而当变量的取值较小时，特别是 0-1 规划时，往往不能成功。

【例 5.4】　求解下列问题

$$\max Z = 3x_1 + 13x_2$$

$$\text{s. t.} \quad 2x_1 + 9x_2 \leqslant 40$$

$$11x_1 - 8x_2 \leqslant 82$$

$$x_1, x_2 \geqslant 0, \text{且取整数值}$$

解　图 5.1 中可行域 OABD 内整数点，放弃整数要求后，最优解 B（9.2，2.4），$Z_0=58.8$，而原整数规划最优解 I（2，4），$Z_0=58$，实际上 B 附近四个整点（9，2）、（10，2）、（9，3）、（10，3）都不是原规划最优解。

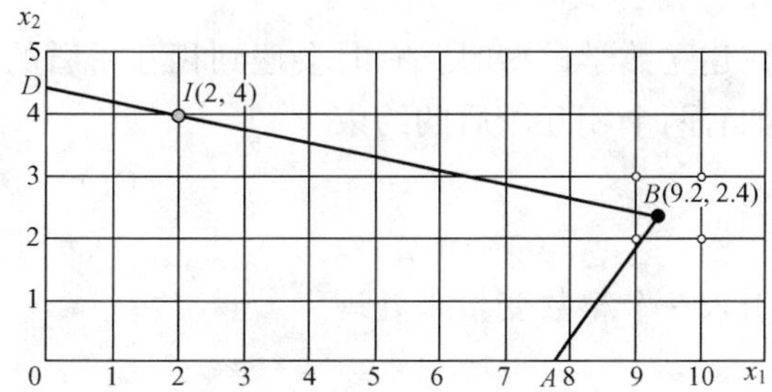

图 5.1　［例 5.4］问题的解

假如能求出可行域的“整点凸包”（包含所有整点的最小多边形 $OEFGHIJ$，见图 5.2），则可在此凸包上求线性规划的解，即为原问题的解。但求“整点凸包”十分困难。

假如把可行域分解成五个互不相交的子问题（见图 5.3）P1、P2、P3、P4、P5 之和，P3、P5 的定义域都是空集，而放弃整数要求后，P1 最优解 I（2，4），$Z_1=58$，P2 最优解（6，3），$Z_2=57$，P4 最优解$\left(\frac{98}{11}, 2\right)$，$Z_4=52\frac{8}{11}$，如图 5.4 所示。

假如放弃整数要求后，用单纯形法求得最优解，恰好满足整数性要求，则此解也是原整数规划的最优解。

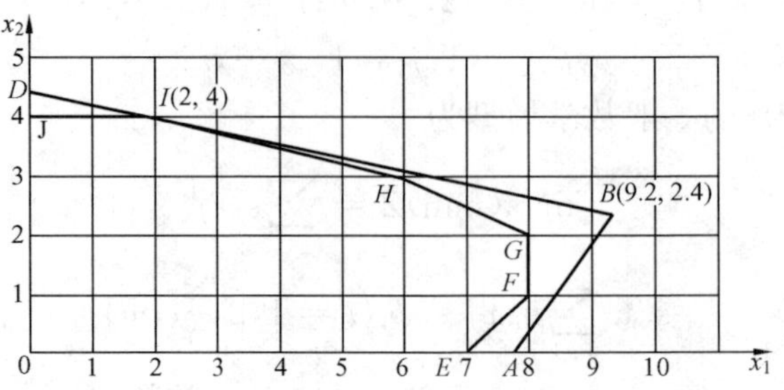

图 5.2 可行域的“整点凸包”

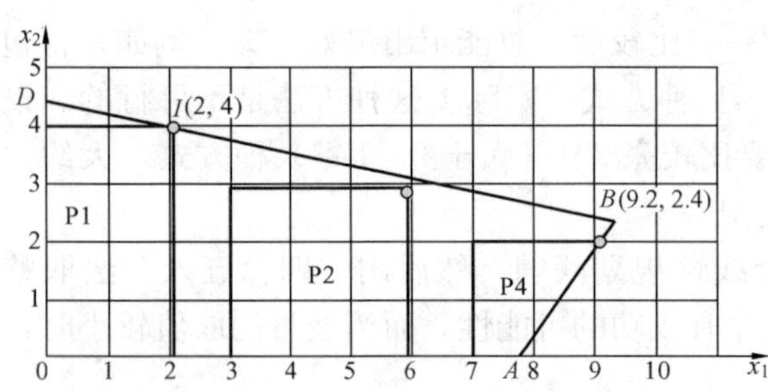

图 5.3 可行域分解成五个互不相交的子问题（一）

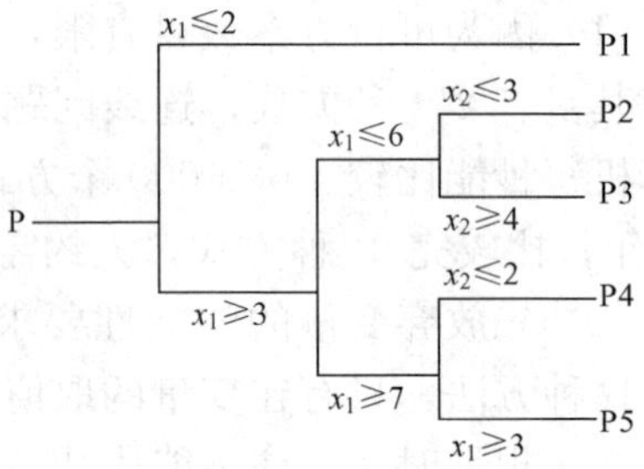

图 5.4 可行域分解成五个互不相交的子问题（二）

以上描述了目前解整数规划问题的两种基本途径。在整数规划的一般解法中用到三个基本概念：分解（Separation）、松弛（Relaxation）、探测（Fathoming）。

5.1.3 特殊约束的处理

1. *矛盾约束*

在建立数学模型时，有时会遇到相互矛盾的约束，模型只要求其中的一个约束起作用。如有两个相互矛盾的约束

$$f(x)-5\geqslant 0 \tag{5.1}$$

$$f(x)\leqslant 0 \tag{5.2}$$

引入一个整数变量来处理

$$-f(x)+5\leqslant M(1-y) \tag{5.3}$$

$$f(x)\leqslant My \tag{5.4}$$

M 是足够大的整数，y 是 0-1 变量。当 $y=1$ 时，式（5.1）、式（5.3）无差别，式（5.4）显然成立；当 $y=0$ 时，式（5.2）、式（5.4）无差别，式（5.3）显然成立。

以上方法可以处理绝对值形式的约束

$$|f(x)|\geqslant a(a>0)$$

此时

$$f(x)\geqslant a \tag{5.5}$$

$$f(x)\leqslant -a \tag{5.6}$$

是矛盾约束。

引入一个整数变量来处理

$$-f(x)+a \leqslant M(1-y)$$

$$f(x)+a \leqslant My$$

M 是足够大的整数，y 是 0-1 变量。

注意：对 $|f(x)| \leqslant a$ $(a>0)$ 不必引入 0-1 变量，因为 $f(x) \leqslant a$ 和 $f(x) \geqslant -a$ 并不矛盾。

【例 5.5】 两个约束条件 $2x_1+3x_2 \geqslant 8$，$x_1+x_2 \leqslant 2$，只能有一个成立。试用 0-1 变量来表示这个要求。

解 引入 0-1 变量 y 和足够大的整数 M，则

$$8-2x_1-3x_2 \leqslant M(1-y), x_1+x_2-2 \leqslant My$$

当 $y=0$，$x_1+x_2 \leqslant 2$ 成立，而 $2x_1+3x_2 \geqslant 8-M$ 自然成立，从而是多余的；

当 $y=1$，$2x_1+3x_2 \geqslant 8$ 成立，而 $x_1+x_2 \leqslant 2+M$ 自然成立，从而是多余的。

2. 多中选一的约束

例如，模型希望在 $f_i(x) \leqslant 0$，$i=1, 2, \cdots, n$ 的 n 个约束中，只能有一个约束有效，引入 n 个 0-1 变量 y_i，$i=1, 2, \cdots, n$，则上式可改写为

$$f_i(x) \leqslant M(1-y_i), y_1+y_2+\cdots+y_n=1$$

如果希望有 k 个约束有效，则

$$f_i(x) \leqslant M(1-y_i), y_1+y_2+\cdots+y_n=k$$

如果希望至多有 k 个约束成立，则

$$f_i(x) \leqslant M(1-y_i), y_1+y_2+\cdots+y_n \leqslant k$$

如果希望至少有 k 个约束成立，则

$$f_i(x) \leqslant M(1-y_i), y_1+y_2+\cdots+y_n \geqslant k$$

3. 逻辑关系约束

比较典型的逻辑关系是 if-then 关系，也称 if-then 约束。这类逻辑关系一般涉及两个约束，如果第一个约束成立，则第二个约束也必须成立；否则，如果第一个约束不成立，则第二个约束也可以不成立。可以描述为：如果 $f(x)<0$ 成立，则 $g(x) \leqslant 0$ 必须成立；如果 $f(x)<0$ 不成立，则对 $g(x)$ 无限制。引入 0-1 变量，则有 $f(x) \geqslant -M(1-y)$ (*)，$g(x) \leqslant My$。如果 $f(x)<0$ 成立，则 y 不能为 1，否则与（*）矛盾。所以 $y=0$，$g(x) \leqslant 0$ 成立。如果 $f(x) \geqslant 0$ [即 $f(x)<0$ 不成立]，则 y 的取值已无关紧要，因为 y 取任何值，（*）总成立，所以 y 的取值由（*）控制，因此 $g(x)$ 的取值不受任何限制。如果 $f(x)<0$ 成立，则 y 不能为 1，否则与（*）矛盾。所以 $y=0$，$g(x) \leqslant 0$ 成立。

5.2 0-1 规划的解法

0-1 规划在线性整数规划中具有重要地位。

定理 5.1 任何整数规划都可以化成0-1规划。

一般地说，可把整数 x 变成 $k+1$ 个 0-1 变量公式 $x=y_0+2y_1+2^2y_2+\cdots+2^ky_k$，若 x 上界为 U，则对于 $0<x<U$，要求 k 满足 $2^{k+1} \geqslant U+1$。由于这个原因，数学界曾纷纷寻找“背包问题”解的方法，但进展缓慢。

0-1 规划可用隐枚举法（Implicit Enumeration）求解。基本上隐枚举法可以从所有变量等于零出发（初始点），然后依次指定一些变量取值为 1，直到获得一个可行解，于是将第一个可行解记作迄今为止最好的可行解；再重复，依次检查变量为 0、1 的各种组合，对迄今为止最好的可行解加以改进，直到获得最优解。

【例 5.6】 求解下列问题

$$\max Z = 3x_1 - 2x_2 + 5x_3$$

$$\text{s.t.}\quad x_1 + 2x_2 - x_3 \leqslant 2 \qquad (1)$$

$$x_1 + 4x_2 + x_3 \leqslant 4 \qquad (2)$$

$$x_1 + x_2 \leqslant 3 \qquad (3)$$

$$4x_2 + x_3 \leqslant 6 \qquad (4)$$

$$x_j \geqslant 0 \text{ 或 } 1 \qquad (5)$$

解　容易看出（1，0，0）满足约束条件，对应 $Z=3$，对于 $\max Z$ 来说，希望 $Z\geqslant3$，所以增加约束条件

$$Z = 3x_1 - 2x_2 + 5x_3 \geqslant 3 \qquad (0)$$

称为过滤性（Filtering Constraint）条件。初看起来，增加约束条件需增加计算量，实际减少了计算量。增加约束条件式（0）（$Z\geqslant3$）后实际做了 24 次运算，而原问题需要计算 $2^3\times4=32$ 次运算（3 个变量，4 个约束条件），过程见表 5.2～表 5.5。

表 5.2　　问 题 的 解（一）

循环	(x_1, x_2, x_3)	s. t. 式（0）	s. t. 式（1）	s. t. 式（2）	s. t. 式（3）	s. t. 式（4）	满足	Z 值
1	（0，0，0）	0					no	
2	（0，0，1）	5	−1	1	0	1	yes	5
3	（0，1，0）	−2					no	
4	（0，1，1）	3	1	5			no	
5	（1，0，0）	3	1	1	1	0	yes	3
6	（1，0，1）	8	0	2	1	1	yes	8
7	（1，1，0）	1					no	
8	（1，1，1）	6	2	6			no	

注意：改进过滤性条件，在计算过程中随时调整右边常数，价值系数按递增排列。以上两种方法可减少计算量，见表 5.3～表 5.5。

表 5.3　　问 题 的 解（二）

循环	(x_2, x_1, x_3)	s. t. 式（0）	s. t. 式（1）	s. t. 式（2）	s. t. 式（3）	s. t. 式（4）	满足	Z 值
1	（0，0，0）	0					no	
2	（0，0，1）	5	−1	1	0	1	yes	5

改进过滤性条件 $Z\geqslant5$，并及时替换 s. t. 式(0)，得表 5.4。

表 5.4 问 题 的 解(三)

循环	(x_2, x_1, x_3)	s. t. 式(0′)	s. t. 式(1)	s. t. 式(2)	s. t. 式(3)	s. t. 式(4)	满足	Z值
3	(0, 1, 0)	3					no	
4	(0, 1, 1)	8	0	2	1	1	yes	8

改进过滤性条件 $Z\geqslant 8$，并及时替换 s. t. 式(0′)，得表 5.5。

表 5.5 问 题 的 解(四)

循环	(x_2, x_1, x_3)	s. t. 式(0″)	s. t. 式(1)	s. t. 式(2)	s. t. 式(3)	s. t. 式(4)	满足	Z值
5	(1, 0, 0)	−2					no	
6	(1, 0, 1)	3					no	
7	(1, 1, 0)	1					no	
8	(1, 1, 1)	6		2	1	1	no	

最优解$(x_2, x_1, x_3)=(0, 1, 1)$，$Z=8$，实际只计算了 16 次。

【例 5.7】 求解下列问题

$$\max\ Z = 3x_1 + 4x_2 + 5x_3 + 6x_4$$
$$\text{s.t.}\quad 2x_1 + 3x_2 + 4x_3 + 5x_4 \leqslant 15$$
$$x_j \geqslant 0 \text{ 且为整数}$$

解 先变换 x_j 为 0-1 变量

$$x = y_0 + 2y_1 + 2^2 y_2 + \cdots 2^k y_k$$

$x_1\leqslant 7$，$x_1=y_{01}+2y_{11}+2^2y_{21}$；$x_2\leqslant 5$，$x_2=y_{02}+2y_{12}+2^2y_{22}$；$x_3\leqslant 3$，$x_3=y_{03}+2y_{13}$；$x_4\leqslant 3$，$x_4=y_{04}+2y_{14}$。代入原问题，得到

$$\max Z = 3y_{01} + 6y_{11} + 12y_{21} + 4y_{02} + 8y_{12} + 16y_{22} + 5y_{03} + 10y_{13} + 6y_{04} + 12y_{14}$$

$$\text{s.t.}\quad 2y_{01} + 4y_{11} + 8y_{21} + 3y_{02} + 6y_{12} + 12y_{22} + 4y_{03} + 8y_{13} + 5y_{04} + 10y_{14} \leqslant 15$$
$$y_{ij} = 0 \text{ 或} = 1$$

用隐枚举法可得到 $y_{11}=y_{21}=y_{02}=1$，其他全为零，最优解(6, 1, 0, 0)，$Z=22$。

【例 5.8】 0-1 规划应用。

华美公司有 5 个项目被列入投资计划，各项目的投资额和期望的投资收益见表 5.6。

表 5.6 项目的投资额和期望的投资收益

项目	投资额(万元)	投资收益(万元)	项目	投资额(万元)	投资收益(万元)
1	210	150	4	130	80
2	300	210	5	260	180
3	100	60			

该公司只有 600 万元资金可用于投资，由于技术原因，投资受到以下约束：

(1) 在项目 1、2 和 3 中必须有一项被选中。

(2) 项目 3 和 4 只能选中一项。

(3) 项目 5 被选中的前提是项目 1 必须被选中。

如何在上述条件下，选择一个最好的投资方案，使收益最大。

解 令 $x_i=\begin{cases}1 & 选中该项目\\ 0 & 未选中该项目\end{cases}$

$$\max Z = 150x_1 + 210x_2 + 60x_3 + 80x_4 + 180x_5$$

$$\text{s.t.}\quad \begin{aligned} 210x_1 + 300x_2 + 100x_3 + 130x_4 + 260x_5 &\leqslant 600 \\ x_1 + x_2 + x_3 &= 1 \\ x_3 + x_4 &\leqslant 1 \\ x_5 &\leqslant x_1 \\ x_i &= 1 \text{ 或 } 0 \end{aligned}$$

5.3 分枝定界法(Branch and Bound Method)

原问题的松弛问题：任何整数规划(IP)凡放弃某些约束条件(如整数要求)后，所得到的问题P都称为IP的松弛问题。最通常的松弛问题是放弃变量的整数性要求后，P为线性规划问题。

一般利用分枝定界法求解对应的松弛问题，可能会出现下面几种情况：

(1) 若所得的最优解的各分量恰好是整数，则这个解也是原整数规划的最优解，计算结束。

(2) 若松弛问题无可行解，则原整数规划问题也无可行解，计算结束。

(3) 若松弛问题有最优解，但其各分量不全是整数，则这个解不是原整数规划的最优解，转下一步。

(4) 从不满足整数条件的基变量中任选一个 x_l 进行分枝，它必须满足 $x_l \leqslant [x_l]$ 或 $x_l \geqslant [x_l]+1$ 中的一个，将这两个约束条件加进原问题中，形成两个互不相容的子问题(两分法)。

(5) 定界：将满足整数条件各分枝的最优目标函数值作为上(下)界，用它来判断分枝是保留还是剪枝。

(6) 剪枝：将那些子问题的最优值与界值比较，凡不优或不能更优的分枝全剪掉，直到每个分枝都查清为止。

【例 5.9】 用分枝定界法求解

$$\max Z = 4x_1 + 3x_2$$

$$\text{s.t.}\quad \begin{aligned} 3x_1 + 4x_2 &\leqslant 12 \\ 4x_1 + 2x_2 &\leqslant 9 \\ x_1, x_2 &\geqslant 0, \text{整数} \end{aligned}$$

解 用单纯形法可解得相应的松弛问题的最优解 $\left(\frac{6}{5}, \frac{21}{10}\right)$，$Z=\frac{111}{10}$ 为各分枝的上界。

两个子问题

$$\text{(P1)}\max Z = 4x_1 + 3x_2$$

$$\text{s.t.}\quad 3x_1 + 4x_2 \leqslant 12$$

$$4x_1+2x_2\leqslant 9$$
$$x_1,x_2\geqslant 0,x_1\leqslant 1,\text{整数}$$

用单纯形法可解得相应的 P1 的最优解$\left(1,\ \frac{9}{4}\right)$，$Z=10\frac{3}{4}$，如图 5.5 所示。

$$\begin{aligned}(\text{P2})\max Z=&4x_1+3x_2\\ \text{s. t.}\quad &3x_1+4x_2\leqslant 12\\ &4x_1+2x_2\leqslant 9\\ &x_1,\ x_2\geqslant 0,\ x_1\geqslant 2,\ \text{整数}\end{aligned}$$

可解得相应的 P2 的最优解$\left(2,\ \frac{1}{2}\right)$，$Z=9\frac{1}{2}$，如图 5.5 所示。

用单纯形法解 P1 的两个子问题

$$\begin{aligned}(\text{P3})\max Z=&4x_1+3x_2\\ \text{s. t.}\quad &3x_1+4x_2\leqslant 12\\ &4x_1+2x_2\leqslant 9\\ &x_1,\ x_2\geqslant 0,\ x_1\leqslant 1,\ x_2\leqslant 2,\ \text{整数}\end{aligned}$$

用单纯形法可解得相应的 P3 的最优解(1，2)，$Z=10$，如图 5.6 所示。

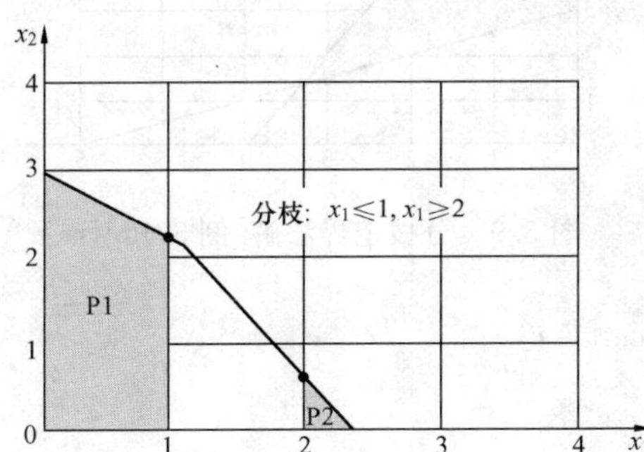

图 5.5　分枝定界法解[例 5.9](一)

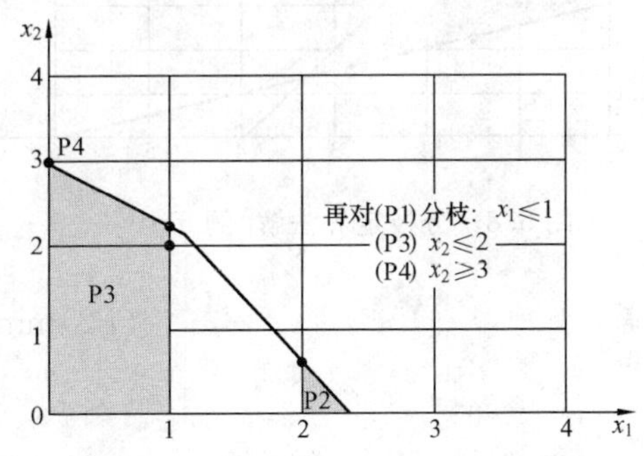

图 5.6　分枝定界法解[例 5.9](二)

$$\begin{aligned}(\text{P4})\max Z=&4x_1+3x_2\\ \text{s. t.}\quad &3x_1+4x_2\leqslant 12\\ &4x_1+2x_2\leqslant 9\\ &x_1,\ x_2\geqslant 0,\ x_1\leqslant 1,\ x_2\geqslant 3,\ \text{整数}\end{aligned}$$

用单纯形法可解得相应的 P4 的最优解(0，3)，$Z=9$，如图 5.6 所示。

综合上述，得到原问题的最优解(1，2)，$Z=10$，如图 5.7 所示。

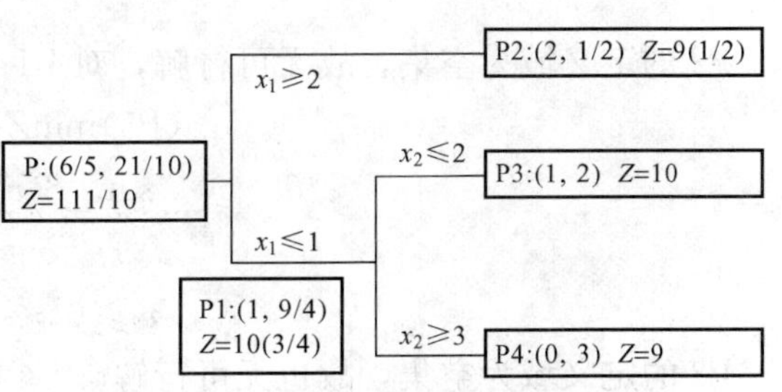

图 5.7　分枝定界法解[例 5.9](三)

【例 5.10】 用分枝定界法求解

$$\begin{aligned}\min Z=&x_1+4x_2\\ \text{s. t.}\quad &2x_1+x_2\leqslant 8\\ &x_1+2x_2\geqslant 6\\ &x_1,\ x_2\geqslant 0,\ \text{整数}\end{aligned}$$

解　用单纯形法可解得相应松弛问题的最优解$\left(\frac{10}{3},\frac{4}{3}\right)$，$Z=\frac{26}{3}$为各分枝的下界，如图 5.8 所示。

$$(P1)\min Z=x_1+4x_2$$

$$\text{s. t.}\quad 2x_1+x_2\leqslant 8$$

$$x_1+2x_2\geqslant 6$$

$$x_1,\ x_2\geqslant 0,\ x_1\leqslant 3,\ \text{整数}$$

用单纯形法可解得 P1 的最优解$\left(3,\ \frac{3}{2}\right)$，$Z=9$，如图 5.9 所示。

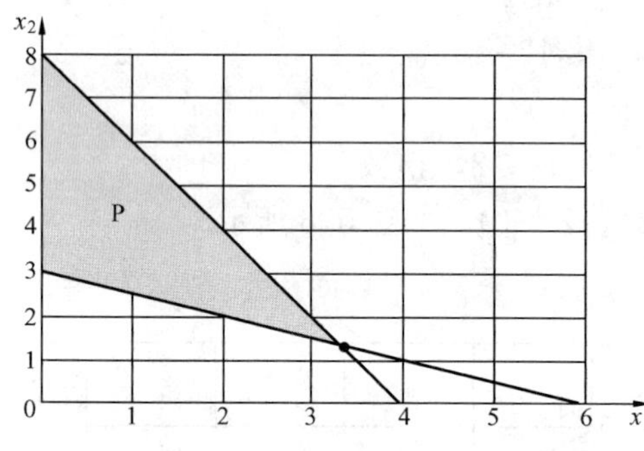

图 5.8　分枝定界法解[例 5.10](一)

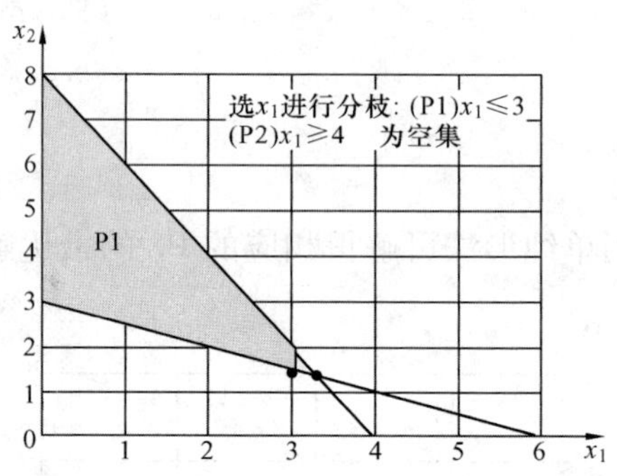

图 5.9　分枝定界法解[例 5.10](二)

$$(P2)\min Z=x_1+4x_2$$

$$\text{s. t.}\quad 2x_1+x_2\leqslant 8$$

$$x_1+2x_2\geqslant 6$$

$$x_1,\ x_2\geqslant 0,\ x_1\geqslant 4,\ \text{整数}$$

P2 的定义域为空集，故无可行解，对 P1 再进行分枝 P3、P4。

$$(P3)\min Z=x_1+4x_2$$

$$\text{s. t.}\quad 2x_1+x_2\leqslant 8$$

$$x_1+2x_2\geqslant 6$$

$$x_1,\ x_2\geqslant 0,\ x_1\leqslant 3,\ x_2\leqslant 1,\ \text{整数}$$

P3 的定义域为空集，故也无可行解。

$$(P4)\min Z=x_1+4x_2$$

$$\text{s. t.}\quad 2x_1+x_2\leqslant 8$$

$$x_1+2x_2\geqslant 6$$

$$x_1,\ x_2\geqslant 0,\ x_1\leqslant 3,\ x_2\geqslant 2,\ \text{整数}$$

用单纯形法可解得 P4 的最优解(2，2)，$Z=10$，如图 5.10 所示。

综合上述，得到原问题的最优解(2，2)，$Z=10$，如图 5.11 所示。

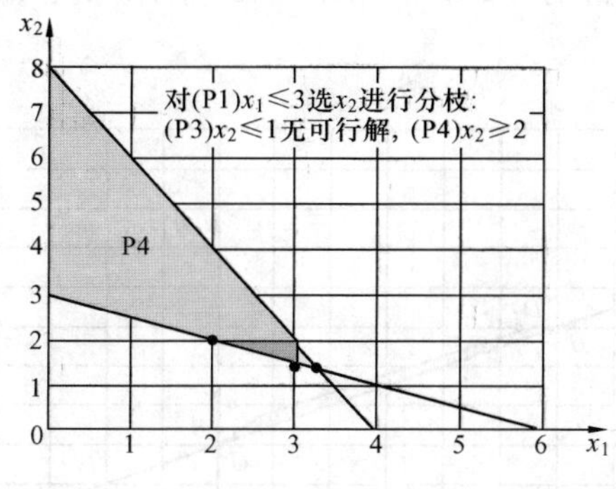

图 5.10 分枝定界法解[例 5.10](三)

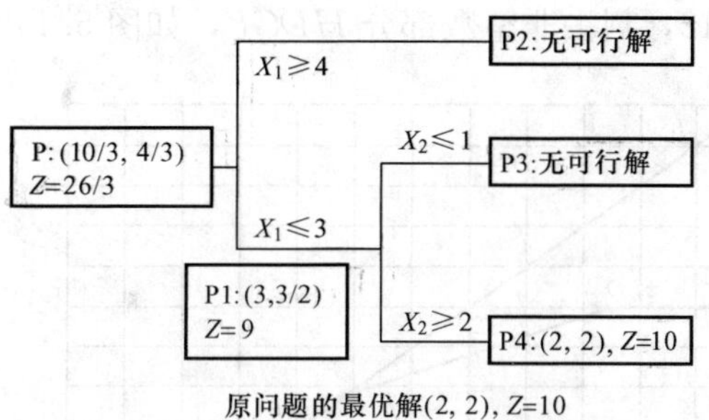

图 5.11 分枝定界法解[例 5.10](四)

5.4 割平面法(Cutting Plane Method)

割平面法是通过生成一系列的平面割掉非整数部分来得到最优整数解的方法。目前，割平面法有分数割平面法、原始割平面法、对偶整数割平面法、混合割平面法等。下面介绍 Gomory 割平面法(纯整数规划割平面法)，用例子说明割平面法基本思想。

【例 5.11】 求解下列问题(IP)

$$
\begin{aligned}
&\max Z=2x_1+3x_2\\
&\text{s.t.}\quad 2x_1+4x_2\leqslant 25\\
&\qquad x_1\leqslant 8\\
&\qquad 2x_2\leqslant 10\\
&\qquad x_1,\ x_2\geqslant 0，\text{且取整数值}
\end{aligned}
$$

解 化成标准问题

$$
\begin{aligned}
&\max Z=2x_1+3x_2\\
&\text{s.t.}\quad 2x_1+4x_2+x_3=25\\
&\qquad x_1+x_4=8\\
&\qquad 2x_2+x_5=10\\
&\qquad x_j\geqslant 0，\text{且取整数值}
\end{aligned}
$$

它的松弛问题(P)为

$$
\begin{aligned}
&\max Z=2x_1+3x_2\\
&\text{s.t.}\quad 2x_1+4x_2+x_3=25\\
&\qquad x_1+x_4=8\\
&\qquad 2x_2+x_5=10\\
&\qquad x_j\geqslant 0
\end{aligned}
$$

用单纯形法求解得到最优解 $B(8,\ \frac{9}{4})$，$Z=22\frac{3}{4}$，但不是原问题(IP)的解，原问题(IP)可行域是如图 5.12 所示的 $OABDE$ 内的全部方格点组成。

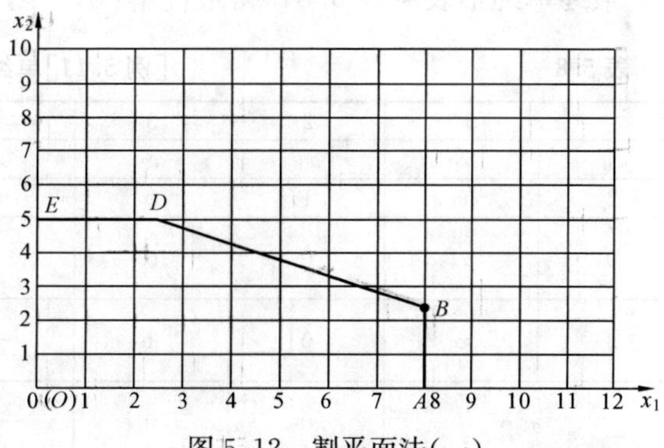

图 5.12 割平面法(一)

用割平面法求解，l_1：$x_1+x_2=10$，割去非整数部分 FBG，如图 5.13 所示。l_2：$x_1+2x_2=12$，割去非整数部分 $HDGF$，如图 5.14 所示。

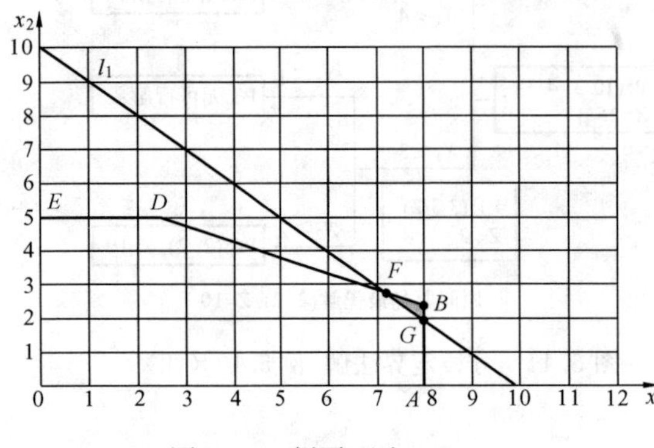

图 5.13 割平面法(二)

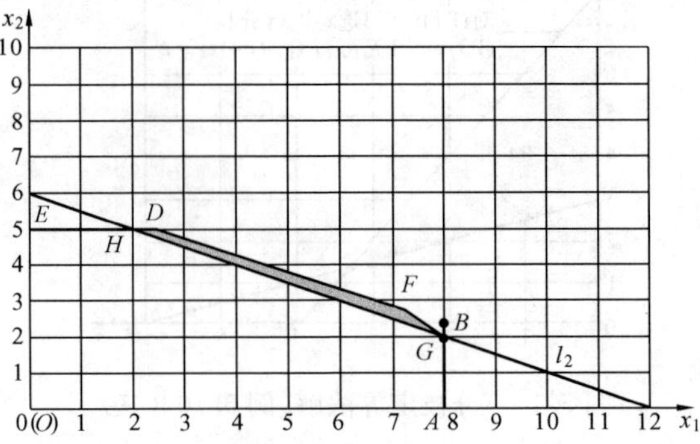

图 5.14 割平面法(三)

形成新的凸可行域 $OAGHE$(整点凸包)，如图 5.14 所示，它的极点 G(方格点)是原问题(IP)的最优解(8，2)，Z=22。

约束条件：l_1：$x_1+x_2\leqslant 10$，l_2：$x_1+2x_2\leqslant 12$，称为割平面。

问题是如何寻找割平面。

松弛问题(P)

$$\begin{aligned}&\max Z=2x_1+3x_2\\ &\text{s.t.}\quad 2x_1+4x_2+x_3=25\\ &\qquad\quad x_1+x_4=8\\ &\qquad\quad 2x_2+x_5=10\\ &\qquad\quad x_j\geqslant 0\end{aligned}$$

初始单纯形表见表 5.7。

表 5.7 **[例 5.11]单纯形表（一）**

c		2	3	0	0	0	b	Θ
c_B	x_B	x_1	x_2	x_3	x_4	x_5		
0	x_3	2	4	1	0	0	25	
0	x_4	1	0	0	1	0	8	
0	x_5	0	2	0	0	1	10	
σ								

最终单纯形表见表 5.8，得最优解$\left(8,\ \frac{9}{4},\ 0,\ 0,\ \frac{11}{2}\right)$，$Z=\frac{91}{4}$。

表 5.8 **[例 5.11]单纯形表（二）**

c		2	3	0	0	0	b	Θ
c_B	x_B	x_1	x_2	x_3	x_4	x_5		
2	x_1	1	0	0	1	0	8	
0	x_5	0	0	$-\frac{1}{2}$	1	1	$\frac{11}{2}$	
3	x_2	0	1	$\frac{1}{4}$	$-\frac{1}{2}$	0	$\frac{9}{4}$	
σ		0	0	$-\frac{3}{4}$	$-\frac{1}{2}$	0	$\frac{91}{4}$	

x_2 相应的方程为 $x_2+\frac{1}{4}x_3-\frac{1}{2}x_4=\frac{9}{4}$。

将所有系数分解成整数和非负真分数之和，得

$$x_2+\frac{1}{4}x_3-x_4+\frac{1}{2}x_4=2+\frac{1}{4}$$

$$x_2-x_4-2=\frac{1}{4}-\frac{1}{4}x_3-\frac{1}{2}x_4$$

令
$$\frac{1}{4}-\frac{1}{4}x_3-\frac{1}{2}x_4\leqslant 0 \qquad (1)$$

加松弛变量得

$$\frac{1}{4}-\frac{1}{4}x_3-\frac{1}{2}x_4+x_6=0$$

$$-\frac{1}{4}x_3-\frac{1}{2}x_4+x_6=-\frac{1}{4}$$

插入原最终表中(见表 5.9)，继续计算。该问题原始不可行，但对偶可行，用对偶单纯形法计算。

表 5.9 [例 5.11]单纯形表（三）

c		2	3	0	0	0	0	b
c_B	x_B	x_1	x_2	x_3	x_4	x_5	x_6	
2	x_l	1	0	0	1	0	0	8
0	x_5	0	0	$-\frac{1}{2}$	1	1	0	$\frac{11}{2}$
3	x_2	0	1	$\frac{1}{4}$	$-\frac{1}{2}$	0	0	$\frac{9}{4}$
0	x_6	0	0	$-\frac{1}{4}$	$-\frac{1}{2}$	0	1	$-\frac{1}{4}$
σ		0	0	$-\frac{3}{4}$	$-\frac{1}{2}$	0	0	$\frac{91}{4}$

最优解 $\left(\frac{15}{2}，\frac{5}{2}，0，\frac{1}{2}，5\right)$，$Z=\frac{45}{2}$，$F$ 点，见表 5.10。

表 5.10 [例 5.11]单纯形表（四）

c		2	3	0	0	0	0	b
c_B	x_B	x_1	x_2	x_3	x_4	x_5	x_6	
2	x_1	1	0	$-\frac{1}{2}$	0	0	2	$\frac{15}{2}$
0	x_5	0	0	−1	0	1	2	5
3	x_2	0	1	$\frac{1}{2}$	0	0	−1	$\frac{5}{2}$
0	x_4	0	0	$\frac{1}{2}$	1	0	−2	$\frac{1}{2}$
σ		0	0	$-\frac{1}{2}$	0	0	−1	$\frac{45}{2}$

进行第二次切割，在表 5.10 中第一行所对应的方程为

$$x_1-\frac{1}{2}x_3+2x_6=\frac{15}{2}$$

整理后得 $x_1-x_3+\frac{1}{2}x_3+2x_6=7+\frac{1}{2}$，$x_1-x_3+2x_6-7=\frac{1}{2}-\frac{1}{2}x_3$

令
$$\frac{1}{2}-\frac{1}{2}x_3\leqslant 0 \tag{2}$$

$$-\frac{1}{2}x_3\leqslant -\frac{1}{2}$$

加松弛变量 $-\frac{1}{2}x_3+x_7=-\frac{1}{2}$

插入表中(见表 5.11)，继续计算。

表 5.11 **[例 5.11]单纯形表（五）**

c		2	3	0	0	0	0	0	b
c_B	x_B	x_1	x_2	x_3	x_4	x_5	x_6	x_7	
2	x_1	1	0	$-\frac{1}{2}$	0	0	2	0	$\frac{15}{2}$
0	x_5	0	0	−1	0	1	2	0	5
3	x_2	0	1	$\frac{1}{2}$	0	0	−1	0	$\frac{5}{2}$
0	x_6	0	0	$\frac{1}{2}$	1	0	−2	0	$\frac{1}{2}$
0	x_7	0	0	$-\frac{1}{2}$	0	0	0	1	$-\frac{1}{2}$
σ		0	0	$-\frac{1}{2}$	0	0	−1	0	$\frac{45}{2}$

得到最优解(8，2，1，0，6,)，$Z=22$，G 点，见表 5.12。

表 5.12 **[例 5.11]单纯形表（六）**

c		2	3	0	0	0	0	0	b
c_B	x_B	x_1	x_2	x_3	x_4	x_5	x_6	x_7	
2	x_1	1	0	0	0	0	2	−1	8
0	x_5	0	0	0	0	1	2	−2	6
3	x_2	0	1	0	0	0	−1	1	2
0	x_4	0	0	0	1	0	−2	1	0
0	x_3	0	0	1	0	0	0	−2	1
σ		0	0	0	0	0	−1	−1	22

根据
$$2x_1+4x_2+x_3=25$$
$$x_1+x_4=8$$
$$x_3=25-2x_1-4x_2$$
$$x_4=8-x_1$$

代入式(1)、式(2)得

$$l_1: x_1+x_2 \leqslant 10$$

$$l_2: x_1+2x_2 \leqslant 12$$

即为两个割平面。

Gomory 定理：若可行域 D 非空有界，则经过有限次循环后，算法必将终止。

【例 5.12】 求解下列问题

$$\max Z = x_1 + x_2$$

$$\text{s.t.} \quad -x_1 + x_2 \leqslant 1$$

$$3x_1 + x_2 \leqslant 4$$

$$x_1,\ x_2 \geqslant 0，\text{且取整数值}$$

解 化为标准问题

$$\max Z = x_1 + x_2$$

$$\text{s.t.} \quad -x_1 + x_2 + x_3 = 1$$

$$3x_1 + x_2 + x_4 = 4$$

$$x_1,\ x_2,\ x_3,\ x_4 \geqslant 0，\text{取整数值}$$

初始单纯形表见表 5.13，最终单纯形表见表 5.14，得最优解$\left(\frac{3}{4}, \frac{7}{4}\right)$，$Z=\frac{5}{2}$。

表 5.13 **[例 5.12]单纯形表（一）**

c		1	1	0	0	b
c_B	x_B	x_1	x_2	x_3	x_4	
0	x_3	-1	1	1	0	1
0	x_4	3	1	0	1	4
σ		1	1	0	0	0

表 5.14 **[例 5.12]单纯形表（二）**

c		1	1	0	0	b
c_B	x_B	x_1	x_2	x_3	x_4	
1	x_1	1	0	$-\frac{1}{4}$	$\frac{1}{4}$	$\frac{3}{4}$
1	x_2	0	1	$\frac{3}{4}$	$\frac{1}{4}$	$\frac{7}{4}$
σ		0	0	$-\frac{1}{2}$	$-\frac{1}{2}$	$\frac{5}{2}$

表 5.14 对应的方程为

$$x_1 - \frac{1}{4}x_3 + \frac{1}{4}x_4 = \frac{3}{4}，\quad x_2 + \frac{3}{4}x_3 + \frac{1}{4}x_4 = \frac{7}{4}$$

整理后得

$$x_1 - x_3 = \frac{3}{4} - \frac{3}{4}x_3 - \frac{1}{4}x_4，\quad x_2 - 1 = \frac{3}{4} - \frac{3}{4}x_3 - \frac{1}{4}x_4$$

令 $\frac{3}{4} - \frac{3}{4}x_3 - \frac{1}{4}x_4 \leqslant 0$，$-3x_3 - x_4 \leqslant -3$，$-3x_3 - x_4 + x_5 = -3$，得到第一个切割方程，插入原最优表，继续计算，见表 5.15。

表 5.15　　[例 5.12]单纯形表（三）

c		1	1	0	0	0	b
c_B	x_B	x_1	x_2	x_3	x_4	x_5	
1	x_1	1	0	$-\frac{1}{4}$	$\frac{1}{4}$	0	$\frac{3}{4}$
1	x_2	0	1	$\frac{3}{4}$	$\frac{1}{4}$	0	$\frac{7}{4}$
0	x_5	0	0	-3	-1	1	-3
σ		0	0	$-\frac{1}{2}$	$-\frac{1}{2}$	0	$\frac{5}{2}$

该问题原始不可行，但对偶可行，用对偶单纯形法计算见表 5.16，得到最优解(1，1，1)，$Z=2$。

表 5.16　　[例 5.12]单纯形表（四）

c		1	1	0	0	0	b
c_B	x_B	x_1	x_2	x_3	x_4	x_5	
1	x_1	1	0	0	$\frac{1}{6}$	$\frac{1}{12}$	1
1	x_2	0	1	0	0	$\frac{1}{4}$	1
0	x_5	0	0	1	$\frac{1}{3}$	$-\frac{1}{3}$	1
σ		0	0	0	$-\frac{1}{6}$	$-\frac{1}{3}$	2

从图 5.15 可以看出，对标准问题

$$\max Z=x_1+x_2$$

$$\text{s.t.}\quad -x_1+x_2+x_3=1$$

$$3x_1+x_2+x_4=4$$

$$x_1, x_2, x_3, x_4 \geqslant 0，\text{取整数值}$$

将 $x_3=1+x_1-x_2$，$x_4=4-3x_1-x_2$ 代入 $-3x_3-x_4\leqslant -3$，$x_2\leqslant 1$，得最优解(1，1)，$Z=2$，如图 5.16 所示。

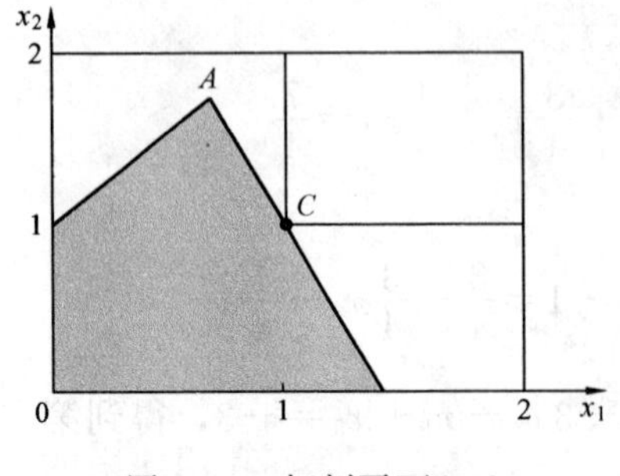

图 5.15　切割平面(一)

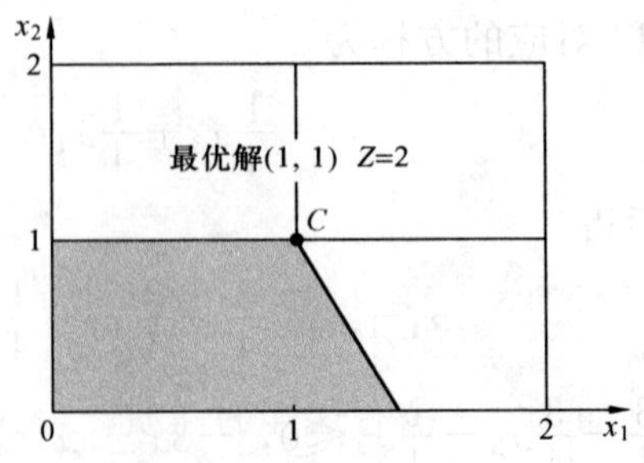

图 5.16　切割平面(二)

5.5 指派问题(分配问题，Assignment Problem)

如有一份中文说明书需翻译成英、日、德、俄四种文字，分别记作 E、J、G、R，现有甲、乙、丙、丁四人将中文说明书翻译成英、日、德、俄四种文字所需时间见表 5.17，问应该如何分配工作，使所需总时间最少？

类似问题：有 n 项加工任务，怎样分配到 n 台机床上分别完成；有 n 条航线，怎样指定 n 艘船分别去航行等。表 5.17 中数据称为效率矩阵或系数矩阵，其元素大于 0，表示分配第 i 人去完成第 j 项任务时的效率(或时间、成本等)。

表 5.17 分 配 任 务

任务 人员	E	J	G	R
甲	2	15	13	4
乙	10	4	14	15
丙	9	14	16	13
丁	7	8	11	9

引入 0-1 变量，$x_{ij}=1$ 表示分配第 i 人去完成第 j 项任务，$x_{ij}=0$ 表示不分配第 i 人去完成第 j 项任务。

1. 分配问题的数学模型

$$\min Z = \sum_{i=1}^{n}\sum_{j=1}^{n} c_{ij}x_{ij}$$

$$\text{s.t.} \quad \sum_{i=1}^{n} x_{ij} = 1 \ (j = 1,2,\cdots,n)$$

$$\sum_{j=1}^{n} x_{ij} = 1 (i = 1,2,\cdots,n)$$

$$x_{ij} \geqslant 0 \text{ 或 } 1 \ (i = 1,2,\cdots,n;\ j = 1,2,\cdots,n)$$

$\sum_{i=1}^{n} x_{ij} = 1 \ (j = 1,2,\cdots,n)$ 表示第 j 项任务只能由一人去完成。

$\sum_{j=1}^{n} x_{ij} = 1 \ (i = 1,2,\cdots,n)$ 表示第 i 人只能完成一项任务。

满足约束条件的解称为可行解，可写成矩阵形式，如

$$\begin{pmatrix} 0 & 1 & 0 & 0 \\ 0 & 0 & 1 & 0 \\ 1 & 0 & 0 & 0 \\ 0 & 0 & 0 & 1 \end{pmatrix}$$

称为解矩阵，其各行各列元素之和为 1。

2. 分配问题性质

分配问题的最优解有这样的性质：若从系数矩阵 C 的一行(列)各元素中分别减去该行(列)的最小元素得到的新矩阵 B，那么 B 为系数矩阵求得的最优解和用原来的系数矩阵 C 求得的最优解相同。B 称为缩减矩阵(Reduced Matrix)。

3. 匈牙利算法(Hungarian Method)

系数矩阵中独立 0 元素的最多个数等于能覆盖所有 0 元素的最少直线数。

(1) 匈牙利算法(Hungarian Method)基本思想：对于同一工作 i 来讲，所有机床的效率都提高或降低同一常数，不会影响最优分配；同样，对于同一机床 j 来讲，做所有工作的效率都提高或降低同一常数，也不会影响最优分配。

(2) 关于匈牙利算法的步骤，现举例说明。

【例 5.13】 分配问题的系数矩阵为

$$\begin{pmatrix} 2 & 15 & 13 & 4 \\ 10 & 4 & 14 & 15 \\ 9 & 14 & 16 & 13 \\ 7 & 8 & 11 & 9 \end{pmatrix} \quad \begin{matrix} \min \\ 2 \\ 4 \\ 9 \\ 7 \end{matrix}$$

试用匈牙利算法求解。

解 第一步：经变换使分配问题的系数矩阵各行各列中都出现 0 元素。

1) 从系数矩阵的每行元素减去该行的最小元素(若某行已经有 0 元素，就不必再减)，得

$$\begin{matrix} & \begin{pmatrix} 0 & 13 & 11 & 2 \\ 6 & 0 & 10 & 11 \\ 0 & 5 & 7 & 4 \\ 0 & 1 & 4 & 2 \end{pmatrix} \\ \min & \begin{matrix} 0 & 0 & 4 & 2 \end{matrix} \end{matrix}$$

2) 再从所得系数矩阵的每列元素减去该列的最小元素，得

$$\begin{pmatrix} 0 & 13 & 7 & 0 \\ 6 & 0 & 6 & 9 \\ 0 & 5 & 3 & 2 \\ 0 & 1 & 0 & 0 \end{pmatrix}$$

第二步：进行试分配，以寻找最优解。

1) 从只有一个 0 元素的行(或列)开始，给这个 0 元素加圈，记⓪，然后划去⓪所在的列(或行)的其他 0 元素，记作 ϕ。

2) 给只有一个 0 元素的列(或行)的 0 元素加圈，记⓪，然后划去⓪所在的行(或列)的其他 0 元素，记作 ϕ。

3) 反复进行上述两步，直到所有的 0 元素都被圈出和划掉为止。

4) 若还有没有划圈的 0 元素，且同行(或列)的 0 元素至少有两个，从剩有 0 元素最少的行(或列)开始，比较这行各 0 元素所在列中 0 元素的数目，选择 0 元素少的那列的 0 元素加圈，然后划掉同行同列的其他 0 元素。可反复进行，直到所有的 0 元素都被圈出和划掉为止。

5) 若⓪元素的数目 m 等于矩阵阶数 n，那么该分配问题的最优解已得到。若 $m<n$，则转下一步。

将[例 5.13]经第一步运算后的矩阵从只有一个 0 元素的行开始，给这个 0 元素加圈，记⓪，得

$$\begin{pmatrix} 0 & 13 & 7 & 0 \\ 6 & ⓪ & 6 & 9 \\ 0 & 5 & 3 & 2 \\ 0 & 1 & 0 & 0 \end{pmatrix}$$

$$\begin{pmatrix} 0 & 13 & 7 & 0 \\ 6 & ⓪ & 6 & 9 \\ ⓪ & 5 & 3 & 2 \\ 0 & 1 & 0 & 0 \end{pmatrix}$$

然后划去⓪所在的列的其他0元素，记作ϕ，得

$$\begin{pmatrix} \phi & 13 & 7 & 0 \\ 6 & ⓪ & 6 & 9 \\ ⓪ & 5 & 3 & 2 \\ \phi & 1 & 0 & 0 \end{pmatrix}$$

再从只有一个0元素的列开始，给这个0元素加圈，记⓪，并划去⓪所在的行的其他0元素，记作ϕ，得

$$\begin{pmatrix} \phi & 13 & 7 & 0 \\ 6 & ⓪ & 6 & 9 \\ ⓪ & 5 & 3 & 2 \\ \phi & 1 & ⓪ & \phi \end{pmatrix}$$

再从只有一个0元素加圈，记⓪，得

$$\begin{pmatrix} \phi & 13 & 7 & ⓪ \\ 6 & ⓪ & 6 & 9 \\ ⓪ & 5 & 3 & 2 \\ \phi & 1 & ⓪ & \phi \end{pmatrix}$$

加圈的0元素的个数为4，得到最优分配的解为

$$\begin{pmatrix} 0 & 0 & 0 & 1 \\ 0 & 1 & 0 & 0 \\ 1 & 0 & 0 & 0 \\ 0 & 0 & 1 & 0 \end{pmatrix}$$

即甲译俄文，乙译日文，丙译英文，丁译德文所需时间最少，$Z=28\text{h}$。

【例5.14】 求解分配问题，其系数矩阵见表5.18。

表5.18 分配问题的系数矩阵(一)

人员＼任务	A	B	C	D	E
甲	12	7	9	7	9
乙	8	9	6	6	6
丙	7	17	12	14	9
丁	15	14	6	6	10
戊	4	10	7	10	9

解 第一步：经变换使分配问题的系数矩阵，各行各列中都出现 0 元素，见表 5.19、表 5.20。

表 5.19 **分配问题的系数矩阵(二)**

人员 \ 任务	A	B	C	D	E	min
甲	12	7	9	7	9	7
乙	8	9	6	6	6	6
丙	7	17	12	14	9	7
丁	15	14	6	6	10	6
戊	4	10	7	10	9	4
min	4	7	6	6	6	

表 5.20 **分配问题的系数矩阵(三)**

5	0	2	0	2
2	3	0	0	0
0	10	5	7	2
9	8	0	0	4
0	6	3	6	5

第二步：进行试分配，得到表 5.21。

表 5.21 **试 分 配 结 果**

5	⓪	2	ϕ	2
2	3	ϕ	ϕ	⓪
⓪	10	5	7	2
9	8	⓪	ϕ	4
ϕ	6	3	6	5

第三步：作最少的直线覆盖所有的 0 元素，以确定该系数矩阵中能找到最多的独立 0 元素数。

对没有⓪的行打"✓"；对已打"✓"行中所有含 0 元素的列打"✓"；再对打"✓"列中含⓪元素的行打"✓"。重复上述两步，直到得不出新的打"✓" 行列为止。

对没有打"✓"行画横线，有打"✓"列画纵线，就得到覆盖所有 0 元素的最少直线数，见表 5.22。

表 5.22 **运 算 表**

✓					
5	⓪	2	ϕ	2	
2	3	ϕ	ϕ	⓪	
⓪	10	5	7	2	✓
9	8	⓪	ϕ	4	
ϕ	6	3	6	5	✓

第四步：在没有被直线覆盖的部分中找出最小元素，然后在打"✓"行各元素都减去这一最小元素，而在打"✓"列中各元素都加上这一最小元素，以保证原来 0 元素不变，这样得到新的系数矩阵(它的最优解和原问题相同)。若得到 n 个独立的 0 元素，则已经得到最优解，

表5.22中打"√"的行中最小元素为2，在打"√"的行中各元素都减去2，在打"√"的列中各元素都加上2，见表5.23；否则回到第三步重复进行运算。

表5.23 最 优 解(一)

7	⓪	2	ϕ	2
4	3	ϕ	⓪	ϕ
ϕ	8	3	5	⓪
11	8	⓪	ϕ	4
⓪	4	1	4	3

表5.23中⓪的个数=5，得最优分配表5.24。

表5.24 最 优 解(二)

人员 \ 任务	A	B	C	D	E
甲	12	(7)	9	7	9
乙	8	9	6	(6)	6
丙	7	17	12	14	(9)
丁	15	14	(6)	6	10
戊	(4)	10	7	10	9

$\min z=4+7+6+6+9=32$

此问题有另外一个解，见表5.25和表5.26。

表5.25 另外一个最优解

7	⓪	2	ϕ	2
4	3	⓪	ϕ	ϕ
ϕ	8	3	5	⓪
11	8	ϕ	⓪	4
⓪	4	1	4	3

表5.26 最 优 分 配 表

人员 \ 任务	A	B	C	D	E
甲	12	(7)	9	7	9
乙	8	9	(6)	6	6
丙	7	17	12	14	(9)
丁	15	14	6	(6)	10
戊	(4)	10	7	10	9

$\min z=4+7+6+6+9=32$

5.6 用Microsoft Excel Solver解整数规划、0-1整数规划和混合整数规划问题

一般整数规划的变量与线性规划一样，通过正常的输入方式赋值到Excel Solver形式

中，然后通过选择 int 作为整数约束标志来对整数变量添加约束(见图 5.17)。0-1 整数变量通过约束来保证它们为整数，并且使该变量大于等于 0，小于等于 1。

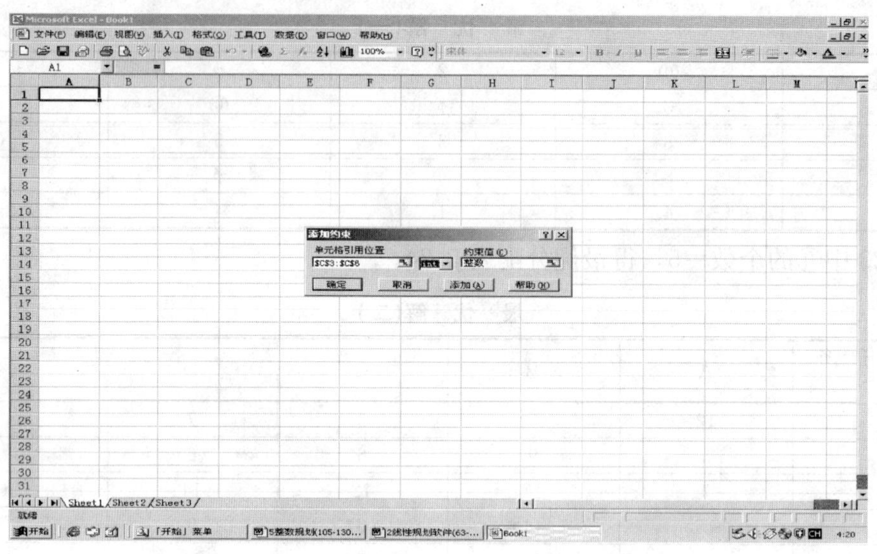

图 5.17 整数约束条件的输入

具体的解题步骤参考用 Microsoft Excel Solver 对线性规划求解部分。

5.7 整数规划案例

案例一：电源规划问题

某地区在制定十年电力规划时，遇到这样一个问题，根据电力需求预测，该地区十年以后发电装机容量需要增加 180 万 kW，到时年发电量需增加 100 亿 kW·h。根据调查和讨论，电力规划的备选技术方案有三种：

扩建原有火电站，但最多只能安装 5 台 10 万 kW 机组；

新建水电站，但最多只能安装 4 台 25 万 kW 机组；

新建火电站，但最多只能安装 4 台 30 万 kW 机组。

通过调研和计算，获得有关参数见表 5.27。

表 5.27 工 程 概 况

备选方案	工程特点	前期工程投资(百万元)	单机设备投资(百万元)	单机容量(万 kW)	允许装机台数	资本回收因子	年运行成本[百万元/(亿 kW·h)]	负荷因子
1	扩建火电站	—	21	10	5	0.103	4.11	0.66
2	新建水电站	504	70	25	4	0.0578	2.28	0.4
3	新建火电站	240	65	30	4	0.103	3.65	0.7

注 负荷因子=全年满功率运行天数/全年总天数。全年满功率运行天数：方案 1 为 241 天，方案 2 为 146 天，方案 3 为 255 天。资本回收因子：火电站 15 年，年利率 0.06；水电站 30 年，年利率 0.04。

(一) 设置决策变量

设备选方案1、2、3的装机台数分别为x_1、x_2、x_3，它们的年发电量分别为x_6、x_7、x_8，备选方案1无前期土建工程要求，备选方案2、3都需要前期土建工程。这两个前期土建工程是否施工用变量x_4、x_5代表，则x_1取值0～5之间的整数，x_2、x_3取值0～4之间的整数，x_4、x_5只能取0或1，x_6、x_7、x_8大于零。

(二) 建立约束方程

(1) 满足装机容量需求约束$10x_1+25x_2+30x_3\geqslant 180$。

(2) 满足规划年发电量需求约束$x_6+x_7+x_8\geqslant 100$。

(3) 各电站容量与发电量平衡方程。每台机组发电量等于单机容量乘全年小时数，再乘以负荷因子，换算亿度量纲，即

方案1 $$x_6=\left(0.66\times 8760\times\frac{10}{10000}\right)\times x_1$$

方案2 $$x_7=\left(0.4\times 8760\times\frac{25}{10000}\right)\times x_2$$

方案3 $$x_8=\left(0.7\times 8760\times\frac{30}{10000}\right)\times x_3$$

得三个约束方程

$$5.782x_1-x_6=0$$

$$8.76x_2-x_7=0$$

$$18.39x_3-x_8=0$$

(4) 每个方案最多的装机台数约束。

方案1：不需前期土建工程，$x_1\leqslant 5$；

方案2：前期土建工程是装机的先决条件，且小于最大允许数，$x_2\leqslant 4x_4$；

方案3：前期土建工程是装机的先决条件，且小于最大允许数，$x_3\leqslant 4x_5$。

(5) 变量取值限制。x_1，x_2，$x_3\geqslant 0$且整数；x_6，x_7，$x_8\geqslant 0$；x_4或$x_5=1$，有前期土建工程要求；x_4或$x_5=0$，无前期土建工程要求。

(三) 设计目标函数

目标函数：年成本费用最低。

成本包括两大部分：

(1)可变成本。可变成本是与发电量有关的成本，如原材料、燃料、动力和活劳动消耗等，即表5.27中年运行成本。

(2)不变成本。不变成本是指与装机容量及前期土建投资有关的成本。

方案1：单机投资×回收因子=21×0.103=2.163(百万元)；

方案2：单机投资×回收因子=70×0.0578=4.046(百万元)；

方案3：单机投资×回收因子=65×0.103=6.695(百万元)。

方案2和3的前期土建投资的年资本回收成本分别为：504×0.0578=29.131(百万元)，240×0.103= 24.72(百万元)。对于方案1、2、3，每发1亿kW·h电能的运行成本分别为4.11、2.28、3.65百万元。

(四) 数学模型

$\min Z=2.163x_1+4.046x_2+6.695x_3+29.131x_4+24.72x_5+4.11x_6+2.28x_7+3.65x_8$

s. t. $10x_1+25x_2+30x_3\geqslant 180$

$x_6+x_7+x_8\geqslant 100$

$5.782x_1-x_6=0$

$8.76x_2-x_7=0$

$18.39x_3-x_8=0$

$x_1\leqslant 5$；$x_2\leqslant 4x_4$；$x_3\leqslant 4x_5$；x_1，x_2，$x_3\geqslant 0$，且为整数

x_6，x_7，$x_8\geqslant 0$，x_4，$x_5=1$ 或 0

(五) 求解

利用混合整数规划求解程序 MIP，得到 $x_1=2$，$x_2=4$，$x_3=3$，$x_4=1$，$x_5=1$，$x_6=11.56$，$x_7=35.04$，$x_8=55.17$，$\min Z=423.24$ 百万元。

最优决策方案：扩建原有火电站，安装 2 台 10 万 kW 发电机组；新建水电站，安装 4 台 25 万 kW 发电机组；新建火电站，安装 3 台 30 万 kW 发电机组。总装机容量达 2×10+4×25+3×30=210 万 kW。

案例二：地区电网最优化规划方案研讨

研究合理的电网建设(特别是电源变电所布点)问题十分关键，如何设计最优建设方案尤为关键。本案例利用混合整数规划方法对地区规划中选取变电站建设最优方案问题进行探讨。

(一) 背景

据电力市场调查与预测，辽宁省××地区 2020 年最大电力将达 1500MW，供电量为 6579GW·h，地区电网规划拟以 220kV 变电站作主供电源，技术方案有三，见表 5.28。

表 5.28 变电站布点候选方案有关参数

工程特点		变电所座数(座)	单台主变压器容量(MV·A)	允许安装主变压器台数(台)	前期工程投资(万元)		回收系数 r	供电成本元/(kW·h)	主变压器经济负荷系数 k_2
					设 备	建筑安装			
1	原 3 座主变压器增容、新建 3 座	6	240	12	5008	8653	0.1102	0.5575	0.65
2	原 3 座主变压器增容、新建 5 座	8	180	16	4459	11 229	0.1102	0.5597	0.65
3	原 3 座主变压器增容、新建 5 座	8	120	24	3382	12 381	0.1102	0.5607	0.87

(二) 优化模型构造

1. 决策变量 x_j 设置

方案 1、2 和 3 的变电站座数分别为 x_1、x_2 和 x_3，供电能力为 x_7、x_8 和 x_9(单位：

GW·h)。原有变电站的扩建、主变压器增容与新建变电站都将进行前期建筑安装工程等，每个方案的前期工程是否施工分别以 x_4、x_5 和 x_6 代表。

2. 约束条件

(1) 最大电力需求

$$k_1(B_1x_1+B_2x_2+B_3x_3)\cos\varphi \geqslant P_{\max}$$

式中　k_1——供电同时率；

$\cos\varphi$——平均功率因数；

B_1、B_2 和 B_3——对应方案 1、2 和 3 的变电站主变压器容量；

$P_{\max}$——地区综合最大电力。

(2) 满足目标年需用电量需求

$$x_7+x_8+x_9 \geqslant Q$$

式中　Q——××地区目标年供电量。

(3) 各变电站主变压器容量与供电负荷平衡

$$x_7 = k_{21}B_1Tx_1\cos\varphi_1 \times 10^{-4}$$

$$x_8 = k_{22}B_2Tx_2\cos\varphi_2 \times 10^{-4}$$

$$x_9 = k_{23}B_3Tx_3\cos\varphi_3 \times 10^{-4}$$

式中　k_{21}、k_{22}、k_{23}——主变压器经济负荷系数；

T——最大负荷利用时间。

(4) 各方案最多变电站座数约束：如果前期工程不施工，则该方案变电站座数一定为零；前期工程施工，则变电站座数必须小于其最大允许数。故约束方程式为

$$x_1-6x_4\leqslant 0$$

$$x_2-8x_5\leqslant 0$$

$$x_3-8x_6\leqslant 0$$

(5) x_j 取值限制：x_1、x_2 和 x_3 均为大于或等于零的整数。$x_4,x_5,x_6=0$，当前期工程不施工；$x_4,x_5,x_6=1$，当前期工程施工。x_7、x_8 和 x_9 均为大于或等于零的实数。

3. 目标函数设计

该问题的目标函数设计为年总费用最小，并采用年总费用最小法[西方国家称最小开支法(Least Cost)]，即将收益(供电效益)相同的各方案的开支流贴现后进行比较，年总费用最小者即为最优方案。年总费用为

$$Z=rK+u$$

式中　Z——年总费用；

K——逐年投资额；

r——回收系数，$r=i(1+i)^n/(1+i)^{n-1}$；

u——等年值的年运行费用。

成本包括不变成本和可变成本。本问题中不变成本是指与变电站设备投资及前期建筑安装工程投资有关的材料费、折旧费及维修费等成本，分年计算后计入 Z。可变成本是指购入电力的成本，在电价一定的条件下，它随着供电量 Q 的增加而增大，即表 5.29 中给出的年

供电成本。

方案 1、2 和 3 平均每座变电站设备的年投资费用 c_1、c_2、c_3 分别为 551.88 万元、491.38 万元和 372.7 万元；前期建筑安装工程分年计算的年投资费用 c_4、c_5、c_6 分别为 953.56 万元、1237.44 万元和 1364.39 万元。而三个方案每 1kW·h 的供电成本 c_7、c_8、c_9 分别为 0.557 元、0.556 元和 0.561 元。上述 c_1，c_2，…，c_9 即为目标函数中的价值系数 c_j。因此，该问题的目标函数 $z=c_j x_j(j=1, 2, \cdots, 9)$ 为

$$
\begin{aligned}
\min z = & 551.88x_1+491.38x_2+372.7x_3+953.56x_4+1237.44x_5 \\
& +1364.39x_6+0.557x_7+0.560x_8+0.561x_9
\end{aligned}
$$

（三）模型参数的确定

1. 技术参数 a_{ij}

a_{ij} 构成了约束条件的系数矩阵。变电站主变压器容量规格及规模的设置，以及 k_1、k_2、T、$\cos\varphi$ 等参数是影响 a_{ij} 的主要因素，均依该地区的具体情况而定。

规划设计中，按照满足安全准则的要求，变电站一般应配置 2 台或以上同容量主变压器及相应的电源进线。主变压器在一定条件下可过负荷 30%。考虑到满足安全准则后，2 台主变压器的 k_2 取 65%，3 台取 87%。随着地区电力负荷的发展和用电构成的变化，T 将不断缩短，负荷率将有所回落，k_1 随着供电充足程度的提高而下降。据测算，该地区 2020 年 220kV 的 k_1 为 77%，T 为 4335h。

2. 资源变量 b_r

b_r 构成了约束条件的右端常数，也称外生变量。本问题中，20 年后该地区 P_{max} 与 Q 就是地方政府和供电部门由该地区工业、农业、交通运输等产业发展以及人口增长对电力发展的要求研究制定的。

3. 价值系数 c_j

c_j 是反映整个系统成本和效率的参数，也称效果系数，主要表现为目标函数的系数。工程建设投资应在电力设施使用年限 n(国外叫有限寿命期)内全部回收。若工程开始时投资现值为 P_0，且全部投资从银行贷款，年利率为 i，则每年等额收回资金 P 与 P_0 有如下关系

$$
P_0 = P\sum_{j=1}^{n}\frac{1}{(1+i)^j}
$$

式中 P_0——现值；

P——终值；

$\sum_{j=1}^{n}\frac{1}{(1+i)^j}$——贴现率。

贴现率 $\sum_{j=1}^{n}\frac{1}{(1+i)^j}=\frac{(1+i)^{n-1}}{i(1+i)^n}$，可计算出来，也可通过复利、贴现表查得。则 $P=P_0\frac{i(1+i)^n}{(1+i)^{n-1}}$。因此，这个与 i 及 n 有关的比例系数 $\frac{i(1+i)^n}{(1+i)^{n-1}}$ 也可称为回收系数 r，或称资本回收系数。本问题中 n 取 25 年。电力工业投资利润率，亦即西方计算贴现时用的利率 $i=10\%$，则求得 $r=0.1102$。在变电站综合投资构成中，设备(包括工器具)投资约占 68.6%，建筑安装(含其他费用)投资约占 31.4%，c_1、c_2、c_3、c_4、c_5、c_6 即可得知。由该供电企业

1990～1997年固定资产、供电成本分类构成统计资料分析，变电设备约占固定资产的23.7%，购电成本约占总成本的89.48%。经测算，2020年购电价为0.5167元/(kW·h)，工资与职工福利费、材料费、折旧费、大修理费均按国家及主管总公司(局)规定提取。因此，可求得方案1、2和3的供电单位成本c_7、c_8和c_9。

（四）优化模型及算法

本变电站布点方案设计的规划问题的优化模型，经归纳得

$$\min Z = 551.88x_1 + 491.38x_2 + 372.7x_3 + 953.56x_4 + 1237.44x_5 + 1364.39x_6 + 0.5574x_7 + 0.5597x_8 + 0.5607x_9$$

$$\text{s.t.}\quad \begin{cases} 4x_1 + 3x_2 + 3x_3 \geqslant 17.09 \\ x_7 + x_8 + x_9 \geqslant 65.79 \\ 12.85x_1 - x_7 = 0 \\ 9.64x_2 - x_8 = 0 \\ 12.9x_3 - x_9 = 0 \\ x_1 - 6x_4 \leqslant 0 \\ x_2 - 8x_5 \leqslant 0 \\ x_3 - 8x_6 \leqslant 0 \end{cases}$$

其中，x_4，x_5，$x_6=0$或1；x_1，x_2，x_3为整变量；x_7，x_8，x_9为实变量。

根据上述模型，可利用混合整数规划求解程序，得到变换后的优化模型的最优解。

$x^* = [0,\ 0,\ 6,\ 0,\ 0,\ 1,\ 0,\ 0,\ 77.4]^{\mathrm{T}}$，最优目标函数值$z^{*\prime} = -3642.9$，即原问题的最优目标函数值$Z^* = 3642.9$。

（五）最优方案分析

最优解对应于以下方案，可供有关部门在决策时参考：①原有变电站应再扩建成3×120MV·A；②新建变电站3座，主变压器容量均为3×120MV·A。若按这个方案进行地区电网220kV变电站布点建设，年总费用为3642.9万元。这比原来该地区初步研究的任一建设方案的投资费用都低，见表5.29。在复杂的规划问题中，如果仅以变电站座数或Q来选择建设方案，不一定能保证有好的经济效果。例如初始方案1、2、3、4、5和6的变电站座数都低于规划要求，并且年供电能力也满足要求，而Z仍高于最优方案的31.09%～43.58%。

表5.29　　初选方案与最优方案的经济比较

变电站主变压器容量配置		初始方案1	初始方案2	初始方案3	初始方案4	初始方案5	初始方案6
变电站建设情况	每座变电站安装主变压器2×240MV·A	1	2	0	0	0	0
	每座变电站安装主变压器2×180MV·A	0	0	1	2	3	0
	每座变电站安装主变压器3×120MV·A	5	4	5	4	3	7
主变压器总容量(MV·A)		2280	2400	2160	2160	2160	2520

续表

投资费用		初始方案 1	初始方案 2	初始方案 3	初始方案 4	初始方案 5	初始方案 6
年供电量(GW·h)		7735	7730	7415	7090	6765	9030
分年计算投资费用	前期投资(万元)	10247	10330	10052	9940	9828	11859
	主变压器设备投资(万元)	3183	3209	3122	3088	3053	3683
	年供电成本[元/(kW·h)]	0.557	0.557	0.557	0.557	0.557	0.559
年总费用合计(万元)		4775.5	4954.5	4997	5113.8	5230.6	4973.29
与最优方案总费用差额(万元)		1132.7	1311.8	1132.7	1311.8	1490.9	1381
与最优方案节约总费用比率(%)		31.09	36.01	37.17	40.37	43.58	36.52

注 P_{max}均按 1500MW 考虑。

本 章 小 结

整数规划是一类特殊的线性规划，有广泛的应用背景。整数规划原问题的松弛问题的解，不一定是整数规划的最优解。分枝定界法和割平面法是求解整数规划的两种比较优越的方法，因为它们是仅在一部分可行解的整数解中寻求最优解，计算量比较小。若变量数目很大，其计算量也是非常可观的。可以利用 Lindo、WinQSB、Excel 等工具对其求解。

0-1 整数规划是一类特列的整数规划。求解 0-1 整数规划最一般的想法是穷举法，但这需要检查变量取值的 2^n 个组合。若变量 n 较大，穷举法的困难可想而知。隐枚举法在寻找最优解过程中，通过分析、判断，只检查变量取值组合的一部分。同样，也可以利用 Lindo、WinQSB、Excel 等工具求解 0-1 整数规划问题。

指派问题则是一种特殊的 0-1 整数规划，也是一种特殊的运输问题，对于这类问题的描述需要建立一个认为每一种可能指派的成本(利润)表，在实际中这类问题有很多应用。匈牙利算法是求解指派问题的成熟算法。当然，Lindo、WinQSB、Excel 等工具同样可以求解这类问题。

习 题 5

一、计算题

5.1 试将下述非线性的 0-1 规划问题转换为线性的 0-1 规划问题：

$$\max z = x_1^2 + x_2 x_3 - x_3^3$$

$$\text{s.t.}\quad -2x_1 + 3x_2 + x_3 \leqslant 3$$

$$x_j = 0 \text{ 或 } 1 (j=1,\ 2,\ 3)$$

5.2 某钻井队要从以下 10 个可供选择的井位中确定 5 个钻井探油，使总的钻探费用为最小。若 10 个井位的代号为 s_1，s_2，…，s_{10}，相应的钻探费用为 c_1，c_2，…，c_{10}，并且井位选择上要满足下列限制条件：

(1) 或选择 s_1 和 s_7，或选择钻探 s_8。

(2) 选择了 s_3 或 s_4 就不能选 s_5，或反过来也一样。

(3) 在 s_5、s_6、s_7、s_8 中最多只能选两个。

试建立此问题的整数规划模型。

5.3 用分枝定界法求解下列整数规划问题：

(1) $\max z=x_1+x_2$

$$\text{s.t.}\quad \begin{cases} x_1+\frac{9}{14}x_2\leqslant\frac{51}{14} \\ -2x_1+x_2\leqslant\frac{1}{3} \\ x_1,\ x_2\geqslant 0，\text{且为整数} \end{cases}$$

(2) $\max z=2x_1+3x_2$

$$\text{s.t.}\quad \begin{cases} 5x_1+7x_2\leqslant 35 \\ 4x_1+9x_2\leqslant 36 \\ x_1,\ x_2\geqslant 0，\text{且为整数} \end{cases}$$

5.4 用割平面法求解下列整数规划问题：

(1) $\max z=7x_1+9x_2$

$$\text{s.t.}\quad \begin{cases} -x_1+3x_2\leqslant 6 \\ 7x_1+x_2\leqslant 35 \\ x_1,\ x_2\geqslant 0，\text{且为整数} \end{cases}$$

(2) $\min z=4x_1+5x_2$

$$\text{s.t.}\quad \begin{cases} 3x_1+2x_2\geqslant 7 \\ x_1+4x_2\geqslant 5 \\ 3x_1+x_2\geqslant 2 \\ x_1,\ x_2\geqslant 0，\text{且为整数} \end{cases}$$

5.5 用隐枚举法求解 0-1 整数规划问题：

$$\max z=3x_1+2x_2-5x_3-2x_4+3x_5$$

$$\text{s.t.}\quad \begin{cases} x_1+x_2+x_3+2x_4+x_5\leqslant 4 \\ 7x_1+3x_3-4x_4+3x_5\leqslant 8 \\ 11x_1-6x_2+3x_4-3x_5\geqslant 3 \\ x_j=0\ \text{或}\ 1(j=1,\ \cdots,\ 5) \end{cases}$$

5.6 请用解 0-1 整数规划的隐枚举法求解下面的两维 0-1 背包问题：

$$\max f=2x_1+2x_2+3x_3$$

$$\text{s.t.}\quad \begin{cases} x_1+2x_2+2x_3\leqslant 4 \\ 2x_1+x_2+3x_3\leqslant 5 \\ x_j=0\ \text{或}\ 1,\ j=1,\ 2,\ 3 \end{cases}$$

5.7 用匈牙利法求解如下效率矩阵的指派问题：

$$\begin{pmatrix} 7 & 9 & 10 & 12 \\ 13 & 12 & 16 & 17 \\ 15 & 16 & 14 & 15 \\ 11 & 12 & 15 & 16 \end{pmatrix}$$

5.8 分配甲、乙、丙、丁四人去完成五项任务。每人完成各项任务时间见表 5.30。由于任务数多于人数，故规定其中有一个人可兼完成两项任务，其余三人每人完成一项。试确定总花费时间为最少的指派方案。

表 5.30 **每人完成各项任务的时间**

人员＼任务	A	B	C	D	E
甲	25	29	31	42	37
乙	39	38	26	20	33
丙	34	27	28	40	32
丁	24	42	36	23	45

5.9 五人各种姿势的游泳成绩(各为 50m)见表 5.31。试问如何进行指派，从中选拔一个参加 200m 混合泳的接力队，使预期比赛成绩为最好。

表 5.31 **五人各种姿势的游泳成绩(各 50m)**

泳姿＼人员	赵	钱	张	王	周
仰　泳	37.7	32.9	33.8	37.0	35.4
蛙　泳	43.4	33.1	42.2	34.7	41.8
蝶　泳	33.3	28.5	38.9	30.4	33.6
自由泳	29.2	26.4	29.6	28.5	31.1

5.10 运筹学中著名的旅行商贩(货郎担)问题可以叙述如下：某旅行商贩从某一城市出发到其他几个城市去推销商品，规定每个城市均须到达而且只到达一次，然后回到原出发城市。已知城市 i 和 j 之间的距离为 d_{ij}，问该商贩应选择一条什么样的路线顺序旅行，使总的旅程为最短。试对此问题建立整数规划模型。

5.11 有三个不同的产品要在三台机床上加工，每个产品必须首先在机床 1 上加工，然后依次在机床 2、3 上加工。在每台机床上加工三个产品的顺序应保持一样，假定用 t_{ij} 表示在第 j 机床上加工第 i 个产品的时间，问应如何安排，使三个产品总的加工周期为最短。试建立此问题的整数规划模型。

二、复习思考题

5.12 对整数规划问题，是否能先解相应的线性规划问题，然后用凑整的办法求出最优整数解，为什么?

5.13 对于可行域是有界的整数规划问题，其可行点的个数是有限的，是否可以用列举法寻找出最优整数解，为什么?

5.14 试用例子说明解指派问题的匈牙利解法比用单纯形法和运输问题的表上作业法都简单。

第6章　非线性规划

非线性规划(Nonlinear Programming)是运筹学中包含内容最多，应用最广泛的一个分支，计算远比线性规划复杂，由于篇幅的限制，只能作简单的介绍。

6.1　非线性规划的基本概念

电厂投资分配问题就属于非线性规划问题。

水电部门打算将一笔资金分配去建设 n 个水电厂，其库容量为 k_i，$i=1, 2, \cdots, n$，各电厂水库径流输入量分布为 $F_i(Q)$，发电量随库容量与径流量而变化，以 $E_i(k_i, Q)$表示。计划部门构造一个模型，即在一定条件下，使总发电量年平均值最大，用数学语言来说，使其期望值最大。对每个电厂 i，其年发电量的期望值为 $\int E_i(k_i,Q)\mathrm{d}F_i(Q)$，设 V 为总投资额，V_i 为各水电厂的投资，都是 k_i 的非线性函数，构造非线性规划模型为

$$\begin{aligned} &\max S=\int E_i(k_i,Q)\mathrm{d}F_i(Q) \\ &\text{s.t.}\quad V_1(k_1)+V_2(k_2)+\cdots+V_n(k_n)=V \\ &\qquad\quad V_1(k_1),V_2(k_2),\cdots,V_n(k_n)\geqslant 0 \end{aligned}$$

利用一定的算法，可求出最优分配 k_i^* 和 V_i^* ($i=1, 2, \cdots, n$)。

1. 模型分类

对于一般模型

$$\left.\begin{aligned} &\min f(X) \\ &\text{s.t.}\quad h_i(X)=0\ (i=1, 2, \cdots, m) \\ &\qquad\quad g_j(X)\geqslant 0\ (j=1, 2, \cdots, l) \end{aligned}\right\}\mathrm{P}$$

$X\in E^n$，$f(X)$，$h_i(X)$，$g_j(X)$为 E^n 上的实函数

进行分类。

(1) 模型分类1：

如果 $f(X)$、$h_i(X)$、$g_j(X)$中至少有一个函数不是线性(仿射)函数，则称P为非线性问题。

如果 $f(X)$、$h_i(X)$、$g_j(X)$都是线性(仿射)函数，则称P为线性问题。

(2) 模型分类2：

1) 若 $m=l=0$，则称P为无约束问题(P1)

$$(\mathrm{P1})\min f(X),\ X\in E^n$$

2) 若 $m\neq 0$，$l=0$，则称P为带等式约束问题(P2)

$$\begin{aligned} &(\mathrm{P2})\min f(X) \\ &\text{s.t.}\quad h_i(X)=0\ (i=1, 2, \cdots, m),\ X\in E^n \end{aligned}$$

3) 若 $m=0$，$l\neq 0$，则称 P 为带不等式约束问题(P3)

$$(P3)\min f(X)$$
$$\text{s.t.}\quad g_j(X)\geqslant 0(j=1,2,\cdots,l),\ X\in E^n$$

4)若 $m\neq 0$，$l\neq 0$，则称 P 为一般问题

$$(P)\min f(X)$$
$$\text{s.t.}\quad h_i(X)=0\ (i=1,2,\cdots,m),$$
$$g_j(X)\geqslant 0\ (j=1,2,\cdots,l),$$
$$X\in E^n$$

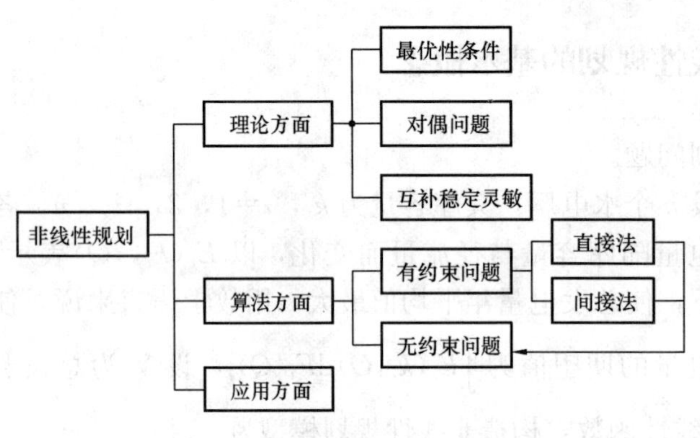

图 6.1　非线性规划研究的主要内容

2. 非线性规划研究的主要内容

非线性规划研究的主要内容如图 6.1 所示。

3. 几个基本概念

定义 6.1　可行域　如果 X 满足 P 的约束条件：$h_i(X)=0(i=1,2,\cdots,m)$，$g_j(X)\geqslant 0\ (j=1,2,\cdots,l)$，则称 $X\in E^n$ 为 P 的一个可行解。记 P 的所有可行解的集合为 D，D 称为(P)可行域。

定义 6.2　整体最优解　X^* 称为 P 的一个(整体)最优解，如果 $X^*\in D$，满足：$f(X)\geqslant f(X^*)$，$\forall X\in D$。

定义 6.3　局部最优解　X^* 称为 P 的一个(局部)最优解，如果 $X^*\in D$，且存在一个 X^* 的邻域 $N(X^*,\delta)=\{X\in E^n \mid \|X-X^*\|<\delta\}$，$\delta>0$，满足 $f(X)\geqslant f(X^*)$，$\forall X\in D\cap N(X^*,\delta)$，如图 6.2 所示。

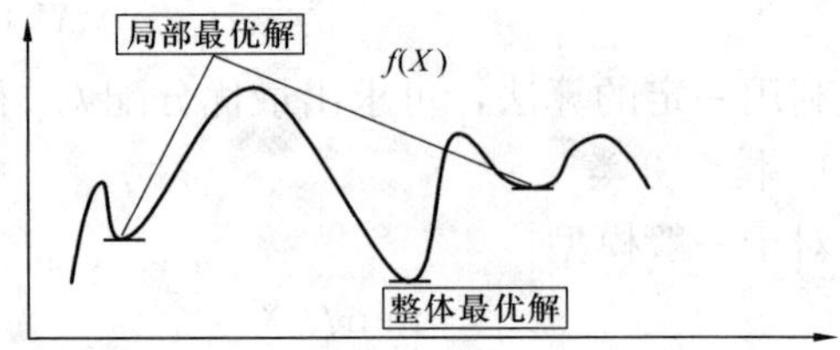

图 6.2　整体最优解和局部最优解的情况

定义 6.4　凸集(Convex Set)概念　设 D 是 n 维线性空间 E^n 的一个点集，若 D 中的任意两点 $x^{(1)}$、$x^{(2)}$ 的连线上的一切点 x 仍在 D 中，则称 D 为凸集，即若 D 中的任意两点 $x^{(1)}$，$x^{(2)}\in D$，存在 $0<\alpha<1$ 使得 $x=\alpha x^{(1)}+(1-\alpha)x^{(2)}\in D$，则称 D 为凸集。

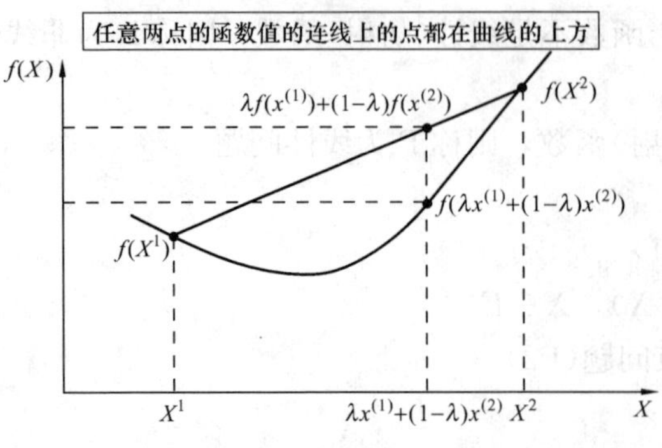

图 6.3　凸函数的概念

定义 6.5　凸函数(Convex Function)

定义在凸集 $D\subset E^n$ 上的函数 $f(X)$，如果对任意两点 $x^{(1)},x^{(2)}\in D$，均有 $0<\lambda<1$ 使得 $f[\lambda x^{(1)}+(1-\lambda)x^{(2)}]\leqslant \lambda f[x^{(1)}]+(1-\lambda)f[x^{(2)}]$，则称函数 $f(X)$ 为 D 上的凸函数。若严格不等式成立，则称函数 $f(X)$ 为 D 上的严格凸函数，如图 6.3 所示。

如果 $-g(X)$ 为 D 上的严格凸函数，

则 $g(X)$ 为 D 上的严格凹函数。

线性函数既是凸函数，又是凹函数；反之亦然。

定义 6.6 梯度向量(Gradient Vector)

$$\nabla f(X)=\text{grad}\ f(X)=\left(\frac{\partial f}{\partial x_1},\ \frac{\partial f}{\partial x_2},\ \cdots,\ \frac{\partial f}{\partial x_n}\right)$$

定义 6.7 正定矩阵(Positive Definite Matrix) 如果对矩阵 $\boldsymbol{H}(\boldsymbol{X})$，对于任意 $X\in N(X^*,\delta)$，$z\in E^n$ 均有 $\boldsymbol{Z}^{\mathrm{T}}\boldsymbol{H}(X)\boldsymbol{Z}>0(\geqslant 0)$，则称 $\boldsymbol{H}(\boldsymbol{X})$ 在 X^* 点正定(半正定)。

定义 6.8 海赛矩阵(Hessian Matrix，又称 Hesse 矩阵)

$$\nabla_{xx}\boldsymbol{f}(\boldsymbol{X})=\boldsymbol{H}(\boldsymbol{X})=\begin{bmatrix}\dfrac{\partial^2 f}{\partial x_1^2} & \dfrac{\partial^2 f}{\partial x_1\partial x_2} & \cdots\cdots & \dfrac{\partial^2 f}{\partial x_1\partial x_n}\\ \dfrac{\partial^2 f}{\partial x_2\partial x_1} & \dfrac{\partial^2 f}{\partial x_2^2} & \cdots\cdots & \dfrac{\partial^2 f}{\partial x_2\partial x_n}\\ \cdots\cdots & \cdots\cdots & \cdots\cdots & \cdots\cdots\\ \dfrac{\partial^2 f}{\partial x_n\partial x_1} & \dfrac{\partial^2 f}{\partial x_n\partial x_2} & \cdots\cdots & \dfrac{\partial^2 f}{\partial x_n^2}\end{bmatrix}$$

6.2 最优性条件

最优性条件的研究是非线性规划理论研究的一个中心问题。为什么要研究最优性条件？这是因为：①本质上把可行解集合的范围缩小；②它是许多算法设计的基础。

6.2.1 无约束问题的最优性条件

对无约束问题(P1)$\min f(X)$，$X\in E^n$ 有如下定理。

定理 6.1 一阶必要条件 设 $f(X)$ 在 X^* 点可微，则 X^* 为 P1 的一个局部最优解，一定有

$\nabla f(X^*)=\text{grad}(X^*)=0$($X^*$ 称为驻点)。

定理 6.2 二阶必要条件 设 $f(X)$ 在 X^* 点二阶可微，如果 X^* 为 P1 的一个局部最优解，则有 $\nabla f(X^*)=0$ 和 $H(X^*)$ 为半正定。

定理 6.3 二阶充分条件 设 $f(X)$ 在 X^* 点二阶可微，如果 $\nabla f(X^*)=0$ 和 $H(X^*)$ 为正定[或 $H(X)$ 在 X^* 的邻域内为半正定]，则 X^* 为 P1 的一个局部最优解。

定理 6.4 一阶充分条件 设 $f(X)$ 为 E^n 上的凸函数，又设 $f(X)$ 在 X^* 点可微，如果 $\nabla f(X^*)=0$，则 X^* 为 P1 的一个整体最优解。

【例 6.1】 求 $\min f(X)=(x^2-1)^3$，$X\in E^1$。

解 利用一阶必要条件求出有可能成为最优解的那些点：$\nabla f(X)=6x(x^2-1)^2=0$，得到 $x_1=0$，$x_2=1$，$x_3=-1$，进一步考虑二阶必要条件，缩小范围：

$H(X)=\nabla_{xx}f(X)=6(x^2-1)^2+24x^2(x^2-1)$，$H(x_1)=\nabla_{xx}f(x_1)=\nabla_{xx}f(0)=6>0$，$H(x_2)=\nabla_{xx}f(x_2)=\nabla_{xx}f(1)=0$，$H(x_3)=\nabla_{xx}f(x_3)=\nabla_{xx}f(-1)=0$，$f(X)$ 在 $x_1=0$ 点正定，依二阶必要条件，$x_1=0$ 为 P1 的局部最优解。而 $x_2=1$，$x_3=-1$ 满足二阶必要

条件和一阶必要条件，但它们显然都不是最优解。

【例 6.2】 求 $\min f(X)=2x_1^2+5x_2^2+x_3^2+2x_2x_3+2x_1x_3-6x_2+3$，$X\in E^3$。

解 $\nabla f(X)=(4x_1+2x_3,\ 10x_2+2x_3-6,\ 2x_1+2x_2+2x_3)=0$，驻点 $x^*=(1,1,-2)$，

$H(x)=\nabla_{xx} f(x)=\begin{bmatrix}4&0&2\\0&10&2\\2&2&2\end{bmatrix}$，各阶主子式为 $4>0$，$\begin{vmatrix}4&0\\0&10\end{vmatrix}=40>0$，

$\begin{vmatrix}4&0&2\\0&10&2\\2&2&2\end{vmatrix}=24>0$，则 $H(X)$ 正定，$X^*=(1,1,-2)$ 为最优解，$f(X^*)=0$。

解无约束问题的算法：

(1) 求 $f(X)$ 的驻点 X^*，若是凸函数，得到最优解；否则，转下一步。

(2) 在驻点 X^* 处，计算 $H(x)$。

(3) 根据 $H(x)$ 来判断该驻点 X^* 是否是极值点：

1) 若 $H(x)$ 为正定，该驻点 X^* 是严格局部极小值点。

2) 若 $H(x)$ 为负定，该驻点 X^* 是严格局部极大值点。

3) 若 $H(x)$ 为半正定(半负定)则进一步观察它在该点某邻域内的情况，如果保持半正定(半负定)，那它们是严格局部极小值点(极大值点)。

4) 如果 $H(x)$ 为不定的，该驻点 X^* 就不是 $f(X)$ 极值点。

【例 6.3】 求极值 $f(X)=x_1+2x_3+x_2x_3-x_1^2-x_2^2-x_3^2$，$X\in E^3$。

解 $\nabla f(X)=(1-2x_1,\ x_3-2x_2,\ 2+x_2-2x_3)=0$，驻点 $X^*=\left(\frac{1}{2},\frac{2}{3},\frac{4}{3}\right)$

$H(x)=\nabla_{xx} f(x)=\begin{bmatrix}-2&0&0\\0&-2&1\\0&1&-2\end{bmatrix}$，各阶主子式为 $-2<0$，$\begin{vmatrix}-2&0\\0&-2\end{vmatrix}=4>0$，

$\begin{vmatrix}-2&0&0\\0&-2&1\\0&1&-2\end{vmatrix}=-6<0$，则 $H(X)$ 负定，$f(X)$ 是凹函数，$X^*=\left(\frac{1}{2},\frac{2}{3},\frac{4}{3}\right)$ 为极大值点，$f(X^*)=f\left(\frac{1}{2},\frac{2}{3},\frac{4}{3}\right)=\frac{19}{12}$。

6.2.2 带不等式约束问题的最优性条件

对于带不等式约束问题

$$\text{(P3)}\min f(X)$$
$$\text{s.t. } g_j(X)\geqslant 0\ (j=1,2,\cdots,l),\ X\in E^n$$

令 $X^*\in D$，记 $J(X^*)=\{j\mid g_j(X^*)=0\}$ 紧约束集合。有下列定理。

定理 6.5 Kuhn-Tucker 必要条件 设 $f(X)$ 和每个 $g_j(X)$ 在 $X^*\in D$ 点可微，又设 $\nabla g_j(X)[j\in J(X^*)]$ 线性无关，如果 X^* 为(P3)的局部最优解，则存在 $(u_1,u_2,\cdots,u_l)\geqslant 0$，使得 $\nabla f(X^*)+\sum\limits_j u_j\nabla g_j(X^*)=0$，$g_j(X^*)\geqslant 0$，$j=1,2,\cdots,l$，$u_jg_j(X^*)=0$，$j=1,2,\cdots,l$。

定理 6.6 一阶充分条件 设 $f(X)$ 和每个 $g_j(X)$ 都是 E^n 中的凸函数，且在 $X^* \in D$ 点可微，如果存在 $(u_1, u_2, \cdots, u_l) \geqslant 0$，使得 $\nabla f(X^*) + \sum_j u_j \nabla g_j(X^*) = 0, g_j(X^*) \geqslant 0$, $j = 1,2,\cdots,l, u_j g_j(X^*) = 0, j = 1,2,\cdots,l$，则 X^* 为(P3)的一个最优解。

6.2.3 一般问题的最优性条件

对于一般问题

$$
\begin{aligned}
&(\mathrm{P})\min f(X) \\
&\text{s.t.}\quad h_i(X)=0(i=1, 2, \cdots, m) \\
&\qquad g_j(X)\geqslant 0(j=1, 2, \cdots, l) \\
&\qquad X\in E^n
\end{aligned}
$$

有下列定理：

定理 6.7 Kuhn-Tucker 必要条件 设 $f(X)$ 和每个 $g_j(X)$ 在 $X^* \in D$ 点可微，每个 $h_i(X)$ 在 $X^* \in D$ 点连续可微，又设 $\nabla g_j(X)[j\in J(X^*)]$ 和 $\nabla h_i(X)$ 线性无关，如果 X^* 为 P 的局部最优解，一定存在 $(u_1, u_2, \cdots, u_l) \geqslant 0$ 和 $(v_1, v_2, \cdots, v_m)$，使得 $\nabla f(X^*) + \sum_j u_j \nabla g_j(X^*) + \sum_j v_i \nabla h_i(X^*) = 0, g_j(X^*) \geqslant 0, u_j g_j(X^*) = 0, j = 1,2,\cdots,l, h_i(X^*) = 0, i = 1,2,\cdots,m$。

定理 6.8 Kuhn-Tucker 充分条件 设 $f(X)$ 和每个 $g_j(X)$ 都是 E^n 中的凸函数，每个 $g_j(X)$ 都是线性函数，如果存在 $(u_1, u_2, \cdots, u_l) \geqslant 0$ 和 $(v_1, v_2, \cdots, v_m)$，使得

$$\nabla f(X^*) + \sum_j u_j \nabla g_j(X^*) + \sum_i v_i \nabla h_i(X^*) = 0$$

$g_j(X^*) \geqslant 0$，$u_j g_j(X^*) = 0$，$j=1, 2, \cdots, l$，$h_i(X^*) = 0$，$i=1, 2, \cdots, m$，则 X^* 为 P 的一个最优解。

6.3 算 法 概 述

一个算法(Algorithm)就是一种求解方法，可看作为一个迭代过程，按照一组指令和规定的停算准则，产生近似解序列。它应该收敛到整体最优解，但由于某些原因(不连续性、无凸性、规模大、实现方面困难等)常使得计算难以符合以上条件，这往往是一个无限的过程，因而需要给出停算准则，如果在第 k 次迭代时，满足停算准则条件，则停算。

6.3.1 常用的停算准则

常用的停算准则为

$$\| X_{k+n} - X_k \| < \varepsilon$$

$$\| X_{k+1} - X_k \| / \| X_k \| < \varepsilon$$

$$\alpha(X_k) - \alpha(X_{k+1}) < \varepsilon$$

$$[\alpha(X_k) - \alpha(X_{k+1})] / | \alpha(X_k) | < \varepsilon$$

$$\alpha(X_k) - \alpha(X^*) < \varepsilon$$

6.3.2 算法(Algorithm)好坏的评价

通常从以下几方面对算法进行评价。

(1) 通用性(Generality)：可求解问题的广度，越大越好。

(2) 可靠性(Reliability)：指以合理的精度，求解设计这个算法时，针对要解决那个问题的能力。任意给定一个算法，不难构造一个它所不能有效地求解的问题。

(3) 精确性(Precision)：指计算舍入误差和累进误差及可行性。

(4) 对参数和数据的灵敏性(Sensitivity)原则：越不灵敏越好。

(5) 预备工作量和计算量的大小：指预备工作量，如求初始可行解及计算量的大小。有时预备工作量比计算量本身还大。

(6) 收敛性(Convergent)：考虑收敛速度，越快越好。

6.4 无约束问题的优化方法

6.4.1 研究意义

(1) 许多问题可转变为无约束问题求解。

(2) 通常一个算法总包括一维搜索，而一维搜索实质就是一个无约束问题。搜索的基本思想是，通过逐次迭代来求得问题的最优解或近似最优解。

定义 6.9 可行方向 令 $S\in E^n$，$S\neq 0$，$X^*\in D$ 称 S 为 D 在 X^* 点的一个可行方向，如果存在某个 $\delta>0$ 使得 $X^*+\lambda S\in D$，$\lambda\in(0, \delta)$。

定义 6.10 下降方向 令 $S\in E^n$，$S\neq 0$，$X^*\in D$ 称 S 为 f 在 X^* 点的一个下降(改善)方向，如果存在某个 $\delta>0$，使得 $f(X^*+\lambda S)<f(X^*)$，$\lambda\in(0, \delta)$。

定义 6.11 可行下降方向 如果 S 既是可行又是下降的方向，则称 S 为可行下降方向。

6.4.2 搜索法(Search Method)的算法步骤

搜索法的算法步骤如下：

步骤 0 取初始点 X^0，寻找改善方向 S^0。

步骤 1 取沿改善方向 S^0 所跨过步长为 l_0，(保持可行改善)求 $X^1=X^0+\lambda_0 S^0$。

步骤 2 对于 X^{k-1}，寻找改善方向 S^{k-1} 及 $f(x)$，沿改善方向 S^{k-1} 所下降最多的步长为 λ_{k-1}，求 $X^k=X^{k-1}+\lambda_{k-1}S^{k-1}$；下降最多的步长指求 λ_{k-1}，满足 $\min f(X^{k-1}+\lambda_{k-1}S^{k-1})$。

步骤 3 对于 $\varepsilon>0$，如果 $\| X^k-X^{k-1}\| / \| X^k\|\leqslant\varepsilon$，则停算，$X^k$ 即为近似最优解；否则，$k+1\to k$，转步骤 2。

1. 二分法

二分法的算法步骤如下：

步骤 0 给定 $\varepsilon>0$，容许最终不确定区间长度 $l>0$，初始区间 $[a_1, b_1]$，令 $k=1$，进入步骤 1。

步骤 1 (1)若 $b_k-a_k<l$，则停算，极小点 $x^*\in[a_k, b_k]$，否则求

$$u_k=a_k+\frac{b_k-a_k}{2}-\varepsilon,\quad v_k=a_k+\frac{b_k-a_k}{2}+\varepsilon$$

(2) 若 $f(u_k)<f(v_k)$，则令 $a_{k+1}=a_k$ 和 $b_{k+1}=v_k$，否则令 $a_{k+1}=u_k$ 和 $b_{k+1}=b_k$；

步骤 2 令 $k+1\to k$，转步骤 1。

2. 黄金分割法(0.618 法)(Golden Section Search)

黄金分割法的算法步骤如下：

步骤 0 给定容许最终不确定区间长度 $l>0$，初始区间$[a_1, b_1]$，令 $k=1$，进入下一步。

步骤 1 若 $b_k-a_k<l$，则停算，极小点 $x^*\in[a_k, b_k]$，否则计算 f 在 $u_k=a_k+0.382\times(b_k-a_k)$，$v_k=a_k+0.618(b_k-a_k)$的值。

步骤 2 若 $f(u_k)>f(v_k)$，则令 $a_{k+1}=u_k$ 和 $b_{k+1}=b_k$，否则令 $a_{k+1}=a_k$ 和 $b_{k+1}=v_k$。

步骤 3 令 $k+1\to k$，转步骤 1。

其过程如图 6.4 和图 6.5 所示。

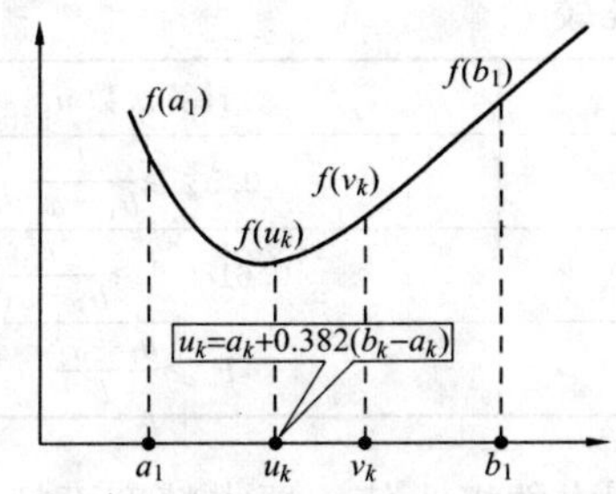

图 6.4 黄金分割法(一)

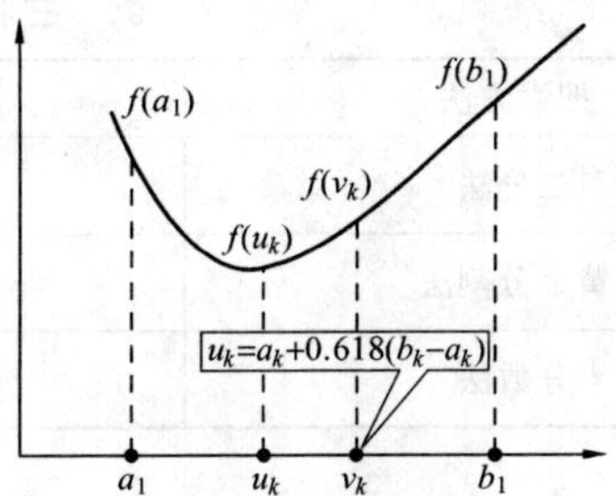

图 6.5 黄金分割法(二)

3. 分数法(Fibonacci 法)(Fibonacci Search)

Fibonacci 数列 $F_0=F_1=1$，$F_{k+2}=F_{k+1}+F_k$

$$\{F_n\}=\{1, 1, 2, 3, 5, 8, 13, \cdots\}$$

分数法的算法步骤如下：

步骤 0 给定最终不确定区间长度 $l>0$，初始区间$[a_1, b_1]$，根据 $F_n\geqslant\dfrac{b_1-a_1}{l}$，确定 n，计算 $u_1=a_1+\dfrac{F_{n-2}}{F_n}(b_1-a_1)$，$v_1=a_1+\dfrac{F_{n-1}}{F_n}(b_1-a_1)$，令 $k=1$，进入。

步骤 1 若 $f(u_k)>f(v_k)$，转步骤 2；若 $f(u_k)\leqslant f(v_k)$，转步骤 3。

步骤 2 令 $a_{k+1}=u_k$ 和 $b_{k+1}=b_k$，进一步令 $u_{k+1}=v_k$ 和 $v_{k+1}=a_{k+1}+\dfrac{F_{n-k-1}}{F_{n-k}}(b_{k+1}-a_{k+1})$，若 $k=n-2$，转步骤 5；否则估计 $f(v_{k+1})$且转步骤 4。

步骤 3 令 $a_{k+1}=a_k$ 和 $b_{k+1}=v_k$，进一步令 $v_{k+1}=u_k$ 和 $u_{k+1}=a_{k+1}+\dfrac{F_{n-k-2}}{F_{n-k}}(b_{k+1}-a_{k+1})$，若 $k=n-2$，转步骤 5；否则估计 $f(u_{k+1})$且转步骤 4。

步骤 4 令 $k+1\to k$，转步骤 1。

步骤 5 令 $u_n=u_{n-1}$ 和 $v_n=u_{n-1}+\varepsilon$，若 $f(u_n)>f(v_n)$，令 $a_n=v_n$ 和 $b_n=b_{n-1}$，否则若 $f(u_n)\leqslant f(v_n)$，令 $a_n=a_{n-1}$ 和 $b_n=u_n$，停止，则最优解落在区间$[a_n, b_n]$中。其过程如图 6.6 和图 6.7 所示。

为了衡量搜索的效率，引进“缩减比”的概念：给定最终不确定区间长度 $l_1>0$，在进行了 p 个点的函数计算以后，缩短为 l_p，称 $r=\dfrac{l_p}{l_1}$为缩减比。三种搜索方法效率的比较见表 6.1。

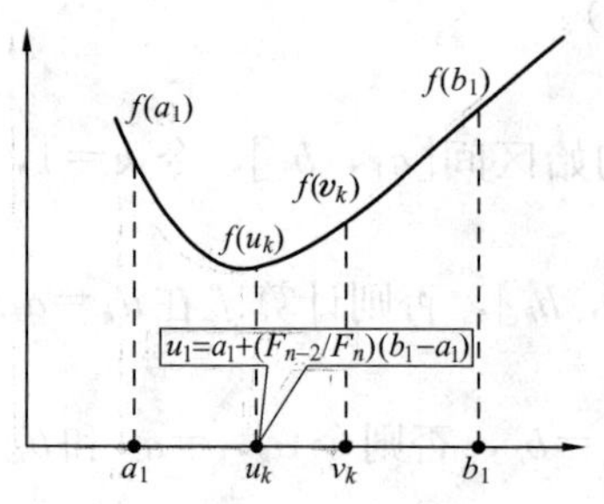

图 6.6　Fibonacci 法(一)

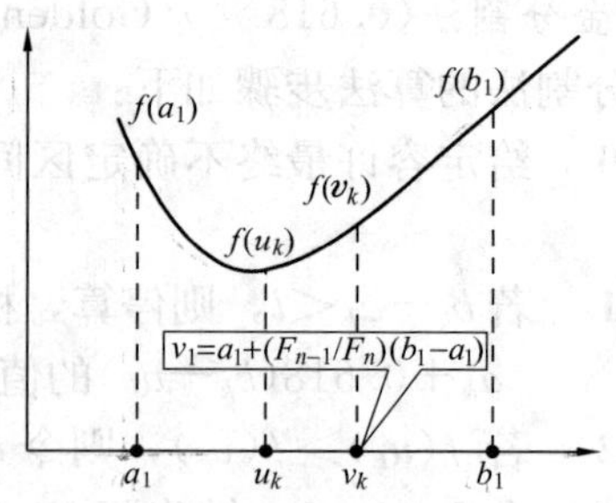

图 6.7　Fibonacci 法(二)

表 6.1　　**三种搜索方法效率的比较**

搜索方法	缩减比	计算次数 n
二分法	$r<0.5^{\frac{p}{2}}$	$0.5^{\frac{n}{2}}\geqslant\frac{l}{b_1-a_1}$
黄金分割法	$r=0.618^{p-1}$	$0.618^{n-1}\geqslant\frac{l}{b_1-a_1}$
分数法	$r=\frac{F_{n-k}}{F_{n-k+1}}$	$F_n\geqslant\frac{b_1-a_1}{l}$

【例 6.4】　求 $f(X)=3x^2-21.6x-1.0$ 在[0，10]内的极小值，要求精度不超过 1。

解　$f(X)=3x^2-21.6x-1.0$ 在[0，10]内为凸函数，即单峰函数。

步骤 0　$l=1$，$[a_1,\ b_1]=[0,\ 10]$，根据 $F_n\geqslant\frac{b_1-a_1}{l}=10$，确定 $n=6$，$F_6=13>10$ 计算

$$u_1=a_1+\frac{F_{6-2}}{F_6}(b_1-a_1)=0+\frac{5}{13}\times10=\frac{50}{13}$$

$$v_1=a_1+\frac{F_{6-1}}{F_6}(b_1-a_1)=0+\frac{8}{13}\times10=\frac{80}{13}$$

令 $k=1$，进入步骤 1。

步骤 1　计算 $f(u_1)=f\left(\frac{50}{13}\right)=-39.7$，$f(v_1)=f\left(\frac{80}{13}\right)=-20.3$，因为 $f(u_1)<f(v_1)$，转步骤 3。

步骤 3　令 $a_2=a_1=0$ 和 $b_2=v_1=\frac{80}{13}$，进一步令 $v_2=u_1=\frac{50}{13}$ 和 $u_2=a_2+\frac{F_{6-3}}{F_{6-1}}(b_2-a_2)=0+\frac{3}{8}\times\frac{80}{13}=\frac{30}{13}$，因为 $k\neq n-2$，估计 $f(u_2)=f\left(\frac{30}{13}\right)=-34.9$，转步骤 4。

步骤 4　令 $1+l\to1$，$k=2$，转步骤 1。

步骤 1　计算 $f(u_2)=f\left(\frac{30}{13}\right)=-34.9$，$f(v_2)=f\left(\frac{50}{13}\right)=-39.7$，因为 $f(v_2)<f(u_2)$，转步骤 2。

步骤 2　令 $a_3=u_2=\frac{30}{13}$ 和 $b_3=b_2=\frac{80}{13}$，$u_3=v_2=\frac{50}{13}$ 和 $v_3=a_3+\frac{F_{6-3}}{F_{6-2}}(b_3-a_3)=\frac{30}{13}+\frac{3}{5}\times\frac{80-30}{13}=\frac{60}{13}$，因为 $k\neq n-2$，估计 $f(v_3)=-34.8$，转步骤 4。

步骤4 令 $2+l\to 1$，$k=3$，转步骤1。

步骤1 计算 $f(u_3)=f\left(\frac{50}{13}\right)=-39.7$，$f(v_3)=f\left(\frac{60}{13}\right)=-34.8$，因为 $f(u_3)<f(v_3)$ 转步骤3。

步骤3 令 $a_4=a_3=\frac{30}{13}$ 和 $b_4=v_3=\frac{60}{13}$，$v_4=u_3=\frac{50}{13}$ 和 $u_4=a_4+\frac{F_1}{F_3}(b_4-a_4)=\frac{30}{13}+\frac{1}{3}\times\frac{60-30}{13}=\frac{40}{13}$，因为 $k\neq n-2$，估计 $f(u_4)=f\left(\frac{40}{13}\right)=-39.1$，转步骤4。

步骤4 令 $3+l\to 1$，$k=4$ 转步骤1。

步骤1 计算 $f(u_4)=f\left(\frac{40}{13}\right)=-39.1$，$f(v_4)=f\left(\frac{50}{13}\right)=-39.7$，因为 $f(v_4)<f(u_4)$，转步骤2。

步骤2 令 $a_5=u_4=\frac{40}{13}$ 和 $b_5=b_4=\frac{60}{13}$，进一步令 $u_5=v_4=\frac{50}{13}$ 和 $v_5=a_5+\frac{F_{6-4-1}}{F_{6-4}}(b_5-a_5)=\frac{40}{13}+\frac{1}{2}\times\frac{60-40}{13}=\frac{50}{13}$，因为 $k=n-2$，转步骤5。

步骤5 令 $u_6=u_{6-1}=\frac{50}{13}$ 和 $v_6=u_{6-1}+\varepsilon$，取 $\varepsilon=\frac{2}{13}$，$v_6=4$，计算 $f(u_6)=f\left(\frac{50}{13}\right)=-39.7$，$f(v_6)=f(4)=-39.4$。因为 $f(u_6)\leqslant f(v_6)$，令 $a_6=a_{6-1}=\frac{40}{13}$ 和 $b_6=u_6=\frac{50}{13}$，停止，则最优解落在区间 $\left[\frac{40}{13},\frac{50}{13}\right]$ 中。$\left[\frac{40}{13},\frac{50}{13}\right]=[3.0769, 3.8462]$，精确度小于1。

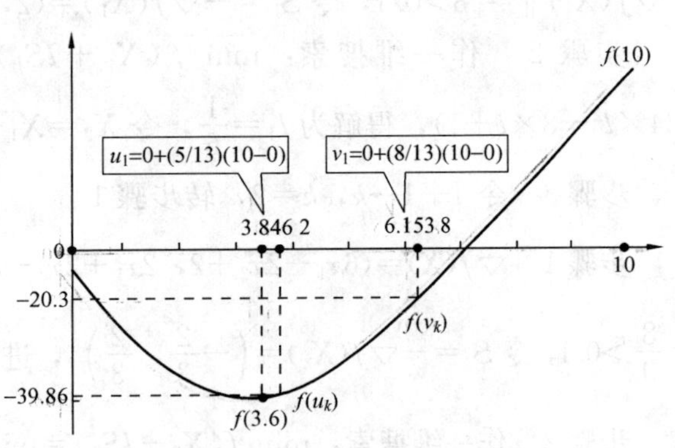

图6.8 [例6.4]求解图

计算 $X_a=3.8462$，$f(3.8462)=-39.7$，$X_b=3.0769$，$f(3.0769)=-39.42$，取近似最优解为 $X=(X_a+X_b)/2=3.4616$，$f(3.4616)=-39.82$，可以计算其精确最优解为 $X=3.6$，$f(3.6)=-39.86$。其过程如图6.8所示。

6.4.3 最速下降法(梯度法)(Steepest Descent Method)

引理 设 $f(X)$ 在 X^* 点可微，如果 $\nabla f(X^*)\neq 0$，则 $S=-\nabla f(X^*)$ 为 $f(X)$ 在 X^* 点一个下降方向。

命题 设 $f(X)$ 在 X^* 点可微，$\nabla f(X^*)\neq 0$，则(寻找最快下降方向) $\min f(X^*, S)$。其最优解为 $S^*=-\frac{\nabla f(x^*)}{\|\nabla f(x^*)\|}$，即 $-\frac{\nabla f(x^*)}{\|\nabla f(x^*)\|}$(负梯度方向)为 $f(X)$ 在 X^* 点最速下降方向。

1. 梯度算法

梯度算法步骤如下：

步骤0 给定终止允许误差 $\varepsilon>0$，初始点 X_0，令 $k=0$，进入步骤1。

步骤 1 若$\|\nabla f(X_k)\|^2<\varepsilon$，则停止计算，否则令$S_k=-\nabla f(X_k)$，进入步骤 2。

步骤 2 作一维搜索：$\min f(X_k+lS_k)$，得解为l_k，令$X_{k+1}=X_k+l_kS_k$。

步骤 3 令$k+1\to k$，转步骤 1。

【例 6.5】 用梯度算法求解$\min f(x_1, x_2)=3x_1{}^2+2x_1x_2+x_2{}^2+2x_1-2x_2+1$，精度$\varepsilon=0.1$。

解 步骤 0 $\varepsilon=0.1>0$，初始点$X_0=(0, 0)^T$，令$k=0$，进入步骤 1。

步骤 1 $\nabla f(X)=(6x_1+2x_2+2, 2x_1+2x_2-2)^T, \nabla f(X_0)=(2,-2)^T, \|\nabla f(X_0)\|^2=8>0.1$。

令$S_0=-\nabla f(X_0)=(-2, 2)^T$，进入步骤 2。

步骤 2 作一维搜索：$\min f(X_0+lS_0)=\min f(-2\times l, 2\times l)=\min(8\times l^2-8\times l+1)$，得解为$l_0=\dfrac{1}{2}$，令$X_1=X_0+l_0S_0=(-1, 1)^T$。

步骤 3 令$0+1\to k$，$k=1$，转步骤 1。

步骤 1 $\nabla f(X)=(6x_1+2x_2+2, 2x_1+2x_2-2)^T$，$\nabla f(X_1)=(-2, -2)^T$，$\|\nabla f(X_1)\|^2=8>0.1$，令$S_1=-\nabla f(X_1)=(2, 2)^T$，进入步骤 2。

步骤 2 作一维搜索：$\min f(X_1+lS_1)=\min f(-1+2\times l, 1+2\times l)=\min(24\times l^2-8\times l+1)$，得解为$l_1=\dfrac{1}{6}$，令$X_2=X_1+l_1S_1=\left(-\dfrac{2}{3}, \dfrac{4}{3}\right)^T$。

步骤 3 令$1+1\to k$，$k=2$，转步骤 1。

步骤 1 $\nabla f(X)=(6x_1+2x_2+2, 2x_1+2x_2-2)^T$，$\nabla f(X_2)=\left(\dfrac{2}{3}, -\dfrac{2}{3}\right)^T$，$\|\nabla f(X_2)\|^2=\dfrac{8}{9}>0.1$，令$S_2=-\nabla f(X_2)=\left(-\dfrac{2}{3}, \dfrac{2}{3}\right)^T$，进入步骤 2。

步骤 2 作一维搜索：$\min f(X_2+lS_2)=\min\left(\dfrac{8}{9}\times l^2-\dfrac{8}{9}\times l-\dfrac{5}{3}\right)$，得解为$l_2=\dfrac{1}{2}$，令$X_3=X_2+l_2S_2=\left(-1, \dfrac{5}{3}\right)^T$。

步骤 3 令$2+1\to k$，$k=3$，转步骤 1。

步骤 1 $\nabla f(X)=(6x_1+2x_2+2, 2x_1+2x_2-2)^T$，$\nabla f(X_3)=\left(-\dfrac{2}{3}, -\dfrac{2}{3}\right)^T$ $\|\nabla f(X_3)\|^2=\dfrac{8}{9}>0.1$，令$S_3=-\nabla f(X_3)=\left(\dfrac{2}{3}, \dfrac{2}{3}\right)^T$，进入步骤 2。

步骤 2 作一维搜索：$\min f(X_3+lS_3)=\min\left(\dfrac{8}{3}\times l^2-\dfrac{8}{9}\times l-\dfrac{17}{9}\right)$，得解为$l_3=\dfrac{1}{6}$，令$X_4=X_3+l_3$，$S_3=\left(-\dfrac{8}{9}, \dfrac{16}{9}\right)^T$。

步骤 3 令$3+1\to k$，$k=4$，转步骤 1。

步骤 1 $\nabla f(X)=(6x_1+2x_2+2, 2x_1+2x_2-2)^T$，$\nabla f(X_4)=\left(\dfrac{2}{9}, -\dfrac{2}{9}\right)^T$，$\|\nabla f(X_4)\|^2=\dfrac{8}{81}<0.1$，停止计算，则$X_4=\left(-\dfrac{8}{9}, \dfrac{16}{9}\right)^T$作为近似解，$f(X_4)=$

$f\left(-\frac{8}{9}, \frac{16}{9}\right)=-\frac{161}{81}=-1.9630$，而精确解 $X=(-1, 2)^{\mathrm{T}}$，$f(X)=f(-1, 2)=-2$。

2. 共轭梯度算法

共轭梯度算法如下：

步骤 0 给定终止允许误差 $\varepsilon>0$，初始点 X_0，$y_0=X_0$，$S_0=-\nabla f(y_0)$，令 $k=j=0$，进入步骤 1。

步骤 1 若 $\|\nabla f(y_j)\|^2<\varepsilon$，则停止计算；否则进入步骤 2。

步骤 2 作一维搜索：$\min f(y_j+lS_j)$，得解为 l_j，令 $y_{j+1}=y_j+l_jS_j$，当 $j<n-1$，转步骤 3；否则转步骤 4。

步骤 3 令 $S_{j+1}=-\nabla f(y_{j+1})+\{\|\nabla f(y_{j+1})\|^2/\|\nabla f(y_j)\|^2\}S_j$，令 $j+1\to j$，转步骤 1。

步骤 4 令 $y_1=X_k=y_n$，$S_1=-\nabla f(y_1)$，$j=1$，$k+1\to k$，转步骤 1。

【例 6.6】 用共轭梯度算法求解 $\min f(x_1, x_2)=3x_1{}^2+2x_1x_2+x_2^2+2x_1-2x_2+1$，精度 $\varepsilon=0.1$。

解 步骤 0 $\varepsilon=0.1>0$，初始点 $X_0=(0, 0)^{\mathrm{T}}$，$y_0=X_0=(0, 0)^{\mathrm{T}}$，$S_0=-\nabla f(y_0)=(-2, 2)^{\mathrm{T}}$，令 $k=j=0$，转步骤 1。

步骤 1 $\nabla f(x)=(6x_1+2x_2+2, 2x_1+2x_2-2)^{\mathrm{T}}$，$\|\nabla f(y_0)\|^2=8>0.1$，进入步骤 2。

步骤 2 作一维搜索：$\min f(y_0+lS_0)=\min f(-2\times l, 2\times l)=\min(8\times l^2-8l+1)$，得解 $l_0=\frac{1}{2}$，令 $y_1=y_0+l_0S_0=(-1, 1)^{\mathrm{T}}$，$j=0<n=2-1$，转步骤 3。

步骤 3 $S_1=-\nabla f(y_1)+\{\|\nabla f(y_1)\|^2/\|\nabla f(y_0)\|^2\}S_0=(0, 4)^{\mathrm{T}}$，令 $0+1\to j$，$j=1$，转步骤 1。

步骤 1 $\nabla f(X)=(6x_1+2x_2+2, 2x_1+2x_2-2)^{\mathrm{T}}$，$\|\nabla f(y_1)\|^2=8>0.1$，进入步骤 2。

步骤 2 作一维搜索：$\min f(y_1+lS_1)=\min(16\times l^2-8\times l-1)$，得解为 $l_1=\frac{1}{4}$，令 $y_2=y_1+l_1$，$S_1=(-1, 2)^{\mathrm{T}}$，$j=l=n=2-1$，转步骤 4。

步骤 4 令 $y_1=X_2=y_2=(-1, 2)^{\mathrm{T}}$，$S_1=-\nabla f(y_1)=(2, 2)^{\mathrm{T}}$，$j=1$，$k+1=0+1=1$，转步骤 1。

步骤 1 $\nabla f(X)=(6x_1+2x_2+2, 2x_1+2x_2-2)^{\mathrm{T}}$，$\|\nabla f(y_2)\|^2=0<0.1$，则 $X_2=(-1, 2)^{\mathrm{T}}$ 作为近似解，$f(X_2)=f(-1, 2)=-2$，也是精确解 $X=(-1, 2)^{\mathrm{T}}$，$f(X)=f(-1, 2)=-2$。

本章小结

当约束条件或者目标函数中至少有一个不是线性函数时，那么该模型就是非线性规划。非线性规划应用广泛，但计算复杂，本章简单介绍了非线性规划的一些基本概念和基本算法及理论。

根据是否含有约束条件，可以将非线性优化问题简单地分为无约束最优化和约束优化两类。首先给出了非线性规划问题的极小点所应具有的特征，即所谓的最优性条件。接下来，主要讨论了无约束最优化问题的计算方法，对于这类优化问题，求解的算法多属于下降算法。构造算法的关键在于如何选取搜索方向。根据选取搜索方向时是否使用目标函数的导数，可将无约束优化算法分为两类：一类称为解析法，包括最速下降法、共轭梯度法、Newton 法和拟 Newton 法，它们都使用目标函数的导数，本章主要介绍了前两种算法；另一类称为直接法，不使用导数，包括 Powell 的方向加速法等，本章介绍了二分法、黄金分割法和分数法。不同算法的收敛情况是评价算法好坏的重要指标，由于篇幅所限，本章没有展开深入讨论。WinQSB、LinGo 等软件可以较方便地实现非线性规划问题的求解。

习 题 6

一、计算题

6.1 试计算函数 $f(X)=\ln(x_1{}^2+x_1x_2+x_2{}^2)$ 的梯度和 Hesse 矩阵。

6.2 试证明函数 $f(X)=2x_1x_2x_3-4x_1x_3-2x_2x_3+x_1{}^2+x_2{}^2+x_3{}^2-2x_1-4x_2+4x_3$ 具有驻点(0，3，1)，(0，1，−1)，(1，2，0)，(2，1，1)，(2，3，−1)，再应用充分性条件找出其极点。

6.3 判定给出的非线性规划是否为凸规划：

$$\begin{aligned}&\max f(X)=x_1+2x_2\\&\text{s.t.}\quad x_1{}^2+x_2{}^2\leqslant 9\\&\qquad\quad x_2\geqslant 0\end{aligned}$$

6.4 用 0.618 法求函数 $f(x)=x^2-6x+2$ 在区间[0，10]上的极小点，要求缩短后的区间长度不大于原区间长度的 8%。

6.5 用斐波那契法求函数 $f(x)=-3x^2+21.6x+1$ 在区间[0，25]上的极大点，要求缩短后的区间长度不大于原区间长度的 8%。

6.6 试用共轭梯度法求二次函数 $f(X)=\frac{1}{2}X^{\mathrm{T}}AX$ 的极小点，其中

$$A=\begin{pmatrix}1&1\\1&2\end{pmatrix}$$

6.7 试写出非线性规划

$$\begin{cases}\max f(x)=(x-4)^2\\1\leqslant x\leqslant 6\end{cases}$$

在点 x^* 的 Kuhn-Tucker 条件，并进行求解。

6.8 有二次规划

$$\begin{aligned}&\max f(X)=10x_1+4x_2-x_1{}^2+4x_1x_2-4x_2{}^2\\&\text{s.t.}\quad x_1+x_2\leqslant 6\\&\qquad\quad 4x_1+x_2\leqslant 18\\&\qquad\quad x_1\geqslant 0,\ x_2\leqslant 0\end{aligned}$$

试求：(1) 写出 Kuhn-Tucker 条件并求最优解。

(2) 写出等价的线性规划问题并求解。

6.9 试用可行方向法求解非线性规划

$$\min f(X)=x_1{}^2+x_2{}^2-4x_1-4x_2+8$$
$$x_1+2x_2-4\leqslant 0$$

要求从初始点 $X^{(0)}=(0,\ 0)^T$ 出发，迭代两步。

6.10 试用外点法求解非线性规划

$$\min f(X)=(x_1-2)^4+(x_1-2x_2)^2$$
$$x_1{}^2-x_2=0$$

二、复习思考题

6.11 在非线性规划中，为什么要讨论最优性条件？最优性条件有什么用？

6.12 最速下降法与线性规划中的单纯形法有什么本质上的不同？

6.13 在非线性规划中，为什么说用于解决无约束问题的一维搜索法是最基本的也是最重要的？

第7章　动　态　规　划

动态规划(Dynamic Programming)是解决多阶段决策过程最优化问题的一种方法。由美国数学家贝尔曼(Bellman)等人在20世纪50年代提出。他们针对多阶段决策问题的特点，提出了解决这类问题的"最优化原理"，并成功地解决了生产管理、工程技术等方面的许多实际问题。动态规划是现代企业管理中的一种重要决策方法，可用于最优路径问题、资源分配问题、生产计划和库存问题、投资问题、装载问题、排序问题及生产过程的最优控制等。

7.1　动态规划的提出

动态规划模型可从以下方面进行分类：

(1) 以"时间"角度可分成离散型和连续型

(2) 从信息确定与否可分成确定型和随机型；

(3) 从目标函数的个数可分成单目标型和多目标型。

多阶段决策问题是指这样一类特殊的活动过程，它们可以按时间顺序分解成若干相互联系的阶段，在每个阶段都要做出决策，全部过程的决策是一个决策序列，所以多阶段决策问题也称为序贯决策问题。现给出多阶段决策问题的例子：

(1) 生产与存储问题。某工厂每月需供应市场一定数量的产品，供应需求所剩余产品应存入仓库。一般地说，某月适当增加产量可降低生产成本，但超产部分存入仓库会增加库存费用，要确定一个每月的生产计划，在满足需求条件下，使一年的生产与存储费用之和最小。

(2) 投资决策问题。某公司现有资金Q(单位：亿元)，在今后5年内考虑给A、B、C、D四个项目投资，这些项目的投资期限、回报率均不相同，问应如何确定这些项目每年的投资额，使到第五年末拥有资金的本利总额最大。

(3) 设备更新问题。企业在使用设备时都要考虑设备的更新问题，因为设备越陈旧所需的维修费用越多，但购买新设备则要一次性支出较大的费用。现在某企业要决定一台设备未来8年的更新计划，已预测到第j年购买设备的价格为K_j，G_j为设备经过j年后的残值，C_j为设备连续使用$j-1$年后在第j年的维修费用($j=1, 2, \cdots, 8$)，问应在哪年更新设备可使总费用最小。

动态规划是解决多阶段决策问题的有效方法。

下面介绍几个动态规划基本概念。

定义7.1　阶段(Stage)　将所给问题的过程，按时间或空间特征分解成若干个相互联系的阶段，以便按次序去求每阶段的解，常用k表示阶段变量。

定义7.2　状态(State)　各阶段开始时的客观条件叫作状态。描述各阶段状态的变量称为状态变量，常用s_k表示第k阶段的状态变量，状态变量的取值集合称为状态集合，用S_k表示。

定义7.3　决策和策略(Decision & Strategy)　当各段的状态确定以后，就可以做出不同的决定(或选择)，从而确定下一阶段的状态，这种决定称为决策。决策变量用$d_k(S_k)$表示，

允许决策集合用 $D_k(S_k)$ 表示。各个阶段决策确定后，整个问题的决策序列就构成一个策略，用 $p_{1,n}(d_1, d_2, \cdots, d_n)$ 表示。对于每个实际问题，可供选择的策略有一定的范围，称为允许策略集合，用 P 表示。使整个问题达到最优效果的策略就是最优策略。

定义 7.4 状态转移方程(Transition Equation) 动态规划中本阶段的状态往往是上一阶段的决策结果。如果给定了第 k 段的状态 S_k，本阶段决策为 $d_k(S_k)$，则第 $k+1$ 段的状态 S_{k+1} 由公式 $S_{k+1}=T_k(S_k, d_k)$ 确定，该公式称为状态转移方程。

定义 7.5 指标函数(Return Function) 用于衡量所选定策略优劣的数量指标称为指标函数。最优指标函数记为 $f_k(S_k)$。

7.2 动态规划基本原理

7.2.1 最短路问题(Shortest-Route Problems)

1. 不定阶段最短路线问题

从图 7.1 中可以看出，任意两座城市之间都有道路相通。将从一座城市直达另一座城市作为一个阶段。例如从 A 城市到 E 城市的阶段数，少则一个(例从 A 城市直达 E 城市)，多则无限(例从 A 城市通过其他 B、C、D 三城市循环到 E 城市)。为避免循环，加上约束条件：每个城市至多经过一次，于是从 A 城市到达 E 城市的阶段数有下列四种情形：

(1) 从 A 城市直达 E 城市，一个阶段。

(2) 从 A 城市通过其他 B、C、D 三城市之一到 E 城市，二个阶段。

(3) 从 A 城市通过其他 B、C、D 三城市之二到 E 城市，三个阶段。

(4) 从 A 城市通过其他 B、C、D 三城市各一次到 E 城市，四个阶段。

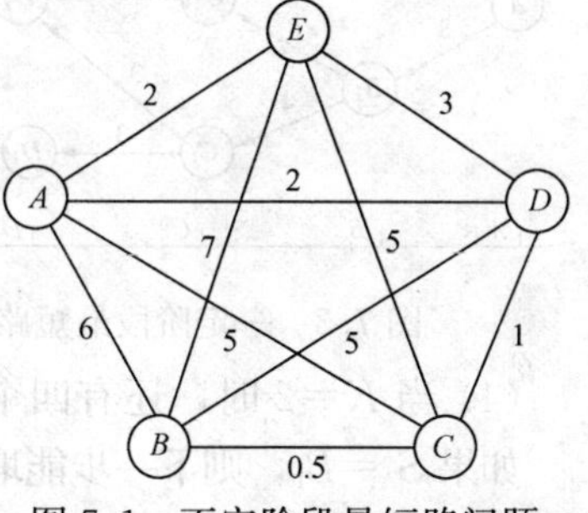

图 7.1 不定阶段最短路问题

2. 一定阶段最短路问题

【例 7.1】 输电网铁塔最优选址问题。

考虑如图 7.2 所示的网络，设 A 为电源，F 为变电站，B、C、D、E 分别为四个必须建立铁塔的地区，其中 B_1、B_2，C_1、C_2、C_3，D_1、D_2、D_3，E_1、E_2 分别为可供选择的铁塔站位。图中线段表示可架线位置，线段旁数字表示架线所需费用(或距离)，问如何架线才能使总费用(或距离)最小？

解 该问题可以化为从 A 出发到 F 的最短路问题，如图 7.2 所示，从过程的最后一段开始，用逆序递推方法求解，逐步求出各段各点到终点 F 最短路线，最后求出 A 点到 F 点的最短路线。

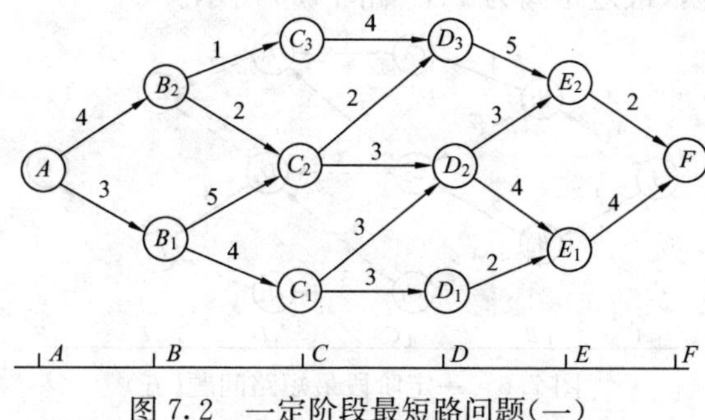

图 7.2 一定阶段最短路问题(一)

(1) 当 $K=5$ 时，此时 $d_5(S_5)=F$，其初始状态 E_1 或 E_2，故 $f_5(E_1)=4$，$f_5(E_2)=2$，用 $d_5^*(S_5)$ 表示最优决策。

(2) 当 $K=4$ 时，有两个阶段，初始状态 S_4 可以是 D_1、D_2 或 D_3。

如果 $S_4=D_1$，则下一步只能取 E_1，故 $f_4(D_1)=r(D_1, E_1)+f_5(E_1)=2+4=6$，最短路线：$D_1—E_1—F$，最优解：$d_4^*(D_1)=E_1$。

如果 $S_4=D_2$，则下一步能取 E_1 或 E_2，故 $f_4(D_2)=\min\{r(D_2, E_1)+f_5(E_1), r(D_2, E_2)+f_5(E_2)\}=\min(4+4, 3+2)=5$，最短路线：$D_2—E_2—F$，最优解：$d_4^*(D_2)=E_2$。

如果 $S_4=D_3$，则下一步只能取 E_2，故 $f_4(D_3)=r(D_3, E_2)+f_5(E_2)=5+2=7$，最短路线：$D_3—E_2—F$，最优解：$d_4^*(D_3)=E_2$，如图 7.3 所示。

(3) 当 $K=3$ 时，还有三个阶段，初始状态 S_3 可以是 C_1、C_2 或 C_3。

如果 $S_3=C_1$，则下一步能取 D_1 或 D_2，故 $f_3(C_1)=\min\{r(C_1, D_1)+f_4(D_1), r(C_1, D_2)+f_4(D_2)\}=\min(3+6, 3+5)=8$，最短路线：$C_1—D_2—E_2—F$，最优解：$d_3^*(C_1)=D_2$。

如果 $S_3=C_2$，则下一步能取 D_2 或 D_3，故 $f_3(C_2)=\min\{r(C_2, D_2)+f_4(D_2), r(C_2, D_3)+f_4(D_3)\}=\min(3+5, 2+7)=8$，最短路线：$C_2—D_2—E_2—F$，最优解：$d_3^*(C_2)=D_2$。

如果 $S_3=C_3$，则下一步只能取 D_3，故 $f_3(C_3)=r(C_3, D_3)+f_4(D_3)=(4+7)=11$，最短路线：$C_3—D_3—E_2—F$，最优解：$d_3^*(C_3)=D_3$，如图 7.4 所示。

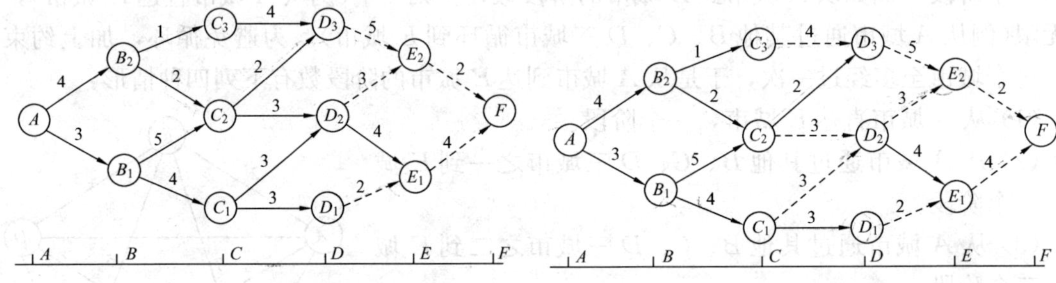

图 7.3 一定阶段最短路问题(二)　　图 7.4 一定阶段最短路问题(三)

(4) 当 $K=2$ 时，还有四个阶段，初始状态 S_2 可以是 B_1 或 B_2。

如果 $S_2=B_1$，则下一步能取 C_1 或 C_2，故 $f_2(B_1)=\min\{r(B_1, C_1)+f_3(C_1), r(B_1, C_2)+f_3(C_2)\}=\min(4+8, 5+8)=12$，最短路线：$B_1—C_1—D_2—E_2—F$，最优解：$d_2^*(B_1)=C_1$。

如果 $S_2=B_2$，则下一步能取 C_2 或 C_3，故 $f_2(B_2)=\min\{r(B_2, C_2)+f_3(C_2), r(B_2, C_3)+f_3(C_3)\}=\min(2+8, 1+11)=10$，最短路线：$B_2—C_2—D_2—E_2—F$，最优解：$d_2^*(B_2)=C_2$，如图 7.5 所示。

(5) 当 $K=1$ 时，五个阶段的原问题，初始状态 S_1 是 A，则下一步能取 B_1 或 B_2，故 $f_1(A)=\min\{r(A, B_1)+f_2(B_1), r(A, B_2)+f_2(B_2)\}=\min(3+12, 4+10)=14$，最短路线：$A—B_2—C_2—D_2—E_2—F$，最优解：$d_1^*(A)=B_2$，最短距离为 14，如图 7.6 所示。

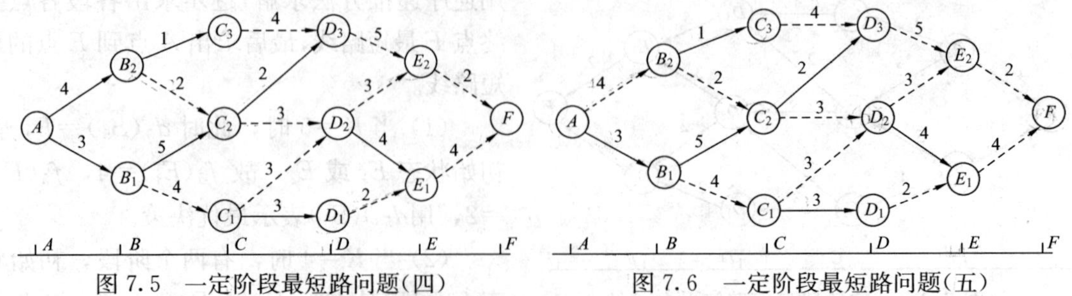

图 7.5 一定阶段最短路问题(四)　　图 7.6 一定阶段最短路问题(五)

7.2.2　动态规划的函数方程(DP Equation of Recursion)

建立DP函数方程是指确定过程的阶段及阶段数，规定状态变量和决策变量的取法，给出各阶段状态集合，允许决策集合，状态转移方程和指标函数等。在上面的计算过程中，利用了第 k 阶段与第 $k+1$ 阶段的关系

$$\begin{cases} f_k(S_k) = \min\limits_{\substack{d_k(S_k) \\ k=1,2,3,4,5}} \{r[S_k, d_k(S_k)] + f_{k+1}(S_{k+1})\} \\ f_6(S_6) = 0 \end{cases}$$

这种递推关系称为动态规划的函数基本方程。

7.2.3　贝尔曼(Bellman)最优化原理

作为整个过程的最优策略具有这样的性质，即无论过去的状态和决策如何，对前面的决策所形成的状态而言，余下的诸决策必须构成最优策略。这就是说，不管引导到这个现时状态的头一个状态和决策是什么，所有的未来决策应是最优的。

7.3　动态规划的特点

动态规划的优点：

(1) 可将一个 N 维优化问题化成 N 个一维优化问题求解。

(2) DP方程中附加某些约束条件，可使求解更加容易。

(3) 求得最优解以后，可得所有子问题的最优解。

动态规划的缺点：

(1) “一个”问题，“一个”模型，“一个”求解方法，且求解技巧要求比较高，没有统一处理方法。

(2) 状态变量维数不能太高，一般要求小于6。

建立动态规划模型的要点：

(1) 分析题意，识别问题的多阶段性，按时间或空间的先后顺序适当地划分满足递推关系的若干阶段，对非时序的静态问题要人为地赋予“时段”的概念。

(2) 正确地选择状态变量，使其具备两个必要特征：

1) 可知性，即过去演变过程的各阶段状态变量的取值，能直接或间接地确定。

2) 能够确切地描述过程的演变且满足无后效性。

(3) 根据状态变量与决策变量的含义，正确写出状态转移方程或转移规则。

(4) 根据题意明确指标函数、最优指标函数以及一段效益即阶段指标的含义，并正确列出最优指标函数的递推关系及边界条件(即DP基本方程)。

7.4　动态规划应用举例

【例7.2】 一家著名的快餐店计划在某城市建立5个分店，这个城市分成3个区，分别用1、2、3表示。由于每个区的地理位置、交通状况及居民的构成等诸多因素的差异，将对各分店的经营状况产生直接的影响。经营者通过市场调查及咨询后，建立了表7.1。该表表

明了各个区建立不同数目的分店时的利润估计。试确定各区建店数目使总利润最大。

表 7.1 各分店的经营状况

分 店	区			分 店	区		
0	0	0	0	3	12	14	9
1	3	5	4	4	14	16	10
2	7	10	7	5	15	16	11

解 阶段：每个区，共三个阶段。

状态：S_k 为第 k 阶段开始时，可供分配的店数。

决策：d_k 为分配给 k 区的店数。

状态转移方程：$S_{k+1}=S_k-d_k$。

效益：$r_k(d_k)$为分配给 k 区 d_k 个店时的利润。

$f_k(S_k)$为当第 k 阶段初始状态为 S_k 时，从第 k 阶段到最后阶段所得最大利润，有

$$\begin{cases} f_k(S_k)=\max\limits_{\substack{d_k(S_k)\\ k=1,2,3}}\{r_k(d_k)+f_{k+1}(S_{k+1})\} \\ f_4(S_4)=0 \end{cases}$$

$k=3$ 时，计算见表 7.2。

表 7.2 [例 7.2]的求解表(一)

S_3	$f_3(S_3)$	d_3^*	S_3	$f_3(S_3)$	d_3^*
0	0	0	3	9	3
1	4	1	4	10	4
2	7	2	5	11	5

$k=2$ 时，计算见表 7.3。

表 7.3 [例 7.2]的求解表(二)

S_2/d_2	$R_2(d_2)+f_3(S_3)$						$f_2(S_2)$	d_2^*
	0	1	2	3	4	5		
0	0	—	—	—	—	—	0	0
1	4	5	—	—	—	—	5	1
2	7	9	10	—	—	—	10	2
3	9	12	14	14	—	—	14	2，3
4	10	14	17	18	16	—	18	3
5	11	15	19	21	20	16	21	3

$k=1$ 时，计算见表 7.4，最优解：$d_1^*=3$，$d_2^*=2$，$d_3^*=0$。

表 7.4 [例 7.2]的求解表(三)

S_1/d_1	$R_1(d_1)+f_2(S_2)$						$f_1(S_1)$	d_1^*
	0	1	2	3	4	5		
5	21	21	21	22	19	15	22	3

即在1区建3个分店，在2区建2个分店，而不在3区建立分店。最大总利润=22。$d_1^*=3$，$s_2=s_1-d_1^*=5-3=2$，$d_2^*=2$，$s_3=s_2-d_2^*=2-2=0$，$d_3^*=0$，见表7.5。

表 7.5 [例 7.2]的求解表(四)

s_i	$f_1(s_1)$	d_1^*	$f_2(s_2)$	d_2^*	$f_3(s_3)$	d_3^*
0			0	0	0	0
1			5	1	4	1
2			10	2	7	2
3			14	2，3	9	3
4			18	3	10	4
5	22	3	21	3	11	5

【例 7.3】 投资问题。

现有资金5百万元，可对三个项目进行投资，投资额均为整数(单位：百万元)，其中$2^{\#}$项目的投资不得超过3百万元，$1^{\#}$和$3^{\#}$项目的投资均不得超过4百万元，$3^{\#}$项目至少要投资1百万元，每个项目投资5年后，预计可获得收益见表7.6。问如何投资可望获得最大收益。

表 7.6 投 资 收 益

投资项目	0	1	2	3	4
$1^{\#}$	0	3	6	10	12
$2^{\#}$	0	5	10	12	—
$3^{\#}$	—	4	8	11	15

解 这个投资问题可以分成三个阶段，在第k阶段确定$k^{\#}$的投资额，令S_k为对$1^{\#}$，$2^{\#}$，…，$(k-1)^{\#}$项目投资后剩余的资金额；X_k为对k项目的投资额；$r_k(X_k)$为对$k^{\#}$项目投资X_k的收益；$f_k(S_k)$为应用剩余的资金S_k对$k^{\#}$，$(k+1)^{\#}$，…，$N^{\#}$投资可获得的最大收益。状态转移方程为

$$S_{k+1}=S_k-X_k$$

为了获得最大收益，必须将5百万元全部用于投资，故假想有第4阶段存在时，必有$S_4=0$，于是得递推方程

$$\begin{cases} f_k(S_k)=\max\limits_{\substack{d_k(S_k)\\ k=3,2,1}}[r_k(X_k)+f_{k+1}(S_{k+1})] \\ f_4(S_4)=0 \end{cases}$$

当$k=3$时($3^{\#}$至多投资4百万元，至少投资1百万元)，$f_3(1)=4$，$f_3(2)=8$，$f_3(3)=$

11, $f_3(4)=15$。

当 $k=2$ 时(2# 投资不超过3百万元), $f_2(1)=r_2(0)+f_3(1)=0+4$, $f_2(2)=\max\{r_2(1)+f_3(1), r_2(0)+f_3(2)\}=\max\{5+4, 0+8\}=9$, $f_2(3)=\max\{r_2(2)+f_3(1), r_2(1)+f_3(2), r_2(0)+f_3(3)\}=\max\{10+4, 5+8, 0+11\}=14$, $f_2(4)=\max\{r_2(3)+f_3(1), r_2(2)+f_3(2), r_2(1)+f_3(3), r_2(0)+f_3(4)\}=\max\{12+4, 10+8, 5+11, 0+15\}=18$, $f_2(5)=\max\{r_2(3)+f_3(2), r_2(2)+f_3(3), r_2(1)+f_3(4)\}=\max\{12+8, 10+11, 5+15\}=21$。

注意:3# 至多投资 4 百万元。

当 $k=1$ 时, $S_1=5$(最初有 5 百万元,3# 至少投资 1 百万元), $f_1(5)=\max\{r_1(0)+f_2(5), r_1(1)+f_2(4), r_1(2)+f_2(3), r_1(3)+f_2(2), r_1(4)+f_2(1)\}=\max\{0+21, 3+18, 6+14, 10+9, 12+4\}=21$。

应用顺序反推可知最优投资方案。方案 1: $x_1^*=0, x_2^*=2, x_3^*=3$;方案 2: $x_1^*=1, x_2^*=2, x_3^*=2$。最大收益均为 21 百万元。

【例 7.4】 一维“背包”问题。

有一辆最大货运量为 10t 的卡车，用于装载三种货物，每种货物的单位重量及相应单位价值见表 7.7，应如何装载可使总价值最大?

表 7.7　　货物的单位重量及相应单位价值

货物编号 i	1	2	3
单位重量(t)	3	4	5
单位价值 C_i	4	5	6

解 设第 i 种货物装载的件数为 $x_i(i=1, 2, 3)$，则问题可表示为

$$\max Z=4x_1+5x_2+6x_3$$

$$\text{s.t.}\quad 3x_1+4x_2+5x_3\leqslant 10$$

$$x_i\geqslant 0\text{，且为整数}(i=1, 2, 3)$$

方法一：由于决策变量取整数，所以可以用列表法求解。

当 $k=1$ 时

$$f_1(s)=\max_{\substack{0\leqslant 3x_1\leqslant s\\ x_1\text{为整数}}}\{4x_1\}$$

或

$$f_1(s)=\max_{\substack{0\leqslant x_1\leqslant \frac{s}{3}\\ x_1\text{为整数}}}\{4x_1\}=4\left[\frac{s}{3}\right]$$

计算结果见表 7.8。

表 7.8　　[例 7.4]的求解表(一)

s	0	1	2	3	4	5	6	7	8	9	10
$f_1(s)$	0	0	0	4	4	4	8	8	8	12	12
x_1^*	0	0	0	1	1	1	2	2	2	3	3

当 $k=2$ 时

$$f_2(s)=\max_{\substack{0\leqslant x_2\leqslant s/4\\ x_2\text{为整数}}}\{5x_2+f_1(s-4x_2)\}$$

计算结果见表 7.9。

表 7.9 [例 7.4]的求解表(二)

s	0	1	2	3	4	5	6	7	8	9	10
x_2	0	0	0	0	0，1	0，1	0，1	0，1	0，1，2	0，1，2	0，1，2
c_2+f_1	0	0	0	4	4，5	4，5	8，5	8，9	8，9，10	12，9，10	12，13，10
$f_2(s)$	0	0	0	4	5	5	8	9	10	12	13
x_2^*	0	0	0	0	1	1	0	1	2	0	1

当 $k=3$ 时，$f_3(10)=\max\limits_{\substack{0\leqslant x_3\leqslant 2\\ x_3\text{为整数}}}\{6x_3+f_2(10-5x_3)\}=\max\limits_{x_3=0,1,2}\{6x_3+f_2(10-5x_3)\}$

$$=\max\{13,6+5,12+0\}=13$$

此时 $x_3^*=0$，可推得全部策略为 $x_1^*=2$，$x_2^*=1$，$x_3^*=0$，最大价值为 13。

方法二：问题最终要求 $f_3(10)$。

而 $f_3(10)=\max\limits_{\substack{3x_1+4x_2+5x_3\leqslant 10\\ x_i\text{为整数},i=1,2,3}}\{4x_1+5x_2+6x_3\}=\max\limits_{\substack{3x_1+4x_2\leqslant 10-5x_3\\ x_i\text{为整数},i=1,2,3}}\{4x_1+5x_2+6x_3\}$

$$=\max\limits_{\substack{10-5x_3\geqslant 0\\ x_3\geqslant 0\text{为整数}}}\{6x_3+\max\limits_{\substack{3x_1+4x_2\leqslant 10-5x_3\\ x_i\geqslant 0\text{为整数},i=1,2}}[4x_1+5x_2]\}=\max\limits_{x_3=0,1,2}\{6x_3+f_2(10-5x_3)\}$$

$$=\max\{0+f_2(10),\ 6+f_2(5),\ 12+f_2(0)\}$$

由此看到要计算 $f_3(10)$ 需先计算 $f_2(10)$，$f_2(5)$，$f_2(0)$。

而 $f_2(10)=\max\limits_{\substack{3x_1+4x_2\leqslant 10\\ x_1,x_2\geqslant 0\text{为整数}}}\{4x_1+5x_2\}=\max\limits_{\substack{3x_1\leqslant 10-4x_2\\ x_1,x_2\geqslant 0\text{为整数}}}\{4x_1+5x_2\}$

$$=\max\limits_{\substack{10-4x_2\geqslant 0\\ x_2\geqslant 0\text{为整数}}}\{5x_2+\max\limits_{\substack{3x_1\leqslant 10-4x_2\\ x_1\geqslant 0\text{为整数}}}[4x_1]\}$$

$$=\max\limits_{x_2=0,1,2}\{5x_2+f_1(10-4x_2)\}=\max\{f_1(10),\ 5+f_1(6),\ 10+f_1(2)\}$$

同理，$f_2(5)=\max\limits_{\substack{3x_1+4x_2\leqslant 5\\ x_1,x_2\geqslant 0\text{为整数}}}\{4x_1+5x_2\}=\max\limits_{x_2=0,1}\{5x_2+f_1(5-4x_2)\}=\max\{f_1(5),\ 5+f_1(1)\}$

$f_2(0)=\max\limits_{\substack{3x_1+4x_2\leqslant 0\\ x_1,x_2\geqslant 0\text{为整数}}}\{4x_1+5x_2\}=\max\limits_{x_2=0}\{5x_2+f_1(0-4x_2)\}=f_1(0)$

为了计算 $f_2(10)$，$f_2(5)$，$f_2(0)$ 需要先计算 $f_1(10)$，$f_1(6)$，$f_1(5)$，$f_1(2)$，$f_1(1)$，$f_1(0)$。

由于 $f_1(s)=\max\limits_{\substack{0\leqslant x_1\leqslant \frac{s}{3}\\ x_1\text{为整数}}}\{4x_1\}=4\left[\dfrac{s}{3}\right]$，则 $f_1(10)=12(x_1=3)$，$f_1(6)=8(x_1=2)$，$f_1(5)=4(x_1=1)$，$f_1(2)=0$，$(x_1=0)$，$f_1(1)=0(x_1=0)$，$f_1(0)=0(x_1=0)$，从而

$f_2(10)=\max\{f_1(10),\ 5+f_1(6),\ 10+f_1(2)\}=\max\{12,\ 5+8,\ 10+0\}=13(x_1=2,\ x_2=1)$

$f_2(5)=\max\{f_1(5),\ 5+f_1(1)\}=\max\{4,\ 5+0\}=5(x_1=0,\ x_2=1)$

$f_2(0)=f_1(0)=0(x_1=0,\ x_2=0)$

最后有

$f_3(10)=\max\{f_2(10),\ 6+f_2(5),\ 12+f_2(0)\}$

$=\max\{13,\ 6+5,\ 12+0\}$

$=13(x_1=2，x_2=1，x_3=0)$

【例 7.5】 二维“背包”问题。

有一辆最大货运量为 12t，最大容量 10m^3 的某种类型卡车，用于装载两种货物 A、B，每种货物的单件重量分别 3、4t，体积为 1、5m^3，重要性系数为 2、3，求合理装载的最大效益。

解 设 A、B 货物装载的件数为 $x_i(i=1，2)$，则问题可表示为

$$\begin{aligned}&\max Z=2x_1+3x_2\\&\text{s.t.}\quad 3x_1+4x_2\leqslant 12\\&x_1+5x_2\leqslant 10\\&x_i\geqslant 0\text{ 为整数}(i=1，2)\end{aligned}$$

并解出

$$\begin{aligned}f_2(12，10)&=\max_{\substack{3x_1+4x_2\leqslant 12\\x_1+5x_2\leqslant 10\\x_i\geqslant 0\text{为整数}(i=1,2)}}\{2x_1+3x_2\}=\max_{\substack{3x_1\leqslant 12-4x_2\\x_1\leqslant 10-5x_2\\x_i\geqslant 0\text{为整数}(i=1,2)}}\{2x_1+3x_2\}\\&=\max_{\substack{12-4x_2\geqslant 0\\10-5x_2\geqslant 0\\x_i\geqslant 0\text{为整数}(i=2)}}\{3x_2+f_1(12-4x_2，10-5x_2)\}\\&=\max_{\substack{x_2\leqslant 12/4\\x_2\leqslant 10/5\\x_i\geqslant 0\text{为整数}(i=2)}}\{3x_2+f_1(12-4x_2，10-5x_2)\}\\&=\max_{x_2=0,1,2}\{3x_2+f_1(12-4x_2，10-5x_2)\}\\&=\max\{f_1(12，10)，3+f_1(8，5)，6+f_1(4，0)\}\end{aligned}$$

先要计算 $f_1(12，10)$，$f_1(8，5)$及 $f_1(4，0)$。

$$f_1(12，10)=\max_{\substack{3x_1\leqslant 12\\x_1\leqslant 10\\x_1\geqslant 0\text{为整数}}}\{2x_1\}=\max_{x_1=0,1,2,3,4}\{2x_1\}=8(x_1^*=4)$$

同理，$f_1(8，5)=4(x_1^*=2)$，$f_1(4，0)=0\ (x_1^*=0)$，则

$$\begin{aligned}f_2(12，10)&=\max\{f_1(12，10)，3+f_1(8，5)，6+f_1(4，0)\}\\&=\max\{8，3+4，6+0\}\\&=8(x_1^*=4，x_2^*=0)\end{aligned}$$

因此，最优方案为装 A 种货物 4 件，不装 B 种货物，最大价值为 8。

【例 7.6】 连续变量问题。

某公司有资金 10 万元，可投资于项目 $i(i=1，2，3)$，若投资额为 x_i，其收益分别为 $g_1(x_1)=4x_1$，$g_2(x_2)=9x_2$，$g_3(x_3)=2x_3^2$，问如何分配投资额，使总收益最大。

解 建立此问题的数学模型，求 x_i，使

$$\begin{aligned}\max\quad &Z=4x_1+9x_2+2x_3^2\\\text{s.t.}\ &x_1+x_2+x_3\leqslant 10\\&x_1,x_2,x_3\geqslant 0\end{aligned}$$

按变量个数分阶段，可看成三段决策问题，设状态变量 s_k 表示第 k 阶段可以分配给第 k 个到第 3 个项目的资金额。决策变量 x_k 决定投资给第 k 个项目的资金额，则有 $s_1=10$，$s_2=s_1-x_1,s_3=s_2-x_2$，即状态转移方程为 $s_{k+1}=s_k-x_k$，令最优指标函数 $f_k(s_k)$表示第 k 个

阶段，初始状态为 s_k 时，从第 k 个到第 3 个项目所获最大收益 $f_1(s_1)$，即为所求的总收益。

上述问题的函数方程可表示为

$$\begin{cases} f_k(s_k)=\max\limits_{x_k,k=3,2,1}\{g_k(x_k)+f_{k+1}(s_{k+1})\} \\ f_4(s_4)=0 \end{cases}$$

$k=3$ 时，$f_3(s_3)=\max\limits_{0\leqslant x_3\leqslant s_3}\{2x_3^2\}$，当 $x_3^*=s_3$ 时，取得最大值 $2s_3^2$，即

$$f_3(s_3)=\max_{0\leqslant x_3\leqslant s_3}\{2x_3^2\}=2s_3^2$$

$k=2$ 时，$f_2(s_2)=\max\limits_{0\leqslant x_2\leqslant s_2}\{9x_2+f_3(s_3)\}=\max\limits_{0\leqslant x_2\leqslant s_2}\{9x_2+2s_3^2\}=\max\limits_{0\leqslant x_2\leqslant s_2}\{9x_2+2(s_2-x_2)^2\}$。

令 $h_2(s_2,x_2)=9x_2+2(s_2-x_2)^2$，由 $\dfrac{\mathrm{d}h_2}{\mathrm{d}x_2}=9+4(s_2-x_2)(-1)=0$ 解得 $x_2=s_2-\dfrac{9}{4}$，而 $\dfrac{\mathrm{d}^2h_2}{\mathrm{d}x_2^2}=4>0$，所以 $x_2=s_2-\dfrac{9}{4}$ 是极小点。

极大点只可能在 $[0,s_2]$ 端点取得：$f_2(0)=2s_2^2$，$f_2(s_2)=9s_2$。

当 $s_2\geqslant\dfrac{9}{2}$ 时，$f_2(0)>f_2(s_2)$，此时 $x_2^*=0$，当 $s_2\leqslant\dfrac{9}{2}$ 时，$f_2(0)<f_2(s_2)$，此时 $x_2^*=s_2$。

$k=1$ 时，$f_1(s_1)=\max\limits_{0\leqslant x_1\leqslant s_1}\{4x_1+f_2(s_2)\}$。

当 $f_2(s_2)=9s_2$ 时，$f_1(10)=\max\limits_{0\leqslant x_1\leqslant 10}\{4x_1+9s_1-9x_1\}=\max\limits_{0\leqslant x_1\leqslant 10}\{9s_1-5x_1\}=9s_1(x_1^*=0)$，但此时 $s_2=s_1-x_1=10-0=10>\dfrac{9}{2}$，与 $s_2<\dfrac{9}{2}$ 矛盾，故舍去。

当 $f_2(0)=2s_2^2$ 时，$f_1(10)=\max\limits_{0\leqslant x_1\leqslant 10}\{4x_1+2(s_1-x_1)^2\}$。

令 $h_1(s_1,x_1)=4x_1+2(s_1-x_1)^2$，由 $\dfrac{\mathrm{d}h_1}{\mathrm{d}x_1}=4+4(s_1-x_1)(-1)=0$ 解得 $x_1=s_1-1$，而 $\dfrac{\mathrm{d}^2h_1}{\mathrm{d}x_1^2}=4>0$，所以 $x_1=s_1-1$ 是极小点，比较 $[0,10]$ 两个端点，$x_1=0$ 时，$f_1(10)=200$，$x_1=10$ 时，$f_1(10)=40$，所以 $x_1^*=0$，再由状态方程得 $s_2=s_1-x_1^*=10-0=10$。由于 $s_2\geqslant\dfrac{9}{2}$，因此 $x_2^*=0$，$s_3=s_2-x_2^*=10-0=10$，所以 $x_3^*=s_3=10$。

最优投资方案为全部资金投入第 3 个项目可得最大收益 200 万元。

本 章 小 结

动态规划是研究多阶段决策问题的最优化方法。多阶段决策问题含有一个描述过程时序或空间演变的阶段变量，将复杂问题划分成若干阶段，遵循逆序求解的思想，根据“最优化原理”，逐段解决而最终实现全局最优。经济、管理、工业生产、工程技术等领域，许多问题可归结为多阶段决策问题，当一些用线性规划、非线性规划处理有困难的问题，往往也可以用动态规划方便的求解。Lindo、WinQSB 等软件是求解动态规划问题的简单而有效的工具。

建模是动态规划的难点和解决问题的关键。归结起来，动态规划建模的一般步骤为：

(1) 对问题进行阶段划分，确定阶段变量 k；

(2) 确定状态变量 s_k；

（3）确定决策变量 x_k，允许决策集合 $X_k(s_k)$；

（4）写出状态转移方程 $s_{k+1}=T_k(s_k, x_k)$；

（5）写出指标函数的基本递推方程；

（6）明确边界条件。

习 题 7

一、计算题

7.1 用逆推解法和用标号法计算图 7.7 所示的从 A 到 E 的最短路线及其长度。

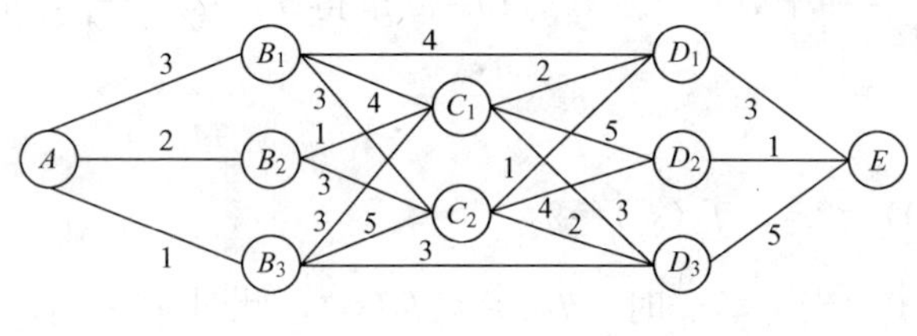

图 7-7 习题 7.1 图

7.2 用动态规划方法求解下列问题：

（1）$\max z=x_1^2x_2x_3^3$

s. t. $x_1+x_2+x_3\leqslant 6$

$x_j\geqslant 0\ (j=1, 2, 3)$

（2）$\min z=3x_1^2+4x_2^2+x_3^2$

s. t. $x_1x_2x_3\geqslant 9$

$x_j\geqslant 0(j=1, 2, 3)$

7.3 利用动态规划方法证明平均值不等式

$$\frac{(x_1+x_2+\cdots+x_n)}{n}\geqslant(x_1x_2\cdots x_n)^{\frac{1}{n}}$$

设 $x_i\geqslant 0$，$i=1, 2, \cdots, n$。

7.4 考虑一个有 m 个产地和 n 个销地的运输问题。设 $a_i(i=1, 2, \cdots, m)$ 为产地 i 可发运的物资数，$b_j(j=1, 2, \cdots, n)$ 为销地 j 所需要的物资数。又从产地 i 到销地 j 发运 x_{ij} 单位物资所需的费用为 $h_{ij}(x_{ij})$。试建立该问题的动态规划模型。

7.5 某公司在今后三年的每一年的开头将资金投入 A 或 B 项工程，年末的回收及其概率见表 7.10。每年至多做一项投资，每次只能投入 1000 万元。试求出三年后所拥有的期望金额达到最大的投资方案。

表 7.10 年末的回收及其概率

投 资	回收(万元)	概率
A	0	0.4
	2000	0.6
B	1000	0.9
	2000	0.1

7.6 某公司有三个工厂都可以考虑改造扩建。每个工厂都有若干种方案可供选择，各种方案的投资及所能取得的收益见表 7.11。现公司有资金 5 千万元，问应如何分配投资使公司的总收益最大。

表 7.11 各方案的投资和所能取得的收益 （千万元）

m_{ij}	工厂 $i=1$		工厂 $i=2$		工厂 $i=3$	
	c(投资)	R(收益)	c(投资)	R(收益)	c(投资)	R(收益)
1	0	0	0	0	0	0
2	1	5	2	8	1	3
3	2	6	3	9	—	—
4	—	—	4	12	—	—

7.7　某厂准备连续3个月生产A产品，每月初开始生产。A的生产成本费用为x^2，其中x是A产品当月的生产数量。仓库存货成本费每月每单位为1元。估计3个月的需求量分别为$d_1=100$，$d_2=110$，$d_3=120$。现设开始时第一个月月初存货$s_0=0$，第三个月的月末存货$s_3=0$。试问，每月的生产数量应是多少才使总的生产和存货费用为最小。

7.8　设有一辆载重卡车，现有4种货物均可用此车运输。已知这4种货物的重量、容积和价值见表7.12。若该卡车的最大载重为15t，最大允许装载容积为10m³，在许可的条件下，每车装载每一种货物的件数不限。问应如何搭配这4种货物，才能使每车装载货物的价值最大。

7.9　某警卫部门有12支巡逻队负责4个仓库的巡逻。按规定对每个仓库可分别派2～4支队伍巡逻。由于所派队伍数量上的差别，各仓库一年内预期发生事故的次数见表7.13。试应用动态规划的方法确定派往各仓库的巡逻队数，使预期事故的总次数为最少。

表7.12　4种货物的重量、容积和价值

货物代号	重量(t)	容积(m³)	价值(千元)
1	2	2	3
2	3	2	4
3	4	2	5
4	5	3	6

表7.13　1年内预期事故次数

巡逻队数 \ 仓库	1	2	3	4
2	18	38	14	34
3	16	36	12	31
4	12	30	11	25

7.10　生产计划问题。根据合同，某厂明年每个季度末应向销售公司提供产品有关信息见表7.14。若产品过多，季末有积压，则一个季度每积压1t产品需支付存储费0.2万元。现需找出明年的最优生产方案，使该厂能在完成合同的情况下使全年的生产费用最低。试建立：

(1) 此问题的线性规划模型(提示：设第j季度工厂生产产品x_j吨，第j季度初存储的产品为y_j吨，显然$y_1=0$)。

(2) 此问题的动态规划模型(均不用求解)。

表7.14　产　品　信　息

季度j	生产能力a_j(t)	生产成本d_j(万元/t)	需求量b_j(t)
1	30	15.6	20
2	40	14.0	25
3	25	15.3	30
4	10	14.8	15

二、复习思考题

7.11　举例说明什么是多阶段的决策过程及多阶段决策问题的特性。

7.12　解释下列概念：①状态；②决策；③最优策略；④状态转移方程；⑤指标函数和最优值函数。

7.13　建立动态规划模型时应注意哪几点，它们在模型中的作用是什么?

7.14　试述动态规划方法的基本思想，动态规划基本方程的结构及方程中各个符号的含义，正确写出动态规划基本方程的关键因素。

7.15　试述动态规划的最优化原理，以及它同动态规划基本方程之间的关系。

7.16　试述动态规划方法与逆推解法和顺推解法之间的联系及应注意之处。

7.17　判断下列说法是否正确(正确的在括号中打“√”，错误的在括号中打“×”)。

(1) 在动态规划模型中，问题的阶段数等于问题中的子问题的数目。　(　)

(2) 动态规划中，定义状态时应保证在各个阶段中所做决策的相互独立性。　(　)

(3) 动态规划的最优性原理保证了从某一状态开始的未来决策独立于先前已做出的决策。　(　)

(4) 对于一个动态规划问题，应用顺推或逆推解法可能会得出不同的最优解。　(　)

(5) 动态规划计算中的“维数障碍”主要是由于问题中阶段数的急剧增加而引起。(　)

(6) 假如一个线性规划问题含有5个变量和3个约束，则用动态规划方法求解时将划分为3个阶段，每个阶段的状态将由一个5维的向量组成。　(　)

7.18　对于静态规划的模型，如线性规划、非线性规划、整数规划等，一般可以采用动态规划的方法求解，试分析各自的优缺点。

7.19　在动态规划中，定义状态时要保证各阶段决策的相互独立性，试述“货郎担”问题中状态是如何定义的，以及为什么要这样来定义。

7.20　什么是动态规划算法中的维数灾难?试举出本章有关问题中，在什么情况下会出现维数灾难?

第8章 存 储 论

库存管理(Inventory Management)是对企业进行现代化科学管理的一个重要内容，一个工厂、一个商店没有必要的库存就不能保证正常的生产活动和销售活动。库存不足就会造成工厂的停工待料，商店缺货现象，在经济上造成损失；但是库存量太大就会积压流动资金，增加存储费用，使企业利润大幅下降。因此，必须对库存物资进行科学管理。

8.1 存储论基本概念

8.1.1 ABC库存管理技术

ABC库存管理技术是一种简单、有效的库存管理技术。它通过对品种、规格极为繁多的库存物资进行分类，使得企业管理人员将主要注意力集中在金额较大，最需要加以重视的产品上，达到节约资金的目的。

A类物资的特点：品种较少，但由于年耗用量特别大或价格高，因而年金额特别大，占用资金很多。通常它占总品种的10%以下，年金额占全部库存物资年金额的60%～70%。A类物资往往是企业生产过程中主要原材料和燃料，是节约企业库存资金的重点和关键。

B类物资的特点：通常它占全部库存物资总品种的20%～30%，年金额占全部库存物资年金额的20%左右。

C类物资的特点：通常它占全部库存物资总品种的60%～70%，年金额占全部库存物资年金额的10%～20%。

【例8.1】 某企业有2000种库存物资，试进行分类。

解 先计算每类物资的年耗用量、平均单价，得到年金额，然后按照年金额的大小把全部库存物资排队，并划分为如表8.1所列的三类。

表8.1 库存物资分类

类别	物资名称	物资品种	品种占比(%)	年金额(万元)	年金额占比(%)
A	钢材	120	6	174	69.6
B	铜	400	20	54	21.6
C	铁钉	1480	74	22	8.8
合计		2000	100	250	100

三类物资的管理和控制办法：

A类物资品种少，金额大，是进行库存管理和控制的重点。对列入A类物资的每一种应当计算其年需要量，库存费用，每批的采购费用，计算最经济的批量，要求尽可能缩减与库存有关费用，并应经常检查，通常情况下A类物资保险储备天数较少。

C类物资品种多、金额小，订货次数不能过多，通常可按过去的消耗情况对它们进行上下限控制，库存下降到下限时进货，每次进货的数量与原有库存量合计不超过上限。这种物资占用资金不多，所以保险储备天数较大。总之，C类物资增大订货批量，减少订货次数。

B类物资也应加强管理，通常对其中一部分品种应当计算最经济批量，对其余部分则进行一般性管理，采用上下限控制办法，其保险储备天数也较A类物资多，比C类物资少。

8.1.2 库存管理中费用分类

库存管理中费用可以分成如下几类。

1. 存储费(Inventory Cost)

存储费是由于对库存物资进行保管而引起的费用，包括：货物占用资金的利息；为了库存物资安全而向保险机构缴纳的保险金；部分库存物资损坏、变质、短缺而造成的损失；库存物资占用仓库面积而引起的一系列费用，如货物的搬运费，仓库本身的固定资产折旧，仓库维修费用，仓库及其设备的租金，仓库的取暖、冷藏、照明等费用，仓库管理人员等的工资、福利费用，仓库的业务核算费用等。

2. 订货费(Order Cost)

订货费包括两项：一项是订货费用(固定费用)，如采购人员的各种工资、差旅费、订购合同、邮电费用等。它与订购次数有关，与订购数量无关。另一项是货物的成本费用。它与订购数量有关(可变费用)，如货物本身的价格、运输费用。

3. 设备调整费(Adjust Equipment Cost)

对库存物资的自制产品，在批量生产情况下每批产品产前的工艺准备费用，工具和卡具费用，设备调整费用等。

4. 缺货损失费(Backorder Cost)

当某种物资存储量不足，不能满足需求时所造成的损失，如工厂停工待料，失去销售机会以及不能履行合同而缴纳的罚款等。

8.1.3 库存管理的要素

1. 需求量

一种物资的需求方式可以是确定性的，也可以是随机性的。在确定情况下，假定需求量在所有各个时期内是已知的。随机性的需求则表示在某个时期内的需求量并不确切知道，但它们的情况可以用一个概率分布来描述。

2. 补充存货

库存物资的补充可以是订货，也可以是生产。当发出一张订单时，可能立即交货，也可能在交货前需要一段时间。从订货到收货之间的时间称为滞后时间，一般地，滞后时间可以是确定性的，也可以是随机性的。

3. 订货周期

订货周期是指两次相邻订货之间的时间。

下一次的订货时间通常用以下两种方式来确定：①连续检查。随时注意库存水平的变化，当库存水平降到某一确定值时，立即订货。②定期检查。每次检查之间的时间间隔是相等的，当库存水平降到某一确定值时，立即订货。

8.2 确定型存储模型(需求连续均匀时一般库存问题)

下文公式中的符号说明：

R——需求速度(物资单位/天)；

S——供应能力(物资单位/天);

h——存储费[元/(物资单位·天)];

p——缺货费[元/(物资单位·天)];

k——订货费(元/批);

T_1——供货所需时间(天);

T——订货周期(天);

Q——订货批量(物资单位/批);

Q_m——最高存储量(物资单位);

Q_0——存储量峰谷差(物资单位)。

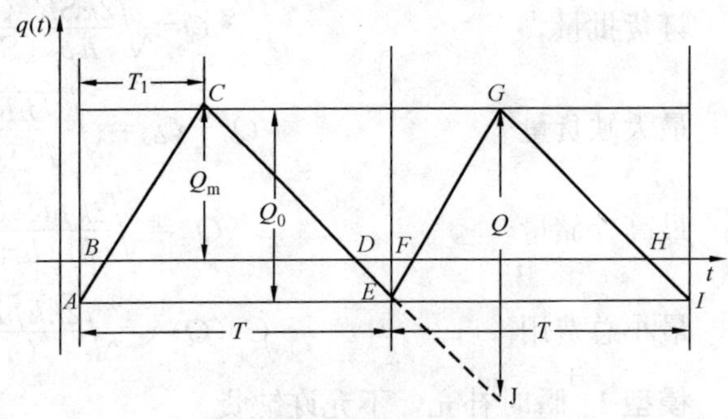

图 8.1 需求连续均匀的库存问题

需求连续均匀时一般库存问题如图8.1所示。图中在横轴之上表示有库存，横轴之下表示缺货；虚线 EJ 表示在 E 时没有订货，则有

$$Q=ST_1=RT,\ T_1=R\frac{T}{S} \tag{8.1}$$

$$(S-R)\ T_1=Q_0$$

将式(8.1)代入得

$$Q_0=(S-R)\ R\frac{T}{S} \tag{8.2}$$

$$S_{\triangle ACE}=\frac{1}{2}TQ_0,\ \triangle ACE\backsim\triangle BCD,\ BD=\frac{Q_m}{Q_0}T,\ 则$$

$$\frac{S_{\triangle BCD}}{S_{\triangle ACE}}=\frac{Q_m^2}{Q_0^2}S_{\triangle BCD}=\frac{Q_m^2}{Q_0^2}S_{\triangle ACE}=S\frac{Q_m^2}{2}(S-R)\ R \tag{8.3}$$

同理，$\triangle ACE\backsim\triangle DEF$，$\frac{S_{\triangle DEF}}{S_{\triangle ACE}}=\frac{(Q_0-Q_m)^2}{Q_0^2}$，得

$$S_{\triangle DEF}=\frac{(Q_0-Q_m)^2}{Q_0^2}S_{\triangle ACE}=\frac{1}{2}\frac{(Q_0-Q_m)^2}{Q_0^2}TQ_0$$

将式(8.2)代入

$$S_{\triangle DEF}=\frac{(S-R)\ RT^2}{2S}-Q_mT+\frac{SQ_m^2}{2\ (S-R)\ R} \tag{8.4}$$

单位时间总费用为

$$C=\frac{1}{T}\ (hS_{\triangle BCD}+pS_{\triangle DEF}+k)$$

将式(8.3)、式(8.4)代入得

$$C=(h+p)\frac{SQ_m^2}{2(S-R)R}+\frac{k}{T}+\frac{p(S-R)RT}{2S}-pQ_m$$

求极值 $$\frac{\partial C}{\partial Q_m}=0,\ \frac{\partial C}{\partial T}=0$$

整理得到：

订货周期 $$T=\sqrt{\frac{2kS\ (h+p)}{hp\ (S-R)\ R}}$$

订货批量 $$Q=\sqrt{\frac{2kSR(h+p)}{hp(S-R)}}$$

最大缺货量 $$Q_0-Q_m=\sqrt{\frac{2khR(S-R)}{p(h+p)S}}$$

最高存储量 $$Q_m=\sqrt{\frac{2kpR(S-R)}{h(h+p)S}}$$

最小总费用 $$C(Q)=\sqrt{\frac{2hkpR(S-R)}{(h+p)S}}$$

模型 1：瞬时补充，不允许缺货。

瞬时补充，即 $S\to\infty$，不允许缺货，即 $p\to\infty$，则可以得到著名的经济订货量公式（$E.O.Q$）或称为威尔森—哈里斯（Wilson—Harris）公式或经济批量公式。整理得到

订货周期 $$T=\sqrt{\frac{2k}{hR}}$$

订货批量 $$Q=\sqrt{\frac{2kR}{h}}$$

最高存储量 $$Q_m=\sqrt{\frac{2kR}{h}}=Q$$

最小总费用 $$C(Q)=\sqrt{2hkR}$$

【例 8.2】 一家电脑制造公司自行生产扬声器用于自己的产品。电脑以 6000 台/月的生产率在流水线上装配，扬声器则成批生产，每次成批生产时需准备费 1200 元，每个扬声器的成本为 20 元，存储费为 0.10 元/月。若不允许缺货，每批应生产扬声器多少只？多长时间生产一次？

解 已知 $R=6000$ 台/月，$k=1200$ 元，$C=20$ 元，$h=0.10$ 元/月，则

$$T=\sqrt{\frac{2k}{hR}}=\sqrt{\frac{2\times1200}{0.1\times6000}}=2\text{（月）}$$

$$Q=\sqrt{\frac{2kR}{h}}=\sqrt{\frac{2\times1200\times6000}{0.1}}=12000\text{（只）}$$

每批应生产扬声器 12000 只，2 个月生产一次。

模型 2：瞬时补充，允许缺货。

瞬时补充，表示供货能力很强，即 $S\to\infty$，得到如下公式

订货周期 $$T=\sqrt{\frac{2k(h+p)}{hpR}}$$

订货批量 $$Q=\sqrt{\frac{2kR(h+p)}{hp}}$$

最大缺货量 $$Q_0-Q_m=\sqrt{\frac{2khR}{p(h+p)}}$$

最高存储量 $$Q_m=\sqrt{\frac{2kpR}{h(h+p)}}$$

最小总费用 $$C(Q)=\sqrt{\frac{2hkpR}{(h+p)}}$$

【例 8.3】 在［例 8.2］中若允许缺货，缺货费为 1 元/只，则每批应生产扬声器多少只？多长时间生产一次？

解 已知 $R=6000$ 台/月，$k=1200$ 元，$C=20$ 元，$h=0.10$ 元/月，$p=1$ 元/只，则

$$T=\sqrt{\frac{2k(h+p)}{hpR}}=\sqrt{\frac{2\times1200\times(0.1+1)}{0.1\times1\times6000}}=2.1(\text{月})$$

$$Q=\sqrt{\frac{2kR(h+p)}{hp}}=\sqrt{\frac{2\times1200\times6000\times(0.1+1)}{0.1\times1}}=12\ 586(\text{只})$$

$$Q_0-Q_m=\sqrt{\frac{2khR}{p(h+p)}}=\sqrt{\frac{2\times1200\times6000\times0.1}{1\times(0.1+1)}}=1144(\text{只})$$

每批应生产扬声器 12 586 只，2.1 个月生产一次，最大缺货量为 1144 只。

模型 3： 生产需要一定时间，不允许缺货。

不允许缺货，则表示 $p\to\infty$，得到如下公式

订货周期 $$T=\sqrt{\frac{2kS}{h(S-R)R}}$$

订货批量 $$Q=\sqrt{\frac{2kSR}{h(S-R)}}$$

最高存储量 $$Q_m=\sqrt{\frac{2kR(S-R)}{hS}}$$

最小总费用 $$C(Q)=\sqrt{\frac{2hkR(S-R)}{S}}$$

最大缺货量 $$Q_0-Q_m=\sqrt{\frac{2khR(S-R)}{p(h+p)S}}=0$$

其他情况：

(1) 如果 $S=R$（供货只能跟上消耗），$T\to\infty$。

(2) 如果 $S<R$，表示不可能持续下去。

8.3 随机型存储模型（需求随机离散时一般库存问题）

报童问题（Newsboy Problem）。报童每天售报的数量是一个随机变量 x，报纸的批发价为 c，零售价为 r，如报纸未售出，每份价格为 v（$r>c>v$）元，每日售出报纸份数 x 的概率为 φ（x），根据经验为已知，问报童每日最好准备多少份报纸？

设售出报纸份数 x，其概率 φ（x）为已知，$\sum\varphi$（x）$=1$。设报童订购报纸数量为 Q，则：

(1) 供过于求时（$x<Q$），报纸因不能售出而承担损失，其期望值为

$$\sum_{Q>x}(r-v)(Q-x)\varphi(x)$$

(2) 供不应求时（$x>Q$），报纸因缺货而少赚的损失，其期望值为

$$\sum_{Q<x}(r-c)(x-Q)\varphi(x)$$

当订货量为 Q 时，损失期望值为

$$C(Q)=\sum_{Q>x}(r-v)(Q-x)\varphi(x)+\sum_{Q<x}(r-c)(x-Q)\varphi(x)$$

要确定 Q，使 $C(Q)$ 最小。Q 是整数，且 x 是随机变量，不能用导数求解。设报童每日订购报纸最佳量为 Q，其期望损失值有：

(1) $C(Q)\leqslant C(Q+1)$。

(2) $C(Q)\leqslant C(Q-1)$。

通过计算整理得到

$$\sum_{X\leqslant Q-1}\varphi(x)<\frac{r-c}{r-v}\leqslant\sum_{X\leqslant Q}\varphi(x)$$

报童的临界数

$$N=\frac{r-c}{r-v}$$

如果这类问题考虑存储费用时，设 h 表示该种商品一个单位货物从进货到销售季节来临时存储费用，货物的单位价格为 c，p 表示一个单位的缺货费用，则这类问题的最佳订货量应满足

$$\sum_{X\leqslant Q-1}\varphi(x)<\frac{p-c}{p+h}\leqslant\sum_{X\leqslant Q}\varphi(x)$$

如果这类问题考虑存储费用和采购费用及处理费用时，设 h 表示该种商品一个单位货物从进货到销售季节来临时存储费用，货物的单位价格为 c，k 表示每批采购费用，p 表示一个单位的缺货费用，l 表示在销售季节结束后对未销售出去商品进行处理时，平均单位商品积压处理费用，则这类问题的最佳订货量应满足

$$\sum_{X\leqslant Q-1}\varphi(x)<\frac{p-h}{p+l}\leqslant\sum_{X\leqslant Q}\varphi(x)$$

【例 8.4】 已知今年冬天冰鞋的需求量概率见表 8.2，且又已知 $h=0.40$ 元/双，$k=500$ 元/批，$p=6$ 元/双，$l=1.5$ 元/双，试为某体育用品公司要制定今年冬天冰鞋进货计划。

解

$$\frac{p-h}{p+l}=0.7467$$

$$\sum_{X\leqslant 1250}\varphi(x)=0.62(x=1001,\cdots,1250)$$

$$\sum_{X\leqslant 1300}\varphi(x)=0.82(x=1001,\cdots,1300)$$

$$\sum_{X\leqslant 1250}\varphi(x)<0.7467<\sum_{X\leqslant 1300}\varphi(x)$$

最优存储量为 1300 双。

表 8.2 **冰鞋的需求量概率**

需求量	概率	累积	需求量	概率	累积
1001～1050	0.03	0.03	1251～1300	0.20	0.82
1051～1100	0.04	0.07	1301～1350	0.10	0.92
1101～1150	0.10	0.17	1351～1400	0.05	0.97
1151～1200	0.20	0.37	1401～1450	0.02	0.99
1201～1250	0.10	0.62	1451～1500	0.01	1.00

本章小结

本章借助实际的案例给出了库存管理的相关概念和构成要素，建立了需求连续均匀时一般库存问题的经济订购批量模型，求解该模型得到关于订购量的平方根公式。在此基础上，介绍了基本模型的假设或模型参数发生变化的情况，分别给出了瞬时补充，不允许缺货；瞬时补充，允许缺货；生产需要一定时间，不允许缺货三种情况下关于订购量的平方根公式。本章所给出的经济订货批量模型及其各种变形，必须满足一个基本假设条件，即固定的需求率。此外，对于需求不固定的库存问题，即已知需求概率分布的不确定库存管理问题，以报童问题为例，研究了最佳订货量的临界值公式，其实质就是如何在库存积压和库存太少之间做出最佳的权衡。

习题 8

一、计算题

8.1 请建立最简单的单阶段存储模型，推导出经济批量公式，要求说明模型成立的假设条件，所用字母的经济意义，并要有一定的推理过程。

8.2 若某工厂每年对某种零件的需要量为 10 000 件，订货的固定费用为 2000 元，采购一个零件的单价为 100 元，保管费为每年每个零件 20 元，求最优订购批量。

8.3 某厂对某种材料的全年需要量为 1040t，其单价为 1200 元/t。每次采购该种材料的订货费为 2040 元，每年保管费为 170 元/t。试求工厂对该材料的最优订货批量及每年订货次数。

8.4 某货物每周的需要量为 2000 件，每次订货的固定费用为 15 元，每件产品每周保管费为 0.30 元，求最优订货批量及订货时间。

8.5 加工制作羽绒服的某厂预测下年度的销售量为 15 000 件，准备在全年的 300 个工作日内均衡组织生产。假如为加工制作一件羽绒服所需的各种原材料成本为 48 元，又制作一件羽绒服所需原料的年存储费为其成本的 22%，提出一次订货所需费用为 250 元，订货提前期为零，不允许缺货，试求经济订货批量。

8.6 一条生产线如果全部用于某种型号产品生产时，其年生产能力为 600 000 台。据预测对该型号产品的年需求量为 260 000 台，并在全年内需求基本保持平衡，因此该生产线将用于多品种的轮番生产。已知在生产线上更换一种产品时，需准备结束费 1350 元，该产品每台成本为 45 元，年存储费用为产品成本的 24%，不允许发生供应短缺，求使费用最小的该产品的生产批量。

8.7 某生产线单独生产一种产品时的能力为 8000 件/年，但对该产品的需求仅为 2000 件/年，故在生产线上组织多品种轮番生产。已知该产品的存储费为 60 元/(年·件)，不允许缺货，更换生产品种时，需准备结束费 300 元。目前该生产线上每季度安排生产该产品 500 件，问这样安排是否经济合理。如不合理，提出你的建议，并计算你建议实施后可能带来的节约。

8.8 某电子设备厂对一种元件的需求为 $R=2000$ 件/年，订货提前期为零，每次订货费为 25 元。该元件每件成本为 50 元，年存储费为成本的 20%。如发生缺货，可在下批货到达时补上，但缺货损失费为每件每年 30 元。求：

（1）经济订货批量及全年的总费用。

（2）如不允许发生缺货，重新求经济订货批量，并同（1）的结果进行比较。

8.9 某出租汽车公司拥有 2500 辆出租车，均由一个统一的维修厂进行维修。维修中某个部件的月需量为 8 套，每套价格 8500 元。已知每提出一次订货需订货费 1200 元，年存储费为每套价格的 30%，订货提前期为 2 周。又每台出租车如因该部件损坏后不能及时更换每停止出车一周，损失为 400 元。试决定该公司维修厂订购该种部件的最优策略。

8.10 对某产品的需求量服从正态分布，已知 $\mu=150$，$\sigma=25$。又知每个产品的进价为 8 元，售价为 15 元，如销售不完按每个 5 元退回原单位。问该产品的订货量为多少个，预期的利润将最大。

8.11 某单位每年需零件 A 5000 件，无订货提前期。设该零件的单价为 5 元/件，年存储费为单价的 20%，不允许缺货。每次的采购费为 49 元，又一次购买 1000～2499 件时，给予 3%折扣，购买 2500 件以上时，给 5%折扣。试确定一个使采购加存储费之和为最小的采购批量。

二、复习思考题

8.12 举出在生产和生活中存储问题的例子，并说明研究存储论对改进企业经营管理的意义。

8.13 分别说明下列概念的含义：①存储费；②订货费；③生产成本；④缺货损失；⑤订货提前期；⑥订货点。

第9章　图　与　网　络

9.1　问题的提出

图论（Graph Theory）是专门研究图的理论的一门数学分支，属于离散数学范畴，与运筹学有交叉。图论已有200多年的历史，大体可划分为三个阶段：第一阶段是从18世纪中叶至19世纪中叶，处于萌芽阶段，多数问题围绕游戏而产生，最有代表性的工作是所谓的Euler七桥问题，即一笔画问题。第二阶段是从19世纪中叶至20世纪中叶。这时，图论问题大量出现，如Hamilton问题，地图染色的四色问题以及可平面性问题等；同时也出现用图解决实际问题，如Cayley把树应用于化学领域，Kirchhoff用树去研究电网络等。20世纪中叶以后为第三阶段，由生产管理、军事、交通、运输、计算机网络等方面提出实际问题，以及大型计算机使大规模问题的求解成为可能，特别是以Ford和Fulkerson建立的网络流理论，与线性规划、动态规划等优化理论和方法相互渗透，促进了图论对实际问题的应用。

哥尼斯堡七桥问题。哥尼斯堡（现名加里宁格勒）是欧洲一个城市，Pregei河把该城分成两部分，河中有两个小岛，河两边及小岛之间共有七座桥，如图9.1所示。当时人们提出这样的问题：有没有办法从某处（如A）出发，经过各桥一次且仅一次最后回到原地呢？最后，数学家Euler在1736年巧妙地给出了这个问题的答案，并因此奠定了图论的基础。Euler将A、B、C、D四块陆地分别收缩成四个顶点，把桥表示成连接对应顶点之间的边（见图9.2），问题转化为从任意一点出发，能不能经过各边一次且仅一次，最后返回该点。这就是著名的Euler问题。

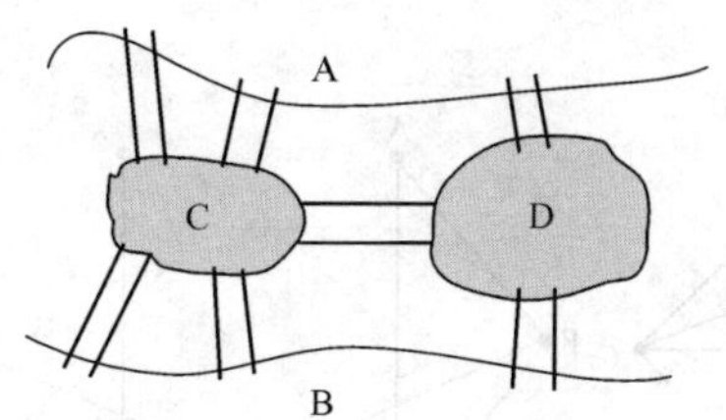

图9.1　哥尼斯堡七桥问题（一）

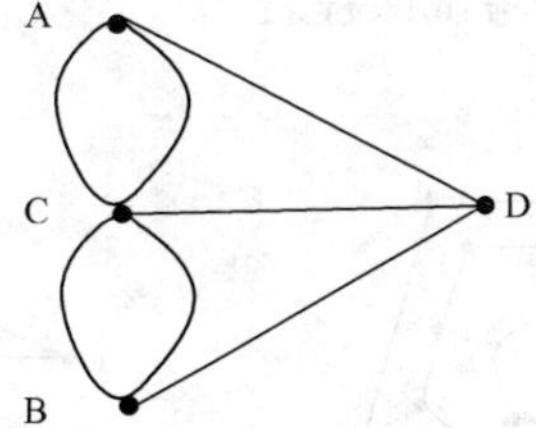

图9.2　哥尼斯堡七桥问题（二）

【例9.1】 有7个人围桌而坐，如果要求每次相邻的人都与以前完全不同，试问不同的就座方案共有多少？

解　用顶点表示人，用边表示两者相邻，因为最初任何两个人都允许相邻，所以任何两点都可以有边相连，如图9.3所示。

假定第一次就座方案是（1，2，3，4，5，6，7，1），那么第二次就座方案就不允许这些顶点之间继续相邻，只能从图中删去这些边，如图9.4所示。

假定第二次就座方案是（1，3，5，7，2，4，6，1），那么第三次就座方案就不允许这些顶点之间继续相邻，只能从图中删去这些边，如图9.5所示。

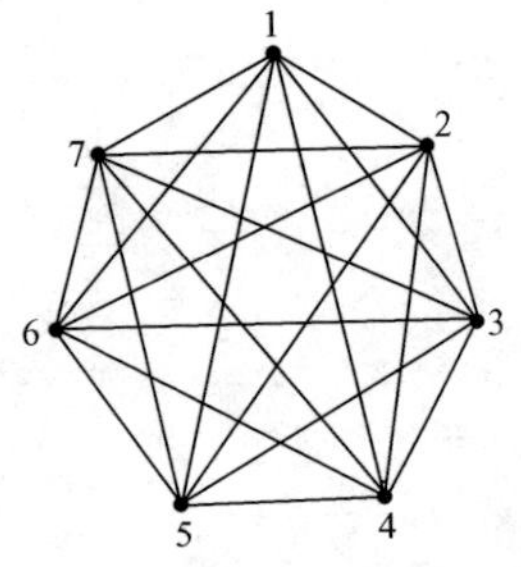

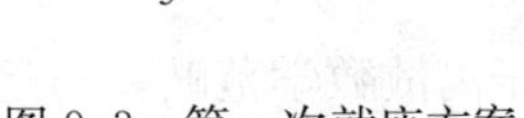
图 9.3 第一次就座方案

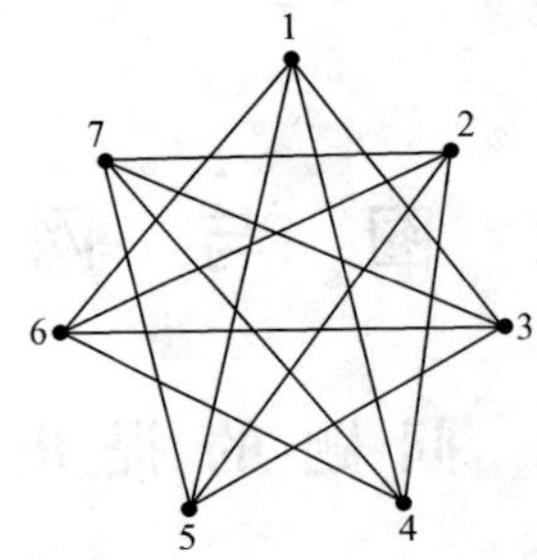

图 9.4 第二次就座方案

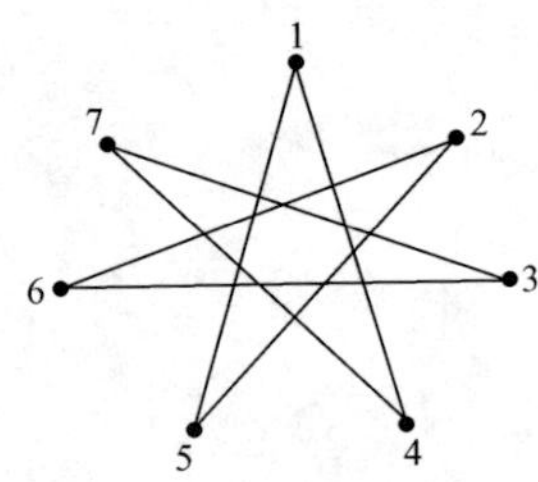

图 9.5 第三次就座方案

假定第三次就座方案是（1，4，7，3，6，2，5，1），那么第四次就座方案就不允许这些顶点之间继续相邻，只能从图中删去这些边，只留下 7 个孤立点，所以该问题只有三个就座方案。

【例 9.2】 哈密顿（Hamilton）回路是 19 世纪由英国数学家哈密顿提出的，给出一个 12 面体图形，共有 20 个顶点表示 20 个城市，要求从某个城市出发沿着棱线寻找一条经过每个城市一次而且仅一次，最后回到原处的周游世界线路（并不要求经过每条边）。

解 问题的一个答案，如图 9.6 所示。

【例 9.3】 一个班级的学生共计选修 A、B、C、D、E、F 六门课程，其中一部分人同时选修 D、C、A，一部分人同时选修 B、C、F，一部分人同时选修 B、E，还有一部分人同时选修 A、B，期终考试要求每天考一门课，六天内考完。为了减轻学生负担，要求每人都不会连续参加考试，试设计一个考试日程表。

解 以每门课程为一个顶点，共同被选修的课程之间用边相连，如图 9.7 所示。按题意，相邻顶点对应课程不能连续考试，不相邻顶点对应课程允许连续考试，因此，作图的补图，如图 9.8 所示。问题是在图中寻找一条哈密顿道路，如 C→E→A→F→D→B，就是一个符合要求的考试课程表。

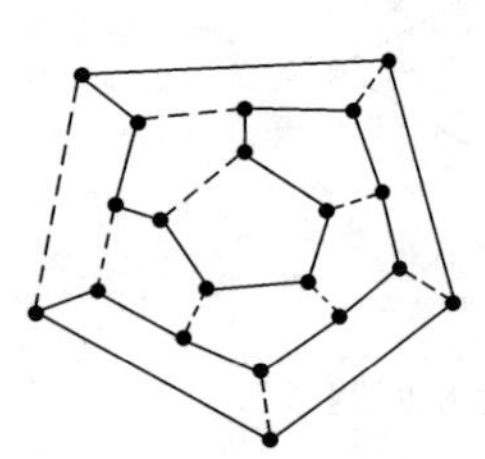
图 9.6 哈密顿回路

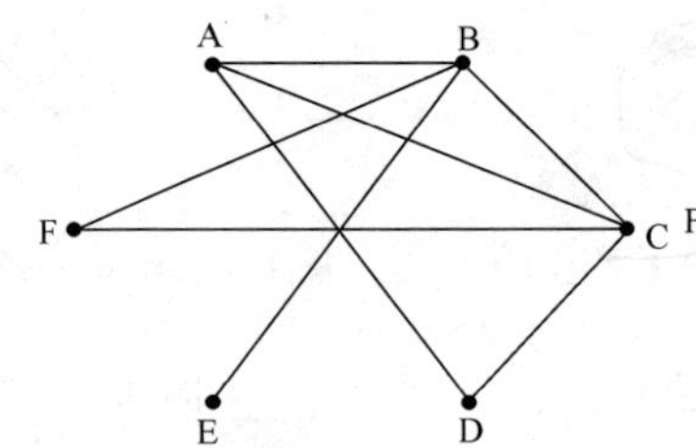

图 9.7 考试日程问题

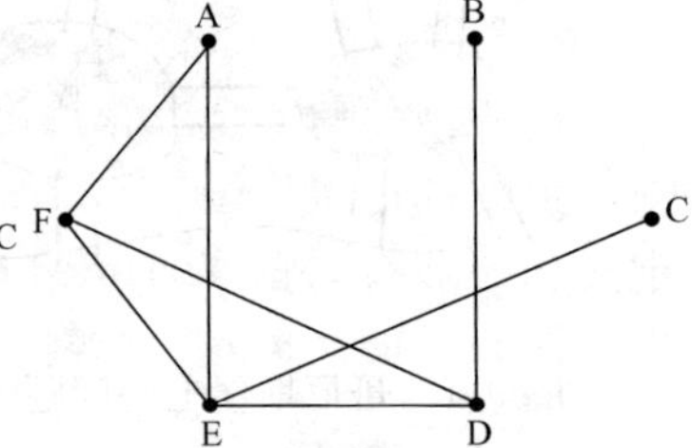

图 9.8 考试日程问题的补图

9.2 图的基本概念

图论是专门研究图的理论的一门数学分支，主要研究点和线之间的几何关系。

定义 9.1 图(Graph) 设 $G=(V, E, \varphi)$，其中：$V=(v_1, v_2, \cdots, v_m)$ 是 m 个顶点集合；$E=(e_1, e_2, \cdots, e_n)$ 是 n 条边集合；φ 是描述边与顶点之间关系的函数，称 $G=$

(V, E, φ) 为一个图。如果它满足：

(1) V 非空。

(2) E 是一个不与 V 中顶点相交的边集合。

(3) φ 是关联函数。

V、E、φ 称为图的三要素。

说明：

(1) V 非空，即没有顶点的图不讨论。

(2) E 无非空条件，即允许没有边。

(3) 条件（2）是指点只在边的端点处相交。

(4) 任一条边必须与一对顶点关联，反之不然。

定义 9.2 度 (Degree) 图中与点 v_i 相关的边的个数称为该点的度。

【例 9.4】 求图 9.9 所示的图的三要素。

解 $V=(v_1,v_2,\cdots,v_6)$，$E=(e_1,e_2,\cdots,e_8)$，$\varphi(e_1)=(v_1,v_2)$，$\varphi(e_2)=(v_1,v_2)$，$\varphi(e_7)=(v_3,v_5)$，$\varphi(e_8)=(v_4,v_4)$。$\varphi(e_8)=(v_4,v_4)$ 称为自回路（Self-Loop）；v_6 称为孤立点，v_5 称为悬挂点，e_7 称为悬挂边，顶点 v_3 的度为 4，顶点 v_2 的度为 3。

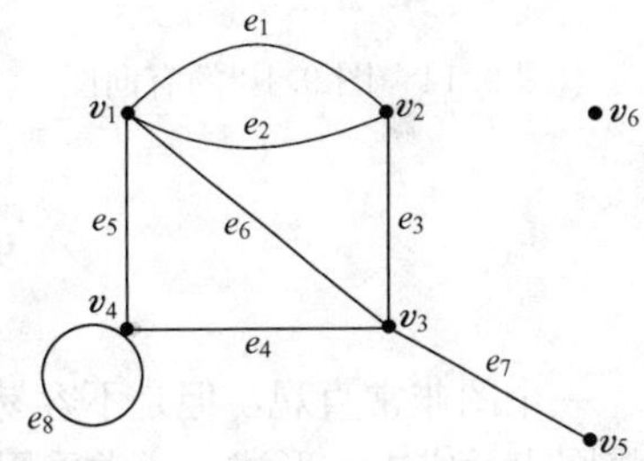

图 9.9 ［例 9.4］的图

定理 9.1 在一个图中，所有顶点的度（Degree）的和等于边的 2 倍。

定理 9.2 在任意一个图中，奇顶点的个数必为偶数。

注意：一个图的形状并不唯一，但它的三要素是不能变的。

定义 9.3 子图(Sub-Graph) 设 $G=(V,E,\varphi)$ 和 $G_1=(V_1,E_1,\varphi_1)$。如果 $V_1\subseteq V$，$E_1\subseteq E$，则称 G_1 为 G 的子图；如果 $G_1=(V_1,E_1,\varphi_1)$ 是 $G=(V,E,\varphi)$ 子图，并且 $V_1=V$，则称 G_1 为 G 的生成子图；如果 $V_1\subseteq V$，E_1 是 E 中所有端点属于 V_1 的边组成的集合，则称 G_1 是 G 的关于 V_1 的导出子图。

定义 9.4 简单图(Simple Graph) 如果图中任意两个顶点之间至多有一条边，则称为简单图，否则称为多重图（Multiple Graph）。

定义 9.5 有向图(Oriented Graph) 如果图中每条边都规定了方向，则称为有向图。

定义 9.6 链(Chain) 如果图中的某些点、边可以排列成点和边的交错序列，则称此为一条链。

定义 9.7 圈(Cycle) 如一条链中起点和终点重合，则称此为一个圈。

图 9.10～图 9.16 分别是图 9.10 的子图、生成子图、导出子图、有向图、链和圈。

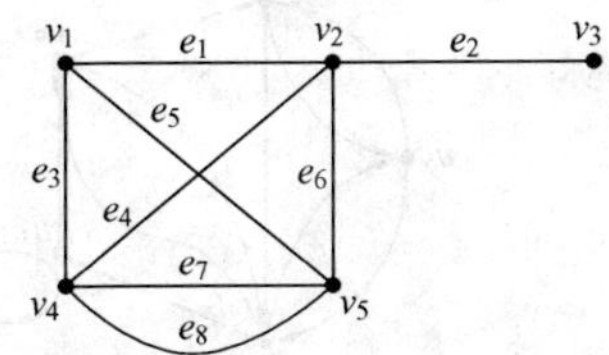

图 9.10 图

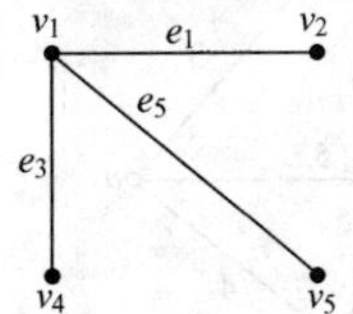

图 9.11 图 9.10 的子图

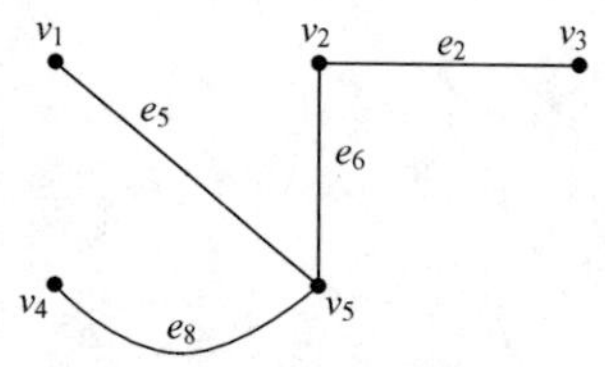

图 9.12 图 9.10 的生成子图

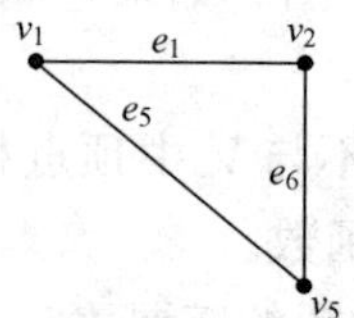

图 9.13 图 9.10 的导出子图

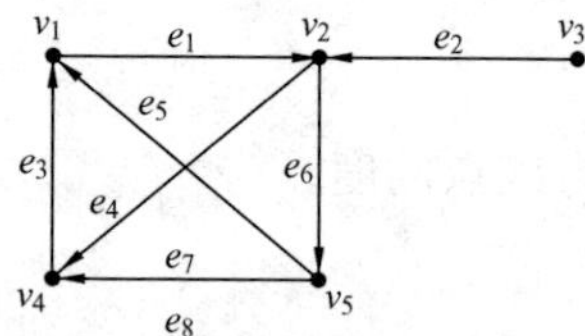

图 9.14 图 9.10 的有向图

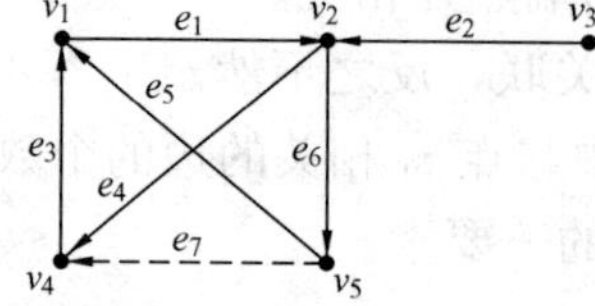

图 9.15 图 9.10 中的一条链

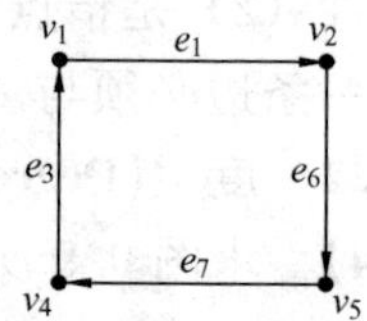

图 9.16 图 9.10 中的一个圈

9.3 图的矩阵表示

一个图非常直观，但是不容易计算，特别不容易在计算机上进行计算，一个有效的解决办法是将图表示成矩阵形式。通常采用的矩阵是邻接矩阵、边长邻接矩阵、弧长矩阵和关联矩阵。

9.3.1 邻接矩阵

邻接矩阵 A 表示图 G 的顶点之间的邻接关系，它是一个 $n\times n$ 的矩阵，如果两个顶点之间有边相连时，记为 1，否则为 0。

【例 9.5】 求图 9.17 所示无向图的邻接矩阵。

解 其邻接矩阵 $\boldsymbol{A}$ 为

$$\begin{array}{c} \\ v_1 \\ v_2 \\ v_3 \\ v_4 \end{array}\begin{array}{c} \begin{array}{cccc} v_1 & v_2 & v_3 & v_4 \end{array} \\ \begin{bmatrix} 0 & 1 & 1 & 1 \\ 1 & 1 & 1 & 0 \\ 1 & 1 & 0 & 1 \\ 1 & 0 & 1 & 0 \end{bmatrix} \end{array}$$

无向图的邻接矩阵是对称矩阵。

【例 9.6】 求图 9.18 所示的有向图的邻接矩阵。

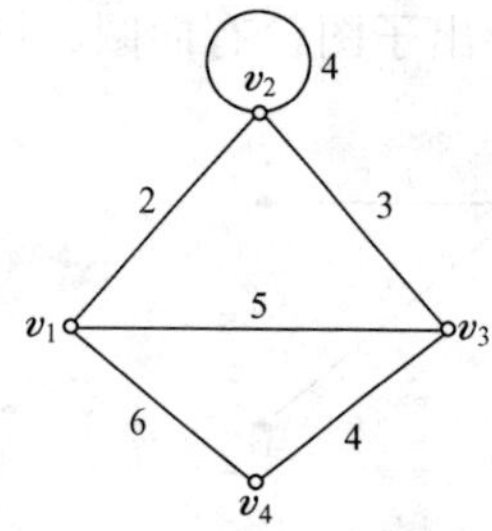

图 9.17 ［例 9.5］的图

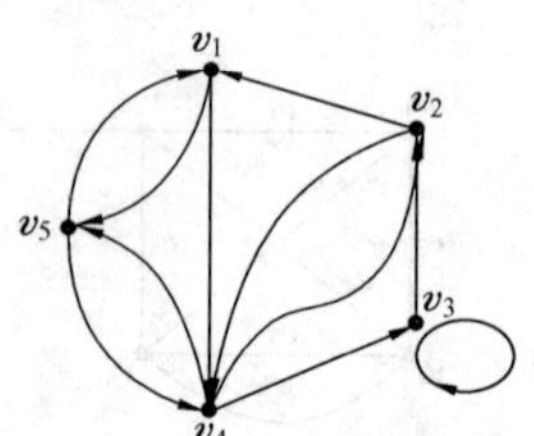

图 9.18 ［例 9.6］的图

解 其邻接矩阵为

$$\begin{array}{c} \\ v_1 \\ v_2 \\ v_3 \\ v_4 \\ v_5 \end{array}\begin{array}{c} \begin{array}{ccccc} v_1 & v_2 & v_3 & v_4 & v_5 \end{array} \\ \begin{bmatrix} 0 & 0 & 0 & 1 & 1 \\ 1 & 0 & 0 & 1 & 0 \\ 0 & 1 & 1 & 0 & 0 \\ 0 & 1 & 1 & 0 & 1 \\ 1 & 0 & 0 & 1 & 0 \end{bmatrix} \end{array}$$

9.3.2 边长邻接矩阵

在图的各边上赋予一个数量指标，具体表示这条边的权（距离、单价、通过能力等），这样的图称为赋权图或网络。网络可分为无向网络、有向网络、混合网络、边权网络、点权网络。而以边长代替邻接矩阵中的元素得到边长邻接矩阵。

【例 9.7】 求图 9.17 所示无向图的边长邻接矩阵。

解 其边长邻接矩阵为

$$\begin{array}{c} \\ v_1 \\ v_2 \\ v_3 \\ v_4 \end{array}\begin{array}{c} \begin{array}{cccc} v_1 & v_2 & v_3 & v_4 \end{array} \\ \begin{bmatrix} 0 & 2 & 5 & 6 \\ 2 & 4 & 3 & \infty \\ 5 & 3 & 0 & 4 \\ 6 & \infty & 4 & 0 \end{bmatrix} \end{array}$$

9.3.3 弧长矩阵

对有向图的弧可以用弧长矩阵来表示，其中∞表示两点之间没有弧连接。

【例 9.8】 求图 9.19 所示有向图的弧长矩阵。

解 其弧长矩阵为

$$\begin{array}{c} \\ v_1 \\ v_2 \\ v_3 \\ v_4 \\ v_5 \end{array}\begin{array}{c} \begin{array}{ccccc} v_1 & v_2 & v_3 & v_4 & v_5 \end{array} \\ \begin{bmatrix} 0 & 1 & \infty & \infty & 2 \\ \infty & 0 & 2 & \infty & 4 \\ \infty & 2 & 0 & 1 & \infty \\ \infty & 3 & 2 & 0 & 6 \\ \infty & \infty & \infty & \infty & 0 \end{bmatrix} \end{array}$$

9.3.4 关联矩阵

关联矩阵 B 揭示了图 G 的顶点和边之间的关联关系，它是一个 $n\times m$ 矩阵，即

$$b_{ij}=\begin{cases} 1, & (v_i,v_k)=e_j \\ -1, & (v_k,v_i)=e_j \\ 0, & \text{其他} \end{cases}$$

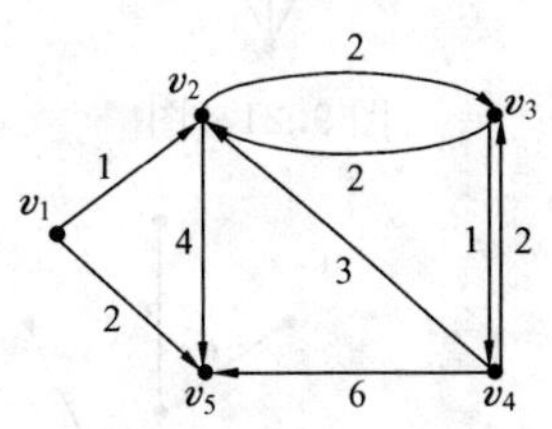

图 9.19 ［例 9.8］的图

【例 9.9】 求图 9.20 所示有向图的关联矩阵。

解 其关联矩阵为

$$
\begin{array}{c}
 \\ v_1 \\ v_2 \\ v_3 \\ v_4
\end{array}
\begin{bmatrix}
e_1 & e_2 & e_3 & e_4 & e_5 & e_6 & e_7 \\
1 & -1 & 1 & 0 & 0 & 0 & 0 \\
0 & 0 & -1 & -1 & -1 & 0 & 0 \\
0 & 1 & 0 & 1 & 0 & 1 & -1 \\
-1 & 0 & 0 & 0 & 1 & -1 & 1
\end{bmatrix}
$$

对无向图不存在－1 元素。

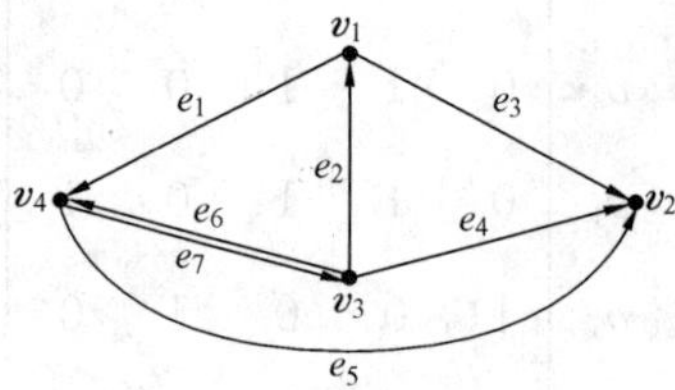

图 9.20　［例 9.9］的图

9.4　最小树问题（Minimal Spanning Tree Problem）

树是一类极其简单而很有用的图。

定义 9.8　连通图(Connected Graph)　如果图中的任意两点之间至少存在一条通路，则称图为连通图，否则为不连通图。

定义 9.9　树(Tree)　一个无圈的连通图称为树。如果一个无圈的图中每一个分支都是树，则称图为森林。

树的性质：

(1) 在图中任意两点之间必有一条而且只有一条通路。

(2) 在图中划去一条边，则图不连通。

(3) 在图中不相邻的两个顶点之间加一条边，可得一个且仅得一个圈。

(4) 图中边数有 $n_e = p-1$（p 为顶点数）。

【例 9.10】　求图 9.21 的树。

解　图 9.22～图 9.26 都是它的树。

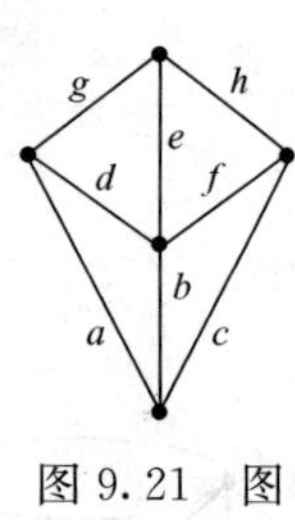

图 9.21　图

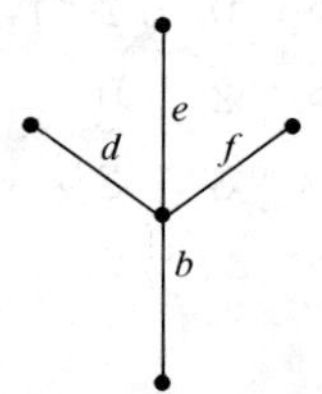

图 9.22　图 9.21 的树（一）

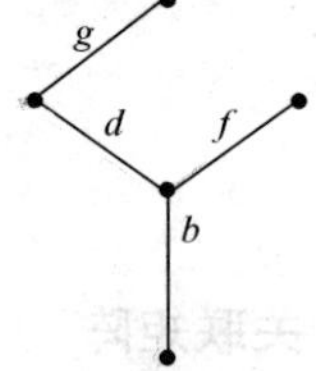

图 9.23　图 9.21 的树（二）

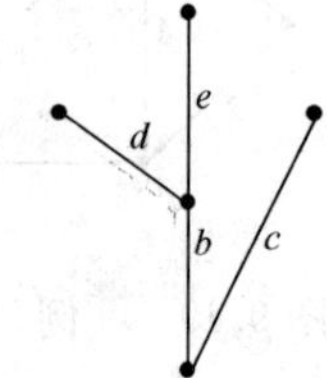

图 9.24　图 9.21 的树（三）

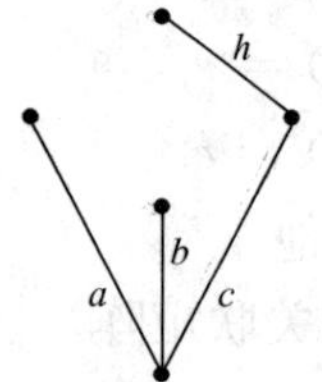

图 9.25　图 9.21 的树（四）

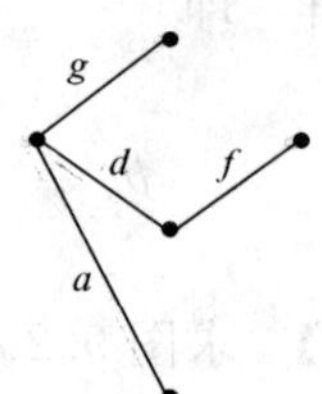

图 9.26　图 9.21 的树（五）

定义 9.10 支撑树(Spanning Tree) 如果图 T 是 G 的一个子图，而且 T 又是一棵树，则称图 T 为一棵支撑树。对于分离图，则称为支撑森林。

一个子图与支撑树的区别是：子图与原图相比少弧又少点，支撑树与原图相比少弧不少点。

定理 9.3 图 G 有支撑树的充分必要条件为图是连通图。

定义 9.11 最小树(Minimal Tree) 在赋权图 G 中，一棵生成树所有树枝上权的和，称为生成树的权。具有最小权的生成树，称为最优树（或最小树）。

求最小树的方法有破圈法和避圈法。

（1）破圈法：在图中寻找圈，圈上最长的边不可能成为最小树上的边，所以删除这条边，反复进行直到没有圈为止，即得到最小树。

（2）避圈法：原理与破圈法相似，从图中权最小的边开始，添上这条边，反复进行，当添上某条边时出现圈，则放弃这条边，继续下去，直到所有的边被添上或被放弃。

【例 9.11】 建设工程项目电缆铺设资金控制问题

蒙牛乳业（集团）股份有限公司，主要生产奶类产品系列。在蒙牛第六期生产基地的建设中，涉及电缆敷设的投资效益问题。

解 在该项工程中，液态奶生产调度中央控制室与15个主要控制点（A、B、C、…、N、O）铺设电缆的电缆沟位置和距离（m）如图 9.27 所示。电缆采用直埋的方式；电缆沟深度为 1.5m，宽度 0.6m，挖填土费用 45 元/m^3，电缆价格 46 元/m。

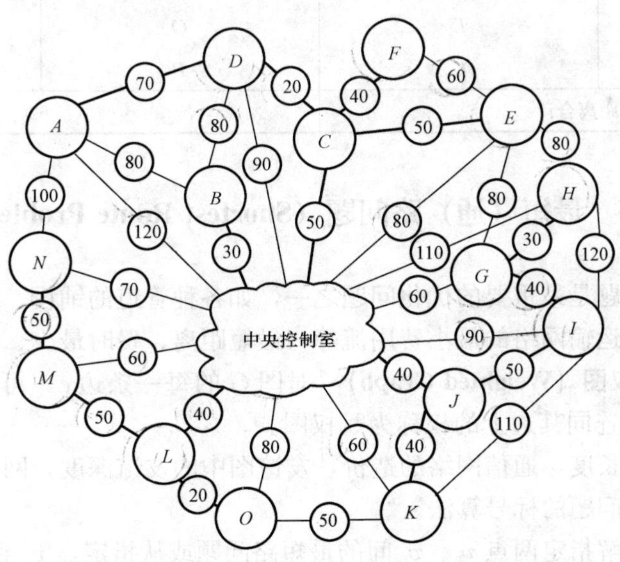

图 9.27 生产调度中央控制室电缆铺设工程优化图

从铺设电缆的电缆沟位置和距离示意图可以看出，该项目形成了一个树状网络，计算铺设电缆的最小工程造价就等同于网络最小支撑树求解。

按照图 9.27 给出的数据，设中央控制室标识为 P。

计算生成最小支撑树某节点到某节点的最小距离表（见表 9.1）。计算铺设电缆的最小工程造价：

挖填电缆沟工程造价 (620×1.5×0.6)×45＝25 110(元)

电缆价格　$620 \times 46 = 28\ 520$(元)

铺设电缆的最小工程造价　$25\ 110 + 28\ 520 = 53\ 630$(元)

电缆铺设的最佳位置如图 9.27 粗黑线所示。

表 9.1　　**最小支撑树节点间的最小距离**

序号	开始节点	终止节点	最小距离（m）
1	P	B	30
2	D	C	20
3	A	D	70
4	C	E	50
5	C	F	40
6	I	G	40
7	G	H	30
8	J	I	50
9	P	J	40
10	J	K	40
11	P	L	40
12	L	M	50
13	M	N	50
14	L	O	20
15	C	P	50
最小距离合计		620	

9.5　最短（通）路问题（Shortest Route Problem）

最短（通）路问题是最重要的优化问题之一，如各种管道的铺设、线路的安排、厂区的布局、设备的更新及运输网络的最小费用流等（最短距离、费时最少、费用最省）。

定义 9.12　赋权图（Weighted Graph）　对图 G 的每一条边 e，可赋予一个实数 $w(e)$ 称为边 e 的权。图 G 连同其边上的权称为赋权图。

权可以表示铁路长度，通信网络的造价，友谊图中的友谊深度，网络中表示耗时等。

下面介绍最短路问题的标号算法。

本算法可用于求解指定两点 v_s、v_t 间的最短路问题或从指定点 v_s 到其余各点的最短路，目前被认为是求无负权网络最短路问题的最好方法，由 E. W. Dijkstra 于 1959 年提出。

算法的基本思路基于以下原理：若序列 $\{v_s, v_1, v_2, \cdots, v_{n-1}, v_n\}$ 是从 v_s 到 v_n 的最短路，则序列 $\{v_s, v_1, v_2, \cdots, v_{n-1}\}$ 必为从 v_s 到 v_{n-1} 的最短路。该算法可用两种标号：T 标号为临时性标号，P 标号为永久性标号，给 v_i 点一个 P 标号时，P（v_i）表示从 v_s 到 v_i 的最短路权，v_i 的标号不再改变。给 v_i 点一个 T 标号时，T（v_i）表示从 v_s 到 v_i 的最短路权的上界，是一个临时标号。凡没有得到 P 标号的点都有 T 标号。每一步算法都把某一点的 T 标号改为 P 标号，当终点得到 P 标号时，全部计算结束。对于有 n 个点的图，最多经

$n-1$步就可以得到从始点到终点的最短路。

下面通过例子介绍Dijkstra标号法。

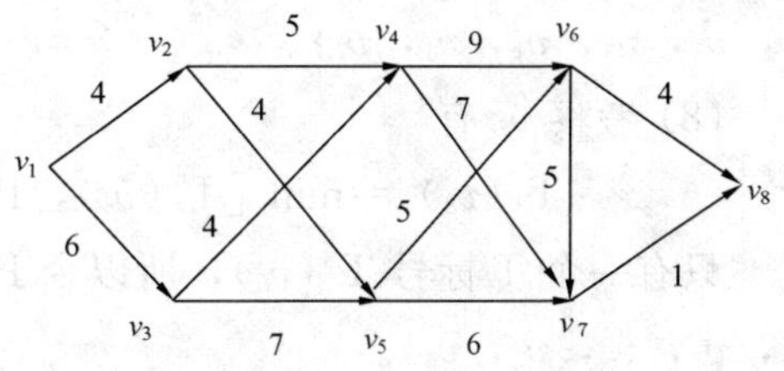

图9.28 [例9.12]图

【例9.12】 用Dijkstra标号法求图9.28中v_1点到v_8点的最短路。

解 (1) 首先给v_1点以P标号，P（v_1）=0，给其余所有点以T标号，T（v_i）=+∞（i=1，2，…，8)，并令S_1=｛v_1｝。

(2) 由于（v_1，v_2），（v_1，v_3）属于A，且v_2、v_3是T标号，所以修改这两个标号：

T（v_2）=min［T（v_2），P（v_1）+l_{12}］=min［+∞，0+4］=4

T（v_3）=min［T（v_3），P（v_1）+l_{13}］=min［+∞，0+6］=6

比较所有T标号，T（v_2）最小，所以令P（v_2）=4。此时P标号的点集S_2=｛v_1，v_2｝。

(3) v_2为刚得到P标号的点，考察（v_2，v_4），（v_2，v_5）的端点v_4、v_5。

T（v_4）=min［T（v_4），P（v_2）+l_{24}］=min［+∞，4+5］=9

T（v_5）=min［T（v_5），P（v_2）+l_{25}］=min［+∞，4+4］=8

比较所有T标号，T（v_3）最小，所以令P（v_3）=6。此时P标号的点集S_3=｛v_1，v_2，v_3｝。

(4) 考察v_3有

T（v_4）=min［T（v_4），P（v_3）+l_{34}］=min［9，6+4］=9

T（v_5）=min［T（v_5），P（v_3）+l_{35}］=min［8，6+7］=8

比较所有T标号，T（v_5）最小，所以令P（v_5）=8。此时P标号的点集S_4=｛v_1，v_2，v_3，v_5｝。

(5) 考察v_5有

T（v_6）=min［T（v_6），P（v_5）+l_{56}］=min［∞，8+5］=13

T（v_7）=min［T（v_7），P（v_5）+l_{57}］=min［∞，8+6］=14

比较所有T标号，T（v_4）最小，所以令P（v_4）=9。此时P标号的点集S_5=｛v_1，v_2，v_3，v_5，v_4｝。

(6) 考察v_4有

T（v_6）=min［T（v_6），P（v_4）+l_{46}］=min［13，9+9］=13

T（v_7）=min［T（v_7），P（v_4）+l_{47}］=min［14，9+7］=14

比较所有T标号，T（v_6）最小，所以令P（v_6）=13。此时P标号的点集S_6=｛v_1，v_2，v_3，v_5，v_4，v_6｝。

(7) 考察v_6有

T（v_7）=min［T（v_7），P（v_6）+l_{67}］=min［14，13+5］=14

T（v_8）=min［T（v_8），P（v_6）+l_{68}］=min［+∞，13+4］=17

比较所有 T 标号，T（v_7）最小，所以令 P（v_7）=14。此时 P 标号的点集 S_7={v_1，v_2，v_3，v_5，v_4，v_6，v_7}。

(8) 考察 v_7 有

$$T(v_8)=\min[T(v_8),\ P(v_7)+l_{78}]=\min[17,\ 14+1]=15$$

只有一个 T 标号 T（v_8），所以令 P（v_8）=15。此时 P 标号的点集 S_8={v_1，v_2，v_3，v_5，v_4，v_6，v_7，v_8}。

所以从 v_1 点到 v_8 点的最短路为 $v_1 \to v_2 \to v_5 \to v_7 \to v_8$，路长 P（$v_8$）=15，同时得到 v_1 到各点的最短路。

【例 9.13】 木器厂有六个车间，办事员经常要到各个车间了解生产进度，从办公室到各车间的路线由图 9.29 给出。找出点①（办公室）到其他各点（车间）最短路。

解　在图 9.29 中，从点①出发，因 $l_{11}=0$，在点①处标记 P（v_1）=0，如图 9.30 所示。从点①出发，找出与①相邻点 j，使得边 I_{lj} 权数（距离）最小者为②点，而 $l_{12}=2$，P（v_2）=min［T（v_2），P（v_1）+l_{12}］=2，所以在②点处标记 P（v_2）=2，此时点①②为已标号点，其他的点称为未标号者，如图 9.31 所示。重复上述步骤，从已标号的点出发，找与这些相邻点中最小权数（距离）者，用 P（v_i）=min［T（v_i），P（v_i）+l_{ij}］标号。重复上述步骤，直至全部的点都标完，如图 9.32 所示。对有向图同样可以用标号算法。

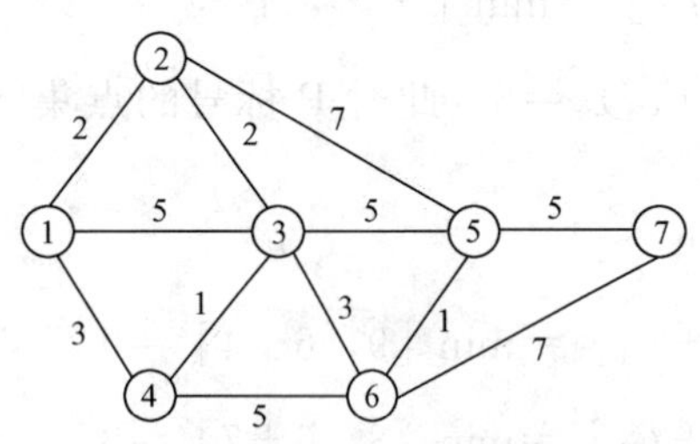

图 9.29　车间分布图

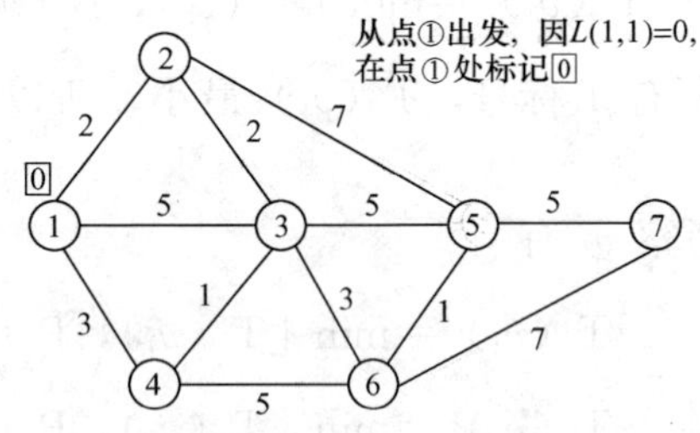

图 9.30　［例 9.13］标号图（一）

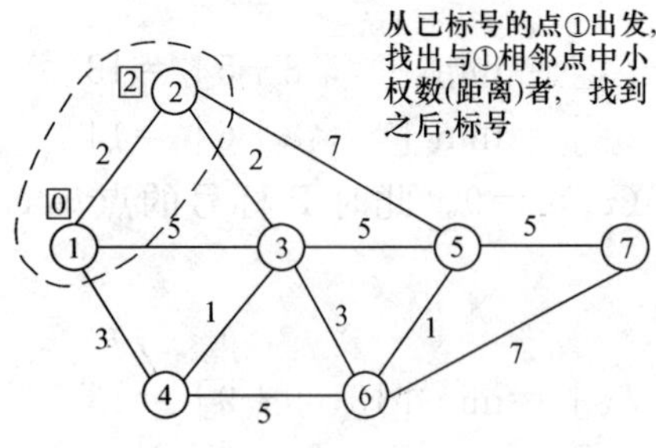

图 9.31　［例 9.13］标号图（二）

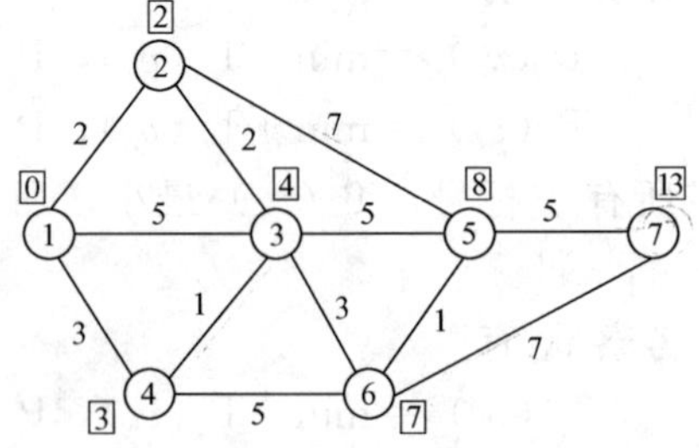

图 9.32　［例 9.13］标号图（三）

【例 9.14】 如图 9.33 所示，有一批货物要从 v_1 运到 v_9，弧旁数字表示该段路长，求最短运输路线。

解　用标号算法可以得到图 9.34 所示的运输路线图。

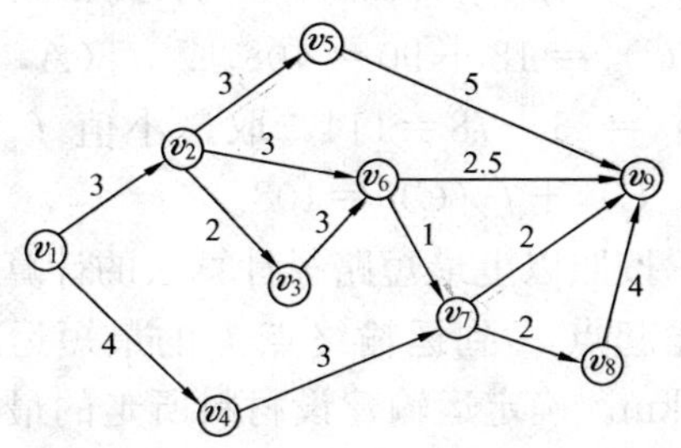

图 9.33 运输路线图（一）

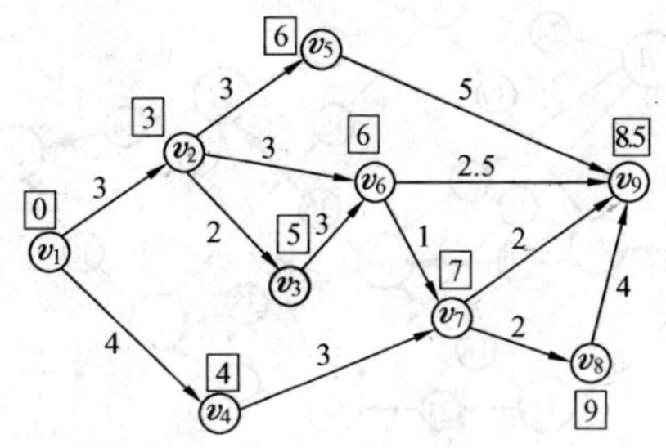

图 9.34 运输路线图（二）

【例 9.15】 建设工程项目材料运输路线问题

蒙牛乳业（集团）股份有限公司，主要生产奶类产品系列。在蒙牛第六期生产基地的建设中，涉及建设工程项目材料运输路线问题。

解 在工程建设中，大批建筑材料需要从 A 地通过汽车运输到 J 地（图 9.35）。图中 A、B、C、…、I，J 是汽车可以经过的所有地点，圆圈内的数字是可以通行的相邻两地之间的距离（km）。根据最短路径计算方法，最短的路线的寻找，就是从目的地开始，由后向前逐步递推到各地点到终点的最短路线，最终求得运输起点 A 到运输终点 J 的最短路线。

分析示意图，在计算前将图中的运输路线问题分成四个阶段，从出发点 A 到 B、C、D 为第一阶段；B、C、D 点到 E、F、G 点为第二阶段；E、F、G 点到 H、I 点为第三阶段；H、I 点到终点 J 为第四阶段。设 $d(X, Y)$ 为 X 到 Y 的距离，$f(X)$ 为 X 到终点 J 的最短距离。

先分析第四阶段，到达终点 J 的前项地点是 H、I 点，可以得出

$f(H)=d(H, J)=24$；$f(I)=d(I, J)=30$，取最小值 $f(H)=d(H, J)=24$。

再分析第三阶段，到达 H、I 点的前项地点 E、F、G 点。对于 E 点可以得出 $f(E)=d(E, H)+f(H)=39+24=63$ 或 $f(E)=d(E, I)+f(I)=45+30=75$，取最小值 $f(E)=d(E, H)+f(H)=39+24=63$。对于 F 点可以得出 $f(F)=d(F, H)+f(H)=36+24=60$ 或 $f(F)=d(F, I)+f(I)=33+30=63$，取最小值 $f(F)=d(F, H)+f(H)=36+24=60$。

对于 G 点可以得出 $f(G)=d(G, H)+f(H)=42+24=66$ 或 $f(G)=d(G, I)+f(I)=30+30=60$，取最小值 $f(G)=d(G, I)+f(I)=30+30=60$。

然后分析第二阶段，到达 E、F、G 点的前项地点 B、C、D 点。对于 B 点可以得出 $f(B)=d(B, E)+f(E)=24+63=87$ 或 $f(B)=d(B, F)+f(F)=27+60=87$ 或 $f(B)=d(B, G)+f(G)=48+60=108$，取最小值 $f(B)=d(B, E)+f(E)=24+63=87$。

对于 C 点可以得出 $f(C)=d(C, E)+f(E)=39+63=102$ 或 $f(C)=d(C, F)+f(F)=30+60=90$，取最小值 $f(C)=d(C, F)+f(F)=30+60=90$。

对于 D 点可以得出 $f(D)=d(D, F)+f(F)=18+60=78$ 或 $f(D)=d(D, G)+f(G)=21+60=81$，取最小值：$f(D)=d(D, F)+f(F)=18+60=78$。

最后分析第一阶段，到达 B、C、D 点的前项的只有起点 A，所以得出 $f(A)=d(A,$

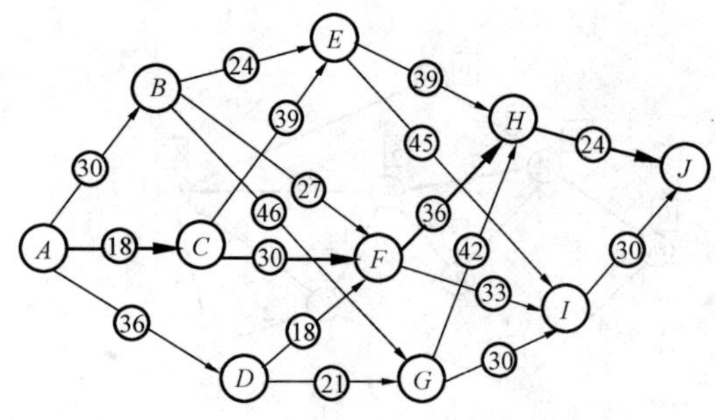

图 9.35 工程项目材料运输路线优化示图

B）$+f$（B）$=30+87=117$ 或 d（A，C）$+f$（C）$=18+90=108$ 或 d（A，D）$+f$（D）$=36+78=114$，取最小值 f（A）$=d$（A，C）$+f$（C）$=108$。

按照以上最短路径计算法的计算，得出从运输起点 A 到运输终点 J 的最短运输距离为 108km。确定运输建设材料所走的最优路线采用"顺序追踪法"，其最优运输路线为：$A \to C \to F \to H \to J$，即图 9.35 所示粗实箭头路线。

【例 9.16】 企业要制定一台重要设备更新的五年计划，目标是使总费用（购置费用和维修费用之和）为最小。此设备在各年初价格及使用期中所需维修数据见表 9.2。

表 9.2　设备在各年初价格及使用期中所需维修数据

使用期	1	2	3	4	5
单价（万元）	11	11	12	12	13
使用年数	0～1	1～2	2～3	3～4	4～5
维修费用（万元）	5	6	8	11	18

解 用点 v_i 表示年初。$i=1, 2, \cdots, 6$，v_6 表示第五年底，弧 $a_{ij}=(v_i, v_j)$ 表示第 i 年初购置设备使用到第 j 年初的过程。对应的权等于期间发生的购置费用和维修费用之和，如图 9.36 所示。原问题转变为从 v_1 到 v_6 的一条最短路。

得到两条最短路：(v_1, v_3, v_6)、(v_1, v_4, v_6)，表示在第一、三年或第一、四年各购置一台设备，总费用都为 53 万元。

【例 9.17】 已知一个地区的交通网络如图 9.37 所示，其中点代表居民小区，边表示公路，l_{ij}为公路距离，问区中心医院应建在哪个小区，可使离医院最远的小区居民就诊时所走路程最短？

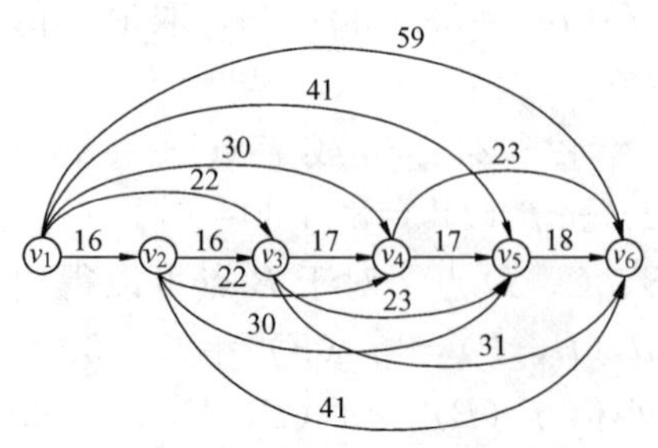

图 9.36 设备更新计划图例

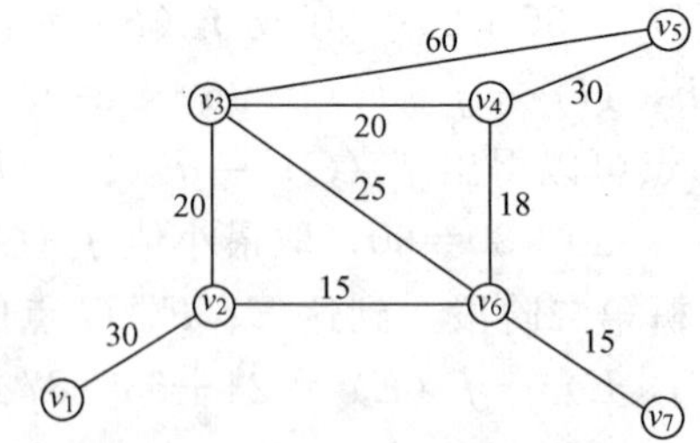

图 9.37 地区交通网络

解 这是一个选择地址问题，实际要求出图的中心，可化成一系列求最短路问题。先求出 v_1 到其他各点的最短路长 d_j，令 $d(v_1)=\max(d_1, d_2, \cdots, d_7)$，表示若医院建在 v_1，则离医院最远的小区距离为 $d(v_1)$，依次计算 $v_2, v_3, \cdots, v_7$ 到其余各点的最短路，类似求出 $d(v_2)$，$d(v_3)$，…，$d(v_7)$，取 $d(v_i)$ $(i=1, 2, \cdots, 7)$ 中最小者，见表 9.3。

表 9.3 ［例 9.17］求解表

	v_1	v_2	v_3	v_4	v_5	v_6	v_7	$d(v_i)$
v_1	0	30	50	63	93	45	60	93
v_2	30	0	20	33	63	15	30	63
v_3	50	20	0	20	50	25	40	50
v_4	63	33	20	0	30	18	33	63
v_5	93	63	50	30	0	48	63	93
v_6	45	15	25	18	48	0	15	48*
v_7	60	30	40	33	63	15	0	63

由于 $d(v_6)=48$ 最小，所以医院应建在 v_6，此时离医院最远小区距离为 48，比医院建在其他小区时距离都短。

9.6 中国邮递员问题（Chinese Postman Problem）

9.6.1 一笔画问题

定义 9.13 欧拉链（Euler Chain） 给定一个多重连通图 G，若存在一条链，通过每边一次且仅一次，则称这个链为欧拉链。

定义 9.14 欧拉圈（Euler Cycle） 给定一个多重连通图 G，若存在一个圈，通过每边一次且仅一次，则称这个圈为欧拉圈。

定义 9.15 欧拉图（Euler Graph） 含有一个欧拉圈的图，称为欧拉图。

定理 9.4 多重连通图 G 是欧拉图，当且仅当 G 中无奇顶点。

推论 多重连通图 G 有欧拉链的充分必要条件是 G 恰有两个奇顶点。

【例 9.18】 求证图 9.38 为欧拉图。

解 顶点的度 $d(v_1)=4$，$d(v_2)=2$，$d(v_3)=4$，$d(v_4)=2$ 全为偶数，所以是欧拉图，存在欧拉圈，可从任一点出发。

【例 9.19】 求证图 9.39 为欧拉链。

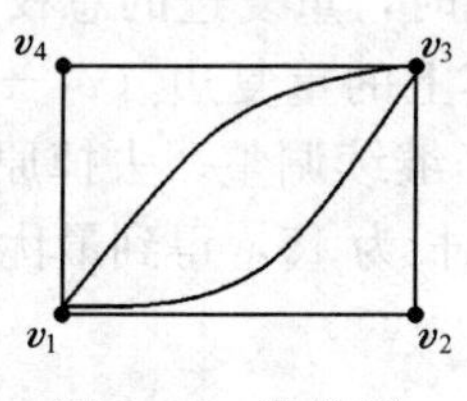

图 9.38 欧拉图

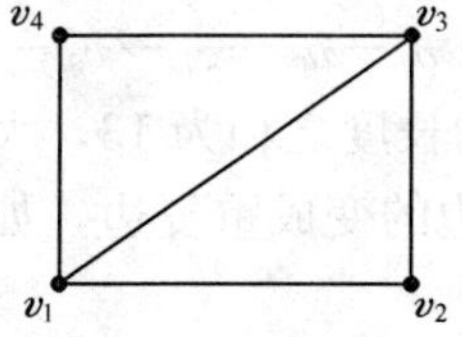

图 9.39 欧拉链

解 顶点的度 $d(v_1)=3$，$d(v_2)=2$，$d(v_3)=3$，$d(v_4)=2$，两个奇顶点，存在欧拉链，且从其中一个奇顶点开始，结束在另一个奇顶点。

9.6.2 中国邮递员问题

一个邮递员送信，要走完他负责投递的全部街道，完成任务后回到邮局，应如何选择行走路线，才能使所走的路线最短？

这个问题是我国管梅谷同志在 1962 年首先提出，因此称为中国邮递员问题。

如果街区图中没有奇顶点，则是一个欧拉图。如果有奇顶点，则某些边必定重复走一次或多次。我们要求重复走过边的总长最小。

奇偶点作业法步骤：

（1）确定第一个可行方案。找到图中所有奇顶点（必有偶数点），将它们两两配对。新图中无奇顶点，得到第一个可行方案。

（2）调整可行方案，使重复边总长度下降。

（3）检查图中的每个圈，如果每个圈重复边总长度不超过该圈总长度的一半，则已求得最优解，否则进行调整，即将这个圈的重复边去掉，而将原来没有重复边的各边加上重复边，其他各圈的边不变，根据（2）再一次调整。

【例 9.20】 设有图 9.40 所示街道图，各边均标出了街道的长（权）。假定邮递员从 v_1 点出发，求最优投递路线。

解 在图 9.40 中，有四个奇顶点 v_2、v_4、v_6、v_8，将它们分成两对，如 v_2-v_4 为一对，v_6-v_8 为一对。连接 v_2-v_4 的链有好几条，例如取（$v_2-v_1-v_8-v_7-v_6-v_5-v_4$），连接 v_6-v_8 的链也有好几条，如取（$v_8-v_1-v_2-v_3-v_4-v_5-v_6$），如图 9.41 所示。在这个图中，没有奇顶点，它是欧拉图。对应这个可行方案，重复边的总权为 51。

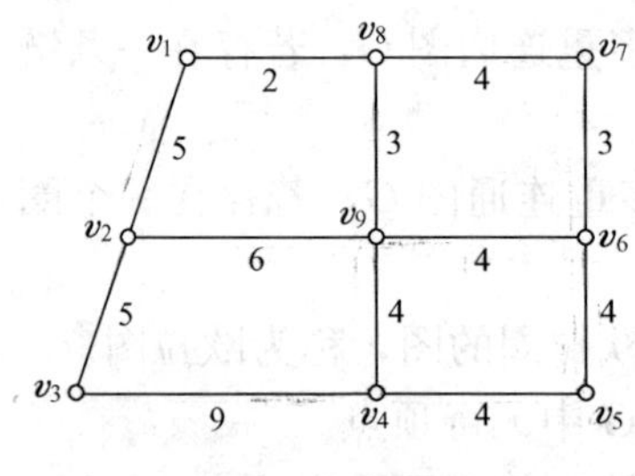

图 9.40　街道图

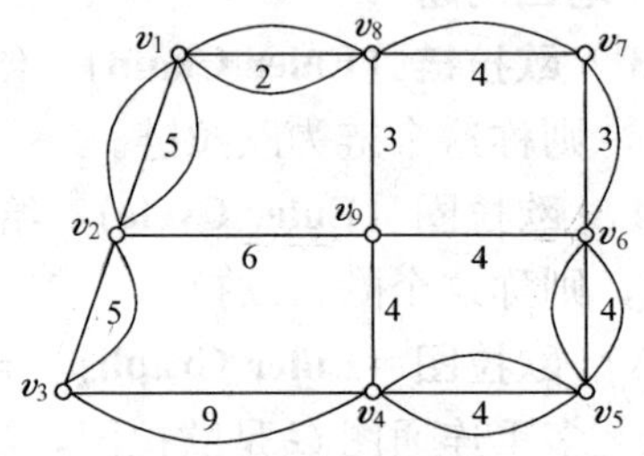

图 9.41　街道奇顶点配对图

调整可行方案，使有两条重复边的去掉，如图 9.42 所示。此时，重复边的总权为 21。

在图 9.42 中，存在一个圈（$v_2-v_3-v_4-v_9-v_2$），其总长为 24，而其上的重复边（v_2-v_3）、（v_3-v_4）的长度之和为 14，大于该圈总长 24 的一半；继续调整，去掉原重复边，而该圈上不是重复边的变成重复边，如图 9.43 所示。此时，重复边的总权为 17。继续寻找圈（$v_1-v_2-v_9-v_6-v_7-v_8-v_1$），其总长为 24，而其上的重复边（$v_2-v_9$）、（$v_6-v_7$）、（$v_7-v_8$）的长度之和为 13，大于该圈总长 24 的一半；继续调整，去掉原重复边，而该圈上不是重复边的变成重复边，如图 9.44 所示，重复边总长为 15，得到最优方案。

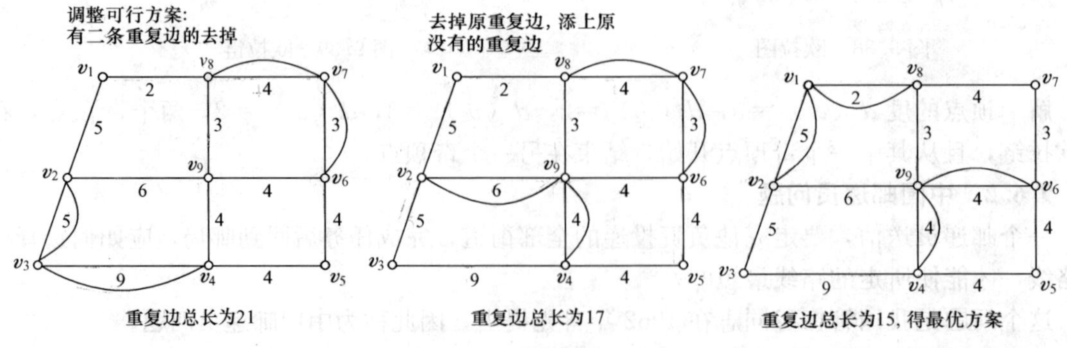

图 9.42　方案调整图（一）　　图 9.43　方案调整图（二）　　图 9.44　最优方案图

9.7　最大流问题（Maximal Flow Problem）

9.7.1　几个基本概念

定义 9.16　前向弧（Direct Arc）和后向弧（Inverse Arc）　在任意一顶点之处，凡离开 v_i 的有向弧称为 v_i 的前向弧，凡进入 v_i 的有向弧称为 v_i 的后向弧。

如称图 9.45 所示有向弧 a 为 v_i 点的前向弧，同时又是 v_j 点的后向弧。

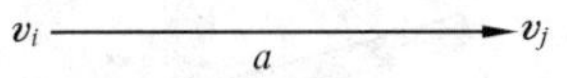

图 9.45　有向弧 a

定义 9.17　道路或通路（Route）　在任意一网络中，凡从始点 v_0（发点）开始到终点 v_n（收点）结束的一系列前向弧集合称为道路，记为 P。

如图 9.46 所示的 $v_0-v_1-v_2-v_n$，$v_0-v_2-v_1-v_n$，$v_0-v_1-v_n$，$v_0-v_2-v_n$，v_0-v_n，都是它的道路。

定义 9.18　截集或割集（Cut-Set）　如果 N 表示某网络中所有点的集合，将 N 分成两个子集 S 与 $\overline{S}$，使得发点 v_0 在 S 内，收点 v_n 在 $\overline{S}$ 内，则称（S，$\overline{S}$）为分离发点与收点的截集。显然，$S\cup\overline{S}=N$，$S\cap\overline{S}=\Phi$，$V_0\in S$，$V_n\in\overline{S}$。

如图 9.47 所示的截集有：

截集 a：v_0v_1，v_0v_2，v_0v_n；

截集 b：v_1v_n，v_2v_n，v_0v_n；

截集 c：v_1v_n，v_1v_2，v_2v_1，v_0v_2，v_0v_n；

截集 d：v_0v_1，v_1v_2，v_2v_1，v_2v_n，v_0v_n。

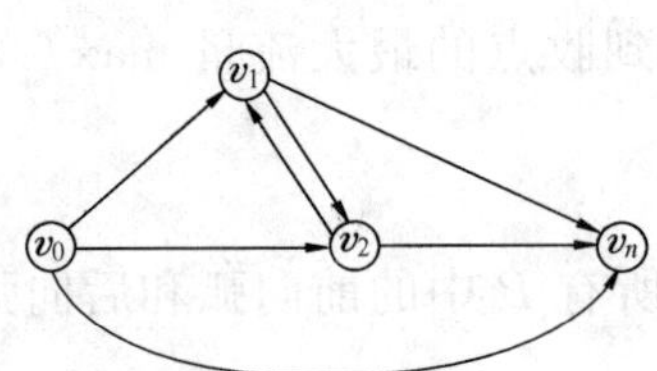

图 9.46　道路

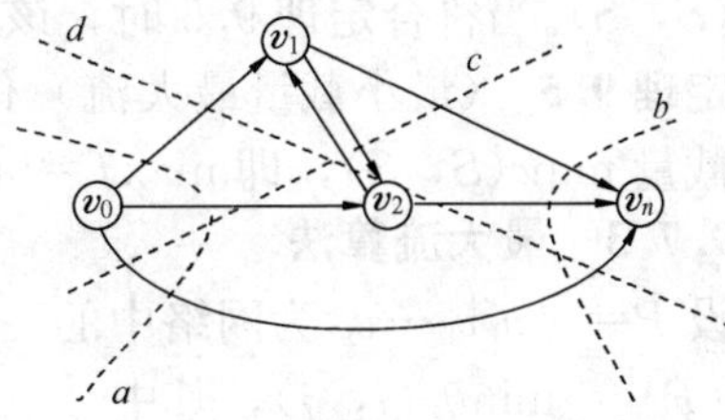

图 9.47　截集

定义 9.19　截集的容量（Capacity of Cut-Set）　从 S 中各顶点到 $\overline{S}$ 中各顶点全部容量之和称为截集的容量（截量），用 c（S，$\overline{S}$）表示。

截集 a 的容量　$c_a=c_{01}+c_{02}+c_{0n}$

截集 b 的容量　$c_b=c_{1n}+c_{2n}+c_{0n}$

截集 c 的容量　$c_c=c_{1n}+c_{12}+c_{02}+c_{0n}$

截集 d 的容量　$c_d=c_{01}+c_{21}+c_{2n}+c_{0n}$

在截集 c 中边 v_2v_1 是反向的，如图 9.48 所示，其容量视为零。在截集 d 中边 v_1v_2 是反向的，如图 9.49 所示，其容量视为零。

定义 9.20　最小截量（Minimal Capacity of Cut-Set）　一个网络中，各种截集中容量最小的称为最小截量，用 min$c$（S，$\overline{S}$）表示。

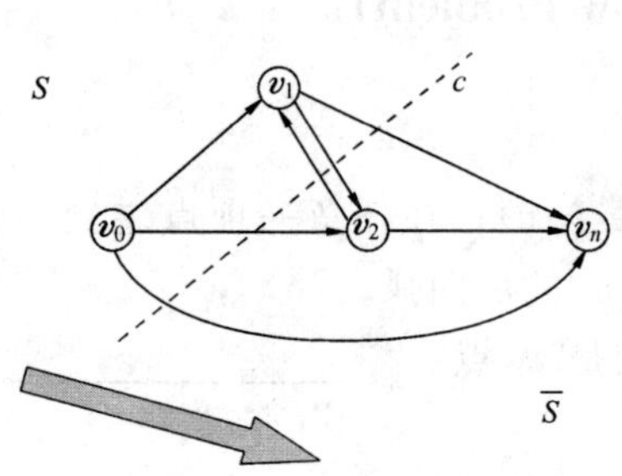

图 9.48 截集 c 中反向边

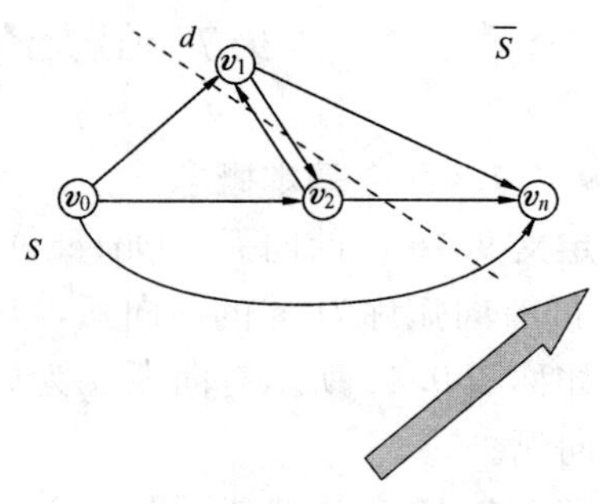

图 9.49 截集 d 中反向边

9.7.2 最大流定理

现在把一个网络看成是一个自来水管网络，煤气管网络，电力线网络或公路网络，铁路网络，水运交通网络等，都可以归纳成一个运输问题，称为网络流，值得关心的问题是在这样一个网络中最大流为多少？此问题称为最大流问题（Maximal Flow Problem）。

定义 9.21 流（Flow） 若对网络 N，函数 f 满足如下条件：

$0 \leqslant f_{ij} \leqslant C_{ij}$，$(i, j) \in E(N)$

$f^{-}(v_i) = f^{+}(v_i)$，$i \in V(N)$（中间点：流入量＝流出量）

则称 f 为 N 的一个网络流，简称流。

定义 9.22 最大流（Maximal Flow） 若 f 为 N 的一个网络流，而 N 中不存在流 $\overline{f}$，使得 $\overline{f} > f$，则称 f 为一个最大流，记 $\max f$。

截量 C 与流 f 的关系：

任一有向网络流，如果 f 是从发点到收点的流量 $c(S, \overline{S})$ 是任一个截集，则有 $f \leqslant c(S, \overline{S})$。当符合定理 9.5 时，该式的等号成立。

定理 9.5 （最小截量最大流）任一有向网络流，从发点到收点的最大流量 $\max f$ 等于最小截量 $\min c(S, \overline{S})$，即 $\max f = \min c(S, \overline{S})$。

9.7.3 最大流算法

设 $P = v_0 v_1 v_2 \cdots v_n$ 为网络中的一条通路，记 $E(P)$ ＝（所有 P 中的前向弧和后向弧），令 $\theta(P) = \min \theta(i, j)$，其中

$$\theta(i, j) = \begin{cases} C_{ij} - f_{ij}, & (v_i, v_j) \text{ 是前向弧} \\ f_{ij}, & (v_i, v_j) \text{ 是后向弧} \end{cases}$$

其中 c_{ij} 是边容量，$f(i, j)$ 是流过边 $v_i v_j$ 的可行流（Feasible Flow），$(f(i, j) \leqslant C_{ij})$。

定义 9.23 若 $\theta(P) = 0$，称 P 为 f 饱和的（Saturation）；若 $\theta(P) > 0$，称 P 为 f 不饱和的。

定义 9.24 一条从发点到收点的 f 不饱和通路称为 f 的增长道路（增流路）或增广链（Augmented Chain）。

在一个网络中，f 的增长道路的存在表示 f 不是最大流。所以，沿着 P 增加一个值为 $\theta(P)$ 的附加流，得到一个新流

$$\overline{f}(i, j) = \begin{cases} f(i, j) + \theta(P), & (v_i, v_j) \text{ 是前向弧} \\ f(i, j) - \theta(P), & (v_i, v_j) \text{ 是后向弧} \\ f(i, j), & \text{其他} \end{cases}$$

新流$\overline{f}(i,j)$的流值为$\overline{f}(i,j)=f+\theta(P)$，称$\overline{f}(i,j)$为基于$P$的修改流，显然$\overline{f}(i,j)>f(i,j)$。

定理 9.6 当且仅当N中不包含f增长道路时，N中的流f是最大流。

1. 算法的基本思想

（1）从任一已知流（如零流）开始，递推地构造一个其值不断增加的流的序列。

（2）在每一个新流构成之后，如果N有f的可增长道路，则f不是最大流。

（3）可得基于P的修改流f，并作为递增流序列的下一个流，如果不存在f可增长道路，则f是最大流，停止，否则重复。

2. 算法——寻找增流路方法（标号法）（Ford，Fulkerson）

从一个可行流（如零流）出发，经过标号过程与调整过程来改进。

（1）标号过程。在这个过程中，网络中的点或者是标号点（又分成已检查和未检查两种）或者是未标号点。每个标号点的标号包含两个部分：第一个标号标明它的标号是从哪一点得到的，以便找出增流路；第二个标号是为确定增流路的调整量θ用的。标号过程从v_0开始，沿着边从已有标号v_i出发，对符合下列条件之一相邻顶点v_j作标记：

1）如(v_i,v_j)是前向弧，条件是$f(i,j)<C_{ij}$。

2）如(v_i,v_j)是后向弧，条件是$f(j,i)>0$。

重复上述过程，一旦v_n被标上号，表明得到一条增流路，转入调整过程。

若所有标号都是已经检查过，而标号过程进行不下去，则算法结束，这时的可行流是最大流。（判断此时的流是否是最大流，用定理寻找最小截集。）

（2）调整过程。在得到的增流路P上修改可行流，沿着P增加一个值为$\theta(P)$的附加流，得到一个新流

$$\overline{f}(i,j)=\begin{cases}f(i,j)+\theta(P),(v_i,v_j)\text{是前向弧}\\ f(i,j)-\theta(P),(v_i,v_j)\text{是后向弧}\\ f(i,j),\text{其他}\end{cases}$$

新流$\overline{f}(i,j)$的流值为$\overline{f}(i,j)=f+\theta(P)$，称$\overline{f}(i,j)$为基于$P$的修改流。

重新进入标号过程。

【例 9.21】 求图 9.50 所示网络的最大流。

解 （1）找到增流路$v_0-v_3-v_1-v_2-v_n$，增流值=2。

（2）找到增流路$v_0-v_2-v_n$，增流值=4。

（3）找到增流路$v_0-v_1-v_2-v_4-v_n$，增流值=4。

（4）找到增流路$v_0-v_3-v_n$，增流值=3。

（5）找到增流路$v_0-v_1-v_5-v_4-v_n$，增流值=3。此时的流量$f=16$，如图 9.51 所示。

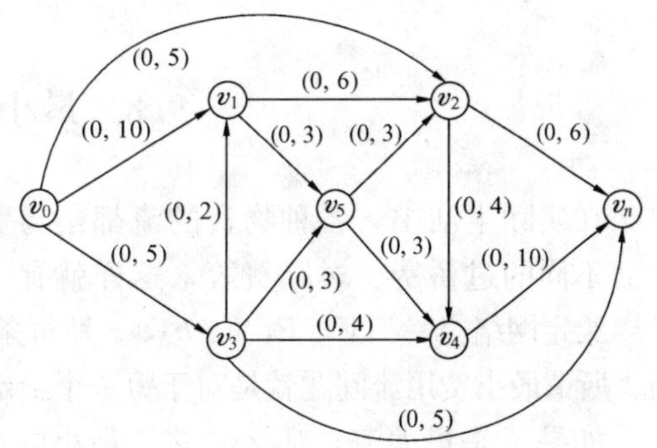

图 9.50 [例 9.21] 的网络图（一）

（6）找到增流路$v_0-v_1-v_3-v_4-v_n$，增流值=2，如图 9.52 所示［其中边v_1-v_3是反向弧］。调整流量，v_0-v_1，v_3-v_4，v_4-v_n分别加上 2 个单位，而反向弧v_1-v_3减去 2 个单位。此时的流量$f=18$，如图 9.52 所示。目前，已经找不到增流路。

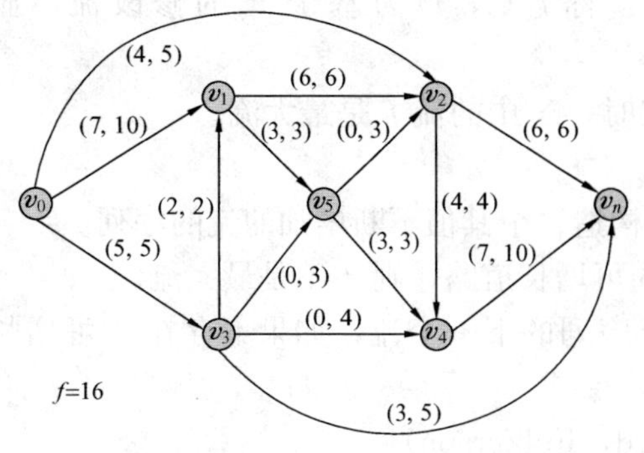

图 9.51 ［例 9.21］的网络图（二）

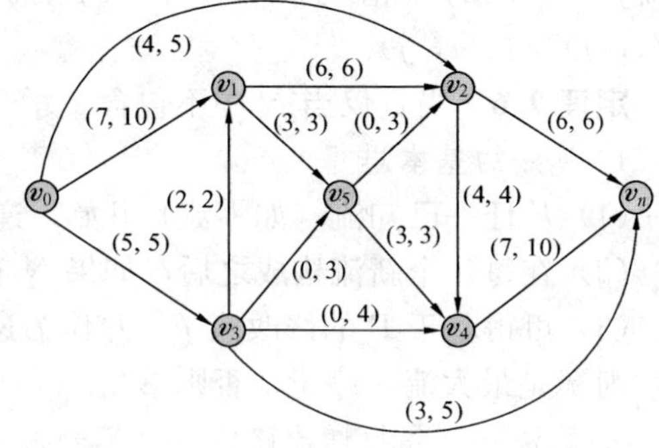

图 9.52 ［例 9.21］的网络图（三）

寻找最小截集判断。此时已经是最大流，共有两个最小截集，如图 9.53 和图 9.54 所示，截集容量＝5＋3＋4＋6＝18，与 $f=18$ 相等，所以此时已得到最大流。

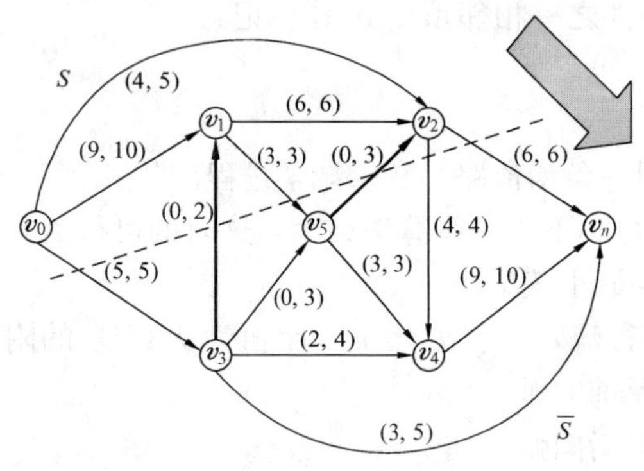

图 9.53 问题的最小截集（一）

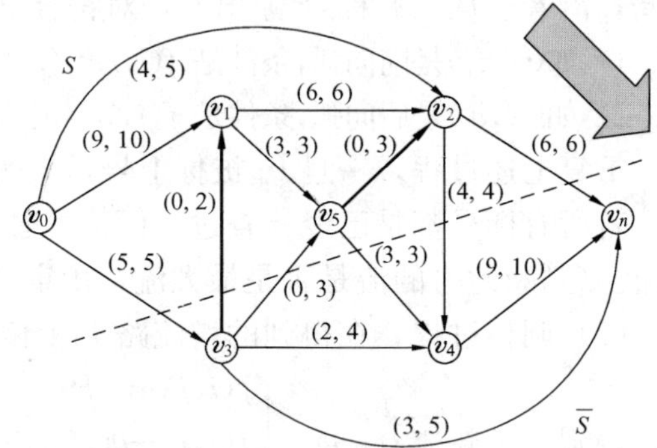

图 9.54 问题的最小截集（二）

9.8 最小费用最大流问题

在实际生活中，各种物资的流都是与费用有关。如一辆货运汽车经过不同的路线，可能要交不同的过桥费、过路费等，这样就有一个到达目的地走哪条路最省钱的问题。

给定网络 $N=(V, P, c, b)$，c 是每条弧的容量，b 是在每条弧上通过单位流量要花的费用。所谓最小费用流问题就是对于每一个给定的流 f，使流的总费用 $b(f)=\sum b_{ij}f_{ij}$ 取最小值。

如果 f 是最大流，那么总费用最小的最大流就是最小费用最大流。

求解最小费用最大流的赋权图法。

这种方法的思路是：从零流量开始，从始点到终点的所有可能增加流量的增流路中寻求总费用最小的路，并首先在这条路上增加流量，得到流量为 $f^{(1)}$ 的最小费用流。再对 $f^{(1)}$ 寻求所有可能增加流量的增流路，并在总费用最小的路上增加流量，得到流量为 $f^{(2)}$ 的最小费用流。依此类推，直到网络中不再存在增流路为止。最后得到的最大流就是最小费用最大流。

问题的实际背景：一个工厂要将产品送到火车站，可以有许多道路供其选择，在不同路线上每吨货物的运费并不相同，而且每条路线只能有限重量的货物运输，那么要将 w 吨的产品从工厂送到火车站，用什么方法可以使运费最少？

【例 9.22】 图 9.55 所示网络图上标出的数字分别为单位运费（单位：百元/t），边容量和流值，求最小费用最大流。

解 与最大流算法相同，在寻找增流路时，将各弧的单位运费作为长度，求 v_0 到 v_n 的最短路作为增流路，如 $v_0-v_1-v_3-v_4-v_n$，路长为 8，在这个增流路上可增加 1 个单位的流值，运费为 8 百元。

再求 v_0 到 v_n 的最短增流路 $v_0-v_1-v_4-v_n$，路长为 9，可增加 2 单位的流值；

再求 v_0 到 v_n 的最短增流路 $v_0-v_2-v_5-v_n$，路长为 9，可增加 2 单位的流值；

再求 v_0 到 v_n 的最短增流路 $v_0-v_2-v_3-v_1-v_4-v_n$，路长为 14，可增加 1 单位的流值（v_3-v_1 反向弧，同最大流处理）。

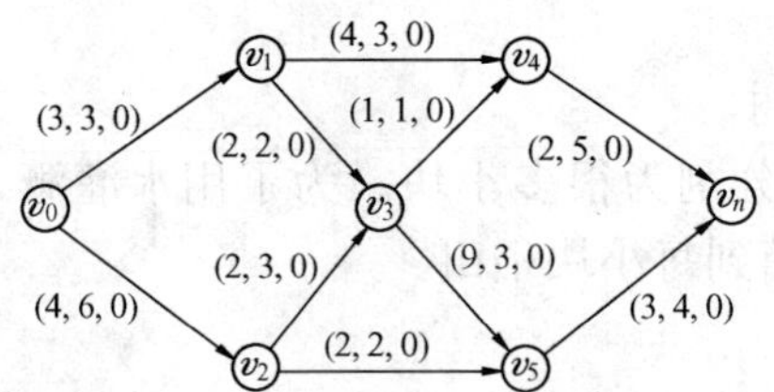

图 9.55 ［例 9.22］的网络图

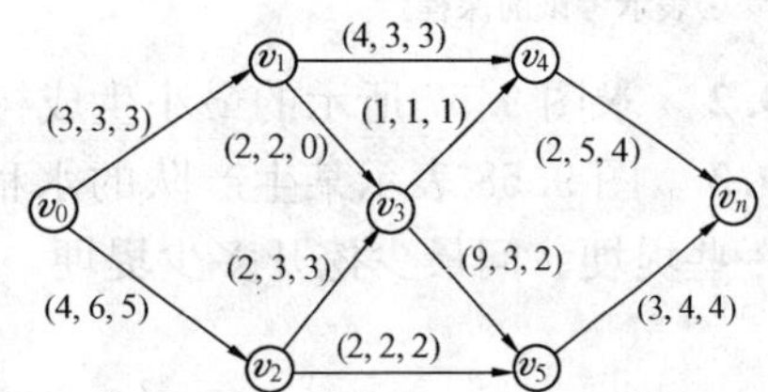

图 9.56 最小费用最大流

再求 v_0 到 v_n 的最短增流路 $v_0-v_2-v_3-v_5-v_n$，路长为 18，可增加 2 单位的流值。此时已达到最大流，其流值为 8（见图 9.56），最小运费为

最小费用$=3\times3+5\times4+3\times4+1\times1+3\times2+2\times2+2\times9+4\times2+4\times3=90$（百元）

本 章 小 结

图由点以及点与点之间的连线所构成，可用来反映实际生活中某些对象之间的某种特定关系。本章内容以图与网络为对象，重点介绍了图的基本概念、基本定理以及各类问题的基本算法。本章共分 8 节，前两节通过典型实例，给出了图的基本概念与符号。为了便于在计算机上编程计算，第 3 节介绍的图的矩阵表示方法。第 4 节描述了树的基本概念与基本定理，并给出了寻求图的最小支撑树的破圈法与避圈法。第 5 节介绍了最短路问题的标号法和矩阵算法。第 6 节以中国邮递员问题为例，介绍了一笔画问题及其基本算法。第 7 节介绍了网络最大流最小截集问题，给出了求解该问题的标号法。第 8 节介绍了最小费用最大流问题及其最短增流路算法。本章介绍的各种图与网络的概念，及其求解方法具有重要的理论意义和应用价值。

习题 9

一、计算题

9.1 10 名学生参加 6 门课程的考试。由于选修内容不同，考试门数也不一样。表 9.4

给出了每个学生应参加考试的课程。规定考试在 3 天内结束，每天上下午各安排 1 门。学生希望每人每天最多考 1 门，又课程 A 必须安排在第一天上午考，课程 F 安排在最后一门，课程 B 只能安排在下午考。试列出一张满足各方面要求的考试日程表。

表 9.4　　学生应参加考试的课程

学生 \ 考试课程	A	B	C	D	E	F
1	⊙	⊙		⊙		
2	⊙		⊙			
3	⊙					⊙
4		⊙			⊙	⊙
5	⊙		⊙	⊙		
6			⊙		⊙	
7			⊙		⊙	⊙
8		⊙		⊙		
9	⊙	⊙				⊙
10	⊙		⊙			⊙

注　⊙表示考试的课程。

9.2　求图 9.57 所示的最小生成树和最大生成树。

9.3　图 9.58 表示某生产队的水稻田，用堤埂分割为很多小块。为了用水灌溉，需要挖开一些堤埂。问最少挖开多少堤埂，才能使水浇灌到每小块稻田。

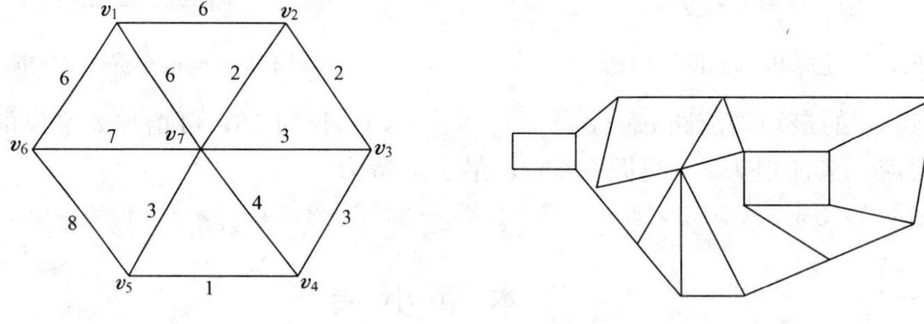

图 9.57　题 9.2 图　　　　图 9.58　题 9.3 图

9.4　请用标号法求图 9.59 所示的最短路问题，弧上数字为距离。

9.5　用 Dijkstra 标号法求图 9.60 中始点到各顶点的最短路，弧上数字为距离。

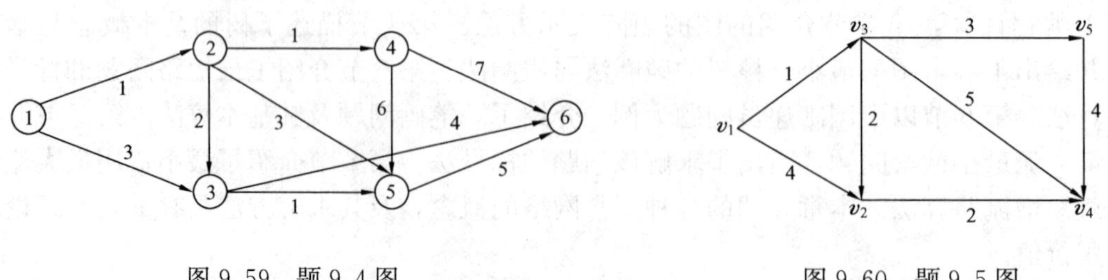

图 9.59　题 9.4 图　　　　图 9.60　题 9.5 图

9.6　最短路问题：某公司使用一种设备，此设备在一定年限内随着时间的推移逐渐损坏，每年购买价格和不同年限的维修使用费见表 9.5 和表 9.6。假定公司在第一年开始时必须购买一台此设备，请建立此问题的网络图，确定设备更新方案，使维修费和新设备购置费的总数最小。说明解决思路和方法，不必求解。

表 9.5　　每年该设备购买价格

年份	1	2	3	4	5
价格（万元）	20	21	23	24	26

表 9.6　该设备不同使用年限的维修使用费

使用年限	0～1	1～2	2～3	3～4	4～5
费用（万元）	8	13	19	23	30

9.7　试将下述非线性整数规划问题归结为求最长路的问题。要求先根据这个问题画出网络图，扼要说明图中各节点、连线及连线上标注的权数的含义，再用标号法求数值解。

$$\max z=(x_1+1)^2+5x_2x_3+(3x_4-4)^2$$

$$\text{s. t.}\quad x_1+x_2+x_3+x_4\leqslant 3$$

$$x_j\geqslant 0，且为整数(j=1，2，3，4)$$

9.8　用标号法求图 9.61 所示的最大流（弧上数字为容量和初始可行流量）。

9.9　已知有 6 个村子，相互间道路的距离如图 9.62 所示，拟合建一所小学。已知 A 村有小学生 50 人，B 村 40 人，C 村 60 人，D 村 20 人，E 村 70 人，F 村 90 人，问小学应建在哪一个村子，使学生上学最方便（走的总路程最短）。

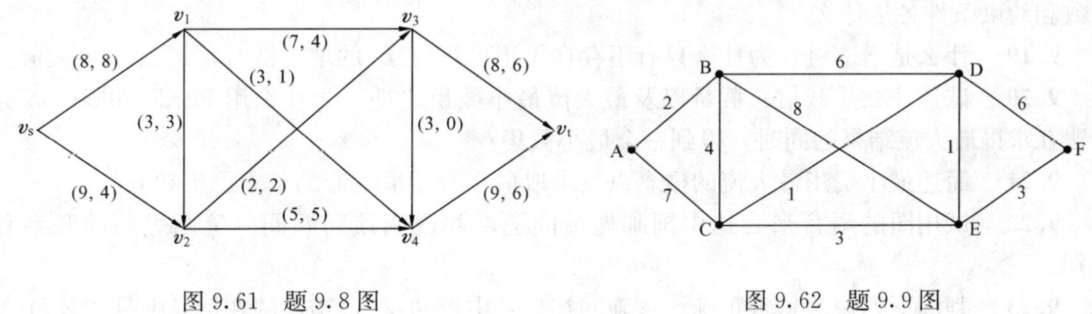

图 9.61　题 9.8 图　　　　图 9.62　题 9.9 图

9.10　如图 9.63 所示，从三口油井 1、2、3 经管道将油输至脱水处理厂 7 和 8，中间经 4、5、6 三个泵站。已知图中弧旁数字为各管道通过的最大能力（单位：t/h），求从油井每小时能输送到处理厂的最大流量。

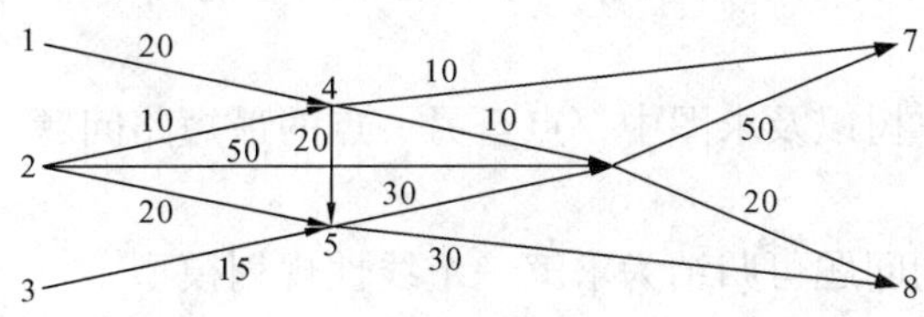

图 9.63　题 9.10 图

9.11　某单位招收懂俄、英、日、德、法文的翻译各一人，有 5 人应聘。已知乙懂俄文，甲、乙、丙、丁懂英文，甲、丙、丁懂日文，乙、戊懂德文，戊懂法文，问这 5 个人是否都能得到聘书？最多几个得到招聘，招聘后每人从事哪一方面翻译任务？

9.12　表 9.7 给出某运输问题的产销平衡与单位运价。将此问题转化为最小费用最大流问题，画出网络图并求数值解。

表 9.7　　产销平衡与单位运价

产地＼销地	1	2	3	产　量
A	20	24	5	8
B	30	22	20	7
销　量	4	5	6	

二、复习思考题

9.13　通常用$G=(V, E)$来表示一个图，试述符号V、E及这个表达式的含义。

9.14　解释下列各组名词，并说明相互间的联系和区别：①点，相邻，关联边；②环，多重边，简单图；③链；④圈；⑤回路；⑥节点的度，悬挂点，悬挂边，孤立点；⑦连通图，连通分图，支撑子图；⑧有向图，无向图，赋权图。

9.15　图论中的图同一般工程图、几何图的主要区别是什么？试举例说明。

9.16　试述树、图的支撑树及最小支撑树的概念定义，以及它们在实际问题中的应用。

9.17　阐明 Dijkstra 算法的基本思想和基本步骤，为什么用这种算法能在图中找出从一点至任一点的最短路。

9.18　最大流问题是一个特殊的线性规划问题，试具体说明这个问题中的变量、目标函数和约束条件各是什么。

9.19　什么是增广链？为什么只有不存在关于可行流f^*的增广链时，f^*即为最大流。

9.20　试述什么是截集、截量以及最大流最小截量定理。为什么用 Ford-Fulkerson 标号法在求得最大流结果的同时，得到一个最小截集？

9.21　简述最小费用最大流的概念以及求取最小费用最大流的基本思想和方法。

9.22　试用图的语言来表达中国邮递员问题，并说明该问题同一笔画之间的联系和区别。

9.23　判断下列说法是否正确（正确的在括号中打“√”，错误的在括号中打“×”）。

（1）图论中的图不仅反映了研究对象之间的关系，而且是真实图形的写照，因而对图中点与点的相对位置，点与点连线的长短曲直等都要严格注意。　（　　）

（2）在任一图G中，当点集V确定后，树图是G中边数最少的连通图。　（　　）

（3）如图中某点v_i有若干个相邻点，与其距离最远的相邻点为v_j，则边(i, j)必不包含在最小支撑树内。　（　　）

（4）求图的最小支撑树以及求图中一点至另一点的最短路问题，都可以归结为求解整数规划问题。　（　　）

（5）求网络最大流的问题可归结为求解一个线性规划模型。　（　　）

第10章 网络计划技术

网络计划技术（Network Program Technique）是20世纪50年代中期发展起来的一种科学计划管理技术，是运筹学的组成部分，也是系统工程中的一种重要方法。

网络计划技术在国外称为计划评审技术（Program Evaluation and Review Technique，PERT）和关键路径法（Critical Path Method，CPM），国内称为统筹方法。

10.1 网络计划技术的基本概念、参数和算法

阿波罗登月计划是网络计划技术成功的例子。它的全部任务分别由地面、空间和登月三部分组成，是一项复杂庞大的工程项目，为把人安全地送上月球，不仅涉及火箭技术、电力技术、冶金和化工等多种技术，还需要了解宇宙空间的物理环境以及月球本身的构造和形状。它耗资300亿美元，研制零件有几百万种，共有2万家企业参与，涉及42万人，历时11年（1958～1969年）之久。为完成这项工作，除了考虑每个部门之间的配合和协调工作外，还要估计各种未知因素可能带来的种种影响。面对这些千头万绪的工作，千变万化的情况，就要求有一个总体规划部门运用一种科学的组织管理方法，综合考虑，统筹安排来解决。实施结果是飞行中控制误差精度达到极高程度（时间上比原计划相差1min）。

网络分析方法特点：PERT属于非肯定型，工作时间采用"三个估计值"（最乐观时间、最可能时间、最悲观时间）适用于科研项目和一次性计划，着重考虑时间因素，主要用于控制进度。CPM属于肯定型，工作时间采用"一个估计值"（最可能时间），适用于工程建设项目，往往兼顾时间和费用两大因素，力求用最低费用去确定工期，在时间和费用两个方面作出抉择。

10.1.1 网络计划技术的基本概念

定义10.1 网络图（Network Graph） 用圆圈和箭线表示研究对象之间的相互关系的网状图。

【例10.1】 有一部影片需要分上、下两集在甲、乙两个部队交替放映，中间有一个传片人，放映顺序先甲部队后乙部队，部队到达影院和返回各需要30min，上、下两集各需要50min，传片人从甲部队到乙部队或从乙部队到甲部队各需40min，见表10.1。试画出网络图。

表10.1 有关参数

单位	甲部队	传片人	乙部队
工作项目	到影院A：30min	送上集E：40min	到影院H：30min
	放上集B：50min	返回甲部队F：40min	放上集I：50min
	放下集C：50min	送下集G：40min	放下集J：50min
	返回D：30min		返回K：30min

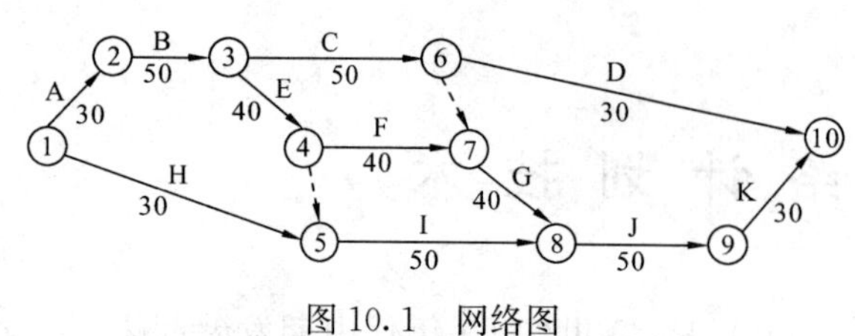

图 10.1 网络图

解 网络图如图 10.1 所示。

定义 10.2 工作（Process） 消耗时间和资源的活动称为工作（或称工序、作业）。

工作的概念是广义的，工程项目中混凝土养护，油漆后的干燥，军事行动中的行军休息等，虽不消耗资源，但要消耗时间的等待过程也称为工作。

定义 10.3 虚工作（Imaginary Process） 延续时间为零的假定工作，称为虚工作。用虚箭线表示。

定义 10.4 紧前工作 紧接在该工作前面的工作，称为该工作的紧前工作。

定义 10.5 紧后工作 紧接在该工作后面的工作，称为该工作的紧后工作。

定义 10.6 结点（Node） 紧前工作与紧后工作的交接点称为结点（或称节点、事项）。

结点功能——衔接前后工作和控制工作进程。

结点特征——瞬时性。结点实现不占用时间。

结点分类——一般性结点和强制性结点。

强制性结点——对整个任务具有生命价值，且它的实现因受外界因素的影响而有一个限制时间的结点，如修水库的堤坝合拢，渡江河时间，大桥合拢时间等。

定义 10.7 线路（Path） 从最初结点到最终结点连贯的工作序列称为线路。

定义 10.8 线路的长度（Length of Path） 线路上各工作的延续时间之和，称为线路的长度。

定义 10.9 关键线路（Critical Path） 网络中所有线路中最长的线路称为关键线路。

关键线路有着特别重要的地位，正是它控制着整个计划的工期。

[例 10.1] 的关键线路为①→②→③→④→⑦→⑧→⑨→⑩，关键线路长度＝280min，如图 10.1 所示。

定义 10.10 目标（Goal） 目标就是为完成预定的任务所要达到的根据客观实际而确定的主要任务（或综合）功能数量指标。

大多数情况下，是以完成任务的时限作为目标。任务实现的目的只有一个，而其目标可能有多个（时间、成本、资源等）。

网络图从细部看由工作和结点组成，网络图从整体看由线路和目标组成。

10.1.2 相互关系

逻辑关系：两件工作之间相互联系是客观固有的，不能随意改变的，如电影的上、下集之间。

组织关系：工作之间关系是人为的关系。它体现了人的主观能动作用，它的确定主要考虑到效果、时间、资源和经济原则等因素，如甲、乙部队之间。

10.1.3 网络计划的编制（建模）步骤

网络计划的编制（建模）步骤：

（1）将任务细化。

（2）确定工作项目及其关系。

（3）估计工作的延续时间。

（4）绘制网络图。

（5）简化或合并网络图。

10.1.4 网络计划的时间参数（Network Parameter）计算

1. 网络计划的时间参数

（1）控制性参数：

1）最早时间：

结点的最早可能实现时间（ET）；

工作的最早可能开始时间（Earliest Starting Date，ES）；

工作的最早可能结束时间（Earliest Finished Date，EF）。

2）最迟时间：

结点的最迟必须实现时间（LT）；

工作的最迟必须开始时间（Latest Starting Date，LS）；

工作的最迟必须结束时间（Latest Finished Date，LF）。

（2）协调性参数：

工作的总机动时间（总时差）（Total Time Difference，TF）；

工作的局部机动时间（单时差）（Single Time Difference，SF）。

2. 网络计划的时间参数计算公式

（1）最早时间：

$ET_S=0$；

$ET_j=\max(ET_i+t_{ij})$；

$ES_{ij}=ET_i$；

$EF_{ij}=ET_i+t_{ij}$。

（2）最迟时间：

$LT_T=D$（D 是指令工期，通常 $D=T$）；

$LT_i=\min(LT_j-t_{ij})$；

$LF_{ij}=LT_j$；

$LS_{ij}=LT_j-t_{ij}$。

（3）协调性参数：

$TF_{ij}=LT_j-ET_i-t_{ij}$；

$FF'_{ij}=ET_j-ET_i-t_{ij}$；

$FF''_{ij}=LT_j-LT_i-t_{ij}$。

显然，$TF\geqslant FF$。

凡是 $TF=0$ 的工作便是关键工作，组成的线路便是关键线路。关键线路上的关键结点必有 $ET=LT$，但不充分。唯一的判断是 $TF=0$。

10.1.5 图算法

图算法是一种简单有效的方法，其计算步骤如下：

（1）计算结点最早实现时间（顺向计算）。

（2）计算结点最迟实现时间（逆向计算）。

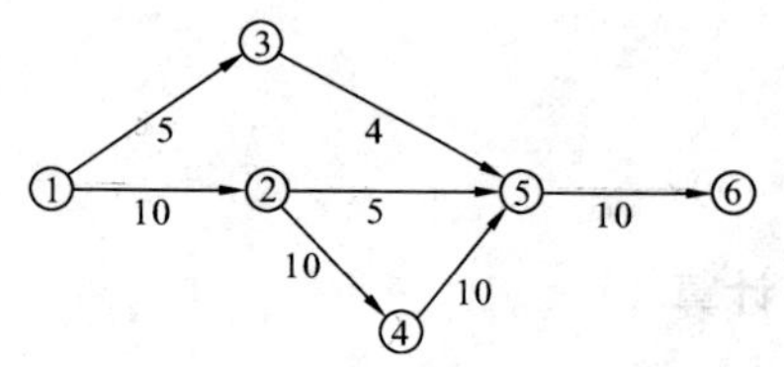

图 10.2 [例 10.2] 的网络图

(3) 确定关键线路 ($ET=LT$)。

(4) 计算工作的总机动时间 (非关键线路)。

【例 10.2】 网络图如图 10.2 所示。试用图算法进行计算。

解 (1) 顺向计算最早时间 ET，计算工期 $T=40$，如图 10.3 所示。

(2) 逆向计算最迟时间 LT，令指令工期 $D=T=40$，如图 10.4 所示。

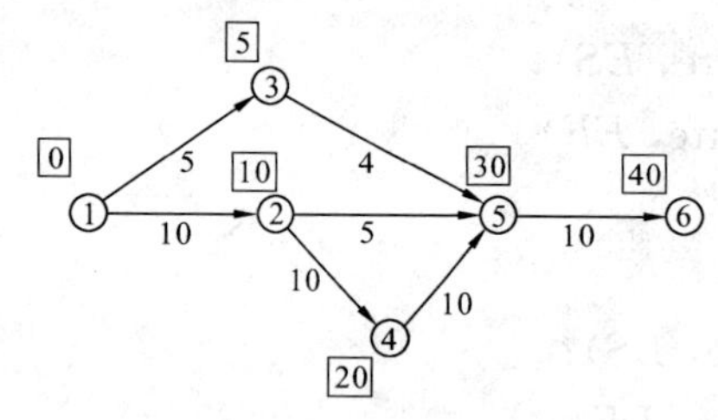
图 10.3 网络的最早时间

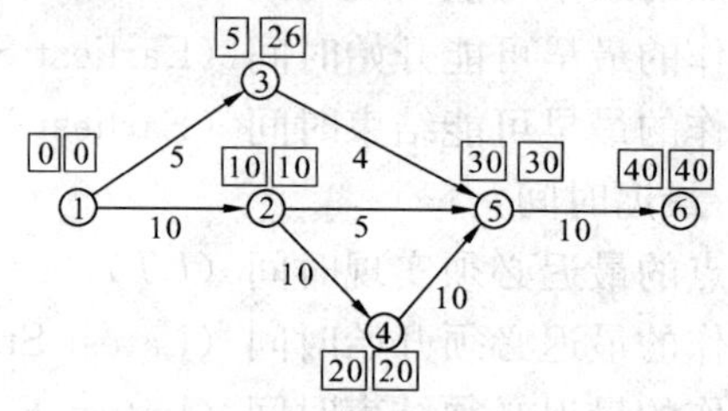
图 10.4 网络的最迟时间

(3) 确定关键线路 ($ET=LT$)，如图 10.5 所示。

(4) 计算总机动时间 $TF=LT_j-ET_i-t_{ij}$，如图 10.6 所示。

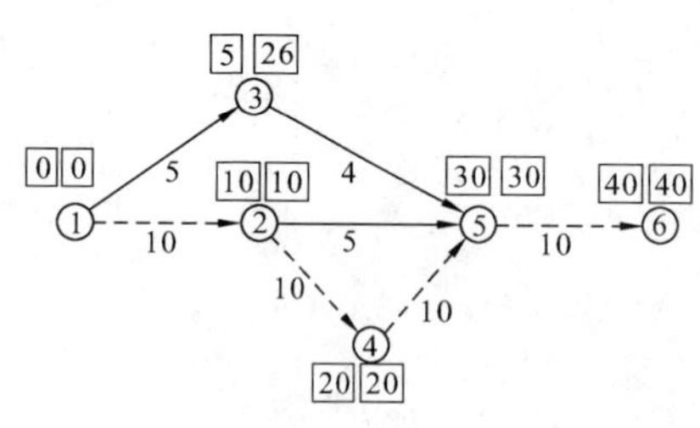
图 10.5 网络的关键线路

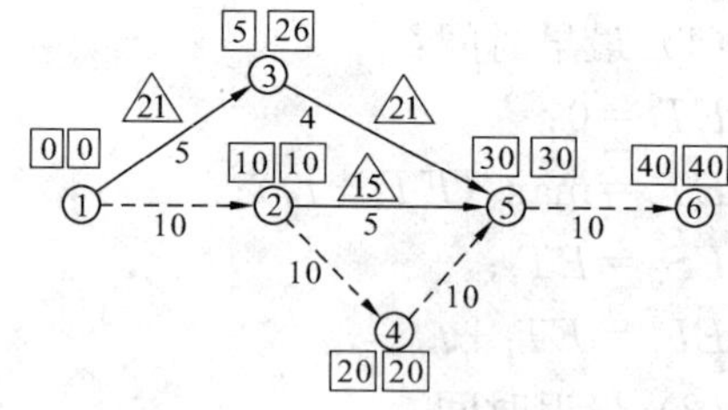
图 10.6 网络的总机动时间

10.2 网络计划的费用优化

工作的费用分成直接费用 (Direct Cost) 和间接费用 (Indirect Cost)。任务的总费用也包括直接费用和间接费用。

一般任务的直接费用是随着工期的缩短而增加，一般任务的间接费用是随着工期的缩短而减少，所以一定存在一个总费用最少的最优工期，如图 10.7 所示。

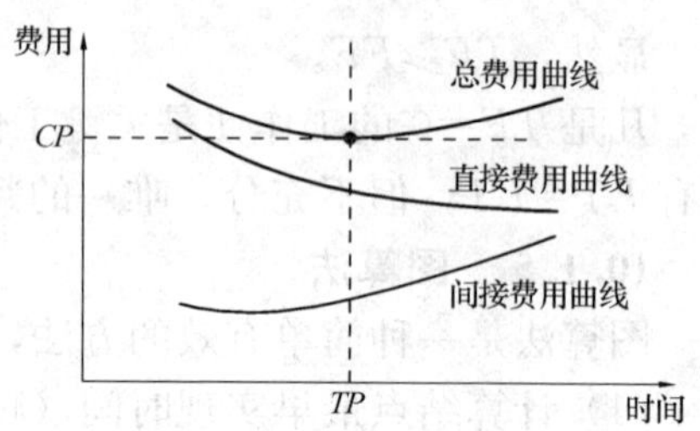

图 10.7 任务的费用曲线

10.2.1 费用斜率 K

在线性假定下，工作延续时间每缩短一个单位时间所增加的费用称为费用斜率 K

$$K=\frac{CM-CN}{TN-TM}$$

式中 TN——正常时间；

TM——最短时间；

CM——最短时间时速成费用（Acceleration Cost）；

CN——正常时间所需要的正常费用（Normal Cost）。

【例 10.3】 某一个工作正常时间为 7 天，费用为 360 元，最短时间为 4 天，费用 450 元，求其费用斜率。

解 费用斜率为 $K=\frac{450-360}{7-4}=30$（元/天）

10.2.2 直接费用优化原理

（1）网络中存在一条关键线路时，选择费用斜率最小的工作，逐步压缩这条关键线路，并保持不改变其关键性质。

（2）当网络中存在数条关键线路时，应找出“费用最小截”，逐步压缩能使这些关键线路“同时”缩短的一组或一件工作，并保持这些关键线路不改变其关键性质。

直接费用优化原理的核心：力求以最小的费用去缩短工期，最后求出一个费用最低的最快进度（Shortest Time Limit for a Project）。

【例 10.4】 网络图如图 10.8 所示，求总费用最低的最优工期，也称为最低成本日程（Lowest Cost Schedule）。

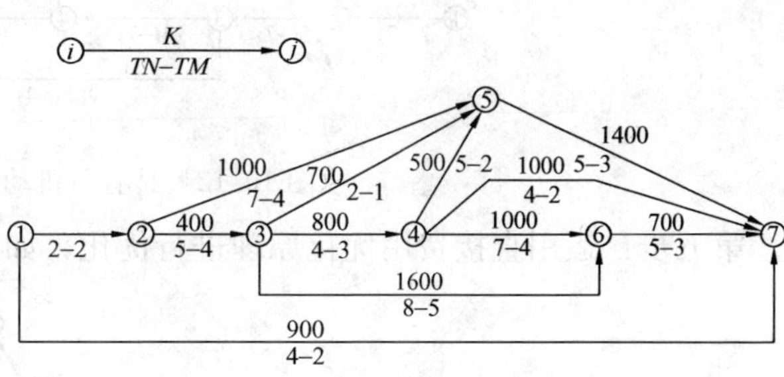

图 10.8 ［例 10.4］的网络图

解 首先用直接费用优化原理求出一个直接费用最低的最快进度，然后结合间接费用找出总费用最低的最优工期。

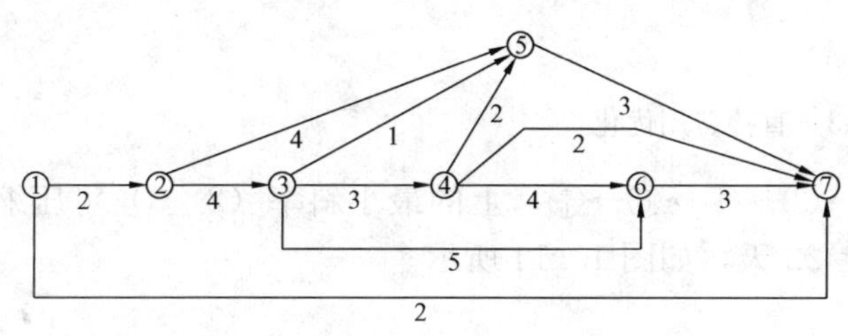

图 10.9 最快进度（直接费用最多）

（1）求直接费用最低的最快进度。

第一步：按工作的最快时间求出最快进度。假定所有工作按最短时间完成，最快进度（直接费用最多）$T^*=16$ 天，如图 10.9 所示。

第二步：令最快进度的计算工期为指令工期 $D=16$ 天，求出正常时间。计算工期 $T=23$ 天，以及指令工期 $D=16$ 天时的结点最早可能实现时间和结点最迟必须实现时间，如图 10.10所示。

第三步：求出总机动时间 *TF*，如图 10.11 所示。

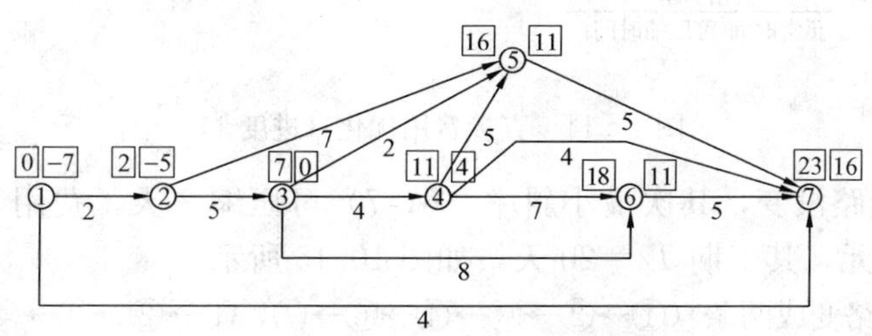

图 10.10 网络的时间参数

第四步：把具有负机动时间的子图分离出来，如图 10.12 所示。

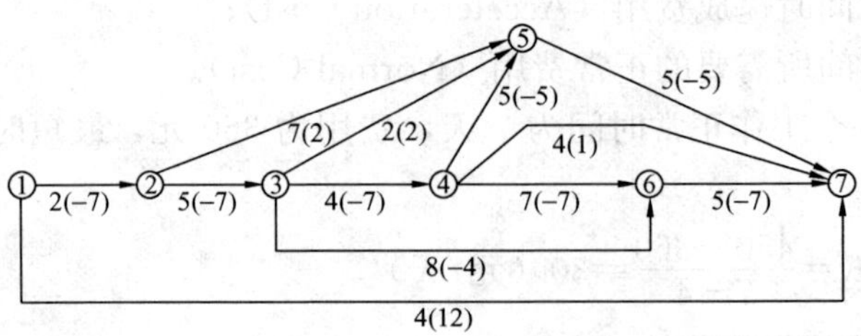

图 10.11　网络的总机动时间

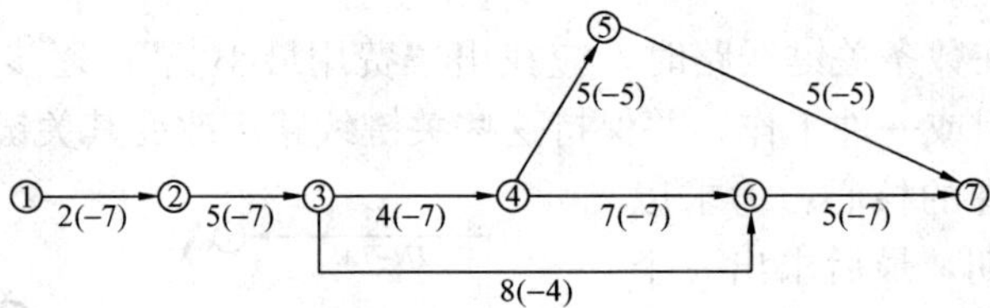

图 10.12　具有负机动时间的子图

第五步：运用直接费用优化原理进行优化，如图 10.13 所示。

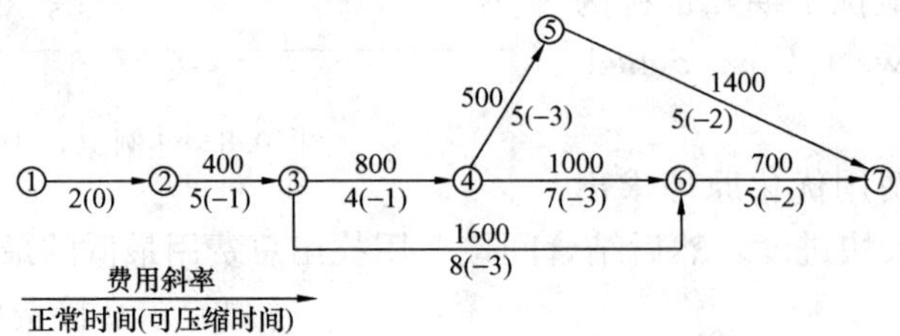

图 10.13　直接费用优化

进度 1：只有一条关键线路（①→②→③→④→⑥→⑦）上的最小斜率（2，3）可压缩 1 天，费用 400 元/天，其工期缩短为 $T_1=22$ 天，如图 10.14 所示。

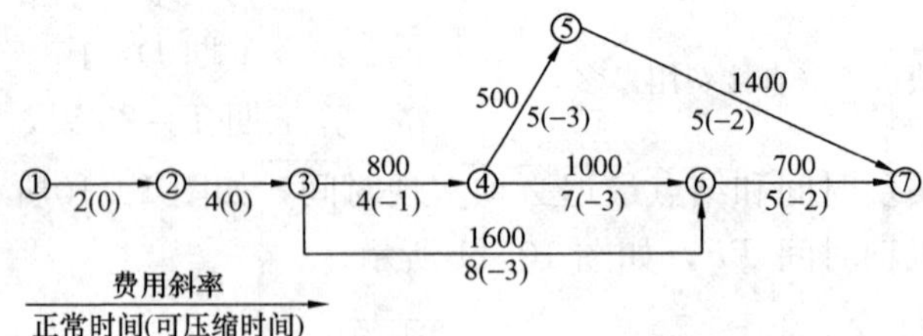

图 10.14　直接费用优化（进度 1）

进度 2：关键线路没变，其次最小斜率（6，7）可压缩 2 天，费用 700 元/天，总费用增加 700×2=1400 元，其工期 $T_2=20$ 天，如图 10.15 所示。

进度 3：关键线路变成两条（①→②→③→④→⑥→⑦，①→②→③→④→⑤→⑦）。其最小斜率的边（3，4）同时通过这两条关键线路，边（3，4）可压缩 1 天，费用 800 元/天，其工期

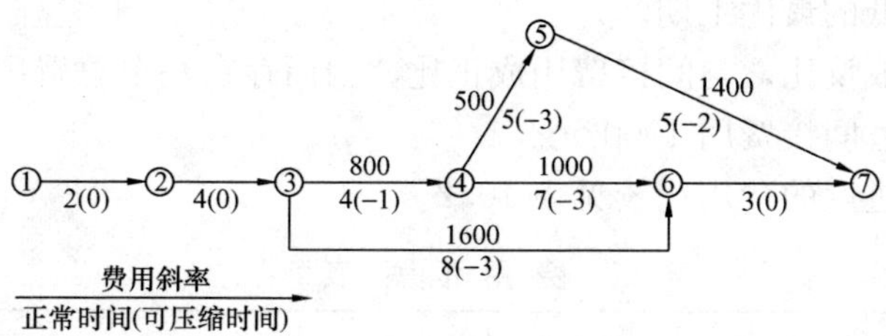

图 10.15　直接费用优化（进度 2）

T_3＝19 天，如图 10.16 所示。

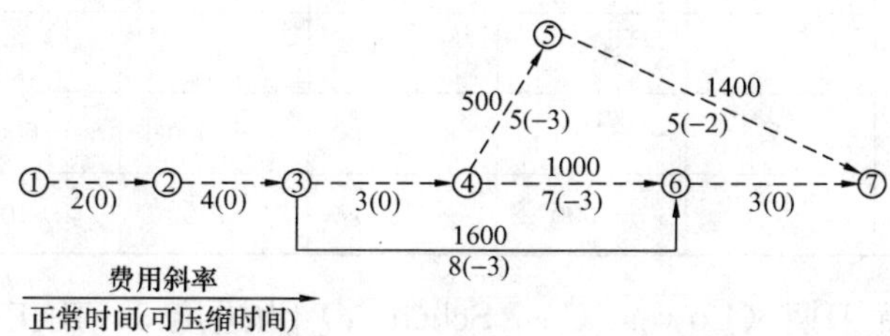

图 10.16　直接费用优化（进度 3）

进度 4：关键线路还是这两条（①→②→③→④→⑥→⑦，①→②→③→④→⑤→⑦），其最小斜率截集（4，5）、（4，6）可压缩 3 天，但最优压缩时间只有 2 天（否则会破坏其关键性质），其费用斜率＝500＋1000＝1500（元/天），总费用增加 3000 元，其工期 T_4＝17 天，如图 10.17 所示。

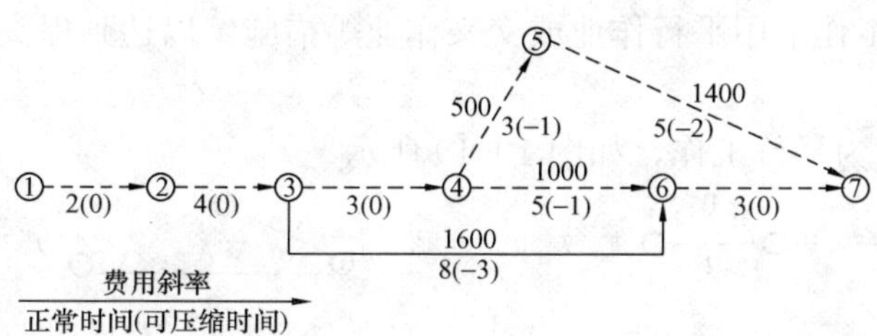

图 10.17　直接费用优化（进度 4）

进度 5：关键线路变成三条（①→②→③→④→⑥→⑦，①→②→③→④→⑤→⑦，①→②→③→⑥→⑦），最小斜率截集（4，5）、（4，6）、（3，6）可压缩 1 天，费用 3100 元/天，其工期 T_5＝16 天，如图 10.18 所示。工期达到 D＝16 天要求，这是直接费用最省的最快进度，共增加 400×1＋700×2＋800×1＋1500×2＋3100×1＝8700（元）。

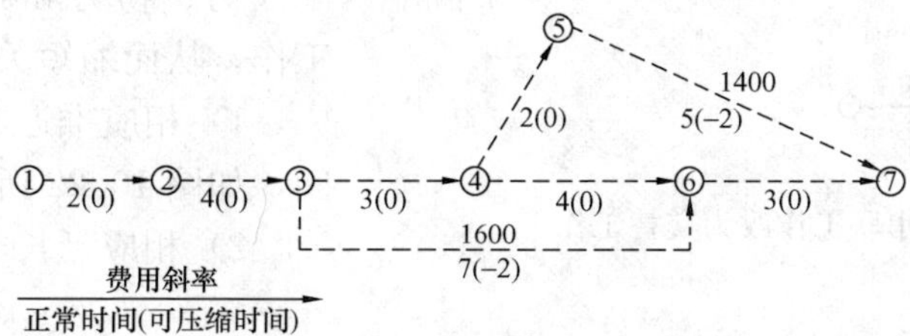

图 10.18　直接费用优化（进度 5）

（2）求总费用最低的最优工期。

工期与直接费用成反比，与间接费用成正比，因而存在一个总费用最低的最优工期。设工期每压缩一天可节省间接费用 1000 元。

正常进度与各个进度的费用比较见表 10.2。

表 10.2　　费用汇总表

	正常进度	进度 1	进度 2	进度 3	进度 4	进度 5
工　　期（天）	23	22	20	19	17	16
进度提前（天）	0	1	3	4	6	7
直接费用增加（元）	0	400	1800	2600	5600	8700
间接费用减少（元）	0	−1000	−3000	−4000	−6000	−7000
节　　省（元）	0	−600	−1200	−1400	−400	1700

总费用最低的最优工期（Lowest Cost Schedule）为进度 3，比正常进度的工期缩短 4 天，其增加直接费用 2600 元，减少间接费用 4000 元，结果净节省费用 1400 元。

10.3 网络计划的时间优化

10.3.1 时间优化的措施

（1）改进工作的组织方式。对关键工作增加新设备，采用新工艺、新技术等措施；或对工作时间较长的关键工作采用平行作业或交叉作业等措施，以达到提高工效，缩短关键工作时间的目的。

1）将串联工作改为平行工作，如图 10.19 所示。

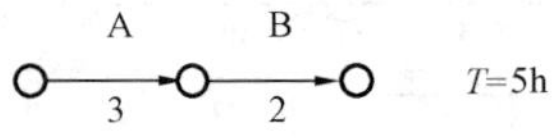

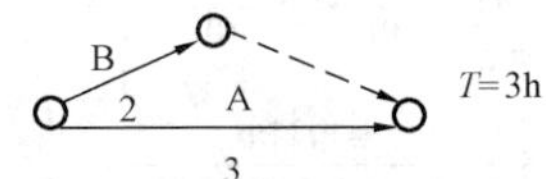

图 10.19 串联工作改为平行工作

2）将串联工作改为交替工作，如图 10.20 所示。

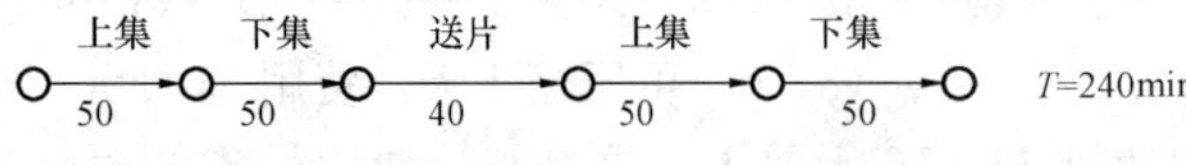

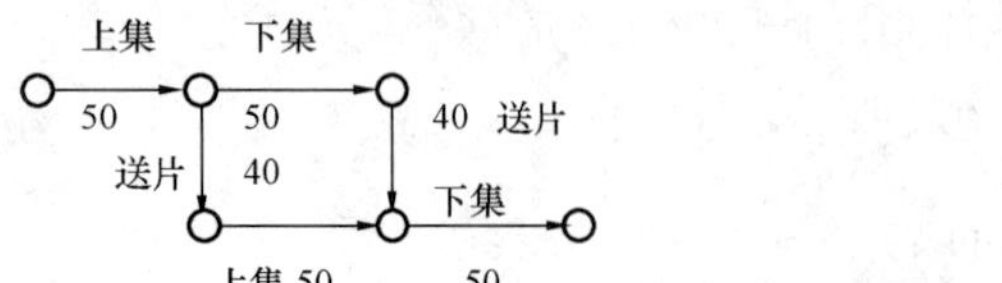

图 10.20 串联工作改为交替工作

（2）某任务的网络图如图 10.21 所示，充分利用非关键工作的机动时间，采取措施，合理地从非关键工作中调配人力、物力和其他资源，支援关键工作，从而缩短关键工作时间。

1）相应推迟非关键工作的开始时间，如图 10.22 所示。

2）相应延长非关键工作的延续时间，如图 10.23 所示。

（3）尽量采用标准件、通用件、预制件等，以缩短设计时间和制造周期。

(4) 在人力资源有保证时，改一班制为多班制，以缩短任务工期。

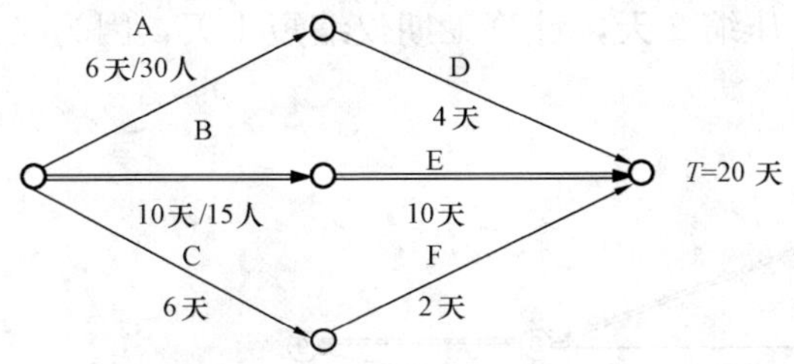

图 10.21 某任务的网络图

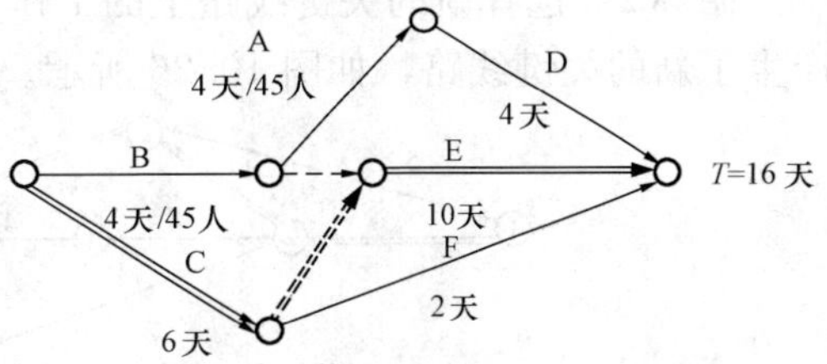

图 10.22 推迟非关键工作的开始时间

10.3.2 循环优化法

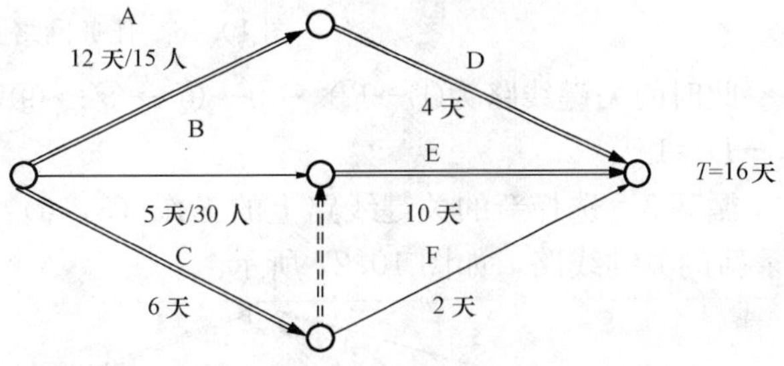

图 10.23 相应延长非关键工作的延续时间

循环优化法计算步骤：

(1) 明确原始计划网络中的关键线路，求出计算工期。

(2) 将计算工期与指令工期比较，求出需缩时间。

(3) 采取适当的优化措施，压缩关键线路长度，并求出新的关键线路（或不变）。

(4) 计算工期，若满足指令工期，优化结束。否则重复上述（1）～（3）步骤，继续压缩关键线路，直到满足指令工期为止。

【例 10.5】 设某任务原始网络如图 10.24 所示，上级命令期限为 27 天。试压缩工期实现时间优化。

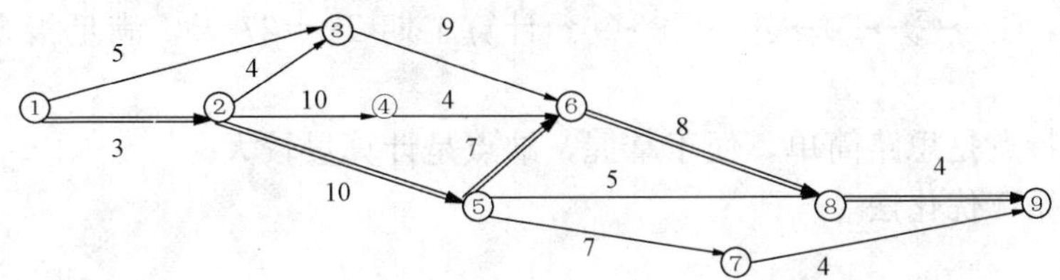

图 10.24 某任务原始网络（优化前）

解 计划中关键线路为①→②→⑤→⑥→⑧→⑨，计算工期 $T_0=32$ 天，而指令工期 $D=27$天，需缩时间为 $T_0-D=5$ 天。

循环 1：选择关键线路上的工作（2，5）、（5，6）分别压缩 3 天和 2 天，关键线路缩短为 27 天，但计算工期仅缩短 3 天，因为产生了新的关键线路，如图 10.25 所示。

此时的关键线路为①→②→④→⑥→⑧→⑨，计算工期 $T_1=29$ 天，还需缩短时间为

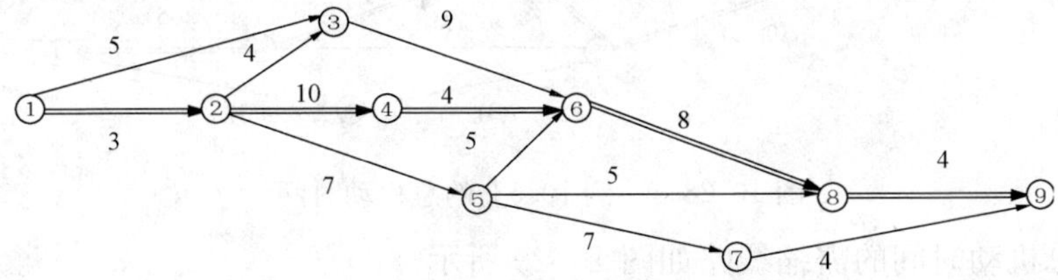

图 10.25 任务网络图（循环 1）

$T_1-D=2$ 天。

循环 2：选择新的关键线路上的工作（2，4）压缩 2 天，计算工期仅缩短 1 天，因为又产生了新的关键线路，如图 10.26 所示。

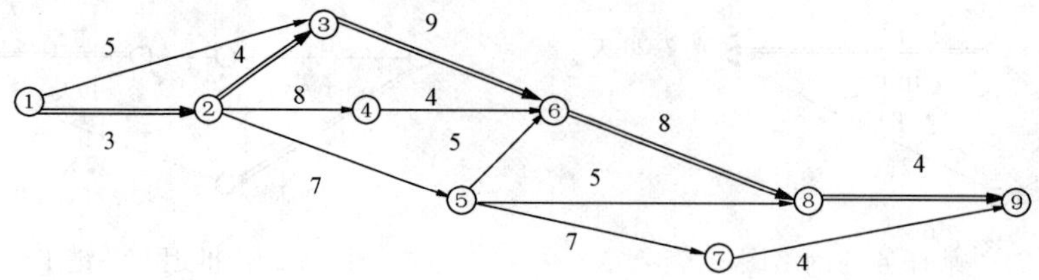

图 10.26　任务网络图（循环 2）

此时的关键线路为①→②→③→⑥→⑧→⑨，计算工期 $T_2=28$ 天，还需缩短时间为 $T_2-D=1$ 天。

循环 3：选择新的关键线路上的工作（3，6）压缩 1 天，计算工期缩短 1 天，又产生了 2 条新的关键线路，如图 10.27 所示。

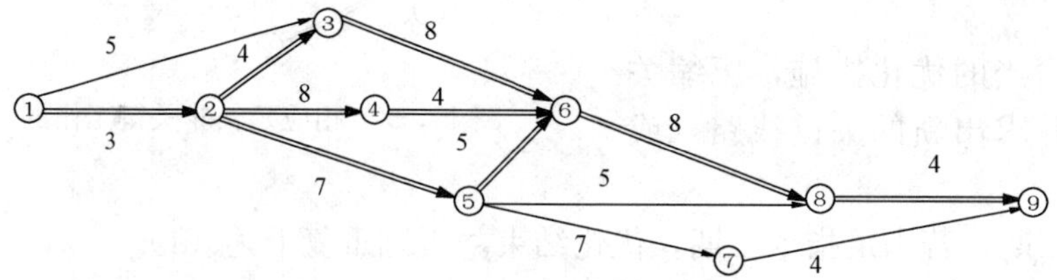

图 10.27　任务网络图（优化后）

此时，①→②→③→⑥→⑧→⑨仍为关键线路，但又产生了 2 条新的关键线路①→②→④→⑥→⑧→⑨，①→②→⑤→⑥→⑧→⑨。计算工期 $T_3=27$ 天，满足指令工期，达到优化目的。

循环优化法特点是思路简单，便于掌握，缺点是计算量较大。

10.3.3　非循环优化法

1. 需缩线路

若指令工期 D 小于计算工期 T 时，工作的总机动时间将出现负值。具有负的机动时间工作构成的线路称为需缩线路。

仍以［例 10.5］中的图 10.24 为例，计算工作的总机动时间如图 10.28 所示。上级命令期限为 $D=27$ 天。

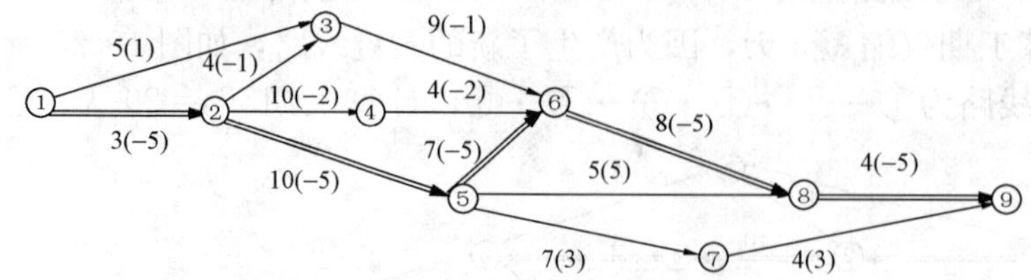

图 10.28　［例 10.5］的总机动时间

具有负的总机动时间的需缩线路如图 10.29 所示。

共有 3 条需缩线路：

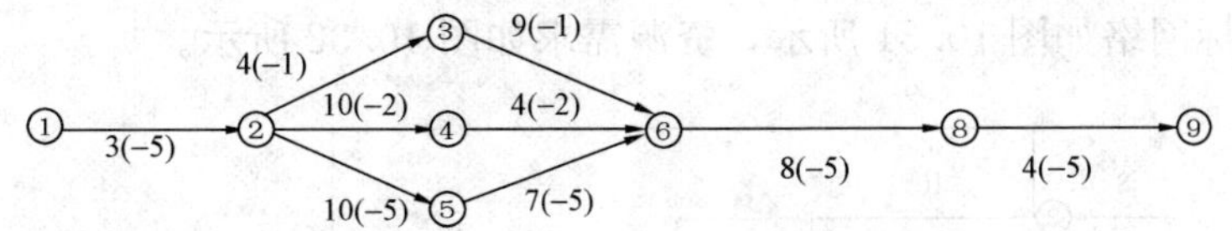

图 10.29 ［例 10.5］的需缩线路

①→②→③→⑥→⑧→⑨，其机动时间为－1；

①→②→④→⑥→⑧→⑨，其机动时间为－2；

①→②→⑤→⑥→⑧→⑨，其机动时间为－5；

那么这 3 条需缩线路的需缩时间分别为 1、2 天和 5 天。需缩线路为科学地缩短工期提供了可贵的信息。

2. 非循环优化法计算步骤

（1）求出网络中的需缩线路。

（2）分析其需缩线路，选择压缩方案，实现时间优化。

仍以图 10.29 的需缩线路进行分析，一般可找出满足指令工期要求若干优化方案。

第 1 方案，压缩工作（2，5）3 天，（5，6）2 天，（2，4）2 天和（3，6）1 天，即前述的循环优化方案，就消除了需缩时间为 5 天的需缩线路。

第 2 方案，压缩工作（6，8）5 天，就能消除需缩时间，而导致 3 条需缩线路同时消失，而这样做关键工作没有转移和增加。

工作（6，8）是 3 条需缩线路共同通过的工作，这样的工作称为“瓶颈”，它是数条需缩线路必经的路线，所以，在其他条件相同的情况下，压缩工期应首先考虑“瓶颈”。

10.4 网络计划的资源优化

资源优化就是合理安排工作进度，解决资源供需矛盾或实现资源均衡利用的一种方法。资源优化通常有两种不同的目标：①在工期限定的条件下，安排工作进度，实现资源的均衡利用，这称为“规定工期的资源均衡”；②另外，在资源有限的情况下，安排工作进度，力求使工期增加最少，这称为“有限资源的合理分配”。

10.4.1 时间坐标网络图的概念

时间坐标网络图（简称时标网络）是网络计划的另一种表达形式，它根据时间坐标标画，用实线和虚线区分工作的延续时间和机动时间的一种网络图。它可以分为最早时间、最迟时间、最早和最迟时间相结合时标网络。这里只讨论最早时间网络图。

【例 10.6】 某任务的网络图如图 10.30 所示，其中括号内为资源需求强度 R（单位时间内资源需要量）。试画出最早时标网络和资源需求图。

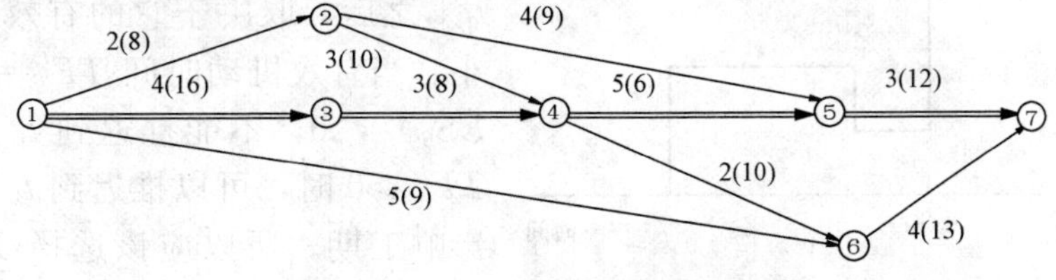

图 10.30 ［例 10.6］的网络图

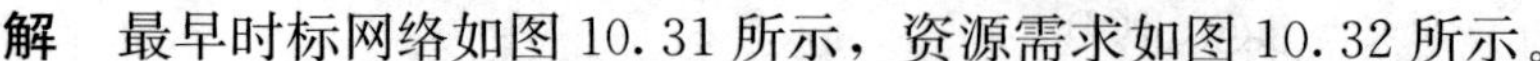

解　最早时标网络如图 10.31 所示，资源需求如图 10.32 所示。

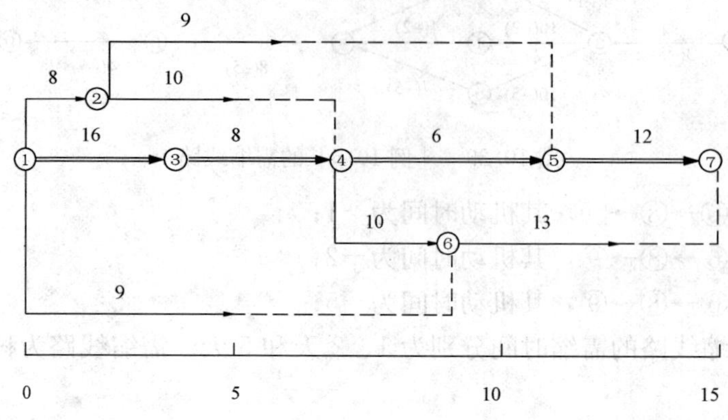

图 10.31　最早时标网络

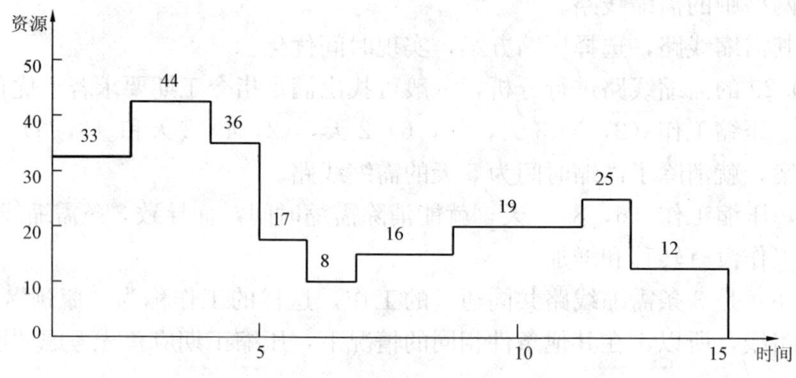

图 10.32　资源需求（优化前）

10.4.2　规定工期的资源均衡

1. 削峰填谷法原理

以图 10.33 的资源需求图（最初情况）为例，说明削峰填谷法基本原理。

将计划中所有工作按最早时间安排，根据资源逐日需要量做出资源曲线图，然后找出整个计划的资源高峰时段 $[t_a, t_b]$，并以此时段的峰值减去一个单位作为调整的"控制标准"，按工作优先推迟原则，选择位于该高峰时段的一件工作推迟到该高峰之后开始的非关键工作，调整后应满足峰值低于"控制标准"，如图 10.34 所示。重复上述过程，直到整个计划的资源高峰再也不能削低为止，如图 10.35 所示。

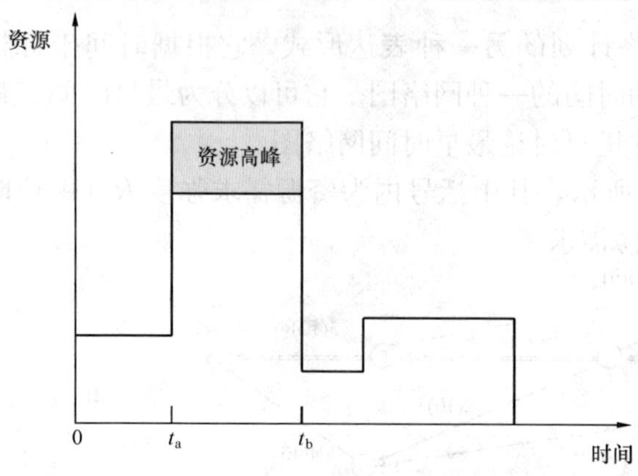

图 10.33　资源需求（最初情况）

一件工作能否推迟到高峰时段 $[t_a, t_b]$ 之后，取决于它的有效机动时间的大小。当有效机动时间 $TF'_{ij}=TF_{ij}-(t_b-ES_{ij})<0$，不能推迟到 t_b 之后开始；当 $TF'_{ij}>0$ 时，可以推迟到 t_b 之后开始而不影响工期。所以应该选择 $TF'_{ij}>0$ 工作，对这些工作进行调整，并遵循以下两条优先推迟原则：①优先推迟资源强度小的工作；②当有几件工作的强度相同时，优先推迟有效机动时间大的工作。

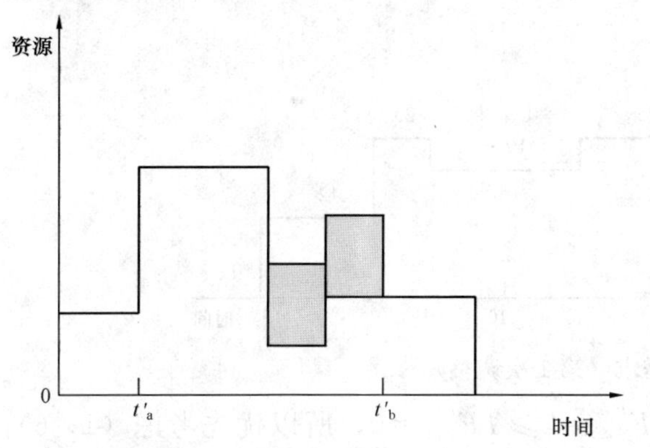

图 10.34　资源需求（调整情况）

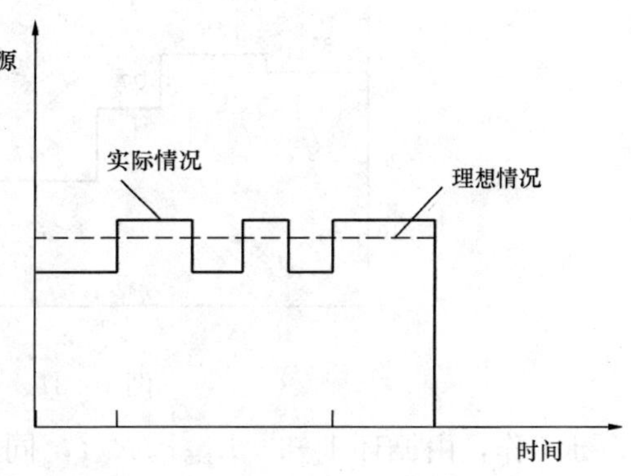

图 10.35　资源需求（最终情况）

2. 削峰填谷法的步骤和实例

仍以［例 10.6］为例说明。

(1) 按最早时间标画时标网络，如图 10.31 所示。

(2) 累计整个计划的资源逐日需要量，并绘制资源曲线图，如图 10.32 所示。峰值为 44，低谷值为 8。

(3) 运用削峰填谷原理，以削低整个计划的资源高峰为目标，调整位于高峰时段的工作，逐步实现资源均衡，为此需要若干步循环。

循环 1：由图 10.32 可知，时段［2，4］是整个计划的峰值，为 44，根据削峰填谷法原理，控制标准＝44－1＝43，位于［2，4］有 4 件工作，(1，3) 是关键工作不能移动，其余 (1，6)、(2，4)、(2，5) 是否能推迟，取决于它们的有效机动时间。直接从图上可以判断：

$$TF'_{1,6} = TF_{1,6} - (t_4 - ES_{1,6}) = 6 - (4 - 0) = 2 \geqslant 0$$

$$TF'_{2,4} = TF_{2,4} - (t_4 - ES_{2,4}) = 2 - (4 - 2) = 0 \geqslant 0$$

$$TF'_{2,5} = TF_{2,5} - (t_4 - ES_{2,5}) = 6 - (4 - 2) = 4 \geqslant 0$$

所以，这 3 件都可以推迟到 t_4 以后。根据最优推迟原则，工作 (2，4) 的资源强度 $R_{2,4}=10$，而工作 (1，6)、(2，5) 的资源强度都为 9，考虑较小的资源强度，又因为 $TF'_{2,5} \geqslant TF'_{1,6}$，故选择 TF' 较大的工作考虑，将工作 (2，5) 推迟至 t_4 以后，但［4，5］成为资源高峰，而处在非关键工作仍为 3 件，故直接推迟到 t_5 开始，这时资源高峰已削低至 35，如图 10.36和图 10.37 所示。

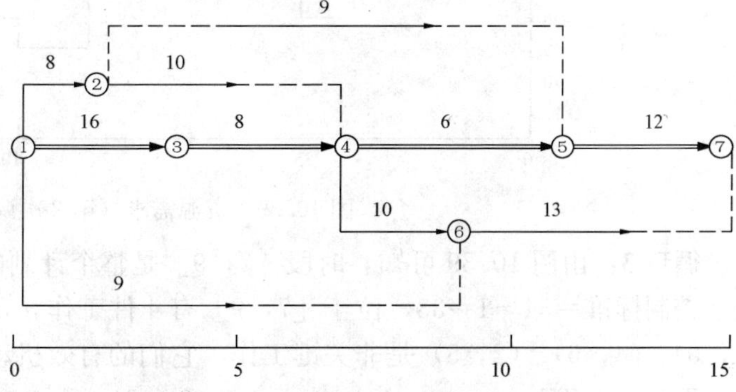

图 10.36　最早时标网络第 1 次调整

循环 2：由图 10.37 可知，时段［2，4］是整个计划的峰值，为 35。根据削峰填谷法原理，控制标准＝35－1＝34，位于［2，4］有 3 件工作，(1，3) 是关键工作不能移动，其余 (2，4)、(1，6) 是非

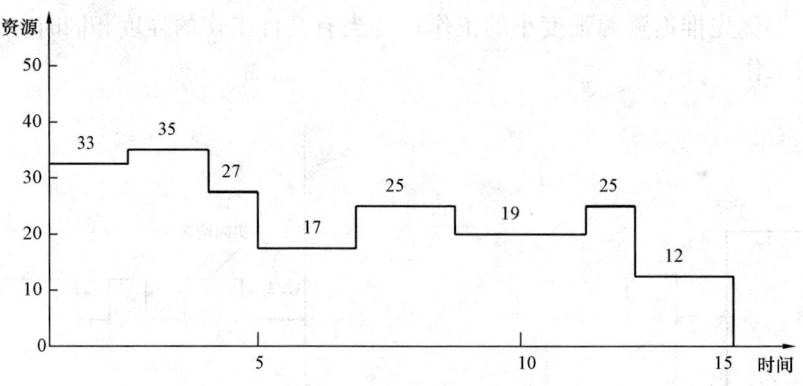

图 10.37 资源需求（第 1 次调整）

关键工作，由循环 1 知，$R_{1,6}<R_{2,4}$，同时 $TF'_{1,6}=2\geqslant TF'_{2,4}=0$，所以优先考虑（1，6），将工作（1，6）推迟到 t_4 开始，此时在时段［7，9］是资源高峰，其峰值为 34，但最好直接推迟到 t_5 开始，但又影响到（6，7），所以将（6，7）推迟到 t_{10} 开始。这时资源高峰已削低至 34，如图 10.38 和图 10.39 所示。

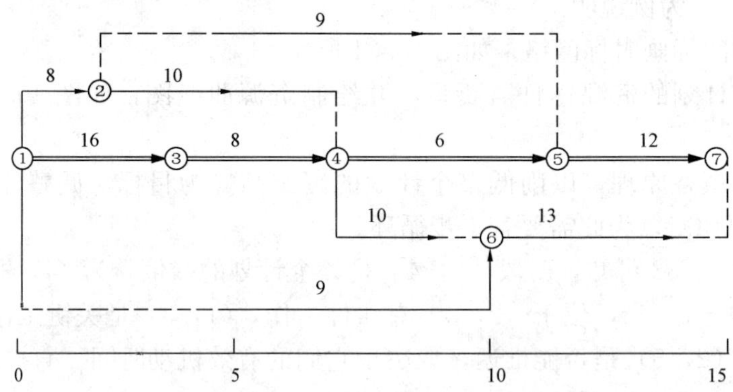

图 10.38 最早时标网络第 2 次调整

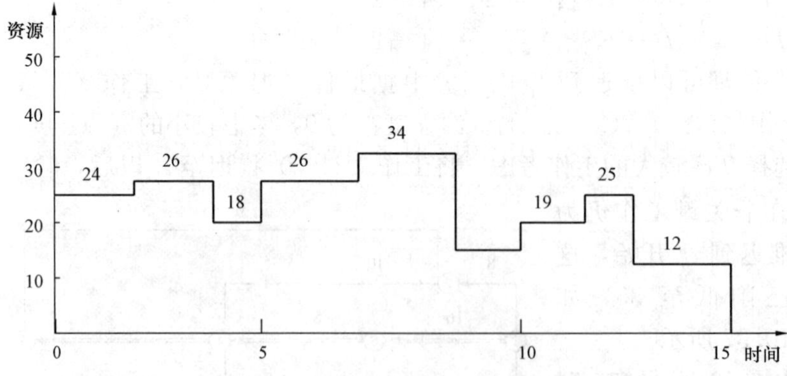

图 10.39 资源需求（第 2 次调整）

循环 3：由图 10.39 可知，时段［7，9］是整个计划的峰值，为 34。根据削峰填谷法原理，控制标准＝34－1＝33，位于［7，9］有 4 件工作，（4，5）是关键工作不能移动，其余（1，6）、（4，6）、（2，5）是非关键工作，它们的有效机动时间为

$$TF'_{1,6}=TF_{1,6}-(t_9-ES_{1,6})=1-(9-5)=-3\leqslant 0$$

$TF'_{4,6}=TF_{4,6}-(t_9-ES_{4,6})=2-(9-7)=0$

$TF'_{2,5}=TF_{2,5}-(t_9-ES_{2,5})=3-(9-5)=-1\leqslant 0$

只有 $TF'_{4,6}=0\geqslant 0$，所以只有把（4，6）推迟到 t_9 以后开始。

这时整个计划的资源高峰已由循环2的34，削低至26，如图10.40和图10.41所示。

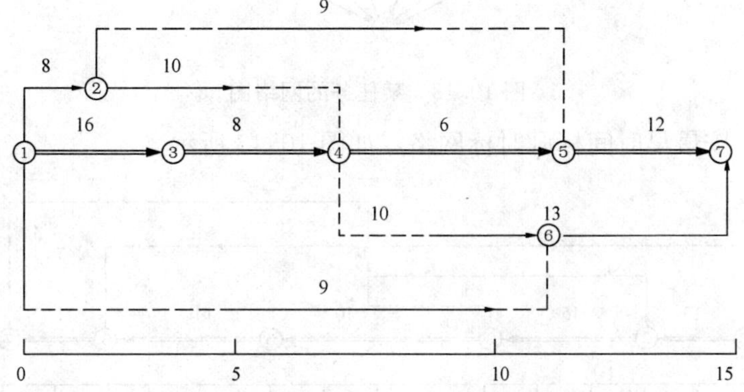

图10.40　最早时标网络第3次调整

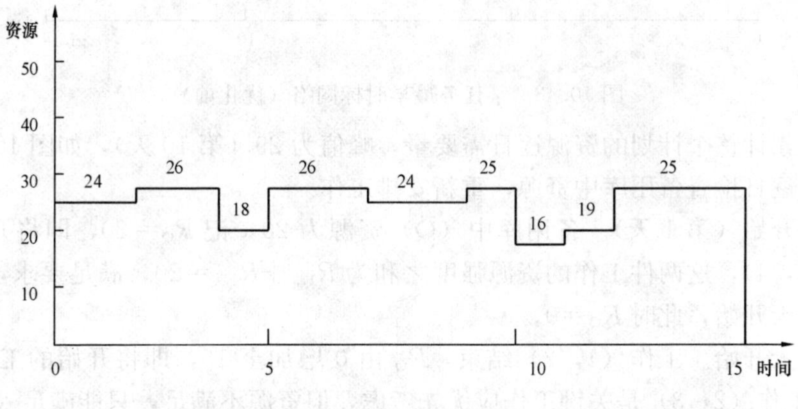

图10.41　资源需求（优化后）

10.4.3　有限资源的合理分配

1. 备用库法原理

设想可供分配的资源储存在备用库中，任务开始，从备用库中取出资源，按工作的“优先安排原则”，给即将开始的工作分配资源，并考虑到尽可能的最优组合，分配不到的工作推迟开始，随着时间的推移和工作的完成，资源陆续返回的备用库中，当备用库中资源达到能满足即将开始的一件或几件工作的需求时，再从备用库中取出资源，按这些工作优先安排工作进行分配，循环反复，直到所有工作都分配到资源为止。

2. 优先安排原则

（1）优先安排有效机动时间小的工作；

（2）当有几件工作的有效机动时间相同时，优先安排延续时间短的和资源强度小的工作。

【例10.7】　某任务的网络图如图10.42所示，其中括号内为该工作的资源强度 R。试在资源限量不超过20的条件下做出合理的进度安排。

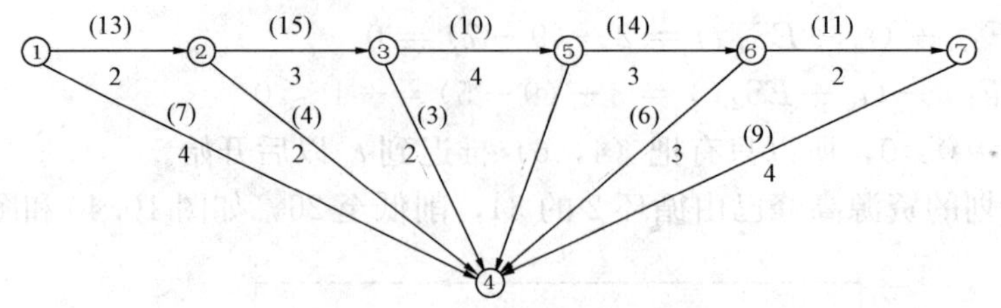

图 10.42　某任务的网络图

解　第一步，按最早时间标画时标网络，如图 10.43 所示。

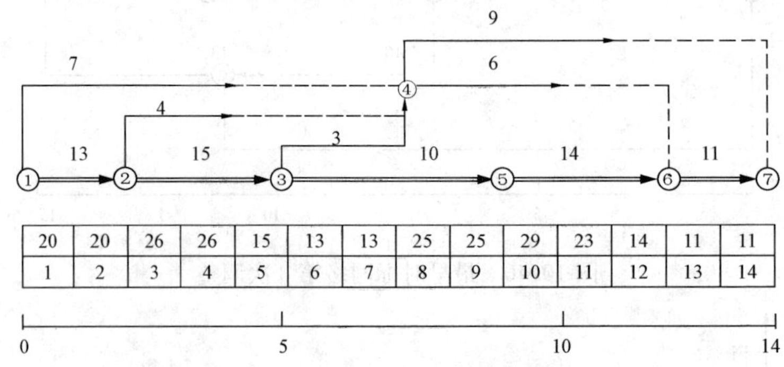

20	20	26	26	15	13	13	25	25	29	23	14	11	11
1	2	3	4	5	6	7	8	9	10	11	12	13	14

图 10.43　某任务最早时标网络（优化前）

第二步，累计整个计划的资源逐日需要量，峰值为 29（第 10 天），如图 10.43 所示。

第三步，逐日检查备用库中资源，重新安排工作。

（1）任务开始（第 1 天）。备用库中（Q）资源为 20，记 $R_Q=20$，即将开始的工作有（1，2）和（1，4），这两件工作的资源强度之和为 $R_{1,2}+R_{1,4}=20$，满足要求，将这两件工作安排在第 1 天开始，此时 $R_Q=0$。

（2）第 3 天开始。工作（1，2）结束，R_Q 由 0 增加至 13，即将开始的工作有（2，3）和（2，4），工作（2，3）是关键工作应优先考虑，但资源不满足，只能满足（2，4），重新考虑（1，4），在第 1 天开始有 5 天总机动时间，若将（1，4）推迟到（2，3）之后开始不影响工期，重新安排（1，4），让它从第 5 天开始，而（2，3）和（2，4），都从第 3 天开始，这时 $R_Q=1$。

（3）第 5 天开始。工作（2，4）结束，R_Q 由 1 增加至 5，即将开始的工作有（1，4），但 $R_Q<R_{1,4}$，故此资源只好积压。

（4）第 6 天开始。工作（2，3）结束，R_Q 由 5 增加至 20，即将开始的工作有（1，4），（3，4）和（3，5），由于 $R_{1,4}+R_{3,4}+R_{3,5}=20$，所以三件同时安排，$R_Q=0$。

（5）第 8 天开始。工作（3，4）结束，R_Q 由 0 增加至 3，没有即将开始的工作。

（6）第 10 天开始。工作（1，4）和（3，5）结束，R_Q 由 3 增加至 20，即将开始的工作有（5，6）、（4，6）和（4，7），工作（5，6）是关键工作应优先考虑，工作（4，6）已不存在机动时间，工作（4，7）尚有 1 天机动时间，故优先安排（5，6）、（4，6），由于 $R_{5,6}+R_{6,7}=20$，故两件工作可同时开始，$R_Q=0$。

（7）第 15 天开始。工作（6，7）结束，R_Q 由 0 增加至 11，已没有再需要的工作，优化结束。

由于工作（4，7）推迟超出总机动时间，因而工期延长了2天，如图10.44所示。

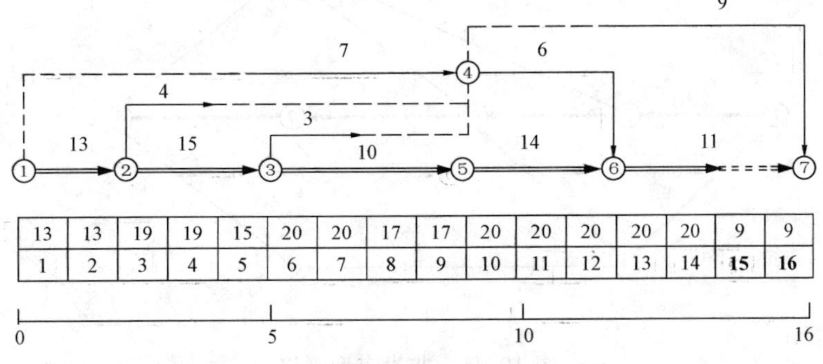

图10.44　某任务最早时标网络（优化后）

10.5　非 肯 定 型 网 络

在如科研项目、大型的复杂工程项目、新产品的试制等任务中，工作的延续时间有很大的不确定性，属于随机变量，这便是非肯定型问题。工作的延续时间需给出一组时间估计值，通常有三个：最乐观时间、最可能时间和最悲观时间。

这一类问题的提法：整个任务预期在什么时间完成？在指令工期内完成整个任务的可能性（概率）多大？需要延长多少时间才有把握地完成整个任务？

10.5.1　工作的期望时间和方差

最乐观时间 a 是指在最顺利的情况下，完成该工作可能的最短时间（通常情况下取1%概率的那个最短时间）。

最可能时间 m 是指在正常的情况下，完成该工作最可能需要的时间。

最悲观时间 b 是指在最不顺利的情况下，完成该工作可能的最长时间（通常情况下取1%概率的那个最长时间）。

工作的期望时间

$$t_e = \frac{a+4m+b}{6}$$

工作的方差和均方差

$$\sigma^2 = \left(\frac{b-a}{6}\right)^2, \sigma = \frac{b-a}{6}$$

10.5.2　任务的期望工期和方差

任务的期望工期 T_e 等于网络中关键线路上所有工作的期望时间之和，即

$$T_e = \sum t_e$$

任务的期望工期方差 σ^2 等于网络中关键线路上所有工作的方差之和，即

$$\sigma^2 = \sum \sigma_e^2$$

当存在两条以上关键线路时，任务的期望工期的方差应等于这数条关键线路方差中的最大值。

【例10.8】　网络图如图10.45所示，有关参数见表10.3。试求期望工期和方差。

解　计算 $t_e = \dfrac{a+4m+b}{6}$，　$\sigma^2 = \left(\dfrac{b-a}{6}\right)^2$，见表10.3。

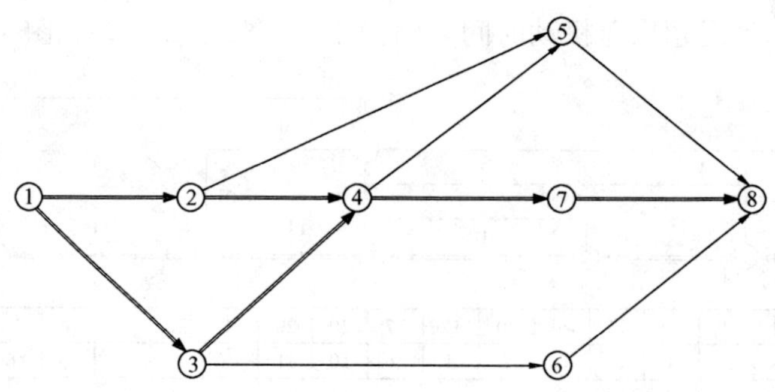

图 10.45 非肯定型网络

表 10.3 非肯定型网络有关参数

工 作	a	m	b	t_e	σ^2
①－②	8	10	15	10.5	1.4
①－③	4	12	17	11.5	4.7
②－④	6	12	15	11.5	2.3
②－⑤	4	7	12	7.3	1.8
③－④	6	10	17	10.5	3.4
③－⑥	5	8	16	8.8	3.4
④－⑤	4	8	10	7.7	1
④－⑦	10	16	22	16	4
⑤－⑧	2	4	5	3.8	0.25
⑥－⑧	4	12	14	11	2.8
⑦－⑧	8	17	20	16	4

有两条关键线路：①→②→④→⑦→⑧，①→③→④→⑦→⑧。

对关键线路 ①→②→④→⑦→⑧：

任务的期望工期 $T_e=10.5+11.5+16+16=54$（天）；

任务的期望工期的方差 $\sigma^2=1.4+2.3+4+4=11.7$（天^2）。

对关键线路 ①→③→④→⑦→⑧：

任务的期望工期 $T_e=11.5+10.5+16+16=54$（天）；

任务的期望工期的方差 $\sigma^2=4.7+3.4+4+4=16.1$（天^2）。

所以，该任务的期望工期 $T_e=54$（天），任务的期望工期的方差 $\sigma^2=16.1$（天^2），均方差 $\sigma=\sqrt{16.1}\approx 4$（天）。

10.5.3 任务完成期限的概率

由正态分布可知，完成某项任务的概率曲线由该任务的期望工期和方差决定，任务完成工期一般不会超过$\pm 3\sigma$范围。

如［例 10.8］中，$T_e=54$ 天，$\sigma=4$ 天，则：

在$\pm\sigma$ ——50～58 天完成的概率为 68.2%；

在$\pm 2\sigma$ ——46～62 天完成的概率为 95.4%；

在$\pm 3\sigma$——42～66 天完成的概率为 99.8%。

即该任务不会短于 42 天，不会超过 66 天完成。

知道了任务的期望工期和方差，很容易求出某一指令工期 D 内完成任务的概率：通过求出概率系数 Z 查正态概率分布表得到概率 p。

概率系数为

$$Z=\frac{D-T_e}{\sigma}$$

如［例 10.8］中，$T_e=54$ 天，$\sigma=4$ 天，则可求出在 50～60 天内完成任务的概率：

$D=50$ 天，概率系数 $Z=\frac{D-T_e}{\sigma}=\frac{50-54}{4}=-1$，查表得 $p=0.159$；

$D=60$ 天，概率系数 $Z=\frac{D-T_e}{\sigma}=\frac{60-54}{4}=1.5$，查表得 $p=0.933$。

同样，反过来根据概率求相应的指令工期

$$D=Z\sigma+T_e$$

如［例 10.8］中，若要求该项任务的完成有 75%的把握，问计划完成的工期限制应定为多少天。

先查表，75%的 Z 值为 0.67，于是 $D=0.67\times4+54=57$（天），即要有 75%的把握完成该任务，期限不应少于 57 天。

通常，确定任务完成期限的标准为 $0.35\leqslant p\leqslant0.65$，相应的 Z 为 $-0.4\leqslant Z\leqslant0.4$。

如［例 10.8］中，$T_e=54$ 天，$\sigma=4$ 天，当 $Z=-0.4$ 时，$D=-0.4\times4+54\approx52$（天）；当 $Z=0.4$ 时，$D=0.4\times4+54\approx56$（天）。

这个任务完成期限的合理取值范围为 52～56 天之间。

本章小结

网络计划技术以网络描述工序与工序之间的关系，在项目管理、工程管理等实际领域具有重要应用。本章共分 5 节。第 1 节首先借助实际案例介绍了网络计划技术特点、主要内容及其优点。在此基础上，给出了网络计划的基本概念、几个重要的时间参数、关键路线及其求解方法。具体来讲，网络计划技术为管理人员提供了工作进行日程安排的信息，包括各个工序最早开始时间、最迟开始时间以及单时差和总时差，而且它还可以识别出关键路线。在这条关键路线上，所有工序的任何延误都会对整个工程或项目的工期产生影响。因为关键路线是网络途中最长的一条路线，如果所有工序都按照日程进行，关键路线的长度就是整个项目的完成时间。第 2 节介绍了网络计划的直接费用优化原理及其优化方法，该原理的核心是：期望以最小的费用去缩短工期，最后求出一个费用最低的最快进度。第 3 节介绍了网络计划的时间优化问题及其循环优化、非循环优化等优化方法。第 4 节介绍了网络计划的资源优化问题及其削峰填谷、备用库等优化方法。在很多复杂的工程问题中，网络计划中的工序时间具有不确定性，属于随机变量。第 5 节介绍了这类工序时间非肯定型的网络计划问题，主要是给出了工序作业时间的估计方法及其期望工期的求解方法，然后论述了如何计算按某一指定时间完成项目的概率。

习题 10

一、计算题

10.1 已知表 10.4 所列资料，试完成：

(1) 绘制网络图。

(2) 计算各结点的最早时间与最迟时间。

(3) 计算各工序的最早开工、最早完工、最迟开工及最迟完工时间。

(4) 计算各工序的总时差（总机动时间）。

(5) 确定关键路线。

表 10.4 工作明细表

工 序	紧前工序	工序时间（天）	工 序	紧前工序	工序时间（天）
a	—	3	f	c	8
b	a	4	g	c	4
c	a	5	h	d，e	2
d	b，c	7	i	g	3
e	b，c	7	j	f，h，i	2

10.2 已知建设一个汽车库及引道的作业明细表见表 10.5，试完成：

(1) 计算该项工程从施工开始到全部结束的最短周期。

(2) 若工序 l 拖期 10 天，对整个工程进度有何影响。

(3) 若工序 j 的时间由 12 天缩短到 8 天，对整个工程进度有何影响。

(4) 为保证整个工程进度在最短周期内完成，工序 i 最迟必须在哪一天开工。

(5) 若要求整个工程在 75 天完工，是否需要采取措施？若需要，应从哪些方面采取措施？

表 10.5 汽车库及引道的作业明细表

工序代号	工序名称	工序时间（天）	紧前工序	工序代号	工序名称	工序时间（天）	紧前工序
a	清理场地开工	10	—	h	装窗及边墙	10	f
b	备 料	8	—	i	装 门	4	f
c	车库地面施工	6	a，b	j	装天花板	12	g
d	预制墙及房顶	16	b	k	油 漆	16	h，i，j
e	车库地面保养	24	c	l	引道施工	8	c
f	立 墙 架	4	d，e	m	引道保养	24	l
g	立 房 顶 架	4	f	n	交工验收	4	k，m

10.3 已知表 10.6 所列资料，求出该项工程总费用最低的最优工期（最低成本日程）。

表 10.6 某 工 程 资 料

工序代号	正常时间（天）	最短时间（天）	紧前工序代号	正常完成的直接费用（百元）	费用斜率（百元/天）
A	4	3	—	20	5
B	8	6	—	30	4

续表

工序代号	正常时间（天）	最短时间（天）	紧前工序代号	正常完成的直接费用（百元）	费用斜率（百元/天）
C	6	4	B	15	3
D	3	2	A	5	2
E	5	3	A	18	4
F	7	5	A	40	7
G	4	3	B、D	10	3
H	3	2	E、F、G	15	6
合计				153	
工程的间接费用				5（百元/天）	

10.4 已知某工程的网络图如图 10.46 所示，设该项工程开工时间为零，合同规定该项工程的完工时间为 25 天。试完成：

（1）确定各工序的平均工序时间和均方差。

（2）画出网络图并按平均工序时间找出网络图中的关键路线。

（3）求该项工程按合同规定的日期完工的概率。

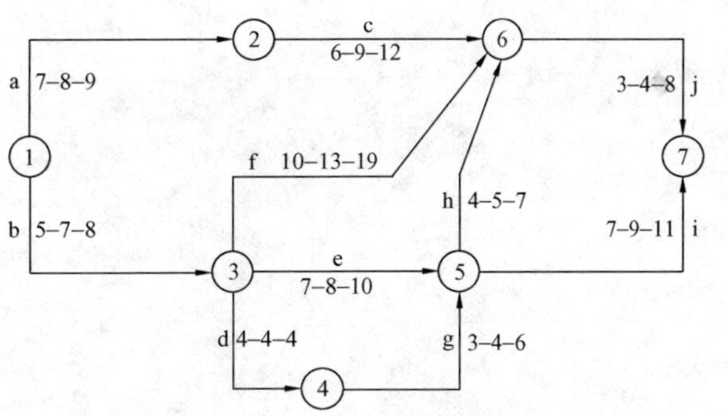

图 10.46 某工程的网络图

10.5 已知表 10.7 所列资料，试完成：

（1）绘制网络图。

（2）求出每道工序的期望时间和方差。

（3）求出计划项目的期望工期和方差。

表 10.7 某工程资料

工序代号	紧前工序	乐观时间（a）	正常时间（m）	悲观时间（b）
A	—	2	5	8
B	A	6	9	12
C	A	6	7	8
D	B、C	1	4	7
E	A	8	8	8
F	D、E	5	14	17
G	C	3	12	21
H	F、G	3	6	9
I	H	5	8	11

（4）求出工期不迟于 50 天完成的概率和比期望工期提前 4 天完成的概率。

二、复习思考题

10.6 判断下列说法是否正确（正确的在括号中打“√”，错误的在括号中打“×”）。

（1）一个连通图中的最小树的总长度是唯一的。（ ）

（2）箭线式网络图中结点的最迟开始时间等于最早开始时间。（ ）

（3）对于一项工程的费用而言，工程成本费用可分为直接费用和间接费用。（ ）

（4）对于一项工程的费用而言，直接费用随工期延长而增加。（ ）

（5）对于一项工程的费用而言，直接费用占工程成本费用的绝大部分。（ ）

（6）对关键线路上的各项活动而言，它们的时差为零。（ ）

（7）对关键线路上的各项活动而言，每个活动的最早开始时间都等于各自的最迟开始时间。（ ）

（8）甲乙两城市之间存在一公路网络，为了判断在 2h 内能否有 8000 辆车从甲城到乙城，应借助求最短路法。（ ）

第11章 决 策 分 析

11.1 决 策 系 统

11.1.1 什么叫决策

所谓决策 (Decision)，简单地说就是做决定的意思，详细地说，就是为确定未来某个行动的目标，根据自己的经验，在占有一定信息的基础上，借助于科学的方法和工具，对需要决定的问题的诸因素进行分析、计算和评价，并从两个以上的可行方案中，选择一个最优方案的分析判断过程。

当前比较流行的两种关于决策的说法：

(1) 现代管理科学创始人、诺贝尔奖获得者、世界著名经济学家西蒙 (H. A. Simon) 提出：管理就是决策。

(2) 中国社会科学院原副院长于光远提出：决策就是做决定。

11.1.2 科学决策程序

科学决策程序包括发现问题、确定目标、制定评价标准、研制可行方案、分析评估方案、选择优化方案、方案试验实证和方案普遍实施等，如图11.1所示。

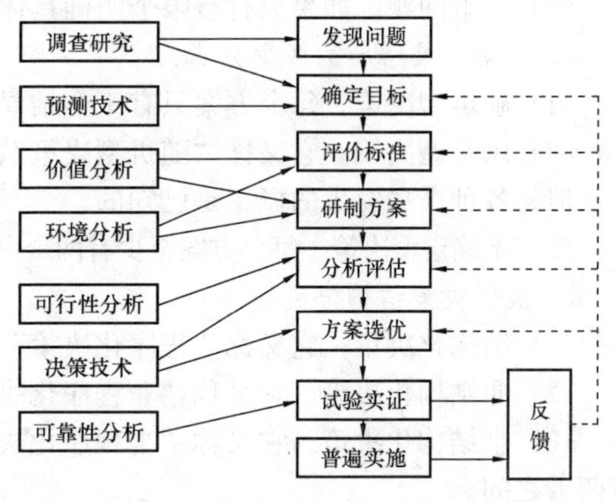

图11.1 科学决策程序

11.1.3 决策要素

1. 决策者 (Decision Maker)

决策者是一个人或几个人。决策者又分成分析者和领导者。分析者是只提出和分析评价方案，而不做出决断的人。领导者是有责有权，能最后决断拍板的人。

2. 目标 (Goal)

必须至少有一个希望达到的既定目标。

3. 效益 (Decision Consequence)

必须讲究决策的效益。在一定的条件下，寻找优化目标和优化地达到目标，不追求优化，决策是没有意义。

4. 可行方案 (Alternative Courses of Action)

必须有两个及两个以上的可行方案可供选择，一个方案，无从选择，也就无从优化。可行方案可以分成：明确的方案——有限个明确的具体方案；不明确的方案——只说明产生方案的可能约束条件，而方案本身还需要去寻找。方案个数可能是有限个，也可能是无限个。

5. 结局 (Outcome，Natural State)

结局又称自然状态，每个方案选择之后可能发生的一个或几个可能结局（自然状态），如果每个方案都只有一个结局，就称为"确定型"决策，否则就称为"不确定型"决策。

6. 效用（Utility Value）

每一个方案各个结局的价值评估称为效用。

11.1.4 决策分类

1. 根据决策者多少分类

（1）单人决策。这时决策者只有1人，或是利害关系完全一致的几个人组成的一个群体。

（2）多人决策。决策者至少2人，且他们的目标、利益不完全一致，甚至相互冲突和矛盾。如果几个决策者的利益和目标互相对抗，就称为"对策"；如果几个决策者的利益和目标不完全一致，又必须相互合作，共同决策，则称为"群体决策"。

2. 根据决策目标的多少分类

（1）单目标决策。只有一个明确的目标，方案的优劣完全由其目标值的大小决定，在追求经济效益的目标中，目标值越大，方案就越好。

（2）多目标决策。至少有两个目标。这些目标往往有不同的度量单位，且相互冲突，不可兼而得之，这时，仅比较一个目标值的大小已无法判断方案的优劣。

3. 根据决策方案的明确与否分类

（1）规划问题。如果只说明产生方案的条件，这一类决策称为规划问题，如线性规划、非线性规划和动态规划等。

（2）决策问题。如果只有有限个明确具体方案的一类决策称为决策问题。

4. 根据决策结局的多少分类

（1）确定型决策。每个方案只有1个结局。

（2）风险型决策。它又称"随机型决策"、"统计型决策"，每个方案至少有两个可能结局，但是各种结局发生的概率是已知的。

（3）不确定型决策。每个方案至少有两个可能结局，但是各种结局发生的概率是未知的。

5. 根据决策结构分类

（1）结构化决策。它又称"程序化决策"，其决策方法有章可循。

（2）非结构化决策。它又称"非程序化决策"，其决策方法无章可循。

（3）半结构化决策。它又称"半程序化决策"，决策方法介于程序化决策和非程序化决策两者之间。

计算机决策支持系统（DSS）主要解决这一类问题。

6. 根据决策问题的重要性分类

（1）战略决策。它是指有关全局的或重大的决策，如确定企业的发展方向、产品开发、重大技术改造项目等。这些决策与企业的兴衰成败有关。

（2）战术决策。它又称策略决策，是为实现战略决策服务的一些局部问题的决策。

7. 根据决策问题是否重复分类

（1）常规决策。它又称重复性决策，是指企业生产经营中经常出现的问题的处理。

（2）非常规决策。它又称一次性决策，往往是企业中的重大战略性问题的决策。

11.2 确定型决策（Determinate Type Decision）

满足如下四个条件的决策称为确定型决策：

(1) 存在着一个明确的决策目标。

(2) 存在着一个确定的自然状态。

(3) 存在着可供决策者选择的两个或两个以上的行动方案。

(4) 可求得各方案在确定的状态下的益损矩阵(函数)。

确定型决策问题的决策方法在其他章节中已经有所描述,这里不再叙述。

11.3 不确定型决策(Uncertain Type Decision)

满足如下四个条件的决策称为不确定型决策:

(1) 存在着一个明确的决策目标。

(2) 存在着两个或两个以上随机的自然状态。

(3) 存在着可供决策者选择的两个或两个以上的行动方案。

(4) 可求得各方案在各状态下的益损矩阵(函数)。

由于不确定型决策问题所面临的几个自然状态是不确定的,是完全随机的,使得不确定型决策始终伴随着一定的盲目性。决策者的经验和性格常常在决策中起主导作用。

1. 等概率准则(也称平均主义决策准则)(Equal Probability Criterion)

求出每个行动方案 a_j 在各状态下的益损值的算术平均值,然后比较各行动方案实施后的结果,取具有最大平均值的行动为最优行动的决策原则。这一原则也称为拉普拉斯(Laplace)原则。其计算公式为

$$Q(\theta_{\mathrm{k}}, a_{\mathrm{opt}}) = \max_i \frac{1}{n}\sum_{j=1}^{n} u_{ij}(a_i, \theta_j)$$

【例 11.1】 某工厂成批生产某种产品,批发价格为 0.05 元/个,成本为 0.03 元/个,这种产品每天生产,当天销售,如果当天卖不出去,每个损失 0.01 元。已知工厂每天产量可以是 0、1000、2000、3000、4000 个。根据市场调查和历史记录表明,这种产品的需要量也可能是 0、1000、2000、3000、4000 个。试问工厂领导如何决策。

解 设工厂每天生产计划的五个方案 a_i 是:0、1000、2000、3000、4000 个。每个方案都会遇到五个结局 θ_j 是:0、1000、2000、3000、4000 个。构造益损矩阵见表 11.1。注意:每销售一个产品,可以盈利 0.02 元,每销售 1000 个产品,可以盈利 20 元,当天未卖出 1000 个产品,损失 10 元。

计算见表 11.1,得到最优决策采用 $A^* = A4$,即工厂每天生产 3000 个。

2. 乐观主义决策准则(也称胡尔维茨 Hurwicz 原则)(Optimistic Criterion)

表 11.1 问题的益损矩阵

u_{ij}	θ_1	θ_2	θ_3	θ_4	θ_5	$\left(\frac{1}{5}\right)\Sigma u_{ij}$	$\max \frac{1}{5}\Sigma u_{ij}$
A1	0	0	0	0	0	0	
A2	−10	20	20	20	20	14	
A3	−20	10	40	40	40	22	24*
A4*	−30	0	30	60	60	24*	
A5	−40	−10	20	50	80	20	

对于任何行动方案 a_i，都认为将是最好的状态发生，即益损值最大的状态发生，然后，比较各行动方案实施后的结果，取具有最大益损值的行动为最优行动的决策原则，也称为最大最大准则或 Hurwicz 原则。其计算公式为

$$Q(\theta_k, a_{opt}) = \max_i \max_j u_{ij}(a_i, \theta_j)$$

对于［例 11.1］，用乐观主义决策准则计算见表 11.2。

表 11.2 问题的益损矩阵

u_{ij}	θ_1	θ_2	θ_3	θ_4	θ_5	max	max
A1	0	0	0	0	0	0	
A2	−10	20	20	20	20	20	
A3	−20	10	40	40	40	40	80*
A4	−30	0	30	60	60	60	
A5*	−40	−10	20	50	80	80*	

最优决策采用 $A^* = A5$，即工厂每天生产 4000 个。

3. 悲观主义决策准则（也称瓦尔德 Wald 原则）(Pessimistic Criterion)

对于任何行动方案 a_i，都认为将是最坏的状态发生，即益损值最小的状态发生，然后，比较各行动方案实施后的结果，取具有最大益损值的行动为最优行动的决策原则，也称为最大最小准则。其计算公式为

$$Q(\theta_k, a_{opt}) = \max_i \min_j u_{ij}(a_i, \theta_j)$$

对于［例 11.1］，用悲观主义决策准则计算见表 11.3。

表 11.3 问题的益损矩阵

u_{ij}	θ_1	θ_2	θ_3	θ_4	θ_5	min	max
A1*	0	0	0	0	0	0*	
A2	−10	20	20	20	20	−10	
A3	−20	10	40	40	40	−20	0*
A4	−30	0	30	60	60	−30	
A5	−40	−10	20	50	80	−40	

最优决策采用 $A^* = A1$，即工厂每天不生产。

4. 乐观系数准则（也称折衷主义决策）(Trade-off Criterion)

对于任何行动方案 a_i 最好与最坏的两个状态的益损值，求加权平均值。其计算公式为

$$H(a_i) = \lambda \max_j u_{ij}(a_i, \theta_j) + (1-\lambda) \min_j u_{ij}(a_i, \theta_j) \quad (0 \leqslant \lambda \leqslant 1)$$

其中，λ 称为乐观系数。$\lambda=0$ 表示悲观决策，$\lambda=1$ 表示乐观决策。然后，比较各行动方案实施后的结果，取具有最大加权平均值的行动为最优行动的决策原则，也称为 Hurwicz 准则。其公式为

$$H(a_{opt}) = \max_i H(a_i)$$

对于［例 11.1］，用乐观系数准则计算见表 11.4。

表 11.4 问题的益损矩阵

	max	min	0.7	0.5	0.4	0.2
A1	0	0	0	0	0	0
A2	20	−10	11	5	2	−4
A3	40	−20	22	10	4	−8
A4	60	−30	33	15	6	−12
A5	80	−40	44	20	8	−16
max			44	20	8	0
最优方案 A*			A5	A5	A5	A1

5. 后悔值准则（也称萨维奇 Savage 原则）(Regretful Criterion)

定义 11.1 称每个方案 a_i 在结局 θ_j 下的最大可能收益与现收益的差叫机会损失，又称后悔值或遗憾值，记为 $R_{ij}(a_i,\theta_j)=\max\limits_i u_{ij}(a_i,\theta_j)-u_{ij}(a_i,\theta_j)$。

对于任何行动方案 a_i，都认为将是最大的后悔值所对应的状态发生，然后，比较各行动方案实施后的结果，取具有最小后悔值的行动为最优行动的决策原则，称为后悔值准则，记为

$$R(\theta_j,a_{\text{opt}})=\min_i\max_j R_{ij}(a_i,\theta_j)$$

决策步骤：

(1) 在益损表中，从结局 θ_j 这一列中找出最大值。对于［例 11.1］，其计算见表 11.5。

表 11.5 问题的益损矩阵

u_{ij}	θ_1	θ_2	θ_3	θ_4	θ_5
A1	0	0	0	0	0
A2	−10	20	20	20	20
A3	−20	10	40	40	40
A4	−30	0	30	60	60
A5	−40	−10	20	50	80
max	0	20	40	60	80

(2) 从结局 θ_j 这一列中，计算 $R_{ij}(a_i,\theta_j)=\max u_{ij}(a_i,\theta_j)-u_{ij}(a_i,\theta_j)$，构造机会损失表。对于［例 11.1］，其计算见表 11.6。

表 11.6 问题的后悔值

R_{ij} $(a_i,\ \theta_j)$	θ_1	θ_2	θ_3	θ_4	θ_5
A1	0	20	40	60	80
A2	10	0	20	40	60
A3	20	10	0	20	40
A4	30	20	10	0	20
A5	40	30	20	10	0

(3) 在机会损失表中，从每一行选一个最大的值，即每一方案的最大机会损失值

$$\max_j R_{ij}(a_i,\theta_j)$$

对于［例 11.1］，其计算见表 11.7。

表 11.7 问题的后悔值

R_{ij} (a_i, θ_j)	θ_1	θ_2	θ_3	θ_4	θ_5	max	min
A1	0	20	40	60	80	80	
A2	10	0	20	40	60	60	
A3	20	10	0	20	40	40	30*
A4*	30	20	10	0	20	30*	
A5	40	30	20	10	0	40	

（4）再在选出的 $\max\limits_{j} R_{ij}(a_i,\theta_j)$ 中选择最小者 $R(\theta_j,a_{\text{opt}})=\min\limits_{i}\max\limits_{j} R_{ij}(a_i,\theta_j)$。

对于［例 11.1］，$A^*=A4$ 即为最优方案。

11.4 风险型决策（Risk Type Decision）

满足如下五个条件的决策称为风险型决策：

（1）存在着一个明确的决策目标。

（2）存在着两个或两个以上随机状态。

（3）存在着可供决策者选择的两个或两个以上的行动方案。

（4）可求得各方案在各状态下的益损矩阵（函数）。

（5）找到了随机状态的概率分布。

风险型决策又称为随机决策，其信息量介于确定型决策与不确定型决策之间。人们对未来的状态既不是一目了然，又不是一无所知，而是知其发生的概率分布。

11.4.1 期望值决策原则（Maximal Expectation Criterion）

对于任何行动方案 a_i，计算出其益损值的期望值，然后，比较各行动方案实施后的结果，取具有最大益损期望值的行动为最优行动的决策原则，称为期望值决策准则，记为

$$Eu(\theta,a_{\text{opt}})=\max_{i} E(a_i)=\max_{i} Eu_{ij}(a_i,\theta_j)$$

对于［例 11.1］，根据市场调查和历史记录表明，这种产品的需要量在 0、1000、2000、3000、4000 个时发生的概率 p_i 分别为 0.1、0.2、0.4、0.2、0.1，试问工厂领导如何决策。

利用期望值决策原则计算见表 11.8。

表 11.8 问题的益损矩阵

u_{ij}	θ_1	θ_2	θ_3	θ_4	θ_5	E (a_i)	max
A1	0	0	0	0	0	0	
A2	−10	20	20	20	20	17	
A3*	−20	10	40	40	40	28*	28*
A4	−30	0	30	60	60	27	
A5	−40	−10	20	50	80	20	
p_i	0.1	0.2	0.4	0.2	0.1		

该工厂领导应采取方案 3，即每天生产 2000 个产品，最大平均利润 28 元。

【例 11.2】 有一家大型的鲜海味批发公司，购进某种海味价格是每箱 250 元，销售价

格是每箱 400 元。所有购进海味必须在同一天售出，每天销售不了的海味只能处理掉。过去的统计资料表明，对这种海味的日需求量近似地服从正态分布，其均值为每天 650 箱，日标准差为 120 箱。试分别对如下两种情况确定该批发公司的最优日进货量：①没有处理价；②当天处理价每箱 240 元。

解 设日进货量为 y 箱，日需求量x箱。x 为可控决策变量，x 为随机状态变量，而且 $X—N(650，120^2)$，$p(x)$为密度函数。

(1) 每天期望剩余量 $L(y)=\int_{-\infty}^{y}(y-x)p(x)\mathrm{d}x$，则每天期望售出量为

$$y-L(y)=y-\int_{-\infty}^{y}(y-x)p(x)\mathrm{d}x$$

设批发公司的日益损函数为 Q $(x，y)$，则每日的益损期望值为

$$E_xQ(x,y)=(400-250)\{y-\int_{-\infty}^{y}(y-x)p(x)\mathrm{d}x\}-250\int_{-\infty}^{y}(y-x)p(x)\mathrm{d}x$$

$$=150y-400\int_{-\infty}^{y}(y-x)p(x)\mathrm{d}x$$

$$\frac{\mathrm{d}E_x\{Q(x,y)\}}{\mathrm{d}y}=0,150-400\int_{-\infty}^{y}p(x)\mathrm{d}x=0$$

$$\int_{-\infty}^{y}p(x)\mathrm{d}x=0.375,p(x<y)=0.375$$

$$p\left\{\frac{x-650}{120}<\frac{y-650}{120}\right\}=0.375,\frac{x-650}{120}\sim N(0,1),\Phi\left\{\frac{y-650}{120}\right\}=0.375$$

查正态分布表$\frac{y-650}{120}=-0.32$，得 $y_{\mathrm{opt}}=611$ 箱，即日最优进货量为 611 箱。

(2) 当天处理价每箱 240 元时，益损函数期望值为

$$E_xQ(x,y)=(400-250)\{y-\int_{-\infty}^{y}(y-x)p(x)\mathrm{d}x\}-(250-240)\int_{-\infty}^{y}(y-x)p(x)\mathrm{d}x$$

$$=150y-160y\int_{-\infty}^{y}p(x)\mathrm{d}x+160\int_{-\infty}^{y}xp(x)\mathrm{d}x$$

求得微分方程 $150-160\int_{-\infty}^{y}p(x)\mathrm{d}x=0$，从而有 $P(x<y)=0.937\,5$，$\Phi\left\{\frac{y-650}{120}\right\}=0.937\,5$，查正态分布表$\frac{y-650}{120}=1.535$，得 $y_{\mathrm{opt}}=834$ 箱，即日最优进货量为 834 箱。

11.4.2 全情报价值

在风险决策的条件下，企业单位可以组织一些人专门搞市场调查和预测，提供情报，随机应变地生产，做到既充分保证市场需求，又不生产过剩产品。

假定预测情报完全正确，能得到的最大收益称为全情报最大期望效益值，记为

$$E_{\mathrm{pp}i}=\sum_i p_i\max_j u_{ij}(a_i,\theta_j)\text{，显然 }E_{\mathrm{pp}i}\geqslant\max_i E(a_i)$$

定义 11.2 全情报价值

$$E_{\mathrm{vp}i}=E_{\mathrm{pp}i}-\max_i E(a_i)$$

式中，$E_{\mathrm{vp}i}$表示花钱搞情报所能得到的最大期望收益。所以，如果情报开支小于全情报价值，说明情报工作成功；反之，情报工作未收到效果。

对于［例 11.1］，如果情报正确，则工厂应当如表 11.9 所列安排生产。

表 11.9 问题的有关参数

市场需求量	0	1000	2000	3000	4000
工厂生产量	0	1000	2000	3000	4000
工厂赢利（元）	0	20	40	60	80
概 率 P_i	0.1	0.2	0.4	0.2	0.1

$E_{ppi}=0.1\times0+0.2\times20+0.4\times40+0.2\times60+0.1\times80=40$（元），所以花钱搞情报所能得到的最大期望收益 $E_{vpi}=40-28=12$（元）。

11.4.3 边际分析法

在风险决策的条件下，计算盈亏转折点（或盈亏平衡点）所对应的概率 $\overline{p}$。设某企业采取方案 A_i，其售出产品的概率 p_i，盈利为 M_P，过剩产品的概率为 $1-p_i$，损失 M_L，则盈亏平衡的边际条件为 $p_iM_P=(1-p_i)M_L$，解得 $\overline{p}=\dfrac{M_L}{M_L+M_P}$。因此，只要采取方案 A^* 时产品的售出概率 $p_i\geqslant\overline{p}$，且取 $p^*=\min(p_i\geqslant\overline{p})$ 时，就是最优方案。

对于［例 11.1］，以 1000 个产品为 1 个单位，赢利 $M_P=1000\times(0.05-0.03)=20$（元），亏本 $M_L=1000\times0.01=10$（元），$\overline{p}=\dfrac{M_L}{M_L+M_P}=\dfrac{10}{10+20}=\dfrac{1}{3}=0.3333$，计算见表 11.10。

表 11.10 问题的售出概率

需求量（个）	0	1000	2000*	3000	4000
发生概率	0.1	0.2	0.4	0.2	0.1
售出概率	1	0.9	0.7*	0.3	0.1

售出概率大于 0.333 3 的有三个方案：1，0.9，0.7。其中售出概率最小的是 0.7，所对应的方案为生产 2000 个产品为最优方案。

【例 11.3】 小面包铺每天从食品厂购进面包若干再零售，买进批发价每个 5 分，卖出每个 8 分，如果上午没卖完，下午处理每个 4 分，假定统计了过去 100 天的市场需求情况见表 11.11。问该面包铺每天进货时如何决策。

表 11.11 面包铺经营情况

需求量（个）	400	410	420	430	440	450	460	470
天 数	5	10	10	20	20	15	15	5

解 赢利 $M_P=8-5=3$（分），亏本 $M_L=5-4=1$（分），则

$$\overline{p}=\frac{M_L}{M_L+M_P}=\frac{1}{1+3}=\frac{1}{4}=0.25$$

计算各种需要量的发生概率和售出概率 p_i 见表 11.12。表中售出概率大于 0.25，且最小的是 0.35，对应的方案每天进货 450 个为最优方案。

表 11.12 问题的售出概率

需求量（个）	400	410	420	430	440	450*	460	470
天　　数	5	10	10	20	20	15	15	5
发生概率	0.05	0.10	0.10	0.20	0.20	0.15	0.15	0.05
售出概率	1	0.95	0.85	0.75	0.55	0.35*	0.20	0.05

11.4.4 决策树方法（Decision Tree Method）

决策树符号说明：

（1）□——表示决策节点（Decision Point）。节点中数字为决策后最优方案的益损期望值。从决策节点引出的分枝叫方案分枝。

（2）○——表示方案节点（State Point）。节点中数字为节点号，节点上的数据是该方案的益损期望值。从方案节点引出的分枝叫状态分枝，在分枝上表明状态及出现的概率。

（3）△——表示结果节点（Result Point）。节点中数字为每一个方案在相应状态下的益损值。

利用决策树进行决策时要掌握两个步骤：

（1）画决策树——从根部到枝部。问题的益损矩阵就是决策树的框图。

（2）决策过程——从枝部到根部。先计算每个行动下的益损期望值，再比较各行动方案的值，将最大的期望值保留，同时截去其他方案的分枝。

【例 11.4】 某厂试制一种新产品，如果大批生产估计销路好的概率为 0.7，可获利润 1200 万元，若销路不好，则将赔 150 万元。另一种方案是先建一个小型试验工厂，先行试销，试验工厂投资约 2.8 万元，估计试销销路好的概率为 0.8，而以后转入大批生产时估计销路好的概率为 0.85；但若试销时销路不好，则以后转入大批生产时估计销路好的概率只有 0.1。试为该厂决策用何方法进行生产或不生产？

解 首先画决策树(见图 11.2)，然后从树叶开始，计算各点的数学期望值

$$E_5=0.7\times1200+0.3\times(-150)=795$$

$$E_6=0.85\times1200+0.15\times(-150)=997.5$$

$$E_8=0.1\times1200+0.9\times(-150)=-15$$

$$E_7=E_9=E_{10}=0$$

在节点 3，因为 $E_6=997.5>E_7=0$，所以截去方案 7 的分枝，保留方案 6，$E_3=E_6=997.5$；在节点 4，因为 $E_9>E_8=-15$，所以截去方案 8 的分枝，保留方案 9，$E_4=E_9=0$；在节点 2，计算期望值 $E_2=0.8\times997.5+0.2\times0-2.8=795.2$，因为 $E_2=795.2>E_5=795>E_{10}=0$，所以保留方案 2，$E_1=E_2=795.2$。

最优决策是先建小型试验厂，如销路好转入大批生产，否则不生产。

【例 11.5】 某食品公司考虑是否参加为某运动会服务的投标，以取得饮料或面包两者之一的供应特许权。两者中任何一项投标被接受的概率为 40%。公司的获利情况取决于天气。若获得饮料供应特许权，则当晴天时可获利 2000 元；下雨时损失 2000 元。若获得面包供应特许权，则不论天气如何，都可获利 1000 元。已知天气晴好的可能性为 70%。问：

（1）公司是否可参加投标？若参加，为哪一项投标？

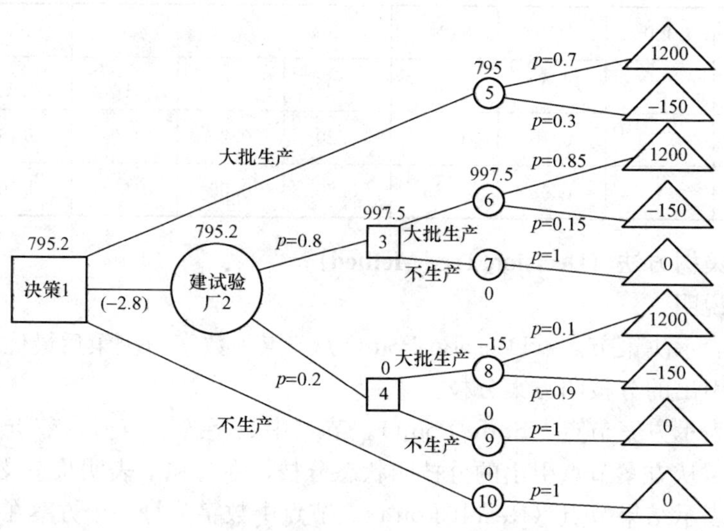

图 11.2　问题的决策树

(2) 若再假定当饮料中标时，公司可选择供应冷饮和咖啡。如果供应冷饮，则当晴天时可获利 2000 元，下雨时可损失 2000 元；如果供应咖啡，则当晴天时可获利 1000 元，下雨时可获利 2000 元。公司是否应参加投标？为哪一项投？当投标不中时，应采取什么决策？

解　首先画决策树（见图 11.3），然后从树叶开始，计算各点的数学期望值：

$E_6=0.7\times2000+0.3\times(-2000)=800$，$E_7=0.7\times1000+0.3\times2000=1300$，$E_8=0$，$E_9=1000$，$E_{10}=E_{11}=0$，$E_5=E_7$，$E_3=0.4\times1300+0.6\times0=520$，$E_4=0.4\times1000+0.6\times0=400$，$E_2=E_3=520$，$E_1=E_2=520$。最优决策是公司应参加饮料的投标，若饮料中标时，公司可选择供应咖啡。

【例 11.6】　某电力部门在制定五年规划时打算以新一代大功率汽轮机20台替换原来的

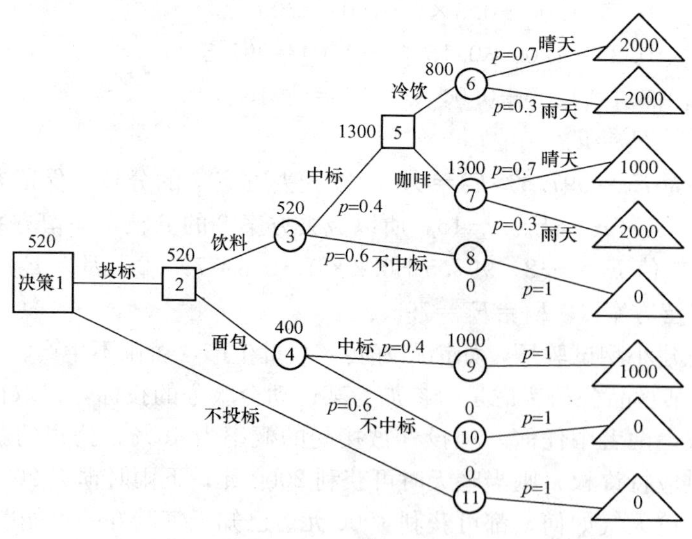

图 11.3　问题的决策树

汽轮机，对新的汽轮机可考虑三种研制方案及全部进口的办法。

(1) 自行研制。大约需要投资1亿元，成功概率为0.6。

(2) 进口一台样机研究仿制，大约需要投资0.8亿元，外加进口样机费用0.3亿元，研究仿制成功概率为0.8。

(3) 购买专利后研制则肯定能获成功，大约需要投资0.5亿元，购买专利费用待与外商谈判解决。

(4) 同外商谈判进口全部20台汽轮机，肯定能成功，但每台要0.25亿元；与外商谈判进口样机成功概率为0.8；购买专利成功概率为0.5；研制成功后，每台汽轮机的制造费用大约0.1亿元，预期的使用年限为20年，每年每台机器大约可创造利润150万元。试为该部门决策者在同外商谈判时购买专利确定最大费用(谈判费用均可忽略，若谈判失败，则立即转入自行研制)。

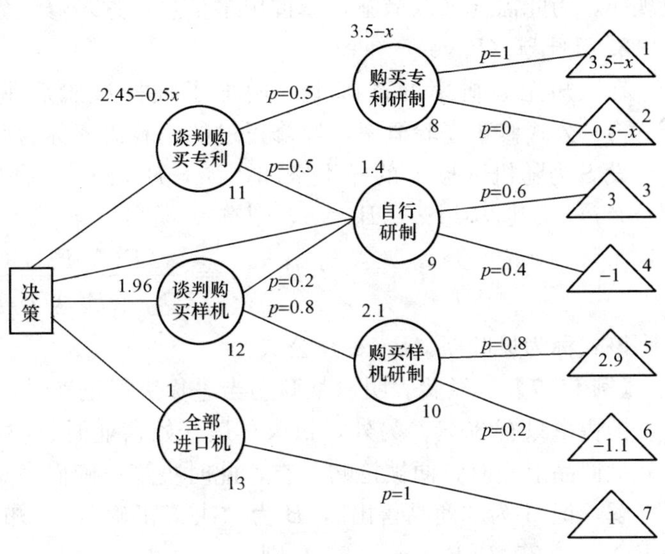

图11.4 问题的决策树

解 设购买专利的最大费用为x亿元，画决策树，如图11.4所示。计算各个点的效益：

$E_1=20\times20\times0.015-(0.5+x)-20\times0.1=(3.5-x)$(亿元)，$E_2=-(0.5+x)$(亿元)，$E_3=20\times20\times0.015-1-20\times0.1=3$(亿元)，$E_4=-1$(亿元)，$E_5=20\times20\times0.015-(0.3+0.8)-20\times0.1=2.9$(亿元)，$E_6=-(0.3+0.8)=-1.1$(亿元)，$E_7=20\times20\times0.015-20\times0.25=1$(亿元)，$E_8=E_1$，$E_9=3\times0.6-1\times0.4=1.4$(亿元)，$E_{10}=2.9\times0.8-1.1\times0.2=2.1$(亿元)，$E_{11}=(3.5-x)\times0.5+0.5\times1.4=(2.45-0.5x)$(亿元)，$E_{12}=0.2\times1.4+0.8\times2.1=1.96$(亿元)，$E_{13}=E_7$。

令$1.96\leqslant2.45-0.5x$得$x\leqslant0.98$亿元，该部门为购买专利最多预备9800万元。

11.4.5 贝叶斯决策(Bayes Decision)

1. 信息与决策

信息是表征客体变化和客体之间相互联系和差异的一种属性。而信息(Information)不同于消息(News)、数据(Data)、资料(Material)，也不等于“情报”。信息就是消息(News)所载有的内容，未确定的事物才会有信息，一件事物一旦成为确定的事情，就不再含有信息。从消息(数据、资料)中提取信息的过程就是解除消息(数据、资料)中不确定的过程。问题：是否认识信息？怎样获取信息？会不会利用信息？怎样传输和存储信息？怎样加工原始信息？

决策的科学化就是90%的信息加上10%的判断，信息必须要全面、准确、及时，否则就会造成决策的失误，只有最大限度地获取信息和利用信息，才能最大限度地提高决策的正确性。

在风险型决策中，假设各个结局R_j的发生概率是已知的，一般P_j总是根据历史经验，统计资料由决策者估计的，又称为“先验概率”，具有较大的主观性，往往不能完全反映客观规律，为此需要采取措施，掌握更多信息，逐步修正先验概率。

2. 贝叶斯（Bayes）公式

在已知先验概率的基础上，增加了抽样试验后就能得到抽样概率，然后用贝叶斯（Bayes）公式修正先验概率，经修正过的先验概率称为后验概率。

设 S 为随机试验 E 的样本空间，B_1，B_2，…，B_n 为 E 的一组事件。已知 $B_i \cap B_j = \Phi\ (i \neq j)$，$B_1 \cup B_2 \cup \cdots \cup B_n = S$，则有

$$P(B_i/A) = \frac{P(A/B_i)P(B_i)}{\sum_{j=1}^{n} P(A/B_j)P(B_j)}$$

该式称为贝叶斯（Bayes）公式。

【例 11.7】 经验表明，某商场当进货决策正确时，销售率为 90%，而当进货决策失误时，销售率只有 30%。另外，每天早晨开始营业时，决策正确的概率为 75%。求某一天若第一批商品上柜时，便被抢购一空，此时决策正确概率是多少？

解 记 A 为“商品售出”，B 为“决策正确”，已知 $P(A/B_1) = 0.9, P(A/B_2) = 0.3$，$P(B_1) = 0.75, P(B_2) = 0.25$，则

$$P(B_i/A) = \frac{P(A/B_i)P(B_i)}{\sum_{j=1}^{n} P(A/B_i)P(B_j)} = \frac{0.9 \times 0.75}{0.9 \times 0.75 + 0.3 \times 0.25} = 0.9$$

表明决策正确的概率由原来的 0.75 提高到 0.90。

一般情况下，后验概率总能比先验概率提高决策的正确性，但是进一步必须考虑抽样试验是否合算的问题。

【例 11.8】 某厂考虑一种新产品是否投产。市场需求情况为销路好、中、差，见表 11.13。花 0.2 万元可请咨询公司代为进行市场调查，给出可靠情报。该情报给出已知市场销售状态条件下，对市场需求的好坏作出结论，见表 11.14。表中：$P(z_1/x_1)$ 表示“市场销售状态好”，得出“市场需求是好的”结论；$P(z_3/x_1)$ 表示“市场销售状态好”，得出“市场需求是差的”结论。试求最优决策。

表 11.13 市场需求情况

销售状态 x_i	好（x_1）	中（x_2）	差（x_3）
发生概率 P_i	0.35	0.45	0.20
收益 R（万元）	85	24	−32

表 11.14 市场需求情况

$P(z/x)$	x_1（销路好）	x_2（销路中）	x_3（销路差）
Z_1（市场需求好）	0.70	0.30	0.10
Z_2（市场需求中）	0.20	0.50	0.10
Z_3（市场需求差）	0.10	0.20	0.80

解 （1）先验分析（Prior Analysis）。

决策方案：A_1——新产品投产，A_2——新产品不投产。

$E(A_1) = 0.35 \times 85 + 0.45 \times 24 + 0.20 \times (-32) = 34.15$（万元），$E(A_2) = 0$

$\max\{E(A_1),E(A_2)\} = E(A_1) = 34.15$(万元)

即 $A^* = A_1$，新产品投产。

(2) 后验分析 (Posterior Analysis)。

修正先验概率，已知 $P(x), P(Z/x)$，利用贝叶斯公式计算 $P(x/Z)$，见表 11.15～表 11.17。

表 11.15 问题的计算表（一）

x	$P(x)$	$P(Z/x)$		
		Z_1	Z_2	Z_3
x_1	0.35	0.70	0.20	0.10
x_2	0.45	0.30	0.50	0.20
x_3	0.20	0.10	0.10	0.80

表 11.16 问题的计算表（二）

x	$P(Z,x) = p(x)p(Z/x)$		
	Z_1	Z_2	Z_3
x_1	0.245	0.070	0.035
x_2	0.135	0.225	0.090
x_3	0.020	0.020	0.160
Σ	0.400	0.315	0.285

表 11.17 问题的计算表（三）

x	$P(x/z) = p(z/x)/\Sigma p(z,x)$		
	Z_1	Z_2	Z_3
x_1	0.612	0.222	0.123
x_2	0.338	0.715	0.286
x_3	0.050	0.063	0.561
Σ	1.000	1.000	1.000

有了试验 Z_1、Z_2、Z_3，可以利用后验概率 $P(X/Z_j)$ 进行决策：

1）当试验 Z_1（市场需求好）发生，取 A_1 方案：$E(A_1/Z_1) = 0.612\times85 + 0.338\times24 + 0.050\times(-32) = 58.532$(万元)。

2）当试验 Z_2（市场需求中）发生，取 A_1 方案：$E(A_1/Z_2) = 0.222\times85 + 0.715\times24 + 0.063\times(-32) = 34.014$(万元)。

3）当试验 Z_3（市场需求差）发生，取 A_1 方案：$E(A_1/Z_3) = 0.123\times85 + 0.286\times24 + 0.561\times(-32) = -0.633$(万元)。

决策如下：

当试验 Z_1（市场需求好）发生，$V_x/Z_1 = \max(58.532, 0) = 58.532$，$A* = A_1$，新产品投产。

当试验 Z_2（市场需求中）发生，$V_x/Z_2 = \max(34.014, 0) = 34.014$，$A* = A_1$，新产品投产。

当试验 Z_3（市场需求差）发生，$V_x/Z_3 = \max(-0.633, 0) = 0$，$A* = A_2$，新产品不投产。

(3) 后验预分析（Pretest Analysis）。

通过求抽样情报价值，决定是否购买情报？抽样试验平均效用值为

$$E(I) = 0.4 \times 58.532 + 0.315 \times 34.014 + 0.285 \times 0 = 34.127 \text{（万元）}$$

$VI = E(I) - E(A_1) = 34.127 - 34.15 = -0.023$（万元），而调查费为 0.2 万元，所以调查净收益为 -0.223 万元。

结论：不购买此情报。

3. 贝叶斯决策过程

贝叶斯决策过程如图 11.5 所示。

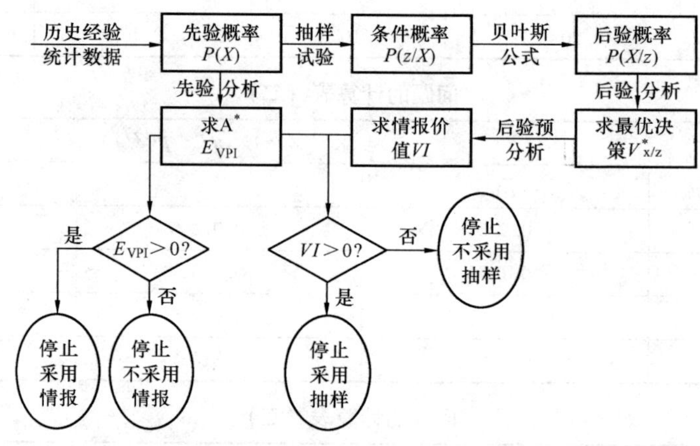

图 11.5　贝叶斯决策过程

【例 11.9】 石油公司想在某地钻探石油。有两个方案可供选择：一是先勘探，然后根据勘探结果再决定钻井或不钻井；二是不勘探，只凭经验来决定钻井或不钻井。假定勘探费用每次 10 万元，钻井费用为 70 万元。直接钻井，出油情况及概率见表 11.18。

表 11.18　出油情况及概率

出油情况 S	无油 S_1	油量少 S_2	油丰富 S_3
概率 $P(S)$	0.5	0.3	0.2

估计油量少时，可收入 120 万元，油丰富时可收入 270 万元。若先勘探，它的结果有地质构造差（θ_1）、地质构造一般（θ_2）、地质构造良好（θ_3）三种情况。根据经验，地质构造与油井出油情况见表 11.19。试完成：

表 11.19　地质构造与油井出油情况

$P(\theta_j/S_i)$	θ_1	θ_2	θ_3
S_1	0.6	0.3	0.1
S_2	0.3	0.4	0.3
S_3	0.1	0.4	0.5

(1) 进行贝叶斯决策。

(2) 计算出补充情报价值与全情报价值。

(3) 用决策树表示决策过程。

解 (1) 求后验概率 $P(S_i/Q_j)$，见表 11.20～表 11.22。

表 11.20 [例 11.9] 问题的计算表（一）

s	$P(s)$	$P(\theta/s)$		
		θ_1	θ_2	θ_3
S_1	0.5	0.6	0.3	0.1
S_2	0.3	0.3	0.4	0.3
S_3	0.2	0.1	0.4	0.5

表 11.21 [例 11.9] 问题的计算表（二）

s	$P(\theta,s)=p(s)p(\theta/s)$		
	θ_1	θ_2	θ_3
S_1	0.30	0.15	0.05
S_2	0.09	0.12	0.09
S_3	0.02	0.08	0.10
Σ	0.41	0.35	0.24

表 11.22 [例 11.9] 问题的计算表（三）

s	$P(s)$	$P(s/\theta)=p(\theta/s)/\Sigma p(\theta,s)$		
		θ_1	θ_2	θ_3
S_1	0.731 7	0.4286	0.208 3	S_1
S_2	0.219 5	0.342 8	0.375 0	S_2
S_3	0.048 8	0.228 6	0.416 7	s_3
Σ	1.000	1.000	1.000	Σ

再进行后验决策：

1) 若勘探结果地质构造差（θ_1）时，有

E（钻井）$=0\times0.731\,7+120\times0.219\,5+270\times0.048\,8-80=-40$（万元）

E（不钻井）$=-10$（万元）

2) 若勘探结果地质构造一般（θ_2）时，有

E（钻井）$=0\times0.428\,6+120\times0.342\,8+270\times0.228\,6-80=22.9$（万元）

E（不钻井）$=-10$（万元）

3) 若勘探结果地质构造良好（θ_3）时，有

E（钻井）$=0\times0.208\,3+120\times0.375\,0+270\times0.416\,7-80=77.5$（万元）

E（不钻井）$=-10$（万元）

综上所述得：

1) 若勘探结果地质构造差（θ_1）时，最优决策为不钻井。

2) 若勘探结果地质构造一般（θ_2）时，最优决策为钻井。

3）若勘探结果地质构造良好（θ_3）时，最优决策为钻井。

（2）此问题的先验决策为

$$E（钻井）=0\times0.5+120\times0.3+270\times0.2=20（万元）$$

$$E（不钻井）=0（万元）$$

先验最优决策为钻井，收益期望值为 20（万元）；

此问题后验决策收益期望值为（−10）×0.41＋22.9×0.35＋77.5×0.24＝22.5（万元）。

因为 22.5 万元大于 20 万元，所以应先行勘探，再根据勘探的结果来决策是否钻井。补充情报价值为 22.5＋10－20＝12.5（万元），全情报价值为 0×0.5＋50×0.3＋200×0.2－20＝35（万元）。

（3）整个决策过程表示成决策树如图 11.6 所示。

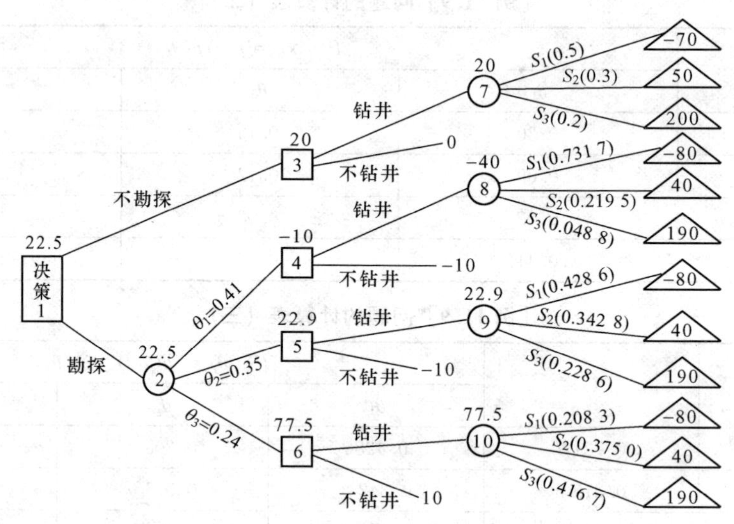

图 11.6 问题的决策树

11.4.6 马尔可夫决策（Markov Decision）

1. 基本概念

定义 11.3 概率向量（Probability Vector） 任意一个行向量 $\boldsymbol{P}=(p_1,p_2,\cdots,p_n)$ 如果满足 $p_i\geqslant 0(1\leqslant i\leqslant n)$ 及 $\sum_{i=1}^{n}p_i=1$，则向量 $\boldsymbol{P}$ 称为概率向量。

定义 11.4 概率矩阵（Probability Matrix） 一个 n 阶方阵 $\boldsymbol{A}=(a_{ij})$ 如果满足

$$a_{ij}\geqslant 0$$

$$\sum_{j=1}^{n}a_{ij}=1$$

则称方阵为概率矩阵。

定理 11.1 若 $\boldsymbol{A}$、$\boldsymbol{B}$ 都为 n 阶概率矩阵，则 $\boldsymbol{A}\times\boldsymbol{B}$ 也是 n 阶概率矩阵。

定理 11.2 若 $\boldsymbol{A}$ 为 n 阶概率矩阵，K 为任意正整数，则 $\boldsymbol{A}^K$ 也是 n 阶概率矩阵。

定义 11.5 正规概率矩阵（Normal Probability Matrix） 若 $\boldsymbol{A}$ 为 n 阶概率矩阵，而且

存在一个正整数 K，使矩阵 $\boldsymbol{A}^K$ 没有零元素，则称 $\boldsymbol{A}$ 为正规概率矩阵。

$$\boldsymbol{A}=\begin{bmatrix}0 & 1\\ \frac{1}{2} & \frac{1}{2}\end{bmatrix}\qquad \boldsymbol{B}=\begin{bmatrix}1 & 0\\ \frac{1}{2} & \frac{1}{2}\end{bmatrix}$$

$$\boldsymbol{A}^2=\begin{bmatrix}\frac{1}{2} & \frac{1}{2}\\ \frac{1}{4} & \frac{3}{4}\end{bmatrix}$$

$\boldsymbol{A}^2$ 没有零元素，$\boldsymbol{A}$ 为正规概率矩阵，而 $\boldsymbol{B}^m$ 中第一行总有零元素存在，所以 $\boldsymbol{B}$ 不是正规概率矩阵。

定义 11.6 不变向量（Invariant Vector） 设 u 为 n 维非零行向量，$\boldsymbol{A}$ 是 n 阶方阵，如果 $u\boldsymbol{A}=u$，则称 u 为 n 阶方阵 $\boldsymbol{A}$ 的不变向量。

例如，$u=(2,-1)$ 是 $\boldsymbol{A}=\begin{bmatrix}2 & 1\\ 2 & 3\end{bmatrix}$ 的不变向量。

设 $\boldsymbol{P}$ 是正规的概率矩阵，则：

定理 11.3 $\boldsymbol{P}$ 有且仅有一个不变概率向量 t，而且 t 的所有元素都为正数。

定理 11.4 矩阵序列 $\boldsymbol{P}$，$\boldsymbol{P}^2$，$\boldsymbol{P}^3\cdots$趋近于方阵 T，而且每一行均是不变概率向量 t。

定理 11.5 设 u 为任意一个概率向量，则向量序列 up，up^2，$up^3\cdots$趋近于不变概率向量 t。

考虑一个具有 n 个结果（状态）S_1，S_2，…，S_n 的系统，如果系统由状态 S_i 变化到 S_j，就称为系统的状态转移，其概率 P_{ij} 就称为状态转移概率，简称转移概率（Transition Probability）。

定义 11.7 状态转移矩阵（Transition Probability Matrix） 由状态转移概率 $P_{ij}(i=1,2,\cdots,n)(j=1,2,\cdots,n)$ 构成的矩阵 $\boldsymbol{P}=(P_{ij})$ 叫状态转移矩阵

$$\boldsymbol{P}=\begin{matrix} & S_1 & S_2 & \cdots & S_n\\ S_1 & P_{11} & P_{12} & \cdots & P_{1n}\\ S_2 & P_{21} & P_{22} & \cdots & P_{2n}\\ & & \cdots & & \\ S_n & P_{n1} & P_{n2} & \cdots & P_{nn}\end{matrix}$$

$\boldsymbol{P}$ 是一个概率矩阵。

定义 11.8 r 步状态转移概率（Transition Probability of Stage r） 设系统由状态 S_i 出发，经过 r 步状态转移到达状态 S_j，称其概率 $P_{ij}^{(r)}$ 为 r 步状态转移概率。

定义 11.9 r 步状态转移矩阵（Transition Probability Matrix of Stage r） 由 r 步状态转移概率 $P_{ij}^{(r)}$ 构成的矩阵 $\boldsymbol{P}^{(r)}=P_{ij}^{(r)}$ 叫 r 步状态转移矩阵。

定义 11.10 马尔可夫过程（Markov Stochastic Process） 如果一个系统在状态转移过程中下一步处于什么状态与且仅与现在的状态有关，而与过去的状态无关，这种过程称为马尔可夫过程。

性质：

(1) $P^{(r)}=P^{r-1}P$。

(2) $P^{(r)} = P^r$ 。

如果一个马尔可夫过程是正规的，即它的状态转移矩阵 $\boldsymbol{P}$ 是正规概率矩阵，那么系统一定能通过状态转移达到某一个稳定状态。设在稳定状态下，系统处于状态 S_i 的概率为 $x_i(i=1,2,\cdots,n)$ ，记 $X=(x_1,x_2,\cdots,x_n)$ 。

通过求解联立方程组

$$\left.\begin{array}{l} XP = X \\ \sum_{i=1}^{n} x_i = 1 \end{array}\right\}$$

可求出系统处于稳定状态的不变向量 X。

2. 实例

【例 11.10】 市场占有率的预测。

已知在某地区销售同类型产品的有 A、B、C 三个公司，经过一年营业后进行调查，发现：

(1) A 公司的 200 名顾客中有 160 名继续订货，有 20 名转向 B 公司订货，20 名转向 C 公司订货。

(2) B 公司的 500 名顾客中有 450 名继续订货，有 35 名转向 A 公司订货，15 名转向 C 公司订货。

(3) C 公司的 300 名顾客中有 255 名继续订货，有 25 名转向 A 公司订货，20 名转向 B 公司订货。

如果三个公司在这个地区的初始占有率为 $A=22\%$，$B=49\%$，$C=29\%$，且它们都不改变营业状态和规模，试问：（1）明年和后年，三个公司在这个地区市场占有率为如何？（2）稳定状态下，三个公司的市场占有率？

解 根据题意，状态转移矩阵为

$$\boldsymbol{P} = \begin{array}{c} \\ A \\ B \\ C \end{array}\begin{array}{c} \begin{array}{ccc} A & B & C \end{array} \\ \begin{bmatrix} \frac{160}{200} & \frac{20}{200} & \frac{20}{200} \\ \frac{35}{500} & \frac{450}{500} & \frac{15}{500} \\ \frac{25}{300} & \frac{20}{300} & \frac{255}{300} \end{bmatrix} \end{array} = \begin{array}{c} \\ A \\ B \\ C \end{array}\begin{array}{c} \begin{array}{ccc} A & B & C \end{array} \\ \begin{bmatrix} 0.80 & 0.10 & 0.10 \\ 0.07 & 0.90 & 0.03 \\ 0.083 & 0.067 & 0.85 \end{bmatrix} \end{array}$$

今年的市场占有率

$$u = (0.22,\ 0.49,\ 0.29)$$

明年的市场占有率

$$uP = (0.22, 0.49, 0.29)\begin{bmatrix} 0.80 & 0.10 & 0.10 \\ 0.07 & 0.90 & 0.03 \\ 0.083 & 0.067 & 0.85 \end{bmatrix} = (0.234, 0.483, 0.283)$$

后年的市场占有率

$$u\boldsymbol{P}^2 = (u\boldsymbol{P})(\boldsymbol{P}) = (0.245, 0.477, 0.278)$$

稳定状态下，市场占有率将是 $(x_1,x_2,x_3)(\boldsymbol{P}) = (x_1,x_2,x_3)$, $x_1+x_2+x_3=1$

$$\left.\begin{aligned}0.800x_1+0.070x_2+0.083x_3&=x_1\\0.100x_1+0.900x_2+0.067x_3&=x_2\\0.100x_1+0.030x_2+0.850x_3&=x_3\\x_1+x_2+x_3&=1\end{aligned}\right\}$$

解得 $x_1=0.273,\ x_2=0.454,\ x_3=0.273$

【例 11.11】 广告方案的选择。

国际市场生产同一个产品的有 A、B、C 三个公司，国际市场平均占有率分别为 $A=28\%$，$B=39\%$，$C=33\%$。A 公司为了扩大市场，计划开展一个广告活动，现在要从两个广告方案中选择一个，A 公司先在两个区域内进行了试验，已知这两个区域初始市场占有率均为 $A=30\%$，$B=40\%$，$C=30\%$，这两个区域用户的初始转移矩阵都为

$$\boldsymbol{P}=\begin{matrix}&\begin{matrix}A&B&C\end{matrix}\\\begin{matrix}A\\B\\C\end{matrix}&\begin{bmatrix}0.6&0.3&0.1\\0.2&0.7&0.1\\0.1&0.1&0.8\end{bmatrix}\end{matrix}$$

假定区域 1 采用广告方案 1，经过一段时间后发现区域 1 用户的转移矩阵都为

$$\boldsymbol{P}_1=\begin{matrix}&\begin{matrix}A&B&C\end{matrix}\\\begin{matrix}A\\B\\C\end{matrix}&\begin{bmatrix}0.7&0.2&0.1\\0.2&0.7&0.1\\0.1&0.1&0.8\end{bmatrix}\end{matrix}$$

假定区域 2 采用广告方案 2，经过一段时间后发现区域 2 用户的转移矩阵都为

$$\boldsymbol{P}_2=\begin{matrix}&\begin{matrix}A&B&C\end{matrix}\\\begin{matrix}A\\B\\C\end{matrix}&\begin{bmatrix}0.8&0.1&0.1\\0.1&0.8&0.1\\0.2&0.1&0.7\end{bmatrix}\end{matrix}$$

试问：(1) A 公司如果不做广告，在平衡条件下，它在两个地区的市场占有率是否达到国际市场占有率平均水平?

(2) 如果这两个广告方案费用相同，预测平衡状态下，哪个方案最优?

解 (1) 如果 A 公司不做广告，稳定状态下，三个公司在这两个区域市场占有率为 $(x_1,x_2,x_3)\boldsymbol{P}=(x_1,x_2,x_3)$，得到 $x_1=0.2778$，$x_2=0.3889$，$x_3=0.3333$。

如果 A 公司不做广告，稳定状态下，它的市场占有率为 0.277 8 (27.78%)，接近它在国际市场的平均占有率。

(2) A 公司做广告，稳定状态下，两个广告方案的效果是：方案 1 为 $(x_1,\ x_2,\ x_3)\boldsymbol{P}_1=(x_1,\ x_2,\ x_3)$，得到 $x_1=0.3333$，$x_2=0.3333$，$x_3=0.3333$，A 公司为 0.333 3=33.33%。

方案 2 为 $(x_1,\ x_2,\ x_3)\boldsymbol{P}_2=(x_1,\ x_2,\ x_3)$，得到 $x_1=0.4163$，$x_2=0.3333$，$x_3=0.2500$，A 公司为 0.416 3=41.63%。如果两种广告方案费用相同，则方案 2 效果较好。

【例 11.12】 营业点的选择。

某城市出租汽车公司有 A、B、C 三个汽车站，顾客可以在这三个汽车站任意租车，汽车用完就近开回汽车站，根据一段时间营业后发现，汽车从这三个车站开出和开回概率见表

11.23。

为了扩大营业能力，出租汽车公司打算在这三个汽车站选择一处附设汽车维修站，试问选择何处为好?

表 11.23 出租汽车公司营业情况

概率		开回		
		A	B	C
开出	A	0.8	0.1	0.1
	B	0.4	0.5	0.1
	C	0.2	0.1	0.7

解 假定营业状态稳定发展，三个汽车站将拥有全公司汽车概率向量为 (x_1, x_2, x_3)，是一个不变向量，由 $(x_1, x_2, x_3)P=(x_1, x_2, x_3)$，得到 $x_1=0.583$，$x_2=0.167$，$x_3=0.25$。

这说明，经过长时间营业后，每辆车回到 A、B、C 三个汽车站概率分别为 $x_1=0.583$，$x_2=0.167$，$x_3=0.25$，或认为出租汽车公司全部车经常有 58.3%在 A 车站，16.7%在 B 车站，25%在 C 车站。显然，应选择 A 车站附设一个汽车维修站为好。

11.5 效用函数（Utility Function）

【例 11.13】 设有两个决策问题：

问题 1：方案 A_1 稳获 100 元；方案 B_1 获得 250 元和 0 元的机会各为 50%。

问题 2：方案 A_2 稳获 10 000 元；方案 B_2 抛一硬币，直到出现正面为止，记次数为 N，则当正面出现时，可以获得 2^N 元。问应采取何种方案。

解 从直观上看，大多数人会选择方案 A_1 和方案 A_2，但计算方案 B_1 和 B_2 的期望收益为

$$E(B_1)=0.5\times 250+0.5\times 0=125>100=E(A_1)$$

$$E(B_2)=\left(\frac{1}{2}\right)\times 2+\left(\frac{1}{2^2}\right)\times 2^2+\left(\frac{1}{2^3}\right)\times 2^3+\cdots=1+1+\cdots=\infty>10\,000=E(A_2)$$

根据期望收益最大原则，一个理性的决策者应该选择方案 B_1 和 B_2，这个结果恐怕很难令实际中的决策者接受。

此例说明，完全根据期望收益最大作为评价方案的准则往往不尽合理。

【例 11.14】 有甲、乙二人，甲提出请乙抛一硬币，并约定：如果出现正面，乙可得 100 元；如果出现反面，乙向甲支付 10 元。问如何决策。

解 现在乙有两个选择：接受甲的建议（抛硬币，记为 A），不接受甲的建议（不抛硬币，记为 B），则 $E(B)=0$，而 $E(A)=0.5\times 100+0.5\times(-10)=45$。根据期望收益最大原则，乙应该接受甲的建议。现在假定乙是一个罪犯，本应判刑，但他如果支付 10 元，则可获释放，而且假定乙手头仅有 10 元。这时乙对甲建议的态度很可能发生变化，很可能会用这 10 元来为自己获得自由，而不会去冒投机的风险。此例说明，即使对同一个决策者，当其所处的地位、环境不同时，对风险的态度一般也不会相同。

货币的效用值是指人们主观上对货币价值的衡量。一般来说，效用是一个属于主观范畴

的概念。效用是因人、因时、因地而变化的，同样的商品或劳务对不同人、在不同的时间或不同的地点具有不同的效用。同样的商品或劳务对不同人来说，一般是无法进行比较的。一瓶酒对喝酒和不喝酒的人来说，其效用是无法进行比较的。上面分析表明：同一货币量，在不同风险情况下，对同一个决策者来说具有不同的效用值；在同等风险程度下，不同决策者对风险的态度是不一样的，即相同的货币量在不同人看来具有不同的效用值。用效用曲线反映决策者对风险的态度。效用曲线的形状大致可以分成保守型、中间型和冒险型三种，如图 11.7 所示。

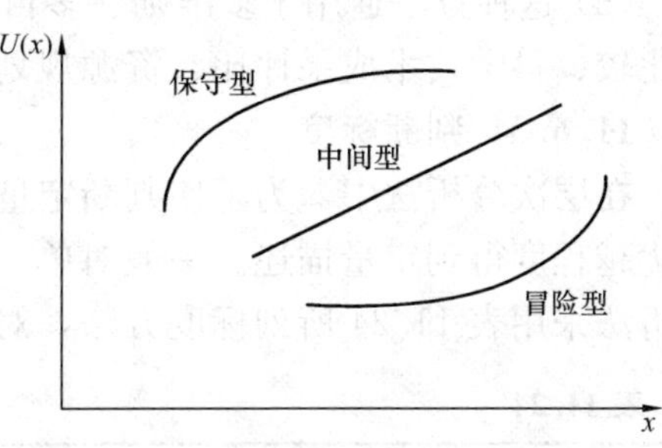

图 11.7 效用曲线的类型

保守型（Conservative Type）效用曲线为

$$U(x)=1-\left(\frac{x-a}{a-b}\right)^r \quad (r>1)$$

中间型（Intermediate Type）效用曲线为

$$U(x)=\frac{x-a}{a-b}$$

冒险型（Hazardous Type）效用曲线为

$$U(x)=\left(\frac{x-a}{a-b}\right)^r-1 \quad (r>1)$$

中间型效用曲线的决策者认为他的实际收入和效用值的增加成等比关系；

保守型效用曲线的决策者对实际收入增加反应比较迟钝，即认为实际收入的增加比例小于效用值的增加比例；

冒险型效用曲线的决策者对实际收入增加的反应比较敏感，即认为实际收入的增加比例大于效用值的增加比例。

11.6 层次分析法（Analytic Hierarchy Process，AHP）

美国运筹学家 A. L. Saaty 于 20 世纪 70 年代提出的层次分析法（Analytical Hierar chy Process，简称 AHP 方法），是一种定性与定量相结合的决策分析方法。它是一种将决策者对复杂系统的决策思维过程模型化、数量化的过程。应用这种方法，决策者通过将复杂问题分解为若干层次和若干因素，在各因素之间进行简单的比较和计算，就可以得出不同方案的权重，为最佳方案的选择提供依据。

11.6.1 层次分析法（AHP）基本原理

AHP 法首先按问题性质问题分解成目标、准则、方案等层次，构成一个多层次的分析结构模型，再计算方案层相对于目标层的重要性权值或相对优劣次序的排序，为选择最优方案提供依据。

11.6.2 层次分析法（AHP）特点

(1) 分析思路清楚，可将系统分析人员的思维过程系统化、数学化和模型化。

（2）分析时需要的定量数据不多，但要求对问题所包含的因素及其关系具体而明确。

（3）这种方法适用于多准则、多目标的复杂问题的决策分析，广泛用于地区经济发展方案比较、科学技术成果评比、资源规划和分析以及企业人员素质测评。

11.6.3 判断标度

在层次分析法中，为了使判断定量化，关键在于设法使任意两个方案对于某一准则的相对优越程度得到定量描述。一般对单一准则来说，两个方案进行比较总能判断出优劣，层次分析法采用表 11.24 所列标度方法，对不同情况的评比给出数量标度。

表 11.24 判断标度定义表

判断标度	定义与说明
1	两个元素对某个属性具有同样重要性
3	两个元素比较，一元素比另一元素稍微重要
5	两个元素比较，一元素比另一元素明显重要
7	两个元素比较，一元素比另一元素重要得多
9	两个元素比较，一元素比另一元素极端重要
2，4，6，8	表示需要在上述两个标准之间拆衷时的标度

表 11.24 中各数的倒数表示否定的意思，例如，如果 i 元素比 j 元素明显重要，则 $a_{ij}=W_i/W_j=5$。反之，如果 j 元素比 i 元素明显重要，则 $a_{ji}=W_j/W_i=1/5$。

11.6.4 层次分析法（AHP）具体步骤

1. 明确问题

在分析社会、经济以及科学管理等领域的问题时，首先要对问题有明确的认识，弄清问题的范围，了解问题所包含的因素，确定出因素之间的关联关系和隶属关系。

2. 建立递阶层次结构模型

根据对问题的分析和了解，将问题所包含的因素，按照是否共有某些特征进行归纳成组，并把它们之间的共同特性看成是系统中新的层次中的一些因素，而这些因素本身也按照另外的特性组合起来，形成更高层次的因素，直到最终形成单一的最高层次因素。

通常最高层是目标层，它表示问题的目的、总目标；中间层是准则层，它是总目标的具体体现，是决策所要考虑的多个子目标，也是决策的具体准则。还可以将准则层更加细化成子准则层。最低层是方案层或措施层，它表示待选择的方案、措施、政策等。这样就形成了递阶层次结构模型。

3. 建立两两比较的判断矩阵

递阶层次结构模型建立之后，下一步就是在各层要素中进行两两比较构造判断矩阵 $A=(a_{ij})_{n\times n}$，判断矩阵表示针对上一层次某单元（元素），本层次与它有关单元之间相对重要性的比较。一般取表 11.25 所列形式。

表 11.25 判 断 矩 阵

A	C_1	C_2	…	C_n
C_1	a_{11}	a_{12}	…	a_{1n}
C_2	a_{21}	a_{22}	…	a_{2n}
…	…	…	…	…
C_n	a_{n1}	a_{n2}	…	a_{nn}

其中，比较判断矩阵中的元素 a_{ij} 表示对上一层元素 A 而言，本层元素 C_i 对于 C_j 的相对重要程度。即 $a_{ij}=W_i/W_j$ 其中，W_i 和 W_j 分别为准则层元素 C_i 和 C_j 相对重要性权值。根据判断尺度将上式量化，即可得到比较判断矩阵。判断矩阵中的 a_{ij} 是根据资料数据、专家的意见和系统分析人员的经验经过反复研究后确定。

4. 一致性检验

应用层次分析法保持判断思维的一致性是非常重要的。定义判断矩阵一致性指标 CI（Consistency Index）为

$$CI=\frac{\lambda_{\max}-n}{n-I}$$

一致性指标 CI 的值越大，表明判断矩阵偏离完全一致性的程度越大；CI 的值越小，表明判断矩阵越接近于完全一致性。一般判断矩阵的阶数 n 越大，人为造成的偏离完全一致性指标 CI 的值便越大；n 越小，人为造成的偏离完全一致性指标 CI 的值便越小。

对于多阶判断矩阵，引入平均随机一致性指标 RI（Random Index），表 11.26 给出了 1～10 阶正互反矩阵计算 1000 次得到的平均随机一致性指标。

表 11.26　平均随机一致性指标 *RI* 的值

矩阵阶数	1	2	3	4	5	6	7	8	9	10
RI	0	0	0.52	0.89	1.11	1.25	1.35	1.40	1.45	1.49

当 $n<3$ 时，判断矩阵永远具有完全一致性。判断矩阵一致性指标 CI 与同阶平均随机一致性指标 RI 之比称为随机一致性比率 CR（Consistency Ratio）。当 $CR<0.10$ 时，便认为判断矩阵具有可以接受的一致性。当 $CR\geqslant0.10$ 时，就需要调整和修正判断矩阵，使其满足 $CR<0.10$，从而具有满意的一致性。

5. 层次单排序

层次单排序就是将本层所有各元素对上一层来说，排出评比顺序，这就要计算判断矩阵的最大特征向量 w 和最大特征根 $\lambda_{\max}$，最常用的方法是和积法和方根法。

和积法具体计算步骤：

根据矩阵 **A**，计算其相应的最大特征根 $\lambda_{\max}$，并求出对应的标准化特征向量 w。计算如下：

（1）将判断矩阵的每一列元素作归一化处理，其元素的一般项为 $b_{ij}=a_{ij}/\sum\limits_{k=1}^{n}a_{kj}$（$i,j=1,2,\cdots,n$）。

（2）将每一列经归一化处理后的判断矩阵按行相加为 $\overline{w}_i=\sum\limits_{j=1}^{n}b_{ij}$。

（3）做规范化处理，得到 $w_i=\dfrac{\overline{w}_i}{\sum_{i=1}^{n}\overline{w}_i}$。

（4）计算 $\lambda_{\max}=\sum\limits_{i=1}^{n}\dfrac{\sum_{j=1}^{n}a_{ij}w_j}{nw_i}$。

6. 层次综合排序

利用层次单排序的计算结果，进一步综合出对更上一层次的优劣顺序，就是层次总排序

的任务。

层次综合排序权值最大方案就是对总目标贡献最大的方案，也就是最优方案。

11.7 层次分析法应用案例

就供电公司的业务结构而言，不同的岗位对于企业价值影响的重要程度是不同的，为了问题的简单，仅以“继电保护”岗位为例来分析不同的岗位对企业价值贡献度的影响程度进行评估。

11.7.1 企业业务层次结构分析

一个公司的岗位设置就其数量而言，是非常多的，以××省电力公司××市供电公司为例，各类岗位设置总计有三百多个，若要直接从这三百多个岗位入手来分析不同的岗位对于企业价值影响的重要程度，显然是难以进行的。为此需要首先按照企业的业务结构对企业岗位层次进行划分，以期获得不同岗位类别对企业价值影响程度的参数，进而分析出继电保护岗位对企业价值贡献度的影响程度。

在实际分类中，根据企业业务的逻辑组织特点，对岗位进行了如下分类：①决策类岗位是指对企业生产与发展战略具有决定性影响的岗位，包括经营决策、管理监督等部门，具体来说，就是指在供电公司中处于最高决策与管理机构的若干岗位。②管理类岗位是指企业生产经营与管理政策的具体制定和实施岗位，包括生产经营管理、人事政工及其他一些管理支持部门，具体来说，就是指在供电公司中承担管理支持与执行等事务的若干岗位，如人事政工、财务审计、企划营销、生产技术管理、安全保障、工程管理等。③生产运营类岗位是指企业生产运营业务的具体执行岗位，按照电力生产企业的行业特点，具体包括输电、变电、配电、调度、营销以及其他一些生产性岗位。

11.7.2 利用 AHP 法计算各岗位层次的组合权系数

在实践中，采用了专家访问法，得到了整个供电公司按照业务逻辑进行分解的层次结构图，由于本次调研分析的具体对象是继电保护类岗位，因此在图 11.8 所示岗位层次图中，仅列出了继电保护类岗位所处的业务层次结构。

AHP 方法的基本操作步骤描述如下：

步骤 1：求出评价要素层的权系数。

运用专家访问法，确定了如下五个评价要素，分别是：

(1) 对公司效益（成本控制，收益增加）的影响程度（简称“效益”）。

(2) 对公司长期发展的影响程度（简称“长期发展”）。

(3) 对公司安全生产的影响程度（简称“安全生产”）。

(4) 对公司企业形象的影响程度（简称“企业形象”）。

(5) 对员工素质的要求程度（简称“员工素质”）。

记 $A=(a_{ij})_{n\times n}$，则 A 为评价要素层的一个判断矩阵。在实际操作中，运用德尔菲法获得每个专家不同的要素评分矩阵，然后分别进行一致性检验。

根据和积法计算，在选取的 20 个专家样本中，有 8 个样本的一致性指标 $CI\leqslant 0.1$，因此将这 8 个样本的各对应比项的比值按如下公式进行几何平均，即 $\bar{a}_{ij}=\sqrt[8]{\prod_{n=1}^{8}a_{ijn}}$，得到 $\overline{A}$

$=(\bar{a}_{ij})_{5\times5}$，并结合定性讨论，确定新的近似判断矩阵，计算 λ_{max} 为 5.10，$CI=0.03\leqslant0.1$，从而得到最终的评价要素层判断矩阵为

$$A=\begin{pmatrix}1 & 1/3 & 1 & 3 & 2\\ 3 & 1 & 3 & 5 & 3\\ 1 & 1/3 & 1 & 3 & 1\\ 1/3 & 1/5 & 1/3 & 1 & 1\\ 1/2 & 1/3 & 1 & 1 & 1\end{pmatrix}$$

，其 λ_{max} 对应的特征向量为 $\boldsymbol{B}_e=(0.19,0.44,0.17,0.08,0.12)^T$。

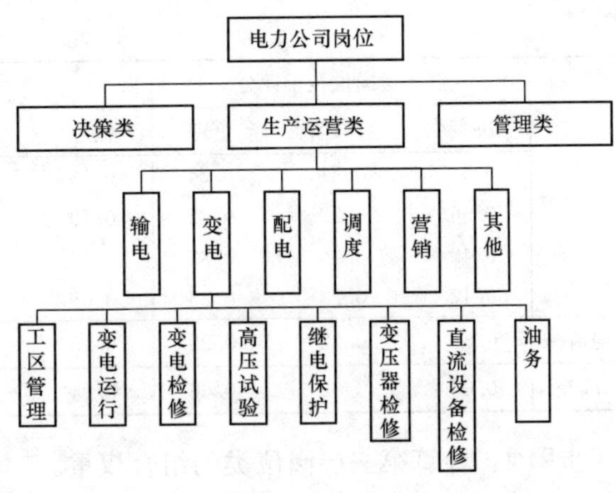

图 11.8 供电公司岗位层次结构图

步骤 2：计算第一层岗位类的组合权重。

对应于评价要素层的每一个评价要素，计算相应的第一层岗位类的判断矩阵为 $\boldsymbol{A}_{3\times3}$，由于采用德尔菲法分别获得了 20 个专家样本的评分数据，在实际操作中，分别求得了 20 个专家样本的相应判断矩阵，并求出了各判断矩阵的最大特征值及相应的特征向量，即对样本 i，$1\leqslant i\leqslant20$，在评价要素 j 下，相应判断矩阵为 $\boldsymbol{A}_{ij(3\times3)}$，$1\leqslant j\leqslant5$，利用和积法，计算样本 i 的对应于评价要素 j 的最大特征值及相应的特征向量，构造特征向量矩阵为 $\boldsymbol{B}_{i(3\times5)}$，并由 $\boldsymbol{B}_e$，计算样本 i 的组合权重向量为 $\boldsymbol{B}_{i(3\times5)}\cdot\boldsymbol{B}_{e(5\times1)}=\boldsymbol{B}_{i(3\times1)}$

步骤 3：计算第二层岗位类的组合权系数。

计算方法同步骤 2。综合步骤 2、3，分别得到 20 个专家样本的第一层岗位类和第二层岗位类的组合权重向量值，求出各岗位的样本均值，并剔除变异较大的样本，见表 11.27，最终获得第一、二层岗位类的组合权系数分别为

(决策类，生产运营类，管理类) = (0.50，0.22，0.28)

(输电类,变电类,配电类,调度类,营销类,其他类)=(0.15,0.19,0.14,0.25,0.21,0.06)

表 11.27 计算有效专家样本的岗位权重评分

	三大类岗位权重评分			生产运营类岗位权重评分					
	决策	生产运营	管理	输电	变电	配电	调度	营销	其他
	0.56	0.20	0.24	0.11	0.30	0.11	0.27	0.17	0.04
	0.50	0.24	0.26	0.17	0.18	0.18	0.22	0.19	0.06
	0.56	0.19	0.25	0.11	0.12	0.11	0.39	0.23	0.04
	0.55	0.21	0.24	0.26	0.26	0.17	0.14	0.12	0.05
	0.46	0.22	0.32	0.14	0.15	0.18	0.19	0.26	0.08
	0.54	0.22	0.24	0.16	0.26	0.15	0.18	0.21	0.03
	0.41	0.12	0.47	0.29	0.27	0.11	0.21	0.10	0.04
	0.42	0.26	0.32	0.16	0.17	0.17	0.23	0.19	0.08
	0.54	0.21	0.25	0.14	0.20	0.13	0.28	0.21	0.04
	0.54	0.17	0.29	0.15	0.15	0.14	0.30	0.21	0.05
	0.50	0.27	0.24	0.13	0.12	0.10	0.35	0.25	0.04

续表

	三大类岗位权重评分			生产运营类岗位权重评分					
	决策	生产运营	管理	输电	变电	配电	调度	营销	其他
	0.54	0.21	0.24	0.13	0.12	0.11	0.33	0.20	0.10
	0.56	0.22	0.22	0.10	0.13	0.23	0.25	0.24	0.06
	0.42	0.26	0.32	0.16	0.24	0.16	0.18	0.17	0.09
	0.47	0.28	0.25	0.08	0.17	0.10	0.21	0.39	0.05
均值	0.50	0.22	0.28	0.15	0.19	0.14	0.25	0.21	0.06
标准差	0.05	0.02	0.06	0.04	0.05	0.02	0.07	0.06	0.01

步骤 4：计算第三层岗位类的组合权重。

在评判第三层岗位类的组合权系数时，访问了两个专家组，其中专家组 1 的有效样本数为 19，专家组 2 的有效样本数为 13，根据步骤 1 的方法，得到基于第一专家组的评价要素层判断矩阵为 $\boldsymbol{A}=\begin{pmatrix}1 & 1/3 & 1 & 3 & 2\\ 3 & 1 & 3 & 5 & 3\\ 1 & 1/3 & 1 & 3 & 1\\ 1/3 & 1/5 & 1/3 & 1 & 1\\ 1/2 & 1/3 & 1 & 1 & 1\end{pmatrix}$，其 $\lambda_{\max}$ 的特征向量为 $\boldsymbol{B}_e=(0.19, 0.44, 0.17, 0.08, 0.12)^{\mathrm{T}}$

第二专家组的评价要素层判断矩阵为

$$\boldsymbol{A}=\begin{pmatrix}1 & 1/2 & 4 & 2 & 1\\ 2 & 1 & 1/3 & 3 & 1\\ 4 & 3 & 1 & 5 & 3\\ 1/2 & 1/3 & 1/5 & 1 & 1\\ 1 & 1 & 1/3 & 1 & 1\end{pmatrix}, \lambda_{\max}\text{特征向量 } \boldsymbol{B}_e=(0.13, 0.19, 0.46, 0.09, 0.13)^{\mathrm{T}},$$

根据步骤 2 和步骤 3，分别计算基于两个专家组的变电类岗位权重评分，得到表 11.28。

表 11.28 变电类岗位权重评分

	工区管理	变电运行	变电检修	高压试验	继电保护	变压器检修	直流设备检修	油务
	0.25	0.09	0.13	0.13	0.16	0.11	0.08	0.06
	0.36	0.09	0.10	0.11	0.13	0.10	0.08	0.03
	0.31	0.11	0.12	0.10	0.13	0.12	0.06	0.05
	0.26	0.19	0.07	0.08	0.18	0.10	0.08	0.04
	0.33	0.04	0.10	0.09	0.22	0.10	0.08	0.04
	0.34	0.05	0.14	0.08	0.17	0.09	0.10	0.03
	0.46	0.07	0.08	0.08	0.08	0.09	0.10	0.04
	0.20	0.12	0.13	0.09	0.23	0.07	0.11	0.05
	0.21	0.14	0.15	0.14	0.14	0.09	0.09	0.04
	0.36	0.10	0.07	0.05	0.17	0.11	0.06	0.08
	0.40	0.09	0.10	0.08	0.12	0.13	0.06	0.03
	0.32	0.12	0.10	0.09	0.12	0.08	0.09	0.08

续表

	工区管理	变电运行	变电检修	高压试验	继电保护	变压器检修	直流设备检修	油务
	0.18	0.07	0.10	0.11	0.31	0.11	0.10	0.03
	0.36	0.11	0.08	0.11	0.10	0.09	0.08	0.06
	0.22	0.17	0.06	0.12	0.20	0.08	0.11	0.04
	0.31	0.16	0.06	0.08	0.16	0.06	0.12	0.04
	0.15	0.12	0.13	0.13	0.13	0.11	0.08	0.15
	0.37	0.10	0.11	0.05	0.13	0.13	0.06	0.06
	0.19	0.14	0.08	0.18	0.19	0.08	0.08	0.05
	0.26	0.09	0.13	0.06	0.21	0.11	0.08	0.06
	0.17	0.19	0.09	0.03	0.25	0.14	0.05	0.09
	0.18	0.13	0.13	0.13	0.17	0.13	0.06	0.08
	0.07	0.12	0.14	0.10	0.27	0.13	0.05	0.13
	0.28	0.08	0.09	0.08	0.26	0.08	0.08	0.04
	0.07	0.21	0.16	0.06	0.20	0.12	0.05	0.13
	0.13	0.21	0.06	0.09	0.29	0.14	0.04	0.05
	0.12	0.29	0.12	0.08	0.16	0.09	0.10	0.04
	0.23	0.20	0.20	0.07	0.08	0.11	0.06	0.05
均值	0.25	0.13	0.11	0.09	0.18	0.10	0.08	0.06
标准差	0.28	0.09	0.03	0.03	0.10	0.01	0.01	0.03

根据此表，得到第三层岗位类的组合权系数为：

（工区管理，变电运行，变电检修，高压试验，继电保护，变压器检修，直流设备检修，油务）＝（0.25，0.13，0.11，0.09，0.18，0.10，0.08，0.06）。

综合上述计算，得到如图 11.9 的有关继电保护岗位的权重评分。

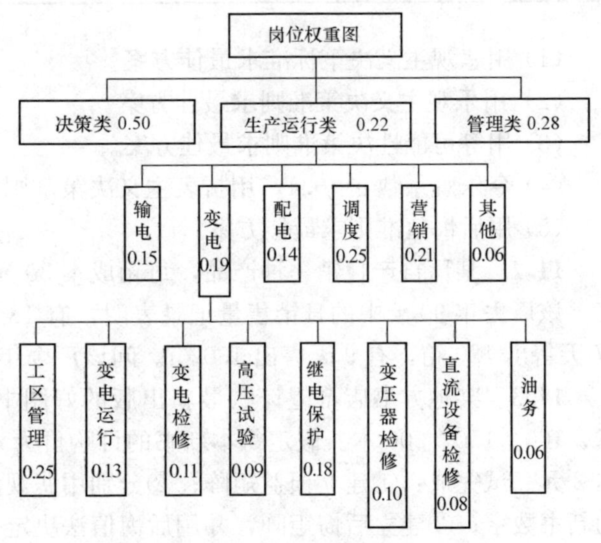

图 11.9 供电公司岗位层次权重评分

11.7.3 继电保护类岗位价值贡献度

综上分析，最终得到了各层岗位类对企业价值贡献影响程度的权重参数。对于继电保护类岗位而言，它对企业价值贡献影响程度的权重为 0.22×0.19×0.18＝0.008。

本 章 小 结

决策问题在人们的工作、生活中无处不在，对于决策方法的学习将在较大程度上帮助人们提高决策的效果。本章重点介绍了决策的概念、决策模型的要素、不确定型决策的理论与方法以及风险型决策的理论与方法。对于不确定型决策和风险型决策问题，重点介绍了基于不同决策准则的决策过程。此外，本章还介绍了效用理论和决策树方法。效用理论是深入学习决策理论的基础，也是进行决策分析要考虑的重要因素之一。决策树方法是决策分析中常用的一种方法，它层次清晰、方便简捷、直观，尤其适用于解决多阶段决策问题。最后介绍了层次分析法及其应用。本章的决策方法都可以通过 WinQSB 软件进行求解，求解过程简单方便，插图中均有操作说明，读者可根据介绍利用该软件对书中实例自行求解，以巩固对基本方法的掌握。

习 题 11

一、计算题

11.1 某决策问题，其决策信息见表 11.29 所列。试求：

表 11.29 决 策 信 息

效益（万元）		状态		
		N_1	N_2	N_3
方 案	S1	50	20	－20
	S2	30	25	－10
	S3	10	10	10

（1）用悲观主义决策标准求最佳方案。

（2）用乐观主义决策准则求最佳方案。

（3）用等可能性决策准则求最佳方案。

（4）令乐观系数 $\alpha=0.4$，用折衷主义决策准则求最佳方案。

（5）用后悔值准则求最佳方案。

11.2 某厂自产自销一种产品，每箱成本 30 元，售价 80 元，但当天卖不掉的产品要报废。该厂去年 90 天中的日销售量记录表明，有 18 天售出 100 箱，有 36 天售出 110 箱，有 27 天售出 120 箱，有 9 天售出 130 箱。问该厂今年每天应当生产多少箱可获利最大。

11.3 某地方书店希望订购最新出版的好图书。根据以往经验，新书的销售量可能为 50、100、150、200 本。假定每本新书的订购价为 4 元，销售价为 6 元，剩书的处理价为每本 2 元。试完成：①建立损益矩阵；②分别用悲观法、乐观法及等可能法决定该书店应订购的新书数字；③建立后悔矩阵，并用后悔值法决定书店应订购的新书数。

11.4 某水果店以 1.2 元/kg 的价格购进每筐重 100kg 的香蕉。第一天以 2 元/kg 的价格出售，当天销售余下的香蕉再以平均 0.8 元/kg 的处理价出售。需求情况见表 11.30。

表 11.30 需 求 情 况

需求量（筐）	1	2	3	4	5	6	7
概率	0.10	0.15	0.25	0.25	0.15	0.05	0.05

为获取最大利润，该店每天应购进多少筐香蕉？

11.5 某活动分两阶段进行。第一阶段，参加者需要先支付20元，然后从含40%白球和60%黑球的箱子中任摸一球，并决定是否继续第二阶段。如继续需再付20元，根据第一阶段摸到的球的颜色在相同颜色箱子中再摸一球。已知白色箱子中含80%蓝球和20%绿球，黑色箱子中含15%的蓝球和85%的绿球。当第二阶段摸到为蓝色球时。参加者可得奖100元，如果摸到的是绿球或不参加第二阶段游戏的均无所得。试用决策树法确定参加者的最优策略。

11.6 某决策问题，其决策信息见表11.31。

表11.31 决 策 信 息

效益（万元）		状态		
		N_1	N_2	N_3
方案	S1	50	20	−20
	S2	30	25	−10
	S3	10	10	10

根据有关资料预测各状态发生的概率依次为0.3、0.4、0.3，请用决策树法求解此问题。

11.7 某一新产品准备投产，预计产品寿命周期为5年，现有两种方案建厂投产：一是建大厂，二是建小厂，相应的年盈利状况和初始投资额如表11.32所列。前2年销路好的概率为0.7。若前2年销路好，则后3年销路好的概率为0.9，销路不好的概率为0.1；若前2年销路差，则后3年销路肯定差。试用决策树法选择最佳建厂方案。

表11.32 产品销路和初始投资额

方案	销路好	销路差	初始投资额（万元）
建大厂	100	−15	40
建小厂	50	20	25

11.8 某开发公司准备为一企业承包新产品的研制与开发任务，但是为得到合同必须参加投标。已知投标的准备费用为40 000元，能够得到合同的可能性是40%。如果得不到合同，准备费用得不到补偿。如果得到合同，可采用两种方法进行研制开发：方法1成功的可能性为80%，费用为260 000元；方法2成功的可能性为50%，费用为160 000元。如果研制开发成功，按合同开发公司可得到600 000元；如果得到合同但没有研制开发成功，则开发公司需要赔偿100 000元。问题是：①是否参加投标？②如果中标了，采用哪种方法研制开发？

11.9 设有某石油钻探队，在一片估计能出油的荒地钻探。可以先做地震试验，然后决定钻探与否。或不作地震试验，只凭经验决定钻井与否。作地震试验的费用每次3000元，钻井费用为10 000元。若钻井后出油，可收入40 000元；若不出油，就没有收入。各种情况下估计出油的概率为：试验好的概率0.6，并钻井后出油的概率0.85；试验不好的概率0.4，并钻井后出油的概率0.10；不试验而直接钻井后出油的概率0.55。试问钻探队如何决策将使收入的期望值最大。

11.10 某工程队承担一座桥梁的施工任务。由于施工地区夏季多雨，需要停工 3 个月。在停工期间该工程队可将施工机械移走或留在原处。如移走，需要费用 1800 元。如留在原处，一种方案是花 500 元建筑一护提，防止河水上涨而损坏机械。如不筑护提，发生河水上涨而损坏机械将损失 10 000 元。如下暴雨，将发生洪水，不管是否筑护提，施工机械留在原处都将损失 60 000 元。根据历史资料，该地区发生河水上涨的概率为 25%，发生洪水的概率为 2%。试为该施工队进行最优决策。

11.11 某公司有 50 000 元多余资金，如用于某项事业开发，估计成功概率为 0.96，成功后一年可以获利 12%，但是一旦失败，有损失全部资金的风险。如将资金存放到银行，则可以稳得年利 6%。为获得更多回报，该公司求助于咨询服务，咨询费用为 500 元，但咨询意见仅供参考。过去咨询公司类似的 200 例咨询意见实施结果见表 11.33。试用决策树法分析：

(1) 该公司是否值得求助于咨询服务。

(2) 该公司多余资金应如何合理使用?

表 11.33 **咨询意见实施结果**

咨询意见/实施结果	投资成功（次）	投资失败（次）	合计（次）
可以投资	154	2	156
不宜投资	38	6	38
合计	192	8	200

二、复习思考题

11.12 判断下列说法是否正确（正确的在括号中打“√”，错误的在括号中打“×”）。

(1) 在决策树方法中，图中的小方框表示方案节点，由它引出的分枝称为方案分枝。 ( )

(2) 对乐观系数决策标准而言，乐观系数 $a=1$ 即为乐观决策标准，$a=0$ 即为悲观决策标准。 ( )

(3) 对于利润表而言，乐观主义决策标准是最大最大决策标准。 ( )

(4) 对于支付费用表而言，保守主义决策标准是最小最小决策准则。 ( )

(5) 决策树法是一种不确定性条件下的决策方法。 ( )

(6) 风险条件下的决策，可采用最小最大遗憾值决策标准。 ( )

(7) 在不确定性决策中，有两种或两种以上的自然状态，且各状态出现的概率未知。 ( )

(8) 应用决策树法进行决策，实际上它是与期望值的表格计算法是本质上不同的两种计算方法。 ( )

第12章　对　策　论

对策论（Game Theory）也称竞赛论或博弈论，是研究具有竞争、对抗、利益分配等方面的数量化方法，并提供寻求最优策略的途径。1944年以来，对策论在投资分析、价格制定、费用分摊、财政转移支付、投标与拍卖、对抗与追踪、国际冲突、双边贸易谈判、劳资关系以及动物行为进化等领域得到广泛应用。

12.1　矩阵对策的基本概念

12.1.1　案例：俾斯麦海的海空对抗

1943年2月，第二次世界大战中的日本，在太平洋战区已经处于劣势。为扭转局势，日本统帅山本五十六大将统率下的一支舰队策划了一次军事行动：由集结地——南太平洋的新不列颠群岛的蜡包尔出发，穿过俾斯麦海，开往新几内亚的莱城，支援困守在那里的日军。

当盟军获悉此情报后，盟军统帅麦克阿瑟命令太平洋战区空军司令肯尼将军组织空中打击。

日本统帅山本五十六大将心里很明白：在日本舰队穿过俾斯麦海的3天航行中，不可能躲开盟军的空中打击，他要策划的是尽可能减少损失。

日美双方的指挥官及参谋人员都进行了冷静的思考与全面的谋划。

自然条件对于双方都是已知的。基本情况如下：从蜡包尔出发开往莱城的海上航线有南北两条，通过时间均为3天。

气象预报表明：未来3天中，北线阴雨，能见度差；而南线天气晴好，能见度好。肯尼将军的轰炸机布置在南线的机场，侦察机全天候进行侦察，但有一定的搜索半径。

经测算，双方均可得到如下局势（Situation）的估计：

局势1　盟军的侦察机重点搜索北线，日本舰队也恰好走北线。由于气候恶劣，能见度差，盟军只能实施2天的轰炸。

局势2　盟军的侦察机重点搜索北线，日本舰队走南线。由于发现晚，尽管盟军的轰炸机群在南线，但有效轰炸也只有2天。

局势3　盟军的侦察机重点搜索南线，而日本舰队走北线。由于发现晚且盟军的轰炸机群在南线，以及北线气候恶劣，故有效轰炸只有1天。

局势4　盟军的侦察机重点搜索南线，日本舰队也恰好走南线。此时日本舰队迅速被发现，盟军的轰炸机群所需航程很短，加上天气晴好，有效轰炸时间3天。

这场海空遭遇与对抗一定会发生，双方的统帅如何决策呢？历史的实际情况是：局势1成为现实。肯尼将军命令盟军的侦察机重点搜索北线；而山本五十六大将命令日本舰队取道北线航行。由于气候恶劣，能见度差，盟军飞机在1天后发现了日本舰队，基地在南线的盟军轰炸机群远程航行，实施了2天的有效轰炸，重创了日本舰队，但未能全歼。

12.1.2 对策的三要素

1. 局中人（Player）

有权决定自己行为方案的对局参加者称为局中人。案例中，美日双方的决策者为局中人。当对局中人只有两人时，称为二人对策。

2. 策略（Strategy）

对局中一个实际可行方案称为一个策略。案例中，美日双方各有两个策略。

3. 赢得矩阵（Winning Matrix）或称为支付矩阵（Payoff Matrix）

当每个局中人在确定了所采取的策略后，他们就会获得相应的收益或损失，此收益或损失的值称为赢得（支付）。赢得与策略之间的对应关系称为赢得（支付）函数。

案例中，肯尼将军与山本五十六大将的赢得（支付）函数都可以用矩阵 $\boldsymbol{A}$、$\boldsymbol{B}$ 表示，即

（日军）

北线　南线

（盟军）北线
　　　　南线

$$\begin{pmatrix} 2 & 2 \\ 1 & 3 \end{pmatrix}=\boldsymbol{A}$$

（日军）

北线　南线

（盟军）北线
　　　　南线

$$\begin{pmatrix} -2 & -2 \\ -1 & -3 \end{pmatrix}=\boldsymbol{B}$$

在本例中的每一个对局，双方的赢得的代数之和为零，这样的对策称为“有限零和二人对策”。

12.1.3 矩阵对策的基本原理

设两个局中人为Ⅰ，Ⅱ，局中人Ⅰ有 m 个策略，即 a_1，a_2，…，a_m；用 $\boldsymbol{S}_1$ 表示这些策略的集合，$\boldsymbol{S}_1=\{a_1, a_2, \cdots, a_m\}$。同样，局中人Ⅱ有 n 个策略，即 b_1，b_2，…，b_n；用 $\boldsymbol{S}_2$ 表示这些策略的集合，$\boldsymbol{S}_2=\{b_1, b_2, \cdots, b_n\}$。

局中人Ⅰ的赢得矩阵为

$$\boldsymbol{A}=\begin{bmatrix} a_{11} & a_{12} & \cdots & a_{1n} \\ a_{21} & a_{22} & \cdots & a_{2n} \\ \cdots & \cdots & \cdots & \cdots \\ a_{m1} & a_{m2} & \cdots & a_{mn} \end{bmatrix}$$

局中人Ⅱ的赢得矩阵是 $-\boldsymbol{A}$。

将一个对策记为 $\boldsymbol{G}$

$$\boldsymbol{G}=\{\boldsymbol{S}_1, \boldsymbol{S}_2; \boldsymbol{A}\}$$

北线 b_1　南线 b_2

（盟军）北线 a_1
　　　　南线 a_2

$$\begin{pmatrix} 2 & 2 \\ 1 & 3 \end{pmatrix}=\boldsymbol{A}$$

在矩阵中，盟军的最大赢得是 3，而要得到 3，必须选择策略 a_2，而日军的目的是使盟军的赢得尽量小，必须选择策略 b_1，使盟军的赢得只有 1。

在局中人Ⅰ设法使自己的赢得尽可能大的同时，局中人Ⅱ也设法使局中人Ⅰ的赢得尽可能小。所以局中人Ⅰ应首先考虑用 a 所能赢得的最小，然后在这些最小赢得中选择最大。局

中人Ⅰ可以保证赢得 $\max\limits_i \min\limits_j a_{ij}$，同样，局中人Ⅱ可以保证局中人Ⅰ的赢得不超过 $\min\limits_j \max\limits_i a_{ij}$。案例中局中人Ⅰ（盟军）应当选择（北线）策略 a_1，这样能保证赢得 2。局中人Ⅱ（日军）应当选择（北线）策略 b_1 使盟军赢得不超过 2。实际上，在（a_1，b_1）局势下，有

$$\max_i \min_j a_{ij} = \min_j \max_i a_{ij}$$

上式蕴涵的思想是朴素自然的，可以概括为：从最坏处着想，去争取最好的结果。

定义 12.1　对给定的矩阵对策 $\boldsymbol{G}=\{\boldsymbol{S}_1,\ \boldsymbol{S}_2;\ \boldsymbol{A}\}$，若等式 $\max\limits_i \min\limits_j a_{ij}=\min\limits_j \max\limits_i a_{ij}$ 成立，则称这个公共值为对策 $\boldsymbol{G}$ 的值（Game Value），记为 V_G；而达到的局势 a_j，b_j 称为对策 $\boldsymbol{G}$ 在纯策略意义上的解，记为 a_j^*，b_j^*；a_j^* 和 b_j^* 分别称为局中人Ⅰ和局中人Ⅱ的最优纯策略（Pure Strategy Game）。

定理 12.1　矩阵对策 $\boldsymbol{G}=\{\boldsymbol{S}_1,\ \boldsymbol{S}_2;\ \boldsymbol{A}\}$，在纯策略意义下有解的充分必要条件是：存在一个局势（$a_{j^*}^*$，$b_{j^*}^*$），使得对一切 $i=1,\ 2,\ \cdots,\ m$ 和 $j=1,\ 2,\ \cdots,\ n$，均有 $a_{ij*}\leqslant a_{i*j*}\leqslant a_{i*j}$。

定理 12.1 表明矩阵对策 $\boldsymbol{G}=\{\boldsymbol{S}_1,\ \boldsymbol{S}_2;\ \boldsymbol{A}\}$ 有解的充分必要条件是在 $\boldsymbol{A}$ 中存在的元素 $a_{i^*j^*}$ 是其所在行中最小的同时又是其所在列中最大的。这时 $a_{i^*j^*}$ 即是对策值，因此 $a_{i^*j^*}$ 也称为“鞍点”（Saddle Point），而 $a_{j^*}^*$，$b_{j^*}^*$ 为对策的解。

对于给定的矩阵对策 $\boldsymbol{G}=\{\boldsymbol{S}_1,\ \boldsymbol{S}_2;\ \boldsymbol{A}\}$，$\boldsymbol{S}_1=\{\boldsymbol{a}_1,\ \boldsymbol{a}_2,\ \boldsymbol{a}_3\}$，$\boldsymbol{S}_2=\{b_1,\ b_2,\ b_3\}$

$$\boldsymbol{A}=\begin{bmatrix}6 & 5 & 6\\ 1 & 4 & 2\\ 8 & 5 & 7\end{bmatrix}$$

显然，$a_{i2}\leqslant a_{12}\leqslant a_{1j}$，$a_{i2}\leqslant a_{32}\leqslant a_{3j}$ 对于 $i=1,\ 2,\ 3,\ j=1,\ 2,\ 3$ 都成立，即 $a_{12}=a_{32}=5$。

由定理 12.1，对策值$=5$，对策的解为（a_1，b_2）和（a_3，b_2）。

【例 12.1】　某单位采购员在秋天时要决定冬天取暖用煤的采购量。已知在正常气温条件下需要用煤 15t，在较暖和较冷气温条件下需要用煤 10t 和 20t。假定冬季的煤价随着天气寒冷的程度而变化，在较暖、正常、较冷气温条件下每吨煤价为 100、150、200 元。又秋季每吨煤价为 100 元。在没有关于当年冬季气温情况下，秋季应购多少吨煤能使总支出最少？

解　局中人Ⅰ（采购员）有三个策略：策略 a_1，10t；策略 a_2，15t；策略 a_3，20t。

局中人Ⅱ（环境）有三个策略：策略 b_1，较暖；策略 b_2，正常；策略 b_3，较冷。

现将该单位冬天取暖用煤全部费用（秋季购煤费用与冬天不够时再补购煤费用）作为采购员的赢得矩阵

$$\begin{array}{c} \\ a_1 \\ a_2 \\ a_3 \end{array}\begin{array}{c} \begin{matrix} b_1 \quad & \quad b_2 \quad & \quad b_3 \end{matrix} \\ \begin{bmatrix} -1000 & -1750 & -3000 \\ -1500 & -1500 & -2500 \\ -2000 & -2000 & -2000 \end{bmatrix} \end{array}$$

由 $\max\limits_i \min\limits_j a_{ij}=\min\limits_j \max\limits_i a_{ij}=a_{33}=-2000$，该最优策略为（$a_3$，$b_3$），即秋季购煤 20t。

定义 12.2　对给定的矩阵对策 $\boldsymbol{G}=\{\boldsymbol{S}_1,\ \boldsymbol{S}_2,\ \boldsymbol{A}\}$，其中 $\boldsymbol{S}_1=\{a_1,\ a_2,\ \cdots,\ a_m\}$，$\boldsymbol{S}_2=\{b_1,\ b_2,\ \cdots,\ b_n\}$，$\boldsymbol{A}=(a_{ij})_{mn}$。

纯策略集合对应的概率向量 $\boldsymbol{X}=(x_1,\ x_2,\ \cdots,\ x_m)$，$x_i\geqslant 0$，$\Sigma x_i=1$ 和 $\boldsymbol{Y}=(y_1,\ y_2,$

…，y_n），$y_j \geqslant 0$，$\Sigma y_j=1$ 分别称为局中人Ⅰ和局中人Ⅱ的混合策略。如果局中人Ⅰ选取的策略为 $\boldsymbol{X}=(x_1, x_2, \cdots, x_m)$，局中人Ⅱ选取的策略为 $\boldsymbol{Y}=(y_1, y_2, \cdots, y_n)$，则期望值

$$\boldsymbol{E}(\boldsymbol{X},\boldsymbol{Y}) = \sum_{i=1}^{m}\sum_{j=1}^{n} x_i a_{ij} y_j = \boldsymbol{XAY}^{\mathrm{T}}$$

称为局中人Ⅰ期望赢得，而局势（$\boldsymbol{X}, \boldsymbol{Y}$）称为"混合局势"，局中人Ⅰ，Ⅱ的混合策略集合记为 $\boldsymbol{S}_1^*$，$\boldsymbol{S}_2^*$。

定义 12.3 对给定的矩阵对策 $\boldsymbol{G}=\{\boldsymbol{S}_1, \boldsymbol{S}_2; \boldsymbol{A}\}$，则对策 $\boldsymbol{G}^*=\{\boldsymbol{S}_1^*, \boldsymbol{S}_2^*; \boldsymbol{E}\}$，称为对策 $\boldsymbol{G}$ 的混合扩充（Mixed Expansion）。

定义 12.4 设 $\boldsymbol{G}^*=\{\boldsymbol{S}_1^*, \boldsymbol{S}_2^*; \boldsymbol{E}\}$ 是对策 $\boldsymbol{G}$ 的混合扩充，如果有

$$\max_{X\in S_1^*}\min_{Y\in S_2^*}\boldsymbol{E}(\boldsymbol{X}, \boldsymbol{Y}) = \min_{Y\in S_2^*}\max_{X\in S_1^*}\boldsymbol{E}(\boldsymbol{X}, \boldsymbol{Y})$$

则称这个公共值为对策 $\boldsymbol{G}$ 在混合意义下的值，记为 V_G^*；而达到 V_G^* 的混合局势 X^*，Y^* 称为对策 G 在混合策略意义上的解，X^* 和 Y^* 分别称为局中人Ⅰ，Ⅱ的最优混合策略（Mixed Strategy Game）。

定理 12.2 矩阵对策 $\boldsymbol{G}=\{\boldsymbol{S}_1, \boldsymbol{S}_2; \boldsymbol{A}\}$，在混合策略意义下有解的充分必要条件是：存在混合局势（X^*，Y^*），使得对一切 $X\in S_1^*$，$Y\in S_2^*$ 均有 $E(X, Y^*) \leqslant E(X^*, Y^*) \leqslant E(X^*, Y)$。

定理 12.3 对给定的矩阵对策 $\boldsymbol{G}=\{\boldsymbol{S}_1, \boldsymbol{S}_2; \boldsymbol{A}\}$，设 $X^*\in S_1^*$，$Y^*\in S_2^*$，则混合局势（X^*，Y^*）是 G 的解且 $V=V_G^*$ 的充分必要条件是，对于一切 i，j 均有 $E(a_i, Y^*) \leqslant V \leqslant E(X^*, b_j)$。

定理 12.4 任意一个给定的矩阵对策在混合策略意义下一定有解。

矩阵对策的解可能不止一个，但对策值是唯一。

下面是一些矩阵对策的例子：

（1）订货计划。某厂制造和销售一种新仪器，需要外购一种配件。现有三个厂生产这种配件，牌号为 A、B、C。A 配件每只 10 元，但有次品，装配的仪器也是次品，每台损失 100 元；B 配件每只 55 元，也有次品，但装配的仪器出售后可在保修期内稍加修理就能使用，修理费 55 元；C 配件每只 118 元，没有次品；问该厂应如何购置各种配件，使总费用（包括损失费和修理费）最少？

（2）费用分摊问题。假设沿某河流有相邻的三个城市：A、B、C。各城市都想建立自来水厂解决用水问题。各城市可单独建立自来水厂，也可以合作建一个大水厂，再用管道送到各城市。经估计，合作建一个大水厂比单独建三个自来水厂的总费用少。三个城市有意合作，但是否实施，看总费用的分摊是否合理。问题是如何合理分摊费用，使合作建立大水厂的方案得以实现。

（3）拍卖问题。拍卖形式是先由拍卖商对拍卖品描述一番，然后提出第一个报价。接下来由买者报价，每一次都比前次高，最后谁出的价格高拍卖品即归谁所有。假设报价为 p_1，p_2，…，p_{n-1}，p_n，设 $p_1<p_2<\cdots<p_{n-1}<p_n$。买主只要略高于 p_{n-1} 就能买到。问题是，各买主之间可能知道他人的估价，也可能不知道他人的估价，每人应如何报价对自己能以较低的价格得到拍卖品最为有利？

（4）囚犯难题。设有两个嫌疑犯被警察拘留，警察分别对两人进行审讯。根据法律，如

果两人都承认此案是他们干的，则每人各判刑 7 年；如果两人都不承认，则由于证据不足，两人各判刑 1 年；如果只有一人承认，则承认者以宽大处理，当场释放，而不承认者判刑 9 年。因此，对两个囚犯来说，面临着一个“承认”和“不承认”之间两个策略的选择的难题。

12.2 矩阵对策的一般解法

1. $m\times n$ 矩阵对策的线性规划法

求解矩阵对策可以等价地转化成求解互为对偶的线性规划问题。

对于给定的赢得矩阵 $A=(a_{ij})_{mn}$ 转化成两个互为对偶的线性规划问题，即

$$(\text{LP})\quad \min\sum_{i=1}^{m} p_i$$

$$\text{s.t.}\quad \sum_{j=1}^{n} p_i a_{ij}\geqslant 1$$

$$p_i\geqslant 0(i=1,2,\cdots,m)$$

$$(\text{DLP})\quad \max\sum_{j=1}^{n} q_j$$

$$\text{s.t.}\quad \sum_{i=1}^{m} q_j a_{ij}\leqslant 1$$

$$q_j\geqslant 0(j=1,2,\cdots,n)$$

且

$$\sum_{i=1}^{m} p_i=\sum_{j=1}^{n} q_j=\frac{1}{v}$$

【例 12.2】 求给定的赢得矩阵 **A** 的解。

$$A=\begin{pmatrix}0 & 1 & -1\\ -1 & 0 & 1\\ 1 & -1 & 0\end{pmatrix},\ \boldsymbol{A}'=\begin{pmatrix}2 & 3 & 1\\ 1 & 2 & 3\\ 3 & 1 & 2\end{pmatrix}$$

解 作变换 $\boldsymbol{A}'=(a_{ij}+2)$，$\boldsymbol{A}'$与 $\boldsymbol{A}$ 同解。

$$(\text{LP})\quad \min(p_1+p_2+p_3)$$

$$\text{s.t.}\quad 2p_1+p_2+3p_3\geqslant 1$$

$$3p_1+2p_2+p_3\geqslant 1$$

$$p_1+3p_2+2p_3\geqslant 1$$

$$p_i\geqslant 0(i=1,2,3)$$

$$(\text{DLP})\quad \max(q_1+q_2+q_3)$$

$$\text{s.t.}\quad 2q_1+3q_2+q_3\leqslant 1$$

$$q_1+2q_2+3q_3\leqslant 1$$

$$3q_1+q_2+2q_3\leqslant 1$$

$$q_j\geqslant 0\quad(j=1,2,3)$$

且

$$\sum_{i=1}^{m}p_i=\sum_{j=1}^{n}q_j=\frac{1}{v}$$

利用单纯形法可求出 $P^*=\left(\frac{1}{6},\ \frac{1}{6},\ \frac{1}{6}\right)$，$Q^*=\left(\frac{1}{6},\ \frac{1}{6},\ \frac{1}{6}\right)$，$p_1+p_2+p_3=\frac{1}{6}+\frac{1}{6}+\frac{1}{6}=\frac{1}{2}=\frac{1}{v}$，$\bar{v}=2$。

原问题的解 $X^*=\bar{v}\times P^*=\left(\frac{1}{3},\ \frac{1}{3},\ \frac{1}{3}\right)$，$Y^*=\bar{v}\times Q^*=\left(\frac{1}{3},\ \frac{1}{3},\ \frac{1}{3}\right)$，对策值 $V_{G*}=\bar{v}-2=0$。

【例 12.3】 求给定的赢得矩阵 **A** 的解。

$$\boldsymbol{A}=\begin{pmatrix}7&2&9\\2&9&0\\9&0&11\end{pmatrix}$$

解

$$\begin{aligned}
&(\text{LP})\quad \min(p_1+p_2+p_3)\\
&\text{s. t.}\quad 7p_1+2p_2+9p_3\geqslant 1\\
&\qquad\quad 2p_1+9p_2\geqslant 1\\
&\qquad\quad 9p_1+11p_3\geqslant 1\\
&\qquad\quad p_i\geqslant 0(i=1,2,3)\\
&(\text{DLP})\quad \max(q_1+q_2+q_3)\\
&\text{s. t.}\quad 7q_1+2q_2+9q_3\leqslant 1\\
&\qquad\quad 2q_1+9q_2\leqslant 1\\
&\qquad\quad 9q_1+11q_3\leqslant 1\\
&\qquad\quad q_j\geqslant 0(j=1,2,3)
\end{aligned}$$

且

$$\sum_{i=1}^{m}p_i=\sum_{j=1}^{n}q_j=\frac{1}{v}$$

利用单纯形法可求出 $P^*=\left(\frac{1}{20},\ \frac{1}{10},\ \frac{1}{20}\right)$，$Q^*=\left(\frac{1}{20},\ \frac{1}{10},\ \frac{1}{20}\right)$，$p_1+p_2+p_3=\frac{1}{20}+\frac{1}{10}+\frac{1}{20}=\frac{1}{5}=\frac{1}{v}$，$v=5$。

原问题的解 $X^*=vP^*=\left(\frac{1}{4},\ \frac{1}{2},\ \frac{1}{4}\right)$，$Y^*=vQ^*=\left(\frac{1}{4},\ \frac{1}{2},\ \frac{1}{4}\right)$，对策值 $V_G^*=5$。

2. 2×2 矩阵对策的公式解法

定理 12.5 对给定的矩阵对策 $\boldsymbol{G}=\{\boldsymbol{S}_1,\ \boldsymbol{S}_2;\ \boldsymbol{A}\}$，$\boldsymbol{A}=(a_{\bar{ij}})_{2\times 2}$，如果 **A** 无鞍点，则局中人Ⅰ的最优混合策略 $X^*=(x_1^*,\ x_2^*)$，局中人Ⅱ的最优混合策略 $Y^*=(y_1^*,\ y_2^*)$ 和对策值 V_G^* 由下列公式给出：令 $D=a_{11}+a_{22}-a_{12}-a_{21}$，$x_1^*=\frac{a_{22}-a_{21}}{D}$，$x_2^*=\frac{a_{11}-a_{12}}{D}$，$y_1^*=$

$\frac{a_{22}-a_{12}}{D}$，$y_2^*=\frac{a_{11}-a_{21}}{D}$，$V_G^*=\frac{a_{11}a_{22}-a_{12}a_{21}}{D}$。

【例 12.4】 在W城的冰箱市场上，以往的市场份额由本市生产的A牌冰箱占有绝大部分。本年初，一个全国知名的B牌冰箱进入W城的市场。在这场竞争中假设双方考虑可采用的市场策略均为三种：广告、降价、完善售后服务，且双方用于营销的资金相同。根据市场预测，A的市场占有率为

		B牌冰箱		
		广告 b_1	降价 b_2	售后服务 b_3
A牌冰箱	广告 a_1	0.60	0.62	0.65
	降价 a_2	0.75	0.70	0.72
	售后服务 a_3	0.73	0.76	0.78

试确定双方的最优策略。

解 由于无鞍点，故在纯策略意义下无解。但是对于A来说，a_1 行元素小于 a_2 行元素，即 a_2 优超（Precedence）a_1，删除 a_1 行。同样道理。对于B来说，b_2 列元素小于 b_3 列元素，即 b_2 优超 b_3，删除 b_3 列，得

	广告 b_1	降价 b_2	售后服务 b_3
降价 a_2	0.75	0.70	0.72
售后服务 a_3	0.73	0.76	0.78

	广告 b_1	降价 b_2
降价 a_2	0.75	0.70
售后服务 a_3	0.73	0.76

利用公式可得：$X^*=\left(0, \frac{3}{8}, \frac{5}{8}\right)$（A），$Y^*=\left(\frac{3}{4}, \frac{1}{4}, 0\right)$（B）。

对策值 $V_G^*=0.7425$。

A的最优策略是将促销资金的$\frac{3}{8}$用于降低售价，$\frac{5}{8}$用于售后服务。

B的最优策略是将促销资金的$\frac{3}{4}$用于广告，$\frac{1}{4}$用于降低售价。

这样做的结果是A的市场占有率为0.7425（74.25%）。

12.3 2×n和m×2矩阵对策的图解法

12.3.1 2×n矩阵对策的图解法

给定矩阵对策 $\boldsymbol{G}=\{\boldsymbol{S}_1, \boldsymbol{S}_2; \boldsymbol{A}\}$，$\boldsymbol{A}=(a_{ij})_{2\times n}$ 且 $\boldsymbol{A}$ 无鞍点，对局中人Ⅰ的策略 $X=(x_1, x_2)$，局中人Ⅱ是选择 $Y=(y_1, y_2, \cdots, y_n)$，使 $E(X, Y)=\sum_{j=1}^{n} y_j(a_{1j}x_1+a_{2j}x_2) \geqslant \sum_{j=1}^{n} y_j V(X)=V(X)$，其中 $V(X)=\min(a_{1j}x_1+a_{2j}x_2)=\min\{(a_{1j}-a_{2j})x_1+a_{2j}\}$。局中人Ⅱ总选择策略使 $E(X, Y)$ 达到最小的 $V(X)$，局中人Ⅰ的目的使 $V(X)$ 达到最大。

【例 12.5】 一个投资者在年初计划进行一笔30万元的投资。投资的方式可以是与他

人合资生产防雨用具或是用于旅游业的开发。他的投资效益受到当年气候的影响，当雨量少、适中或多时，到年底他可能获得的利润预测如下

	少 β_1	适中 β_2	多 β_3
防雨用具	2	5	9
旅游业	11	7	-3

试确定投资者最优策略。

解 β_1 $(a_{11}-a_{21})x_1+a_{21}=(2-11)x_1+11=-9x_1+11$

β_2 $(a_{12}-a_{22})x_1+a_{22}=(5-7)x_1+7=-2x_1+7$

β_3 $(a_{13}-a_{23})x_1+a_{23}=(9+3)x_1-3=12x_1-3$

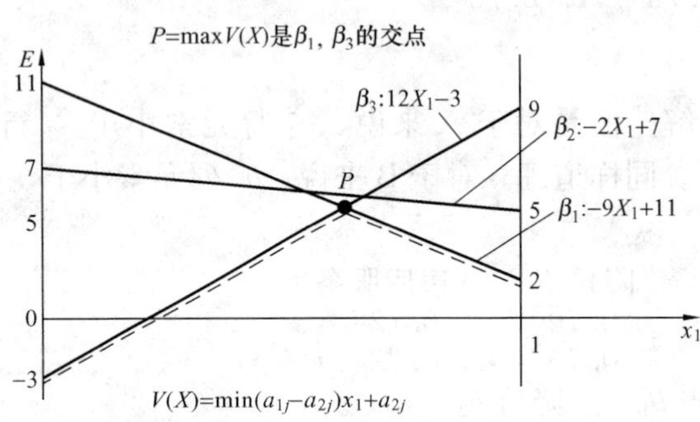

图 12.1 ［例 12.5］的图解法

在图上画出，如图 12.1 所示。

$P=\max V(X)$ 是 β_1、β_3 的交点，因此局中人Ⅱ，只考虑采用策略 β_1、β_3，不采用策略 β_2，删除第二列，得

	少 β_1	多 β_3
防雨用具	2	9
旅游业	11	-3

矩阵无鞍点利用公式可以求得最优策略 $X^*=\left(\frac{2}{3},\frac{1}{3}\right)$，$Y^*=\left(\frac{4}{7},0,\frac{3}{7}\right)$，对策值＝5。当投资者将资金的 $\frac{2}{3}$，即 20 万元用于生产防雨用具，将资金的 $\frac{1}{3}$，即 10 万元用于开发旅游业，则他至少能获得 5 万元的利润。

如果雨量少，利润 $=\frac{2}{3}\times 2+\frac{1}{3}\times 11=5$；

如果雨量适中，利润 $=\frac{2}{3}\times 5+\frac{1}{3}\times 7=5+\frac{2}{3}$；

如果雨量较多，利润 $=\frac{2}{3}\times 9+\frac{1}{3}\times(-3)=5$。

12.3.2 $m\times 2$ 矩阵对策的图解法

矩阵对策 $\boldsymbol{G}=\{\boldsymbol{S}_1,\boldsymbol{S}_2;\boldsymbol{A}\}$，$\boldsymbol{A}=(a_{ij})_{m\times 2}$ 且无鞍点，局中人Ⅱ的混合策略 $Y=(y_1,y_2)$ 目的是 $V(Y)=\max(a_{i1}y_1+a_{i2}y_2)$。由于 $y_1+y_2=1$，$V(Y)=\max\{(a_{i1}-a_{i2})y_1+a_{i2}\}$，画出 m 个关于 y_1 的直线，使 $V(Y)$ 达到最小。

【例 12.6】 每一个渔业小组（局中人Ⅰ）面临三个选择：在内海 α_1，外海 α_2 或在内海与外海的交接处 α_3。环境（局中人Ⅱ）有两个策略：有洋流 β_1，无洋流 β_2。收入估计如下

$$\begin{array}{c} \\ \alpha_1 \\ \alpha_2 \\ \alpha_3 \end{array}\begin{array}{c} \begin{array}{cc} \beta_1 & \beta_2 \end{array} \\ \begin{bmatrix} 17.3 & 11.5 \\ 5.2 & 17.0 \\ -4.4 & 20.6 \end{bmatrix} \end{array}$$

试确定投资者最优策略。

解 α_1 $(a_{11}-a_{12})\ y_1+a_{12}=(17.3-11.5)\ y_1+11.5=5.8y_1+11.5$

α_2 $(a_{21}-a_{22})\ y_1+a_{22}=(5.2-17.0)\ y_1+17.0=-11.8y_1+17.0$

α_3 $(a_{31}-a_{32})\ y_1+a_{32}=(-4.4-20.6)\ y_1+20.6=-25y_1+20.6$

在图上画出，如图 12.2 所示。

P 点是 $V(Y)$ 最小点，且是 α_1、α_2 的交点，删除第三行，得

$$\begin{array}{c} \\ \alpha_1 \\ \alpha_2 \end{array}\begin{array}{c} \begin{array}{cc} \beta_1 & \beta_2 \end{array} \\ \begin{pmatrix} 17.3 & 11.5 \\ 5.2 & 17.0 \end{pmatrix} \end{array}$$

利用公式求得渔民和环境最优策略 $X^*=(0.67,\ 0.33,\ 0)$，$Y^*=(0.31,\ 0.69)$，对策值=13.31。渔民应放弃去外海的策略，而只在内海和内海与外海的交接处，其频率为 0.67 和 0.33。

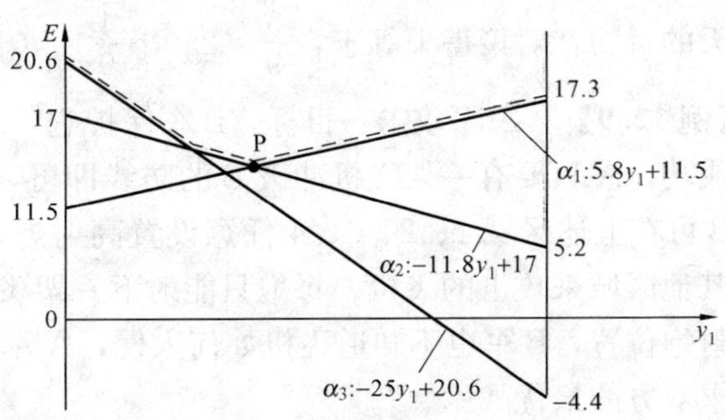

图 12.2 ［例 12.6］的图解法

【例 12.7】 暗房对策。小王正在暗房里将一张珍贵无比的底片显影，由于睡眠不足，他一向无可责难的技术出了差错。他使用的是哪种显影剂？是正常的，还是已经使用过的？若显影剂是正常的，那等待 15min 合适，此时效果为最好，评为 10 分。若显影剂是被使用过的，那么如果显影 30min，底片的质量损失不大，此时，评为 9 分。但如果显影剂是被使用过的，而只显影 15min，那他得到一张反差很弱的底片，这情况评为 6 分。如果显影剂是正常的，而显影 30min，此时底片上反差强烈，这情况评为 2 分。

解

$$\boldsymbol{A}=\begin{pmatrix} a_{11} & a_{12} \\ a_{21} & a_{22} \end{pmatrix}=\begin{pmatrix} 10 & 6 \\ 2 & 9 \end{pmatrix}$$

混合策略为

$$D=a_{11}+a_{22}-a_{12}-a_{21}=11$$

$$x_1^*=\frac{a_{22}-a_{21}}{D}=\frac{7}{11},\ x_2^*=\frac{a_{11}-a_{12}}{D}=\frac{4}{11},\ y_1^*=\frac{a_{22}-a_{12}}{D}=\frac{3}{11},$$

$$y_2^*=\frac{a_{11}-a_{21}}{D}=\frac{8}{11},\ V_G^*=\frac{a_{11}a_{22}-a_{12}a_{21}}{D}=\frac{78}{11}$$

因为他相信底片质量好坏与显影时间成正比，则

$$x_1\times 15+x_2\times 30=\frac{7}{11}\times 15+\frac{4}{11}\times 30=20\frac{5}{11}\ (\text{min})$$

【例 12.8】 街头小贩。小李获准在体育场出售墨镜和雨伞，他的买卖好坏显然取决于天气情况。他根据经验，在雨天大致能卖了 500 把伞，而在晴天大致能卖了 100 把伞，同时能卖了 1000 副墨镜。他每把伞 50 美分购进，按 1 美元卖出，而墨镜每副 20 美分购进，按 50 美分卖出，他想在这次生意中投资 250 美元，没有卖出的货对他来说是亏损。支付矩阵

为见表 12.1。

表 12.1 问题的支付矩阵

	售出情况	
	雨天	晴天
雨天	250	−150
晴天	−150	350

解 根据公式，可以求出 $x_1=\frac{5}{9}$，$x_2=\frac{4}{9}$，即小李必须按 5∶4 的频率采购适应雨天或晴天的货物，对策得失等于 $\frac{5}{9}\times 250+\frac{4}{9}\times(-150)=72.22$（美元）。

【例 12.9】 A 军攻击一目标，B 军保护它，A 军有飞机 2 架，B 军有高射炮 4 门，要攻击成功，A 只要有一架飞机冲破 B 的防线即可，A 的飞机可由区域 1、2、3、4 去接近目标，B 可在上述区域 1、2、3、4 任意设置高射炮，但一门高射炮只能防卫一个区域，无法射下其他区域来攻击的飞机。每炮只能射下一架飞机，其击中概率为 1。A 军并不知道 B 军的高射炮位置，B 军也不知道飞机如何入侵，A 军任务是如何摧毁目标，B 军是如何防卫成功，求双方的最优战术。

解 A 军有两个纯策略：

α_1：两架飞机自二相异地入侵。α_2：两架飞机自同一地入侵。

B 军有五个纯策略：

β_1：(1+1+1+1)，β_2：(2+2)，β_3：(2+1+1)，β_4：(3+1)，β_5：(4)

A 军支付矩阵：

$\alpha_1\beta_1$：A 军派二架飞机自异地入侵，B 军在四个区域各设置一门高射炮。按假定每门炮射中一架飞机概率为 1，因此 A 军进攻失败，$a_{11}=0$。

$\alpha_1\beta_2$：A 军派二架飞机自异地入侵，B 军在两个区域各设置两门高射炮，另外两个区域不设。故两飞机之一选择到未设的区域的概率，即为摧毁目标的概率 $a_{12}=\frac{5}{6}$。

……

A 军支付矩阵为

$$\boldsymbol{A}=\begin{array}{c} \\ \alpha_1 \\ \alpha_2 \end{array}\begin{array}{c} \begin{array}{ccccc}\beta_1 & \beta_2 & \beta_3 & \beta_4 & \beta_5\end{array} \\ \begin{bmatrix} 0 & \frac{5}{6} & \frac{1}{2} & \frac{5}{6} & 1 \\ 1 & \frac{1}{2} & \frac{3}{4} & 1 & 1 \end{bmatrix}\end{array}$$

检验 **A**，第四、五列均被第三列优超。**A** 简化为

$$\boldsymbol{A}=\begin{array}{c} \\ \alpha_1 \\ \alpha_2 \end{array}\begin{array}{c} \begin{array}{ccc}\beta_1 & \beta_2 & \beta_3\end{array} \\ \begin{bmatrix} 0 & \frac{5}{6} & \frac{1}{2} \\ 1 & \frac{1}{2} & \frac{3}{4} \end{bmatrix}\end{array}$$

用图解法得到 $x=\frac{3}{8}$，$y=\frac{5}{8}$；

A军的最优策略 $X=(x_1, x_2)=\left(\frac{3}{8}, \frac{5}{8}\right)$；

B军的最优策略 $Y=(y_1, y_2, y_3, y_4, y_5)=\left(\frac{1}{4}, \frac{3}{4}, 0, 0, 0\right)$；

对策结果，A军获胜的可能性为$\frac{5}{8}$。

【例 12.10】 象棋团体赛。上海队与广东队进行象棋团体赛，上海队基本队员A、B、C三人，广东队基本队员甲、乙、丙三人。根据长期以来彼此之间战果来看，甲能胜A，A能打败乙，A和丙比赛经常下成和棋，B能胜甲，B跟乙或丙比赛经常下成和棋，C能打败甲和丙，但跟乙比赛经常下成和棋。

表 12.2 问题的支付矩阵

	甲	乙	丙
A	−1	1	0
B	1	0	0
C	1	0	1

支付矩阵：上海队胜一局记1，败一局记−1，和棋记0，见表12.2。

此外，双方同意将一盘分做两局，在进行每一盘比赛时，每方必须从三人中选择两人参加比赛，并且讲清楚谁打第一局，谁打第二局，临比赛时，上海队长C因有急事，不能出场，临时改为B当队长，经过双方协商，同意上海队在认为必要时，可有B连赛二场。试问对于这一比赛，各应采取什么策略，才是最合理。

解 根据题意得表12.3。

表 12.3 问题的支付矩阵

	甲乙	甲丙	乙甲	乙丙	丙甲	丙乙
AB	−1	−1	2	1	1	0
BA	2	1	−1	0	−1	1
BB	1	1	1	0	1	0

问题无鞍点，双方都不存在最优纯策略，只能采用混合策略。第一列优超第二列，第三列优超第五列，划去第一列和第三列。根据线性方程组解法，得到：

$x_1 : x_2 : x_3 : x_4=1:2:0:0$ 或 $x_1 : x_2 : x_3 : x_4=0:0:1:2$

$y_1 : y_2 : y_3=1:1:1$。加上划去的两列，得到：

上海队最优策略：AB∶BA∶BB=1∶1∶1；

广东队最优策略：甲乙∶甲丙∶乙甲∶乙丙∶丙甲∶丙乙=0∶1∶0∶2∶0∶0

或甲乙∶甲丙∶乙甲∶乙丙∶丙甲∶丙乙=0∶0∶0∶0∶1∶2，本对策值$=\frac{1}{3}$。

【例 12.11】 （“莫拉”游戏）各局中人伸出若干手指，与此同时猜出对方伸出几个手指。伸出手指可以是一、二、三个，只要局中人讲对了对方伸出的手指数，那么他的收益等于该局中两个局中人手指数总和，其余场合为零。共有9个纯策略，用两个数表示，如32，表示局中人伸出三个手指，说出对方两个手指。

解 求出对策矩阵，见表12.4。

根据线性方程组解法得到：

策略：　　11　12　13　21　22　23　31　32　33

相当频率：0　0　5　0　4　0　3　0　0

最优策略：13　22　31

相当频率：5　4　3

表 12.4　　**问题的支付矩阵**

	11	12	13	21	22	23	31	32	33
11	0	2	2	−3	0	0	−4	0	0
12	−2	0	0	0	3	3	−4	0	0
13	−2	0	0	−3	0	0	0	4	4
21	3	0	3	0	−4	0	0	−5	0
22	0	−3	0	4	0	4	0	−5	0
23	0	−3	0	0	−4	0	5	0	5
31	4	4	0	0	0	−5	0	0	−6
32	0	0	−4	5	5	0	0	0	−6
33	0	0	−4	0	2	−5	6	6	0

本 章 小 结

对策论（博弈论）广泛应用于经济学、管理学、社会学、政治学、军事学等领域，是一门发展中的、充满活力的学科。本章首先以俾斯麦海的海空对抗为例，介绍了对策的三要素，即局中人、策略和赢得矩阵；然后分别给出了纯策略意义下和混合策略意义下矩阵对策有解的充要条件，有鞍点对策问题的解法，以及 $m \times n$ 矩阵对策的线性规划解法和无鞍点混合对策的公式解法；最后介绍了 $2 \times n$ 和 $m \times 2$ 矩阵对策的图解法。

习 题 12

一、计算题

12.1　A、B 两人各有 1 元、5 角和 1 角的硬币各一枚。在双方互不知道的情况下各出一枚硬币，并规定当和为奇数时，A 赢得 B 所出硬币；当和为偶数时，B 赢得 A 所出硬币。试据此列出二人零和对策的模型，并说明该项游戏对双方是否公平合理。

12.2　A、B 两人在互不知道的情况下，各自在纸上写｛−1，0，1｝三个数字中的任意一个。设 A 所写数字为 s，B 所写数字为 t，答案公布后 B 付给 A 的钱为 $[s(t-s)+t(t+s)]$ 元。试列出此问题对 A 的支付矩阵，并说明该游戏对双方是否公平合理。

12.3　已知 A、B 两人对策时对 A 的赢得矩阵如下，求双方各自的最优策略及对策值。

(1) $\begin{bmatrix} 2 & 1 & 4 \\ 2 & 0 & 3 \\ -1 & -2 & 0 \end{bmatrix}$

（2）$\begin{bmatrix} -3 & -2 & 6 \\ 2 & 0 & 2 \\ 5 & -2 & -4 \end{bmatrix}$

12.4　在下列矩阵 $(a_{ij})_{3\times3}$ 中确定 p 和 q 的取值范围，使得该矩阵在元素 a_{22} 处存在鞍点。

（1）$\begin{bmatrix} 1 & q & 6 \\ p & 5 & 10 \\ 6 & 2 & 3 \end{bmatrix}$

（2）$\begin{bmatrix} 2 & 4 & 5 \\ 10 & 7 & q \\ 4 & p & 6 \end{bmatrix}$

12.5　A和B进行一种游戏。A先在横坐标 x 轴的 [0，1] 区间内任选一个数，但不让B知道，然后B在纵坐标 y 的 [0，1] 区间内任选一个数。双方选定后，B对A的支付为 $p(x, y)=0.5y^2-2x^2-2xy+3.5x+1.25y$，求A、B各自的最优策略及对策值。

12.6　证明下列矩阵对策具有纯策略解（其中字母为任意实数）。

（1）$\begin{bmatrix} a & b \\ c & d \\ a & d \\ c & b \end{bmatrix}$

（2）$\begin{bmatrix} a & e & a & e & a & e & a & e \\ b & f & b & f & f & b & f & b \\ c & g & g & c & c & g & g & c \end{bmatrix}$

12.7　下列矩阵为A、B对策时A的赢得矩阵，先尽可能按优超原则简化，再用图解法求A、B各自的最优策略及对策值。

（1）$\begin{bmatrix} -3 & 3 & 0 & 2 \\ -4 & -1 & 2 & -2 \\ 1 & 1 & -2 & 0 \\ 0 & -1 & 3 & -1 \end{bmatrix}$

（2）$\begin{bmatrix} 2 & 4 & 0 & -2 \\ 4 & 8 & 2 & 6 \\ -2 & 0 & 4 & 2 \\ -4 & -2 & -2 & 0 \end{bmatrix}$

12.8　用线性规划方法求解下列对策问题。

（1）$\begin{bmatrix} 3 & -1 & -3 \\ -3 & 3 & -1 \\ -4 & -3 & 3 \end{bmatrix}$

（2）$\begin{bmatrix} -1 & 2 & 1 \\ 1 & -2 & 2 \\ 3 & 4 & -3 \end{bmatrix}$

12.9 每行与每列均包含有整数 1，…，m 的 $m\times m$ 矩阵称为拉丁方。例如一个 4×4 的拉丁方为

$$\begin{pmatrix} 1 & 3 & 2 & 4 \\ 2 & 4 & 3 & 1 \\ 3 & 1 & 4 & 2 \\ 4 & 2 & 1 & 3 \end{pmatrix}$$

试证明对策矩阵为拉丁方的 $m\times m$ 矩阵对策的值为$\frac{m+1}{2}$。

12.10 A、B、C 三人进行围棋擂台赛。三人中 A 最强，C 最弱，一局棋赛中 A 胜 C 的概率为 p，A 胜 B 的概率为 q，B 胜 C 的概率为 r。擂台赛规则为先任选两人对擂，其胜者再同第三人对擂，若连胜，该人即为优胜者；反之，任何一局对擂的胜者再同未参加该局比赛的第三人对擂，并往复进行下去，直至任何一人连胜两局对擂为止，该人即为优胜者。考虑到 C 最弱，故确定由 C 来定第一局由哪两人对擂。试问 C 应如何抉择，使自己成为优胜者的概率为最大。

12.11 有 A、B 两家生产小型电子计算器工厂，其中 A 厂研制出一种新型袖珍计算器。为推出这种新产品加强与 B 厂竞争，考虑了三个竞争对策：①将新产品全面投入生产；②继续生产现有产品，新产品小批量试产试销；③维持原状，新产品只生产样品征求意见。B 厂了解到 A 厂有新产品情况下也考虑了三个策略：①加速研制新计算器；②对现有计算器革新；③改进产品外观和包装。由于受市场预测能力限制，表 12.5 只表明双方对策结果的大致的定性分析资料（对 A 厂而言）：若用打分法，一般记 0 分，较好打 1 分，好打 2 分，很好为 3 分，较差打－1 分，差为－2 分，很差为－3 分。试通过对策分析，确定 A、B 两厂各应采取哪一种策略。

表 12.5 双方对策结果的大致定性分析资料（对 A 厂而言）

		B 厂 策 略		
		1	2	3
A 厂策略	1	较好	好	很好
	2	一般	较差	较好
	3	很差	差	一般

12.12 有甲、乙两支游泳队举行包括三个项目的对抗赛。这两支游泳队各有一名健将级运动员（甲队为李，乙队为王），在三个项目中成绩都很突出，但规则准许他们每人只能参加两项比赛，每队的其他两名运动员可参加全部三项比赛。已知各运动员平时成绩见表 12.6。假定各运动员在比赛中都发挥正常水平，比赛第一名得 5 分，第二名得 3 分，第三名得 1 分。问教练员应决定让自己队健将参加哪两项比赛，使本队得分最多？（各队参加比赛名单互相保密，定下来后不准变动）。

表 12.6 运动员成绩 (s)

泳姿	甲 队			乙 队		
	A1	A2	李	B1	B2	王
100m 蝶泳	59.7	63.2	57.1	61.4	64.8	58.6
100m 仰泳	67.2	68.4	63.2	64.7	66.5	61.5
100m 蛙泳	74.1	75.5	70.3	73.4	76.9	72.6

12.13 A、B、C三人进行围棋擂台赛。已知三人中A最强，C最弱，又知一局棋赛中A胜C的概率为p，A胜B的概率为q，B胜C的概率为r。擂台赛规则为先任选两人对擂，其胜者再同第三者对擂，若连胜，该人即为优胜者；反之，任何一局对擂的胜者再同未参加该局比赛的第三者对擂，并往复进行下去，直至任何一人连胜两局对擂为止，该人即为优胜者。考虑到C最弱，故确定由C来定第一局由哪两人对擂。试问C应如何抉择，使自己成为优胜者的概率为最大。

12.14 有分别为1、2、3点的三张牌。先给A任发一张牌，A看了后可以叫"小"或"大"，如叫"小"，赌注为2元，叫"大"时赌注为3元。接下来给B任发剩下来牌中的一张，B看后可有两种选择：①认输，付给A 1元；②打赌，如上叫"小"，谁的牌点子小谁赢，如叫"大"，谁的牌点子大谁赢，输赢钱数为下的赌注数。问在这种游戏中A、B各有多少个纯策略，根据优超原则说明哪些策略是拙劣的，在对策中不会使用，再求最优解。

12.15 有一种赌博游戏，游戏者Ⅰ拿两张牌：红A和黑2，游戏者Ⅱ也拿两张牌：红2和黑3。游戏时两人各同时出示一张牌，如颜色相同，Ⅱ付给Ⅰ钱，如果颜色不同，Ⅰ付给Ⅱ钱。并且规定，如Ⅰ打的是红A，按两人牌上点数差付钱。如Ⅰ打的是黑2，按两人牌上点数和付钱。求游戏者Ⅰ，Ⅱ的最优策略，并回答这种游戏对双方是否公平合理。

12.16 A、B两名游戏者双方各持一枚硬币，同时展示硬币的一面。如均为正面，A赢$\frac{2}{3}$元；均为反面，A赢$\frac{1}{3}$元；如为一正一反，A输$\frac{1}{2}$元。写出A的赢得矩阵，A、B双方各自的最优策略，并回答这种游戏是否公平合理?

12.17 甲、乙两人对策。甲手中有三张牌：两张K和一张A。甲任意藏起一张后，然后宣称自己手中的牌是KK或AK，对此乙可以接受或提出异议。如甲叫的正确而乙接受，甲得一元；如甲手中是KK叫AK时而乙接受，甲得两元；甲手中是AK叫KK时而乙接受，甲输两元。如乙对甲的宣称提出异议，输赢和上述恰恰相反而且钱数加倍。列出甲、乙各自的纯策略，求最优解和对策值，说明对策是否公平合理。

12.18 有一种游戏：任意掷一个钱币，先将出现是正面或反面的结果告诉甲。甲有两种选择：①认输，付给乙一元；②打赌，只要甲认输，这一局就终止重来。当甲打赌时，乙也有两种选择：①认输，付给甲一元；②叫真，在乙叫真时，如钱币掷的是正面，乙输给甲两元，如钱币是反面，甲输给乙两元。试建立甲方的赢得矩阵，求对策值及双方各自的最优策略。

二、复习思考题

12.19 试述组成对策模型的三个基本要素及各要素的含义。

12.20 试述二人零和有限对策在研究对策模型中的地位、意义，为什么它又被称为矩阵对策?

12.21 解释下列概念，并说明同组概念之间的联系和区别：①策略、纯策略、混合策略；②鞍点、平衡局势、纯局势、纯策略意义上的解；③混合扩充、混合局势、混合策略意义上的解；④优超，某纯策略被另一纯策略优超，某纯策略为其他纯策略的凸线性组合所优超。

12.22 判断下列说法是否正确（正确的在括号中打"√"，错误的在括号中打"×"）。

（1）矩阵对策中，如果最优解要求一个局中人采取纯策略，则另一局中人也必须采取纯

策略。（ ）

（2）矩阵对策中当局势达到平衡时，任何一方单方面改变自己的策略（纯策略或混合策略）将意味着自己更少的赢得或更大的损失。（ ）

（3）任何矩阵对策一定存在混合策略意义上的解，并可以通过求解两个互为对偶的线性规划问题得到。（ ）

（4）矩阵对策的对策值相当于进行若干次对策后局中人Ⅰ的平均赢得值或局中人Ⅱ的平均赢得值。（ ）

第13章 排 队 论

13.1 排队论基本概念

排队论（Queuing Theory）是研究排队系统（又称随机服务系统 Random Service System）的数学理论和方法，是运筹学的一个重要分支。

有形排队现象：进餐馆就餐，到图书馆借书，车站等车，去医院看病，售票处售票，到工具房领物品等。

无形排队现象：几个旅客同时打电话订车票，如果有一人正在通话，其他人只得在各自的电话机前等待，他们分散在不同的地方，形成一个无形的队列在等待通电话。

排队的不一定是人，也可以是物。如生产线上的原材料，半成品等待加工；因故障而停止运行的机器设备在等待修理；码头上的船只等待装货或卸货；要下降的飞机因跑道不空而在空中盘旋等。当然，进行服务的也不一定是人，可以是跑道、自动售货机、公共汽车等。

顾客（Customer）——要求服务的对象。服务员（Server）——提供服务的服务者（也称服务机构）。顾客、服务员的含义是广义的。

13.1.1 排队系统（Queuing System）类型

（1）单台服务台排队系统，如图13.1所示。

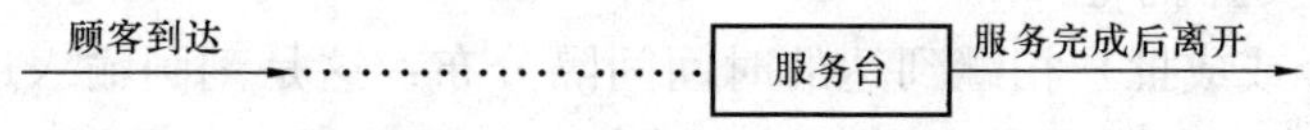

图13.1 单服务台排队系统

（2）S个服务台，一个队列的排队系统，如图13.2所示。

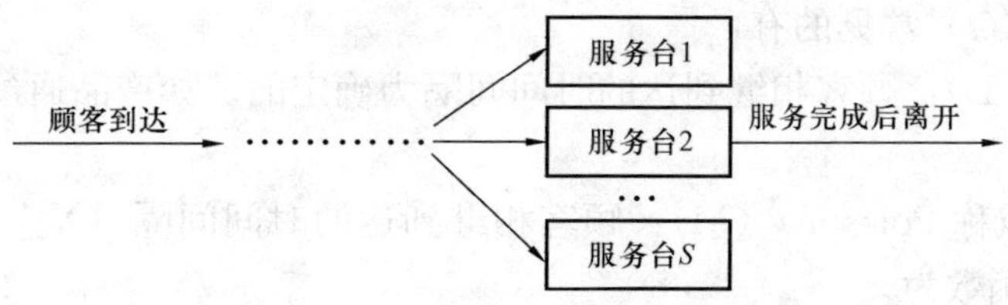

图13.2 S个服务台，一个队列的排队系统

（3）S个服务台，S个队列的排队系统，如图13.3所示。

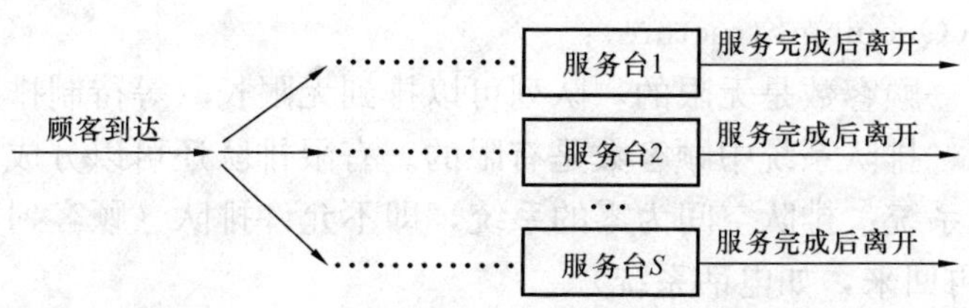

图13.3 S个服务台，S个队列的排队系统

（4）多服务台串联排队系统，如图 13.4 所示。

（5）随机聚散服务系统，如图 13.5 所示。

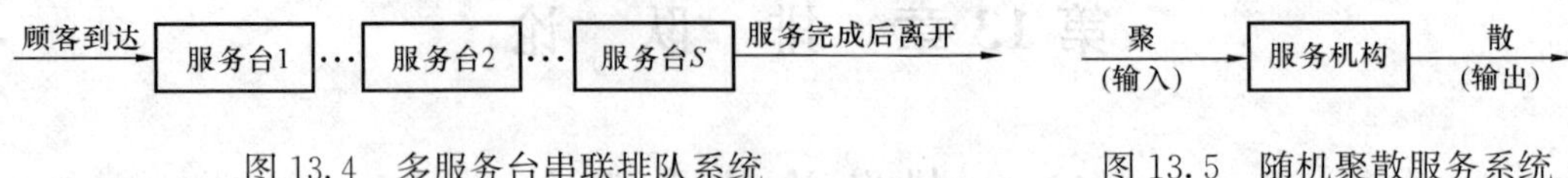

图 13.4　多服务台串联排队系统　　　　图 13.5　随机聚散服务系统

还有排队系统是多服务台有并联有串联排队系统以至更复杂的网络系统。排队系统除了服务机构的复杂性还有各式各样的排队规则，更重要的是它的随机性，即顾客到达情况与顾客接受服务的时间是随机的。

随机性——顾客到达情况与顾客接受服务的时间是随机的。

一般来说，排队论所研究的排队系统中，顾客相继到达时间间隔和服务时间这两个量中至少有一个是随机的。因此，排队论又称随机服务理论。

13.1.2　排队系统的描述

实际中的排队系统各不相同，但概括起来都由三个基本部分组成，即输入过程、排队及排队规则和服务机构。

1. 输入过程（Input Process）

（1）顾客总体（顾客源）数：可能是有限，也可能是无限；可以是离散的，也可能是连续的。如河流上游流入水库的水量可认为是连续且大多时间段里也可以认为是无限的；车间内停机待修的机器显然是离散的，也是有限的。

（2）到达（Arrival）方式：是单个到达还是成批到达。库存问题中，若把进来的货看成顾客，则为成批到达的例子。

（3）顾客（单个或成批）相继到达的时间间隔分布：这是刻画输入过程的最重要内容。令 $T_0=0$，T_n 表示第 n 个顾客到达的时刻，则有 $T_0\leqslant T_1\leqslant T_2\leqslant\cdots\leqslant T_n\leqslant\cdots$记为 $X_n=T_n-T_{n-1}$，$n=1$，2，…则 X_n 是第 n 个顾客与第 $n-1$ 个顾客到达的时间间隔。一般假定 $\{X_n\}$ 是独立同分布，并记分布函数为 $A(t)$。

$\{X_n\}$ 的分布 $A(t)$ 常见的有：

（1）定常分布（D）：顾客相继到达的时间间隔为确定的。如产品通过传送带进入包装箱就是定常分布。

（2）最简流（或称 Poisson）（M）：顾客相继到达的时间间隔 $\{X_n\}$ 为独立的，同为负指数分布，其密度函数为

$$A(t)=\begin{cases}\lambda e^{-\lambda t}, & t\geqslant 0\\ 0, & t<0\end{cases}$$

2. 排队及排队规则（Queuing Rule）

（1）排队结构（Queuing Structure）：

1）无限排队——顾客数是无限的，队列可以排到无限长（等待制排队系统）。

2）有限排队——排队系统中顾客数是有限的。有限排队还可以分成：

a）损失制排队系统：排队空间为零的系统，即不允许排队（顾客到达时，服务台占满，顾客自动离开，不再回来，如电话系统）。

b）混合制排队系统：是等待制与损失制结合，即允许排队，但不允许队列无限长。该

系统有如下特点：

队长（Queue Length）有限，即系统等待空间是有限的。例最多只能容纳 K 个顾客在系统中，当新顾客到达时，若系统中的顾客数（又称为队长）小于 K，则可进入系统排队或接受服务；否则，便离开系统，并不再回来。如水库的库容是有限的，旅馆的床位是有限的。

等待时间（Waiting Time）有限，即顾客在系统中等待时间不超过某一给定的长度 T，当等待时间超过 T 时，顾客将自动离开，不再回来。如易损失的电子组件的库存问题，超过一定存储时间的元器件被自动认为失效。

逗留时间（Staying Time）（等待时间与服务时间之和）有限。例用高射炮射击飞机，当敌机飞越射击有效区域的时间为 t 时，若这个时间内未被击落，也就不可能再被击落了。

损失制和等待制可看成是混合制的特殊情形，如记 s 为系统中服务台个数，则当 $k=s$ 时，混合制即为损失制；当 $k\to\infty$ 时，即成为等待制。

（2）排队规则：当顾客到达时，若所有服务台都被占有且又允许排队，则该顾客将进入队列等待。服务台对顾客进行服务所遵循的规则通常有：

1）先来先服务（FCFS）。

2）后来先服务（LCFS）。在许多库存系统中就会出现这种情况。如钢板存入仓库后，需要时总是从最上面取出；又如在情报系统中，后来到达的信息往往更重要，首先要加以分析和利用。

3）具有优先权的服务（PS）。服务台根据顾客的优先权的不同进行服务，如病危的病人应优先治疗，重要的信息应优先处理，出价高的顾客应优先考虑。

3. 服务机制（Service Rule）

服务机制包括服务员的数量及其连接方式（串联还是并联）；顾客是单个还是成批接受服务；服务时间的分布。记某服务台的服务时间为 V，其分布函数为 $B(t)$，密度函数为 $b(t)$，则常见的分布有：

（1）定长分布（D）。每个顾客接受的服务时间是一个确定的常数。

（2）负指数分布（M）。每个顾客接受的服务时间相互独立，具有相同的负指数分布

$$b(t)=\begin{cases}\mu e^{-\mu t}, t\geqslant 0\\ 0, t<0\end{cases}$$

其中，$\mu>0$ 为一常数。

（3）K 阶爱尔朗分布（En）。其表达式为

$$b(t)=\frac{k\mu(k\mu t)^{k-1}}{(k-1)!}=e^{-k\mu t}$$

当 $k=1$ 时，即为负指数分布。$k\geqslant 30$，近似于正态分布。当 $k\to\infty$ 时，方差 $\to 0$，即为完全非随机的分布。

13.1.3 排队系统的符号表示

"Kendall" 记号 $X/Y/Z/W$

其中：X 表示顾客相继到达的时间间隔分布；Y 表示服务时间的分布；Z 表示服务台个数；W 表示系统的容量，即可容纳的最多顾客数。

如 $M/M/1/\infty$

其中：M 表示顾客相继到达的时间间隔服从负指数分布；M 表示服务时间为负指数分布；单个服务台；系统容量为无限（等待制）的排队模型。

又如 $$M/M/S/K$$

其中：M 表示顾客到达的时间间隔服从负指数分布；M 服务时间为负指数分布；S 个服务台；系统容量为 K 的排队模型，当 $K=S$ 时为损失制排队模型，当 $K=\infty$ 时为等待制排队模型。

13.1.4 排队系统的主要数量指标

系统状态：指排队系统中的顾客数（排队等待的顾客数与正在接受服务的顾客数之和）。

排队长（Waiting Queue Length）：系统中正在排队等待服务的顾客数。

记 $N(t)$ 为时刻 $t(t\geqslant 0)$ 的系统状态；$p_n(t)$ 为时刻 t 系统处于状态 n 的概率；S 为排队系统中并行的服务台数；λ_n 为当系统处于状态 n 时，新来的顾客的平均到达率（单位时间内到达的平均顾客数），当 λ_n 为常数时记为 λ；μ_n 为当系统处于状态 n 时，整个系统的平均服务率（单位时间内可以服务完的平均顾客数），当每个服务台的平均服务率为常数时，记每个服务台的服务率为 μ，则当 $n\geqslant s$ 时，有 $\mu_n=s\mu$。因此，顾客相继到达的平均时间间隔为 $\frac{1}{\lambda}$，平均服务时间为 $\frac{1}{\mu}$，令 $\rho=\frac{\lambda}{s\mu}$，则 ρ 为系统的服务强度。

$p_n(t)$ 称为系统在时刻 t 的瞬间分布，一般不容易求得。同时，由于排队系统运行一段时间后，其状态和分布都呈现出与初始状态或分布无关的性质，具有这种性质的状态或分布称为平稳状态或平稳分布。排队论一般更注意研究系统在平稳状态下的性质。

排队系统在平稳状态时一些基本指标有：P_n 为系统中恰有 n 个顾客的概率；L 为系统中顾客数的平均值；L_q 为系统中正在排队的顾客数的平均值，又称为平均排队长；T 为顾客在系统中的逗留时间；$W=E(T)$ 为顾客在系统中的平均逗留时间；T_q 为顾客在系统中的排队等待时间；$W_q=E(T_q)$ 为顾客在系统中的平均排队等待时间。

13.2 排队论研究的基本问题

排队论研究的基本问题：

（1）系统运行的基本特征。通过研究主要数量指标在瞬时或平稳状态下的概率分布及数字特征，了解系统运行的基本特征。

（2）统计推断问题。建立适当的排队模型是排队论研究的第一步，建立模型过程中，系统是否达到平稳状态的检验；顾客相继到达时间间隔相互独立性的检验，服务时间的分布及有关参数的确定等。

（3）系统优化问题。它又称系统控制问题或系统运营问题，其基本目的是使系统处于最优的或最合理的状态，包括最优设计问题和最优运营问题。

13.2.1 $M/M/1$ 等待制排队模型

单服务台问题，又表示为 $M/M/1/\infty$：顾客相继到达时间服从参数为 λ 的负指数分布；服务台数为 1；服务时间服从参数为 μ 的负指数分布；系统的空间为无限，允许永远排队。

队长的分布：

记 $P_n=p\{N=n\}$，$n=0, 1, 2, \cdots$ 为系统达到平衡状态后队长的概率分布，则 $\lambda_n=\lambda$，

$\mu_n=\mu$，$\rho=\dfrac{\lambda}{\mu}<1$，有 $P_n=(1-\rho)\rho^n$，$n=0$，1，2，…。

几个数量指标：

（1）平均队长

$$L=\sum_{n=1}^{\infty}np_n=\sum_{n=1}^{\infty}n(1-\rho)\rho^n=\frac{\rho}{1-\rho}=\frac{\lambda}{\mu-\lambda}$$

（2）平均排队长

$$L_q=\sum_{n=1}^{\infty}(n-1)p_n=\frac{\rho^2}{1-\rho}=\frac{\lambda^2}{\mu(\mu-\lambda)}$$

（3）平均逗留时间

$$W=E(T)=\frac{1}{\mu-\lambda}$$

（4）平均等待时间

$$W_q=\frac{\lambda}{\mu(\mu-\lambda)}$$

它们之间的关系为

$$L=\lambda W,\ L_q=\lambda W_q$$

以上两式称为 Little 公式。

【例 13.1】 考虑一个铁路列车编组站。设待编列车到达时间间隔服从负指数分布，平均每小时到达 2 列；服务台是编组站，编组时间服从负指数分布，平均每 20min 可编一组。已知编组站上共有 2 股道，当均被占用时，不能接车，再来的列车只能停在站外或前方站。求在平衡状态下系统中列车的平均数，每一列车的平均逗留时间，等待编组的列车平均数。如果列车因站中 2 股道均被占用而停在站外或前方站时，每列车每小时费用为 a 元，求每天由于列车在站外等待而造成的损失。

解 本例可看成一个 $M/M/1/\infty$ 排队问题，其中 $\lambda=2$，$\mu=3$，$\rho=\dfrac{\lambda}{\mu}=\dfrac{2}{3}<1$。

（1）系统中列车的平均数

$$L=\frac{\rho}{1-\rho}=\frac{\frac{2}{3}}{1-\frac{2}{3}}=2(\text{列})$$

（2）列车在系统中的平均停留时间

$$W=\frac{L}{\lambda}=\frac{2}{2}=1(\text{h})$$

（3）系统中等待编组的列车平均数

$$L_q=L-\rho=2-\frac{2}{3}=\frac{4}{3}(\text{列})$$

（4）列车在系统中的平均等待编组时间

$$W_q=\frac{L_q}{\lambda}=\frac{\frac{4}{3}}{\frac{1}{2}}=\frac{2}{3}(\text{h})$$

记列车平均延误（由于站内 2 股道均被占用而不能进站）时间为 W_0，则

$$\begin{aligned}W_0 &= WP\{N>2\} = W\{1-P_0-P_1-P_2\}\\ &= W\{1-(l-\rho)-(l-\rho)\rho^1-(l-\rho)\rho^2\}\\ &= 1\times\rho^3=\rho^3=\left(\frac{2}{3}\right)^3=0.296(\mathrm{h})\end{aligned}$$

故每天列车由于等待而支出的平均费用

$$E=24\lambda W_0 a=24\times2\times0.296\times a=14.2a\ (元)$$

【例 13.2】 某修理店只有一位修理工，来修理的顾客到达过程为泊松（Poisson）流，平均每小时 4 人；修理时间服从负指数分布，平均需要 6min。试求：修理店空闲的概率；店内恰有 3 位顾客的概率；店内至少有 1 位顾客的概率；在店内平均顾客数；每位在店内平均逗留时间；等待服务的平均顾客数；每位顾客平均等待服务时间；顾客在店内等待时间超过 10min 的概率。

解 本例可看成一个 $M/M/1/\infty$ 排队问题，其中 $\lambda=4$，$\mu=\frac{1}{0.1}=10$（人/h），$\rho=\frac{\lambda}{\mu}=\frac{2}{5}<1$。

（1）修理店内空闲的概率

$$P_0=1-\rho=1-\frac{2}{5}=0.6$$

（2）店内恰有 3 个顾客的概率

$$P_3=\rho^3\ (1-\rho)\ =\left(\frac{2}{5}\right)^3\left(1-\frac{2}{5}\right)=0.038$$

（3）店内至少有 1 位顾客的概率

$$P\ \{N\geqslant1\}\ =1-P_0=1-\ (1-\rho)\ =\rho=\frac{2}{5}=0.4$$

（4）在店内平均顾客数

$$L=\frac{\rho}{1-\rho}=\frac{\frac{2}{5}}{1-\frac{2}{5}}=0.67\ (人)$$

（5）每位顾客在店内平均逗留时间

$$W=\frac{L}{\lambda}=\frac{0.67}{4}=10\ (\mathrm{min})$$

（6）等待服务的平均顾客数

$$L_q=L-\rho=0.67-\frac{2}{5}=0.27\ (人)$$

（7）每个顾客平均等待服务时间

$$W_q=\frac{L_q}{\lambda}=\frac{0.27}{4}=0.0675\ (\mathrm{h})\ =4\mathrm{min}$$

（8）顾客在店内等待时间超过 10min 的概率

$$P\ \{T>10\}\ =\mathrm{e}^{-10}\left(\frac{1}{6}-\frac{1}{15}\right)=\mathrm{e}^{-1}=0.3677$$

13.2.2 *M/M/S* 等待制排队模型

多服务台问题，又表示为 $M/M/S/\infty$：顾客相继到达时间服从参数为 λ 的负指数分布；

服务台数为 S；每个服务台的服务时间相互独立，且服从参数为 μ 的负指数分布。当顾客到达时，若有空闲服务台马上进行服务，否则便排成一队列等待，等待空间为无限。

队长的分布：

记 $P_n=p\{N=n\}$，$n=0$，1，2，…为系统达到平衡状态后队长 N 的概率分布，对多服务台有 $\lambda_n=\lambda$，$n=0$，1，2，…；$\mu_n=n\mu$，$n=0$，1，2，…，s；$\mu_n=s\mu$，$n=s$，$s+1$，$s+2$，…。

记 $\rho_s=\frac{\rho}{s}=\frac{\lambda}{s\mu}$，则当 $\rho_s<1$ 时，有

$$C_n=\begin{cases}\dfrac{\left(\dfrac{\lambda}{\mu}\right)^n}{n!},n=1,2,\cdots,s\\ \dfrac{\left(\dfrac{\lambda}{\mu}\right)^s}{s!}\left(\dfrac{\lambda}{s\mu}\right)^{n-s}=\dfrac{\left(\dfrac{\lambda}{\mu}\right)^n}{s!s^{n-s}},n>s\end{cases}$$

$$P_n=\begin{cases}\dfrac{\rho^n}{n!}p_0,n=1,2,\cdots,s\\ \dfrac{\rho^n}{s!s^{n-s}}p_0,n>s\end{cases}$$

式中 $$p_0=\left[\sum_{n=0}^{s-1}\frac{\rho^n}{n!}+\frac{\rho^s}{s!(1-\rho_s)}\right]^{-1}$$

当 $n\geqslant s$ 时，顾客必须等待，记 $C(s,\rho)=\sum\limits_{n=s}^{\infty}p_n=\dfrac{\rho^s}{s!(1-\rho^s)}p_0$，称为 Erlang 等待公式，它给出了顾客到达系统时，需要等待的概率。

平均排队长 $L_q=\dfrac{p_0\rho^s\rho_s}{s!(1-\rho_s)^2}$ 或 $L_q=\dfrac{C(s,\rho)\rho_s}{1-\rho_s}$

记系统中正在接受服务的顾客平均数为 $\bar{s}$，显然 $\bar{s}$ 也是正在忙的服务台平均数，即

$$\bar{s}=\sum_{n=0}^{s=1}np_n+s\sum_{n=s}^{\infty}p_n=\rho$$

平均队长

$$L=\text{平均排队长}+\text{正在接受服务的顾客的平均数}=L_q+\rho$$

对多服务台，Little 公式依然成立，即 $L=\lambda W$，$L_q=\lambda W_q$，即有

$$W=\frac{L}{\lambda},W_q=\frac{L_q}{\lambda}=W-\frac{1}{\mu}$$

【例 13.3】　考虑一个医院急诊室的管理问题，根据资料统计，急诊病人相继到达的时间间隔服从负指数分布，平均每半小时来一个；医生处理一个病人的时间也服从负指数分布，平均需要 20min。急诊室已有一个医生，管理人员考虑是否需要再增加一个医生。

解　本问题可看成 $M/M/S/\infty$ 排队问题，其中 $\lambda=2$ 人/h，$\mu=3$ 人/h，$\rho=\frac{2}{3}$，$s=1$，

2，…。计算结果列入表 13.1。

表 13.1 **问题的计算结果**

	$S=1$	$S=2$
空闲概率 p_0	0.333	0.500
有一个病人概率 p_1	0.222	0.333
有两个病人概率 p_2	0.148	0.111
平均病人数 L	2.000	0.750
平均等待病人数 L_q	1.333	0.083
病人平均逗留时间 W（h）	1.000	0.375
病人平均等待时间 W_q（h）	0.667	0.042
病人需要等待概率 $p\{T_q>0\}$	0.667	0.167
等待时间超过半小时的概率 $p\{T_q>0.5\}$	0.404	0.022
等待时间超过一小时的概率 $p\{T_q>1\}$	0.245	0.003

由表 13.1 可知，从减少病人的等待时间，为急诊病人提供及时处理来看，一个医生是不够的。

本 章 小 结

排队系统在社会上应用广泛，这些系统能够对生活质量和经济生产力产生重要的影响。

排队系统的重要组成部分包括到达顾客、顾客等待的队列以及提供服务的服务台。一个排队系统的排队模型需要明确服务台数、顾客到达时间的分布和服务时间的分布。通常选择顾客按 Poisson 流输入，服务时间服从负指数分布。

排队系统的主要绩效测度是队列或系统中顾客数的期望值（后者包括正在接受服务的顾客）和队列或系统中顾客的等待时间的期望值。这些期望值之间的一般联系（包括 Little 公式）使得所有四个值中只要确定一个就可确定其他三个。

本章系统讨论了两类排队系统模型，包括单服务台的排队系统（$M/M/1$）和多服务台排队系统（$M/M/S$）。在求解排队问题时，可以运用 WinQSB 软件进行求解。

习 题 13

一、计算题

13.1 某市消费者协会一年 365 天接受顾客对产品质量的申诉。设申诉以 $\lambda=4$ 件/天的普阿松流到达，该协会每天可以处理申诉 5 件，当天处理不完的将移交专门小组处理，不影响每天业务。试求：

（1）一年内有多少天无一件申诉？

（2）一年内有多少天处理不完当天的申诉？

13.2 来到某餐厅的顾客流服从普阿松分布，平均 20 人/h。餐厅于上午 11：00 开始营业，试求：

（1）当上午11：07有18名顾客在餐厅时，于11：12恰好有20名顾客的概率（假定该时间段内无顾客离去）。

（2）前一名顾客于11：25到达，下一名顾客在11：28～11：30之间到达的概率。

13.3　某银行有三个出纳员，顾客以平均速度为4人/min的泊松流到达，所有顾客排成一队，服务时间服从均值为0.5min的负指数分布。试求：

（1）银行内空闲时间的概率。

（2）银行内顾客数为n时的稳态概率。

（3）平均队列长L_q。

（4）银行内的顾客平均数L_s。

（5）平均逗留时间W_s。

（6）平均等待时间W_q。

13.4　某加油站有一台油泵，来加油的汽车按普阿松分布到达，平均20辆/h，但当加油站中已有n辆汽车时，新来汽车中将有一部分不愿等待而离去，离去概率为$\frac{n}{4}$（$n=0$，1，2，3，4）。油泵给一辆汽车加油所需时间为具有均值3min的负指数分布。试求：

（1）画出此排队系统的速率图。

（2）其平衡方程式。

（3）加油站中汽车数的稳态概率分布。

（4）来加油站的汽车的平均逗留时间。

13.5　某无线电修理商店保证每件送到的电器在一小时内修完取货，如超过1h则分文不取。已知该商店每修理一件平均收费10元，其成本平均每件5.50元。已知送来修理的电器按普阿松分布到达，平均6件/h，每维修一件的时间平均为7.5min，服从负指数分布。试问：

（1）该商店在此条件下能否盈利。

（2）当每小时送达的电器为多少件时该商店的经营处于盈亏平衡点。

13.6　某企业有5台车运货，已知每台车每运行100h平均需维修2次，每次需时20min，以上分别服从普阿松及负指数分布。求该企业全部车辆正常运行的概率，及分别有1、2、3辆车不能正常运行的概率。

13.7　要求在某机场着陆的飞机服从普阿松分布，平均每小时18架次，每次着陆需占用基础跑道的时间为2.5min，服从负指数分布。试问该机场应设置多少条跑道，使要求着陆飞机需要在空中等待的概率不超过5%；求这种情况下跑道的平均利用率。

13.8　某仓库储存的一种商品，每天的到货与出货量分别服从普阿松分布，其平均值为λ和μ，因此该系统可以近似看成为$M/M/1/\infty/\infty$的排队系统。设该仓库储存费为每天每件c_1元，一旦发生缺货时，其损失为每天每件c_2元，已知$c_2>c_1$。试完成：

（1）推导每天总期望费用的公式。

（2）求使总期望费用为最小的$\rho=\lambda/\mu$值。

13.9　某电话亭有一部电话，来打电话的顾客服从普阿松分布，相继两个人到达的平均时间为10min，通话时间服从负指数分布，平均为3min。试求：

（1）顾客到达电话亭要等待的概率。

（2）等待打电话的平均顾客数。

(3) 打一次电话要等 10min 以上的概率。

(4) 当一个顾客至少要等待 3min 才能打电话时，电信局打算增设一台电话机，问到达速度增加到多少时，安装第二台电话机才是合理的？

(5) 第二台电话机安装后，顾客的平均等待时间。

二、复习思考题

13.10 试述排队系统的三个组成部分及各自的特征：当用符号 X/Y/Z/A/B/C 来表示一个排队模型时，符号中各个字母分别代表什么？

13.11 解释下列符号的或名词的概念，并写出它们之间的关系表达式 L，L_q，W，W_q，P_n，$P_n(t)$。

13.12 分别写出下列分布的概率密度函数及说明这些分布的主要性质：①普阿松分布；②负指数分布；③爱尔朗分布；④定长分布。

13.13 什么是等待制排队系统，它在哪些实际问题中得到应用？

13.14 分别说明在系统容量有限及顾客源有限时的排队系统中，λ 和 μ 的含义及计算公式。

第14章 模 拟 与 预 测

模拟（Simulation）和预测（Forecasting）是运筹学常用的两类方法。特别是模拟，它在古代就有了，比如沙盘演示就是两军作战的模拟，因此在军事上有时也用对弈（gaming）。近年来，由于计算机的普及和迅速发展，模拟已成功地应用到工程、管理、社会经济、军事等诸多领域。

根据系统模型的不同，系统模拟主要分为物理模拟和数学模拟两类。物理模拟是指对与真实系统相似的物理模型进行试验的过程，例如用汽车模型代替真的汽车在风洞中进行试验，用电路系统模拟机械振动系统就属于物理模拟，因此有时也用仿真或类比（Analog）。数学模拟则是对真实系统的数学模型进行试验的过程。数学模拟又可分为解析模拟和随机模拟。所谓解析模拟就是利用已建立的数学模型，通过解析的方法求出最佳的决策变量值，从而使系统得到优化。然后，在大多数情况下，往往由于问题本身的随机性质，或数学模型过于复杂，这时采用解析的方法不容易或根本无法求出问题的最优解，在这种情况下，就要借助于随机模拟。随机模拟通常采用的方法是蒙特卡罗法。蒙特卡罗法（Monte-Carlo Method）又称统计试验法、随机模拟法，由匈牙利数学家约翰·冯·诺伊曼（John Von Neumann）建立，因其方法与某些赌博工具在原理上基本一样，因此用著名的赌城蒙特卡罗（Monte-Carlo）命名。在第二次世界大战中在曼哈顿项目中用它来模拟核引爆的过程。近年来由于处理一些社会和生物复杂问题出现了更新的一类模拟方法——多主体仿真（Multi-Agent Simulation）。

预测作为一门新兴的学科，越来越广泛地应用于社会各个领域，如社会预测、经济预测、科学预测、技术预测和军事预测等。预测是指一种以数量化表述为特征预见或预言。现实世界的发展与变化是复杂的、杂乱无章的，但在杂乱无章的背后往往隐藏着规律性。在观察和分析发展历史和现状的基础上，认识和掌握这种规律性，推论和判断未来的发展趋势，这就是预测。

14.1 模 拟

14.1.1 模拟问题的提出

许多典型的、复杂的管理决策问题，例如，考虑一个大型企业的长远投资的选择问题。这种投资决策策略应考虑到如下的因素：新产品的研究与开发，市场分析预测及潜在市场的开拓，重大工程投资项目的选择，风险的度量和评价，利润的再投资问题，流动资产的安排，与其他企业合资的收益的评价，资源的潜力，等等。易见，不同策略的全面分析是很复杂的。

一个复杂系统，想要用一个数学模型来描述，在原则上还能做到。但是想要用解析方法求出所需要的解，则是不可能的。

面对日益增多的复杂的管理决策问题，如何适时地做出比较合理的决定呢？其中一种可行的办法是建立一个比较切合实际的数学模型，然后模拟系统的行为，试图从反复的试验结果中推断出系统的数量特征。这就是所谓的模拟方法。

14.1.2 模拟的基本概念

一般地讲，模拟就是对系统的模型进行实验的一种方法，具体地说，是指用系统模型结合实际的或模拟的环境和条件，或用实际的系统结合模拟的环境和条件，对系统进行研究、分析和实验的方法。

1. 模拟的步骤

（1）提出问题，分析问题。任何一种活动，都会受到多种因素的影响和制约，所以提出问题后，首先要将问题内在关系和外部影响理清，尤其是要把有关系统的运行机制弄清楚，其次是要收集调查各种资料，如随机性因素的概率特征以及系统运行的各种参数等。

（2）建立系统模拟模型。应用已取得的资料数据，建立描述系统的模拟模型，以观察其是否与实际系统情况相符合，若有差异，则立即予以修正，务求使建立的模型可靠有效。

（3）进行模拟试验。利用建立的模拟模型进行一系列的模拟试验，对模型的各种输入条件，观察其输出情况，了解各种条件的变化对现实过程的影响。

（4）对模拟结果进行评价与验证。对模拟计算的结果作统计分析，可判断出系统的效能及存在问题。就此即可作出相应的决策，提出改进系统的意见。

2. 模拟的特点

（1）模拟是一种人为试验的手段，模拟可以通过对模拟模型施加各种输入函数，对复杂系统进行"实验"，以了解系统的行为和特征。但是这种"实验"是以实际系统的映像——系统模型和人造环境为条件进行的，它与实际状况有相似之处又存在一定差别。

（2）模拟可以在时间序列上对系统的行为或状态进行模拟，以反映系统运行、演变和发展的动态过程，通过模拟可以研究系统在较长时期的变化规律。

（3）数字模拟实质上是对系统问题求数值解的一种计算技术。由于实际系统过于复杂而无法建立数学模型，或已有的数学模型很难求出解析解，而采用模拟技术得到数值解也有助于问题的解决。

（4）与解析方法相比，它不能提供一般情况下的解，一次模拟只能提供一组特定参数下的数值解。因此在推索系统的最优解等问题时，必须对很大组不同的参数进行模拟，而不同参数的组合数往往是非常可观的。由此可见，采用随机模拟求解问题时需要花费大量的时间，用人工几乎无法进行，必须借助于计算机这一计算工具。

3. 蒙特卡罗法

（1）蒙特卡罗法的原理与步骤。

1）原理：通过随机模型，利用一连串的随机数作为输入，对相应的输出参数进行统计计算的一种数值计算方法。蒙特卡罗法的理论基础是概率论中的大数定律，即在相同的条件下对事件 A 进行 n 次独立的试验；当 n 无限增大时，事件 A 的 n 个观察值的平均值依概率收敛于其数学期望值。从原则上讲，蒙特卡罗法可以求解任何形式系统问题的数学模型，特别是对于涉及随机因素多、用解析方法无法求解的复杂的数学模型，蒙特卡罗法就显示出了它的优越性。

2）步骤：

a）对资料进行分析和处理，以适应建模的需要。

b）根据实际问题中随机变量的统计特性，建立描述现实系统的适当的模拟模型。

c）根据资料的处理结果，对模型进行随机取样，确定随机变量的值，并按照数量关系进行模拟计算。最后进行统计处理，以及对统计特性进行验证，分析系统变化的规律。

（2）产生随机数的方法。由以上可见蒙特卡罗方法的关键是建立模拟模型，而建立模拟模型的关键是确定随机数，确定随机数主要有以下几种方法：

直接法、物理方法和数学方法，也可利用随机数表来获得模拟所需的随机数。

1）直接法，即使用扔硬币、扔针、扔骰子等方式，来获得随机数。

例如：用随机数骰子确定随机数。

随机数骰子为正 20 面体，刻有 0-9 两组数字。假如要确定两位数的随机数，就扔两次随机数骰子，其他依次类推。

2）物理方法，即以物理装置，如脉冲发生器、电子噪声发生器、数字移位寄存器等作为随机数发生器，产生随机数序列。

3）数学方法，即利用递推算法，通过计算产生具有某种分布特征的随机数。由于这样产生的随机数并非真正意义上的随机数，为明确区别起见而称作伪随机数。常用的方法很多，这里介绍几种。

a）平方取中法：首先任取一个 $2k$ 位的数作为种子，如设 $x_0=68$，计算 $x_0{}^2=4624$。取中间两位，令 $x_1=62$。再计算 $x_1{}^2=3844$，再令 $x_2=84,\ldots$，依此类推计算，可以得到伪随机数序列 68，62，84，05，25，…。这种方法产生的伪随机数通常具有周期性，其分布均匀性较差，且易退化。

b）乘同余数法：其递推公式为 $x_{n+1}=kx_n(\mathrm{mod}M)$，其中 k 和 M 是给定的常数。

制取伪随机数的过程是：先将给定的初值 x_0 与常数 k 相乘，得到的积再被常数 M 去除，由此产生余数作为 x_1，之后再计算 kx_1；重复以上步骤，可以得到一列伪随机数。例如，令 $k=3$，$M=5$，$x_0=4$，可得由 2，1，3，4，2，…组成的伪随机数序列。

c）查随机数表以确定随机数：为了使用上的方便，人们将预先产生的随机数排列在表格中，称为随机数表。随机数表中随机数的分布具有较好的随机性和均匀性，在取用随机数时要按照随机性原则确定随机数的起点。随机数起点确定后，可以从左到右或由上至下连续取用，或按一定间隔取用。

（3）随机模拟。将随机数作为事件出现的随机概率进行模拟，其步骤如下：

1）求出模拟事件出现的频率。

2）计算累计频率。

3）将累计频率换算为随机概率。

4）从随机数表中任意指定一个随机数作为始点，一个一个地模拟。

【例 14.1】 对某汽车修理车间修理每辆汽车所需要的时间进行统计，共统计了 100 次，各种时间出现的次数见表 14.1，试对汽车修理车间修理每辆汽车的服务时间进行模拟。

表 14.1 **各种时间出现的次数**

服务时间（h）	发生次数	分布概率	累计频率	随机数
6	10	0.1	0.10	00～09
7	25	0.25	0.35	10～34

续表

服务时间（h）	发生次数	分布概率	累计频率	随机数
8	35	0.35	0.70	35～69
9	20	0.20	0.90	70～89
10	10	0.10	1.00	90～99

解（1）计算汽车车间修理每辆汽车所需服务时间的分布概率、累计频率和随机数见表 14.1。

（2）假定有随机数表，见表 14.2。

表 14.2　　随 机 数 表

序号	随 机 数									
1	97	95	12	11	90	49	57	13	86	81
2	02	92	75	91	24	58	39	22	13	02
3	80	67	14	99	16	89	96	63	67	60
4	66	24	72	57	32	15	49	63	00	04
5	96	76	20	28	72	12	77	23	79	46

在随机数表中任意指定一个数开始模拟服务时间，比如，从第二行第五个随机数 24 开始模拟。24 在表 14.1 中属于随机数 10～34 这个范围，它的服务时间是 7h。其余依此类推，则模拟连续 10 个随机数与相应的服务时间见表 14.3，模拟结果服务时间为 7.8h。

表 14.3　　随机数与相应的服务时间

随机数	24	58	39	22	13	02	80	67	14	99
服务时间（h）	7	8	8	7	7	7	9	8	7	10

【例 14.2】 卸货模拟。

某仓库有三个装卸工人，它们的任务是卸货和将货物分类存放，每天工作时间从上午 9：00 到下午 5：30。中午 1：00 吃饭，吃饭时间是 30min，但必须等一车卸货完后才开始吃饭。每天按 8h 工作量计，每人日工资 20 元。如果到下班时间车未卸完则需要加班，加班费为每人 5 元/h。货车是由仓库公司租用的，车辆在仓库停留是要向司机支付停车时间费的，每停留 1h 支付 4 元。在上午 9：00 开始工作时，往往也有货车在仓库的门口等候，其概率分布见表 14.4。根据统计资料，从 9：00 开始两辆货车先后到达的时间间隔的概率分布见表 14.5。另外，三人小组卸完一车货所需要时间的概率分布见表 14.6 所示。问这三人小组在上述情况下，每天需要的总费用是多少？

表 14.4　　9 点以前到达的货车数量的概率分布

货车数	概率	累积概率	随机数 N_1 的范围
0	0.57	0.57	01～57
1	0.32	0.89	58～89
2	0.07	0.96	90～96

续表

货车数	概率	累积概率	随机数 N_1 的范围
3	0.03	0.99	97～99
4	0.01	1.00	00

表 14.5　货车先后到达时间间隔的概率分布

时间间隔（min）	概率	累积概率	随机数 N_2 的范围
15	0.02	0.02	01～02
20	0.04	0.06	03～06
25	0.09	0.15	07～15
30	0.16	0.31	16～31
35	0.22	0.53	32～53
40	0.19	0.72	54～72
45	0.11	0.83	73～83
50	0.07	0.90	84～90
55	0.03	0.93	91～93
60	0.04	0.97	94～97
65	0.02	0.99	98～99
70	0.01	1.00	00

表 14.6　三人小组卸完一车货所需时间的概率分布

卸车所用时间（min）	概率	累积概率	随机数 N_3 的范围
20	0.02	0.02	01～02
25	0.06	0.08	03～08
30	0.14	0.22	09～22
35	0.32	0.54	23～54
40	0.20	0.74	55～74
45	0.07	0.81	75～81
50	0.02	0.83	82～83
55	0.10	0.93	84～93
60	0.04	0.97	94～97
65	0.02	0.99	98～99
70	0.01	1.00	00

解　该问题属于单行排队问题。这类问题可以用排队论的有关方法进行求解。但因排队论问题涉及随机因素多，往往用解析法很难求解，甚至不可能求解。特别是像上述这个问题中的随机变量的概率分布还不能用解析式表示，用排队论的理论方法就更无法求解，因此，对于无法用排队论方法求解的问题，可以用动态随机模拟来获得满意的解答。

首先，产生对应于表 14.4～表 14.6 中每个随机变量的随机数的范围，如每个表右边一列所示。然后，采用事件步长法对该排队系统进行动态随机模拟，模拟过程见表 14.7。

表 14.7 三人卸货小组一天工作情况模拟

货车	到达时间间隔随机数 N_2	间隔时间 (min)	到达时间	开始卸车时间	卸车所用时间随机数 N_3	卸车所用时间 (min)	卸车完毕时间 (min)	小组空闲时间 (min)	货车排队空闲时间 (min)	排队车数 (辆)
1			9：00	9：00	10	30	9：30	0	0	0
2	03	20	9：20	9：30	02	20	9：50	0	10	1
3	38	35	9：55	9：55	73	40	10：35	5	0	0
4	17	30	10：25	10：35	52	35	11：10	0	10	1
5	32	35	11：00	11：10	68	40	11：50	0	10	1
6	69	40	11：40	11：50	66	40	12：30	0	10	1
7	24	30	12：10	12：30	23	35	13：05	0	20	1
8	61	40	12：50	13：35	21	30	14：05	0	45	1
9	30	30	13：20	14：05	97	60	15：05	0	45	2
10	03	20	13：40	15：05	63	40	15：45	0	85	2
11	48	35	14：15	15：45	19	30	16：15	0	90	2
12	88	50	15：05	16：15	30	30	16：45	0	70	2
13	71	40	15：45	16：45	58	40	17：25	0	60	2
14	27	30	16：15	17：25	00	70	18：35	0	70	2
15	80	45	17：00	18：35	60	40	19：15	0	95	2
总计						580		5	620	20

下面对表 14.7 的模拟过程作一简要说明。

将模拟时钟的始点定为 9：00，按时间步长法进行模拟。首先产生 9：00 前排队车辆数的随机数 $N_1=82$，得知 9：00 前等候的车有一辆。因此，三人小组 9：00 开始卸货。产生卸货所用时间随机数 $N_3=10$，得知卸货所用时间 30min，于是第一辆车卸货完毕时间为 9：30。从 9：00 开始后，小组的空闲时间为 0，货车排队时间和排队车数也为 0。于是得到表 14.7 第一行的结果。

考察第二行，产生随机数 $N_2=03$，可知第二辆车的到达时间间隔为 20min，即到达时间为 9：20，此时正在卸第一辆车，于是出现排队现象。第一辆车 9：30 才能卸完，故第二辆车等待 10min 后于 9：30 开始卸货。产生随机数 $N_3=02$，可知卸货时间为 20min，于是第二辆车的卸货完毕时间为 9：50。所以从第二辆车到达后，小组空闲时间为 0，货车排队时间为 10min，排队车数为 1 辆。

考察第三行，产生随机数 $N_2=38$，可知第三辆车的到达时间与第二辆车的间隔为 35min，即到达时间为 9：55。由于第二辆车的卸货完毕时间为 9：50，因此第三辆车一到达就可以卸货，即开始卸货时间为 9：55。在此之间，三人小组有 5min 的空闲时间。产生随机数 $N_3=73$，可知卸货时间为 40min，于是第三辆车的卸货完毕时间为 10：35。在这种情况下的货车排队时间和排队车数均为 0。

依次进行下去，经过 15 次模拟，即可将三人小组一天的工作模拟完毕。在这里要说明的一点是，工人进午餐的时间为 13：05～13：35。

从表 14.7 的模拟结果可以看出，工人的加班时间为 105min，即从 17：30 到 19：15，卸车所用时间累计为 580min，小组空闲时间累计为 5min，货车排队时间累计为 620min，排队车辆数累计为 20 辆。由此可以得到以下结果：

货车的平均排队时间＝620min/15 辆＝41.33min/辆

货车排队的平均长度＝20/15＝1.33 辆

货车的平均卸货时间＝580min/15 辆＝38.67min/辆

三人小组的加班费用＝3×5 元/h×(105/60)h＝26.25 元

三人小组的总费用＝3×20 元＋26.25 元＝86.25 元

货车的排队停留费用＝4 元/h×(620/60)h＝41.33 元

货车的卸货停留费用＝4 元/h×(580/60)h＝38.67 元

货车的总停留费用＝41.33 元＋38.67 元＝80.00 元

每天的总费用＝86.25 元＋80.00 元＝166.25 元

从上面的结果可以看出，由货车停留所支付的费用占所支付的总费用的 48%，加班费占三人小组总费用 30%，这说明三人卸货显得人手不足。应该指出的是，以上结果只是对一天工作情况的模拟所得到的，为了使模拟结果更接近于实际，还应该进行更多天的模拟，并以它们的统计平均值作为一天工作情况的模拟结果。

同样，可以对四人、五人、六人装卸小组进行模拟。人数增多，只是卸货所需时间有所变化，每增加 1 人卸货时间将按比例减少而概率分布不变。根据不同人数的装卸小组的模拟结果，可以选择出装卸小组应有的最佳人数。

14.2　预　　测

14.2.1　预测的基本原则

（1）惯性原则。惯性原则是指过去和现在的活动中存在的某种发展规律会持续下去，并适用未来，故又称为延续性原则。

（2）相似性原则。相似性原则是指不同的、无关的经济变量所遵循的发展规律有时是相似的，据此原则，可由已知的经济变量发展规律，类推出未知变量的未来发展，故又称为类推原则。

（3）相关性原则。相关性原则是指一些经济变量之间通常不是独立的，而是存在着相互依存的因果关系。利用这种相关性，可通过对一些经济变量的分析研究，找出受其影响的另一个经济变量发展的规律性。

（4）统计规律性原则。统计规律性原则是指对于某个经济变量所作的一次结果往往是随机的，但多数的结果却具有某种统计规律性。这是应用概率论及数理统计的理论和方法进行经济预测的基础，故又称为概率推断原则。

14.2.2　预测的步骤

预测一般可以分为三个阶段：

（1）确定预测目标、任务、对象范围及相关因素，提出基本假设，确定研究方法。

（2）调查收集资料，即收集与预测有关的资料，经过对资料的分析、处理、提炼和概括，进行数据可信度分析并用模型刻画出预测对象的基本演变规律。

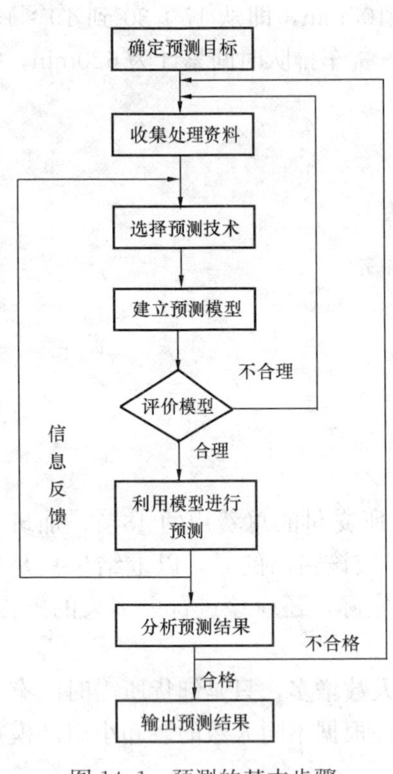

图 14.1 预测的基本步骤

（3）演绎或推论过程。利用得到的基本演变规律，根据对未来条件的了解和分析，计算或推测出预测对象在未来期间所可能表现的状况。在此过程中，需要综合考虑并分析各种确定的和不确定的因素对预测对象可能造成的影响，采用多种方法加以处理和修正，进行必要的检验和评价，然后才能得到一个可供决策参考的最终预测结果。

预测工作的基本步骤如图 14.1 所示。

可以看出，预测过程是一个资料、技术和分析的结果过程。在整个预测过程中，对预测成败影响最大的是两个分析和处理。一个是对收集到的资料进行分析和处理，这直接影响到预测模型的建立；另一个是利用模型求得的预测结果进行分析和处理，它直接决定着预测的质量。这两个分析和处理是最能体现预测者水平和能力的两个步骤。

预测模型分成两大类：

（1）定性预测是利用直观材料，依靠专家的经验判断和分析能力，对未来的发展趋势作出判断。

（2）定量预测是利用历史数据资料，通过数学推算来说明未来的发展趋势，数学模型是核心工作。

14.2.3 定性预测方法

定性预测又称直观预测或判断预测，主要依赖专家的意见及对事物的综合分析能力进行预测，是一种软预测。定性预测方法很多，常用的有专家调查法、市场调查法、主观概率法、交叉概率法及类推法等。在历史数据缺乏的情况下，这种技术是理想的。其缺点是不够准确，易带片面性。

20 世纪 70 年代中期美国应用的全部预测方法中，这种方法约占 1/4。它的准确度主要取决于专家知识的广度、深度和经验。这里的专家是指在某个领域中或某个预测问题上有专门知识和特长的人员，选择的范围由预测任务来决定。必须全面考虑预测任务所涉及的专业领域及其相邻领域。

下面介绍几种常见的定性预测方法。

1. 专家判断预测法

专家意见调查法又称专家预测法，分头脑风暴法、反头脑风暴法、德尔菲法三种方法。

（1）头脑风暴法。所谓头脑风暴法就是以专家的创造性思维来索取未来信息的一种直观预测方法。组织头脑风暴法应遵循以下原则：

1）专家的选择要与预测的对象相一致，而且要有一些知识渊博、对问题理解较深的专家参加。

2）被挑选的专家最好是彼此不认识的，若彼此认识，应从同一职称或级别中挑选；在会议上不公开专家所在的单位、年龄、职称或职务，做到一视同仁。

3）创造一个真正自由发言的环境，鼓励参加者积极发言，意见和建议越多越好，对他人意见不反驳，不评价，可以补充和发展相同的意见。

头脑风暴法的优点在于通过信息交流，产生思维共振，能在短期内获得较大信息及成果；其缺点在于会议易受权威影响，意见表达不充分，易随流。

头脑风暴法包括垂直思考法和水平思考法。

1）垂直思考法（Vertical Thinking）。垂直思考法是指学习和利用已有的知识和经验及传统方法对事物做详细的分析，沿用已知的观念去顺向判断事物，解决问题的方法。

英国心理学家 Edward Bono 博士以一个生动的故事说明了这种思考方法：古时候，有个商人向高利贷者借了许多钱。高利贷者看中了商人年轻美貌的女儿，逼商人立即还债，并提出以女孩代替债务的办法：把黑、白各一颗石子放在袋里，由女孩任取一颗。若是黑石子，则以女孩抵债；若是白石子，不但给女孩人身自由，还自动取消债务的权利。当高利贷者从地上取石子放入袋里时，女孩看到他所拣的两颗石子都是黑的。怎么办？根据客观条件，依传统思考法，女孩可采取下列三种方法：①拒绝取石子；②立即打开袋口，揭发高利贷者的阴谋；③自我牺牲，取出黑石子，解救父亲的困境。

可是，上述任一行动，对商人和女孩都有害无益。由此可见垂直思考法只是对事物做详细分析后，从既成的观念出发，顺人们习惯的方向上思考。它可以系统、全面地分析事物，进行知识的积累，在同一角度上继续观察或思考下去，有益于在前人已经开辟的学科领域中发现新问题，解决新问题。在充实该学科领域的知识方面作出贡献。

2）水平思考法（Lateral Thinking）。水平思考法是指完全脱离既成的观念，对某一事物，从侧面、反面或全新的角度进行思考与分析的方法。

接着上面故事：女孩完全不采取垂直思考法三种举动，而是出乎意料很从容地从袋里取出一颗石子，故意掉在有许多小石子的地上，然后说："啊！咋办…真对不起，但只要看袋里剩下石子，就知道我掉的是黑的还是白?"。于是机智地解救了自己，也解救了父亲的困境。

由此可见：水平思考法较之垂直思考法更能启迪思维。

(2) 反头脑风暴法。反头脑风暴法与头脑风暴法正好相反，同意的肯定意见一概不提，而专门找矛盾，挑毛病，群起而攻之。可以头脑风暴法相互补充。

(3) 德尔菲法。德尔菲法又称专家调查法，起源于 20 世纪 40 年代的美国兰德公司 (the Rand Corporation)。其应用程序如下：

首先，挑选专家。一般 20 人左右。函询工作过程中自始至终不让专家彼此联系。

1）函询调查。一方面向专家寄去预测目标的背景材料，另一方面提出所需预测的具体项目。这轮调查，任凭专家回答，完全没有框架，专家可以各种形式回答问题，也可向预测单位索取更详细的统计材料，预测单位对专家的各种回答问题，将相同的事件、结论统一起来，提出次要的、分散的事件，用准确的术语进行统一的描述，然后反馈给各位专家，进行第二轮的函询。

2）函询。要求专家对与所预测目标有关的各种事件发生的时间、空间、规模大小等提出具体的预测，并说明理由；预测单位对专家的意见进行处理、统计，将结果再次反馈给有关专家。

3）修正。各位专家再次得到函询综合统计报告后，对预测单位提出的综合意见和论据进行评价，重新修正原先各自的预测值，对预测目标重新进行预测。

4）收敛。预测的主持者应要求各位专家根据提供的全部预测资料，提出最后的预测意见，若这些意见收敛或者基本一致，即可以此为根据进行。收敛性判断公式

$$\begin{cases} \overline{X} = \dfrac{1}{n}\sum_{i=1}^{n} x_i \\ \sigma = \sqrt{\dfrac{1}{n-1}\sum_{i=1}^{n}(x_i - \overline{X})^2} \end{cases} \tag{14.1}$$

式中 $\overline{X}$——专家们所给的评估分数的均值，反映专家的总体意见倾向；

x_i——第 i 个专家所给的评估分数；

σ——专家们的评估分数的均方差，它反映专家意见的分散程度；

n——参加评估的专家的总数。

当 σ 很大时，说明专家的意见比较分散，还需进行下一轮信息反馈与征询，使专家意见的离散程度减小。

德尔菲法的优点在于简明直观，预测结果可供用户参考，避免了专家会议的许多弊病。其缺点在于专家的选择，函询调查表的设计及答卷处理等问题处理难度较大。

专家意见的统计处理：

通常，专家意见的概率分布符合或接近正态分布。20 世纪 60 年代末，美国进行了几项试验，证实专家意见的概率分布可用正态分布描述，这是对专家意见进行统计处理的理论依据。

例如，当预测结果需要用数量或时间表示时，专家的回答将是一系列可比较大小的数据或有前后顺序排列的时间。对此情况，常用中位数 $X_{中}$ 表示预测的期望值，用上、下四分点 $X_{上}$、$X_{下}$ 表示预测区间的上、下限；用全距，即最大值与最小值之差表示预测值最大变动幅度。

当有 n 个（包括重复的）答案时，其由小到大的排列顺序为

$$X_1 \leqslant X_2 \leqslant \cdots \leqslant X_n$$

则中位数 $X_{中}$ 为

$$\begin{cases} X_k,\ n = 2k+1(\text{奇数}) \\ [X_k + X_{k+1}]/2,\ n = 2k(\text{偶数}) \end{cases}$$

上四分点 $X_{上}$ 为

当 $n=2k+1$

$$\begin{cases} X_{(3k+3)/2},\ k\ \text{为奇数} \\ [X_{(3k/2+1)} + X_{(3k/2+2)}]/2,\ k\ \text{为偶数} \end{cases}$$

当 $n=2k$

$$\begin{cases} X_{(3k+1)/2},\ k\ \text{为奇数} \\ [X_{(3k/2)} + X_{(3k/2+1)}]/2,\ k\ \text{为偶数} \end{cases}$$

下四分点 $X_{下}$ 为

$$\begin{cases} X_{(k+1)/2},\ k\ \text{为奇数} \\ [X_{(k/2)} + X_{(k/2+1)}]/2,\ k\ \text{为偶数} \\ X_{全距} = X_{\max} - X_{\min} \end{cases}$$

【例 14.3】 某部门采用德尔菲法预测我国 1990 年的石油产量，16 位专家最后一轮的预测值（单位为亿 t）按从小到大的顺序排列为：

1.35，1.38，1.40，1.40，1.40，1.45，1.47，1.50，1.50，1.50，1.50，1.53，1.55，1.60，1.60，1.65

现对该预测结果统计处理后进行表述。

解 $n=16$，$k=16/2=8$ 是偶数，所以中位数

$X_{中}=(x_8+x_9)/2=(1.50+1.50)/2=1.50$(亿 t)

又由 $n=16$，$k=8$ 是偶数，$(3/2)k=12$，$(3/2)k+1=13$，所以上四分点

$$X_{上}=(x_{12}+x_{13})/2=(1.53+1.55)/2=1.54\ (亿\ t)$$

$k/2=4$，$(k/2)+1=5$，所以下四分点

$$X_{下}=(x_4+x_5)/2=(1.40+1.40)/2=1.40\ (亿\ t)$$

$$X_{全距}=X_{max}-X_{min}=1.65-1.35=0.30\ (亿\ t)$$

所谓四分点，是将顺序排列的数据分成四等份的分点，共有三个。中分点的值就是中位数，上、下四分点的区间表明有一半以上的数据在此区间内。也就是说，有一半以上专家的答案在此区间内。由此可将本例的预测结果表述为：预测 1990 年我国的石油产量约为 1.50 亿 t，有 50%以上的专家认为在 1.40 亿～1.54 亿 t 之间。

2. 趋势判断预测

趋势判断意见法包括趋势外推法及趋势影响分析法。

(1) 趋势外推法。某些事物具有比较稳定的发展趋势，且预计将来变化不大。这时，可在分析现有规律的基础上预测未来。这种方法称作外推法。当未来的发展趋势与现在的状况出现很大差异时，利用此法就不可能获得准确的预测结果。

(2) 趋势影响分析法。趋势影响分析法是综合了趋势外推法及德尔菲法的一种定性预测方法。该方法将历史资料与专家意见有机地结合起来，就能较大地提高预测的精度。

3. PERT 预测法

PERT 预测法是来源于 PERT（Program Evaluation and Review Technique）中的一种活动时间估计的方法。假设活动时间满足服从 β 分布，近似地用三时估计法估算出三个时间值，即最短、最长和最可能持续时间，再加权平均算出一个期望值作为工作的持续时间。该方法产生于 20 世纪 50 年代的美国北极星导弹研制计划中。

现以销售预测为例，介绍该方法的基本原理与方法。

【例 14.4】 市场销售量预测。

某百货公司某种商品有销售人员 3 人和正、副经理 2 人，他们对明年（或下季度）商品的销售量分别作了如表 14.8 所列的估计。

表 14.8 **某商品市场销售量预测**

销售量（件）/预测人员	最高销售量	最可能销售量	最低销售量
销售员甲	800	600	400
销售员乙	900	700	500
销售员丙	1000	800	480

解 **第一步**：对3名销售员的各种估计数，可分别按下述公式求出平均值和方差：

$$平均销售量=\frac{最高销售量+4\times 最可能销售量+最低销售量}{6}$$

销售量的方差为

$$\sigma^2=\frac{(最高销售量-最低销售量)^2}{36};$$

(1) 销售员预测情况：

$$甲的平均销售量=\frac{800+4\times 600+400}{6}=600\ (件)$$

甲预测的销售量方差为

$$\sigma_{甲}^2=\left(\frac{800-400}{6}\right)^2=\frac{160\ 000}{36}=4444.44$$

故均方差为

$$\sigma_{甲}=66.7$$

同理，乙的平均销售量=700 (件)，$\sigma_{乙}=66.7$

丙的平均销售量=780 (件)，$\sigma_{丙}=86.7$；

(2) 假定销售员所作预测服从正态分布，可得各预测值的置信区间：

销售员甲的置信区间：

$$P(600-\sigma_{甲}<甲的预测值<600+\sigma_{甲})=68.3\%$$

$$P(600-2\sigma_{甲}<甲的预测值<600+2\sigma_{甲})=95.4\%$$

$$P(600-3\sigma_{甲}<甲的预测值<600+3\sigma_{甲})=99.7\%$$

同理，销售员乙、丙的置信区间同上。

(3) 假定三个销售员的预测水平一样，则销售员方面对销售量作出的预测是

$$\frac{600+700+780}{3}=693(件)$$

其预测值的方差为

$$\sigma_{售}^2=(\sigma_{甲}^2+\sigma_{乙}^2+\sigma_{丙}^2)/9=[(66.7)^2+(66.7)^2+(86.7)^2]/9=1823.85$$

故均方差为

$$\sigma_{售}=42.7$$

那么售货员方面所作的预测值在$693\pm 2\sigma_{售}$，即在$693-2\times 42.7$至$693+2\times 47.2$之间的可能性为95.4%。

如果售货员的预测水平不同，他们各占的比重分别为W_1、W_2、W_3，则销售人员的销售量预测公式为

销售人员对销售量的预测值

$$=\frac{W_1\times 甲平均销售量+W_2\times 乙平均销售量+W_3\times 丙平均销售量}{W_1+W_2+W_3}$$

假如，$W_1=2$，$W_2=3$，$W_3=1$，则：

销售人员对销售量的预测值

$$=\frac{2\times 600+3\times 700+780}{2+3+1}=680(件)$$

预测值的方差为

$\sigma_{售}^2=(2^2\sigma_{甲}^2+3^2\sigma_{乙}^2+\sigma_{丙}^2)/36=[4\times(66.7)^2+9\times(66.7)^2+(86.7)^2]/36=1815.35$

第二步：运用上述方法，同样可分为计算出正、副经理的平均销售量预测值，及方差值。

(1) 假定：正经理的平均销售量是800件，预测值的方差为$\sigma_{正}^2=3600$；

副经理的平均销售量是750件，预测值的方差为$\sigma_{副}^2=4225$。

(2) 假定：正、副经理的预测水平相当；

$$经理预测平均值=\frac{800+750}{2}=775(件)$$

$$经理预测方差值=\sqrt{\frac{1}{4}[(60)^2+(65)^2]}=\sqrt{1956.25}=44.230$$

第三步：综合预测值。

在综合预测过程中，要考虑经理和销售员两方面的预测水平不同，即考虑加权平均中各自权的大小；若经理预测水平高，则加的权就大，例如经理的权为2，销售员的权为1，则正式的预测值为

$$\frac{693+2\times775}{3}=747.7(件)$$

预测值方差为

$$\sigma^2=\frac{\sigma_{售}^2+2^2\sigma_{经}^2}{3^2}=\frac{1815.35+4\times1956.25}{9}=636.4$$

则$\sigma=25.23$

所以，综合预测值在区间

$P(747.7-25.23<综合预测值<747.7+25.23)=68.3\%$

$P(747.7-2\times25.23<综合预测值<747.7+2\times25.23)=95.4\%$

$P(747.7-3\times25.23<综合预测值<747.7+3\times25.23)=99.7\%$

最后，需指出平均销售量计算公式是一个经验公式，即

$$平均销售量\approx最低销售量\times\frac{1}{6}+最可能销售量\times\frac{4}{6}+最高销售量\times\frac{1}{6}$$

14.2.4 定量预测方法

1. 时间序列技术

时间序列技术是一种利用包含有相对清楚而又稳定的关系和趋势的销售量数据的统计方法。时间序列技术被用于识别：①产生于季节因素的数据系统变量；②周期变化模式；③趋势值及这些趋势的增长率。

时间序列技术所采用的时间序列资料有一个很大的特点，即前后的统计值是密切相关的。其统计值是许多因素发生作用的结果，其中包括经济情况、方针政策、技术进步、市场竞争、产品价格、产品质量、季节变化以及促销情况等。该预测方法适合于作短期预测。然而，除非需求模式相当稳定，否则预测技术并非始终能产生出精确的预测。

时间序列技术包括移动平均法和指数平滑法。

(1) 移动平均法。移动平均（Moving Average）法是使用最近时期销售量的平均数进行预测，包括一次、（二次、三次……）移动平均法及其加权算法。

在分析所给历史数据资料时，可利用散点图。横轴表示时间，纵轴表示数值。当资料数

据单纯围绕某一水平作随机跳动时，宜采用一次移动平均预测；当资料数据具有持续的线性增长（或下降）趋势时，宜采用二次移动平均预测；当资料数据具有持续的曲线增长（或下降）趋势时，宜采用三次移动平均预测。

尽管移动平均数很容易计算，但它们对变化反应迟钝或行动迟缓，并且必须维持和更新大量的历史数据来计算预测。除了基本成分，移动平均数不考虑早先讨论的预测成分。为了部分地克服这些缺陷，作为一种更精确的方法，加权移动平均预测法就被引入了。设计权数，使之更能强调最新的观察值。

1）一次移动平均法。一次移动平均法预测步骤如下：

a）确定移动平均时所取数据段内的数据点个数 N（称作移动跨距）。

b）依次计算各数据段中 N 项观察值的平均值 M_t（称作一次移动平均值）。

c）计算第 $t+T$ 期预测值。在第 t 期要计算第 $t+T$ 期预测值时，将第 t 期的移动平均值 M_t 直接作为第 $t+T$ 期的预测值 Y_{t+T}。其公式为

$$Y_{T+t} \triangleq M_t$$

$$M_t = \frac{1}{N}(X_t + X_{t-1} + \ldots + X_{t-N+1}) = M_{t-1} + \frac{1}{N}(X_t - X_{t-N}) \tag{14.2}$$

2）二次移动平均法。二次移动平均预测步骤如下：

a）确定移动平均时所取数据段内的数据点个数 N（称作移动跨距）。

b）利用一次移动平均求 $M_t^{(1)}$。

c）利用二次移动平均求 $M_t^{(2)}$，且

$$\begin{aligned} M_t^{(2)} &= \frac{1}{N}(M_t^{(1)} + M_{t-1}^{(1)} + \cdots + M_{t-N+1}^{(1)}) \\ &= M_{t-1}^{(2)} + \frac{1}{N}(M_t^{(1)} - M_{t-N}^{(1)}) \end{aligned} \tag{14.3}$$

d）建立平滑模型。实际数据点呈线性变化趋势，因此，在用 t 期的实际数据点值 X_t 估 $t+T$ 期的预测值 Y_{t+T} 时，可定义

$$Y_{t+T} \triangleq a_t + b_t T \tag{14.4}$$

式中　a_t ——预测的起始数据，近似等于 X_t，即 $a_t \approx X_t = 2M_t^{(1)} - M_t^{(2)}$；

b_t ——预测线的斜率，且 $b_t = \frac{2}{N-1}(M_t^{(1)} - M_t^{(2)})$；

T ——由目前时刻 t 到预测期 $t+T$ 的时间间隔；

Y_{t+T} —— $t+T$ 期的预测值。

【例 14.5】　预测某企业某产品的销售量。销售量统计数据与移动平均值见表 14.9，求第 17、20 期的预测销售量。

表 14.9　　　　销售量统计数据与移动平均值

资料期 t	实际销售量 X_t（台）	一次移动平均值 $M_t^{(1)}$ $(N=5)$	二次移动平均值 $M_t^{(2)}$ $(N=5)$
1	45	—	—
2	52	—	—
3	60	—	—

续表

资料期 t	实际销售量 X_t（台）	一次移动平均值 $M_t^{(1)}(N=5)$	二次移动平均值 $M_t^{(2)}(N=5)$
4	48	—	—
5	52	51.4	—
6	55	53.4	—
7	58	54.6	—
8	62	55	—
9	64	58.2	54.52
10	67	61.2	56.48
11	69	64	58.60
12	73	67	61.08
13	75	69.6	64
14	80	72.8	66.92
15	82	75.8	69.84
16	84	78.8	72.80

解　(1) 观察数据，判定采用二次移动平均预测。

(2) 参数计算

$$a_{16}=2M_{16}^{(1)}-M_{16}^{(2)}=2\times 78.8-72.8=84.8$$

$$b_{16}=\frac{2}{N-1}(M_{16}^{(1)}-M_{16}^{(2)})=\frac{2}{5-1}(78.8-72.8)=3$$

(3) 预测模型构建

$$Y_{16+T}=84.8+3T$$

(4) 预测结果

$$Y_{16+1}=84.8+3\times 1=87.8\approx 88\text{（台）}$$

$$Y_{16+4}=84.8+3\times 4=96.8\approx 97\text{（台）}$$

当资料数据具有曲线趋势时，本应采用三次移动平均预测模型，但在实际应用中一般改用下面将要介绍的三次指数平滑预测模型，因为后者所需要的数据存储量较少，因此本章不再介绍三次移动平均预测模型。

3）加权移动平均法。该方法与移动平均法相类似，所不同的是在移动平均数的基础上，对统计数按其重要程度，分别给予不同的权数，其原则是：近期数据权数大，远期数据权数小，公式为

$$Y_{T+t}\triangleq M_t$$

$$M_t=\sum_{i=0}^{i=N-1}\alpha_{t-i}X_{t-i} \tag{14.5}$$

【例 14.6】　根据表 14.9 所列数据，求第 17 期的销售预测值。$N=5$，销售量和权数表见表 14.10。

表 14.10 销售量与权数表

资料期 t	12	13	14	15	16	17
实际销售量 X_t（台）	73	75	80	82	84	?
权数 α_t	0.1	0.15	0.2	0.25	0.3	

解 $Y_t = 0.3\times 84 + 0.25\times 82 + 0.2\times 80 + 0.15\times 75 + 0.1\times 73 = 80$（台）

（2）指数平滑法。指数平滑（Exponential Smoothing）法是根据以前的需求水平和预测水平的加权平均数估算的未来销售量为基础的。新的预测是因老预测与实际实现的销售量之间的差别而形成的老预测的函数，引入参数为 α 因素。

指数平滑法包括一次、二次指数平滑法和三次指数平滑法，选择原则同移动平均法。

1）一次指数平滑法。当时间序列观察值的发展趋势单纯围绕某一水平作随机跳动时，可采用一次指数平滑法。一次指数平滑预测模型为

$$Y_{t+T} \triangleq S_t^{(1)}$$

$$\begin{aligned} S_t^{(1)} &= \alpha X_t + (1-\alpha)S_{t-1}^{(1)} \\ &= \alpha X_t + \alpha(1-\alpha)X_{t-1} + \alpha(1-\alpha)^2 X_{t-2} + \cdots \\ &\quad + \alpha(1-\alpha)^{t-1}X_1 + (1-\alpha)^t S_0^{(1)} \end{aligned} \tag{14.6}$$

式中 $S_t^{(1)}$ ——第 t 期的一次指数平滑值；

X_t ——第 t 期的实际观察值；

α ——权系数，通常取 $\alpha = 0.01 \sim 0.30$；

Y_{t+T} ——第 $t+T$ 期的预测值。

当资料数据较多（如数据点大于 50）时，可取

$$S_0^{(1)} \approx X_1 \text{ 或 } S_0^{(1)} \approx \overline{X}$$

令 $w_t = \alpha, w_{t-1} = \alpha(1-\alpha), \cdots, w_i = \alpha(1-\alpha)^{t-i}, \cdots, w_1 = \alpha(1-\alpha)^{t-1}, w_0 = (1-\alpha)^t$

则 $S_t^{(1)} = w_t X_t + w_{t-1}X_{t-1} + \cdots + w_1 X_1 + w_0 S_0^{(1)}$

且 $0 \leqslant w_i \leqslant 1$，$\sum\limits_{i=0}^{t} w_i = 1$，$i = 1,2,\cdots,t$

因此 w_i 是各历史期实际数据的权数（$i=0,1,2,\cdots,t$），且 $0 \leqslant w_0 \leqslant w_1 \leqslant w_2 \leqslant \cdots \leqslant w_{t-1} \leqslant w_t \leqslant 1$。

2）二次指数平滑法。当时间序列观察值的发展趋势包含某种线性持续增长或下降趋势时，则应采用二次指数平滑法。二次指数平滑预测模型为

$$Y_{t+T} \triangleq a_t + b_t T$$

其中

$$a_t = 2S_t^{(1)} - S_t^{(2)},\ b_t = \frac{\alpha}{1-\alpha}(S_t^{(1)} - S_t^{(2)})$$

$$\begin{cases} S_t^{(1)} = \alpha X_t + (1-\alpha)S_{t-1}^{(1)} \\ S_t^{(2)} = \alpha S_t^{(1)} + (1-\alpha)S_{t-1}^{(2)} \end{cases} \tag{14.7}$$

上三式中 a_t、b_t ——平滑系数；

$S_t^{(1)}$ ——第 t 期的一次指数平滑值；

$S_t^{(2)}$ ——第 t 期的二次指数平滑值；

X_t ——第 t 期的实际观察值；

α ——权系数，通常取 $\alpha = 0.01 \sim 0.30$；

Y_{t+T} ——第 $t+T$ 期的预测值。

3）三次指数平滑法。当时间序列观察值的发展趋势出现较大曲率时，宜采用三次指数平滑法。它是在二次指数平滑法的基础上进行的。利用一次、二次指数平均值建立的时间序列的趋势方程为

$$Y_{t+T} \triangleq a_t + b_t T + c_t T^2$$

其中

$$a_t = 3S_t^{(1)} - 3S_t^{(2)} + S_t^{(3)}$$

$$b_t = \frac{\alpha}{2(1-\alpha)^2}\left[(6-5\alpha)S_t^{(1)} - 2(5-4\alpha)S_t^{(2)} + (4-3\alpha)S_t^{(3)}\right]$$

$$c_t = \frac{\alpha^2}{2(1-\alpha)^2}\left(S_t^{(1)} - 2S_t^{(2)} + S_t^{(3)}\right)$$

$$\begin{cases} S_t^{(1)} = \alpha X_t + (1-\alpha)S_{t-1}^{(1)} \\ S_t^{(2)} = \alpha S_t^{(1)} + (1-\alpha)S_{t-1}^{(2)} \\ S_t^{(3)} = \alpha S_t^{(2)} + (1-\alpha)S_{t-1}^{(3)} \end{cases} \tag{14.8}$$

上式中　$S_t^{(1)}$ ——第 t 期的一次指数平滑值；

$S_t^{(2)}$ ——第 t 期的二次指数平滑值；

$S_t^{(3)}$ ——第 t 期的三次指数平滑值；

X_t ——第 t 期的实际观察值；

α ——权系数，通常取 $\alpha = 0.01 \sim 0.30$；

Y_{t+T} ——第 $t+T$ 期的预测值；

a_t、b_t、c_t ——平滑系数。

应用指数平滑预测模型时，要用到初始平滑值 $S_0^{(1)}$。如果资料数据点较多（在 50 个以上），可以用实际值 X 来代替；如果数据点较少，则初始值的影响不能忽略，可以采用前几个数据的平均值作为初始值。

【例 14.7】　某厂某产品的销售量见表 14.10，用指数平滑法预测 2003 年的销售量。

解　设 $\alpha = 0.3$，计算一次、二次、三次指数平滑值，并列入表 14.11 中。

表 14.11　　**指数平滑法预测实例表**

年	t	销售量（千台）	$S_t^{(1)}$	$S_t^{(2)}$	$S_t^{(3)}$
	0		2.3	2.3	2.3
1995	1	2.3	2.3	2.3	2.3
1996	2	3.4	3.07	2.53	2.37
1997	3	5.1	3.68	2.88	2.52
1998	4	7.2	4.74	3.44	2.80
1999	5	9.0	6.02	4.21	3.22
2000	6	10.6	7.39	5.17	3.80
2001	7	12.0	8.77	6.25	4.54
2002	8	14.3	10.43	7.50	5.43

解 （1）由表14.11所列数据建立线性趋势方程：

因为
$$a_{2002}=2S_t^{(1)}-S_t^{(2)}=2\times 10.43-7.5=13.36$$
$$b_{2002}=\frac{\alpha}{1-\alpha}(S_t^{(1)}-S_t^{(2)})=\frac{0.3}{1-0.3}\times(10.43-7.5)=1.26$$

则 $Y_{2002+T}=13.36+1.26T$。

（2）由表14.11建立二次曲线趋势方程：

因为
$$a_{2002}=3S_t^{(1)}-3S_t^{(2)}+S_t^{(3)}=3\times 10.43-3\times 7.5+5.43=142.2$$
$$b_{2002}=\frac{\alpha}{2(1-\alpha)^2}[(6-5\alpha)S_t^{(1)}-2(5-4\alpha)S_t^{(2)}+(4-3\alpha)S_t^{(3)}]=2.07$$
$$c_{2002}=\frac{\alpha^2}{2(1-\alpha)^2}(S_t^{(1)}-2S_t^{(2)}+S_t^{(3)})=0.08$$

则 $Y_{2002+T}=14.22+2.07T+0.08T^2$

（3）利用模型求解预测值：

线性和二次曲线趋势预测分别为
$$Y_{2002+1}=13.36+1.26\times 1=14.62\text{（千台）}$$
$$Y_{2002+1}=14.22+2.07\times 1+0.081^2=16.57\text{（千台）}$$

2. *回归分析法*

在实际问题中，某些现象是相关联系和彼此依存着的。一种现象的变动，常使另一种现象随着发生相应的方向和数量的变化，在这些现象之间存在一定的因果关系和量变关系。例如，铁路货运量随着工农业生产的发展而不断增长，而铁路对于各种物资的消费需用量又随着铁路运输、工业生产和基建等任务的增长而相应地增加。引起变动的现象，即起因作用的现象称为“自变量”，而受到其影响结果的现象为“因变量”。回归预测方法就是根据存在于现象之间的内在的因果关系和量变关系建立回归模型，用来从某一现象（自变量）的变动，来估计另一现象（因变量）的变化方向和程度，也就是从一种现象变化的因，来推测另一现象变化的果，因而回归预测也叫因果预测。回归预测按所包含的自变量的多少，可分为一元回归预测和多元回归预测。

回归分析法是一种对于变量间的非确定关系的统计分析法。它的主要步骤：

1）通过调查分析，确定待预测变量可能的相关因素，并收集这些因素的统计资料。

2）建立统计回归模型，求出回归方程。

3）用回归方程进行预测。

4）对回归方程进行统计检验，并给出预测精度估计。

利用回归分析法进行预测的预测。关键在于写出最佳拟合曲线的方程，这个过程也称建立回归模型的过程。建立回归模型的基本方法是最小二乘法。

（1）最小二乘法准则。设 Y_i 是 Y 的观察值（或称观测值），共有 n 个观察值，$\hat{Y}_i$ 是 Y 的拟合值（或称估计值），拟合误差的平方和最小，即 $\min\sum\limits_{i=1}^{n}(Y_i-\hat{Y}_i)^2$。

（2）一元线性回归分析法。一元线性回归分析法是处理 X、Y 两个变量之间线性相关关系的一种用途很广的方法。它的通式为
$$Y_i=a+bX_i+\mu_i(i=1,2,\cdots,n)\tag{14.9}$$

式中　n ——样本容量，即数据点的个数；

a、b ——回归参数；

μ_i ——回归剩余项，即不能由 X 和 Y 的线性关系来解释的那部分剩余量。

在运用回归方法预测时，要求满足一定的假设条件，其中最重要的是剩余项 μ_i 必须满足以下条件：

1) μ_i 是服从均值为 0、方差为 σ^2 的正态分布的随机变量，即 $\mu_i \sim N(0,\sigma^2)$；

2) 各个 μ_i 间相互独立；

3) μ_i 与自变量无关。

设已知 n 对观察点数据用 (X_i, Y_i) 表示，选取直角坐标 $Y-X$，将数据点用该平面上的点表示，得到散布图。如果各点之间的直线趋势比较明显，就可用一条直线 $\hat{Y}_i = a + bX_i$ 来拟合观察值数据。

解经处理得

$$b = \frac{\sum_{i=1}^{n}(X_iY_i) - n\overline{XY}}{\sum_{i=1}^{n}X_i^2 - n\overline{X}^2},\ a = \overline{Y} - b\overline{X},\ \overline{X} = \frac{1}{n}\sum_{i=1}^{n}X_i,\ \overline{Y} = \frac{1}{n}\sum_{i=1}^{n}Y_i$$

则回归方程为

$$\hat{Y} = a + bX \tag{14.10}$$

应用一元线性回归方法进行预测，必须满足以下条件：①预测对象与影响因素之间必须存在因果关系，而且数据点的分布确有线性趋势；②能够反映出过去和现在的数据规律。

【例 14.8】　某公司预备购入钢材，具体数据见表 14.12，试估计在途运输时间。

表 14.12　　**某公司预备购入钢材数据**

供货工厂	铁路运输距离（km） X	在途运输时间（h） Y
1	210	5
2	290	7
3	350	6
4	480	11
5	490	8
6	730	11
7	780	12
8	850	8
9	920	15
10	1010	12

解　1）回归系数计算见表 14.13。

表 14.13 回归系数计算

供货工厂	铁路运输距离 X_t(km)	在途运输时间 Y_t(h)	X_tY_t	X_t^2	Y_t^2
1	210	5	1050	44 100	26
2	290	7	2030	84 100	49
3	350	6	2100	122 500	36
4	480	11	5280	230 400	121
5	490	8	3920	240 100	64
6	730	11	8030	532 900	121
7	780	12	9360	608 400	141
8	850	8	6800	722 500	64
9	920	15	13800	846 400	225
10	1010	12	12120	1 020 100	144
共计	6110	95	64 490	4 451 500	993
$\overline{X}=\frac{\Sigma X_t}{n}=\frac{6110}{10}=611$			$\overline{Y}=\frac{\Sigma Y_t}{n}=\frac{95}{10}=9.5$		

2）根据公式

$$b=\frac{\sum_{i=1}^{n}(X_iY_i)-n\overline{XY}}{\sum_{i=1}^{n}X_i^2-n\overline{X}^2}=\frac{64\,490-(10\times 611\times 9.5)}{4\,451\,500-10\times 611^2}=\frac{6445}{718\,290}=0.008\,97$$

$$a=\overline{Y}-b\overline{X}=9.5-0.008\,97\times 611=9.5-5.481=4.019$$

3）回归数学模型

$$\hat{Y}_i=4.019+0.008\,97X_t$$

根据各批钢材的铁路运输距离，可得出在途运输时间。例如，某地钢材由起始点到站地铁路运输距离为1000km，其在途运输时间为

$$\hat{Y}_{1000}=4.019+0.008\,97\times 1000\approx 12.99(\text{h})$$

（3）多元线性回归分析法。社会经济现象是十分复杂的。与某一个变量有关的因素往往不是一个，而是多个。例如，在供应链系统中，企业生产量的影响因素，除了涉及位于上游的原材料供应商的供应情况，还涉及诸如企业本身生产能力以及位于下游的零售商、批发商乃至消费者的需求情况等因素。多元回归预测就是研究对一个变量有两个或两个以上影响因素的相关关系进行预测的方法。其具体步骤如下：

1）设有 m 个因素 $X_1,X_2,\cdots,X_m$ 与因变量 Y 有线性关系，则它们之间可写成下列形式

$$Y=a+b_1X_1+b_2X_2+\cdots+b_mX_m+\mu$$

式中 Y——因变量的观察值；

μ——其他因素的影响。

则回归方程为

$$\hat{Y} = a + b_1 X_1 + b_2 X_2 + \cdots + b_m X_m$$

式中 $\hat{Y}$——因变量的估计值。

2）设有 n 组观察数据，或称有 n 个样本 $(Y_i, X_{i1}, X_{i2}, \cdots X_{im}), i = 1, 2, \cdots, n$，则样本的回归方程为

$$\hat{Y} = a + b_1 X_{i1} + b_2 X_{i2} + \cdots + b_m X_{im}$$

令 $$\overline{X} = \frac{1}{n}\sum_{i=1}^{n} X_i,\ \overline{Y} = \frac{1}{n}\sum_{i=1}^{n} Y_i,\ a = \overline{Y} - (b_1 \overline{X}_1 + b_2 \overline{X}_2 + \cdots + b_m \overline{X}_m) \qquad (14.11)$$

为记忆方便，经整理，记为

$$Ab = B \Longrightarrow b = A^{-1}B$$

式中 $$A = \{S_{ij}\}_{m\times m},\ b = \{b_i\}_{m\times 1},\ B = \{S_{iy}\}_{m\times 1}$$

$$S_{kj} = \sum_{i=1}^{n} (X_{ik} - \overline{X}_k)(X_{ij} - \overline{X}_j),\ S_{ky} = \sum_{i=1}^{n} (X_{ik} - \overline{X}_k)(Y_{ij} - \overline{Y}) \qquad (14.12)$$

3）求解正规方程，建立回归方程；

4）进行回归效果分析（这部分在后面进行分析）。

【例 14.9】 结合二元回归预测法，试预测某企业的产品生产量 Y（万件），假设该产量 Y 与市场需求量 X_1、该企业生产能力 X_2 因素相关。具体数据见表 14.14。

解 根据已知数据求解中间数据：

表 14.14 某企业的产品、市场需求量、生产能力因素相关数据

i	Y_i	X_{i1}	X_{i2}	$(X_{i1}-\overline{X}_1)^2$	$(X_{i2}-\overline{X}_2)^2$	$(X_{i1}-\overline{X}_1)\times(X_{i2}-\overline{X}_2)$	$(X_{i1}-\overline{X}_1)\times(Y_i-\overline{Y})$	$(X_{i2}-\overline{X}_2)\times(Y_i-\overline{Y})$
1	3.0	21.7	47.8	62.094 4	232.989 696	120.280 32	7.312 64	14.164 99
2	3.3	24.1	51.3	30.030 4	138.391 696	64.466 72	3.441 44	7.387 792
3	4.7	37.4	76.8	61.152 4	188.677 696	107.415 52	6.037 04	10.604 19
4	3.9	29.4	66.2	0.032 4	9.834 496	−0.564 48	0.005 04	−0.087 81
5	3.2	22.6	51.9	48.720 4	124.634 896	77.924 72	5.081 44	8.127 392
6	4.1	32.0	65.3	5.856 4	4.999 696	5.411 12	0.416 24	0.384 592
7	3.6	26.4	57.4	10.112 4	32.080 896	18.011 52	1.043 04	1.857 792
8	4.3	31.6	66.8	4.080 4	13.957 696	7.546 72	0.751 44	1.389 792
9	4.7	35.5	76.4	35.046 4	177.848 896	78.949 12	4.570 24	10.295 39
10	3.5	25.1	53.0	20.0704	101.284 096	45.086 72	1.917 44	4.307 392
11	4.0	30.8	66.9	1.488 4	14.714 896	4.679 92	0.087 84	0.276 192
12	3.5	25.8	55.9	14.288 4	51.322 896	27.079 92	1.617 84	3.066 192
13	4.0	30.3	66.5	0.5184	11.806 096	2.473 92	0.051 84	0.247 392
14	3.0	22.2	45.3	54.464 4	315.559 696	131.098 32	6.848 64	16.484 99
15	4.5	35.7	73.6	37.454 4	111.007 296	64.480 32	3.500 64	6.026 592
16	4.1	30.9	65.1	1.742 4	4.145 296	2.687 52	0.227 04	0.350 192
17	4.8	35.5	75.2	35.046 4	147.282 496	71.845 12	5.162 24	10.582 59

续表

i	Y_i	X_{i1}	X_{i2}	$(X_{i1}-\overline{X}_1)^2$	$(X_{i2}-\overline{X}_2)^2$	$(X_{i1}-\overline{X}_1)\times(X_{i2}-\overline{X}_2)$	$(X_{i1}-\overline{X}_1)\times(Y_i-\overline{Y})$	$(X_{i2}-\overline{X}_2)\times(Y_i-\overline{Y})$
18	3.4	24.2	54.6	28.944 4	71.639 296	45.536 32	2.840 64	4.468 992
19	4.3	33.4	68.7	14.592 4	31.764 496	21.529 52	1.421 04	2.096 592
20	4.0	30.0	64.8	0.176 4	3.013 696	0.729 12	0.030 24	0.124 992
21	4.6	35.1	74.7	30.4704	135.396 496	64.230 72	3.709 44	7.819 392
22	3.9	29.4	62.7	0.032 4	0.132 496	0.065 52	0.005 04	0.010 192
23	4.3	32.5	67.6	8.526 4	20.575 296	13.245 12	1.086 24	1.687 392
24	3.1	24.0	51.3	31.136 4	138.391 696	65.643 12	4.620 24	9.740 592
25	4.4	33.9	70.8	18.662 4	59.845 696	33.419 52	2.039 04	3.651 392
共计	98.2	739.5	1576.6	554.74	2141.297 6	1073.272	63.824	125.065 2

设 回归模型为 $\hat{Y}_i = a + b_1 X_{i1} + b_2 X_{i2}$，有

$$\overline{X}_1 = \frac{1}{n}\sum_{i=1}^{n} X_{i1} = 29.58,\ \overline{X}_2 = \frac{1}{n}\sum_{i=1}^{n} X_{i2} = 63.064,\ \overline{Y} = \frac{1}{n}\sum_{i=1}^{n} Y_i = 3.928$$

$$S_{11} = \sum_{i=1}^{n} (X_{i1}-\overline{X}_1)^2 = 554.74,\ S_{22} = \sum_{i=1}^{n} (X_{i2}-\overline{X}_2)^2 = 2141.297\ 6$$

$$S_{12} = \sum_{i=1}^{n} (X_{i1}-\overline{X}_1)(X_{i2}-\overline{X}_2) = 1073.272\ ,\ S_{1y} = \sum_{i=1}^{n} (X_{i1}-\overline{X}_1)(Y_i-\overline{Y}) = 63.824$$

$$S_{2y} = \sum_{i=1}^{n} (X_{i2}-\overline{X}_2)(Y_i-\overline{Y}) = 125.065\ 2$$

$$b_1 = \frac{S_{22}S_{1y} - S_{12}S_{2y}}{S_{11}S_{22} - S_{12}S_{21}} = \frac{2141.3\times 63.8 - 1073.3\times 125.1}{554.7\times 2141.3 - 1073.3\times 1073.3} = 0.013\ 3$$

$$b_2 = \frac{-S_{21}S_{1y} + S_{11}S_{2y}}{S_{11}S_{22} - S_{12}S_{21}} = \frac{-1073.3\times 63.8 + 554.7\times 125.1}{554.7\times 2141.3 - 1073.3\times 1073.3} = -7.16$$

$$a = \overline{Y} - (b_1\overline{X}_1 + b_2\overline{X}_2) = 3.928 - (0.013\ 3\times 29.58 - 7.16\times 63.064) = 7754.15$$

则所求回归方程为

$$\hat{Y}_i = 7754.15 + 0.013\ 3X_{i1} - 7.16X_{i2}$$

(4) 回归效果分析。建立线性回归方程的目的是利用它来进行预测及分析。但在实际问题中，事先并不能断定数据 $[Y_i, X_{1i}, X_{2i}, \cdots (i=1,2,\cdots,n)]$ 之间是否确有线性关系。换言之，我们不能断定所采用的线性回归方程在多大程度上是可信的。就最小二乘法本身而言，即使对于平面上一堆杂乱无章的点，也可以配出一条回归直线来，然而这样的直线是没有任何实际意义的。可见，在求解回归方程前，线性回归模型只是一种假设，因此在求出回归方程后，还需对它进行统计检验，给以肯定或否定的结论。

下面分别讨论相关性检验、回归方程和回归系数的显著性检验、剩余项的自相关检验、标准误差和置信区间的估计。

1) 相关性检验。在物流系统中，经常可以注意到现象之间存在着相互依存的数量关系，这种关系称相关关系。例如，产品价格与市场需求量之间有着密切的联系。它包括正相关关

系和负相关关系。为精确地描述变量间相互关系的密切程度，我们引入相关系数 r。所谓相关系数，就是表明变量间相互关系密切程度的指标。

相关系数 r_{xy}

$$r_{xy}=\frac{S_{xy}}{\sqrt{S_{xx}S_{yy}}}=\frac{\sum_{i=1}^{n}(X_i-\overline{X})(Y_i-\overline{Y})}{\sqrt{\sum_{i=1}^{n}(X_i-\overline{X})^2\sum_{i=1}^{n}(Y_i-\overline{Y})^2}}=\frac{\sum_{i=1}^{n}(X_iY_i)-n\overline{XY}}{\sqrt{\sum_{i=1}^{n}X_i^2-n\overline{X}^2}\sqrt{\sum_{i=1}^{n}Y_i^2-n\overline{Y}^2}}$$

且
$$\overline{X}=\frac{1}{n}\sum_{i=1}^{n}X_i,\ \overline{Y}=\frac{1}{n}\sum_{i=1}^{n}Y_i \tag{14.13}$$

r_{xy} 越小，拟合度越差，变量 Y 与 X 的相关程度就越低，其中当 r_{xy} 为正时，称为正相关，即 Y 随 X 的增加而增加；当 r_{xy} 为负时，称为负相关，即 Y 随 X 的增加而减小；当 r_{xy} 为 0 时，表示变量间无相关关系，称为零相关，当 r_{xy} 的绝对值为 1 时，表示变量间存在着确定的函数关系，称为完全相关。r_{xy} 的绝对值越接近于 1，说明相关性越强；越接近于 0，则说明相关性越弱。

【例 14.10】　计算［例 14.8］中的相关系数。

解　［例 14.8］中已算出

$$\overline{X}=\frac{1}{n}\sum_{i=1}^{n}X_i=611,\ \overline{Y}=\frac{1}{n}\sum_{i=1}^{n}Y_i=9.5,n=10,\ \sum_{i=1}^{n}(X_iY_i)=64\ 490$$

$$\sum_{i=1}^{n}X_i^2=4\ 451\ 500,\ \sum_{i=1}^{n}Y_i^2=993$$

得
$$r_{xy}=\frac{\sum_{i=1}^{n}(X_iY_i)-n\overline{XY}}{\sqrt{\sum_{i=1}^{n}X_i^2-n\overline{X}^2}\sqrt{\sum_{i=1}^{n}Y_i^2-n\overline{Y}^2}}$$

$$=\frac{64\ 490-10\times 611\times 9.5}{\sqrt{4\ 451\ 500-10\times 611^2}\sqrt{993-10\times 9.5^2}}=\frac{6445}{847.52\times 9.51}\approx 0.8$$

计算结果表明，这条回归直线的拟合程度较好。

2）回归方程和回归系数的显著性检验。如果变量间的相关关系显著，那么我们还需进一步考察回归方程能否揭示变量间的数量规律，即拟合程度如何，这就是回归方程与回归系数的显著性检验。回归方程的显著性检验可采用 F 检验，回归系数的显著性检验可采用 t 检验。

（5）平滑预测技术与回归预测技术的比较。平滑预测技术和与回归预测技术是常用的预测技术，但它们各自具有不同的特点。它们之间的主要区别如下：

首先，它们的适用范围不同。平滑预测模型只适用于时间序列；而回归模型既适用于时间序列，也适用于具有因果关系的非时间序列。此外，由于平滑模型实质上是一种对现有资料数据的外推，所以只适用于作短期预测；而回归模型反映变量间的因果关系，所以适用于作中短期预测。对于长期预测问题，由于从长期看，预测对象的结构总会发生变化，这时数据点的演变规律以及变量间的关系均随之发生了变化，所以平滑预测方法和回归方法都不适用于长期预测。

其次，它们的功能不同。平滑预测模型通常只用于进行预测，而回归模型除了进行预测外，还可进行结构分析、政策评价等。

再次，从模型的根据看，回归模型是根据统计学原理推导得出的。其数学基础比较严谨，并且可以对预测模型进行统计检验分析，而平滑预测模型则不能进行检验。

但是，平滑预测模型也有其优点。在进行时间序列预测时，平滑预测模型比回归模型更简单。更重要的是，平滑预测模型还可按照数据的远近而赋予大小不等的权系数，而回归模型对于时间序列中的每一个数据点都予以同等重视。

本 章 小 结

面对日益增多的复杂的管理决策问题，想要用一个数学模型来描述，在原则上还能做到。但是想要用解析方法求出所需要的解，则是不可能的。而模拟方法试图从反复的试验结果中推断出系统的数量特征。本章介绍了模拟的基本概念、方法以及应用。另外，还较为系统地介绍了预测的基本原则，常用的时间序列技术、定性预测方法和回归分析等预测方法。

习 题 14

14.1 什么是随机数？模拟中如何使用随机数？

14.2 船只到达某港口的概率见表 14.15

表 14.15 船只到达某港口的概率

到达船只的数量（只/艘）	概率	到达船只的数量（只/艘）	概率
1	0.1	3	0.4
2	0.3	4	0.2

一艘船只装货时间为 4 天，包括进入船坞一天。如果一艘船只到达日为 x，停泊日为 y，它将占据锚位直至 $y+3$ 天末。离岸停泊设备可停泊最多 5 艘等待进入港口的船只。

11 月 1 日港口有 10 个锚位，其中：1 个锚位是闲置的；4 个锚位被 10 月 31 号进入船坞的船只占据。2 个锚位被 10 月 30 号进入船坞的船只占据；3 个锚位被 10 月 29 号进入船坞的船只占据。

模拟整个 11 月份港口的情况并评价该结果。

14.3 某工厂需要向外单位订购一种部件。据统计，部件的每天需要量 d_i 见表 14.16。

表 14.16 部件的每天需要量的概率

d_i（个/天）	17	18	19	20	21	22	23
概率	0.05	0.10	0.30	0.20	0.20	0.10	0.05

部件的订购费 $a=10$ 元/次，单位存储费 $h=0.10$ 元/个・天，单位缺货损失费 $p=0.50$ 元/个・天。订购部件时，每次的订购量 Q 定为 120 个，但必须向供货单位提前订货，订货提前期 L 在 1～5 天变动，其概率见表 14.17。

表 14.17　提前订货期变化概率

L（天）	1	2	3	4	5
概率	0.10	0.20	0.30	0.30	0.10

仓库每天盘点（或纪录存货）。问题是订货点（发出订货时的库存量）R 等于多少时才能使存储总费用（存储、订购费与缺货损失费之和）最小。要求：

（1）画出用电子计算机模拟时的程序框图；

（2）用手算模拟的方法模拟一个月（30 天）的存储和费用情况，并确定存储总费用较少的订货点 R。

14.4　试比较定性预测与定量预测技术的区别，并分别列举三项预测技术及其各自在物流领域的应用。

14.5　简单说明一次、二次、三次移动平滑技术适用范围及操作步骤。

14.6　某产品分销点 2015 年 1～7 月份接收的订单数量见表 14.18 所列。

表 14.18　某产品分销点 2015 年 1～7 月份接收订单数量

时期（月份）	1	2	3	4	5	6	7
订单数（万份）	23	33	56	70	64	43	56

试求：预测该分销点在 8 月份的订单数量，移动跨距分别为 $N = 3, 4$。

14.7　某合资企业所生产的产品年销售量见表 14.19，用指数平滑法预测 2015 年的销售量。设 $\alpha = 0.3$，计算一次、二次、三次指数平滑值，并列入表 14.19 中。

表 14.19　指数平滑法预测实例表

年	t	销售量（千台）	$S_t^{(1)}$	$S_t^{(2)}$	$S_t^{(3)}$
1995	1	2.3			
1996	2	3.4			
1997	3	5.1			
1998	4	7.2			
1999	5	9.0			
2000	6	10.6			
2001	7	12.0			
2002	8	14.3			

14.8　公司销售产品，其销售量与盈利额的统计数据见表 14.20。

表 14.20　产品的销售量与盈利额

销售量（件）	3	4	6	11	18	27	32	40	54	60	86	92	120
盈利额（万元）	2	3	6	8	16	21	26	23	22	25	28	35	50

试运用回归模型求解销售量为 135 件时的盈利额。

附录一 “运筹学”课程实验指导

一、WinQSB 软件操作指南

QSB 是 Quantitative Systems for Business 的缩写，早期版本的操作系统在 DOS 下运行，Win QSB 是在 Windows 操作系统下运行。WinQSB 是一种教学软件，对于非大型的问题一般都能计算，较小的问题还能演示中间的计算过程。该软件可用于管理科学、决策科学、运筹学及生产运作管理等领域的求解问题。

1. 安装与启动

安装 WinQSB 软件后，在系统程序中自动生成 WinQSB 应用程序，用户根据不同的问题选择子程序，操作简单方便。进入某个子程序后，第一项工作就是建立新问题或打开已有的数据文件，观察数据输入格式，系统能够解决哪些问题，结果的输出格式等内容。

2. 与 Office 文档交换数据

从 Excel 或 Word 文档中复制数据到 WinQSB：电子表中的数据可以复制到 WinQSB 中，方法是先选中要复制电子表中单元格的数据，单击复制或按“Ctrl＋C”键，然后在 WinQSB 的电子表格编辑状态下选中要粘贴的单元格，单击粘贴或按“Ctrl＋V”键完成复制。

将 WinQSB 的数据复制到 Office 文档中：先清空粘贴板，选中 WinQSB 表中要复制的单元格，点击 Edit→Copy，然后粘贴到 Excel 或 Word 文档中。

将 WinQSB 的计算结果复制到 Office 文档中：问题求解后，先清空粘贴板，点击 File→Copy to Clipboard，就将结果复制到粘贴板中。

保存计算结果：问题求解后，点击 File→Save as，系统以文本格式（*.txt）保存结果，用户可以编辑文本文件，然后复制到 Office 文档中。

3. WinQSB 软件包

WinQSB 软件包，可求解如下 19 类问题：

（1）抽样分析（Acceptance Sampling Analysis，ASA）。

（2）综合计划编制（Aggregate Planning，AP）。

（3）决策分析（Decision Analysis，DA）。

（4）动态规划（Dynamic Programming，DP）。

（5）设备场地布局（Facility Location and Layout，FLL）。

（6）预测（Forecasting）。

（7）目标规划（Goal Programming，GP）。

（8）存储论与存储控制系统（Inventory Theory and System，ITS）。

（9）作业调度（Job Scheduling，JOB）。

（10）线性规划与整数线性规划（Linear and Integer Programming，LP-ILP）。

（11）马尔可夫过程（Markov Process，MKP）。

（12）物料需求计划（Material Requirement Planning，MRP）。

（13）网络模型（Network Modeling，NM）。

（14）非线性规划（Nonlinear Programming，NLP）。

(15) 网络计划技术 (Project Scheduling, PS)。

(16) 二次规划 (Quadratic Programming, QP)。

(17) 质量管理控制 (Quality Control Chart, QCC)。

(18) 排队论 (Queuing Analysis, QA)。

(19) 排队系统仿真 (Queuing System Simulation, QSS)。

二、课程实验指导

1. 线性规划问题

【附例 1.1】 生产计划优化问题。

家具厂生产 4 种小型家具，由于这四种家具具有不同的大小、形状、重量和风格，所以它们所需要的主要原料（木材和玻璃）、制作时间、最大销售量与利润均不相同。该厂每天可提供的木材、玻璃和工人劳动时间分别为 600、1000 单位与 400h，详细的数据资料见附表 1.1。试问：

(1) 应如何安排这四种家具的日产量，使得该厂的日利润最大?

(2) 家具厂是否愿意出 10 元的加班费，让某工人加班 1 小时?

(3) 如果可提供的工人劳动时间变为 398h，该厂的日利润有何变化?

(4) 该厂应优先考虑购买何种资源?

(5) 若因市场变化，第一种家具的单位利润从 60 元下降到 55 元，该厂的生产计划及日利润将如何变化?

附表 1.1 **基本数据**

家具类型	劳动时间 (h/件)	木材 (单位/件)	玻璃 (单位/件)	单位产品利润 (元/件)	最大销售量 (件)
1	2	4	6	60	100
2	1	2	2	20	200
3	3	1	1	40	50
4	2	2	2	30	100
可提供量	400h	600 单位	1000 单位		

解 设 x_1, x_2, x_3, x_4 分别为 4 种家具的产量，则

$$\max z = 60x_1 + 20x_2 + 40x_3 + 30x_4$$

$$\text{s.t.}\quad 2x_1 + x_2 + 3x_3 + 2x_4 \leqslant 400 \text{（劳动时间的约束）}$$

$$4x_1 + 2x_2 + x_3 + 2x_4 \leqslant 600 \text{（木材的约束）}$$

$$6x_1 + 2x_2 + x_3 + 2x_4 \leqslant 1000 \text{（玻璃的约束）}$$

$$x_1 \leqslant 100,\ x_2 \leqslant 200,\ x_3 \leqslant 50,\ x_4 \leqslant 100$$

$$0 \leqslant x_1, 0 \leqslant x_2, 0 \leqslant x_3, 0 \leqslant x_4$$

下面介绍用 WinQSB 中的“Linear and Integer Programming”功能求此题。

(1) 启动线性规划(LP)和整数规划程序。点击开始(Start)→程序→WinQSB→Linear and Integer Programming，则出现附图 1.1 所示工作状态界面。

(2) 建立新问题或打开磁盘中已有的文件。在附图 1.1 所示工作界面点击 File→New Problem，建立新的问题，或直接建立新问题，出现附图 1.2 所示界面。

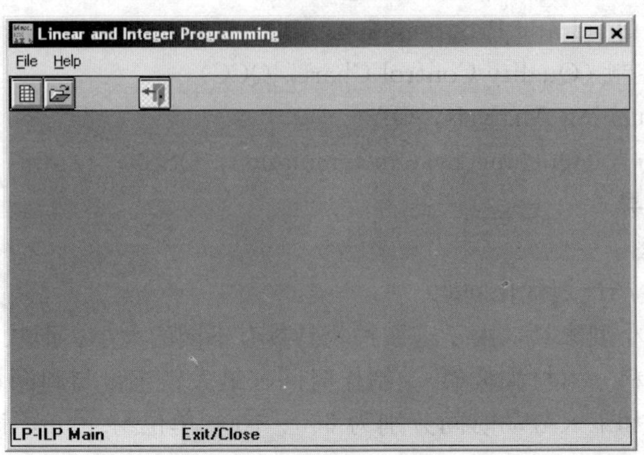

附图 1.1 工作状态界面

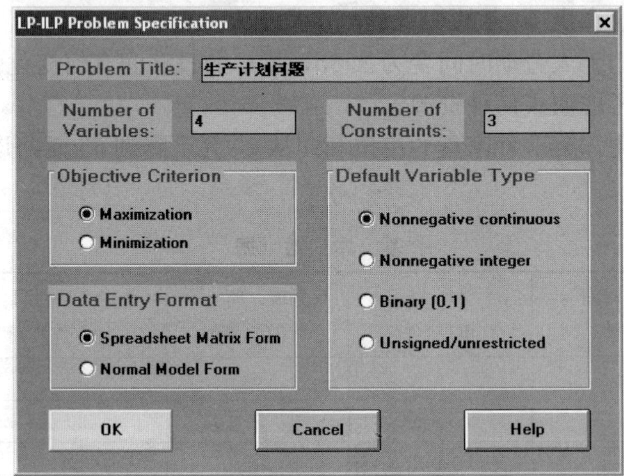

附图 1.2 建立新问题

(3) 输入数据(见附图 1.3)。

(4) 求解(见附图 1.4)。点击菜单栏 Solve and Analyze。

以下为结果的解读。

(1) 最优解综合报告如附图 1.5 所示。

由最优解综合报告对模型分析:

1) 当 $x^{*}=(100, 80, 40, 0)^{\mathrm{T}}$ 时,日利润最大为 $z=9200$(元)。

2) 由最优解综合报告可知劳动力的影子价格(Shadow Price)是 12 元,比支付的 10 元市场价格高,因此家具厂若支付 10 元增加加班时间是有利可图的,因此家具厂愿意出 10 元加班费,让某工人加班 1h。

3) 当可提供的劳动时间从 400h 减少为 398h,劳动力资源的变化在[300, 425]范围内最优基不变,劳动时间的影子价格不变,所以仍为 12 元。

因此,该厂的利润变为 $9200+12\times(398-400)=9176$(元)。

4) 由最优解综合报告可知,劳动时间与木材这两种资源的使用量等于可提供量,即无

Variable -->	X1	X2	X3	X4	Direction	R. H. S.
Maximize						
C1					<=	
C2					<=	
C3					<=	
LowerBound	0	0	0	0		
UpperBound	M	M	M	M		
VariableType	Continuous	Continuous	Continuous	Continuous		

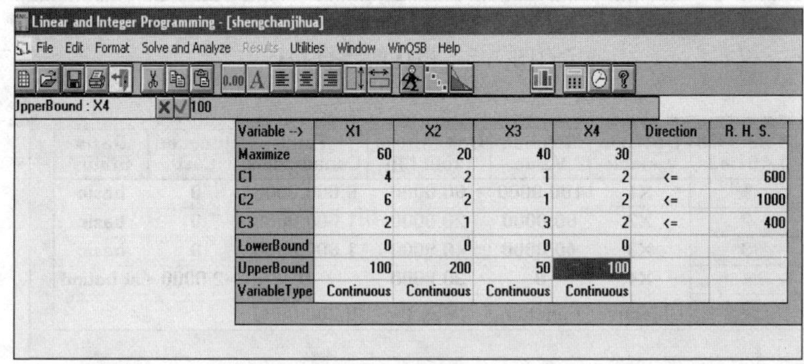
Linear and Integer Programming - [shengchanjihua]

File Edit Format Solve and Analyze Results Utilities Window WinQSB Help

UpperBound : X4 100

Variable -->	X1	X2	X3	X4	Direction	R. H. S.
Maximize	60	20	40	30		
C1	4	2	1	2	<=	600
C2	6	2	1	2	<=	1000
C3	2	1	3	2	<=	400
LowerBound	0	0	0	0		
UpperBound	100	200	50	100		
VariableType	Continuous	Continuous	Continuous	Continuous		

附图 1.3 输入数据

Linear and Integer Programming

File Format Results Utilities Window Help

Combined Report for shengchanjihua

	12:38:59		Tuesday	April	29	2008		
	Decision Variable	Solution Value	Unit Cost or Profit c(j)	Total Contribution	Reduced Cost	Basis Status	Allowable Min. c(j)	Allowable Max. c(j)
1	X1	100.0000	60.0000	6,000.0000	0	basic	40.0000	M
2	X2	80.0000	20.0000	1,600.0000	0	basic	17.5000	30.0000
3	X3	40.0000	40.0000	1,600.0000	0	basic	35.0000	60.0000
4	X4	0	30.0000	0	-2.0000	at bound	-M	32.0000
	Objective	Function	(Max.) =	9,200.0000				
	Constraint	Left Hand Side	Direction	Right Hand Side	Slack or Surplus	Shadow Price	Allowable Min. RHS	Allowable Max. RHS
1	C1	600.0000	<=	600.0000	0	4.0000	550.0000	800.0000
2	C2	800.0000	<=	1,000.0000	200.0000	0	800.0000	M
3	C3	400.0000	<=	400.0000	0	12.0000	300.0000	425.0000

附图 1.4 问题的解

余量的；而玻璃的使用量为 800，可提供量为 1000，即有余量的[由 Constraint 列可知]。因此，应优先考虑购买劳动时间与木材这两种资源。

5）由最优解综合报告可知，家具 1 的价值系数(即单位利润)的变化范围为[40，∞]，即当家具 1 的价值系数属于该区间，则最优解不变。因此，若家具 1 的单位利润从 60 元下降到 55 元，下降量为 5 元，该下降量在允许的减量范围内，这时最优解不变。

因此，四种家具的最优日产量仍分别为 100、80、40 件和 0 件。

最优值变为 9200＋(55－60)×100＝8700(元)。

通过点击菜单栏 Result。

(2) 只显示最优解(Solution Summary)，如附图 1.6 所示。

12:38:59		Tuesday	April	29	2008		
Decision Variable	Solution Value	Unit Cost or Profit c(j)	Total Contribution	Reduced Cost	Basis Status	Allowable Min. c(j)	Allowable Max. c(j)
1 X1	100.0000	60.0000	6,000.0000	0	basic	40.0000	M
2 X2	80.0000	20.0000	1,600.0000	0	basic	17.5000	30.0000
3 X3	40.0000	40.0000	1,600.0000	0	basic	35.0000	60.0000
4 X4	0	30.0000	0	-2.0000	at bound	-M	32.0000
Objective	Function	(Max.) =	9,200.0000				
Constraint	Left Hand Side	Direction	Right Hand Side	Slack or Surplus	Shadow Price	Allowable Min. RHS	Allowable Max. RHS
1 C1	600.0000	<=	600.0000	0	4.0000	550.0000	800.0000
2 C2	800.0000	<=	1,000.0000	200.0000	0	800.0000	M
3 C3	400.0000	<=	400.0000	0	12.0000	300.0000	425.0000

附图 1.5　最优解综合报告

04-29-2008 12:51:43	Decision Variable	Solution Value	Unit Cost or Profit C(j)	Total Contribution	Reduced Cost	Basis Status
1	X1	100.0000	60.0000	6,000.0000	0	basic
2	X2	80.0000	20.0000	1,600.0000	0	basic
3	X3	40.0000	40.0000	1,600.0000	0	basic
4	X4	0	30.0000	0	-2.0000	at bound
	Objective	Function	(Max.) =	9,200.0000		

附图 1.6　问题的最优解

(3) 约束条件摘要(Constraint Summary)，如附图 1.7 所示。

04-29-2008 12:56:40	Constraint	Left Hand Side	Direction	Right Hand Side	Slack or Surplus	Shadow Price
1	C1	600.0000	<=	600.0000	0	4.0000
2	C2	800.0000	<=	1,000.0000	200.0000	0
3	C3	400.0000	<=	400.0000	0	12.0000
	Objective	Function	(Max.) =	9,200.0000		

附图 1.7　约束条件摘要

(4) 逐步迭代，第一步、第二步迭代结果和最终迭代结果如附图 1.8～附图 1.10 所示。

2. 动态规划问题

用 WinQSB 软件求解动态规划问题时，调用子程序 Dynamic Programming (DP)。该程序包括有 3 个子块，即最短路问题(Shortest Route Problem)、背包问题(Knapsack Problem)和生产与存储问题(Production and Inventory Scheduling)。

(1) 最短路问题。用 WinQSB 软件求解[例 7.1]输电网铁塔最优选址问题。

首先，调用子程序 DP，新建问题。在附图 1.11 中选择第一项，输入标题和节点数。

其次，输入数据。按图 5.2 弧方向将距离输入到附表 1.2 中。两点间没有弧连接时不输入数据。

Simplex Tableau -- Iteration 1

		X1	X2	X3	X4	Slack_C1	Slack_C2	Slack_C3	Slack_UB_X1	Slack_UB_X2	Slack_UB_X3	Slack_UB_X4		
Basis	C(j)	60.0000	20.0000	40.0000	30.0000	0	0	0	0	0	0	0	R. H. S.	Rati
Slack_C1	0	4.0000	2.0000	1.0000	2.0000	1.0000	0	0	0	0	0	0	600.0000	150.0
Slack_C2	0	6.0000	2.0000	1.0000	2.0000	0	1.0000	0	0	0	0	0	1,000.0000	166.6
Slack_C3	0	2.0000	1.0000	3.0000	2.0000	0	0	1.0000	0	0	0	0	400.0000	200.0
Slack_UB_X1	0	1.0000	0	0	0	0	0	0	1.0000	0	0	0	100.0000	100.0
Slack_UB_X2	0	0	1.0000	0	0	0	0	0	0	1.0000	0	0	200.0000	
Slack_UB_X3	0	0	0	1.0000	0	0	0	0	0	0	1.0000	0	50.0000	
Slack_UB_X4	0	0	0	0	1.0000	0	0	0	0	0	0	1.0000	100.0000	
	C(j)-Z(j)	60.0000	20.0000	40.0000	30.0000	0	0	0	0	0	0	0	0	

附图 1.8 第一步迭代结果

Simplex Tableau -- Iteration 2

		X1	X2	X3	X4	Slack_C1	Slack_C2	Slack_C3	Slack_UB_X1	Slack_UB_X2	Slack_UB_X3	Slack_UB_X4		
Basis	C(j)	60.0000	20.0000	40.0000	30.0000	0	0	0	0	0	0	0	R. H. S.	Ratio
Slack_C1	0	0	2.0000	1.0000	2.0000	1.0000	0	0	-4.0000	0	0	0	200.0000	200.000
Slack_C2	0	0	2.0000	1.0000	2.0000	0	1.0000	0	-6.0000	0	0	0	400.0000	400.000
Slack_C3	0	0	1.0000	3.0000	2.0000	0	0	1.0000	-2.0000	0	0	0	200.0000	66.666
X1	60.0000	1.0000	0	0	0	0	0	0	1.0000	0	0	0	100.0000	
Slack_UB_X2	0	0	1.0000	0	0	0	0	0	0	1.0000	0	0	200.0000	
Slack_UB_X3	0	0	0	1.0000	0	0	0	0	0	0	1.0000	0	50.0000	50.000
Slack_UB_X4	0	0	0	0	1.0000	0	0	0	0	0	0	1.0000	100.0000	
	C(j)-Z(j)	0	20.0000	40.0000	30.0000	0	0	0	-60.0000	0	0	0	6,000.0000	

附图 1.9 第二步迭代结果

Linear and Integer Programming - [Final Simplex Tableau]

File Simplex Iteration Format Window Help

		X1	X2	X3	X4	Slack_C1	Slack_C2	Slack_C3	Slack_UB_X1	Slack_UB_X2	Slack_UB_X3	Slack_UB_X4	
Basis	C(j)	60.0000	20.0000	40.0000	30.0000	0	0	0	0	0	0	0	R. H. S.
Slack_UB_X3	0	0.0000	0.0000	0	-0.4000	0.2000	0	-0.4000	0	0	1.0000	0	10.00
Slack_C2	0	0	0	0	0	-1.0000	1.0000	0	-2.0000	0	0	0	200.00
X2	20.0000	0	1.0000	0.0000	0.8000	0.6000	0	-0.2000	-2.0000	0	0	0	80.00
X1	60.0000	1.0000	0	0	0	0	0	0	1.0000	0	0	0	100.00
Slack_UB_X2	0	0	0	0.0000	-0.8000	-0.6000	0	0.2000	2.0000	1.0000	0	0	120.00
X3	40.0000	0.0000	0.0000	1.0000	0.4000	-0.2000	0	0.4000	0	0	0	0	40.00
Slack_UB_X4	0	0	0	0	1.0000	0	0	0	0	0	0	1.0000	100.00
	C(j)-Z(j)	0	0	0	-2.0000	-4.0000	0	-12.0000	-20.0000	0	0	0	9,200.00

附图 1.10 最终迭代结果

附表 1.2 输 入 数 据

电网问题: Stagecoach-Shortest Route Problem

Node11 : Node12 2

From \ To	Node2	Node3	Node4	Node5	Node6	Node7	Node8	Node9	Node10	Node11	Node12
Node1	3	4									
Node2			4	5							
Node3				2	1						
Node4						3	3				
Node5							3	2			
Node6								4			
Node7									2		
Node8									4	3	
Node9										5	
Node10											4
Node11											2
Node12											

再次，点击菜单栏 Solve and Analyze→Solve the Problem，选择路线 $v_1 \to v_{10}$（见附图 1.12），得到附表 1.3 的结果。

附表 1.3 计 算 结 果

05-12-2008 Stage	From Input State	To Output State	Distance	Cumulative Distance	Distance to Node12
1	Node1	Node3	4	4	14
2	Node3	Node5	2	6	10
3	Node5	Node8	3	9	8
4	Node8	Node11	3	12	5
5	Node11	Node12	2	14	2
	From Node1	To Node12	Min. Distance	= 14	CPU = 0

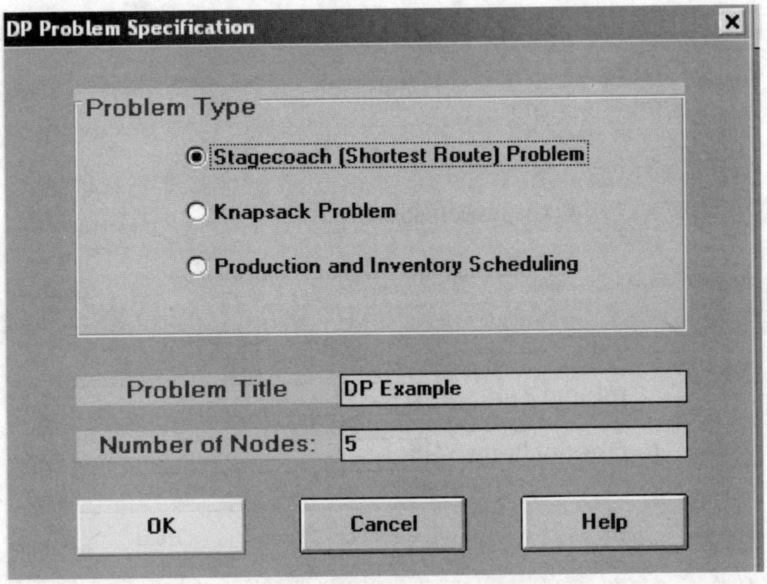

DP Problem Specification

Problem Type

Stagecoach (Shortest Route) Problem

Knapsack Problem

Production and Inventory Scheduling

Problem Title DP Example

Number of Nodes: 5

OK Cancel Help

附图 1.11 动态规划问题

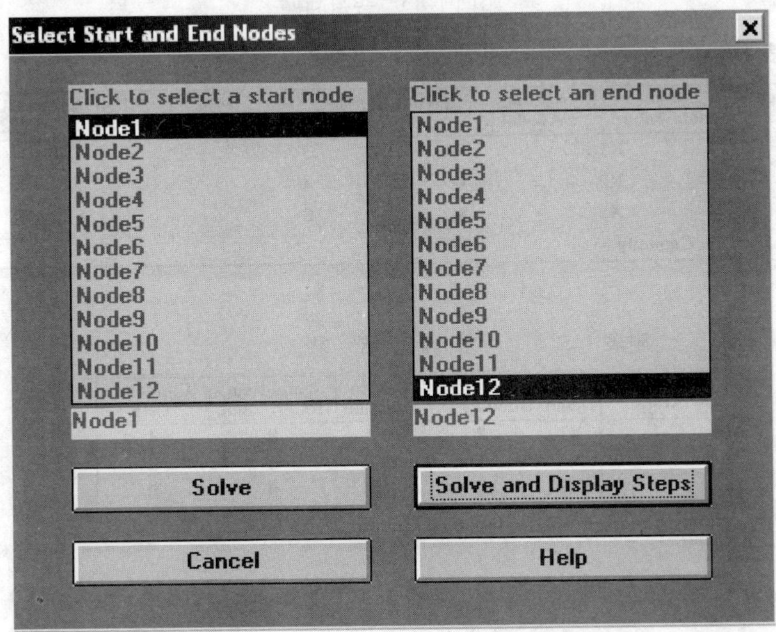

附图 1.12 选择开始与结束节点

(2) 背包问题。用 WinQSB 软件求解[例 5.4]一维“背包”问题：

在附图 1.13 中选择第二项，输入标题和物品的品种数 3。按附表 1.4 的形式输入数据。第一列为物品名称，第二列为物品限量和卡车重量限量，第三列为物品重量，最后一列为物品的价值函数。求解结果见附表 1.5，三种物品分别装 2、1、0 件，总价值为 13，卡车剩余能力为零。

(3) 生产与存储问题。这里不作介绍，读者可自行学习。

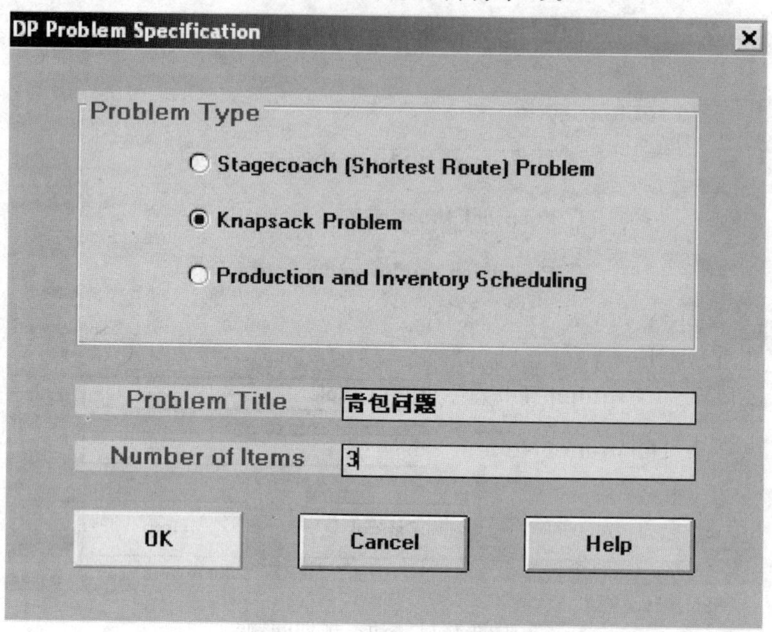

附图 1.13 背包问题

附表 1.4 输 入 数 据

Item (Stage)	Item Identification	Units Available	Unit Capacity Required	Return Function (X: Item ID) (e.g., 50X, 3X+100, 2.15X^2+5)
1	X1	M	3	4X1
2	X2	M	4	5X2
3	X3	M	5	3X3
Knapsack	Capacity =	10		

附表 1.5 求 解 结 果

05-12-2008 Stage	Item Name	Decision Quantity (X)	Return Function	Total Item Return Value	Capacity Left
1	X1	2	4X1	8	4
2	X2	1	5X2	5	0
3	X3	0	3X3	0	0
	Total	Return	Value =	13	CPU = 0.01

3. 运输问题

运输问题的运算程序是 Network Modeling(网络模型)，选项为 Network Flow 或 Transportation Problem。

用 WinQSB 软件求解[例 3.7]。数据见表 3.42。如何调配，利润最大?

首先，调用程序 Network Modeling，建立新问题。附图 1.14 中分别选择 Transportation Problem、Maximization、Spreadsheet，输入标题、产地数 3 和销地数 3。

其次，输入表 3.42 中数据到附表 1.6 中，并重命名产地和销地，点击菜单栏 Edit 后下拉菜单有该选项，见附图 1.15。

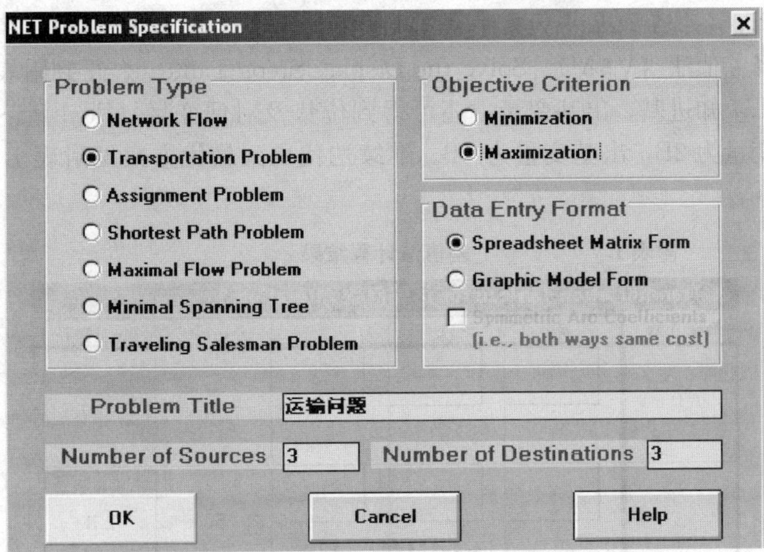

附图 1.14 选择运输问题

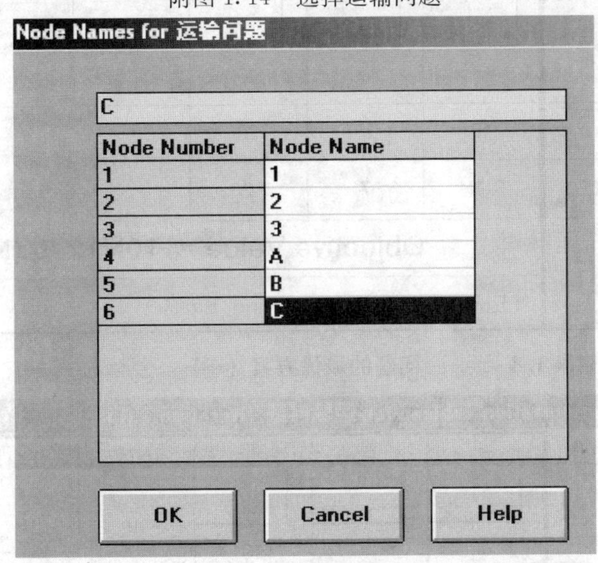

附图 1.15 节点名称修改

附表 1.6 输 入 数 据

From \ To	A	B	C	Supply
1	1	7	2	10
2	4	1	-M	50
3	1	3	4	10
Demand	40	10	20	

再次，求解。点击菜单栏 Solve and Analyze，有四个选择求解形式：

(1) Solve the Problem (只求出最优解)。

(2) Solve the Display Steps→Network(网络图求解并显示迭代步骤)。

(3) Solve the Display Steps→Tableau(表格求解并显示迭代步骤)。

(4) Select Initial Solution Method(选择求解初始解法)。

如果不选择，系统默认最小元素法（RM）。

例如，选择差值法（VAM）、Solve the Display Steps-Tableau，得到附表 1.7 所示的初始表。由附表 1.7 知进基、出基变量，还可得到位势及对偶变量（Pual P_i、Pual P_j）求出检验数，进基变量为 2B，出基变量为 1B。继续迭代得到最优方案见附表 1.8 和附表 1.9，最大利润为 230。

附表 1.7 差值法计算结果

Transportation Tableau for 运输问题 - Iteration 1

From \ To	A	B	C	Supply	Dual P(i)
1	1	7 10*	2 0	10	0
2	4 40	1 Cij=-4+1M **	-1M 10	50	-2-1M
3	1	3	4 10	10	2
Demand	40	10	20		
Dual P(j)	6+1M	7	2		
	Objective Value = -10M+270 (Ma				
	** Entering: 2 to B * Leaving: 1 to B				

附表 1.8 问题的最优方案（一）

Transportation Tableau for 运输问题 - Iteration 2 (Final)

From \ To	A	B	C	Supply	Dual P(i)
1	1	7	2 10	10	0
2	4 40	1 10	-1M 0	50	-2-1M
3	1	3	4 10	10	2
Demand	40	10	20		
Dual P(j)	6+1M	3+1M	2		
	Objective Value = 230 (Maximizat				

附表 1.9　　　　问题的最优方案（二）

05-13-2008	From	To	Shipment	Unit Profit	Total Profit	Reduced Cost
1	1	A	0	1	0	-5-1M
2	1	B	0	7	0	4-1M
3	1	C	10	2	20	0
4	2	A	40	4	160	0
5	2	B	10	1	10	0
6	2	C	0	0	0	0
7	3	A	0	1	0	-7-1M
8	3	B	0	3	0	-2-1M
9	3	C	10	4	40	0
	Total	Objective	Function	Value =	230	

4. 最小树、最短路与最大流问题

最小树与最短路问题的运算程序是 Network Modeling（网络模型），最小部分树选择（Minimal Spanning Tree），最短路选择（Shortest Path Problem），最大流问题选择（Maximal Flow Problem）。

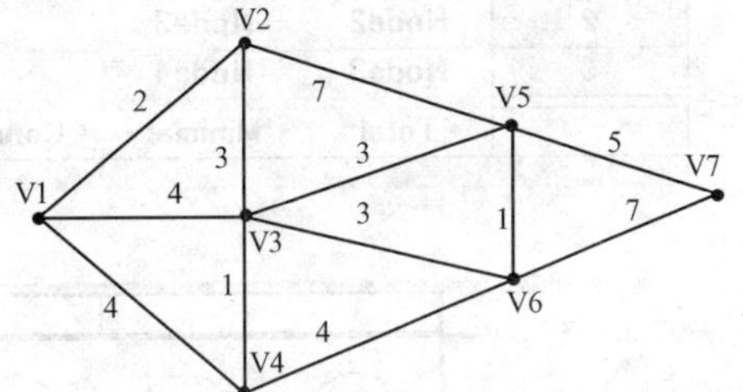

附图 1.16　问题的网络

如附图 1.16 所示：①求解最小部分树问题；②分别求 v_1 到 v_7 和 v_2 到 v_6 的最短路及最短路长。

（1）进入附图 1.17 所示界面，选择 Minimal Spanning Tree，输入节点数 7。对照附图 1.16 输入附表 1.10 所示的数据。两点间的权数只输入一次（上三角）。

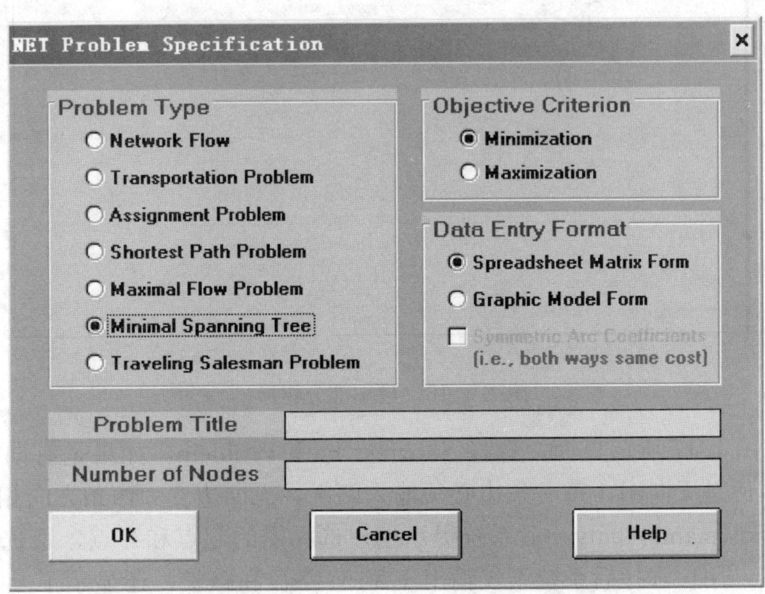

附图 1.17　网络问题的界面

附表 1.10 输入的数据

From \ To	Node1	Node2	Node3	Node4	Node5	Node6	Node7
Node1		2	4	4			
Node2			3		7		
Node3				1	3	3	
Node4					4		
Node5						1	5
Node6							7
Node7							

点击菜单栏 Solve and Analyze，输出附表 1.11 最小树结果，最小树长为 15。点击菜单栏 Result→Graphic Solution，显示最小部分树形，如附图 1.18 所示。

附表 1.11 最小树结果输出表

05-26-2008	From Node	Connect To	Distance/Cost		From Node	Connect To	Distance/Cost
1	Node1	Node2	2	4	Node3	Node5	3
2	Node2	Node3	3	5	Node5	Node6	1
3	Node3	Node4	1	6	Node5	Node7	5
	Total	Minimal	Connected	Distance	or Cost	=	15

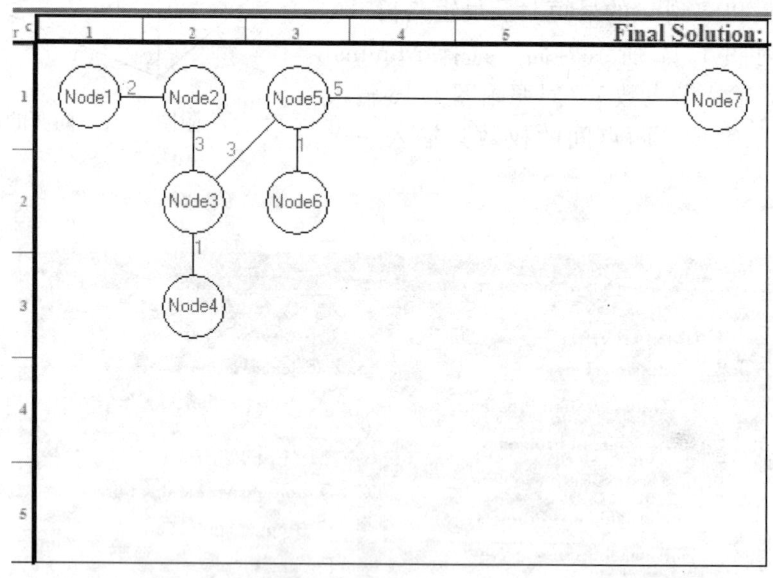

附图 1.18 最小部分树形

(2) 进入附图 1.17 所示界面，选择 Shortest Path Problem，如果是有向图就按弧的方向输入数据。本例是无向图，每一条边必须输入两次，无向边变为两条方向相反的弧，见附表 1.12。点击 Solve and Analyze 后系统提示用户选择图的起点和终点，系统默认从第一个点到最后一个点，用户选择后系统不仅输出 v_1 到 v_7 路径和路长，还显示了 v_1 到各点的最短路长 12，见附表 1.13。点击 Result→Graphic Solution，显示 v_1 到各点的最短路线如附图 1.19 所示。同理，选择 v_2 到 v_6 得到最短路长为 6，路径为 $v_2 \to v_3 \to v_6$。

附表 1.12 问题的输入数据

From \ To	Node1	Node2	Node3	Node4	Node5	Node6	Node7
Node1		2	4	4			
Node2	2		3		7		
Node3	4	3		1	3	3	
Node4	4		1		4		
Node5		7	3			1	5
Node6			3		1		7
Node7					5	7	

附表 1.13 问题的输出数据

05-26-2008	From	To	Distance/Cost	Cumulative Distance/Cost
1	Node1	Node3	4	4
2	Node3	Node5	3	7
3	Node5	Node7	5	12
	From Node1	To Node7	Distance/Cost	= 12

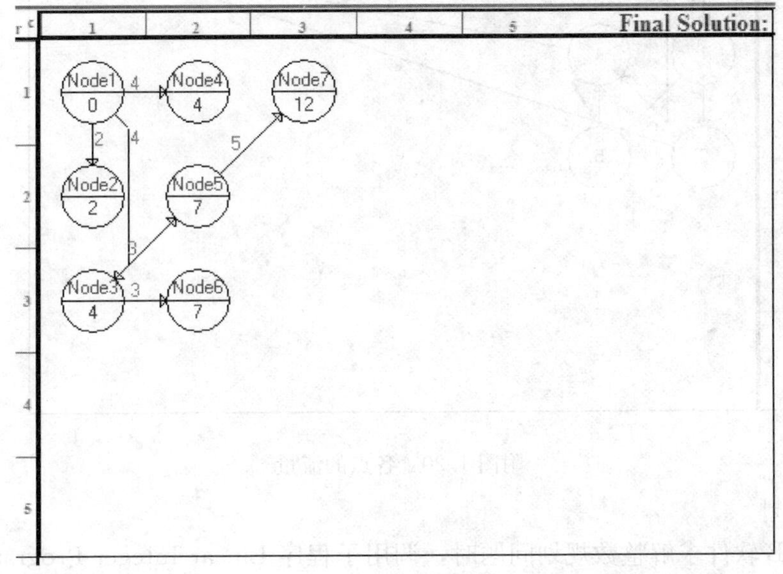

附图 1.19 问题的最短路

(3) 用 WinQSB 软件求解［例 7.15］。进入附图 1.17 所示界面，选择 Maximal Flow Problem。输入节点数 6，输入附表 1.14 所示的数据，输入弧容量即可。

附表 1.14 最 大 流 问 题

From \ To	0	1	2	3	4	5	6
0		10	5	5			
1			6			3	
2					4		6
3	2				4	3	5
4							10
5		3			3		
6							

点击 Solve and Analyze 后系统提示用户选择图的起点和终点，系统默认从第一个点到

最后一个点，用户选择后系统不仅输出 v_0 到 v_5 路径和流量，还显示了最大流量 18，见附表 1.15。点击 Result→Graphic Solution，显示各点的流量如附图 1.20 所示。

附表 1.15 问题的最大流

05-26-2008	From	To	Net Flow		From	To	Net Flow
1	0	1	8	6	2	4	4
2	0	2	5	7	2	6	6
3	0	3	5	8	3	6	5
4	1	2	5	9	4	6	7
5	1	5	3	10	5	4	3
Total	Net Flow	From	0	To	6	=	18

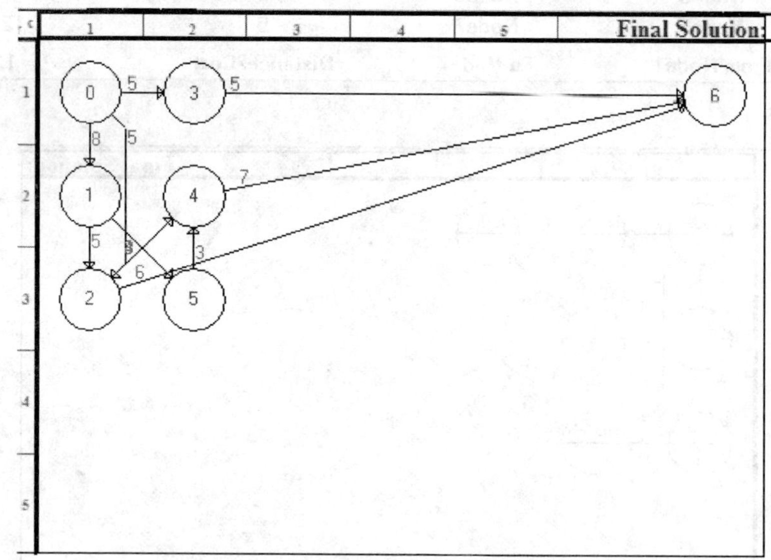

附图 1.20 各点的流量

5. 整数规划

用 WinQSB 软件求解整数规划问题时，调用子程序 Linear Integer Programming，使用时注意变量的类型。

用 WinQSB 软件求解[例 5.9]。问题的模型为

$$\max Z = 150x_1 + 210x_2 + 60x_3 + 80x_4 + 180x_5$$

$$\text{s.t.} \quad \begin{cases} 210x_1 + 300x_2 + 100x_3 + 130x_4 + 260x_5 \leqslant 600 \\ x_1 + x_2 + x_3 = 1 \\ x_3 + x_4 \leqslant 1 \\ x_5 \leqslant x_1 \\ x_i = 1 \text{ 或 } 0 \end{cases}$$

这是一个 0-1 整数规划问题。启动程序，点击开始(Start)→程序→WinQSB→Linear and Integer Programming。

(1) 建立新问题见附图 1.21。

(2) 输入数据。见附表 1.16。

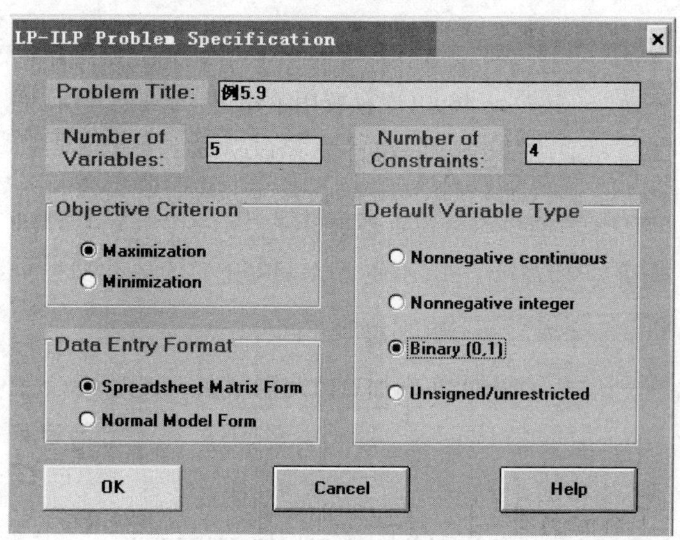

附图 1.21 建立新问题

附表 1.16 问题的输入数据

Variable -->	X1	X2	X3	X4	X5	Direction	R. H. S.
Maximize	150	210	60	80	180		
C1	210	300	100	130	260	<=	600
C2	1	1	1	0	0	=	1
C3	0	0	1	1	0	<=	1
C4	-1	0	0	0	1	<=	0
LowerBound	0	0	0	0	0		
UpperBound	1	1	1	1	1		
VariableType	Binary	Binary	Binary	Binary	Binary		

(3) 求解。点击菜单栏 Result→Solution Summary，输出附表 1.17 所示最优解。最优解 $X=(1, 0, 0, 1, 1)$最优值 $Z=410$。选择第一、第四和第五个项目投资，收益最大。

附表 1.17 问题的输出数据

11-05-2008 09:32:29	Decision Variable	Solution Value	Unit Cost or Profit C(j)	Total Contribution	Reduced Cost	Basis Status
1	X1	1.0000	150.0000	150.0000	0	basic
2	X2	0	210.0000	0	-15.3846	at bound
3	X3	0	60.0000	0	-42.3077	at bound
4	X4	1.0000	80.0000	80.0000	0	basic
5	X5	1.0000	180.0000	180.0000	0	basic
	Objective	Function	(Max.) =	410.0000		

其他整数规划问题只要在输入数据是修改变量类型即可。

6. 目标规划

用 WinQSB 软件求解目标规划问题时，调用子程序 Goal Programming 。用 WinQSB 软件求解[例 4.3]。

问题的模型为

$$\min Z = P_1 d_1^+ + P_2 d_2^- + 2P_3 d_4^- + P_3 d_5^- + P_4 d_{41}^+ + P_5 d_3^- + 5d_3^+ + 2P_6 d_4^+ + P_6 d_5^+$$

s. t. $50x_1 + 30x_2 + d_1^- - d_1^+ = 4600$(库存费用不超过 4600 元)

$x_1 + d_2^- - d_2^+ = 80$(每月销售唱机不少于 80 台)

$x_2 + d_3^- - d_3^+ = 100$(每月销售录音机为 100 台)

$2x_1 + x_2 + d_4^- - d_4^+ = 180$(不使 A 车间停工)

$x_1 + 3x_2 + d_5^- - d_5^+ = 200$(不使 B 车间停工)

$d_4^+ + d_{41}^- - d_{41}^+ = 20$(A 车间加班时间限制在 20h 内)

$x_1, x_2, d_i^-, d_i^+, d_{41}^-, d_{41}^+ \geqslant 0 (i = 1,2,3,4,5)$

下面介绍用 WinQSB 中的“Goal Programming”功能求此题。

(1) 点击开始(Start)→程序→WinQSB→Goal Programming。

(2) 建立新问题。在附图 1.22 中输入标题、目标数、变量数及约束数。其中目标数等于优先级别个数，变量数等于决策变量数与偏差变量数之和。

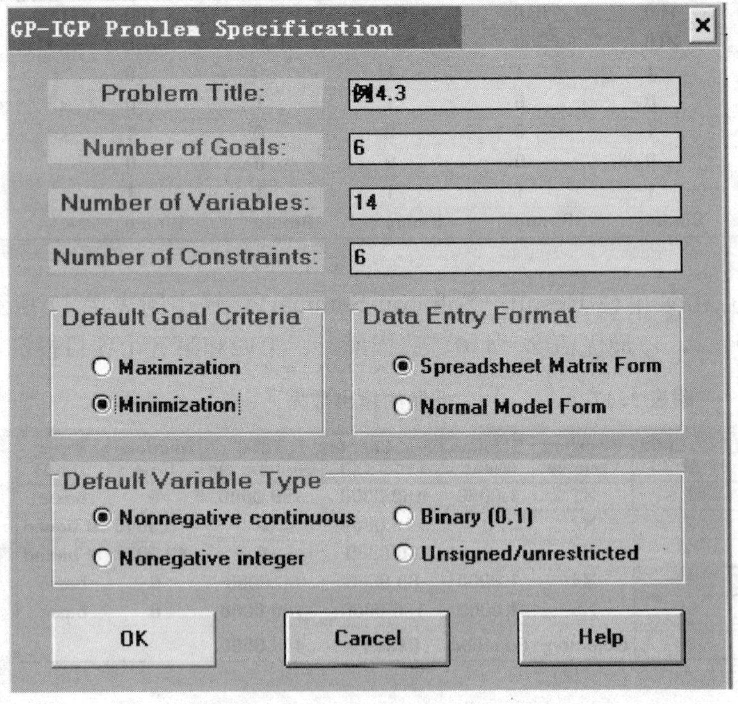

附图 1.22 建立新问题

(3) 输入数据。注意将变量重命名，这里将 d_i^-、d_i^+ 分别重新命名为 d_{i0}、d_{i1}，见附表 1.18。

附表 1.18　　　　输 入 数 据

例4.3

C6 : R.H.S. 20

Variable -->	X1	X2	d10	d11	d20	d21	d30	d31	d40	d41	d50	d51	d60	d61	Direction	R. H. S.
Min:G1				1												
Min:G2					1											
Min:G3									2		1					
Min:G4														1		
Min:G5							1	1								
Min:G6										2		1				
C1	50	30	1	-1											=	4600
C2	1				1	-1									=	80
C3		1					1	-1							=	100
C4	2	1							1	-1					=	180
C5	1	3									1	-1			=	200
C6										1			1	-1	=	20
LowerBound	0	0	0	0	0	0	0	0	0	0	0	0	0	0		
UpperBound	M	M	M	M	M	M	M	M	M	M	M	M	M	M		
VariableType	Continuous	Continuous	Continuous	Continuous	Continuous	Continuous	Continuous	Continuous	Continuous	Continuous	Continuous	Continuous	Continuous	Continuous		

(4) 求解。点击菜单栏 Result→Solution Summary，输出附表 1.19 所列满意解。

附表 1.19　　　　输 出 数 据

mmary for 例4.3

11-06-2008 08:52:58	Decision Variable	Solution Value	Basis Status	Reduced Cost Goal 1	Reduced Cost Goal 2	Reduced Cost Goal 3	Reduced Cost Goal 4	Reduced Cost Goal 5	Reduced Cost Goal 6
1	X1	80.00	basic	0	0	0	0	0	0
2	X2	20.00	basic	0	0	0	0	0	0
3	d10	0	at bound	0	0	0.17	0	0.03	0
4	d11	0	at bound	1.00	0	-0.17	0	-0.03	0
5	d20	0	basic	0	0	0	0	0	0
6	d21	0	at bound	0	0	3.33	0	1.67	0
7	d30	80.00	basic	0	0	0	0	0	0
8	d31	0	at bound	0	0	0	0	2.00	0
9	d40	0	at bound	0	0	-2.00	0	0	-2.00
10	d41	0	at bound	0	0	0	0	0	0
11	d50	60.00	basic	0	0	0	0	0	0
12	d51	0	at bound	0	0	1.00	0	0	1.00
13	d60	20.00	basic	0	0	0	0	0	0
14	d61	0	at bound	0	0	0	1.00	0	0
	Goal 1:	Minimize	G1 =	0					
	Goal 2:	Minimize	G2 =	0					
	Goal 3:	Minimize	G3 =	60.00					
	Goal 4:	Minimize	G4 =	0					
	Goal 5:	Minimize	G5 =	80.00					
	Goal 6:	Minimize	G6 =	0					

7. 网络计划技术

用 WinQSB 软件求解网络计划技术问题时，调用子程序 PERT/CPM。

（1）工序时间确定型(Deterministic CPM)用 WinQSB 软件求解[习题 10.3]。

下面介绍用 WinQSB 中的“PERT _ CPM”功能求此题。

1）点击开始(Start)→程序→WinQSB→PERT _ CPM。

2）建立新问题，输入标题、工序数和时间单位，如附图 1.23 所示。

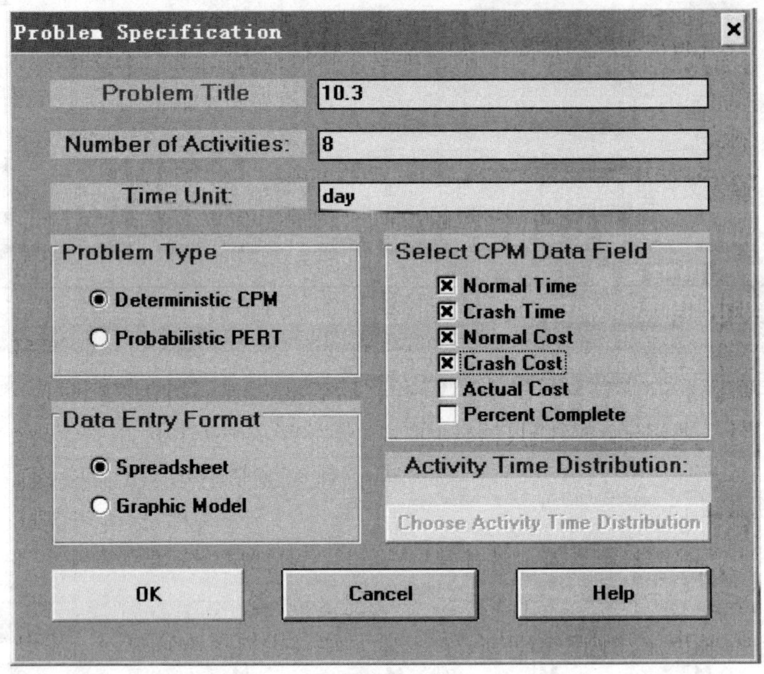

附图 1.23 网络计划输入界面

3）输入数据。在附图 1.23 中 Data Entry Format 给出两种输入方式：表格模式和图形模式。本例选择表格模式(Spreadsheet)，输入数据得到附表 1.20。

附表 1.20 **问题的输入数据**

Activity Number	Activity Name	Immediate Predecessor (list number/name, separated by ',')	Normal Time	Crash Time	Normal Cost	Crash Cost
1	A		4	3	20	25
2	B		8	6	30	38
3	C	B	6	4	15	21
4	D	A	3	2	5	7
5	E	A	5	3	18	26
6	F	A	7	5	40	54
7	G	B,D	4	3	10	13
8	H	E,F,G	3	2	15	21

4）点击 Solve and Analyze，下拉菜单由三个选项，即求解正常时间关键路径(Solve Critical Path Using Normal Time)、应急时间关键路径(Solve Critical Path Using Crash Time)和应急赶工分析(Perform Crashing Analysis)。选择正常时间关键路径求解，见附表 1.21。

附表 1.21 问题的关键路径

11-06-2008 10:27:46	Activity Name	On Critical Path	Activity Time	Earliest Start	Earliest Finish	Latest Start	Latest Finish	Slack (LS-ES)
1	A	no	4	0	4	1	5	1
2	B	Yes	8	0	8	0	8	0
3	C	no	6	8	14	9	15	1
4	D	no	3	4	7	5	8	1
5	E	no	5	4	9	7	12	3
6	F	no	7	4	11	5	12	1
7	G	Yes	4	8	12	8	12	0
8	H	Yes	3	12	15	12	15	0
	Project	Completion	Time	=	15	days		
	Total	Cost of	Project	=	$153	(Cost on	CP =	$55)
	Number of	Critical	Path(s)	=	1			

5）点击 Result→Graphic Activity Analysis 显示如附图 1.24 所示，圆圈中的数据是正常时间下的工序最早开始时间、最早结束时间、最迟开始时间和最迟结束时间。其中加黑的工序是关键工序，也可通过点击 Result→Show Critical Path 显示关键工序以及关键路径。

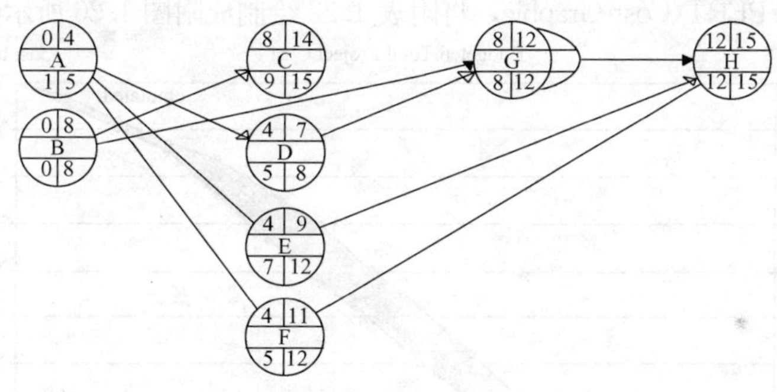

附图 1.24 问题的关键工序以及关键路径

6）点击 Result→Gantt Chat 显示如附图 1.25 所示。

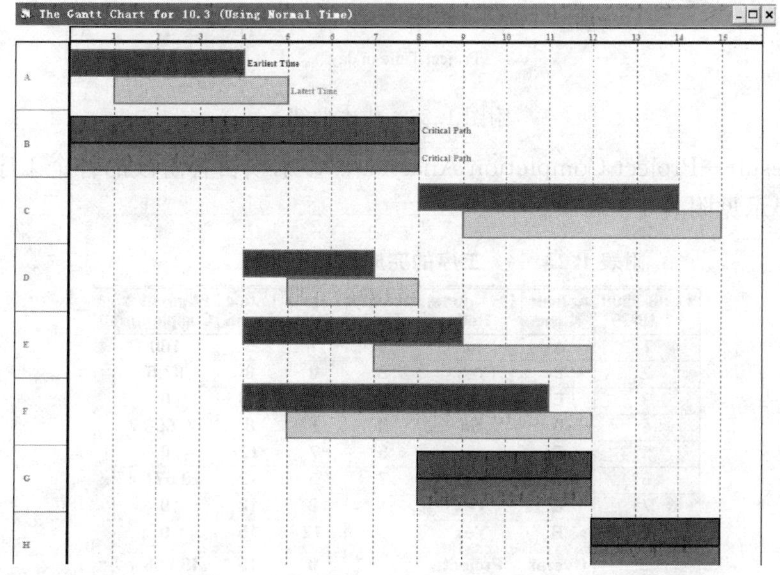

附图 1.25 问题的甘特图

7）点击 Result→PERT/Cost-Table，得到正常时间下第一天到第十五天的成本进度表见附表 1.22。

附表 1.22 问题的成本进度表

11-08-2008	Project Time in day	Cost Schedule Based on ES	Cost Schedule Based on LS	Total Cost Based on ES	Total Cost Based on LS
1	1	￥8.75	￥3.75	￥8.75	￥3.75
2	2	￥8.75	￥8.75	￥17.50	￥12.50
3	3	￥8.75	￥8.75	￥26.25	￥21.25
4	4	￥8.75	￥8.75	$35	$30
5	5	￥14.73	￥8.75	￥49.73	￥38.75
6	6	￥14.73	￥11.13	￥64.46	￥49.88
7	7	￥14.73	￥11.13	￥79.19	￥61.01
8	8	￥13.06	￥14.73	￥92.26	￥75.74
9	9	￥14.31	￥11.81	￥106.57	￥87.56
10	10	￥10.71	￥14.31	￥117.29	￥101.87
11	11	￥10.71	￥14.31	$128	￥116.19
12	12	$5	￥14.31	$133	￥130.50
13	13	￥7.50	￥7.50	￥140.50	$138
14	14	￥7.50	￥7.50	$148	￥145.50
15	15	$5	￥7.50	$153	$153

8）点击 Result→PERT/Cost-Graphic，将附表 1.22 绘制成附图 1.26 所示的成本曲线图。

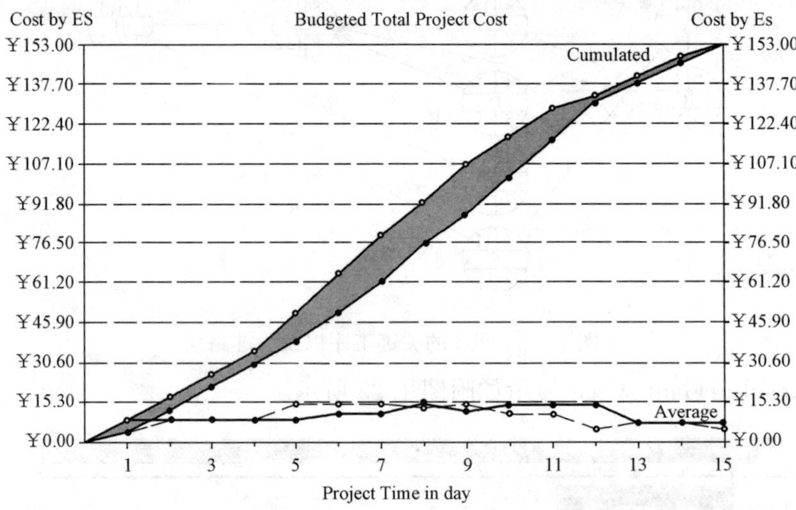

附图 1.26 成本曲线

9）点击 Result→Project Completion Analysis，显示项目各阶段的各个工序的完成情况。假如输入 7，显示见附表 1.23。

附表 1.23 工序的完成情况

11-08-2008 12:48:35	Activity Name	On Critical Path	Activity Time	Latest Start	Latest Finish	Planned % Completion
1	A	no	4	1	5	100
2	B	Yes	8	0	8	87.5
3	C	no	6	9	15	0
4	D	no	3	5	8	66.666 7
5	E	no	5	7	12	0
6	F	no	7	5	12	28.571 4
7	G	Yes	4	8	12	0
8	H	Yes	3	12	15	0
	Overall	Project:		0	15	46.666 7

下面进行网络计划优化。

点击 Solve and Analyze→Perform Crashing Analysis，显示如附图 1.27 所示。Crashing Option 中有三个选项分别为：

1）Meeting the desired completion time（给定工期下的总成本）。

2）Meeting the desired budget cost（给定成本下的项目完工期）。

3）Finding the minimum cost schedule(给定期望完工期下最低成本工期)。

附图 1.27 右上方显示了正常时间与应急时间的完工期和相应成本。图左下方显示分别为：Desired completion time(给定期望完工期)、Late penalty per day(延迟一个单位时间完工期的损失)、Early reward per day(提早完工一个单位时间的收益)。

下面分别就 Crashing Option 中的三种情况分析：

1）Meeting the desired completion time（给定工期下的总成本）。假设给定工期为 12 天，则总成本为 172(百元)见附表 1.24。

附表 1.24 任务的总成本

11-09-2008 10:56:26	Activity Name	Critical Path	Normal Time	Crash Time	Suggested Time	Additional Cost	Normal Cost	Suggested Cost
1	A	Yes	4	3	3	$5	$20	$25
2	B	Yes	8	6	6	$8	$30	$38
3	C	Yes	6	4	6	0	$15	$15
4	D	Yes	3	2	3	0	$5	$5
5	E	no	5	3	5	0	$18	$18
6	F	Yes	7	5	7	0	$40	$40
7	G	Yes	4	3	4	0	$10	$10
8	H	Yes	3	2	2	$6	$15	$21
	Overall	Project:			12	$19	$153	$172

2）Meeting the desired budget cost（给定成本下的项目完工期）。假设给定项目总成本为 160(百元)，则工期为 13.43 天，见附表 1.25，关键工序发生变化，其中工序 B、G、H 需赶工完成。

附表 1.25 给定成本下的项目完工期

11-09-2008 10:58:09	Activity Name	Critical Path	Normal Time	Crash Time	Suggested Time	Additional Cost	Normal Cost	Suggested Cost
1	A	Yes	4	3	4	0	$20	$20
2	B	Yes	8	6	7.4286	¥2.29	$30	¥32.29
3	C	Yes	6	4	6	0	$15	$15
4	D	no	3	2	3	0	$5	$5
5	E	no	5	3	5	0	$18	$18
6	F	Yes	7	5	7	0	$40	$40
7	G	Yes	4	3	3.5714	¥1.29	$10	¥11.29
8	H	Yes	3	2	2.4286	¥3.43	$15	¥18.43
	Overall	Project:			13.43	¥7.00	$153	¥160.00

3）Finding the minimum cost schedule(给定期望完工期下最低成本工期)。输入期望工期 11 天，延迟一天完工将损失 5(百元)，则得附表 1.26。最低成本日程为 14 天，总成本为 171(百元)。

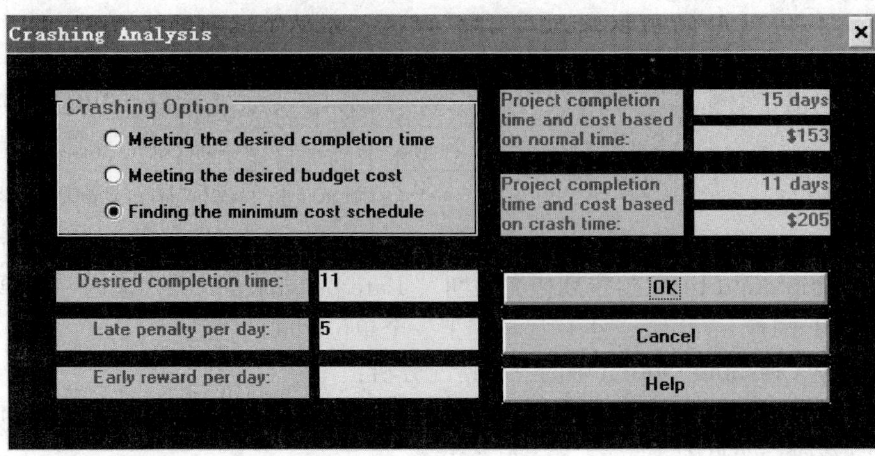

附图 1.27　网络计划优化界面

附表 1.26　　最低成本日程

11-09-2008 10:55:01	Activity Name	Critical Path	Normal Time	Crash Time	Suggested Time	Additional Cost	Normal Cost	Suggested Cost
1	A	Yes	4	3	4	0	$20	$20
2	B	Yes	8	6	8	0	$30	$30
3	C	Yes	6	4	6	0	$15	$15
4	D	no	3	2	3	0	$5	$5
5	E	no	5	3	5	0	$18	$18
6	F	Yes	7	5	7	0	$40	$40
7	G	Yes	4	3	3	$3	$10	$13
8	H	Yes	3	2	3	0	$15	$15
	Late	Penalty:						$15
	Overall	Project:			14	$3	$153	$171

(2) 工序时间随机变量(Probabilistic PERT)用 WinQSB 软件求解[习题 10.5]。下面介绍用 WinQSB 中的“PERT _ CPM”功能求此题。

1) 点击开始(Start)→程序→WinQSB→PERT _ CPM。

2) 建立新问题，输入标题、工序数和时间单位，见附表 1.27。

附表 1.27　　建 立 新 问 题

Activity Number	Activity Name	Immediate Predecessor (list number/name, separated by ',')	Optimistic time (a)	Most likely time (m)	Pessimistic time (b)
1	A		2	5	8
2	B	A	6	9	12
3	C	A	6	7	8
4	D	B,C	1	4	7
5	E	A	8	8	8
6	F	D,E	5	14	17
7	G	C	3	12	21
8	H	F,G	3	6	9
9	I	H	5	8	11

3）点击 Result→Graphic Activity Analysis，显示如附图 1.28 所示，其中标黑为关键工序。

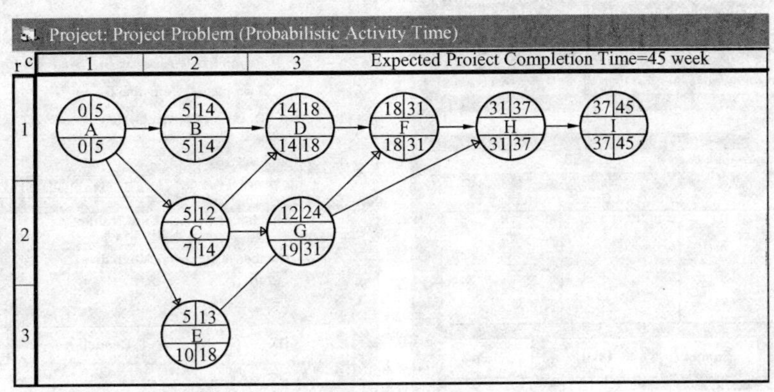

附图 1.28　问题的关键工序

4）点击 Result→ Activity Criticality Analysis，显示见附表 1.28，该表中给出每道工序的期望时间和方差。

附表 1.28　　工序的期望时间和方差

11-09-2008 20:24:52	Activity Name	On Critical Path	Activity Mean Time	Earliest Start	Earliest Finish	Latest Start	Latest Finish	Slack (LS-ES)	Activity Time Distribution	Standard Deviation
1	A	Yes	5	0	5	0	5	0	3-Time estimate	1
2	B	Yes	9	5	14	5	14	0	3-Time estimate	1
3	C	no	7	5	12	7	14	2	3-Time estimate	0.3333
4	D	Yes	4	14	18	14	18	0	3-Time estimate	1
5	E	no	8	5	13	10	18	5	3-Time estimate	0
6	F	Yes	13	18	31	18	31	0	3-Time estimate	2
7	G	no	12	12	24	19	31	7	3-Time estimate	3
8	H	Yes	6	31	37	31	37	0	3-Time estimate	1
9	I	Yes	8	37	45	37	45	0	3-Time estimate	1
	Project	Completion	Time	=	45	weeks				
	Number of	Critical	Path(s)	=	1					

5）点击 Result→Perform Probability Analysis，显示如附图 1.29 所示，输入期望完工时间 50，点击 Computer Probability，则显示关键路线、方差与概率。

8. 决策分析

用 WinQSB 决策问题，调用子程序 Decision Analysis。

（1）用 WinQSB 软件求解[例 11.1]。

1）建立新问题。在 Problem Type 框中选择 Payoff Table Analysis，输入标题、状态数和待选方案数，如附图 1.30 所示。

2）输入数据。显示见附表 1.29，其中第一行输入先验概率，本题没有先验概率，可认为所有状态为等概率。

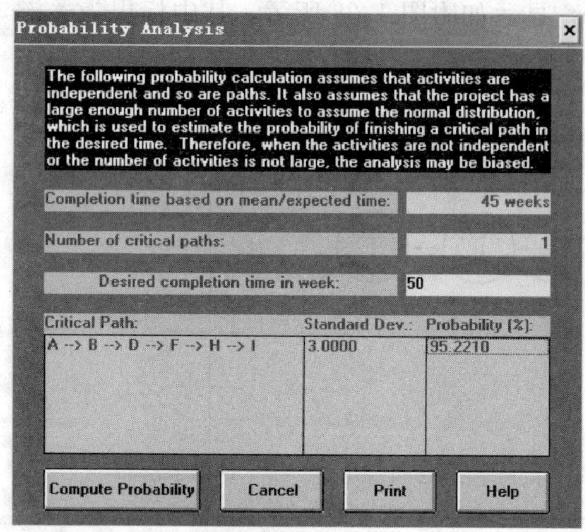

附图 1.29 问题的关键路线、方差与概率

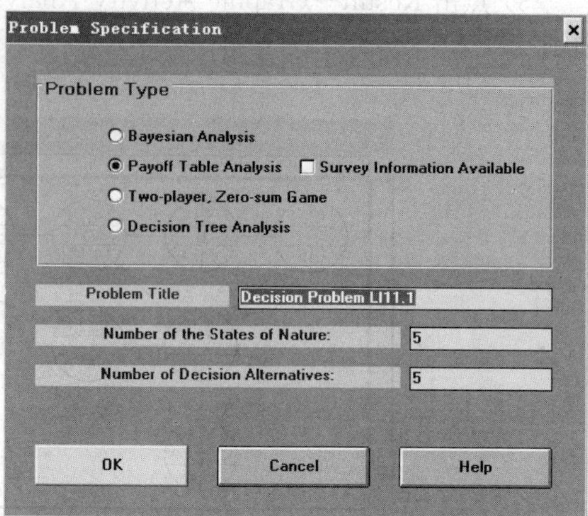

附图 1.30 建立新问题

附表 1.29 输 入 数 据

Decision \ State	State1	State2	State3	State4	State5
Prior Probability	0.2	0.2	0.2	0.2	0.2
Alternative1	0	0	0	0	0
Alternative2	-10	20	20	20	20
Alternative3	-20	10	40	40	40
Alternative4	-30	0	30	60	60
Alternative5	-40	-10	20	50	80

3）点击 Solve the Problem，显示附图 1.31 显示各种决策准则，特别对乐观系数准则需输入乐观系数 0.4，求解结果见附表 1.30。

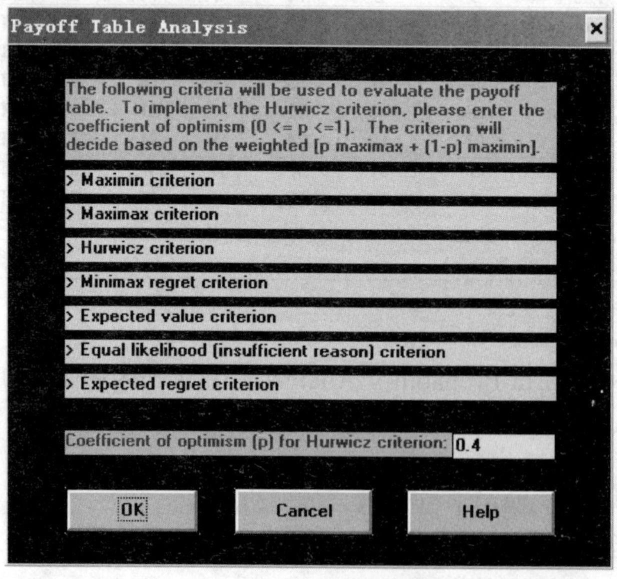

附图 1.31 输入数据

4）点击 Result→Show Payoff Table Decision，显示附表 1.31 为各决策准则的详细分析结果，特别注意悲观准则中负值以括号形式显示。

附表 1.30 分 析 结 果

11-12-2008 Criterion	Best Decision	Decision Value	
Maximin	Alternative1	0	
Maximax	Alternative5	$80	
Hurwicz (p=0.4)	Alternative5	¥ 8.00	
Minimax Regret	Alternative4	$30	
Expected Value	Alternative4	$24	
Equal Likelihood	Alternative4	$24	
Expected Regret	Alternative4	$16	
Expected Value	without any	Information =	$24
Expected Value	with Perfect	Information =	$40
Expected Value	of Perfect	Information =	$16

附表 1.31 各决策准则的详细分析

11-12-2008 Alternative	Maximin Value	Maximax Value	Hurwicz (p=0.4) Value	Minimax Regret Value	Equal Likelihood Value	Expected Value	Expected Regret
Alternative1	0**	0	0	$80	0	0	$40
Alternative2	($10)	$20	¥ 2.00	$60	$14	$14	$26
Alternative3	($20)	$40	¥ 4.00	$40	$22	$22	$18
Alternative4	($30)	$60	¥ 6.00	$30**	$24**	$24**	$16**
Alternative5	($40)	$80**	¥ 8.00**	$40	$20	$20	$20

5）点击 Result→Show Regret Table，显示后悔值矩阵，见附表 1.32。

附表 1.32 后 悔 值 矩 阵

Decision\State	State1	State2	State3	State4	State5
Alternative1	0	$20	$40	$60	$80
Alternative2	$10	0	$20	$40	$60
Alternative3	$20	$10	0	$20	$40
Alternative4	$30	$20	$10	0	$20
Alternative5	$40	$30	$20	$10	0

(2) 用 WinQSB 软件求解[例 11.5]。

1）建立新问题。在 Problem Type 框中选择 Decision Tree Analysis，输入标题和节点总数 19，节点分为决策点[1，2，5]和分枝节点，特别事件的终点也看作节点。

2）输入数据。见附表 1.33，其中在表中第三列输入节点类型，用 D 表示决策点，C 表示分支点；第四列输入紧后节点；第五列输入收益或成本；第六列输入自然状态出现的概率。

3）点击 Solve and Analysis→Solve the Problem，见附表 1.34。由该表可知公司应参加投标，若中标饮料，公司选择供应咖啡。Solve and Analysis→Draw Decision Tree，显示如附图 1.32 所示。

9. 对策论

用 WinQSB 软件只能解决二人有限零和对策问题，调用子程序 Decision Analysis。

用 WinQSB 软件求解[例 12.11]。

附表 1.33 问 题 输 入 数据

Node/Event Number	Node Name or Description	Node Type (enter D or C)	Immediate Following Node (numbers separated by ',')	Node Payoff (+ profit, - cost)	Probability (if available)
1	Event1	D	2,11		
2	Event2	D	3,4		
3	Event3	C	5,8		
4	Event4	C	9,10		
5	Event5	D	6,7		0.4
6	Event6	C	12,13		
7	Event7	C	14,15		
8	Event8	C	16		0.6
9	Event9	C	17		0.4
10	Event10	C	18		0.6
11	Event11	C	19		
12	Event12	C		2000	0.7
13	Event13	C		-2000	0.3
14	Event14	C		1000	0.7
15	Event15	C		2000	0.3
16	Event16	C		0	1
17	Event17	C		1000	1
18	Event18	C		0	1
19	Event19	C		0	1

附表 1.34 决 策 的 选 择

11-12-2008	Node/Event	Type	Expected value	Decision
1	Event1	Decision node	$520	Event2
2	Event2	Decision node	$520	Event3
3	Event3	Chance node	$520	
4	Event4	Chance node	$400	
5	Event5	Decision node	$1,300	Event7
6	Event6	Chance node	$800	
7	Event7	Chance node	$1,300	
8	Event8	Chance node	0	
9	Event9	Chance node	$1,000	
10	Event10	Chance node	0	
11	Event11	Chance node	0	
12	Event12	Chance node	0	
13	Event13	Chance node	0	
14	Event14	Chance node	0	
15	Event15	Chance node	0	
16	Event16	Chance node	0	
17	Event17	Chance node	0	
18	Event18	Chance node	0	
19	Event19	Chance node	0	
Overall	Expected	Value =	$520	

1）建立新问题。在 Problem Type 框中选择 Two-player，Zero-sum Game，输入标题、局中人的策略数，如附图 1.33 所示。

2）输入数据，修改策略名。显示见附表 1.35。

附表 1.35 输 入 数 据

Player1 \ Player2	B冰箱广告	B冰箱降价	B冰箱售后服务
A冰箱广告	0.60	0.62	0.65
A冰箱降价	0.75	0.70	0.72
A冰箱售后服务	0.73	0.76	0.78

3）点击 Solve the Problem，显示见附表 1.36，对策值 $V_G^* = 0.74$。A 的最优策略是将

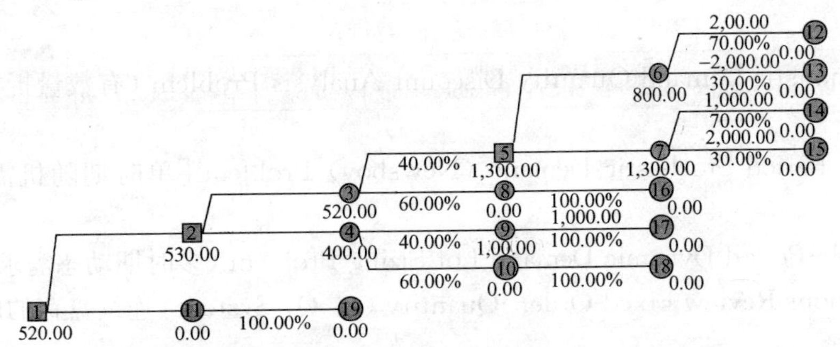

附图 1.32 问题的决策树

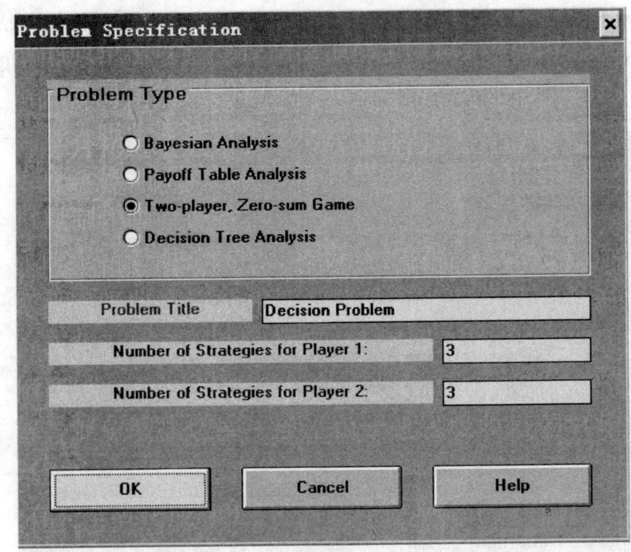

附图 1.33 建立新问题

促销资金的 0.37 用于降低售价，0.63 用于售后服务；B 的最优策略是将促销资金的 0.75 用于广告，0.25 用于降低售价；这样做的结果是 A 的市场占有率为 0.74(74%)。

附表 1.36 最 优 策 略

11-26-2008	Player	Strategy	Dominance	Elimination Sequence
	Player	Strategy	Optimal Probability	
1	1	A冰箱广告	0	
2	1	A冰箱降价	0.37	
3	1	A冰箱售后服务	0.63	
1	2	B冰箱广告	0.75	
2	2	B冰箱降价	0.25	
3	2	B冰箱售后服务	0	
	Expected	Payoff	for Player 1 =	0.74

10. 存储论

用 WinQSB 软件解决存储论问题，调用子程序 Inventory Theory and System。

(1) 确定需求模型。求解[例 8.2]和[例 8.3]。

1) 建立新问题。显示存储问题分类(Inventory Theory and System)见附图 1.34，首先选择问题类型(Problem Type)，分类如下：

a) Deterministic Demand Economic Order Quantity (EQQ) Problem (确定型需求经济订

购批量问题)。

b) Deterministic Demand Quantity Discount Analysis Problem (有数量折扣的确定型需求批量问题)。

c) Single -Period Stochastic Demand (Newsboy) Problem [单时期随机需求(报童)问题]。

d) Multiple-Period Dynamic Demand Lot Sizing Problem (多时期动态需求批量问题)。

e) Continuous Review Fixed-Order -Quantity (s, Q) System (连续盘存的固定订购批量系统)。

f) Continuous Review Order -Up -To (s, S) System (连续盘存上、下界存量系统)。

g) Period Review Fixed-Order -Interval (R, s) System (定期盘存固定订购区间系统)。

h) Period Review Optional Replenishment (R, s, S) System (定期盘存)。

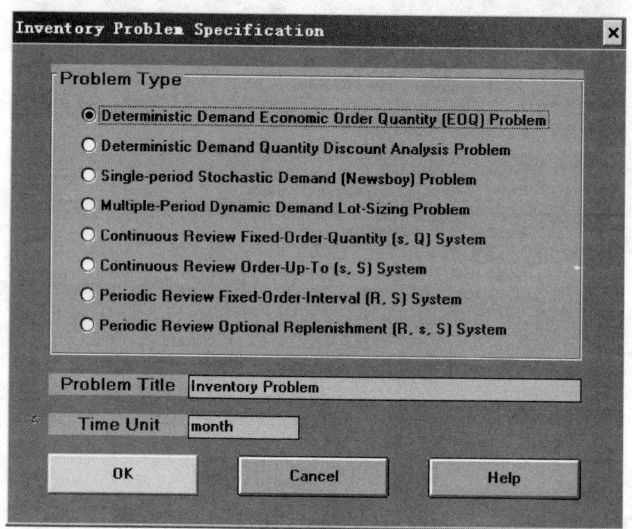

附图 1.34 建立新问题

本例题是确定型需求经济订购批量问题,输入问题名称及时间单位。

2) 输入数据见附表 1.37。

附表 1.37 输 入 数 据

DATA ITEM	ENTRY
Demand per month	6000
Order or setup cost per order	1200
Unit holding cost per month	0.10
Unit shortage cost per month	M
Unit shortage cost independent of time	
Replenishment or production rate per month	M
Lead time for a new order in month	
Unit acquisition cost without discount	20
Number of discount breaks (quantities)	
Order quantity if you known	

点击 Solve and Analysis→Solve the Problem,显示求解结果见附表 1.38。订购策略:每批应生产扬声器 12000 只,2 个月生产一次。

附表 1.38 求 解 结 果

11-29-2008	Input Data	Value	Economic Order	Value
1	Demand per month	6000	Order quantity	12000
2	Order (setup) cost	¥1,200.00	Maximum inventory	12000
3	Unit holding cost	¥0.10	Maximum backorder	0
4	Unit shortage cost		Order interval in	2
5	per month	M	Reorder point	0
6	Unit shortage cost			
7	independent	0	Total setup or	¥600.00
8	Replenishment/prod		Total holding cost	¥600.00
9	rate per month	M	Total shortage cost	0
10	Lead time in month	0	Subtotal of above	¥1,200.00
11	Unit acquisition	¥20.00		
12			Total material cost	¥120,000.00
13				
14			Grand total cost	¥121,200.00

点击 Result→Graphic Cost Analysis，出现 Inventory Cost Curve Setup 窗口，根据实际输入参数，显示成本变化如附图 1.35 所示。

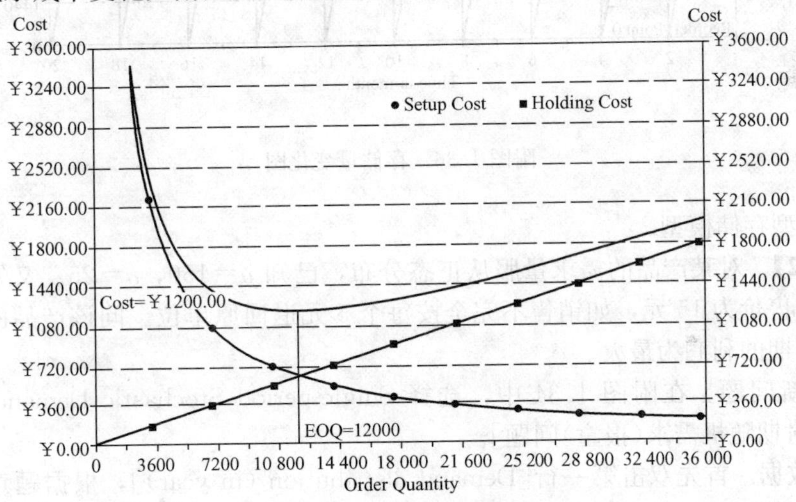

附图 1.35 成本变化图

点击 Result→Graphic Inventory Profile，出现 Inventory Profile Setup 窗口，根据实际输入参数，显示存储量变化如附图 1.36 所示。

若允许缺货，将附表 1.37 中 Unit shortage cost per month 一栏的 M 改为 1。求解结果见附表 1.39，则订货策略为：每批应生产扬声器 12586 只，2.1 月生产一次，最大缺货量为 1144 只。

附表 1.39 求 解 结 果

11-29-2008	Input Data	Value	Economic Order Analysis	Value
1	Demand per month	6000	Order quantity	12585.71
2	Order (setup) cost	¥1,200.00	Maximum inventory	11441.55
3	Unit holding cost per	¥0.10	Maximum backorder	1144.155
4	Unit shortage cost		Order interval in month	2.0976
5	per month	¥1.00	Reorder point	-1144.155
6	Unit shortage cost			
7	independent of time	0	Total setup or ordering cost	¥572.08
8	Replenishment/production		Total holding cost	¥520.07
9	rate per month	M	Total shortage cost	¥52.01
10	Lead time in month	0	Subtotal of above	¥1,144.16
11	Unit acquisition cost	¥20.00		
12			Total material cost	¥120,000.00
13				
14			Grand total cost	¥121,144.16

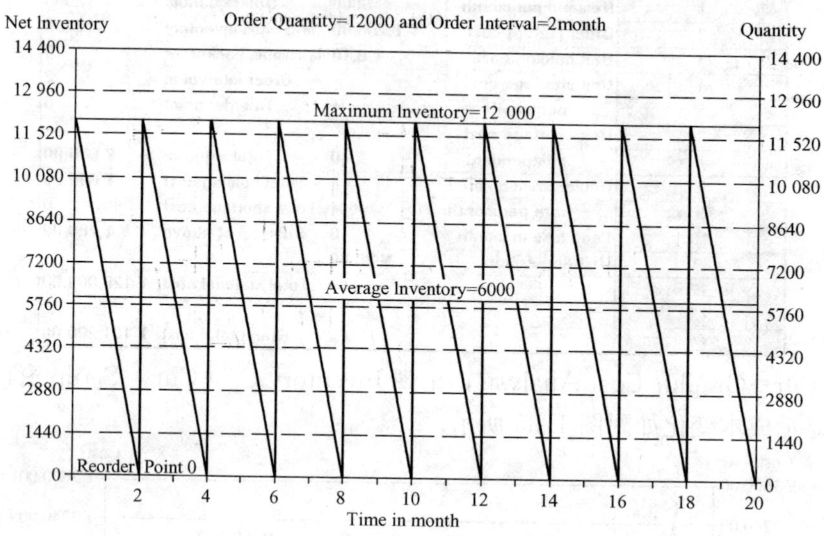

附图 1.36 存储量变化图

(2) 随机型存储模型。

【附例 1.2】 对某产品的需求量服从正态分布，已知 $\mu=150$，$\sigma=25$。又知每个产品的进价为 8 元，售价为 15 元，如销售不完全按每个 5 元退回原单位。问该产品的订货量应为多少个，使预期的利润为最大。

1) 建立新问题。在附图 1.34 中，选择 Single-period Stochastic Demand (Newsboy) Problem [单时期随机需求(报童)问题]。

2) 输入数据。首先双击第一行[Demand distribution (in year)]，根据题意选择需求分布，然后将其他数据填入。显示见附表 1.40。

附表 1.40 问 题 输 入 数 据

DATA ITEM	ENTRY
Demand distribution (in year)	Normal
Mean (u)	150
Standard deviation (s>0)	25
(Not used)	
Order or setup cost	
Unit acquisition cost	8
Unit selling price	15
Unit shortage (opportunity) cost	
Unit salvage value	5
Initial inventory	
Order quantity if you know	
Desired service level (%) if you know	

3) 点击 Solve and Analysis→Solve the Problem，显示求解结果见附表 1.41，则订货策略为：最优订货量 163，最优服务水平 70%，收益期望值 963.07。

附表 1.41 求 解 结 果

11-29-2008	Input Data or Result	Value
1	Demand distribution (in year)	Normal
2	Demand mean	150
3	Demand standard deviation	25
4	Order or setup cost	0
5	Unit cost	¥8.00
6	Unit selling price	¥15.00
7	Unit shortage (opportunity) cost	0
8	Unit salvage value	¥5.00
9	Initial inventory	0
10		
11	Optimal order quantity	163.1105
12	Optimal inventory level	163.1105
13	Optimal service level	70%
14	Optimal expected profit	¥963.07

11. 排队论

用 WinQSB 软件解决排队论问题，调用子程序 Queuing Analysis。求解[例 13.1]。

(1) 建立新问题。显示如附图 1.37 所示，输入格式[Entry Format]：

1) Simple M/M System（简单排队系统）。

2) General Queuing System（一般排队系统）。

简单排队系统中，顾客到达时间间隔和服务时间服从负指数分布，本例是一个简单排队问题。

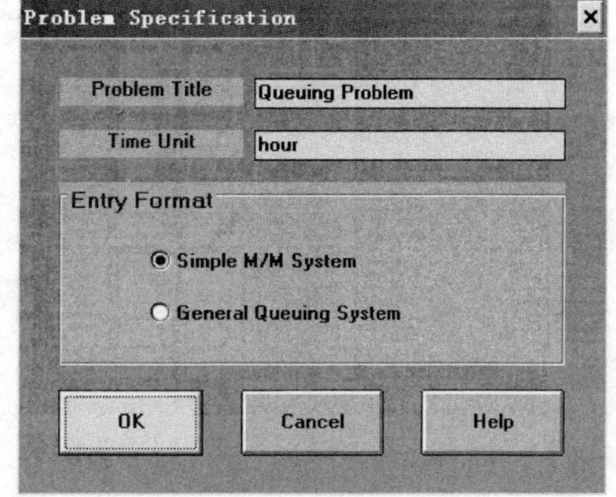

附图 1.37 建立新问题

(2) 输入数据。本问题是服务台数为 1，平均服务率为 3，平均到达率为 2 的 $M/M/1/\infty$ 排队问题，现实见附表 1.42。

附表 1.42 输 入 数 据

Data Description	ENTRY
Number of servers	1
Service rate (per server per hour)	3
Customer arrival rate (per hour)	2
Queue capacity (maximum waiting space)	M
Customer population	M
Busy server cost per hour	
Idle server cost per hour	
Customer waiting cost per hour	
Customer being served cost per hour	
Cost of customer being balked	
Unit queue capacity cost	

(3) 点击 Solve and Analysis→Solve the Performance，显示求解结果见附表 1.43。

系统中列车的平均数为 2 列，列车在系统中的平均停留时间 1h，系统中等待编组的列车平均数为 1.33 列，列车在系统中的平均等待编组时间 0.67h。

附表 1.43 求 解 结 果

11-29-2008	Performance Measure	Result
1	System: M/M/1	From Formula
2	Customer arrival rate (lambda) per hour =	2.0000
3	Service rate per server (mu) per hour =	3.0000
4	Overall system effective arrival rate per hour =	2.0000
5	Overall system effective service rate per hour =	2.0000
6	Overall system utilization =	66.6667 %
7	Average number of customers in the system (L) =	2.0000
8	Average number of customers in the queue (Lq) =	1.3333
9	Average number of customers in the queue for a busy system (Lb) =	2.0000
10	Average time customer spends in the system (W) =	1.0000 hours
11	Average time customer spends in the queue (Wq) =	0.6667 hours
12	Average time customer spends in the queue for a busy system (Wb) =	1.0000 hours
13	The probability that all servers are idle (Po) =	33.3333 %
14	The probability an arriving customer waits (Pw or Pb) =	66.6667 %
15	Average number of customers being balked per hour =	0
16	Total cost of busy server per hour =	$0
17	Total cost of idle server per hour =	$0
18	Total cost of customer waiting per hour =	$0
19	Total cost of customer being served per hour =	$0
20	Total cost of customer being balked per hour =	$0
21	Total queue space cost per hour =	$0
22	Total system cost per hour =	$0

附录二　运筹学名词汇编

名　词	英文名称	内　　容	提　出　者	编者	备　注
运筹学	Operations Research（注：美国称 Operations Research；英国称 Operational Research；英文缩写 OR）	运筹学是一门运用于管理有组织系统的科学，涉及的主要领域是管理问题，研究的基本方法是建立数学模型，较多的运用各种数学工具来解决问题。运筹学目前尚无统一定义，通常有："用数学的方法研究经济、民政和国防等部门在内外环境的约束条件下合理调配人力、物力、财力等资源，使实际系统有效运行的技术科学。它可以用来预测发展趋势、制定行动规划或优选可行方案"[1]，"运用分析、实验、量化的方法，对经济管理系统中的人、财、物等有限资源进行统筹安排，为决策者提供依据的最优方案，以实现最有效的管理"[2]	[英]A. P. Rowe 1938 年 7 月，当时英国 Bawdsey 雷达站负责人A. P. Rowe提出为了有效防止德国的空袭，不能仅依靠增加雷达数量及改进性能，还应对整个作战防空系统，以及其与各雷达站之间的协调配合、各雷达站之间的相互协调配合及整个系统运行进行综合研究，才能有效防备德国飞机侵入		[1]中国大百科全书（自动控制与系统工程） [2]中国企业管理百科全书
线性规划	Linear Programming（英文缩写 LP）	线性规划是指研究线性约束条件下线性目标函数的极值问题的数学理论与方法，即对于统筹规划问题，为如何合理地、有效地利用现有有限的人力、物力、财力资源来完成更多的任务，或者如何才能以最少的代价去实现目标作出的最优决策，提供科学的依据；采用数学语言来描述：问题的目标用变量函数的形式来表达(称为目标函数)，问题的限制条件用有关变量的等式或不等式来表达(称为约束条件)。当变量连续取值，且目标函数与约束条件均线性时，称这类模型为线性规划模型。有关线性规划问题的建模、求解和应用研究构成了运筹学中一个重要的、应用最为广泛的分支。其典型问题有运输问题、生产计划问题、下料问题、混合配料问题等	D. B. Dantzig 1947 年 D. B. Dantzig 在研究美国的空军资源优化配置时提出了线性规划的一般数学模型		

续表

名 词	英文名称	内 容	提 出 者	编 者	备 注
数学模型	Mathematical Models	数学模型是研究和掌握系统运动规律的有力工具，是分析、设计、预报或预测、控制实际系统的基础。数学模型的种类很多，而且有各种不同的分类方法。要对实际规划问题做定量分析，必须先加以抽象，建立数学模型。它是用字母、数字和其他数学符号构成的等式或不等式，或用图表、图像、框图、数理逻辑等来描述系统的特征及其内部或与外部联系的模型。它是真实系统的一种抽象			
单纯形法	Simplex Method	单纯形法是求解线性规划问题的一种常用基本方法。单纯形法的思路是：根据问题的标准型，从可行域中一个基本可行解(一个顶点)开始，转换到另一个基本可行解(一个顶点)，并且使目标函数值增大，当目标函数值达到最大时问题就得到了最优解。单纯形法的特点是：① 二元情况下满足约束条件的集合是凸多边形，在多元情况下，满足约束条件的集合是凸多面体。② 目标函数的最大值或最小值恰好在多边形的顶点，在多元情况下，目标函数值一定在凸集的极点上。③ 各极点的值代入目标函数中，进行比较就可以求得极值，即所求得的解	G. B. Dantzig(1947年美国数学家) G. B. Dantzig 在研究美国的空军资源优化配置时提出的求解线性规划的通用解法		
改进单纯形法	Revised Simplex Method	其基本步骤与单纯形法大致相同，主要区别是在逐步迭代中不再以高斯消去法为基础，而是以旧基阵的逆直接计算新基阵的逆，再由此决定检验数。这样做可以减少迭代中的累积误差，提高计算精度	G. B. Dantzig 于1953年提出改进单纯形法		
目标函数	Objective	运用单纯形法解某些线性规划问题时，在一定约束条件下要达到的目标，用数学模型表示，就称为目标函数			
约束条件	Constraints	运用单纯形法解某些线性规划问题时，该问题已知的并须遵守的前提条件称为约束条件			

续表

名 词	英文名称	内 容	提 出 者	编者	备 注
可行解	Feasible Solutions	一个线性规划问题有解，就能找出一组 $x_j(j=1\cdots n)$，满足约束条件，这组 x_j 称为问题的可行解。通常线性规划问题总是含有多个可行解			
可行域	Feasible Region	全部可行解的集合称为可行域			
线性规划图解法	Graphical Solution of Linear Programs	图解法是线性规划问题的基本解法，一般只适用于解 2～3 个变量的问题，解题的实用价值虽然不大，但阐明了线性规划解题的基本原理			
对偶理论	Duality Theory	每一个线性规划问题都存在一个与其对偶的问题，在求出一个问题解的同时，也给出了另一个问题的解	Jvon 偌依曼(1947 年美籍匈牙利数学家)		中国大百科全书（自动控制与系统工程）
对偶单纯形法	Dual Simplex Method	对偶单纯形法是从满足对偶可行性条件出发，通过迭代逐步搜索原始问题的最优解。在迭代过程中始终保持基解的对偶可行性，而使不可行性逐步消失	C. 莱姆基（1954 年美国数学家）		
影子价格	Shadow Price	在线性规划问题中约束条件常数项增加一个单位而产生的目标函数最优值的变化。如果约束条件常数项表示资源，目标函数最优值表示最优收益，则影子价格是指资源增加对最优收益产生的影响，所以又称资源的边际产出或资源的机会成本。它表示资源在最优产品组合时所能具有的潜在价值			
运输问题	Transportation Problem	一类具有特殊结构的线性规划问题。其典型问题是：为了将某种产品从若干个产地调运到若干个销地，已知每个产地的供应量和每个销地的需求量，如何在许多可行的调运方案中，确定一个总运输费或总运输量最小的方案。现已发现的问题有以下六类：①一般运输问题，又称希契科克运输问题，简称 H 问题；②网络运输问题。简称 T 问题；③最大流量问题，简称 F 问题；④最短路径问题，简称 S 问题；⑤任务分配问题，又称指派问题，简称 A 问题；⑥生产计划问题，又称日程计划问题，简称 CPS 问题			

续表

名 词	英文名称	内 容	提 出 者	编 者	备 注
目标规划法	Goal Programming	这是线性规划的一种特殊应用，能够处理单个主目标与多个目标并存，以及多个主目标与多个次目标并存的问题。企业管理中经常碰到多目标决策的问题。企业拟订生产计划时，不仅要考虑总产值，而且要考虑利润、产品质量和设备利用率等。有些目标之间往往互相矛盾。例如，企业利润可能同环境保护目标相矛盾。如何统筹兼顾多种目标，选择合理方案，是十分复杂的问题。应用目标规划法可能较好地解决这类问题。目标规划法的应用范围很广，包括生产计划、投资计划、市场战略、人事管理、环境保护、土地利用等。目标规划的模型分为以下两大类：①多目标并列模型；②优先顺序模型	美国学者查纳斯(A. Charnes)和库伯(W. W. Cooper)在1961年首次提出		
表上作业法	Tabular Method	表上作业法是用列表的方法求解线性规划问题中运输模型的计算方法，是线性规划的一种求解方法。当某些线性规划问题采用图上作业法难以进行直观求解时，就可以将各元素列成相关表，作为初始方案，然后采用检验数来验证这个方案，否则就要采用闭回路法、位势法或矩形法等方法进行调整，直至得到满意的结果。这种列表求解的方法就是表上作业法			
图上作业法	Graphical Method	图上作业法是在运输图上求解线性规划的运输模型的方法。交通运输以及类似的线性规划问题，都可以首先画出流向图，然后根据有关规则进行必要调整，直至求出最小运输费用或最大运输效率的解。这种求解方法，就是图上作业法。图上作业法的内外圈流向箭头，要求达到重叠且各自之和都小于或等于全圈总程度的一半，这时的流向图就是最佳调运方案			
灵敏度分析	Sensitivity Analysis	灵敏度分析是指对于系统或事物因周围条件变化显示出来的敏感程度的分析，即研究当线性规划问题的参数中的一个或者几个参数发生变化时，问题的最优解会有什么变化，或者这些参数在一个多大的范围内变动时，问题的最优解不变	L. 欧拉 1736 年(瑞士数学家)		

续表

名 词	英文名称	内 容	提 出 者	编者	备 注
西北角法	Northwest Corner Rule	西北角法是指用表上作业法解线性规划运输问题时，建立调运初始方案的一种方法。由于这种方法是从表的左上角（西北角）X11方格开始的，不考虑运费（运输成本）的因素，根据表内供应量与需求量的要求，进行分配，逐行逐列地予以满足，以达到供销调配平衡，因此称为西北角法			
最小元素法	the Least Cost Rule	最小元素法是指用表上作业法解线性规划运输问题时，建立调运初始方案的一种方法。最小元素法改进了西北角法存在的问题，在分配时考虑到运输成本问题，在保证供销平衡的前提下，尽可能满足运费最小或较小的格子，满足一行（或列），就划去一行（或列），如果运费相同时，可任选其中一个。最小元素法与西北角法比较，可使运费显著减少，可以得到较好的初始调运方案			
运输论法	Transportation	运输论法主要研究从一些货源地到另一些目的地的最优运输方法的问题，经过适当修改后，并可用来解决一些与运输毫无关系的问题，如向机器分派任务的问题等。建立运输问题公式的要求同线性规划是一样的，包括：正确定义的线性目标函数；可选择的行动方案；线性目标函数和线性约束条件的数学表达；资源有限供给。运输问题公式就是在这样的条件下，用迭代求解过程（运输方法）来分配有限资源的			
闭回路调整法	Close Circular Adjust Method	闭回路调整法是用表上作业法解线性规划运输问题中，采用一定的方法建立调运初始方案后，对方案进行检验和调整的一种方法			
非线性规划	Nonlinear Program Ming	非线性规划具有非线性约束条件或目标函数数学模型，是运筹学的一个重要分支。非线性规划研究一个n元实函数在一组等式或不等式约束条件下的极值问题，且目标函数和约束条件至少有一个是未知量非线性函数。大多数工程物理量表达式都是非线性的，所以非线性规划在各类工程优化设计中得到了较多应用	1951年库恩（H. W. Kuhn）和塔克（A. W. Tucker）		

续表

名词	英文名称	内容	提出者	编者	备注
斐波那契法	Fibonacci Search	该法使用对称搜索的方法，逐步缩短所考察的区间，能以尽量少的函数求值次数，达到预定某一缩短率			
0.618 法（黄金分割法）	Golden Section Search	该法以不变的区间缩短率 0.618 代替斐波那契法每次不同的缩短率，可看成斐波那契法的近似			
欧拉回路	Euler Loop	连通图 G 中，若存在一条回路，经过每边一次且仅一次，则这条回路为欧拉回路			
整数规划	Integer Programming	整数规划是要求一部分或全部决策变量必须取整数的规划问题。若所有变量均要求取整数值，则称为纯整数规划。若只有部分变量要求取整数值，则称为混合整数规划。整数规划一词常指纯整数规划。要求变量取整数的线性规划称为整数线性规划			
松弛问题	Slack Problem	不考虑整数条件，由余下的目标函数值和约束条件构成的规划问题称为该整数规划的松弛问题			
割平面法	Cutting Plane Method	割平面法是解整数线性规划的一种方法，是从松弛问题的一个非整数的最优解出发，序贯地每次添加一个新的线性不等式（其对应线性方程所代表的超平面即称为割平面），求解新的松弛问题。每次增添的新的不等式要满足两个条件：①前一个不等式的最优解不满足这个不等式，即松弛问题的可行解集合被割去了一块；②S 中的“点”都满足这个不等式，即保证整数可行解不被割去	1963 年柯莫瑞（R. E. Gomory）		
分枝限界法	Branch and Bound Method	分枝限界法是一种解离散问题的最优化方法，可以解线性整数规划。其基本思想是部分枚举法	1965 年达金和兰德一多伊格（R. J. Doig，Land）		
整数线性规划	Integer Linear Programming	若松弛问题是一个线性规划，则称该整数规划为整数线性规划			《运筹学手册》（基础和基本原理）［美］J. J. 摩特 S. E. 爱尔玛拉巴编，人民科学出版社

续表

名　词	英文名称	内　　容	提 出 者	编者	备　注
纯整数线性规划	Pure Integer linear programming	纯整数线性规划是指全部决策变量必须取整数值的整数线性规划			
混合整数线性规划	Mixed Integer linear programming	混合整数线性规划是指决策变量中有一部分必须取整数值，另一部分可以不取整数值的整数线性规划			
0-1 型整数线性规划	Zero-One Integer Linear Programming	0-1 型整数线性规划是指决策变量中只能取值 0 或 1 的整数规划			
隐枚举法	Implicit Enumeration	此法基本上可以从所有变量等于零出发（初始点），然后依次指定一些变量取值为 1，直到获得一个可行解，于是把第一个可行解记作迄今为止最好的可行解；再重复，依次检查变量为 0、1 的各种组合，对迄今为止最好可行解加以改进，直到获得最优解	Land，Doig，Little，Balas 等		
马氏决策规划	Markov Decision Programming	在赋值马氏过程中，如果在某状态选用不同的决策能够改变相应的状态转移矩阵及报酬矩阵，就产生了动态随机系统求最优策略的问题。马氏决策规划就是研究这类问题的			
最小树问题	Minimal Tree Problem	连通且不含圈的无向圈称为树，如城市煤气、自来水管道网络、铁路的专用线网等，都可以用树的形式来表示。同一网络中可以构成许多个部分的树。如果在网络中每条边上赋予相应的权（权可以表示距离、时间、费用等），最小树问题就是在所有部分树中寻找一个总权数为最小的问题			
最短路问题	Shortest-Route Problems	一般提法：设 $G=(V,E)$ 为连通图，图中各边（v_i，v_j）有权 l_{ij}（$l_{ij}=$无穷大表示 v_i，v_j 间无边），v_s、v_t 为图中任意两点，求一条道路 u，使它是从 v_s 到 v_t 的所有路中总权最小的路			
Dijkstra 算法	Dijkstra Algorithm	该法用于求解指定两点 v_s、v_t 间的最短路，或从指定点 v_s 到其余各点的最短路，是求无负权网络最短路问题的最好方法	1959 年 Dijkstra		
Floyd 算法	Floyd Algorithm	该法直接求出网络中任意两点间的最短路	1962 年 Floyd		

续表

名 词	英文名称	内 容	提 出 者	编 者	备 注
最大流问题	Maximal-Flow Problems	管道网络中每边的最大通过能力即容量是有限的，实际流量也并不一定等于容量。上述问题就是要讨论如何充分利用装置能力，以取得最好效果（流量最大）			
图与网络分析	Graph Theory and Network Analysis	运筹学中将一些研究对象用节点表示，对象之间的关系用连线边表示，用点、边的集合构成图。图论是研究有节点和边所组成图形的数学理论和方法。图是网络分析的基础，根据具体研究的网络对象（如铁路网、电力网、通信网等），赋予图中各边某个具体的参数，如时间、流量、费用、距离等，规定图中各节点代表具体网络中任何一种流动的起点、中转点或终点，然后利用图论方法来研究各类网络结构和流量的优化分析。网络分析还包括利用网络图形来描述一项工程中各项作业的进度和结构关系，以便对工程进度进行有效控制			
网络计划	Network Program	20 世纪 50 年代以来，国外陆续出现了一些计划管理的新方法，如关键路线法、计划评审法等，这些方法都是建立在网络模型基础上，成为网络计划技术			
网 络	Network	在图论中，现给定一个有向图 $G=(V,A)$，在 V 中指定了一点，称为发点，指定另一点，称为收点，其余的点称为中间点，对于每一个弧，都对应一个弧的容量，这样的 G 称为网络			
网络方法和网络计划	Network Method and Network Planning	绘制网络图的规则及计算相关参数的方法称为网络方法。把以网络图表示的，用网络方法编制的计划称为网络计划			
网络分析	Network Analysis	网络分析是指将一项工程系统或组织计划问题用网络的形式来描述，通过分析和计算，使其最优化			

续表

名 词	英文名称	内 容	提 出 者	编者	备 注
网络技术	Network Techniques	利用网络图形描述一项工程或计划进度各个环节和要素之间的关系，以便寻求系统最优解或最优控制的技术为网络技术，又称网络分析	1845 年 G. R. 基尔霍夫		
关键路线法	Critical Path Method 简称 CPM	借助网络表示各项工作及所需时间，表示出各项工作间的相互关系，找出编制与执行计划的关键路线，这种方法称为关键路线法	1956 年美国杜邦公司制定协调企业不同业务部门的系统规划		
计划评审法	Program Evaluation & Review Technique 简称 PERT	应用网络方法和网络形式，注重于对各项任务安排的评价和审查的方法，称为计划评审法	1958 年美国海军武器局在制定研制“北极星”导弹计划		
网络图	Network Graphic	网络图是指由工序、事项及标有完成各项工序所需时间等参数构成的有向图	1958 年美国海军武器局在制定研制“北极星”导弹计划		
多重图和简单图	Multiple Graph and Simple Graph	若两个点之间多于一条边，称之为多重边，含多重边的图称为多重图。无环、无多重边的图称为简单图			
连通图	Connected Graph	一个图中，若任何两点之间至少有一条链，则称这个图为连通图			
无向图	Non-Oriented Graph	在图论中，由点 V 及边 E 组成的，没有标明某点到另一点的方向，即 $[v_i, v_j]$ 和 $[v_j, v_i]$ 是相同的，这种图称为无向图			
有向图	Oriented Graph	在图论中，点与点之间有方向的线称为弧。由点集 V 和弧集 A 组成的图 $G=(V, A)$ 称为有向图			
最短路径问题	Shortest Path Problem	在网络图上，对每条边有一个权，要求从始点到终点的所有路径中找出一条总权数为最小的路径，称为最短路径问题			
动态规划	Dynamic Programming（缩写 DP）	动态规划是研究多段(多步)决策过程最优化问题的一种数学方法，是最优控制和运筹学的重要数学工具。为了寻找系统最优决策，可将系统运行过程划分为若干相继的阶段(或若干步)，并在每个阶段（或每一步）都作出决策。这种决策过程就称为多段（多步）决策过程。多段决策过程的每一阶段的输出状态就是下一阶段的输入状态。某一阶段作出的最优决策，对于下一阶段未必是最有利的。多段决策的最优化问题必须从系统整体出发，要求各阶段选定的决策所构成的系列最终能使目标函数达到极值	20 世纪 50 年代初，美国数学家贝尔曼 (R. Bellman)		

续表

名 词	英文名称	内 容	提 出 者	编 者	备 注
决 策	Decision	决策是指按一定的标准和要求，确定一个奋斗的目标，并从两个以上的为达到目标的实施方案中，选定一个合适方案的科学的过程			
决策论	Decision Theory	决策论是根据系统的状态信息和评价准则选取最优策略的数学理论。决策论是运筹学的一个分支和决策分析的理论基础，是关于不确定性决策问题的合理性分析过程及有关概念的理论			
现代决策理论	Modern Decision Theory	现代决策理论是“传统决策理论”的对称。这种理论的核心是用“令人满意的准则”代替了古典最大化原则	美国卡内基—梅隆大学教授赫伯特·西蒙		
古典决策理论	Classical Decision Theory	古典决策理论也称“传统决策理论”。它的出发点是将人视为绝对理性的人，在决策时遵循的是最大化原则			
战略决策	Strategy Decision	战略决策是按决策对象和层次划分的一种决策，是企业与经常变化中的外部环境之间，谋求达到动态平衡，协调发展的一种决策			
风险型决策	Risk Decision	风险型决策也称“统计型决策”，是从同时具备下列五个条件的问题中选定最优方案的决策：① 有一个明确的目标；②有两个以上可供选择的行动方案；③存在两种以上不以主观意志为转移的客观状态；④不同行动方案在不同状态下的损失和利益可计算；⑤自然状态出现的概率可估计			
益损矩阵	Opportunity Loss Matrix	由益损值构成的矩阵，称为决策的益损矩阵或风险矩阵			
最大可能法	Maximal Probability Criterion	选择一个概率最大的自然状态进行决策，其他自然状态可以不管，这样的方法就是最大可能法			
期望值法	Expected Value Method	将每个行动的期望值求出来，并加以比较的方法就称为期望值法			
决策树法	Decision Trees Method	决策树法是风险型决策问题的一种基本决策方法。由于这种决策方法的思路如同树枝形状，因此称为决策树法			

续表

名 词	英文名称	内 容	提 出 者	编 者	备 注
局中人	Player	局中人是“对策问题”的基本要素之一，是指在一局对策中具有决策权的当事人			
策 略	Policy	策略是对策问题的基本要素之一，是指局中人的可行的通盘筹划的行动方案			
马氏决策规划	Markov Decision Programming（英文缩写 MDP）	马氏决策规划是序贯决策的主要研究领域，是 Markov 过程与确定性动态规划相结合的产物，故又称 Markov 型随机动态规划，属于运筹学中数学规划的一个分支。在赋值马氏过程中，如果在某状态选用不同的决策能够改变相应的状态转移矩阵及报酬矩阵，就产生了动态随机系统求最优策略的问题。马氏决策规划就是研究这类问题的	20 世纪 50 年代 R. B 贝尔曼研究动态规划和 L. S 沙浦利在研究随机对策时已经出现 Markov 决策工程基本思想		
悲观准则（max-min 准则）	Max-Min Criterion	悲观准则的基本思想是假定决策者从每一个决策方案可能出现的最差结果出发，且最佳选择是从最不利的结果中选择最有利的结果			
乐观准则	Max-Max Criterion	乐观准则的出发点是假定决策者对未来的结果持乐观的态度，总是假设出现对自己有利的状况			
折中准则	Trade-off Criterion	折中准则是介于悲观准则和乐观准则之间的一个准则。其特点是对客观状况的估计，既不完全乐观，也不完全悲观，而采用一个乐观系数来反映决策者对状态估计的乐观程度			
等可能准则（Laplace 准则）	Laplace Criterion	等可能准则的思想在于将各种可能出现的状态“一视同仁”，即认为它们出现的可能性都是相等的，然后再按照期望收益最大的原则选择最优方案			
遗憾准则（min-max 准则）	Regret Criterion	在决策过程中，当某一种状态可能出现时，决策者必然要选择使收益最大的方案。但如果决策者由于决策失误而没有选择使收益最大的方案，则会感到遗憾和后悔。遗憾准则的基本思想就是在于尽量减少决策者的遗憾，使决策者不后悔或少后悔			

续表

名 词	英文名称	内 容	提 出 者	编 者	备 注
对策论	Game Theory	对策论研究具有对抗局势的模型，是关于两个或多个局中人按一定规则处于竞争状态下的决策行为的数学理论。对策论是运筹学的一个分支，起源于对室内游戏（如象棋、扑克等）局中人的行为和得失的研究，后来发展成为研究带有竞争因素的社会现象的一种数学方法	1921 年法国数学家 E. 博雷尔		
合作对策	Cooperative Games	合作对策是对策论中部分局中人形成联盟的对策问题，是现代对策论中最活跃的研究课题之一		刘德铭	
非合作对策	Non-Cooperative Games	对策论中局中人在选择各自策略时不结成任何联盟的对策问题，叫做非合作对策		刘德铭	
纳什平衡	Nash Equilibrium	纳什平衡是非合作对策中所有对策人都根据各自信息选择策略，力图使自己目标函数值达到最大的一种平衡解	经济学家 J. 纳什	郑应平	
帕雷托最优	Pareto Optimality	帕雷托最优使用于多目标最优化的解。在多目标最优化问题中需要同时使多个有矛盾的目标函数优化。诸目标函数可代表不同的决策标准（例如成本、环境质量、风险等）或不同利益集团对同一决策标准所持的不同观点。由于目标函数之间的矛盾性质，一般说来使每个目标函数值同时达到各自最优值的解是不存在的。多目标最优问题的解为帕雷托最优解的条件是解的任何一个目标函数值在不使其他目标函数值恶化的条件下已经不可能进一步改进	1896 年意大利经济学家 V. F. 帕雷托		
斯塔克尔贝格对策	Stackelberg Strategy	斯塔克尔贝格对策是对策论中的多级递阶决策问题，又称主从对策。社会现象的结局通常是由许多决策人的行动共同决定的，而这些决策人分居不同的层次，形成所谓多级递阶决策系统。上层决策人具有一定权威，起着主导作用，有时代表全局的利益。他们对整个系统的控制可以通过操纵一些“杠杆”变量来影响下级的行为而实现。例如国家通过调节利率、税收、投资等决策量来控制各部门、各单位的行为来实现全局最优	经济学家 H. von 斯塔克尔贝格	郑应平	

续表

名　词	英文名称	内　　容	提 出 者	编者	备 注
统筹法	Overall Planning Method	统筹法是网络理论在计划与管理工作中的具体应用方法，主要是指计划协调技术（PERT）和关键线路法（CPM）。中国数学家华罗庚在生产企业推广计划协调技术（PERT）和关键线路法（CPM）时采用“统筹法”这个名词。统筹法主要用于计划管理和进度管理		陈中基	
指派问题	Assignment Problem	在满足特定指派要求条件下，使指派方案总体效果最佳，称为指派问题。如：有若干项工作需要分配给若干人（或部门）来完成；有若干项合同需要选择若干个投标者来承包；有若干班级需要安排在若干教室里上课等			
匈牙利解法	Hungarian Method	匈牙利解法是解指派问题的一种算法	1955 年，库恩（W. W. Kuhn）		
存储论	Inventory Theory	存储论是研究最优存储策略的理论和方法。研究在不同需求、供货及到达等情况下，确定在什么时间点及一次提出多大批量的订货，使用于订购、存储和可能发生短缺的费用的总和为最少	1915 年美国经济学家哈里斯		
排队论	Queuing Theory	排队论研究顾客不同输入、各类服务时间的分布、不同服务员数及不同排队规则情况下，排队系统的工作性能和状态，为设计新的排队系统及改进现有系统的性能提供数量依据			
排队系统	Queuing System	在排队论的一般模型中，各个顾客由顾客源（总体）出发，到达服务机构（服务台，服务员）前排队等候接受服务，服务完了后就离开。队列的数目和排列方式称为排列结构。顾客按怎样的规则、次序接受服务称为排队规则和服务规则。从服务到达到接受服务以后离去，这一从到达到离去为止的过程就构成了一个排队系统			

续表

名 词	英文名称	内 容	提 出 者	编者	备 注
生灭过程	Birth-Death Process	一类非常重要且广泛存在的排队系统是生灭过程排队系统。生灭过程是一类特殊的随机过程。在排队论中，如果 $N(t)$ 表示时刻 t 系统中的顾客数，则 $\{N(t),t\}=0$ 就构成了一个随机过程。如果用“生”表示顾客的到达，“灭”表示顾客的离去，则对许多排队过程来说，$\{N(t),t\}=0$ 也是一类特殊的随机过程——生灭过程			
支付矩阵	the Payoff Matrix	支付矩阵也称“赢得矩阵”，是指从支付表中抽象出来由损益值形成的矩阵			

附录三　大型作业、课程设计任务书

一、大型作业任务书

（一）内容

在所提供三套大型作业中，可任意选择其中一套。三套大型作业的难度系数分别是1.0、1.2、0.8。

（二）目的

通过大型作业教学，培养学生利用所学的运筹学知识，根据具体的问题，进行综合分析、计算、评价的能力，以全面理解和掌握运筹学的思想和方法，并能用于实际工作。

（三）要求

1. 总体要求

全面结合运筹学的内容，根据自己对问题的理解，通过分析，建立合理的运筹学模型，能利用计算机软件求出最优解，并能根据自己的理解发表见解。

2. 形式与字数要求

所用的运筹学内容应先有简明阐述，再有与具体问题相结合的结论。整个作业力求全面、丰富，应用资料注明来源。

字数要求为4000字以上，打印成稿，同时交电子版。

（四）组织形式

大型作业既可个人独立完成，也可以由4人（含4人）以内的小组完成，小组完成时必须有明确的分工，必须有总负责人（总负责人也必须有自己的局部内容）。

注：由小组完成的，应根据各人完成的具体工作，在大型作业的成品上注明，并按顺序排名。

（五）考核形式

大型作业必须在规定时间内交稿，教师可根据评阅情况的需要，指定部分作品进行答辩、质疑与交流。

（六）成绩评定

1. 成绩评定

成绩由任课老师根据完成质量进行评定，以优、良、中、及格、不及格计分。

注：作品由小组完成的，排名第三、四的同学的成绩相应递减一个等次。

2. 答辩表述要求

需要答辩的作品，如果由个人完成时由个人全面阐述，小组完成时应由一人总述（总述人也应有自己的局部内容），各成员陈述自己完成部分。

3. 答辩

答辩加分时运用良好的手段与方式（如多媒体等）表述，可适当加分。

二、大型作业题目一：红牌罐头食品制造商

（一）题目

1965年9月13号，星期一，经营副总裁米歇尔·戈登先生（Mr. Mitchell Gordon）请管理人员、销售经理和生产经理与他碰头，共同讨论那个季节的整装番茄产品数量。已经购

买到的番茄已开始陆续运抵罐头厂，整装工作必须在下星期一开始。红牌罐头食品制造商是一个位于美国西部的生产和销售各种红牌水果和蔬菜罐装产品的厂家。

调度员威廉·库伯先生（Mr. William Cooper）和销售经理查尔斯·迈尔先生（Mr. Charles Myers）先来到了戈登先生的办公室。生产经理丹·塔克（Dan Tucker）几分钟后进来并说他取得了生产检验组对将到番茄的质量估计。根据他们的报告，这批货中有20％质量为A级并且余下的3 000 000磅番茄全为B级。

戈登向迈尔问起明年对番茄产品的需求，迈尔回答说能够出售他们能生产的所有罐装番茄，另外，番茄汁和番茄酱的需求是有限的；然后他拿出了最近的需求预测，见附表3.1所列。迈尔提醒说，根据公司长远经营战略计划已制定出相应的售价，并且在这些价格上已预测到了潜在的销量。

附表 3.1　　红牌罐头食品制造商的需求预测

产　品	每箱售价（美元）	需求预测（箱）	产　品	每箱售价（美元）	需求预测（箱）
24－2½整番茄	4.00	800 000	24－2½番茄汁	4.50	50 000
24－2½无核桃罐头	5.40	10 000	24－2½苹果调料	4.90	15 000
24－2½桃汁	4.60	5000	24－2½番茄酱	3.80	80 000

威廉·库伯在看完迈尔的需求估计后认为公司将在今年的番茄产品上做得很好，随着新账目的建立，他已计算出每种产品的单位收益，而且根据他的分析，整番茄增加的利润要高于任何番茄产品。五月，在红牌产品公司与种植者签署了平均价为0.06美元/磅的收购合同后，库伯就计算了番茄产品的收益（见附表3.2）和产品用量（见附表3.3）。

附表 3.2　　红牌罐头食品制造商的产品赢利表　　（美元）

产　品	24－2½ 整番茄	24－2½ 无核桃罐头	24－2½ 桃汁	24－2½ 番茄汁	24－2½ 苹果调料	24－2½ 番茄酱
售价	4.00	5.40	4.60	4.50	4.90	3.80
可变成本						
劳动力	1.18	1.40	1.27	1.32	0.70	0.54
可变直接制造成本	0.24	0.32	0.23	0.36	0.22	0.26
价格变化	0.40	0.30	0.40	0.85	0.28	0.38
包装材料	0.70	0.56	0.60	0.65	0.70	0.77
原　料	1.08	1.80	1.70	1.20	0.90	1.50
共　计	3.60	4.38	4.20	4.38	2.80	3.45
贡献	0.40	1.02	0.40	0.12	1.10	0.35
减去预留直接制造成本	0.28	0.70	0.52	0.21	0.75	0.23
净利润	0.12	0.32	－0.12	－0.09	0.35	0.12

附表 3.3　　红牌罐头食品制造商的产品用量表

每箱产品用量（磅）	产品	用量	每箱产品用量（磅）	产品	用量
	24－2½整番茄	18		24－2½番茄汁	20
	24－2½无核桃罐头	18		24－2½苹果调料	27
	24－2½桃汁	17		24－2½番茄酱	25

丹・塔克提醒库伯，尽管有充足的生产能力，也不可能全部生产整番茄。原因是这批番茄中的A级品所占比例太小了。红牌产品用数字作为尺度去衡量未加工产品与加工后产品的质量，这个尺度从1～10点，数字越大表明质量越高。根据这个标准对番茄进行衡量，A级番茄平均为每磅9点，B级为每磅5点。塔克提醒说罐装整番茄的最低输入质量要求为每磅8点，番茄汁为每磅6点，番茄酱则可完全用B级番茄来制作。这就意味着整番茄产品的产量被限制在800 000磅以内。

戈登说这个限制并不是问题：最近，有人要以0.085美元/磅的价格供应给他80 000磅A级番茄。当时，他拒绝了这个供给，他觉得无论如何番茄都是可以大量得到的。

已做了一些计算的迈尔说尽管他同意公司"将在今年做得很好"的说法，但这并不是由罐装整番茄引起的。他认为番茄成本应以质和量两种基础来确定而并不是如库伯所做仅仅依赖于量。因此他在此基础上重新计算了边际收益（见附表3.4），并且依他的结论，红牌产品应使用2 000 000磅B级番茄制作番茄酱，且余下的400 000磅番茄和所有A级番茄用来做番茄汁。如果预计需求正确的话，今年将在番茄上可获48 000美元的总收益。

附表3.4　红牌罐头食品制造商的番茄产品的利润分析

Z＝每磅A级番茄的成本（美分）

Y＝每磅B级番茄的成本（美分）

(1)（600 000磅×Z）＋（2 400 000磅×Y）＝（3 000 000磅×6）

(2) $Z/9=Y/5$

Z＝9.32美分/磅

Y＝5.18美分/磅

产　品	罐头整番茄	番茄汁	番茄酱
售价（美元）	4.00	4.50	3.80
可变成本（不包括番茄成本）（美元）	2.52	3.18	1.95
售价－可变成本（美元）	1.48	1.32	1.85
番茄成本（美元）	1.49	1.24	1.30
利润（美元）	－0.01	0.08	0.55

（二）作业

不考虑目前能购买多余的A级番茄的机会。

(1) 回答下列问题：

1) 管理部门的目标是什么？

2) 管理部门需要知道什么？

3) 约束条件有哪些？

4) 你认为红牌罐头食品制造商应生产什么？

(2) 把该问题规范为一个线性规划问题。用EXCEL SOLVER软件去求解并回答下列问题：

1) 整番茄、番茄酱和番茄汁各应生产多少？

2) 番茄是否有剩余，是什么等级？

3）若有可供应的A级番茄，红牌罐头食品制造商愿以每磅多少钱买下它？

4）总收益是多少？

5）红牌罐头食品制造商是否应以0.085美元/镑的价格购买那80 000磅的A级番茄？

6）使用库伯的收益图与迈尔的利润图计算的解与你得到的解有何不同？为什么会有不同？

7）连锁超市的采购者要以3.6美元/箱的价格买下所有的整番茄产品，条件是允许红牌罐头食品制造商以最低极限质量点（7点）的水平进行生产，是否接受？

8）假设可以无限量收购0.085美元/磅的A级番茄，红牌罐头食品制造商应购进多少？生产将如何组合？

三、大型作业题目二：波巴芸滚珠轴承公司

（一）题目

波巴芸滚珠轴承公司的总裁凯瑟琳·波巴芸（Kathsrine Berbarian）女士召开了一次执行委员会的会议，讨论最近在公司内出现的几个问题，并安排该年度下一步的经营计划。

1. 背景

波巴芸滚珠轴承公司是该地区滚珠轴承的最大综合生产者，销售额近1500万美元。滚珠轴承行业包括很多小公司，但波巴芸公司已经成功地树立了产品质量优良和运送可靠的良好声誉，这为它在美国中西部和加拿大的部分地区进行市场渗透创造了条件。尽管如此，但波巴芸公司的大部分用户只集中在从底特律到汉密尔顿、多伦多和奥沙瓦的高度工业化的、交通方便的区域上。

公司是由机械师海可特·波巴芸（HectorBerbarian）在1923年建立的，主要是生产螺丝钉，最初被称为波巴芸紧固件公司。螺丝钉行业至今也是竞争相当激烈的行业，因为它进入工业行业所需的资本很少。因此，海可特不久开始进入专业化产品的生产领域，例如轴承环、套箍和护孔圈。仅仅2年后，海可特决定以轴承零件的生产为主，并将公司改名，改后的名字就是公司现在的名字。海可特也开始开发和使用了比大多数现有技术更迅速、更可靠地生产的专业化机器。公司繁荣了几年，接着销售开始萧条。

第二次世界大战促使了波巴芸的重新繁荣，但海可特·波巴芸本人也不幸去世了。在1943年，公司的控制权交给了海可特的儿子阿其波德（Archibald），但后来证明他对轴承并不是很感兴趣。公司实际上并不由阿其波德管理，而是由一组算是熟练机械师的领班在经营着。那些领班确保了优良产品的生产，但由于销售价格普遍过低，并不能返给公司多少利润。

1963年，在底特律的一家夜总会里阿其波德心脏病突发，这样公司的控制权在适宜的时候交给了阿其波德的女儿凯瑟琳。凯瑟琳·波巴芸对公司的经营已经很熟悉，并且知道公司的产品专业技能对于向推崇品质至上的汽车和飞机制造市场渗透是有力的销售切入点。她因此决心扩充工厂，加强销售力量，并建立质量良好的声誉，这样她的产品的售价才能比行业内的平均售价更高。

为了达到此目标，她希望购买一个能提供工厂轴承装配所需要的大多数滚珠的滚珠制造厂。有家制造厂就在她公司的附近，而且该厂商也表示愿意合作，然而似乎没有银行愿意资助这项购并。波巴芸女士相信对于波巴芸公司来说，控制它自己滚珠的生产对于获得最大的产品可靠性是非常重要的。公司当然也能自己生产钢滚珠而不采用购并供应商的方法，但是

这样的行为将花费更多的金钱和时间。

最终，波巴芸女士从一家底特律银行获得了 100 万美元的贷款（通过私下交易，债券的到期日可以不断延长）。在 1965 年，滚珠厂被收购，滚珠生产和波巴芸的轴承生产都转移到了一座租来的更大的、可通用的单层厂房里。

当完成购并和搬家后，波巴芸女士开始在公司里新上了一个生产钛质的精密滚珠和轴承的生产线。新生产线生产的轴承里的滚珠其外径小到只有 1/40 英寸，并且允许偏差只有 1/1000 000英寸（0.000 001 英寸）。上这条新生产线的时机很好，公司将那些轴承销售给生产回转仪、自动驾驶仪、同步器、燃料控制系统、飞机照像机和牙医用的高速钻头的制造商，获得了巨大成功。

2. 运营

工厂分为两个部门：滚珠部和轴承部。它们同在一个厂房，但是实际上由不同人员经营。每个部门都生产精密和商业的（非精密）产品，但是这两个部门没有因为产品类型不同而在操作或说运营上分离。产品是由一个订货单系统估计价格。

轴承部的基本制造操作是通过磨料，对已经淬火的金属箍进行研磨。尽管研磨比较慢，但它是半自动化的，允许对金属移动的速度进行严密控制。在研磨和打孔之后，那些金属箍再传给抛光车间继续加工，直至加工到相当完美为止。抛光车间也对正在使用的、外购的所有滚珠进行抛光，然后这些箍和滚珠被装配到已抛光的轴承中去，尽管生产抛光的轴承需要 38 个不同的步骤。但出于费用控制和生产计划的目的，波巴芸将这些步骤只分到研磨和抛光这两个车间里。

滚珠部也被分为两个部门：机器加工和抛光。滚珠部自动化程度很高，因此它的生产只需相对较少的劳动力。滚珠部的大部分产品被转入轴承部，但也有一小部分产品对外出售，卖给那些需要高度抛光的滚珠的制造厂，一些也被出售给独立的轴承制造商。

去年，波巴芸的工程师对两个部门生产所需的投入作了详细的研究，发现两个部门产品的需求情况很相似，产品混合生产引起的变化（即在滚珠或者轴承的尺寸上）也是缓慢的。因此，他们总结了他们对每个部门的研究成果见附表 3.5，这些研究成果显示了一个产品平均需要的投入。尽管在实际的生产安排和成本分析中使用的是每个产品的详细投入说明，但是人们认为对于一般的生产计划来说产品所需的平均投入已经很可靠了。

附表 3.5　　生 产 和 销 售

	生　　产	外部销售	平均价格（美元）
滚珠部			
非精密部分	144 000	40 000	15
精密部分	84 000	11 000	30
轴承部			
非精密部分	104 000	104 000	66
精密部分	73 000	73 000	99

原料价格：每盎司不锈钢是 0.048 美元，每盎司钛是 0.435 美元

劳动费用：4 级工每小时 22.80 美元，5 级工每小时 27.60 美元，6 级工每小时 30.00 美元

3. 费用和利润责任

两个部门都有一位部门经理，主要是对本部门中的费用控制和利润负责。波巴芸女士希望这两位经理注意工厂的日常操作，并指导和用户打交道的销售人员。

在美国和加拿大，公司有 6 名全职的销售代表。在美国的代表工作范围不仅包括芝加哥，还包括北印第安纳地区，偶尔也会涉及北俄亥俄。在美国的其他部分，波巴芸滚珠轴承公司由制造商的销售代理来代表，这些代理也代表着其他几家非竞争性的公司，并严格按代理权经营。两名加拿大代理共同负责安大略—魁北克地区（以及底特律）。

这些销售代表在由波巴芸女士制定的总方向下工作，由波巴芸女士确定销售策略，偶尔她也会亲自出马以赢得主要的新用户。波巴芸女士要求售货员销售轴承的系列产品，但他们也要尽可能地销售滚珠。因此，部门经理向售货员指出具体的产品销售方向，但在一般的策略上并不给予过多的命令。

波巴芸女士考虑的是，滚珠部门主要是作为轴承部门的部件供应方，轴承部门应尽可能地使用公司内部生产的滚珠，因为波巴芸女士相信只有全部零部件都由本公司生产，公司才可能保证产品的质量，但并不要求滚珠部门为了满足轴承部门的要求就拒绝外来的订单。

滚珠部的滚珠按成本价转移给轴承部，这种做法引起了两个部门的不满。滚珠部经理很愿意生产精密滚珠，因为公司的大部分盈利都是从这条精密生产线上获得，然而这条精密生产线的全部利润所得的荣誉目前都归于轴承部。

在轴承部中，首先是非精密滚珠（商业性滚珠）的转移价格引起了不满。波巴芸公司滚珠的平均价格是每打轴承 15 美元，但转移成本却高于它。而且，轴承部能从公司外部以仅仅每打轴承 9 美元的平均价格买到滚珠。轴承部的经理认为他最多是以非精密滚珠的竞争性市场价格来支付费用。在那条精密生产线上，波巴芸公司的精密滚珠当时正以每打轴承平均 30 美元的价格出售，但外部的滚珠却能以每打轴承 24 美元的价格获得。波巴芸女士希望能解决这个问题。

4. 去年的运营

公司上个财政年度经营状况不错。在附表 3.5 中给出了生产和销售（以打为单位）的情况。

轴承部已经在公司政策的协调下从滚珠部获得了它所需的全部滚珠。两个部门的经理非常好地控制了费用，投入的耗费和规范中规定的耗费比起来差别并不大。

滚珠部可支配的管理费总计达 1 592 640 美元。在这些开销中，加工车间、抛光车间的耗用率分别是每工时 0.60 美元和每工时 3.00 美元，剩余费用被看作是固定开支，它按照机时以相同的比例分配在两个部门的生产中，见附表 3.7。

在轴承部，可支配的管理费总计达 2 635 800 美元，可变的开支耗用率在研磨车间每机时为 1.80 美元，在抛光车间每机时为 3.60 美元，和滚珠部一样，剩余费用也作为一个整体按照机时统一地分配。

另外，工厂一般有 342 000 美元的固定成本，这些费用并不打算分配到任何一部门。这些工厂费用被当作是阶段花费，并不想把它们分配到生产中去。

在过去的一年里，原料库存有一些波动，但是总体上，购买量刚好满足生产需要量。12 月 31 日制成品存货清单见附表 3.6。

附表 3.6 制成品库存清单

	单位（打）	单位成本（美元）	总成本（美元）
滚珠部			
非精密部分	6000	16.35	98 100
精密部分	2000	23.40	46 800
轴承部			
非精密部分	1000	52.50	52 500
精密部分	4000	69.15	276 600
共 计			474 000

附表 3.7 波巴芸滚珠轴承公司产品投入

滚珠部的可变投入(以每打计算)	非精密级别	精密级别	滚珠部的可变投入(以每打计算)	非精密级别	精密级别
原材料(盎司)			4级工	0.50	
不锈钢	25		5级工	0.10	0.4
钛		20	6级工	0.19	0.5
劳动工时(h)			劳动工时(h)：使用购买的滚珠		
4级工	0.2		4级工	0.70	
6级工	0.1	0.1	5级工		0.55
机器工时(h)			6级工	0.25	0.60
机器加工车间	2.4	1.5	机器工时(h)：使用内部生产的滚珠		
抛光车间	0.2	0.8	研磨车间	1.5	1.0
轴承部的可变投入			抛光车间	2.5	2.0
原材料(盎司)			机器工时(h)：使用购买的滚珠		
不锈钢	30		研磨车间	3.0	1.0
钛		16	抛光车间	2.0	2.5
劳动工时(h)：使用内部生产的滚珠					

制成品是按照先进先出的原则来核算。

去年的销售和行政开支总计达 908 040 美元，这些费用占每年全部销售费用的百分比变化了 2 个百分点。

公司的固定资产折旧在账面上是以直线法来计算的。

来自于账面折旧和减税资本成本补贴的差额引起的税收节减是由于推迟缴纳所得税所产生的。去年，账面折旧总计达 540 000 美元，其中滚珠部 180 000 美元，轴承部 240 000 美元，普通的工厂折旧为 120 000 美元。

这些数量被划到预先给定的管理成本中。要纳税的资本成本补贴总计达 720 000 美元。公司的税率是 50%。那些固定资产平均使用年限是 20 年，在货币保值的基础上，每年折旧 5%。但是，平均每年 3%的通货膨胀使得重置成本超出了那些资产的原始成本，见附表 3.8。

附表 3.8　　波巴芸滚珠轴承公司资产负债表　　（美元）

资　产			应付账款	225	
流动资产			应付税款	231	
现　金	414		长期债务中本年内到期部分	120	855
应收账款（净）	918		长期债务（10%）		2025
原材料存货	129		递延所得税		504
产成品存货	474	1935	总债务		3384
财产、厂房和设备	10 719		所有者权益		
减去累计折旧	5145	5574	普通股	100	
总　资　产		7509	资本溢价	219	
权　益			留存收益	3806	4125
流动负债			总权益		7509
应付票据	279				

5. 展望

波巴芸女士和销售代表成功地经营着新的业务，特别是对精密滚珠和轴承。明年的销售计划对于滚珠部来说，非精密滚珠的销售额是 48 000 美元，精密滚珠的销售额是 30 000 美元；轴承部的销售计划在商用方面为 120 000 美元，精密生产为 48 000 美元。

但是，波巴芸女士关心的是工厂满足需求的生产能力。滚珠部目前机器加工车间的年最大生产能力是 540 000 机时，在抛光车间有 144 000 机时；轴承部目前在研磨车间年最大生产能力是 306 000 机时，在抛光车间是 432 000 机时。

因此，波巴芸女士希望执行委员能考虑对每一种产品，分配多大的生产规模才能产生最高的利润。虽然也可以完成销售计划，但销售计划是否合理本身就值得商榷，且波巴芸女士还想在不同产品的重要性上达成一致意见。但无论如何，重要的一点是至少以去年的生产水平继续向现有的用户提供服务。

看来确实应重新审视关于滚珠部转移价格的公司政策。滚珠部经理一直和当地大学的一位教授比德森（R·Petersen）联系，该教授建议可以用影子价格来确定转移价格。波巴芸女士想得到一个让两位部门经理都满意的方案。

除上述的论题外，波巴芸女士想要委员会讨论去年的财政和成本流动，对运营的预算做计划（假设销售计划能实现），以及在计划达不到最大的利润时，如何作运营的预算。公司将要进行劳资谈判，波巴芸女士关心在通过转移公司的产品重点和销售策略以改变产品的相对重要性之前，公司能为增加工资支付多少费用。

（二）作业

（1）将此问题转化成线性规划问题，并求解。

（2）对所得解作解释。当滚珠部门生产能力过剩时，为什么还要从外面购买滚珠？

（3）所得解中关于转移价格问题是怎样解释的？

四、大型作业题目三：关于泗洪县 110kV 泗金线施工工期的探讨

（一）题目

江苏省泗洪县地处苏北平原，西与安徽省五河县、泗县接壤，东与洪泽湖为滨，北与宿豫县、泗阳县毗邻，南与盱眙县隔河相望。全县总面积 2808km^2，人口（1998 年底）98 万人，1998 年社会总产值（现价）85.1 亿元，1998 年最高负荷 6.1 万 kW。现有 110kV 变电站两座，一条主供电源 110kV 宿泗线（LGJ-185）负荷高峰 5.9 万 kW，已超极限运行，线损率高达3.82%，现已不能满足全县高峰期间用电负荷需要，且备用电源是从淮阴市盱眙县220kV马坝变电站经110kV盱眙变电站转供，由于距离比较远有160.6km，并且一条线带四个110kV变电站，加之区划调整，备用电源等级有所下降，电压质量和可靠性更差；一旦主供电源失电，极有可能造成全县长时间停电。同时该县35kV网损率较高，达2.87%。

因此，新建110kV金镇输变电工程急需解决，刻不容缓；而110kV泗金线则是该项工程的重要枢纽工程，对110kV金镇输变电工程能否如期投运起着至关重要的作用。110kV泗金线工程的建成将从根本上解决该县电力供需矛盾，同时对提高供电质量和供电可靠性以及多供少损提供有力的保障。预计全年可多供电量1200万kW・h，35kV网损率将由目前的2.87%降为1.9%左右，少损失电量100万kW・h，全年可增加销售收入342万元。更为重要的是，由于有可靠的电源作保证，也能解决因洪水之患而给该县工农业生产和人民生命财产所造成的潜在危机，并能为省重点扶贫乡早日脱贫致富，提供先行保障。因而，该工程的早日建成具有很好的经济效益和社会效益。

工程概述：

110kV泗金线是该县2000年度农网改造工程项目之一，批复文件苏电农［2000］27号文，工程设计单位为江苏省徐州电力勘测设计院，工程施工单位为江苏省泗洪县供电局。线路全长28.3km，线路走向基本为南北走向，跨越四条主要河流分别为徐洪河、利民河、濉河和汴河，经过地区地势平坦，除少部分旱作物外，多为稻麦两熟农田，交通较为便利。线路南北方向距同方向的洋青公路约1.0～1.7km不等，而且垂直相交的乡间道路较多，施工运行都较方便。

工程沿线地形：平地占70%，泥沼占20%，河网占10%。全线基坑地质土坑55%，泥水坑20%，流砂15%，水坑10%。主要经济指标：工程综合投资769.96万元，单位造价28.16万元/km；本体工程664.58万元，单位造价23.48万元/km。全线杆塔117基，其中铁塔47基，占54%，混凝土杆70基，占66%。

110kV泗金线施工分为三个阶段：

（1）工程开工前的准备工作。

（2）工程施工阶段。

（3）工作验收和投运阶段。

110kV泗金线作业流程见附表3.9。

附表3.9　工程有关参数

作业代号	作业名称	紧后作业	紧前作业	作业时间（天）	工程施工费用（万元）
A	施工组织设计	B	—	3	
B	工程复测	C	A	5	
C	工程招投标	D	B	4	
D	工程运输	E、F	C	15	36.4
E	土方工程和预埋	G	D	15	20.8
F	铁塔基础浇制	H	D	32	19.2
G	排杆焊杆（190个头）8个/天	H	E	24	4.2
H	杆塔组立工程	I	F、G	29	7.8
I	架线工程和附件安装	J	J	23	9.8
J	工程验收投运	—	I	3	1.3
工程施工费用（万元）		98.2			

工程费用见附表 3.10。

附表 3.10 工程各项费用

序号	项目名称	取费标准	单位（万元）
一	直接费		638
1	基本直接费		608.3
A	装置性材料		434.7
B	安装费		173.6
	其中：工资（人工费）		98.2
2	其他直接费		8.6
A	冬雨季施工增加费	单位工程人工费×4.6%	4.5
B	施工工具用具使用费	单位工程人工费×4.2%	4.1
3	现场经费		21.1
A	临时设施费	基本直接费×1.2%	7.3
B	现场管理费	单位工程人工费×14%	13.8
二	间接费		71.48
1	企业管理费		50.56
A	管理人员基本工资、辅助工资和工资性补贴等	单位工程人工费×15%	14.73
B	交通差旅费（住宿补助、职工探亲路费、因公出差等）	单位工程人工费×6%	5.89
C	办公费（文具、纸张、邮电、书、水等）	单位工程人工费×3%	2.95
D	工具用具使用费（管理使用用具、试验、消防、维修等）	单位工程人工费×5%	4.91
E	职工教育经费（学习先进技术和提高文化水平等）	单位工程人工费×2.47%	2.43
F	劳动保险费	单位工程人工费×8%	7.86
G	税金（车船使用费等）	单位工程人工费×8%	7.86
H	其他（招待费、审计费、咨询费等）	单位工程人工费×4%	3.93
2	财务费用	单位工程基本直接费×2.7%	16.42
3	施工机构转移费	单位工程人工费×4.6%	4.5
三	工资性津贴		4.8
四	税金		21.7
五	其他费用		13.6
1	施工图预算编制费		1.5
2	施工单位参加整套启动试运费		1.3
3	施工安全措施补助费		0.8
4	带电跨越措施费		6.0
5	铁塔防盗费		2.8
6	杆塔标志		1.2
六	计划利润		20.4
总计		一＋二＋三＋四＋五＋六	769.98

（二）作业

（1）绘制初始网络图。

（2）计算网络时间参数，确定关键路线和施工工期。

（3）如何进行工程的时间优化与调整，确定施工最优工期？

（4）最后对工期和费用进行探讨，提出具体施工方案。

五、课程设计任务书

（一）内容

在下列常用算法中至少选择 5 种方法，用熟悉的一种语言编成程序。

本课程设计的难度系数是 2.0。

运筹学的常用算法：

（1）有初始可行解的单纯形法。

（2）无初始可行解的单纯形法：大 M 法、二阶段法。

（3）对偶单纯形法。

（4）运输问题的表上作业法。

（5）目标规划的单纯形法。

（6）分支定界法。

（7）割平面法。

（8）0-1 整数规划的解法。

（9）指派问题。

（10）一维搜索法：二分法、黄金分割法、Fibonacci 法。

（11）梯度法（最速下降法）。

（12）共轭梯度法。

（13）最优树算法。

（14）最短路算法。

（15）最大流算法。

（16）最小费用最大流算法。

（17）计划评审法 PERT。

（18）关键路径法 CPM。

（二）目的

通过课程设计教学，培养学生利用所学的运筹学知识，结合所学的计算机语言，进行程序设计，提高学生用计算机作为工具，进行综合分析、计算、评价的能力，以全面理解运筹学的思想和方法，并能用于实际工作。

（三）要求

1. 总体要求

全面结合运筹学的内容，根据自己所学的一门语言，结合运筹学模型和常用算法，利用计算机编成软件，并通过调试。

2. 成品要求

软件一套，运行环境：Windows2000，软件要求具有 Windows 界面，附使用说明书。

（四）组织形式

课程设计既可个人独立完成也可以由 4 人（含 4 人）以内的小组完成，小组完成时必须有明确的分工，必须有总负责人（总负责人也必须有自己的局部内容）。

注：由小组完成的，应根据各人完成的具体工作，在课程设计的成品上注明，并按顺序排名。

（五）考核形式

课程设计必须在规定时间内交稿，教师可根据评阅情况的需要，指定部分作品进行答辩、质疑与交流。

（六）成绩评定

（1）成绩由任课老师根据完成质量进行评定，以优、良、中、及格、不及格计分。

注：作品由小组完成的，排名第三、四的同学的成绩相应递减一个等次。

（2）答辩表述要求：需要答辩的作品，如果是个人完成时由个人全面阐述，小组完成时应由一人总述（总述人也应有自己的局部内容），各成员陈述自己完成部分。

（3）答辩时运用良好的手段与方式（如多媒体等）表述，可适当加分。

附录四 部分习题参考答案

习 题 1

1.1 (1) 唯一最优解 $z^*=3$，$x_1=1/2$，$x_2=0$。

(2) 无可行解。

(3) 无界解。

(4) 无可行解。

(5) 无穷多最优解 $z^*=66$。

(6) 唯一最优解 $z^*=92/3$，$x_1=20/3$，$x_2=3/8$。

1.2 (1)、(2)答案如附表 4.1 所示，其中打三角符号的是基本可行解，打星号的为最优解。

附表 4.1 题 1.2 答 案

	x_1	x_2	x_3	x_4	x_5	z	x_1	x_2	x_3	x_4	x_5
△	0	0	4	12	18	0	0	0	0	−3	−5
△	4	0	0	12	6	12	3	0	0	0	−5
	6	0	−2	12	0	18	0	0	1	0	−3
△	4	3	0	6	0	27	−9/2	0	5/2	0	0
△	0	6	4	0	6	30	0	5/2	0	−3	0
*△	2	6	2	0	0	36	0	3/2	1	0	0 △*
	4	6	0	0	−6	42	3	5/2	0	0	0 △
	0	9	4	−6	0	45	0	0	5/2	9/2	0 △

1.3 (1) 第一步：$x_3=9$，$x_4=8$，$x_1=x_2=0$ 相当于原点(0，0)；

第二步：$x_1=8/5$，$x_3=21/5$，$x_2=x_4=0$ 相当于点(8/5，0)；

第三步：$x_1=1$，$x_2=3/2$，$x_3=x_4=0$ 相当于点(1，3/2)。

(2) (0，0)，(0，200)，(200，400/3)。

1.4 (1) 无可行解。

(2) 无穷多最优解，如 $X_1=(4，0，0)$；$X_2=(0，0，8)$。

(3) 无界解。

(4) 唯一最优解 $X^*=(5/2，5/2，5/2，0)$。

(5) 唯一最优解 $X^*=(24，33)$。

(6) 唯一最优解 $X^*=(14，0，-4)$。

1.5 （1）X^* 仍为最优解，$\max z=\lambda CX$。

（2）除 C 为常数向量外，一般 X^* 不再是该问题的最优解。

（3）最优解变为 λX^*，目标函数值不变。

1.6 （1）$d\geqslant 0$，$c_1<0$，$c_2<0$。

（2）$d\geqslant 0$，$c_1\leqslant 0$，$c_2\leqslant 0$，但 c_1、c_2 中至少一个为零。

（3）$d=0$ 或 $d>0$，而 $c_1>0$ 且 $d/4=3/a_2$。

（4）$c_1>0$，$d/4>3/a_2$。

（5）$c_2>0$，$a_1\leqslant 0$。

（6）x_5 为人工变量，且 $c_1\leqslant 0$，$c_2\leqslant 0$。

1.7 设 x_j 表示第 j 年生产出来分配用于作战的战斗机数，y_j 为第 j 年已培训出来的驾驶员，(a_j-x_j)为第 j 年用于培训驾驶员的战斗机数，z_j 为第 j 年用于培训驾驶员的战斗机总数，则模型为

$$\max z = nx_1+(n-1)x_2+\cdots+2x_{n-1}+x_n$$

$$\text{s.t.}\quad z_j = z_{j-1}+(a_j-x_j)$$

$$y_j = y_{j-1}+k(a_j-x_j)$$

$$x_1+x_2+\cdots+x_j\leqslant y_j$$

$$x_j,y_j,z_j\geqslant 0\ (j=1,2,\cdots,n)$$

1.8 **提示** 设出每个管道上的实际流量，则发点发出的流量等于收点收到的流量，中间点则流入等于流出，再考虑容量限制条件即可。目标函数为发出流量最大。

设 x_{ij} 为从点 i 到点 j 的流量，线性规划模型为

$$\max z = x_{12}+x_{13}$$

$$\text{s.t.}\quad \left.\begin{aligned} x_{12} &= x_{23}+x_{24}+x_{25}\\ x_{13}+x_{23} &= x_{34}+x_{35}\\ x_{24}+x_{34}+x_{54} &= x_{46}\\ x_{25}+x_{35} &= x_{54}+x_{56}\end{aligned}\right\}\text{(流量平衡条件)}$$

$$x_{12}+x_{13} = x_{46}+x_{56}\quad\text{(始点 = 收点)}$$

$x_{12}\leqslant 10$，$x_{13}\leqslant 6$，$x_{23}\leqslant 4$，$x_{24}\leqslant 5$，$x_{25}\leqslant 3$，$x_{34}\leqslant 5$，$x_{35}\leqslant 8$，$x_{46}\leqslant 11$，$x_{54}\leqslant 3$，$x_{56}\leqslant 7$

$x_{ij}\geqslant 0$，对所有 i，j。

1.9 **提示** 设每个区段上班的人数分别为 x_1，x_2，…，x_6 即可。

1.10 设男生中挖坑、栽树、浇水的人数分别为 x_{11}、x_{12}、x_{13}，女生中挖坑、栽树、浇水的人数分别为 x_{21}、x_{22}、x_{23}，S 为植树棵树。由题意，模型为

$$\max S = 20\,x_{11}+10\,x_{21}$$

$$\text{s.t.}\quad x_{11}+x_{12}+x_{13}=30$$

$$x_{21}+x_{22}+x_{23}=20$$

$$20x_{11}+10\ x_{21}=30\ x_{12}+20\ x_{22}=25\ x_{13}+15\ x_{23}$$

$$X_{ij}\geqslant 0\quad i=1,2;j=1,2,3$$

1.11 设各生产 x_1、x_2、x_3，数学模型为

$$\max z=1.2\ x_1+1.175x_2+0.7x_3$$

$$\text{s. t.}\ \ 0.6x_1+0.15x_2\leqslant 2000$$

$$0.2x_1+0.25x_2+0.5x_3\leqslant 2500$$

$$0.2x_1+0.6x_2+0.5x_3\leqslant 1200$$

$$x_1,x_2,x_3\geqslant 0$$

1.12 设 7～12 月各月初进货数量为 x_i 件，而各月售货数量为 y_i 件，$i=1$，2，…，6，S 为总收入，则问题的模型为

$$\max S=29y_1+24y_2+26y_3+28y_4+22y_5+25y_6-(28x_1+24x_2+25x_3+27x_4+23x_5+23x_6)$$

$$\text{s. t.}\ \ y_1\leqslant 200+x_1\leqslant 500$$

$$y_2\leqslant 200+x_1-y_1+x_2\leqslant 500$$

$$y_3\leqslant 200+x_1-y_1+x_2-y_2+x_3\leqslant 500$$

$$y_4\leqslant 200+x_1-y_1+x_2-y_2+x_3-y_3+x_4\leqslant 500$$

$$y_5\leqslant 200+x_1-y_1+x_2-y_2+x_3-y_3+x_4-y_4+x_5\leqslant 500$$

$$y_2\leqslant 200+x_1-y_1+x_2-y_2+x_3-y_3+x_4-y_4+x_5-y_5+x_6\leqslant 500$$

$$x_i\geqslant 0,y_i\geqslant 0,i=1,2,\cdots,6,\text{整数}$$

习 题 2

2.2 (1) 因为对偶变量 $Y=C_BB^{-1}$，第 k 个约束条件乘上 λ（$\lambda\neq 0$），即 B^{-1} 的 k 列将为变化前的 $1/\lambda$，由此对偶问题变化后的解 $(y'_1, y'_2, \cdots, y'_k, \cdots, y'_m)=[y_1, y_2, \cdots, (1/\lambda)\ y_k, \cdots, y_m]$。

(2) 与前类似，$y'_r=\dfrac{b_r}{b_r+\lambda b_k}y_r$，$y'_i=y_i$（$i\neq r$）。

(3) $y'_i=\lambda y_i$（$i=1, 2, \cdots, m$）。

(4) y_i（$i=1, 2, \cdots, m$）不变。

2.3 (1) 略

(2) $Y^*=(2, 2, 1, 0)$。

2.5 (1) 略

(2)	原问题的解	互补的对偶问题的解
第一步	(0，0，0，60，40，80)	(0，0，0，−2，−4，−3)

第二步（0，15，0，0，25，35） （1，0，0，1，0，−1）

第三步（0，20/3，50/3，0，0，80/3） （5/6，2/3，0，11/6，0，0）

(3) 对偶问题的解 对偶问题互补的对偶问题的解

第一步（0，0，0，−2，−4，−3） （0，0，0，60，40，80）

第二步（1，0，0，1，0，−1） （0，15，0，0，25，35）

第三步（5/6，2/3，0，11/6，0，0） （0，20/3，50/3，0，0，80/3）

(4) 比较（2）和（3）计算结果发现，对偶单纯形法实质上是将单纯形法应用于对偶问题的求解，又对偶问题的对偶即原问题，因此两者计算结果完全相同。

2.6 (1) $15/4 \leqslant c_1 \leqslant 25/2$，$4 \leqslant c_2 \leqslant 40/3$。

(2) $24/5 \leqslant b_1 \leqslant 16$，$9/2 \leqslant b_2 \leqslant 15$。

(3) $X^* =$（8/5，0，21/5，0）。

(4) $X^* =$（11/3，0，0，2/3）。

2.8 (1) $a=40, b=50, c=x_2, d=x_1, e=-22.5, f=-80, g=s-440$。

(2) 最大值。

(3) $2\Delta a+\Delta b>=-90$，$\Delta a+2\Delta b>=-80$。

2.9 (1) x_1、x_2、x_3 代表原稿纸、日记本和练习本月产量，建模求解最终单纯形表如下

		x_1	x_2	x_3	x_4	x_5
x_2	2000	0	1	7/3	1/10	−10
x_1	1000	1	0	−4/3	−1/10	40
c_j-z_j		0	0	−10/3	−1/10	−50

(2) 临时工影子价格高于市场价格，故应招收，招 200 人最合适。

2.10 (1) $s=13x_1-(2x_1\times1.0+3x_1\times2.0)+16x_2-(4x_2\times1.0+2x_2\times2.0)$

$=5x_1+8x_2$

$\max z=5x_1+8x_2$

s.t. $2x_1+4x_2\leqslant160$

$3x_1+2x_2\leqslant180$

$x_1, x_2\geqslant0$

$X^*=$（50，15），$\max z=370$ 元

(2) 影子价格：A：7/4，B：1/2。

(3) $C_B B^{-1} p-(-c_3+11)\geqslant0$，$C_B=73/4=18.25$。

(4) $b'=(160+a, 180)$，$B^{-1}b=(3/8)a+15$，$50-a/4\geqslant0$，

得到$-40 \leqslant a \leqslant 200$，$a=200$，增加利润 350 元。最终见附表 4.2。

附表 4.2　　**题 2.10 最终表**

		X_1	X_2	X_3	X_4
X_1	$15+(3/8)a$	0	1	3/8	−1/4
X_2	$50-a/4$	1	0	−1/4	1/2
s	$-370-7a/4$	0	0	−7/4	−1/2

习　题　3

3.4　(1) 最优运输方案见附表 4.3。

附表 4.3　　**最优运输方案**

	B1	B2	B3	B4	供应量
A1	8 (6)	(7)	0 (5)	(8)	8
A2	(4)	(5)	4 (10)	5 (8)	9
A3	(2)	6 (9)	1 (7)	(3)	7
需要量	8	6	5	5	24

(2) 当 A1 的供应量和 B3 的需求量各增加工时的最优运输方案见附表 4.4。

附表 4.4　　**A1 的供应量和 B3 的需求量各增加工时的最优运输方案**

	B1	B2	B3	B4	供应量
A1	8 (6)	(7)	2 (5)	(8)	8+2
A2	(4)	(5)	4 (10)	5 (8)	9
A3	(2)	6 (9)	1 (7)	(3)	7
需要量	8	6	5+2	5	24

3.5　供销分配方案见附表 4.5。

附表 4.5　　**供销分配方案**

	甲	乙	丙	丁	可供量
A		500		500	1000
B	1500	500			2000
C		500	1500		2000
销售量	1500	1500	1500	500	

3.6　存储能力大，即产大于销，虚拟一个销地，所需存取时间为 0，文件数为 100，最优解为 $x_{11}=200$，$x_{21}=100$，$x_{31}=0$，$x_{32}=100$，$x_{33}=100$，$x_{34}=100$，最优值为（200×5

+100 ×2)×8+100×8×4+100×6×2=14 000

3.7 用伏格尔法得到初始解为 28.5+29.6+34.7+35.4=128.2（min），见附表4.6。

附表 4.6 **题 3.7 初始解**

泳 姿	赵	钱	张	王	周
仰 泳	37.7	32.9	33.8	37.0	35.4（1）
蛙 泳	43.4	33.1	42.2	34.7（1）	41.8
蝶 泳	33.3（0）	28.5（1）	38.9	30.4	33.6
自由泳	29.2（0）	26.4	29.6（1）	28.5	31.1
泳	0（1）	0	0	0	0（0）

继续求解，其中间过程分别见附表4.7和附表4.8，最后得到的最优解见附表4.9。

附表 4.7 **题 3.7 中间解（一）**

泳 姿	赵	钱	张	王	周
仰 泳	37.7	32.9	33.8（2）	37.0	35.4（1）
蛙 泳	43.4	33.1	42.2	34.7（1）	41.8
蝶 泳	33.3（0）	28.5（1）	38.9	30.4	33.6
自由泳	29.2（0）	26.4	29.6（1）	28.5	31.1
泳	0（1）	0	0	0	0（0）

附表 4.8 **题 3.7 中间解（二）**

泳 姿	赵	钱	张	王	周
仰 泳	37.7	32.9	33.8（1）	37.0	35.4（0）
蛙 泳	43.4	33.1	42.2	34.7（1）	41.8
蝶 泳	33.3（0）	28.5（1）	38.9	30.4	33.6
自由泳	29.2（1）	26.4	29.6（0）	28.5	31.1
泳	0（0）	0	0	0	0（1）

附表 4.9 **题 3.7 最优解**

泳 姿	赵	钱	张	王	周
仰 泳	37.7	32.9	[33.8]	37.0	35.4
蛙 泳	43.4	33.1	42.2	[34.7]	41.8
蝶 泳	33.3	[28.5]	38.9	30.4	33.6
自由泳	[29.2]	26.4	29.6	28.5	31.1

最优解为29.2+28.5+33.8+34.7=126.2（min）

3.8 （1）$a=5$，$b=5$，$c=5$，$d=6$，$e=15$，最优解略。

（2）$c_{31}\geqslant 8$。

3.9 数学模型为

$$\min z=\sum_{i=1}^{m}\sum_{j=1}^{n}c_{ij}x_{ij}$$

$$\text{s.t.}\ \sum_{j=1}^{n}x_{ij}\leqslant a_i(i=1,2,\cdots,m)$$

$$\sum_{i=1}^{m}x_{ij}\geqslant b_j(j=1,2,\cdots,n)$$

$$x_{ij}\geqslant 0$$

上面第一个约束条件可以改写为 $-\sum_{j=1}^{n}x_{ij}\geqslant -a_i$ ，则对偶问题为

$$\max z'=\sum_{j=1}^{n}b_jv_j-\sum_{i=1}^{m}a_iu_i$$

$$\text{s.t.}\ v_j\leqslant u_i+c_{ij}(i=1,2,\cdots,m\ j=1,2,\cdots,n)$$

$$u_i,\ v_j\geqslant 0$$

对偶变量 u_i 的经济意义为在 i 产地单位物资的价格，v_j 的经济意义为在 j 销地单位物资的价格。对偶问题的经济意义为：如该公司欲自己将该种物资运至各地销售，其差价不能超过两地之间的运价（否则买主将在 i 地购买自己运至 j 地），在此条件下，希望获利为最大。

3.10 用 x_j 表示每期（半年一期）的新购数，y_{ij} 表示第 i 期更换下来送去修理用于第 j 期的发动机数。显然当 $j>i+1$ 时，应一律送慢修，c_{ij} 为相应的修理费。每期的需要数 b_j 为已知，而每期的供应量分别由新购与大修送回来的满足。如第 1 期拆卸下来的发动机送去快修的可用于第 2 期需要，送去慢修的可用于第 3 期及以后各期的需要。因此每期更换下来的发动机数也相当于供应量，由此列出这个问题用运输问题求解时的产销平衡表与单位运价表见附表 4.10。

附表 4.10 产销平衡表与单位运价表 （万元）

	1	2	3	4	5	6	库存	供应量
新 购	10	10	10	10	10	10	0	660
第 1 期送修的	M	2	1	1	1	1	0	100
第 2 期送修的	M	M	2	1	1	1	0	70
第 3 期送修的	M	M	M	2	1	1	0	80
第 4 期送修的	M	M	M	M	2	1	0	120
第 5 期送修的	M	M	M	M	M	2	0	150
需 求 量	100	70	80	120	150	140	520	

3.11 转运问题最优解见附表 4.11。

附表 4.11 最优调运方案

	甲	乙	A	B	C	产量
甲	1000				500	1500
乙		900	300	300		1500
A			1000			1000
B				1000		1000
C		100			900	1000
销量	1000	1000	1300	1300	1400	

习 题 4

4.1 分别用图解法和单纯形法求解下述目标规划问题

(1) 满意解为 $X_1=(50/3, 0)'$，$X_2=(88/9, 62/9)'$间线段。

(2) 满意解为 $X=(4, 6)'$。

4.2 (1) 满意解 $X=(0, 35)'$，$d_1^-=20$，$d_3^-=115$，$d_4^-=95$，其余 $d_i^-=d_i^+=0$。

(2) 满意解 $X=(0, 220/3)'$，$d_1^-=20$，$d_2^-=5/3$，$d_4^-=400/3$，其余 $d_i^-=d_i^+=0$。

(3) 满意解 $X=(0, 35)'$，$d_1^-=20$，$d_3^-=115$，$d_4^-=95$，$d_5^-=27$，其余 $d_i^-=d_i^+=0$。

(4) 满意解不变。

4.3 设安排商业节目 x_1 小时，新闻 x_2 小时，音乐 x_3 小时，模型为

$$\min z = p_1(d_1^- + d_2^- + d_3^+) + p_2 d_4^-$$

$$\text{s.t.}\ x_1 + x_2 + x_3 + d_1^- = 12$$

$$x_1 + d_2^- = 2.4$$

$$x_2 - d_3^+ = 1$$

$$250x_1 - 40x_2 - 17.5x_3 + d_4^- - d_4^+ = 600$$

$$x_1, x_2, x_3, d_1^-, d_2^-, d_3^+, d_4^-, d_4^+ \geqslant 0$$

习 题 5

5.1

$$令\ y=\begin{cases}1, & 当\ x_2=x_3=1\ 时\\ 0, & 否则\end{cases}$$

故有 $x_2x_3=y$，又 x_1^2，x_3^3分别与 x_1，x_3 等价，因此原模型可转换为

$$\max z = x_1 + y - x_3$$

$$\text{s.t.}\ -2x_1 + 3x_2 + x_3 \leqslant 3$$

$$y \leqslant x_2$$

$$y \leqslant x_3$$

$$x_2 + x_3 \leqslant y + 1$$

$$x_j = 0 \text{ 或 } 1 (j = 1,2,3); y = 0 \text{ 或 } 1$$

5.2

$$\min z = \sum_{j=1}^{10} c_j x_j$$

$$\text{s. t.} \sum_{j=1}^{10} x_j = 5$$

$$x_1 + x_8 = 1, x_3 + x_5 \leqslant 1$$

$$x_7 + x_8 = 1, x_4 + x_5 \leqslant 1$$

$$x_5 + x_6 + x_7 + x_8 \leqslant 2$$

$$x_j = \begin{cases} 1, \text{选择钻探 } s_j \text{ 井位} \\ 0, \text{否则} \end{cases}$$

5.3 (1) 最优解 $x_1=2$，$x_2=2$ 或 $x_1=3$，$x_2=1$；$z=4$。

(2) 最优解 $x_1=4$，$x_2=2$；$z=14$。

5.4 (1) 最优解 $x_1=4$，$x_2=3$；$z=55$。

(2) 最优解 $x_1=2$，$x_2=1$；$z=13$。

5.5 最优解 $x_1=x_2=1$，$x_3=x_4=x_5=0$；$z=5$。

5.7 最优解为 $x_{13}=x_{22}=x_{34}=x_{41}=1$，最优值为 48。

5.8 虚拟一人戊，完成各项工作时间取甲、乙、丙、丁中最小者，构造见附表 4.12。

附表 4.12 每人完成各项任务的时间

人＼任务	A	B	C	D	E
甲	25	29	31	42	37
乙	39	38	26	20	33
丙	34	27	28	40	32
丁	24	42	36	23	45
戊	24	27	26	20	32

最优分配方案：甲—B，乙—D和C，丙—E，丁—A；总计需要 131h。

5.10 设 $x_{ij} = \begin{cases} 1, \text{商贩从 } i \text{ 直接去 } j \\ 0, \text{否则} \end{cases}$，整数规划模型为

$$\min z = \sum_{i=1}^{n} \sum_{j=1}^{n} d_{ij} x_{ij}$$

$$\text{s. t.} \sum_{i=1}^{n} x_{ij} = 1 \ (j = 1,2,\cdots,n)$$

$$\sum_{j=1}^{n} x_{ij} = 1\ (i = 1,2,\cdots,n)$$

$$u_i - u_j + n x_{ij} \leqslant n-1$$

u_i为连续变量（i=1，2，…，n），也可取整数值

i，j=1，2，…，n，$i \neq j$

5.11 设x_{ij}表示第i种产品在j机床上开始加工的时刻，模型为

$$\min z = \max\{x_{13}+t_{13}, x_{23}+t_{23}, x_{33}+t_{33}\}$$

$$\text{s.t.}\ x_{ij}+t_{ij} \leqslant t_{i,j+1}(i=1,2,3;j=1,2)\ \text{加工顺序约束}$$

$$\left.\begin{array}{l} x_{ij}+t_{ij}-x_{i+1,j} \leqslant M\sigma_i \\ x_{i+1,j}+t_{i+1,j}-x_{ij} \leqslant M(1-\sigma_i) \\ i=1,2;\ j=1,2,3;\ \sigma_i=0\ \text{或}\ 1 \\ x_{ij} \geqslant 0 \end{array}\right\}\text{互斥性约束}$$

习 题 6

6.1 $$\nabla f(X) = \left(\frac{2x_1+x_2}{x_1^2+x_1x_2+x_2^2}, \frac{x_1+2x_2}{x_1^2+x_1x_2+x_2^2}\right),$$

$$H(X) = \frac{1}{(x_1^2+x_1x_2+x_2^2)^2}\begin{pmatrix} -2x_1^2-2x_1x_2+x_2^2 & -x_1^2-4x_1x_2-x_2^2 \\ -x_1^2-4x_1x_2-x_2^2 & x_1^2-2x_1x_2-2x_2^2 \end{pmatrix}$$

6.2 在（0，3，1），（0，1，−1），（2，1，1），（2，3，−1）各点二次型不定，只有在（1，2，0）点二次型正定，故该点为极小点。

6.3 为凸规划。

6.5 $f(x)$为严格凹函数。因σ=0.08，$F_n=1/\sigma=12.5$，查表得n=6，则

$t_1=b_0+\dfrac{F_5}{F_6}(a_0-b_0)=25+(8/13)\times(0-25)=9.615\ 4$

$t'_1=a_0+\dfrac{F_5}{F_6}(b_0-a_0)=0+(8/13)\times(25-0)=15.384\ 6$

$f(t_1)=-68.671\ 5>f(t'_1)=-376.750\ 4$，故取$a_1=0$，$b_1=15.3846$，$t'_2=9.615\ 4$，则

$t_2=b_1+(F_4/F_5)(a_1-b_1)=5.769\ 2$

因$f(t_2)=25.762\ 4>f(t'_2)$，故取$a_2=0$，$b_2=9.615\ 4$，$t'_3=5.769\ 2$，则

$$t_3=b_2+(F_3/F_4)(a_2-b_2)=3.846\ 2$$

因$f(t_3)=39.698>f(t'_3)$，故取$a_3=0$，$b_3=5.769\ 2$，$t'_4=3.846\ 2$，则

$$t_4=b_3+(F_2/F_3)(a_3-b_3)=1.923\ 1$$

因$f(t_4)=31.444<f(t'_4)$，故取$a_4=1.923\ 1$，$b_4=5.769\ 2$，$t_5=1.923\ 1$，并令$\varepsilon=0.01$，则

$$t'_5=a_4+(1/2+\varepsilon)(b_4-a_4)=3.850$$

因$f(t'_5)=39.692\ 4>f(t_5)$，故取$a_5=3.85$，$b_5=5.769\ 2$，因$f(t'_5)<f(t_3)$，故$t_3=3.846\ 2$为近似最优点。

6.6 若取初始点 $X^{(0)}=(1,1)'$，则可算出：$\lambda_0=13/34$，$X^{(1)}=(8/34,-5/34)'$，$\beta_0=1/(33\times34)$，$\lambda_1=34/13$，从而得到极小点 $X^{(2)}=(0,0)'$。

6.7 原题可改写为

$$\min f(x)=-(x-4)^2$$

$$\begin{cases} g_1(x)=x-1\geqslant 0 \\ g_2(x)=6-x\geqslant 0 \end{cases}$$

Kuhn-Tucker 条件为

$$\begin{cases} -2(x^*-4)-\gamma_1^*+\gamma_2^*=0 \\ \gamma_1^*(x^*-1)=0 \\ \gamma_2^*(6-x^*)=0 \\ \gamma_1^*,\ \gamma_2^*\geqslant 0 \end{cases}$$

解得 $x^*=1$ 为最优，$f(x^*)=9$。

6.8 (1) Kuhn-Tucker 条件

$2x_1-4x_2-10+\gamma_1+4\gamma_2-\gamma_3=0$

$-4x_1+8x_2-4+\gamma_1+\gamma_2-\gamma_4=0$

$\gamma_1(6-x_1-x_2)=0$

$\gamma_2(18-4x_1-x_2)=0$

$\gamma_3x_1=0$

$\gamma_4x_2=0$

$\gamma_1,\ \gamma_2,\ \gamma_3,\ \gamma_4\geqslant0$

求解得 $x_1=4$，$x_2=2$，$\gamma_1=2$，$\gamma_2=2$，$\gamma_3=0$，$\gamma_4=0$。

(2) 等价的线性规划问题为

$$\min \varphi(z)=z_1+z_2$$

$$2x_1-4x_2-y_1+y_3+4y_4+z_1=10$$

$$4x_1-8x_2-y_2+y_3+y_4+z_2=4$$

$$x_1+x_2+x_3=6$$

$$4x_1+x_2+x_4=18$$

$$x_1,\ x_2,\ x_3,\ x_4,\ y_1,\ y_2,\ y_3,\ y_4,\ z_1,\ z_2\geqslant0$$

求解得 $(x_1,x_2,x_3,x_4)=(4,2,0,0)$；$(y_1,y_2,y_3,y_4)$

$=(0,0,2,2)$；$(z_1,z_2)=(0,0)$。

6.9 第一次迭代用梯度法，第二次迭代借助于线性规划求可行下降方向。前两次的迭代结果

$X^{(0)}=(0,0)'$，$P^{(0)}=(1,1)'$，$\lambda_0=4/3$

$X^{(1)}=(4/3,\ 4/3)'$，$P^{(1)}=(1.0,\ -0.7)'$，$\lambda_1=0.314$

$X^{(2)}=(1.467,\ 1.239)'$，$f(X^{(2)})=0.863$

该问题的最优解是 $X^*=(1.6,\ 1.2)'$，$f(X^*)=0.8$。

6.10 构造罚函数

$P(x,\ M)=(x_1-2)^4+(x_1-2x_2)^2+M\{\min[0,\ -(x_1^2-x_2)]\}$

取 $X^{(1)}=(2,\ 1)'$为初始点，有 $f[X^{(1)}]=0$，经 5 次迭代，趋于问题的极小解 $X_{\min}=(1,\ 1)$，迭代计算的有关数据见附表 4.13。

附表 4.13 迭代计算的有关数据

K	M_k	$X^{(k+1)}$	$f[X^{(k+1)}]$
1	0.1	(1.453 9，0.760 8)	0.093 5
2	1.0	(1.168 7，0.740 7)	0.575 3
3	10.0	(0.990 6，0.842 5)	1.520 3
4	100.0	(0.950 7，0.887 5)	1.891 7
5	1000.0	(0.946 11，0.893 44)	1.940 5

习　题　7

7.1 最短路线：A-B_2-C_1-D_1-E，其长度为 8。

7.2 （1）最优解为 $x_1=2$，$x_2=1$，$x_3=3$；$z_{\max}=108$。

（2）最优解为 $x_1=1.82$，$x_2=1.574$，$x_3=3.147$；$z_{\min}=29.751$。

7.3 提示 先将该不等式转化为与它等价的数学规划问题

$\max\ (x_1x_2\cdots x_n)$

$x_1+x_2+\cdots+x_n=a\ (a>0)$

$x_i\geqslant 0$，$i=1,\ 2,\ \cdots,\ n$

然后利用动态规划来求解，令最优值函数为

$f_k(y)=\max\limits_{x_1+\cdots+x_k=y}(x_1x_2\cdots x_k)$

$x_i>0$，$i=1,\ 2,\ \cdots,\ k$

其中 $y>0$。因而，证明该不等式只需证明 $f_n(a)=(a/n)^n$，再用归纳法证明之。

7.4 用 x_i^k 表示从产地 i 分配给销地 k，$k+1$，…，n 的物资的总数，则采用逆推法时，动态规划的基本方程为

$$f_k(x_1^k,\ \cdots,\ x_m^k)=\min_{x_{ik}}\{\sum_{i=1}^{m}h_{ik}(x_{ik})+f_{k+1}(x_1^k-x_{1k},\ \cdots,\ x_m^k-x_{mk})\}$$

式中

$$0\leqslant x_{ik}\leqslant x_i^k$$

$$\sum_{i=1}^{m}x_{ik}=b_k(\ k=1,2,\cdots,n)$$

$$f_{n+1}=0$$

并且有

$$x_i^1=a_i(i=1,\ 2,\ \cdots,\ m)$$

7.5　最优方案是每年均投资于A，三年后的最大利润为440万元。

7.7　最佳产量为 $x_1=110$，$x_2=110.5$，$x_3=109.5$；总最低费用36 321元。

7.8　最优解有三个：

(1) $x_1=1$，$x_2=3$，$x_3=1$，$x_4=0$；

(2) $x_1=2$，$x_2=1$，$x_3=2$，$x_4=0$；

(3) $x_1=0$，$x_2=5$，$x_3=0$，$x_4=0$。

最大价值为20千元。

7.9　把往4个仓库派巡逻队划分成4个阶段，状态变量 s_k 为 k 阶段初拥有的未派出的巡逻队，决策变量 u_k 为 k 阶段派出的巡逻队数，状态转移方程为 $s_{k+1}=s_k-u_k$。用逆推法写出的动态规划基本方程为

$$f_4(s_4)=\min_{u_k\in D_k(s_k)}\{p_k(u_k)\}$$

$$f_k(s_k)=\min_{u_k\in D_k(s_k)}\{p_k(u_k)+f_{k+1}(s_{k+1})\}$$

式中，$p_k(u_k)$为 k 阶段派出 u_k 个巡逻队时预期发生的事故数。

7.10　(生产计划问题)

(1) 线性规划模型：

设第 j 季度工厂生产产品 x_j(单位：t)，第 j 季度初存储的产品为 y_j(单位：t)，(显然 $y_1=0$)，有

$$\min f=15.6x_1+0.2y_2+14x_2+0.2y_3+15.3x_3+0.2y_4+14.8x_4$$

$$\text{s.t.}\quad \begin{cases} x_1-y_2=20 \\ y_2+x_2-y_3=25 \\ y_3+x_3-y_4=30 \\ y_4+x_4=15 \\ 0\leqslant x_1\leqslant 30, 0\leqslant x_2\leqslant 40 \\ 0\leqslant x_3\leqslant 25, 0\leqslant x_4\leqslant 10 \\ y_j\geqslant 0, j=2,3,4 \end{cases}$$

(2) 动态规划模型：

若将每个季度看作一个阶段，则此问题为一个四阶段的决策问题。令 s_k 为第 k 季度初的库存量；x_k 为第 k 季度的产量；$w_k(s_k, x_k)$为第 k 季度初的生产成本与存储费之和；$f_k(s_k, x_k)$为当 k 季度初的库存量为 s_k 时，从第 k 季度到年末厂方为完成合同所需支付的最少的生产费用。由题意应有

$$w_k(s_k, x_k)=0.2s_k+d_kx_k$$

状态转移方程

$$s_{k+1}=s_k+x_k-b_k$$

递归方程

$$f_k(s_k)=\min_{x_k\in D_k(s_k)}\{w_k(s_k, x_k)+f_{k+1}(s_{k+1})\}$$

$$f_5(s_5)=0$$

由题意不难知 $s_1=0$，$s_5=0$，$s_k\geqslant 0$（$k=2$，3，4）

又考虑到当 $s_k\geqslant b_k$ 时，x_k 可以为 0；当 $s_k<b_k$ 时 x_k 不应该小于 b_k-s_k，故 $D_k(s_k)=\{x_k/\max\{0,\ b_k-s_k\}\leqslant x_k\leqslant a_n\}$

而且当 $D_k(s_{k+1})=\varnothing$ 时，x_k 不能取 $s_{k+1}-s_k+b_k$。

由于 s_k 和 x_k 都是连续变量，集合 $D_k(s_k)$ 为一个区间，故还需根据问题所要求的精度，把 s_k 和 x_k 离散化，然后求解。

习　题　8

8.2　$Q^*=1,414$ 件。

8.3　$Q^*=\sqrt{24\,960}\approx 158$，$t^*=\sqrt{0.023}\approx 0.152$。

8.4　$Q^*=447$ 件，$t^*=1.6$ 天。

8.8　(1) $k=25$，$D=2000$，$C_1=50\times 20\%=10$，$C_2=30$，则

$$Q^*=\sqrt{\frac{2kD}{C_1}}\sqrt{\frac{C_1+C_2}{C_2}}=115,\quad C(t_0^*,\ S^*)=\sqrt{2kC_1D}\sqrt{\frac{C_2}{C_1+C_2}}=866。$$

$$(2)\ Q^*=\sqrt{\frac{2kD}{C_1}}=100,\quad C(t_0^*,\ S^*)=\sqrt{2kC_1D}=1000。$$

与(1)相比，(2)中的经济订货批量减少，而全年的总费用增加。

8.9　$R=96$，$C_3=1200$，$C_1=8500\times 0.3=2550$，$C_2=400\times 52=20\,800$，求得 $Q_0=10.07$，又计算得最大缺货量为 1 套。按题意，对该部件每周需要 2 套，提前期为 2 周，故当存储量降至 3 时，应立即提出订货。

8.10　$k=15-8=7$，$h=8-5=3$，故 $k/(k+h)=0.7$。

$\int_0^Q P(r)\mathrm{d}r=\int_0^Q \frac{1}{\sqrt{2\pi}\sigma}\mathrm{e}^{-\frac{(r-\mu)^2}{2\sigma^2}}\mathrm{d}r=0.7$，得 $(Q-150)/25=0.525$，故 $Q=163$。

8.11　先分别计算享受不同折扣时的经济订货批量，有

$$Q_1=\sqrt{\frac{2\times 5000\times 49}{0.20\times 5.0}}=700$$

$$Q_2=\sqrt{\frac{2\times 5000\times 49}{0.20\times 4.85}}=711$$

$$Q_3=718$$

因享受折扣的定购量均大于经济订货批量，故按享受折扣的定购量分别计算见附表 4.14。

附表 4.14　　按享受折扣的定购量计算表

单件价(元/件)	定购量(件)	年订货量(件)	5000 件的价格	年存储费(元)	年总费用(元)
5.0	700	350	25 000	350	25 700
4.85	1000	245	24 250	485	24 980
4.75	2500	98	23 750	1188	25 036

习 题 9

9.1 把同一个研究生参加的考试课程用边连接，得附图 4.1。由附图 4.1 看出，课程 A 只能同 E 排在一天，B 同 C 排在一天，D 同 F 在一天。再据题意，考试日程表只能是附表 4.15。

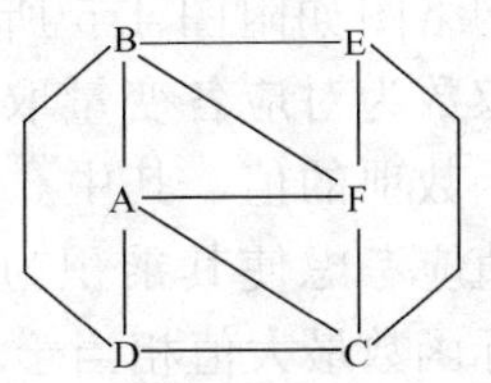

附图 4.1 考试课程用边连接

附表 4.15 考 试 日 程 表

时 间	上 午	下 午
第一天	A	E
第二天	C	B
第三天	D	F

9.2 最小树见附图 4.2，最大树见附图 4.3。

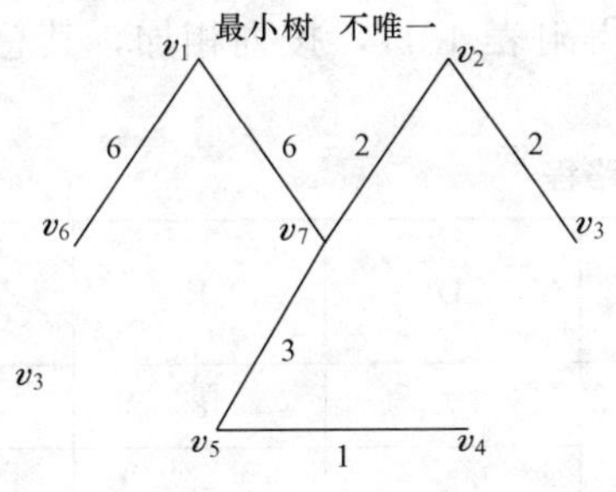

附图 4.2 最小树

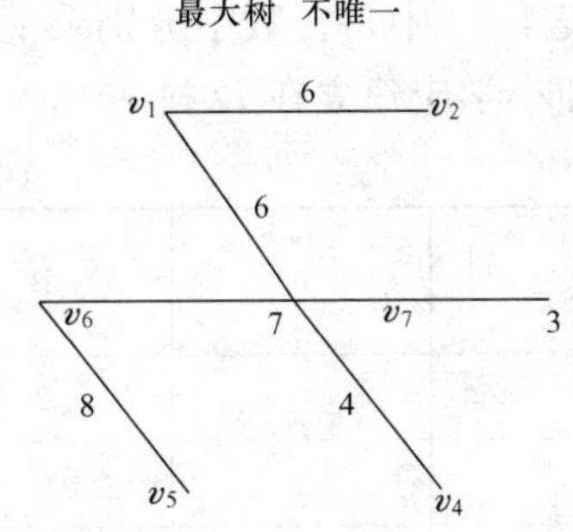

附图 4.3 最大树

9.3 将每小块稻田及水源地各用一个点表示，连接这些点的树图的边数即为至少要挖开的堤埂数(至少挖开 11 条)。

9.4 路线为 1-2-3-6 和 1-3-6，距离为 7 个单位。

9.5 1-2，3，4，5 最短路：3^*，1^*，5^*，4^*。

9.6 网络图如附图 4.4 所示。

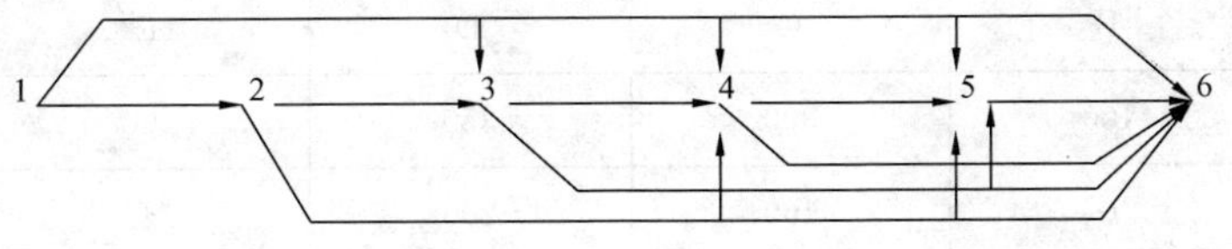

附图 4.4 网络图

弧(i, j)的费用或“长度”等于 $j-i$ 年里的设备维修费加上第 i 年购买的新设备的价格。例如，弧(1，4)的费用为(8＋13＋19)＋20＝60。

现用 p_j 表示第 j 年的购买费，m_k 表示使用年限为 k 年的设备的维修费。一般，任一弧(i, j)的长度＝$(j-i)$年里的设备维修费＋第 i 年设备的购买费＝$(m_1+m_2+\cdots m_{j-i})+p_i$

然后，1-6 最短路即为所求，所以应在第 1 年及第 3 年购买新设备。

9.7 最长路问题为

$$\max z=(x_1+1)^2+5x_2x_3+(3x_4-4)^2$$

将 x_1，x_2 与 x_3，以及 x_4 的取值看成 3 个阶段，各阶段状态为约束右端项的剩余值，画出的网络图如附图 4.5 所示。各连线权数为对应各变量取值后的目标函数项的值，其中 x_2 与 x_3 的取值应考虑使其乘积为最大。求目标函数最大值相当于求图中 A 点至 D 点的最长距离，用标号法求得为 32，即应取 $x_1=3$，$x_2=x_3=0$，$x_4=0$。

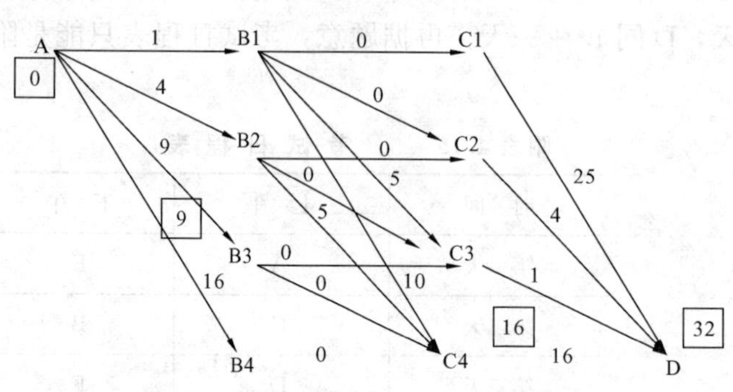

附图 4.5 网络图

9.8 最大流值 $f^*=15$。

9.9 先求出任意两点间的最短路程见附表 4.16。

将附表 4.16 中每行数字分别乘上各村小学生数得附表 4.17，按列相加，其总和最小的列为 D，即小学应建立在 D 村。

附表 4.16 任意两点间的最短路程

从＼到	A	B	C	D	E	F
A	0	2	6	7	8	11
B	2	0	4	5	6	9
C	6	4	0	1	2	5
D	7	5	1	0	1	4
E	8	6	2	1	0	3
F	11	9	5	4	3	0

附表 4.17 附表 4.17 中每行数字分别乘上各村小学生数的结果

A	B	C	D	E	F
0	100	300	350	400	550
80	0	160	200	240	360
360	240	0	60	120	300
140	100	20	0	20	80
560	420	140	70	0	210
990	810	450	360	270	0
2130	1670	1070	1040	1050	1500

9.10　最大流量为 110t/h。

9.11　将五个人与五个外语语种分别用点表示，把各人与懂得的语种之间用弧相连。虚拟发点和收点，规定各弧容量为 1，求出网络最大流即为最多能得到招聘的人数。(只能有 4 人得到招聘，方案为甲—英，乙—俄，丙—日，戊—法，丁未能得到应聘。)

9.12　网络图如附图 4.6 所示。图中弧旁数字为(b_{ij}，c_{ij})。本题中实际上不受容量限制，其最小总费用为 240。

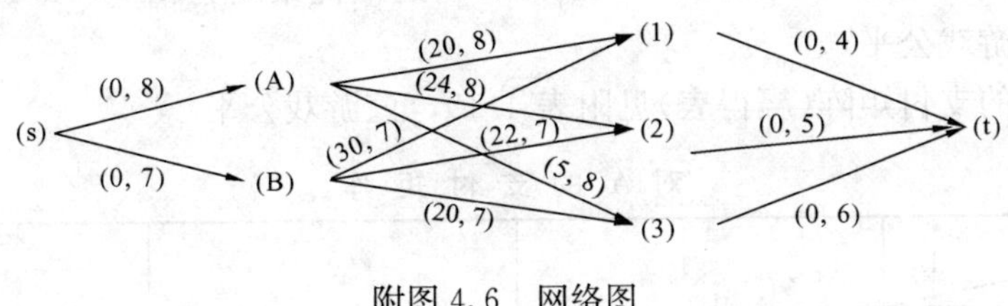

附图 4.6　网络图

习　题　10

10.2　(1) 80 天。

(2) 无影响。

(3) 缩短 4 天。

(4) 工程开工后的第 56 天。

(5) 需要采取措施，应设法缩短关键路线上的工序 a，c，e，f，g，j，k，n 的工序时间，共需缩短 5 天。

10.3　最优工期为 14 天，最低成本为 226 百元。

10.4　(1) 各工序的平均工序时间和均方差分别为:

a：8.00/0.33；b：6.83/0.50；c：9.00/1.00；d：4.00/0；e：8.17/0.50；f：13.50/1.50；g：4.17/0.50；h：5.17/0.50；i：9.00/0.67；j：4.50/0.83。

(2) 略。

(3) 该项工程按合同规定的日期完工的概率为 0.54。

习　题　11

11.1　(1) S3；(2) S1；(3) S1；(4)S3；(5) S2。

11.2　120 箱。

11.4　4 筐。

11.5　最优策略是应摸第一次，如摸到的是白球，继续摸第二次；如摸到的是黑球，则不摸第二次。

11.6　S1。

11.7　建大厂，263.35 万元。

11.9　不试验，预期收益 12 000 元。

习　题　12

12.1　对 A 的赢得见附表 4.18。

附表 4.18 对 A 的赢

A \ B	一角	五角	一元
一角	−1	−1	10
五角	−5	−5	10
一元	1	5	−10

解得 A 的最优策略为 $X=(1/2, 0, 1/2)$，B 的最优策略为 $Y=(10/11, 0, 1/11)$，对策值 $v=0$，即该游戏公平。

12.2 对 A 的支付矩阵(赢得表)见附表 4.19，该游戏公平。

附表 4.19 对 A 的支付矩阵

A \ B	−1	0	−1
−1	2	−1	−2
0	1	0	1
−1	−2	−1	2

12.3 (1) (a_1, b_2) 1；

(2) (a_2, b_2) 0。

12.4 (1) $p\geqslant 5$，$q\leqslant 5$；

(2) $p\leqslant 7$，$q\geqslant 7$。

12.5 令 $p(x, y)$分别对 x 和 y 求偏导并等于零，求得 $x=3/4$，$y=1/4$，又 $p(x, 1/4)\leqslant p(3/4, 1/4)\leqslant p(3/4, y)$，即$(x, y)=(3/4, 1/4)$是鞍点，$v=47/32$。

12.6 (1)将 a，b，c，d 的大小进行对比，必出现以下四种情况：

1) $c\geqslant a$，$b\geqslant d$，第四行优超其他三行；

2) $c\geqslant a$，$b\leqslant d$，第二行优超其他各行；

3) $a\geqslant c$，$b\geqslant d$，第一行优超各行；

4) $a\geqslant c$，$b\leqslant d$，第三行优超各行。以上情况均有纯策略解。

(2) 将 a，b，c，e，f，g，的大小进行对比，有八种情况。证明方法同上。

12.7 (1)$X^*=(1/6, 0, 3/6, 2/6)$，$Y^*=(2/6, 0, 1/6, 3/6)$，$v=0$。

(2) $X^*=(0, 3/4, 1/4, 0)$，$Y*=(1/4, 0, 3/4, 0)$，$v=5/2$。

12.8 (1) $X^*=(20/45, 11/45, 14/45)$，$Y^*=(14/45, 11/45, 20/45)$，$v=-29/45$。

(2) $X^*=(17/46, 20/46, 9/46)$，$Y^*=(14/46, 12/46, 20/46)$，$v=30/46$。

12.9 显然对策双方最优策略相同，即有

$$X^*=Y^*=(1/m,1/m,\cdots,1/m),E(X^*,Y^*)=\sum_{i=1}^{m}\sum_{j=1}^{m}a_{ij}x_iy_j=\frac{1}{m^2}[m(1+2+\cdots+m)]$$
$$=\frac{m+1}{2}。$$

12.10 C 有三种选择，第一局由 A 对 C，A 对 B 或 B 对 C，分别用 AC，AB，BC 表示。画出此问题的对策树如附图 4.7 所示。

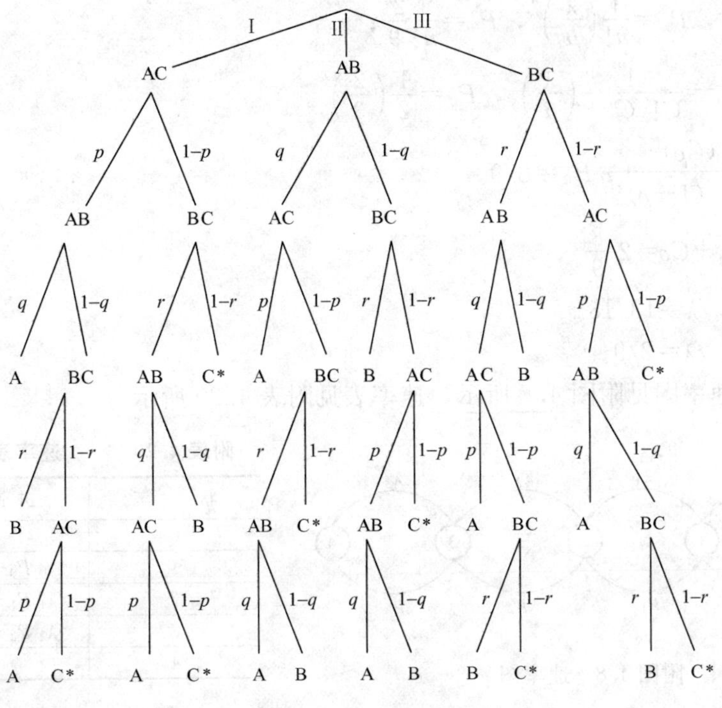

附图 4.7　对策树

据附图 4.7 算出三种选择下 C 成为最后胜利者的概率：

Ⅰ：$(1-p)(1-r)(1-q)p+(1-p)qr(1-p)+(1-r)(1-p)$

Ⅱ：$(1-r)(1-p)q+(1-p)(1-r)(1-q)$

Ⅲ：$(1-r)(1-p)qr+(1-r)(1-q)p(1-r)+(1-p)(1-r)$

显然选择Ⅱ时 C 获胜概率最小。又因 $p>r$，故

$$(1-r)(1-q)p(1-r)>(1-p)(1-r)(1-q)p$$

$$(1-r)(1-p)qr>(1-p)qr(1-p)$$

由此 C 作第Ⅲ种选择时，获胜概率为最大。

习　题　13

13.1　(1) 7 天。

(2) 79 天。

13.2　(1) 0.2623。

(2) 0.179。

13.3　这是 $M/M/3$ 模型，客源、容量均无限，单队 3 个服务台并联的情形。此时，$\lambda=4$，$\mu=2$，$C=3$，$\rho=\lambda/C\mu=2/3$。

(1) $P_0=\left[\sum_{n=0}^{C-1}\frac{1}{n!}\left(\frac{\lambda}{\mu}\right)^n+\frac{\left(\frac{\lambda}{\mu}\right)^C}{C!}\frac{C\mu}{C\mu-\lambda}\right]^{-1}=1/9$。

(2) $n\leqslant 3$ 时，$P_n=\frac{1}{n!}\left(\frac{\lambda}{\mu}\right)^n$，$P_0=\frac{1}{n!}\frac{2^n}{9}$；

$n>3$ 时，$P_n=\frac{1}{C!\ C^{n-C}}\left(\frac{\lambda}{\mu}\right)^n$，$P_0=\frac{1}{2}\left(\frac{2}{3}\right)^n$。

(3) $L_q=\frac{(C\rho)^C}{C!\ (1-\rho)^2}\rho P_0=8/9$。

(4) $L_s=L_q+C\rho=2\frac{8}{9}$。

(5) $W_s=L_s/\lambda=13/18$。

(6) $W_q=L_q/\lambda=2/9$。

13.4 (1)速率图见附图 4.8 所示，速率表见附表 4.20 所示。

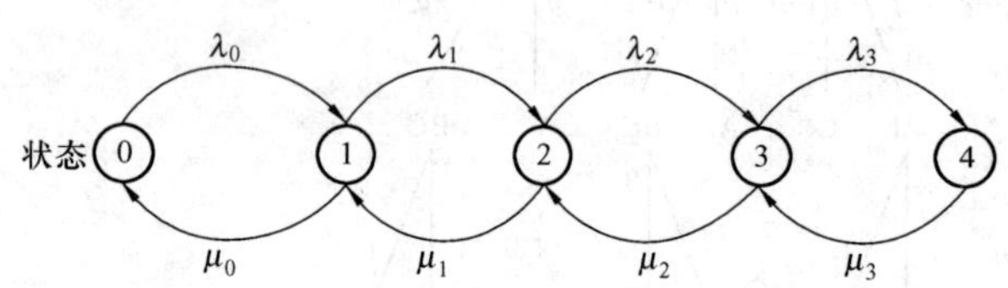

附图 4.8 速率图

附表 4.20 速率表

状态	进速率＝出速率
0	$\mu P_1=\lambda_0 P_0$
1	$\lambda_0 P_0+\mu P_2=(\lambda_1+\mu)P_1$
2	$\lambda_1 P_1+\mu P_3=(\lambda_2+\mu)P_2$
3	$\lambda_2 P_2+\mu P_4=(\lambda_3+\mu)P_3$
4	$\lambda_3 P_3=\mu P_4$

(2) 因为 $\sum_{i=0}^{4}P_i=1$

所以 $P_0(\lambda_0/\mu+\lambda_0\lambda_1/\mu^2+\lambda_0\lambda_1\lambda_2/\mu^3+\lambda_0\lambda_1\lambda_2\lambda_3/\mu^4+1)=1$

$\mu=20$，$\lambda_0=20$，$\lambda_1=15$，$\lambda_2=10$，$\lambda_3=5$

(3) $P_0=0.311$，$P_1=0.311$，$P_2=0.233$，$P_3=0.117$，$P_4=0.028$。

(4) $W_s=L_s/\bar{\lambda}\approx 0.088(\mathrm{h})$。

13.5 (1) $P\{W\leqslant 1\}=1-\mathrm{e}^{-\mu(1-\rho)}=0.865$

$4.50\times 0.865-5.50\times 0.135=3.149$

故在此保证条件下，商店可以盈利。

(2) 盈亏平衡时有 $4.50\times P\{W\leqslant 1\}=5.50\times P\{W>1\}$，解得 $\lambda=7.2$。

13.6 全部车辆运转概率为 0.966 8，有一台不能运转概率为 0.032 2，两台不能运转概率为 0.000 859，三台不能运转概率为 0.000 017 2。

13.7 通过计算比较，机场应设 3 条跑道，其利用率为 24.99％。

13.8 (1) 每天总期望费用 $E(TC)=c_1\rho/(1-\rho)+c_2(1-\rho)$。

(2) $\rho^*=1-\sqrt{\frac{c_1}{c_2}}$。

习 题 14

14.2 利用 MATCH(RAND()，{0，0.1，0.4，0.8，1})函数随机生成服从题中分布的到达港口船只数量。由于船只装货时间为 4 天，即 $Y+3$ 日后离开，由此可推算出每天离开船只数量。在锚位总数为 10 的前提下，结合前日剩余锚位，可计算出当日进入锚位船只数量。由于离岸停泊设备可停泊最多 5 艘等待进入港口的船只，结合到达船只数量与进入锚位船只数量，可推算等待进入港口的停泊船只数量及未进入可停泊区域的等待停泊船只数量。

14.4 定性预测是依靠熟悉业务知识、具有丰富经验和综合分析能力的人员，根据已掌握的历史资料和现实数据，运用个人经验和分析，再综合各方面意见，对事物未来发展做性质和程度上的判断。定性预测较为简单，易操作，但是受人的知识、经验和能力的影响，尤其是难对事物发展作数量上的精确描述，不够准确，易带片面性。

定量预测是根据历史统计数据，运用特定的数学方法进行科学的加工整理，用于预测未来发展变化的一类方法。定量预测较为科学准确，但是需要预测者掌握一定的数学知识。

14.5 当时间序列观察值的发展趋势单纯围绕某一水平作随机跳动，则应采用一次移动平均或者一次指数平滑法；当时间序列观察值的发展趋势包含某种线性持续增长或下降趋势，则应采用二次移动平均或者二次指数平滑法；当时间序列观察值的发展趋势出现较大曲率时，宜采用三次指数平滑法。

14.6 当 $N=3$ 时，使用二次移动平均法预测 8 月份的订单数量为 80.22；

当 $N=4$ 时，使用二次移动平均法预测 8 月份的订单数量为 89.36。

14.7

附表 4.21

年	t	销售量	$S_t^{(1)}$	$S_t^{(2)}$	$S_t^{(3)}$
	0	2.3	2.30	2.30	2.30
2007	1	2.3	2.30	2.30	2.30
2008	2	3.4	2.63	2.40	2.33
2009	3	5.1	3.37	2.69	2.44
2010	4	7.2	4.52	3.24	2.68
2011	5	9.0	5.86	4.03	3.08
2012	6	10.6	7.28	5.00	3.66
2013	7	12.0	8.70	6.11	4.40
2014	8	14.3	10.38	7.39	5.29

当 $\alpha=0.3$ 时，使用三次指数平滑法预测 2015 年的订单数量为 16.46 千台。

14.8 不妨假设销售量为 x，盈利额为 y，建立线性回归模型为 $y=0.34x+5.98$，因此当销售量为 135 件时，盈利额为 51.88 万元。

参 考 文 献

[1] 钱颂迪. 运筹学. 北京：清华大学出版社，1990.

[2] 罗明安. 运筹学. 北京：经济管理出版社，1999.

[3] 蓝伯雄，等. 管理数学(下)——运筹学. 北京：清华大学出版社，1997.

[4] 朱自强，王龙德. 运筹学基础教程. 成都：成都科技大学出版社，1997.

[5] 李宗元，等. 运筹学ABC(成就、信念与能力). 北京：经济管理出版社，2000.

[6] 周志诚，等. 运筹学教程. 上海：立信会计图书用品社，1988.

[7] J. J. 摩特，等. 运筹学手册(基础和基本原理). 上海：上海科学技术出版社，1987.

[8] 张森，等. MATLAB仿真技术与实例应用教程. 北京：机械工业出版社，2004.

[9] 魏国华，等. 实用运筹学. 上海：复旦大学出版社，1987.

[10] 迟国泰. 信贷风险综合决策模型的研究. 系统工程学报，1999，14(4).

[11] 钟彼德(Peter C. Bell). 管理科学(运筹学)——战略角度审视. 北京：机械工业出版社，2000.

[12] 赵可培. 运筹学. 上海：上海财经大学出版社，2000.

[13] 赵则民. 运筹学. 重庆：重庆大学出版社，2002.

[14] 萧国泉. 电力规划. 北京：中国水利水电出版社，1993.

[15] 丁以中，Jennifer S. Shang. 管理科学——运用Spreadsheet建模和求解. 北京：清华大学出版社，2003.

[16] 徐玖平，等. 运筹学(Ⅰ类). 2版. 北京：科学出版社，2005.

[17] 熊伟. 运筹学. 北京：机械工业出版社，2005.

[18] 施泉生. 管理科学及其应用. 上海：上海财经大学出版社，2006.

[19] 施泉生. 电力企业安全评价方法与应用. 上海：上海财经大学出版社，2007.

[20] 施泉生，张科伟，潘华. 电力企业决策支持系统原理及应用. 北京：中国电力出版社，2007.

[21] 施泉生，李江. 电力金融市场. 北京：中国电力出版社，2008.

[22] 顾基发，刘宝碇，施泉生. 运筹学. 北京：科学出版社，2011.